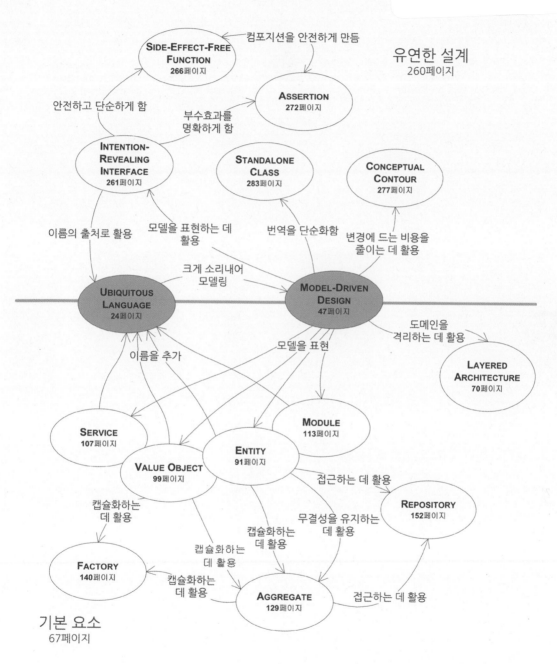

유연한 설계
260페이지

SIDE-EFFECT-FREE FUNCTION
266페이지

컴포지션을 안전하게 만듦

ASSERTION
272페이지

안전하고 단순하게 함

부수효과를 명확하게 함

INTENTION-REVEALING INTERFACE
261페이지

STANDALONE CLASS
283페이지

CONCEPTUAL CONTOUR
277페이지

이름의 출처로 활용

모델을 표현하는 데 활용

번역을 단순화함

변경에 드는 비용을 줄이는 데 활용

크게 소리내어 모델링

UBIQUITOUS LANGUAGE
24페이지

MODEL-DRIVEN DESIGN
47페이지

도메인을 격리하는 데 활용

이름을 추가

모델을 표현

LAYERED ARCHITECTURE
70페이지

SERVICE
107페이지

ENTITY
91페이지

MODULE
113페이지

VALUE OBJECT
99페이지

접근하는 데 활용

REPOSITORY
152페이지

캡슐화하는 데 활용

무결성을 유지하는 데 활용

캡슐화하는 데 활용

캡슐화하는 데 활용

FACTORY
140페이지

캡슐화하는 데 활용

AGGREGATE
129페이지

접근하는 데 활용

기본 요소
67페이지

『도메인 주도 설계』에 대한 찬사

"생각이 깊은 소프트웨어 개발자의 책장이라면 분명 이 책이 놓여 있을 것이다."

—켄트 벡(Kent Beck)

"에릭 에반스는 머릿속에 담긴 문제 도메인에 대한 모델과 소프트웨어 설계를 조화시키는 방법에 관한 환상적인 책을 써냈다.

이 책은 XP와도 잘 어울린다. 이 책은 도메인을 단순 도안하는 법을 다루는 책이 아니다. 이 책은 도메인에 대해 생각하는 법과 도메인에 관해 이야기할 때 사용하는 언어, 그리고 여러분이 도메인에 대해 더 잘 이해한 바를 반영하게끔 소프트웨어를 구성하는 법을 다룬 책이다. 에릭이 생각하기에 문제 도메인에 대한 학습은 프로젝트 초기와 마찬가지로 프로젝트 후반부에서도 일어나므로 리팩터링은 그가 제시한 기법에서 큰 부분을 차지한다.

이 책이 재미있는 이유는 에릭이 갖가지 흥미로운 이야기를 좋은 말솜씨로 풀어냈기 때문이다. 나는 이 책이 소프트웨어 개발자의 필독서라고 생각하며, 언젠가 이 책은 고전으로 여겨질 것이다."

—랄프 존슨(Ralph Johnson), 『디자인 패턴』의 저자

"객체지향 프로그래밍에 쏟은 노력에 비해 가치를 얻지 못한다고 생각한다면 이 책에서 여러분이 잊고 행하지 않은 것이 무엇인지 찾을 수 있을 것이다."

—워드 커닝햄(Ward Cunningham)

"에릭이 알게 된 것은 숙련된 객체 설계자가 지금까지 항상 활용해 왔지만 이상하게도 업계 전반에는 잘 알려지지 않은 설계 과정의 일부다. 우리도 이러한 지식의 일부를 제시하긴 했지만 도메인 로직을 구축하는 원칙을 조직화하고 체계화하지는 못했다. 그런 의미에서 이 책은 중요하다."

—카일 브라운(Kyle Brown),
『Enterprise Java Programming with IBM WebSphere』의 저자

"에릭 에반스는 개발의 핵심으로서 도메인 모델링의 중요성을 설득력 있게 논하고 있으며, 도메인 모델링을 완성하기 위한 견실한 틀과 각종 기법을 제시한다. 이것은 시대를 초월한 지혜이고, 한 시대를 풍미하는 여러 방법론이 한물간 이후에도 오래도록 유효할 것이다."

—데이브 콜린스(Dave Collins),
『Designing Object-Oriented User Interfaces』의 저자

"에릭은 업무용 소프트웨어를 모델링하고 구축한 실무 경험을 실용적이고 매우 유용한 책으로 엮어냈다. 이 분야에서 신망이 두터운 실천가인 에릭의 관점에서 쓰인 보편 언어, 사용자와 모델을 공유할 때 얻는 이점, 객체의 생명주기 관리, 논리적 및 물리적 애플리케이션 구조화, 심층적인 리팩터링의 과정과 결과는 이 분야에 기여하는 바가 크다."

—루크 호만(Luke Hohmann),
『Beyond Software Architecture』[1]의 저자

---

1 (옮긴이) 국내 번역서로 『소프트웨어 아키텍처 2.0: 성공하는 솔루션을 위한 비즈니스와 아키텍처의 만남』(에이콘, 2009)라는 제목으로 출간된 바 있다.

도메인 주도 설계

소프트웨어의 복잡성을 다루는 지혜

Domain-Driven Design
Tackling Complexity in the Heart of Software

에릭 에반스 지음 / 이대엽 옮김 / 마틴 파울러 추천사

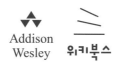

Addison
Wesley   위키북스

도메인 주도 설계

소프트웨어의 복잡성을 다루는 지혜

지은이 에릭 에반스

옮긴이 이대엽

펴낸이 박찬규 | 엮은이 김윤래 | 표지디자인 아로와 & 아로와나

펴낸곳 위키북스 | 주소 경기도 파주시 교하읍 문발리 파주출판도시 535-7

전화 031-955-3658, 3659 | 팩스 031-955-3660

초판발행 2011년 07월 21일   2쇄발행 2016년 01월 03일

등록번호 제406-2006-000036호 | 등록일자 2006년 05월 19일

홈페이지 wikibook.co.kr | 전자우편 wikibook@wikibook.co.kr

ISBN 978-89-92939-85-0

Domain-Driven Design: Tackling Complexity in the Heart of Software
Original English language edition published by Addison-Wesley
Copyright © 2004 by Pearson Education, Inc.
Korean edition copyright © 2011 by WIKIBOOKS
All rights reserved.

「이 도서의 국립중앙도서관 출판시도서목록 CIP는 e-CIP 홈페이지 | http://www.nl.go.kr/cip.php에서 이용하실 수 있습니다.
CIP제어번호: CIP2011002734」

도메인 주도 설계

소프트웨어의 복잡성을 다루는 지혜

아버지, 어머니께

• 목 차 •

07장 __ 언어의 사용(확장 예제)　　　　169

03부　더 심층적인 통찰력을 향한 리팩터링

04부   전략적 설계

결론

이 책에 포함된 패턴의 사용법   541

•옮긴이 글•

소프트웨어의 존재 가치는 어디에 있는가? 순수하게 기술적인 분야가 아니라면 아마 특정 업무 분야의 문제를 해결하는 데 있을 것이다. 아무리 기술적으로 정교하고 뛰어난 기능성을 갖추더라도 당면한 문제를 해결하지 못하는 소프트웨어는 실패한 소프트웨어에 지나지 않는다. 어찌보면 너무나 상식적인 얘기로 들릴지도 모르지만 소프트웨어 업계에 종사하는 개발자들은 기술적인 쟁점에 관심을 보이고 거기에 집중하는 경향이 있다.

『도메인 주도 설계』는 소프트웨어의 핵심에 놓인 복잡성을 다루는 패턴과 기법, 원칙이 담긴 책이다. 이 책은 결국 그러한 복잡성의 출발점인 도메인 자체에 초점을 맞춰, 도메인을 표현한 모델, 모델의 소프트웨어적인 구현에 해당하는 설계 간의 간극을 좁히는 데 집중한다. 저자인 에릭 에반스는 이 책에서 그동안 자신이 여기에 중점을 두고 발견한 통찰력과 체계적으로 정리한 지식을 자신의 경험담을 곁들여 담담한 어조로 풀어낸다.

이 책은 단순히 특정 기술이나 방법론만을 다루는 책이 아니다. 그래서 여기서 소개하는 특정 패턴이나 기법을 일률적으로 적용하거나 쓴다고 해서 도메인 주도 설계를 적용한 프로젝트가 되는 건 아니다. 이 책을 소프트웨어 설계나 개발 방법론을 다룬 책으로 예상하고 접한 독자라면 여기에 담긴 사상이나 철학에 놀랄지도 모르겠다. 『도메인 주도 설계』는 제목에 나온 '설계'만이 아니라 그것을 넘어서는 통찰력을 독자에게 제시하고, 소프트웨어 개발에 임하는 자세를 고칠 것을 넌지시 요구할 것이다.

아울러 이 책에서 다루는 내용을 모든 소프트웨어 프로젝트에 적용할 수 있는 것은 아니다. 이 책의 부제에 나와 있듯이 대단히 복잡한 도메인에서 사용되는 소프트웨어를 개발하는 프로젝트가 이 책의 내용을 적용하기에 적격이다. 하지만 여기에 담긴 철학과 사상은 어떤 분야에서든, 독자가 누구이든 빛을 발할 것이다. 국내 소프트웨어 개발 현장에도 자신이 종사하는 분야를 진지하게 생각하고 거기에 매진하는 풍토가 조성되고, 비단 개발자만이 아니라 프로젝트를 둘러싼 모든 이해관계자가 소프트웨어 개발에 올바른 시각과 합리적인 태도를 견지하는 데 이 복음서 같은 책이 조금이나마 도움되길 바란다.

이 책이 나오기까지 아는 분은 알겠지만 정말 갖은 우여곡절이 있었다. 많은 분이 이 책이 나오기까지 함께 고생해 주셨고, 특히 김민재 님, 이경진 님, 박용해 님, 권용훈 님이 없었다면 이 책의 번역은 여전히 답보 상태에 있었을 것이다. 끝까지 함께 하시지는 못했지만 조영호 님께도 감사드린다. 특히 조영호 님의 블로그에 담긴 도메인 주도 설계를 비롯한 소프트웨어 개발에 관한 글은 이 책에서도 얻지 못할 값진 통찰력을 전해줄 것이다. 아울러 번역과 관련한 귀중한 조언을 해주신 안영회 님께도 감사드린다. 부족한 번역 실력 탓에 저자의 통찰력을 고스란히 전달받지 못할 수도 있을 독자에게도 미리 심심한 양해를 구한다.

마지막으로 장기간의 번역 기간에도 끝까지 믿고 맡겨주신 위키북스 사장님과 팀장님께 죄송하고 또 감사드리며, 주말 밤낮 없이 편집하느라 고생해준 영숙 씨에게도 늘 고맙다.

2011년 7월

이대엽

• 추천의 글 •

소프트웨어 개발을 복잡하게 만드는 요인은 많다. 그러나 이런 복잡함의 본질은 문제 도메인 자체에서 기인한다. 복잡한 기업을 자동화하려 한다면 소프트웨어는 이러한 복잡성을 피해갈 수 없으며, 복잡함을 통제하는 수밖에 없다.

복잡함을 통제하는 열쇠는 좋은 도메인 모델에 있다. 저변에 깔린 구조를 드러내어 도메인의 피상적인 측면을 넘어 소프트웨어 개발자에게 필요한 수단을 제공하는 도메인 말이다. 좋은 도메인 모델은 대단히 중요한 반면 쉽게 만들어지는 것이 아니다. 이러한 도메인 모델을 제대로 만들 수 있는 사람은 거의 없으며, 가르치기도 아주 어렵다.

에릭 에반스는 도메인 모델을 잘 만들어 낼 수 있는 몇 안 되는 사람 중 하나다. 난 이 사실을 에릭과 함께 일하면서 알게 됐는데, 이때가 바로 자신보다 실력이 더 뛰어난 고객을 만나는 것과 같은 멋진 순간이었던 것으로 기억한다. 우리가 함께 일했던 시간은 짧았지만 더할 나위 없이 즐거운 시간이었다. 그 이후로도 우린 계속 연락하며 지냈고, 그래서 난 이 책이 서서히 제 모습을 갖춰가는 과정을 지켜 볼 수 있었다.

기다릴 가치가 충분히 있었다.

이 책은 도메인 모델링이라는 기술에 관한 어휘를 설명하고 늘리려는 크나큰 욕심을 채워주는 책이 되어갔다. 이 책은 도메인 모델링이라는 활동을 설명하고 이처럼 배우기 어려운 기술을 가르치는 데 참고할 수 있는 틀을 제공한다. 책이 형태를 갖출 때쯤 나는 이 책을 읽으면서 새로운 아이디어를 많이 얻을 수 있었는데, 이는 오랫동안 개념 모델링을 해온 사람에게도 마찬가지일 것이다.

또한 에릭은 우리가 오랫동안 배워온 많은 것들을 확고하게 정립하기도 했다. 첫째, 도메인 모델링에서는 개념과 구현을 분리해서는 안 된다. 효과적인 도메인 모델러는 회계담당자와 화이트보드를 함께 사용할 뿐더러 프로그래머와 함께 자바 코드를 작성하기도 한다. 이는 구현 쟁점을 고려하지 않고는 유용한 개념 모델을 구축할 수 없기에 어느 정도는 맞는 얘기다. 하지만 개념과 구현이 함께하는 주된 이유는 도메인 모델의 가장 큰 가치는 도메인 전문가와 기술자를 서로 이어주는 공통 언어를 제공한다는 것이기 때문이다.

이 책에서 배우게 될 또 하나의 교훈은 도메인 모델은 모델을 먼저 그리고 구현을 하는 게 아니라는 점이다. 다른 많은 이들과 마찬가지로 나도 "설계를 하라, 그 다음에 구축하라"라는 생각에 반대하는 입장이다. 그러나 에릭의 경험으로 얻은 교훈은 진정 강력한 모델은 오랜 시간을 거쳐 발전하고, 가장 숙련된 모델러조차도 시스템이 최초 출시된 다음에나 최상의 아이디어를 얻는다는 사실을 알게 된다는 것이다.

나는 이 책이 엄청나게 영향력 있는 책이 되리라 생각하며, 또 그렇게 되길 바란다. 이 책은 매우 파악하기 힘든 분야를 체계화하고 응집력을 더하면서 많은 이들에게 귀중한 도구를 활용하는 방법을 알려줄 것이다. 도메인 모델은 그것을 구현한 언어나 그것이 구현된 환경과는 상관없이 소프트웨어 개발을 통제하는 과정에 큰 영향을 줄 수 있다.

마지막으로 중요한 점이 하나 더 있다. 이 책에 관해 내가 가장 존경하는 점은 에릭은 자신의 실패담을 이야기하는 데 거리낌이 없다는 것이다. 대부분의 저자는 사심이 없는 전지전능한 태도를 취하고 싶어 한다. 하지만 에릭은 우리와 마찬가지로 그도 성공과 실망을 모두 겪었다는 사실을 분명하게 전한다. 중요한 건 그가 이러한 성공과 실망에서 교훈을 얻었다는 점이며, 우리에게 더 중요한 점은 그가 자신이 얻은 교훈을 토대로 앞으로 나아갈 수 있었다는 것이다.

마틴 파울러

2003년 4월

• 추천의 글 •

소프트웨어는 복잡합니다. 복잡성은 소프트웨어가 태생적으로 지니고 있는 본질적인 특성이며 소프트웨어 개발의 역사는 복잡성을 정복하기 위한 역사라고 해도 무방합니다. 대부분의 사람들은 소프트웨어의 복잡성이 기술적인 이슈에 기인한다고 생각하는 것 같습니다. 그러나 소프트웨어의 복잡성은 기술적인 이슈보다는 소프트웨어가 발을 디디고 있는 문제 도메인에서 기인합니다.

소프트웨어는 사람의 욕망과 욕구를 해결하려고 만든 창조물입니다. 사람들의 욕망과 욕구가 개발자에게 전달됐을 때 우리는 그것을 도메인이라고 부릅니다. 예측하기 어려운 인간 군상의 문제를 해결하는 작업은 그 본질적인 특성 때문에 복잡할 수밖에 없습니다. 따라서 우리는 기술적인 이슈의 파도에 휩쓸리지 말고 한 발 물러서서 해결해야 하는 문제 도메인에 초점을 맞춰야만 합니다.

이런 관점에서 에릭 에반스의 기념비적인 저작물인 "도메인 주도 설계"는 우리 업계가 직면하고 있는 소프트웨어의 복잡성을 해결하는 근본적인 방법을 제시합니다. 도메인 주도 설계는 "모든 소프트웨어 복잡성은 도메인에서 기인한다"는 매우 일반적이고 직관적인 명제에서 출발해 도메인의 복잡성을 해결하기 위해 적용할 수 있는 다양한 원칙과 패턴을 제시합니다.

이 책을 읽고 나면 여러분이 참여하고 있는 프로젝트를 바라보는 시각이 달라질 것입니다. 도메인의 문제를 명시적으로 표현하고 도메인이 자연스럽게 자리잡을 수 있는 코드를 개발하고 도메인의 변화에 순응할 수 있게 소프트웨어를 진화시키는 것이 기술적인 문제를 해결하는 것보다 더 가치 있다는 사실을 알게 될 것입니다. 소프트웨어를 분석하고 설계하고 구현하는 저마다의 작업이 분리된 작업이 아니라 도메인 모델이라는 매개체를 중심으로 순환적인 피드백 고리를 형성하는 통합된 작업이라는 사실을 알게 될 것입니다. 도메인 모델이 프로젝트의 의사소통을 향상시킬 수 있는 통합된 언어 체계를 제공한다는 사실을 알게 되면 도메인 모델의 가치에 대해 깊이 공감하게 될 것입니다. 그러나 가장 놀랍고도 큰 변화는 책을 펴는 순간 소프트웨어와 프로젝트를 기술적인 관점에서 바라보던 좁은 시야가 도메인이라는 광활한 바다를 향해 활짝 열린다는 점입니다.

에릭 에반스의 어조는 다소 지루할 정도로 담담하고 조용하지만 그 속에는 사람의 마음을 움직이는 힘이 있습니다. 책 사이사이에 녹아 있는 저자의 지혜와 통찰을 놓치지 말고 자신의 것으로 만들기 위해 노력하시기 바랍니다. 몇 년 전 이 책을 통해 느꼈던 통찰을 이 글을 읽고 있는 모든 사람들이 함께 느끼고 공감할 수 있기를 기원합니다.

조영호

NHN Business Platform

블로그: Eternity's Chit-Chat(http://aeternum.egloos.com)

• 추천의 글 •

『Domain-Driven Design』의 번역서가 출간된다는 소식을 접하니 무척 기쁩니다. 원서는 소프트웨어 개발 분야에서 가장 좋아하는 책인 데다 역자는 평소 소신을 갖고 번역하는 모습을 보여줬던 후배이기 때문입니다. 한 가지 바라는 바는 독자들이 단순히 이 책을 읽는데 그치지 않고, 우리나라 소프트웨어 개발 현장에서 책을 통해 배운 바를 실천하는 모습을 보고 듣는 것입니다. 굳이 우리 삶이 나아지기 위해서라는 거북한 표현은 빼더라도 그래야만 에릭 에반스가 표현하려던 내용의 진정한 의미를 이해하고 가치를 공감할 것이기 때문입니다.

국내에서도 각종 소프트웨어 개발 프로젝트에서 10년 이상 UML을 이용한 객체 모델링을 활용했지만 소프트웨어 개발에 얼마나 도움을 주었는지는 회의적입니다. 반성이 없으면 배우는 바도 적은데, 시행착오를 겪는 과정에서 무엇이 유익하고 무엇이 그렇지 못한지, 또는 어떤 점을 개선해야 하는지에 대한 우리의 기록은 빈약하기 짝이 없습니다. 이것이 IT 강국임을 자부하면서도 동시에 소프트웨어 개발 분야에서 선진국이라 할 수 없는 우리의 현실을 말해줍니다. 번역서 출간을 기회로 좀더 나아지는 계기가 되기를 기대합니다.

분석과 설계 모델을 분할하던 모델링 방식에 익숙했던 독자나 MDA(Model Driven Architecture) 접근법을 주류로 알았던 독자에게 에릭 에반스는 모델 분할에서 오는 비용과 맹점을 손쉽게 설명하고 모델링에 대한 실용적인 사고를 일러줍니다. 한편, 모델링 적용 경험이 없거나 많지 않은 독자라면 모델링이 현장에서 어떻게 쓰여야 하는지 처음부터 제대로 배울 수 있는 계기를 제공합니다. 에릭 에반스는 현실에 대해 통찰력으로 우리가 당면한 문제와 해결 과정에 대한 자신의 지혜를 설명합니다. 학문적 어휘를 꺼내서 독자를 주눅들게 하지 않으면서 모델링 기법에 대한 수사로 현실을 이탈한 마법을 다루는 모습도 없습니다.

그렇지만 이 책이 모델링 기초를 설명하지는 않습니다. 게다가 당장 코드를 만들 수 있는 수준으로 안내하고 있지도 않습니다. 아무리 좋은 내용을 다루고 있어도 당장 현장에 적용할 수 있는 예제가 없다는 점에서 독자는 조바심을 내지 않을 수 없습니다. 하지만 우리가 다루는 문제가 얼마나 다양한지 한번 생각해봅시다. 누군가 쉽게 해결해줄 수 있는 일이라면 우리가 고민하면서 답을 기다리고 있지는 않았겠죠.

원서가 출간되고 꽤 시간이 흘렀지만 전혀 낡은 내용이라고 여겨지지 않습니다. 오히려 에릭 에반스가 하려는 이야기를 공감하고, 나아가 현장에 적용하는 사람이 얼마나 있을까요? 이 책이 우리 현장에서 효과를 발휘하기에는 시간이 더 필요하다는 생각이 듭니다. 요즘 부쩍 개발자 사이에서도 좋은 코드와 설계에 대한 관심이 높고, 한편에서는 세계 무대로 진출하기 위한 소프트웨어 재사용에 대한 목소리도 높다는 점을 상기하면 조만간 에릭 에반스가 전하는 이야기에 더해서 우리의 경험담을 들을 날이 멀지 않았음을 느낍니다.

안영회
(주)아이티와이즈컨설팅
블로그: Younghoe.info

• 감수자 소개 •

> **psfirm**
>
> psfirm은 톰 피터스가 이야기한 Professional Service Firm을 의미합니다(자세한 내용은 http://www.tompeters.com/blogs/freestuff/uploads/PSFIsEverything.pdf 참고). 각자의 역량대로 자신의 전문 분야에서 최선의 서비스를 달성하는 것을 직업의 목적으로 삼고 있는 네 명의 감수자의 삶에 대한 공통 키워드입니다. 이 네 명이 도메인 설계의 탁월성에 공감하여 감수를 진행했습니다.

권용훈

금융권 차세대 프로젝트와 M&A 프로젝트에서 개발 방법론, QA, PMO로 두루 활동 중이며, 이상과 현실이라는 장벽 간의 괴리를 극복하고자 다양한 전략을 시도하고 계발하는 데 여념이 없다. 미술관과 등산을 즐기며 역사, 경영, SOA, 스마트플랫폼에 관심이 있다.

> "적절한 수준의 분석과 설계. 가치있는 모델을 만들기 위한 전략과 전략의 적정성을 증명하라고 요구받던 순간 현실로부터 눈을 돌린 채 이론과 사례에 치우쳐 피상적으로 '따라 하기'를 정답인 양 행해왔다는 걸 깨달았다. 그 질문에 답하기 위한 출발점은 레베카 워프브룩(Rebecca Wirfs-Brock)의 『오브젝트 디자인(Object Design)』이었고, 마침표를 찍었던 종점은 바로 에릭 에반스의 『도메인 주도 설계』였다. 『도메인 주도 설계』는 누구도 답해주지 않았던 전략적 설계에 관해 지금 당장 적용할 수 있는 실천적인 전략과 방법을 제공한다. 차세대 프로젝트에도 적용해 성공한 빛나는 통찰력과 전략을 여러분과도 함께 공유했으면 하는 바램이다."

박용해

개발자와 아키텍트로 다수의 금융권 차세대 프로젝트에 참여했으며, 현재는 하나은행에서 아키텍트로 활동 중이다. 애자일 방법론과 SOA에 관심이 많다.

> "『도메인 주도 설계』는 소프트웨어 설계의 본질적인 면을 살펴볼 수 있는 좋은 기회가 되었다. 객체지향 소프트웨어를 개발하고 있다면(CBD 개발도 상관없다), 이 책은 객체(컴포넌트)를 구현할 때 반영해야 할 도메인 모델 설계에 대해 많은 통찰력을 제공할 것이다."

이경진

금융 및 통신사 차세대 프로젝트에서 애플리케이션 아키텍트와 소프트웨어 아키텍트로서 엔터프라이즈 시스템 설계 및 구축 경험을 두루 가지고 있으며 현재는 비즈니스와 IT 사이의 간극을 줄이기 위한 컨설팅에 집중하고 있다.

> "『도메인 주도 설계』는 정성적 경험을 형식화된 이론으로 명쾌하게 이끌어 냈다는 점에서 훌륭한 가치가 있으며 보석과도 같은 책이다. IT 관점에서 비즈니스와의 연결 고리를 찾고자 한다면 바로 이 책에서 해답을 얻을 수 있을 것이다."

김민재

멀리 거제도에서 시스템 유지보수 개발자로 출발해서, 여러 SI 프로젝트의 개발자 및 분석/설계 경험이 있으며 현재는 모델링 및 프로젝트 관리 수행에 대한 컨설팅에 관심이 있다.

> "『도메인 주도 설계』는 소프트웨어를 개발할 때 사용자의 필요에서 출발해 관련 팩터들을 균형 있게 조망해줬고 많은 고민의 단초를 제공해줘서 내 IT 커리어패스를 진정성 있게 성장시키는 데 값진 역할을 해준 고마운 책이다. 일독, 아니 꼼꼼하게 다독할 것을 적극 권장한다. 부디 이 소중한 깨달음을 저장만 하는 것이 아니라 소화하는 한국 개발자들이 많아지길 소망한다."

• 감사의 글 •

나는 어떤 형태로든 4년 넘게 이 책을 써왔고, 책을 쓰는 동안 많은 분들이 내게 도움을 주고 지지해 주었다.

원고를 읽고 논평해준 분들께 감사드린다. 그분들의 피드백이 없었다면 이 책은 절대로 나오지 못했을 것이다. 몇 분은 각별히 정성을 아끼지 않고 원고를 검토해주셨다. 러스 루퍼(Russ Rufer)와 트레이시 비알렉(Tracy Bialek)이 이끄는 실리콘 밸리 패턴 그룹(Silicon Valley Patterns Group)에서는 처음으로 완성된 이 책의 초고를 철저히 검토하는 데 7주라는 시간을 할애했다. 랄프 존슨(Ralph Johnson)이 이끄는 일리노이 대학교의 독서 모임에서도 이후 초고에 몇 주의 시간을 할애했다. 이러한 모임에서 열린 장기간의 활발한 토론을 귀담아 들었던 것은 상당한 효과가 있었다. 카일 브라운(Kyle Brown)과 마틴 파울러(Martin Fowler)는 상세한 피드백, 귀중한 통찰, 헤아릴 수 없이 귀중한 정신적 지지(함께 낚시하는 동안)를 해줬다. 워드 커닝햄(Ward Cunningham)의 논평은 몇 가지 중요한 결점을 보완하는 데 이바지했다. 알리스테어 콕번(Alistair Cockburn)은 힐러리 에반스(Hilary Evans)와 마찬가지로 내게 용기를 북돋아줘서 출판 과정이 잘 진행되게 해줬다. 데이빗 시겔(David Siegel)과 유진 월링포드(Eugene Wallingford)는 내가 기술적인 부문에서 곤혹스러워하지 않게 도와줬다. 비부 모힌드라(Vibhu Mohindra)와 블라디미르 기틀레비치(Vladimir Gitlevich)는 정성껏 모든 예제 코드를 점검해줬다.

롭 미(Rob Mee)는 초반에 책 소재에 대해 조사한 내용을 읽고 나서 내가 이러한 형식의 설계를 전달하는 몇 가지 방법을 모색하고 있었을 때 아이디어를 내고자 함께 고심해줬다. 그 후 한참 후에 작성된 초고를 함께 검토하기도 했다.

조슈아 케리에브스키(Josh Kerievsky)는 책이 만들어지는 과정에서 중대한 전환점을 제시했는데, 즉 "알렉산더식"의 패턴 형식으로 책을 구성해보라고 했고, 그것이 책의 가장 중심적인 구성 형식으로 자리잡았다. 그뿐만 아니라 그는 1999년 PLoP 컨퍼런스 바로 전에 있었던 집중적인

"사전 검토(shepherding)" 과정 동안 현재 2부 내용의 일부를 처음으로 일관된 형태로 모으는 데 도움을 주기도 했다. 그의 이 같은 도움에 힘입어 이 책의 여러 나머지 부분들을 구성하는 토대를 마련할 수 있었다.

또한 수백 시간 동안이나 근사한 카페에 앉아 이 책을 집필할 수 있게 해준 아와드 파도울 (Awad Faddoul)에게도 감사드린다. 윈드서핑도 많이 하면서 보냈던 휴식 기간은 계속해서 이 일을 하는 데 큰 힘이 됐다.

그리고 몇 가지 핵심 개념을 보여주는 아름다운 사진을 찍어준 마르티네 주세(Martine Jousset)와 리차드 파셀크(Richard Paselk), 로스 베너블스(Ross Venables)에게도 감사드린다 (사진 협찬 참고).

이 책을 생각해 내기 전에 나는 소프트웨어 개발에 대한 안목과 이해의 틀을 마련해야 했다. 그렇게 되기까지 친구이자 나에게는 격 없는 조언자였던 일부 뛰어난 지인들의 아량에 큰 은혜를 입었다. 데이빗 시겔과 에릭 골드(Eric Gold), 이졸트 화이트(Iseult White)는 소프트웨어 설계에 대한 나만의 사고방식을 발전시키는 데 여러모로 도움을 줬다. 동시에 브루스 고든(Bruce Gordon)과 리차트 프레이버그(Richard Freyberg), 주디스 세갈(Judith Segal)도 매우 다양한 방식으로 성공적인 프로젝트 업무 분야에 대한 나만의 방식을 찾아 나가는 데 도움을 줬다.

내가 품고 있던 관념들은 당시 널리 퍼져 있던 사상체계에서 자연스럽게 비롯된 것이었다. 그러한 사상체계 중 일부는 본문에서 분명히 밝히고 가능한 한 참조 형태로 표기할 것이다. 다른 것들은 아주 근원적인 것이라서 내게 영향을 미치고 있는지조차 깨닫지 못한다.

내 석사 논문 지도교수였던 발라 수브라마니엄(Bala Subramanium)은 내가 수학적 모델링에 흥미를 느낄 수 있게 해줬고, 우리는 그러한 수학적 모델링을 화학 반응 속도론에 적용해봤다. 이는 모델링이 모델링을 하는 셈인데, 그 경험이 이 책에 이르는 데 어느 정도 밑거름으로 작용했다.

하지만 그러기 훨씬 전에도 내 사고방식은 부모님인 캐롤 에반스(Carol Evans)와 개리 에반스(Gary Evans)에 의해 형성된 것이었다. 그리고 몇 분의 특별한 선생님이 내 관심사를 일깨워 주거나 기초를 다지는 데 도움을 주셨는데, 특히 데일 커리어(Dale Currier, 고교시절 수학 선생님)와 매리 브라운(Mary Brown, 고교시절 작문 선생님), 조세핀 맥글래메리(Josephine McGlamery, 6학급 때 과학 선생님)가 그랬다.

마지막으로 줄곧 용기를 북돋아 준 친구들과 가족, 페르난도 드 레옹(Fernando De Leon)에게 감사드린다.

• 서 문 •

도메인 모델링과 설계는 뛰어난 소프트웨어 설계자들 사이에서 적어도 20년 동안 매우 중요한 주제로 인식되고 있지만 놀랍게도 뭘 해야 하고 어떻게 하는지에 관해서는 기록된 바가 거의 없다. 분명하게 드러나지는 않았지만 객체 관련 커뮤니티에서 내가 "도메인 주도 설계"라고 칭하는 하나의 철학이 나타났다.

지난 10년간 나는 일부 업무 및 기술 도메인에서 복잡한 시스템을 개발해왔다. 나는 업무를 하면서 객체지향 개발을 이끄는 이들에게서 나온 우수 실천법이 나올 때마다 그것을 설계 및 개발 프로세스에서 시도했다. 일부 프로젝트는 매우 만족스러웠지만 실패한 경우도 있었다. 성공한 프로젝트의 공통적인 특징은 반복적 설계를 거쳐 발전하고 프로젝트의 일부분이 된 풍부한 도메인 모델이 있었다는 것이다.

이 책은 설계와 관련된 의사결정을 내리는 데 기반이 되는 틀과 도메인 설계에 대해 논의할 때 사용되는 기술적인 어휘를 제공한다. 이 책은 나의 통찰력과 경험을 비롯해 널리 받아들여지는 우수 실천법을 종합한 것이다. 복잡한 도메인에 직면한 소프트웨어 개발팀은 도메인 주도 설계에 체계적으로 접근하는 데 이 틀을 활용할 수 있을 것이다.

세 프로젝트 비교

나는 도메인 설계의 실천법이 개발 결과에 얼마나 극적인 영향을 끼치는지 보여주는 세 프로젝트를 생생하게 기억한다. 세 프로젝트 모두 유용한 소프트웨어를 만들어 내지는 못했지만 한 프로젝트에서는 프로젝트의 야심 찬 목표를 달성해서 지속적으로 발생하는 조직의 요구사항을 충족하고자 끊임없이 발전하는 복잡한 소프트웨어를 만들어냈다.

한 프로젝트에서는 유용하고 단순한 웹 기반 거래 시스템을 인도해서 프로젝트가 신속히 개시되는 것을 지켜본 적이 있다. 개발자들이 임기응변 식으로 업무를 처리했지만 단순한 소프트웨어는 설계에 그리 신경 쓰지 않고도 만들 수 있기에 별다른 문제는 없었다. 이렇게 프로젝트가 성공하자 향후 프로젝트에 거는 기대치가 매우 높아졌다. 이때가 바로 내가 차기 버전에 대한 작업을 의뢰받은 시점이었다. 시스템을 자세히 검토해본 결과, 도메인 모델이나 프로젝트의 공통적인 언어조차 없었고 구조화되어 있지 않은 설계만이 있을 따름이었다. 프로젝트 리더는 내가 이렇게 평가한 데 동의하지 않았고 나는 작업 의뢰를 거절했다. 1년이 지난 후 그 팀은 난항을 거듭했고 차기 버전은 인도하지 못했다. 프로젝트가 실패한 이유는 그들이 기술을 미숙하게 사용하기도 했지만 주된 원인은 바로 업무 로직을 성공적으로 다루지 못한 데 있었다. 첫 번째 시스템이 너무 일찍 유지보수 비용이 많이 드는 레거시 시스템으로 굳어버린 것이다.

복잡성으로 생기는 한계를 극복하려면 도메인 로직 설계에 좀더 진지하게 접근해야 한다. 나는 경력 초기에 운 좋게도 도메인 설계를 강조한 프로젝트에 참여한 적이 있다. 이 프로젝트에서는 복잡성이 첫 번째 프로젝트 수준인 도메인을 다뤘고, 이 프로젝트 또한 기관 매매자가 사용할 간단한 애플리케이션을 인도하면서 적당한 성공을 거두며 시작됐다. 하지만 위의 사례와는 다르게 초기 인도는 점점 개발에 박차를 가하며 진행됐다. 각 반복주기마다 전 단계의 기능을 통합하거나 정교하게 만드는 멋진 새 옵션을 만들어냈다. 팀원들은 매매자의 요구사항에 유연함과 확장 능력을 토대로 대응할 수 있었다. 이러한 향상은 계속해서 코드 안에 정제되고 표현되는 예리한 도메인 모델이 있었기에 가능했다. 팀원들이 도메인에 대한 새로운 통찰력을 얻으면서 모델은 깊이를 더해갔다. 의사소통의 품질은 개발자와 개발자 사이는 물론 개발자와 도메인 전문가 사이에서도 향상됐고, 설계는 큰 유지보수 부담을 주는 것이 아닌 변경이나 확장이 점점 쉬워지는 구조로 바뀌었다.

아쉽게도 단순히 모델을 중요하게 취급한다고 해서 점차 향상되는 선순환에 이르지는 않는다. 내가 참여했던 한 프로젝트는 도메인 모델을 기반으로 하는 세계적인 기업 시스템을 구축하겠다는 원대한 목표를 가지고 시작됐지만 몇 년간의 실망스런 성과를 낸 후 눈높이를 낮춰 평범한 수준에 머물렀다. 팀원은 좋은 도구를 갖고 있었고 업무를 잘 이해하고 있었으며 모델링에 세심한 주의를 기울였다. 그러나 개발자 역할을 분담하는 데 오류를 범함으로써 모델링과 구현이 단절됐고, 이로써 진행되고 있던 심층적인 분석 내용이 설계에 반영되지 못하는 결과가 초래됐다. 아무튼 세부적인 업무 객체의 설계는 정교한 애플리케이션에 해당 객체들을 결합시킬 만큼 엄밀하지 못했다. 반복주기는 계속됐지만 코드는 개선되지 않았다. 이는 개발자 간의 숙련도 차이가 고르지 않아서였는데, 그들은 모델 기반 객체(실제로 동작하는 소프트웨어로서도 기능하는)를 만들어내기 위한 비공식적인 형식과 기법을 알지 못했다. 몇 달이 지난 후 개발 업무는 복잡성이라는 수렁에 빠졌고, 팀원들은 시스템에 대한 응집력 있는 비전을 잃어버렸다. 몇 년간의 노력으로 프로젝트는 적당한 수준의 소프트웨어는 만들어 냈지만 팀원들은 모델에 초점을 맞춘다는 것과 함께 초기의 포부는 단념해야만 했다.

복잡성이라는 도전과제

관료주의, 불명확한 목표, 자원 부족 등 다양한 이유로 프로젝트가 궤도에서 이탈한다. 그러나 얼마나 복잡한 소프트웨어를 만들어 낼 수 있는가를 결정하는 주된 요인은 설계 접근법에 있다. 복잡성을 감당할 수 없다면 개발자는 더는 쉽고 안전하게 변경하거나 확장할 수 있을 만큼 소프트웨어를 파악하지 못한다. 반면, 좋은 설계는 이러한 복잡한 특징을 활용할 기회를 만들어 줄 수 있다.

어떤 설계 요소는 기술과 관련이 있다. 네트워크 설계, 데이터베이스 및 그 밖의 다른 기술적 측면에는 많은 노력이 든다. 이러한 문제를 해결하는 방법을 다루는 책은 많으며, 많은 개발자들은 스스로의 기술을 계발하고 각기 발전하는 기술을 쫓는다.

그러나 수많은 애플리케이션에서 가장 중요한 복잡성은 기술적인 것이 아니다. 그것은 바로 사용자의 활동이나 업무에 해당하는 도메인 자체다. 이러한 도메인의 복잡성을 설계에서 제대로 다루지 않으면 기반 기술을 잘 이해하더라도 무용지물일 것이다. 성공적인 설계라면 틀림없이 소프트웨어의 중심 요소인 도메인을 체계적인 방법으로 다룰 것이다.

이 책의 전제는 다음과 같다.

1. 대부분의 소프트웨어 프로젝트에서는 가장 먼저 도메인과 도메인 로직에 집중해야 한다.
2. 복잡한 도메인 설계는 모델을 기반으로 해야 한다.

도메인 주도 설계는 복잡한 도메인을 다뤄야 하는 소프트웨어 프로젝트에 박차를 가하는 것을 목표로 삼는 사고방식이자 우선순위의 모음이다. 이러한 목표를 달성하고자 이 책에서는 설계 실천법, 기법, 원칙을 폭넓게 제시한다.

설계 vs. 개발 프로세스

설계에 관한 책. 프로세스에 관한 책. 이 둘은 서로 참고자료로 인용하는 경우도 거의 없다. 각 책의 주제는 그 자체로도 복잡하다. 이 책은 설계에 관한 책이라고 볼 수 있지만 나는 설계와 프로세스는 따로 떼낼 수 없는 관계라 생각한다. 설계 개념은 성공적으로 구현해야 하며, 그렇지 않으면 학문적 토론에 그치고 만다.

설계 기법을 배울 때면 사람들은 설계 기법의 실현 가능성에 들뜨곤 한다. 그런 다음에는 실제 프로젝트의 어지러운 현실이 그들에게 닥친다. 그들은 사용해야 할 기술에 새로운 설계 아이디어를 맞추지 못한다. 혹은 시간 관계상 특정 설계 관점을 포기해야 하고 언제 자신의 입장을 관철해서 명료한 해법을 찾아야 할지 모를 때도 있다. 개발자들은 설계 원칙의 적용을 두고 서로 추상적으로 얘기를 나눌 수도 있지만 실제로 어떻게 되는지를 이야기하는 게 더 자연스럽다. 따라서 이 책이 설계에 관한 책이긴 하지만 필요하다면 인위적인 경계를 넘어 프로세스에 관련된 영역도 넘나들 것이다. 이렇게 하면 설계 원칙을 해당 상황에 적용하는 데 도움될 것이다.

이 책은 특정 방법론에 매여 있지 않지만 "애자일 개발 프로세스"라는 새로운 진영을 지향한다. 특히, 아래의 두 가지 실천법이 프로젝트 수행 중에 일어나야 한다고 가정한다. 아래의 두 가지 실천법은 이 책의 접근법을 적용하기 위한 선행 조건이다.

1. **개발은 반복주기를 토대로 진행돼야 한다.** 반복주기를 토대로 하는 개발은 수십 년 동안 지지를 받아 실천되고 있으며, 이는 애자일 개발 방법론의 토대다. 『Surviving Object-Oriented Projects』(Cockburn 1998)와 『익스트림 프로그래밍(Extreme Programming Explained)』(Beck 1999)[1]와 같은 애자일 개발 및 익스트림 프로그래밍(또는 XP)을 다룬 책을 보면 좋은 내용을 많이 찾아볼 수 있다.

2. **개발자와 도메인 전문가는 밀접한 관계에 있어야 한다.** 도메인 주도 설계는 많은 양의 지식을 받아들여 모델을 만들어 내는데, 이 모델은 도메인에 대한 깊은 통찰력과 핵심 개념에 집중한 바를 반영한다. 이것은 도메인 전문가와 소프트웨어 개발자 사이에서 일어나는 협업의 결과다. 또한 개발은 반복주기를 토대로 진행되므로 이 같은 협업은 프로젝트의 전체 생명주기 동안 지속적으로 이뤄져야 한다.

---

1 (옮긴이) 국내 번역서로 『익스트림 프로그래밍: 변화를 포용하라』(인사이트, 2006)라는 제목으로 출간된 바 있다.

켄트 백과 워드 커닝햄을 주축으로 고안된 익스트림 프로그래밍(Extreme Programming, 『Extreme Programming Explained』 참고)은 애자일 프로세스 중에서도 가장 탁월하고 나 또한 가장 많이 업무에 적용해오고 있다. 이 책 전반에 걸쳐 설명을 구체적으로 하고자 설계와 프로세스 간의 상호작용을 논하는 기반으로 XP를 사용하겠다. 여기서 설명한 원칙들은 다른 애자일 프로세스에도 쉽게 적용할 수 있다.

최근 몇 년 사이에 쓸모 없고 정적인 문서와 지나친 선행 계획과 설계로 프로젝트에 부담을 주는 정교한 개발 방법론에 저항하는 움직임이 있었다. 반면 XP와 같은 애자일 프로세스는 변화와 불확실성에 대처하는 능력을 강조한다.

익스트림 프로그래밍은 설계에 관련된 의사결정의 중요성은 인정하지만 선행 설계는 완강히 반대한다. 대신 의사소통과 프로젝트의 방향을 빠르게 변화시킬 수 있는 능력을 향상시키는 데 굉장한 노력을 기울인다. 개발자들은 이처럼 상황에 대처하는 능력을 갖춰 프로젝트의 어떤 단계에서도 "작동하는 가장 단순한 것"을 활용하고 지속적인 리팩터링을 거쳐 수많은 점진적인 설계 개선을 바탕으로 궁극적으로는 고객의 실제 요구사항에 부합하는 설계에 도달한다.

이러한 최소주의는 일부 과도한 설계 열광자에게 꼭 필요한 해독제 역할을 해왔다. 프로젝트는 별 값어치가 없는 성가신 문서화 때문에 정체되곤 했다. 프로젝트는 "분석 마비"라는 증상을 겪어야 했고, 팀원들은 전혀 진전시킬 수 없는 불완전한 설계에 두려움을 느껴야만 했다. 변화가 필요했다.

안타깝게도 일부 애자일 프로세스의 사상은 오해의 소지가 있다. 이는 "가장 단순함"을 제각기 다르게 정의하기 때문이다. 지속적인 리팩터링은 작은 재설계가 연속적으로 일어나는 것이다. 즉, 확고한 설계 원칙이 없는 개발자는 이해하거나 변경하기 어려운 코드만을 만들어 낼 것이며, 이는 기민함(agility)과는 거리가 멀다. 그리고 예상치 못한 요구사항에 대한 두려움이 종종 과도한 선행 작업으로 이어지기도 하지만, 반대로 지나친 선행 작업을 회피하려는 노력이 또 다른 두려움을 만들어 내기도 한다. 설계에 관해 전혀 깊이 있게 생각하지 않는다는 두려움 말이다.

사실 XP는 예리한 설계 감각이 있는 개발자에게는 최선의 선택이다. XP 프로세스는 리팩터링을 토대로 설계를 개선하고, 이러한 리팩터링을 자주, 그리고 빠르게 수행한다고 가정한다. 그러나 지금까지의 설계를 선택하는 방식은 리팩터링 자체를 쉽게 만들거나 어렵게 만들기도 한다.

XP 프로세스는 팀원 간의 의사소통의 기회를 늘리려 하지만 모델 및 설계의 선택이 의사소통을 명확하게 하거나 혼란스럽게 만들기도 한다.

이 책에서는 설계 및 개발 실천지침을 한데 엮어 도메인 주도 설계와 애자일 개발 방법이 어떻게 상호 보완하는지 보여준다. 애자일 개발 프로세스 환경하에서 도메인 모델링에 정교하게 접근한다면 개발을 가속화할 수 있을 것이다. 아울러 도메인 개발과 프로세스와의 상호관계를 고려한다면 순수하게 설계만 다루는 것에 비해 이 같은 접근법이 더욱 실용적일 것이다.

이 책의 구성

이 책은 4부로 나뉜다.

1부, "동작하는 도메인 모델 만들기"에서는 도메인 주도 설계의 기본적인 목표를 제시한다. 이 목표는 이어서 나오는 실천지침의 배경이 된다. 소프트웨어 개발을 위한 접근법은 여러 가지가 있으므로 1부에서는 용어를 정의하고 도메인 모델의 사용이 의사소통과 설계에 어떤 영향을 주는지 개략적으로 설명한다.

2부, "모델 주도 설계의 기본 요소"에서는 객체지향 도메인 모델링에서의 우수 실천법의 핵심을 몇 가지 기본 요소로 요약한다. 여기서는 모델과 실제로 동작하는 소프트웨어 간의 간극을 메우는 데 초점을 맞춘다. 이처럼 표준화된 패턴을 활용하면 질서정연한 설계가 가능해진다. 팀원들이 서로의 업무를 더 쉽게 이해할 뿐더러 표준화된 패턴을 사용하면 공통 언어에 함께 쓸 수 있는 용어가 마련되어 모든 팀원이 모델과 설계에 관한 의사결정을 내리는 자리에서 이러한 용어를 사용할 수 있다.

그러나 여기서는 모델과 구현이 서로 맞물려 돌아가게 조정해서 모델과 구현의 효과를 상호보완하는 의사결정에는 어떤 것이 있는지가 중요하다. 이러한 조정을 위해서는 개별 요소에 세심하게 주의를 기울여야 한다. 이처럼 작은 규모의 요소들을 정교하게 만들어 두면 개발자가 3, 4부에서 제시하는 모델링 접근법을 적용할 확고한 토대가 마련될 것이다.

3부, "더 심층적인 통찰력을 향한 리팩터링"에서는 기본 요소 수준을 뛰어넘어 이러한 가치를 제공하는 실용적인 모델을 만드는 것과 관련된 도전과제를 다룬다. 3부에서는 난해한 설계 원칙을 바로 적용하는 것이 아니라 발견 과정을 강조한다. 가치 있는 모델은 곧바로 나타나지 않는다. 먼저 도메인을 깊이 있게 이해해야 한다. 이처럼 도메인을 이해하려면 원시적인 차원의 모델에 기반을 둔 초기 설계 내용을 구현해본 다음 그 구현을 반복해서 변형하는 과정을 거쳐야만 한다. 팀원들이 새로운 통찰력을 얻을 때마다 모델은 더욱 풍부한 지식을 나타낼 수 있게 바뀌고, 코드 또한 더 심층적인 모델을 반영하게끔 리팩터링되어 애플리케이션에 적용하는 것이 가능해진다. 그러면 이처럼 양파를 벗기듯 진행되는 리팩터링 과정에서 이따금 심오한 설계 변화가 쇄도하면서 훨씬 심층적인 모델로 도약하는 기회로 이어지기도 한다.

탐구 과정에는 원래 정답이란 게 없지만 그렇다고 아무렇게나 진행할 필요도 없다. 3부에서는 이 같은 탐구 과정에서 선택을 돕는 모델링 원칙과 적절한 방향을 제시하는 기법을 자세히 살펴본다.

4부, "전략적 설계"에서는 복잡한 시스템, 더 큰 조직, 외부 시스템 및 기존 시스템과의 상호작용에서 발생하는 상황을 다룬다. 컨텍스트와 디스틸레이션, 대규모 구조와 같이 시스템에 총괄적으로 적용 가능한 세 가지 축을 구성하는 원칙을 살펴본다. 전략적 설계와 관련된 의사결정은 팀 단위나 여러 팀에 걸쳐 이뤄진다. 전략적 설계는 1부의 목표가 더욱 큰 규모, 즉 대형 시스템이나 불규칙하게 뻗어 나가는 기업 차원의 네트워크에 어울리는 애플리케이션에서도 실현되게 만들어줄 것이다.

책 전반에 걸쳐 나오는 논의는 지나치게 단순화한 "장난감" 수준의 문제가 아닌 실제 프로젝트에 적용 가능한 예제를 다루며 진행하겠다.

책의 상당 부분은 패턴의 형태로 구성돼 있다. 패턴이라는 장치를 몰라도 책의 내용을 이해하는 데는 문제가 없으며, 패턴의 형식과 형태에 관심이 있다면 부록을 참고한다.

추가적인 예제 코드와 커뮤니티의 토론 내용을 비롯해 각종 도메인 주도 설계와 관련된 내용은 http://domaindrivendesign.org에서 확인할 수 있다.

대상 독자

이 책은 주로 객체지향 소프트웨어 개발자들을 대상으로 썼다. 소프트웨어 프로젝트 팀에 속한 대부분의 사람들은 이 책의 몇몇 부분이 도움될 것이다. 그러나 이 책의 내용은 현재 참여 중인 프로젝트가 이 책에서 다루는 내용을 시도하고 있거나, 또는 그와 같은 프로젝트를 이미 깊이 있게 경험해 본 사람들에게 가장 와 닿을 것이다.

이 책의 내용을 더 잘 이해하려면 객체지향 모델링에 대한 지식이 약간 필요하다. 예제에는 UML 다이어그램과 자바 코드가 실려 있는데, 기본적인 수준에서 이것들을 읽을 수 있어야 하며, 속속들이 통달할 필요는 없다. 익스트림 프로그래밍에 대한 지식 또한 개발 프로세스에 관해 논의한 내용을 더 잘 이해하는 데 도움되지만 사전 지식 없이도 이해하는 데는 무리가 없을 것이다.

객체지향 설계에 대해 이미 어느 정도 알고 있고 소프트웨어 설계와 관련된 책을 한두 권 읽어본 중급 소프트웨어 개발자라면 이 책이 객체 모델링을 실제 소프트웨어 프로젝트에 적용하는 방법과 관련해서 미처 알지 못했던 부분을 채워주고 시각 또한 향상시킬 것이다. 이 책은 중급 개발자가 정교한 모델링과 설계 기법을 실제 문제에 적용하는 데 도움될 것이다.

고급 내지는 전문가 수준의 소프트웨어 개발자는 이 책에 논의하는, 도메인을 다루는 종합적인 틀에 관심이 있을 것이다. 이처럼 설계에 체계적으로 접근한다면 기술 리더가 팀원들을 이러한 방향으로 이끄는 데 도움될 것이다. 또한 책 전반에 걸쳐 사용한 일관된 용어는 이들이 서로 의사소통하는 데도 도움될 것이다.

이 책은 내 경험담으로 채워져 있으며, 처음부터 시작해서 끝까지 읽어나가도 되고, 아무 장부터 읽어도 무방하다. 다양한 배경을 지닌 독자들은 각기 다른 방법으로 책을 보려고 하겠지만 나는 모든 독자가 1장뿐 아니라 1부를 소개하는 내용부터 읽기를 권한다. 그 이후로는, 핵심적인 내용은 아마도 2, 3, 9, 14장일 것이다. 해당 주제를 이미 어느 정도 이해해서 대충 훑어보고 싶다면 제목과 굵게 표시한 단락만 읽어도 된다. 아주 고급 수준의 독자는 1부와 2부를 대강 읽고 3, 4부에 가장 관심이 있을 것이다.

이러한 핵심 독자층 외에 시스템 분석가나 비교적 기술적인 프로젝트 관리자 또한 이 책을 읽으면 도움될 것이다. 분석가는 모델과 설계의 연계를 활용해 애자일 프로젝트의 맥락에서 좀더 효과적으로 프로젝트에 기여할 수 있다. 그뿐만 아니라 전략적 설계 원칙을 활용해 자신의 업무에 더 집중하고 업무를 체계화할 수도 있다.

프로젝트 관리자는 팀이 업무 전문가와 사용자에게 의미 있는 소프트웨어를 설계하는 데 좀더 효과적으로 접근하고 거기에 집중하게 만드는 데 중점을 둘 것이다. 또한 전략적 설계와 관련된 의사결정은 팀 구성과 업무 방식과 밀접한 관계에 있으므로 이러한 설계 의사결정은 필연적으로 프로젝트 통솔과 관련된 제반사항도 포함하며, 프로젝트 방향에 중요한 영향을 미친다.

도메인 주도 팀

도메인 주도 설계를 이해한 개발자 개개인도 매우 유익한 설계 기법과 안목을 얻겠지만, 가장 큰 이익은 팀이 합심해서 도메인 주도 설계 접근법을 적용하고 도메인 모델을 프로젝트에서 일어나는 의사소통의 중심에 놓을 때 발생한다. 이로써 팀원들은 공통 언어를 사용해서 상호 의사소통의 품질을 높이고 의사소통의 결과를 소프트웨어에 반영하게 될 것이다. 팀원들은 모델과 보조를 맞추는 투명한 구현을 만들어 낼 것이고, 이는 애플리케이션 개발에 영향을 줄 것이다. 팀원들은 다른 팀의 설계 산출물과 연관시키는 방법과 관련한 시각을 공유하고 체계적으로 해당 조직에 가장 독특하고 가치 있는 기능에 집중할 것이다.

도메인 주도 설계는 기술적으로 힘든 도전이지만 대부분의 소프트웨어 프로젝트가 레거시 시스템으로 굳어버리는 것과는 상반되게 크고 열린 기회를 가져다줄 수 있다.

Domain-Driven Design

제 **1** 부

동작하는
도메인 모델
만들기

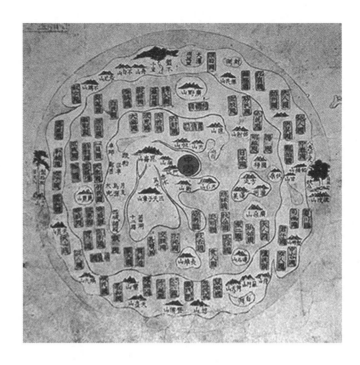

이 18세기 중국 지도는 전 세계를 표현한 것이다. 중앙에는 전체 공간의 대부분을 차지하는 중국이 있고, 그 주위를 형식상 다른 나라가 둘러싸고 있다. 이것은 당시 중국의 사회상에 맞게 세계를 모델화한 것으로서 의도적으로 중국에 초점을 맞췄다. 지도에 나타난 세계관은 다른 나라를 이해하는 데는 분명 도움이 되지 못했을 테고, 물론 오늘날 중국의 모습과도 전혀 맞지 않다. 지도는 모델이며, 모든 모델은 중요한 사실이나 사상의 일부 측면을 나타낸다. 모델은 대상을 단순화한 것이다. 즉, 모델은 어떤 사실을 해석한 것으로 볼 수 있고, 당면한 문제를 해결하는 것과 관련된 측면을 추상화하고 그 밖의 중요하지 않은 세부사항에는 주의를 기울이지 않는다.

모든 소프트웨어 프로그램은 그 소프트웨어를 사용하는 사용자의 활동이나 관심사와 관련돼 있다. 사용자가 프로그램을 사용하는 대상 영역이 바로 해당 소프트웨어의 도메인(domain)이다. 어떤 도메인에는 물리적인 요소가 수반되기도 하는데, 이를테면 항공권 예약 프로그램의 도메인에는 항공기에 탑승하는 실제 승객이 있다. 반면 어떤 도메인은 실체가 없는데, 회계 프로그램이 그러하며 화폐와 금융이 도메인에 해당한다. 대개 소프트웨어 도메인은 몇 가지 예외적인 경우, 가령 소프트웨어 개발 자체가 도메인이 되는 소스 코드 관리 시스템과 같은 부류를 제외하면 컴퓨터와 거의 관련이 없다.

사용자의 활동에 도움되는 소프트웨어를 만들기 위해 개발팀은 사용자의 활동과 관련된 지식 체계에 집중해야 한다. 이를 위해 갖춰야 할 지식의 폭은 위압적일 수 있다. 개발팀은 그러한 정보의 양과 복잡성에 압도될 수 있다. 모델은 이러한 부담을 해소하기 위한 도구다. 모델은 지식을 선택적으로 단순화하고 의식적으로 구조화한 형태다. 우리는 적절한 모델을 토대로 정보를 이해하고 문제 자체에 집중할 수 있다.

도메인 모델은 어떤 특정한 다이어그램이 아니라 다이어그램이 전달하고자 하는 아이디어다. 도메인 모델은 단지 도메인 전문가의 머릿속에만 존재하는 지식이 아니라 해당 지식을 엄격하게 구성하고 선택적으로 추상화한 것이다. 신중하게 작성된 코드나 우리가 쓰는 문장이 그렇듯 우리는 다이어그램을 이용해 모델을 표현하고 전달할 수 있다.

도메인 모델링은 가능한 한 "사실적인" 모델을 만드는 문제가 아니다. 현실 세계에 실재하는 사물에 대한 도메인에서도 모델은 인위적 창조물이다. 그리고 단순히 필요한 결과를 내는 소프트웨어 메커니즘을 만드는 것도 아니다. 도메인 모델링은 어떤 목적에 따라 제약에 구애받지 않고 현실을 표현하는 영화 제작에 더 가깝다. 다큐멘터리 영화에서도 실생활을 편집해서 보여준다. 영화 제작자가 자신의 경험 가운데 몇 가지 측면을 골라 특유의 방식으로 이야기하고 논지를 펼쳐 나가듯이 도메인 모델러 또한 모델의 유용성에 따라 특정 모델을 선택한다.

도메인 주도 설계에서의 모델의 유용성

도메인 주도 설계에서는 아래의 세 가지 기본적인 쓰임새에 따라 모델을 선택한다.

1. **모델과 핵심 설계는 서로 영향을 주며 구체화된다.** 모델을 의미 있게 만들고 모델의 분석이 최종 산출물인 동작하는 프로그램에 적용되게끔 보장하는 것은 다름아닌 모델과 구현 간의 긴밀한 연결이다. 이러한 모델과 구현의 연결은 유지보수와 계속되는 기능 개선에도 도움이 되는데, 그 이유는 바로 모델을 이해한 바에 근거해 코드를 해석할 수 있기 때문이다. (3장 참조)

2. **모델은 모든 팀 구성원이 사용하는 언어의 중추다.** 모델과 구현이 서로 연결돼 있으므로 개발자는 이 언어를 토대로 프로그램에 관해 의견을 나눌 수 있다. 그러므로 개발자와 도메인 전문가가 의사소통하는 데 별도의 번역 절차가 필요하지 않다. 또한 언어가 모델에 기반을 두므로 우리의 타고난 언어 능력에 힘입어 모델 자체를 정제할 수 있다. (2장 참조)

3. **모델은 지식의 정수만을 뽑아낸 것이다.** 모델은 도메인 지식을 조직화하고 가장 중요한 요소를 구분하는 팀의 합의된 방식이다. 모델에는 우리가 용어를 선택하고, 개념을 분류하며, 분류한 지식을 서로 연관시킬 때 도메인에 관한 우리의 사고방식이 담겨 있다. 개발자와 도메인 전문가는 공유 언어를 바탕으로 갖가지 정보를 모델로 만들어낼 때 효과적으로 협업할 수 있다. 모델과 구현이 연결돼 있다면 초기 버전의 소프트웨어를 통해 얻은 경험을 모델링 프로세스에 피드백으로 활용할 수 있다. (1장 참조)

이어지는 세 개의 장에서는 모델의 이러한 쓰임에 대해 차례로 각 쓰임의 의미와 가치, 그리고 그것들이 서로 엮이는 방식을 설명하겠다. 이러한 방식으로 모델을 활용하면 임시방편적인 개발 방식에서라면 대규모 투자를 감행하지 않고서는 얻지 못할, 기능이 풍부한 소프트웨어를 개발하는 데 이바지할 수 있다.

소프트웨어의 본질

소프트웨어의 본질은 해당 소프트웨어의 사용자를 위해 도메인에 관련된 문제를 해결하는 능력에 있다. 그 밖의 매우 중요하다 할 수 있는 기능도 모두 이러한 기본적인 목적을 뒷받침하는 데 불과하다. 도메인이 복잡하면 이 같은 문제 해결은 유능하고 숙련된 사람의 집중적인 노력이 필요한 어려운 일이 된다. 개발자는 업무 지식을 증진하기 위해 도메인 연구에 몰두해야 한다. 그뿐만 아니라 모델링 기법을 연마해서 도메인 설계에 통달해야 한다.

그런데도 이러한 도메인 연구는 대부분의 소프트웨어 프로젝트에서 최우선 과제로 여겨지지 않는다. 대부분의 유능한 개발자는 다뤄야 할 특정 도메인을 학습하는 데 관심이 많지 않으며, 더군다나 도메인 모델링 기법을 쌓는 데는 더더욱 전념하지 않는다. 기술자들은 자신의 기술력을 훈련할 수 있는 정량적인 문제를 좋아한다. 도메인 업무는 무질서하고 컴퓨터 과학자로서의 능력에 보탬이 될 것 같지 않은 복잡하고 새로운 지식을 많이 요구한다.

대신 기술적인 재능이 있는 사람은 정교한 프레임워크를 만드는 작업에 착수해 기술을 바탕으로 도메인 문제를 해결하려 한다. 도메인을 학습하고 모델링하는 일은 다른 이들의 몫으로 남는다. 소프트웨어의 중심에 있는 복잡성은 정면으로 돌파해야 한다. 그렇지 않으면 도메인과 무관한 소프트웨어를 만들어낼지도 모를 위험을 무릅써야 한다.

한 TV 토크쇼 인터뷰에서 코미디언 존 클리스는 몬티 파이썬과 성배(Monty Python and the Holy Grail)를 촬영하는 동안 일어났던 일을 이야기한 적이 있다. 당시 사람들은 특정 장면을 찍고 또 찍었는데 웬일인지 재미가 없었다. 결국 잠깐 쉬기로 하고 동료 코미디언인 마이클 팰린(해당 장면의 상대 배우)과 의논한 후, 그 장면에 약간 변화를 주기로 했다. 그리고 나서 한 번 더 촬영해봤더니 변화를 준 부분이 재미있었고 그렇게 그날 촬영을 끝냈다.

다음 날 아침 클리스는 필름 편집자가 전날 촬영분을 합쳐 놓은, 아직 마무리가 덜 된 필름을 살펴보고 있었다. 그런데 어제 애써 촬영한 장면이 나와야 할 시점에서 이전의 재미없었던 촬영분이 그대로 나오는 것이었다.

클리스는 필름 편집자에게 마지막 촬영분을 왜 사용하지 않았는지 물었다. 그러자 "그 촬영분을 사용할 수는 없었어요. 누군가 촬영 중에 걸어들어왔거든요."라고 그가 대답했다. 클리스가 해당 장면을 연거푸 살펴봤지만 여전히 잘못된 점을 찾을 수 없었다. 결국 필름 편집자가 화면을 멈추고 해당 장면의 가장자리에 잠깐 보이는 코트 소매를 가리켰다.

필름 편집자는 자신의 전문 분야를 꼼꼼히 이행하는 데 집중했다. 필름 편집자는 그 TV 쇼가 다른 필름 편집자가 보기에 기술적으로 완벽하지 못하다고 판단할 것을 우려했다. 이 과정에서 해당 장면의 본질은 사라져 버린 것이다("크레이그 킬본의 아주 야심한 밤의 쇼(The Late Late Show with Craig Kilborn)", CBS, 2001년 9월).

다행히도 코미디를 잘 아는 감독 덕분에 재미있었던 장면은 복원됐다. 마찬가지로 팀의 리더가 도메인의 중심이 되는 개념을 알고 있어야 해당 도메인의 심층적인 이해를 반영하는 모델 개발이 모르는 사이에 갈피를 잡지 못할 때 소프트웨어 프로젝트를 올바른 방향으로 되돌려 놓을 수 있다.

이 책에서는 도메인 개발 과정에서 매우 정교한 설계 기법을 연마할 기회를 얻을 수 있음을 보여주겠다. 대부분의 소프트웨어 도메인에 존재하는 무질서는 실제로는 흥미진진한 기술적 도전 과제에 해당한다. 사실 여러 과학 분야에서 "복잡성"은 현재 가장 열띤 주제 중 하나이며, 많은 연구자들이 현실 세계의 혼란스러움을 파헤치려는 시도를 하고 있다. 소프트웨어 개발자도 지금까지 단 한 번도 일정한 형태를 갖춘 적이 없었던 복잡한 도메인에 직면할 때 그렇게 될 가능성이 있다. 복잡성을 헤쳐나가는 명쾌한 모델을 만들어 내는 것은 흥미진진한 일이다.

개발자들이 통찰력을 추구하고 효과적인 모델을 만드는 데 활용할 수 있는 체계적인 사고방식과 불규칙하게 뻗어 나가는 소프트웨어 애플리케이션에 질서를 부여할 수 있는 설계 기법이 있다. 이러한 기술을 연마한다면 심지어 처음으로 접하는 익숙지 않은 도메인에서도 여러분은 훨씬 더 가치 있는 개발자로 거듭날 것이다.

01

지식 탐구

몇 년 전 나는 인쇄 회로 기판(PCB, printed-circuit board) 설계에 특화된 소프트웨어 툴을 설계하는 일을 하게 된 적이 있다. 그런데 문제는 내가 전자 기기에 대해 아는 바가 전혀 없다는 점이었다. PCB 설계자를 몇 명 만나긴 했지만 대체로 그들은 3분도 채 지나지 않아 나를 어리둥절하게 만들었다. 내가 이런 소프트웨어를 만들 수 있을 정도로 이해하려면 어떻게 해야 했을까? 분명한 건 내가 소프트웨어 인도 마감일까지 전기 기술자가 될 생각은 없었다는 것이다!

우리는 소프트웨어의 기능이 정확히 뭔지 PCB 설계자들이 내게 말해주는 편이 나을거라 생각했다. 하지만 그건 좋은 생각이 아니었다. 그들은 우수한 회로 설계자이긴 했지만 그들이 생각하는 소프트웨어란 통상 아스키(ASCII) 파일을 읽어들여 내용을 정렬하고, 거기에 어느 정도 설명을 덧붙여 보고서를 만들어 내는 정도였다. 이렇게 해서는 그들이 원하던 괄목할 만한 생산성의 향상을 이루지 못할 게 불을 보듯 뻔했다.

처음 몇 번에 걸친 회의는 다소 실망스러웠다. 그러나 회의를 통해 요청한 보고서에서 일말의 희망이 보였다. 보고서에는 항상 "네트(net)"란 말과 네트에 대한 다양한 세부사항이 적혀 있었다. 이 도메인에서 네트란 본질적으로 PCB상에 있는 도선을 말하는데, 우리는 이 도선을 통해 컴포넌트를 몇 개라도 연결할 수 있고 그것과 연결된 곳에 전기적인 신호를 전달해 줄 수 있다. 드디어 우리가 도메인 모델의 첫 번째 요소를 찾게 된 셈이다.

그림 1-1

나는 PCB 설계자들과 함께 소프트웨어의 기능에 관해 토의하면서 다이어그램을 그리기 시작했다. 나는 시나리오를 시험해보고자 약식으로 객체 상호작용 다이어그램을 그려 사용했다.

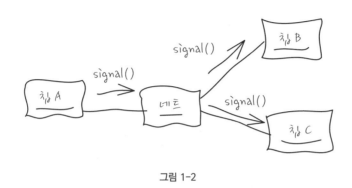

그림 1-2

PCB 전문가 1: 컴포넌트가 꼭 칩일 필요는 없습니다.

개발자(나): 그럼 그냥 "컴포넌트"라고 할까요?

전문가 1: 저희는 그걸 "컴포넌트 인스턴스(component instance)"라고 합니다. 동일한 컴포넌트가 여러 개 있을 수도 있어요.

전문가 2: "네트"를 나타내는 네모 상자는 꼭 컴포넌트 인스턴스 같네요.

전문가 1: 저분은 우리가 쓰는 표기법을 쓰지 않아. 저분은 모든 걸 네모 상자로 표현하는 것 같아.

개발자: 유감스럽지만 맞는 말씀입니다. 표기법에 대해 좀더 설명 드리는 게 좋을 것 같네요.

PCB 전문가들은 계속해서 내가 잘못 생각하고 있던 바를 바로잡아줬고, 그렇게 나는 배워나갔다. 우리는 PCB 전문가들이 사용하는 용어에서 의미가 상충하거나 모호한 것은 제거하고 PCB 전문가 사이의 기술적 견해차를 해소했으며, 그렇게 그들도 배워나갔다. PCB 전문가들은 좀더 정확하고 일관성 있게 설명하기 시작했고, 함께 모델을 발전시켜 나가기에 이르렀다.

전문가 1: 신호가 ref-des(reference designator, 장치 참조 지시자)에 도달한다고 하는 것만으로는 부족해요. 저희가 핀을 알아야 하거든요.

개발자: ref-des요?

전문가 2: 컴포넌트 인스턴스 같은 겁니다. 우리가 쓰는 툴에는 ref-des라고 돼 있더군요.

전문가 1: 좌우지간 네트는 한 인스턴스의 특정 핀을 다른 인스턴스의 특정 핀에 연결합니다.

개발자: 그럼 핀은 단 하나의 컴포넌트 인스턴스에 속하고 단 하나의 네트에만 연결된다는 건가요?

전문가 1: 네, 맞습니다.

전문가 2: 그리고 모든 네트에는 토폴로지(topology)가 하나씩 있는데, 그건 네트의 각 요소가 연결되는 방식을 결정하는 배치 방식이라고 보면 됩니다.

개발자: 네, 그럼 이건 어떻습니까?

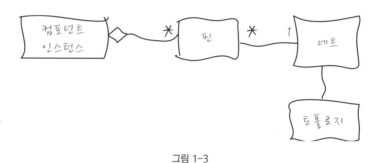

그림 1-3

　　탐구에 집중하고자 우리는 잠시 특정한 한 가지 기능만 연구해 보기로 하고 연구 대상으로 "탐침 시뮬레이션(probe simulation)"을 골랐다. 탐침 시뮬레이션은 신호 전달을 추적해 설계에서 특정 종류의 문제가 발생할 소지가 있는 곳을 찾아내는 활동을 말한다.

개발자: 이제 어떻게 신호가 **네트**로 연결된 모든 핀에 전달되는지는 이해했는데, 그 이후로는 어떻게 전달되는 거죠? **토폴로지**가 그것과 관련이 있나요?

전문가 2: 아닙니다. 컴포넌트가 신호를 전달합니다.

개발자: 그렇게 되면 칩의 내부 행위를 모델링할 수가 없습니다. 그건 너무 복잡해요.

전문가 2: 그럼 굳이 그렇게 할 필요는 없습니다. 간단하게 하셔도 됩니다. 컴포넌트를 통해 한 **핀**에서 다른 **핀**으로 전달되는 신호 목록만 있으면 됩니다.

개발자: 이런 식으로요?

[상당한 시행착오를 거쳐 우리는 함께 시나리오를 그려낼 수 있었다.]

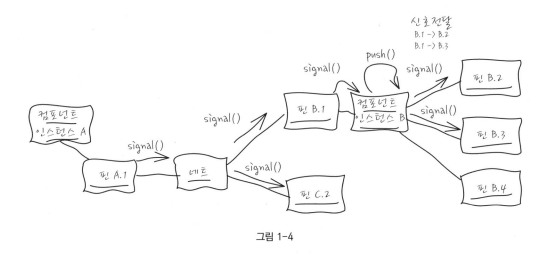

그림 1-4

개발자: 그런데 정확히 뭘 알아내려고 이런 계산을 하는 거죠?

전문가 2: 저희가 찾아내려고 하는 건 신호가 길게 지연되는 부분인데, 말하자면 신호 경로가 두세 개 이상의 홉(hop)으로 구성된 경우죠. 경험상 경로가 너무 길면 클럭 사이클(clock cycle) 동안 신호가 도착하지 못할 수도 있거든요.

개발자: 세 홉 이상이라……. 그럼 경로 길이를 계산해야겠군요. 그렇다면 뭘 한 홉으로 볼 수 있나요?

전문가 2: 신호가 **네트** 하나를 통과할 때마다 한 홉입니다.

개발자: 그럼 홉 수를 함께 넘기고, **네트**에서 그걸 증가시키면 되겠군요. 아래처럼 말이죠.

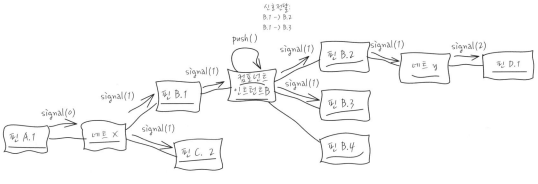

그림 1-5

개발자: 이제 분명하게 이해되지 않는 부분은 "신호 전달"이 어디서 발생하느냐밖에 없네요. 모든 **컴포넌트 인스턴스**에 그러한 데이터를 저장하나요?

전문가 2: 신호 전달은 모든 컴포넌트 인스턴스에 똑같이 적용될 겁니다.

개발자: 그럼 컴포넌트 유형에 따라 신호 전달이 결정되겠군요. 해당 유형의 인스턴스에 대해서는 모두 동일하다는 거죠?

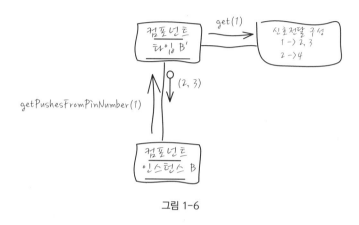

그림 1-6

전문가 2: 이 그림에서 정확히 무슨 의미인지 알기 힘든 부분도 있긴 하지만 각 컴포넌트가 거쳐간 경로는 그런 식으로 저장될 것 같네요.

개발자: 죄송합니다, 제가 너무 자세히 그렸군요. 단지 문제를 끝까지 생각해보려고 했을 뿐입니다. 그럼 이제 **토폴로지**를 어디에 넣으면 좋을까요?

전문가 1: 그건 탐침 시뮬레이션에서는 사용하지 않아요.

개발자: 그럼 그건 일단 논외로 하죠, 괜찮죠? 해당 기능을 다룰 때 다시 생각해 봅시다.

논의는 이런 식으로 진행됐다(여기에 나온 것보다 훨씬 더 많은 우여곡절이 있었지만). 브레인스토밍과 정제가 이뤄졌고, 질문과 설명이 오갔다. 모델은 내가 도메인을 이해하고 그러한 모델이 어떻게 해결책에 작용하는가를 PCB 설계자가 이해하는 과정과 함께 발전해 나갔다. 초기 모델을 나타내는 클래스 다이어그램은 다음과 같다.

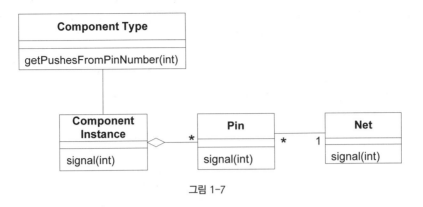

그림 1-7

이렇게 이틀을 더 보낸 후 나는 코드를 조금 작성해 볼 수 있을 만큼 이해했다는 생각이 들었다. 그래서 자동화된 테스트 프레임워크를 이용해 매우 간단한 프로토타입을 작성했다. 인프라스트럭처는 모두 생략했다. 영구 저장소도 사용자 인터페이스도 없었다. 이렇게 해서 작동 방식에만 집중할 수 있었다. 그러고 나서 채 며칠도 지나지 않아 간단한 탐침 시뮬레이션을 시연할 수 있었다. 탐침 시뮬레이션에서는 시험용 데이터(dummy data)를 사용하고 콘솔에 원시 텍스트를 출력하긴 했지만 자바 객체를 이용해 경로 길이를 실제로 계산했다. 그러한 자바 객체에는 도메인 전문가와 내가 공유한 모델이 반영돼 있었다.

이처럼 프로토타입이 구체적이었던 덕분에 도메인 전문가는 모델이 의미하는 바와 동작하는 소프트웨어와 모델 간의 관계를 좀더 명확하게 이해할 수 있었다. 그다음부터는 모델에 관한 논의가 좀더 양방향으로 이뤄졌는데, 이것은 내가 새로 알게 된 지식을 모델에 통합하고 다시 그것을 소프트웨어에 반영하는 과정을 도메인 전문가가 볼 수 있었기 때문이다. 게다가 도메인 전문가들은 프로토타입을 토대로 자신의 생각을 평가할 수 있는 구체적인 피드백도 얻을 수 있었다.

그와 같은 모델에 들어 있는 것, 그러니까 여기서 보인 것보다 훨씬 더 복잡해진 모델에 들어 있는 것은 우리가 해결해야 할 문제와 관련된 PCB라는 도메인에 관한 지식이었다. 모델에는 도메인에 관한 설명이 오가는 동안 존재했던 수많은 동의어를 비롯해 뜻은 같지만 말만 약간씩 다른 용어가 모두 들어 있었다. 엔지니어가 이해하고는 있지만 직접적인 관련은 없는 수백 가지에 이르는 사실들, 이를테면 컴포넌트의 실제 디지털 차원의 기능과 같은 사항은 제외됐다. 나 같은 소프트웨어 전문가는 다이어그램을 보면 몇 분 안에 이 소프트웨어의 정체가 뭔지 파악할 수 있을 것이다. 아울러 새로운 정보를 체계화하고 더 빠르게 배우게 하며, 무엇이 중요하고 중요하지 않은가를 더 잘 추측할 수 있게 하며, PCB 엔지니어와 더 원활하게 의사소통하게 만들어줄 틀을 갖추고 있을 것이다.

PCB 엔지니어들이 필요로 하는 새 기능을 설명할 때면 나는 PCB 엔지니어에게 객체의 상호
작용 방식에 관한 시나리오를 설명하게 했다. 모델 객체가 중요한 시나리오를 완수해내지 못한다
면 우리는 지식을 면밀히 검토하면서 새 객체를 생각해 내기 위한 브레인스토밍을 하거나 기존
객체를 변경했다. 우리는 모델을 정제했고, 그와 함께 코드도 발전했다. 몇 개월 후 엔지니어들은
기대 이상으로 기능이 풍부한 툴을 가질 수 있었다.

효과적인 모델링의 요소

우리는 다음과 같은 활동을 거쳐 지금까지 설명한 성공을 이끌어냈다.

1. **모델과 구현의 연계.** 초기 프로토타입을 토대로 본질적인 연결 고리를 만든 다음, 이어지
   는 모든 반복 주기 내내 그 연결 고리를 유지했다.

2. **모델을 기반으로 하는 언어 정제.** 처음에는 엔지니어가 나한테 기초적인 PCB 문제를 설
   명해야 했고, 나 또한 클래스 다이어그램이 뜻하는 바를 설명해야 했다. 하지만 프로젝트
   가 진행되면서 누구라도 모델에서 바로 용어를 끄집어내어 모델의 구조와 일관되게 문장
   을 구성할 수 있게 됐고 별도의 해석 없이도 문장을 명확히 이해할 수 있었다.

3. **풍부한 지식이 담긴 모델 개발.** 객체는 행위를 지니고 규칙을 이행했다. 모델은 단순히 데
   이터 스키마가 아니라 복잡한 문제를 해결하는 데 필수불가결한 것이었다. 그리고 모델에
   는 다양한 지식이 포함돼 있었다.

4. **모델의 정제.** 모델이 점차 완전해지면서 중요한 개념이 더해졌으며, 마찬가지로 쓸모없거
   나 중요하지 않다고 판명된 개념이 제거됐다는 점 또한 중요하다. 불필요한 개념과 필요한
   개념이 한데 묶여 있을 경우 본질과 무관한 개념은 모두 제거할 수 있게 본질적인 개념만
   을 식별할 수 있는 새로운 모델을 고안해냈다.

5. **브레인스토밍과 실험.** 스케치를 비롯해 브레인스토밍을 하려는 태도와 결합된 언어를 바
   탕으로 토의를 모델에 대한 실험실로 변모시켜 수백 가지의 실험용 변종을 연습하고, 시
   도해 보며, 평가할 수 있었다. 팀에서 시나리오를 검토할 때 시나리오를 말로 표현해보기
   만 해도 제안된 모델의 타당성 여부를 재빨리 판단할 수 있었는데, 이는 우리가 뭔가를 듣
   기만 해도 그러한 표현이 명확하고 쉬운지, 아니면 어색한지 빠르게 감지해 낼 수 있었기
   때문이다.

풍부한 지식이 담긴 모델을 발견하고 그러한 모델의 정제를 가능케 하는 것은 바로 브레인스토밍과 수차례에 걸친 실험으로 얻는 창의성이다. 이러한 창의성은 모델 기반 언어에서 십분 활용되고, 구현을 통한 피드백 고리로 갈고 닦인다. 이런 식의 **지식 탐구**는 팀 내 지식을 가치 있는 모델로 만든다.

지식 탐구

재무 분석가는 숫자를 면밀히 검토한다. 그들은 숫자의 바탕에 깔린 의미를 알아내려고 숫자를 결합하고 또 결합하며, 그리고 정말로 중요한 것, 말하자면 재무적 판단의 근거가 되는 지식을 드러내는 간결한 표현을 찾으면서 상세한 수치가 적힌 다량의 문서를 면밀히 검토한다.

효과적으로 도메인 모델링을 수행하는 사람들도 지식을 면밀히 탐구한다. 그들은 엄청난 양의 정보 속에서 아주 미미한 관련성을 찾아낸다. 그들은 전체를 이해할 수 있는 간결한 관점을 찾아 체계적인 아이디어들을 차례로 시도해본다. 그 과정에서 수많은 모델이 시도 · 거부 · 변형된다. 모든 세부사항에 들어 맞는 일련의 추상적 개념이 나타나면 비로소 성공에 이른다. 이렇게 해서 뽑아낸 정수는 가장 적절한 것으로 밝혀진 특정 지식을 엄밀하게 표현한 것이다.

지식 탐구는 혼자서 하는 활동이 아니다. 개발자와 도메인 전문가로 구성된 팀은 대체로 개발자가 이끄는 가운데 협업한다. 그들은 함께 정보를 받아들여 그것을 유용한 형태로 만든다. 원재료가 되는 지식은 도메인 전문가의 머릿속이나 기존 시스템 사용자, 동일한 도메인에 관련된 레거시 시스템의 기술팀, 혹은 이전의 다른 프로젝트에서 얻은 경험에서 나온다. 이러한 지식은 프로젝트나 업무에 활용할 용도로 작성된 문서의 형태를 띠며, 대화의 형태로 존재할 때가 훨씬 더 많다. 초기 버전이나 프로토타입에서 얻은 경험을 토대로 팀은 이해한 바가 바뀌기도 한다.

과거의 폭포수 개발 방식에서는 업무 전문가가 분석가에게 설명하고 다시 분석가는 업무 전문가가 설명한 내용을 이해하고 추상화해서 소프트웨어를 코드로 작성하는 프로그래머에게 넘긴다. 이러한 접근법은 피드백이 전혀 없어서 실패하게 마련이다. 폭포수 개발 방식에서는 모델을 만들어 내는 데 따르는 모든 책임이 분석가에게 있으며, 이러한 모델은 오로지 업무 전문가가 알려주는 사항에만 근거한다. 분석가들은 프로그래머에게서 배우거나 초기 버전의 소프트웨어에서 경험을 쌓을 기회를 얻지 못한다. 지식은 한 방향으로만 조금씩 천천히 흘러갈 뿐 축적되지 않는다.

다른 프로젝트에서는 반복 프로세스를 활용하지만 추상화를 하지 않는 까닭에 지식을 축적하는 데 실패한다. 개발자들은 원하는 기능을 전문가가 기술하게 한 다음 그 기능을 구현하기 시작한다. 개발자들은 결과를 전문가에게 보여주고, 다음으로 해야 할 일을 묻는다. 프로그래머가 리팩터링을 하면서 개발한다면 소프트웨어는 계속 확장이 가능한 말끔한 상태로 유지되겠지만 프로그래머가 도메인에 관심이 없다면 그 이면에 숨겨진 원리는 알지 못한 채 애플리케이션에서 수행해야 할 사항만 습득한다. 그러한 과정을 거치지 않아도 유용한 소프트웨어를 만들어 낼 수는 있겠지만 프로젝트는 기존 기능의 자연스러운 결과로 새로운 강력한 기능이 나타나는 정도의 수준에는 결코 이르지 못한다.

훌륭한 프로그래머라면 애초부터 추상화를 시작해서 더욱 많은 일을 해낼 수 있는 모델로 발전시킬 것이다. 하지만 이 같은 과정이 도메인 전문가와의 협업 없이 기술적인 측면에서만 일어난다면 개념은 초보적인 수준에 머무를 것이다. 이러한 피상적인 지식은 기초적인 역할만 수행하는 소프트웨어를 만들어 낼 뿐 도메인 전문가의 사고방식과 긴밀하게 연결되지는 않는다.

모든 구성원이 함께 모델을 면밀히 만들어 나가면 팀 구성원 간의 상호작용은 그 양상을 달리한다. 도메인 모델의 지속적인 정제를 토대로 개발자는 기능만을 기계적으로 만드는 데 머무르지 않고 자신이 보조하고 있는 업무의 중요 원칙들을 배운다. 도메인 전문가들은 자신이 알고 있는 지식의 정수만을 추출해내야 하므로 스스로 이해하는 바를 자주 정제하고, 그리하여 소프트웨어 프로젝트에서 요구하는 개념적 엄밀함(conceptual rigor)을 이해하게 된다.

이러한 모든 과정을 거쳐 팀 구성원은 더욱 유능한 지식 탐구자로 거듭난다. 그들은 모델과 관계없는 것은 가려내고 모델을 더욱 유용한 형태로 고쳐 만든다. 분석가와 프로그래머 모두가 모델을 만들어 나가므로 모델은 명료하게 조직화되고 추상화될 수 있으며, 구현을 더 용이하게 만들어준다. 도메인 전문가의 지속적인 관여로 모델은 심층적인 업무 지식을 반영하고, 추상화된 개념은 참된 업무 원칙에 해당한다.

모델이 점점 향상되면서 모델은 프로젝트 내내 계속해서 흘러가는 정보들을 조직화하는 도구로 자리잡는다. 모델은 요구사항 분석에 초점을 맞춘다. 또한 모델은 프로그래밍과 설계와 밀접한 관계를 맺는다. 그리고 모델은 선순환을 통해 도메인에 대한 팀 구성원의 통찰력을 심화시켜 팀 구성원이 더욱 분명하게 모델을 파악하게 하고, 이는 한층 더 높은 수준으로 정제된 모델로 이어진다. 이러한 모델은 결코 완벽해질 수 없으며, 다만 계속 발전해나갈 뿐이다. 모델은 도메인을 이해하는 데 실용적이고 유용해야 한다. 또한 모델은 쉽게 구현하고 이해하기에 충분할 만큼 엄밀해야 한다.

지속적인 학습

소프트웨어를 작성하기 시작할 때 우리는 충분히 알지 못한 상태에서 시작한다. 해당 프로젝트에서 다룰 지식은 단편적이고, 여러 사람들과 문서에 흩어져 있으며, 다른 정보와 섞여 있어 우리는 어떤 지식이 정말로 필요한지조차 알지 못한다. 기술적으로는 그다지 어려워 보이지 않는 도메인이 사람들을 현혹시키는 경우가 있는데, 우리는 스스로 얼마나 알지 못하는가를 깨닫지 못하는 것이다. 이러한 무지는 잘못된 가정으로 이어진다.

동시에 모든 프로젝트에서는 지식이 새기 마련이다. 뭔가를 학습한 사람들은 계속 자리를 옮긴다. 조직 개편으로 팀이 흩어지고 지식도 다시 여기저기로 흩어진다. 중대한 하위 시스템은 외주 제작되어 코드는 전달되지만 지식은 전달되지 않는다. 그리고 전형적인 설계 방법으로는 이렇게 힘겹게 알아낸 지식이 코드와 문서에서 유용한 형태로 표현되지 못하므로 어떠한 이유로든 구두로 전달하기가 어려워지면 지식은 사라진다.

생산성이 매우 뛰어난 팀은 **지속적인 학습**을 바탕으로 의식적으로 지식을 함양한다(Kerievsky 2003). 개발자에게는 이것이 일반적인 도메인 모델링 기술(이 책의 내용과 같은)과 기술적 지식이 모두 향상된다는 것을 의미한다. 그뿐만 아니라 여기엔 현재 종사하는 특정 도메인에 관해 진지하게 학습하는 것도 포함된다.

이처럼 스스로 학습하는 팀원은 가장 핵심적인 부분을 개발하는 데 초점을 맞춘 고정 핵심 인력을 형성한다(더 자세한 내용은 15장 참조). 이러한 핵심 팀원에게 축적된 지식으로 그들은 더욱 유능한 지식 탐구자가 된다.

이쯤에서 잠깐 멈추고 자문해 보자. PCB 설계 프로세스에 대해 배운 것이 있는가? 이 예제에서 피상적으로 도메인을 다루긴 했지만 도메인 모델에 관한 논의를 토대로 뭔가 배운 것이 있을 것이다. 나는 많은 것을 배울 수 있었는데, 내가 배운 것은 PCB 엔지니어가 되는 법이 아니었다. 그것은 목표가 아니었다. 내가 배운 것은 PCB 전문가와 대화하고 애플리케이션과 관련된 주요 개념을 이해하며, 우리가 만들고 있는 애플리케이션이 정상적으로 동작하는지 점검하는 것이었다.

사실 우리 팀은 탐침 시뮬레이션이 개발 우선순위가 낮다는 사실을 알게 됐고, 결국 그 기능은 최종 애플리케이션에 포함되지 않았다. 그뿐만 아니라 모델에서 컴포넌트를 통과해 신호를 전달하고 홉의 개수를 계산하는 것과 관련한 지식을 포착한 부분도 포함되지 않았다. 애플리케이션의 핵심은 다른 곳에 있는 것으로 드러났고 그 부분이 두드러지게끔 모델이 수정됐다. 즉, 도메인 전문가가 더 많이 배워 애플리케이션의 목표를 분명하게 만든 것이다(이 부분은 15장에서 더 자세히 다룬다.)

결국 이렇게 되긴 했지만 초기에 한 작업은 아주 중요했다. 핵심 모델 요소는 계속 유지됐지만 더 중요한 것은 그다음에 이어지는 작업, 즉 팀 구성원이나 개발자, 도메인 전문가에게서 모두 똑같이 지식을 얻고 의사소통 체계를 공유하며, 구현을 거쳐 피드백 고리를 완성하는 일을 모두 효과적으로 수행하는 지식 탐구 프로세스를 궤도에 올리는 것이었다. 발견을 위한 항해는 어디선가 시작돼야 한다.

풍부한 지식이 담긴 설계

PCB 예제처럼 모델에 포착돼 있는 지식은 단순한 "명사 찾기" 이상이다. 도메인에 관련된 엔티티만큼 업무 활동과 규칙도 도메인에 중요한데, 어떠한 도메인에도 다양한 범주의 개념이 존재한다. 지식 탐구는 이러한 통찰력을 반영하는 모델을 만들어낸다. 개발자는 모델의 변경에 맞춰 구현을 리팩터링해서 모델의 변경된 사항을 표현하고, 애플리케이션에서는 그러한 지식을 활용한다.

지식 탐구가 열정적으로 이뤄지려면 엔티티와 값을 넘어 이러한 활동이 이뤄져야 하는데, 이는 여러 업무 규칙 간에 실제로 모순되는 부분이 있을 수도 있기 때문이다. 대개 도메인 전문가는 업무 과정에서 모든 업무 규칙을 차례로 확인하고, 모순되는 사항을 조정하며, 상식적인 선에서 규칙의 빈틈을 메울 때 자신이 수행하는 지적 작용이 얼마나 복잡한지 알아차리지 못한다. 소프트웨어는 이렇게 할 수가 없다. 규칙을 명확하게 하고, 구체화하며, 조정하거나 고려해야 할 범위 밖으로 배제하는 것은 소프트웨어 전문가와의 긴밀한 협업하에서 진행되는 지식 탐구를 통해 이뤄진다.

예제

감춰진 개념 추출하기

이번에는 선박 화물의 운송 예약을 위한 애플리케이션의 기반이 될 매우 간단한 도메인 모델로
시작해보자.

그림 1-8

예약 애플리케이션의 책임이 각 **Cargo**(화물)를 하나의 **Voyage**(운항)와 연관관계를 맺고, 그
것을 기록·관리하는 것이라고 해보자. 지금까지는 아무런 문제가 없다. 애플리케이션의 어딘가
에는 아래와 같은 메서드가 있을 것이다.

```
public int makeBooking(Cargo cargo, Voyage voyage) {
    int confirmation = orderConfirmationSequence.next();
    voyage.addCargo(cargo, confirmation);
    return confirmation;
}
```

항상 마지막 순간에 예약을 취소하는 경우가 있으므로 선박이 운항 중에 나를 수 있는 화물
의 최대치보다 예약을 더 받아들이는 것이 해운 산업의 관행이다. 이를 "초과예약(overbooking)"
이라 한다. 간혹 용적 대비 110% 예약과 같이 용적을 나타낼 때 퍼센트를 쓰기도 한다. 이와 달리
주요 고객이나 특정 종류의 화물에 맞춘 복잡한 초과예약 규칙이 적용되는 경우도 있다.

이는 해운 산업에 종사하는 사업가에겐 기초적인 전략이지만 소프트웨어 팀 내에서 기술적 업
무를 수행하는 사람들에겐 생소할지도 모른다.

요구사항 문서에는 다음과 같은 내용이 있다.

10% 초과예약 허용.

이제 클래스 다이어그램과 코드는 다음과 같다.

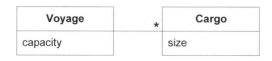

그림 1-9

```
public int makeBooking(Cargo cargo, Voyage voyage) {
    double maxBooking = voyage.capacity() * 1.1;
    if ((voyage.bookedCargoSize() + cargo.size()) > maxBooking)
        return -1;
    int confirmation = orderConfirmationSequence.next();
    voyage.addCargo(cargo, confirmation);
    return confirmation;
}
```

이제 중요한 업무 규칙이 애플리케이션 메서드의 보호절(guard clause)[1]로 감춰진다. 이후 4장
에서는 LAYERED ARCHITECTURE(계층형 아키텍처)라는 원칙을 살펴보고, 거기에 따라 초
과예약 규칙을 도메인 객체로 옮길 것이다. 하지만 지금은 이 지식을 더 명확하게 하고 프로젝트
에 관련된 모든 이가 해당 지식을 접하게 하는 방법에만 집중하자. 이러한 과정에서 비슷한 해법
이 나타날 것이다. 하지만 현재 코드에는 다음과 같은 문제가 있다.

1. 코드가 작성된 대로라면 개발자의 도움이 있더라도 업무 전문가가 이 코드를 읽고 규칙
   을 검증하지는 못할 것이다.

2. 해당 업무에 종사하지 않고 기술적인 측면만 담당하는 사람은 코드와 요구사항을 결부
   시키기가 어려울 것이다.

규칙이 좀더 복잡했다면 문제가 훨씬 더 심각해질 것이다.

우리는 설계를 변경해서 이 지식을 더 잘 담을 수 있다. 초과예약 규칙은 일종의 **정책**(policy)이
다. 정책이란 잘 알려진 STRATEGY(Gamma et al. 1995) 디자인 패턴의 또 다른 이름이다. 대개
정책은 각종 규칙을 대체할 필요성 때문에 만들어지므로 여기서는 필요하지 않다. 그러나 우리
가 담고자 하는 개념은 정책이라는 **의미**와 잘 맞아 떨어지며, 이러한 정책도 똑같이 도메인 주도
설계의 중요한 동기에 해당한다. (12장, "모델과 디자인 패턴의 연결" 참조)

---

1 (옮긴이) 오류를 방지하고자 미리 제약조건을 점검할 용도로 사용하는 절

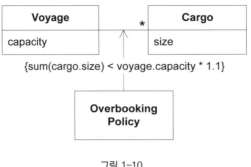

그림 1-10

코드는 이제 다음처럼 바뀐다.

```
public int makeBooking(Cargo cargo, Voyage voyage) {
    if (!overbookingPolicy.isAllowed(cargo, voyage)) return -1;
    int confirmation = orderConfirmationSequence.next();
    voyage.addCargo(cargo, confirmation);
    return confirmation;
}
```

새 Overbooking Policy(초과예약 정책) 클래스에는 아래 메서드가 포함된다.

```
public boolean isAllowed(Cargo cargo, Voyage voyage) {
    return (cargo.size() + voyage.bookedCargoSize()) <= (voyage.capacity() * 1.1);
}
```

이렇게 하면 초과예약이 별개의 정책이라는 사실을 모든 이가 분명히 알게 될 것이며, 이 규칙의 구현 또한 명시적으로 드러나고 다른 구현과 분리된다.

지금 나는 도메인의 모든 세부사항에 이러한 정교한 설계를 적용하라고 권하는 것이 아니다. 15장, "디스틸레이션"에서는 중요한 것에만 집중하고 나머지는 축소하거나 분리하는 방법을 깊이 있게 살펴보겠다. 이 예제의 목적은 지식을 보전하고 공유하는 데 도메인 모델과 그에 상응하는 설계를 이용할 수 있다는 사실을 보여주는 데 있다. 더 명시적인 설계는 아래와 같은 이점이 있다.

1. 설계를 이러한 수준까지 끌어올리려면 프로그래머와 그 밖의 관련된 모든 이가 초과예약의 특성을 단순히 불분명한 계산에 불과한 것이 아니라 별개의 중요한 업무 규칙임을 알아야만 할 것이다.

2. 프로그래머는 업무 전문가에게 그들이 이해할 수 있는 수준에서 기술적 산출물, 심지어 코드까지도 보여줄 수 있으며(안내도 해주면서), 이로써 피드백 고리도 완성된다.

심층 모델

유용한 모델은 겉으로 드러나 있는 경우가 거의 없다. 우리는 도메인과 애플리케이션의 요구사항을 이해하게 되면서 대체로 처음에 중요하게 생각했던 피상적인 모델 요소를 버리거나 관점을 바꾼다. 이로써 처음에는 나타나기 힘들지만 문제의 핵심을 관통하는 포착하기 힘든 추상화가 서서히 나타나기 시작한다.

앞에서 보여준 예제는 대체로 이 책에서 몇 차례 예제로 다룰 프로젝트 중 하나인 컨테이너 해운 시스템에 기반을 둔다. 이 책의 예제는 굳이 해운 전문가가 아니더라도 이해하기 쉬울 것이다. 그러나 팀 구성원의 지속적인 학습이 필요한 실제 프로젝트에서 유용하고 명확한 모델을 만들려면 흔히 도메인은 물론이거니와 모델링 기법에도 정교한 솜씨가 필요하다.

그 프로젝트에서는 화물을 예약하는 행위로 선적이 시작되므로 우리는 화물, 운송일정 등을 설명해줄 수 있는 모델을 만들었다. 이러한 일들이 모두 필요하고 유용한 것이었는데도 도메인 전문가는 만족스러워하지 않았다. 도메인 전문가가 업무를 바라보는 방식을 우리가 놓쳤기 때문이다.

결국 몇 달간의 지식 탐구 끝에 화물 취급이나 물리적인 하역 작업, 장소 간 이동과 같은 일은 주로 하도급자나 회사의 운영팀에서 수행한다는 사실을 알게 됐다. 해운 전문가의 관점에서는 각 주체 사이의 갖가지 책임 이동이 존재했다. 바로 해운업자에서 일부 지역 운송업자로, 한 운송업자에서 다른 운송업자로, 마지막으로 화물 인수자까지의 법적 및 실제적인 책임 이동을 관장하는 프로세스 말이다. 종종 중요한 절차가 진행되는 동안 화물은 창고에 보관될 것이고, 또 어떤 경우에는 화물이 해운 회사의 업무 의사결정과는 무관하게 복잡한 물리적 단계를 거칠 것이다. 운송 일정에 대한 세부 계획보다 오히려 더 중요한 역할을 하는 것은 선하증권(bill of lading)[2]과 같은 법률 문서와 납입 양도(release of payment)에 이르는 절차와 같은 것이었다.

해운 업무를 바라보는 시야가 깊어졌다고 Itinerary(운항 일정) 객체를 제거하는 것으로 이어

---

2 (옮긴이) 해상운송계약에 따른 운송화물의 수령 또는 선적(船積)을 인증하고, 그 물품의 인도청구권을 문서화한 증권.

진 건 아니지만 모델은 근본적으로 바뀌었다. 해운 업무를 바라보는 시각이 장소 간 컨테이너의 이동에서 엔티티와 엔티티 사이의 화물에 대한 책임 이동으로 바뀐 것이다. 아울러 이러한 책임 이동을 취급하는 것과 관련된 기능이 더는 선적 작업에 부자연스럽게 붙어 있는 것이 아니라 작업과 책임 간의 중요한 관계를 토대로 만들어진 모델의 중심에 자리잡았다.

지식 탐구는 탐험과도 같아서 어디서 끝나게 될지 알지 못한다.

02

의사소통과 언어 사용

도메인 모델은 소프트웨어 프로젝트를 위한 공통 언어의 핵심이 될 수 있다. 모델은 프로젝트에 참여한 사람들의 머릿속에 축적된 개념을 모아 놓은 것으로서 도메인에 대한 통찰력을 반영하는 용어와 관계로 표현된다. 이러한 용어와 상호관계는 기술적인 개발을 할 수 있을 만큼 충분히 정확한 동시에 도메인에 맞게 조정된 언어의 의미체계를 제공한다. 이는 모델을 개발 활동과 결부시키고 모델을 코드와 연계하는 데 매우 중요한 연결고리 역할을 한다.

모델 기반 의사소통은 통합 모델링 언어(Unified Modeling Language, UML)상의 다이어그램으로 한정돼서는 안 된다. 모델을 가장 효과적으로 사용하려면 모든 의사소통 수단에 스며들 필요가 있다. 이렇게 되면 애자일 프로세스에서 재강조되고 있는 약식 다이어그램과 형식에 얽매이지 않는 의사소통을 비롯해 텍스트 문서의 유용성도 향상된다. 또한 코드 자체 혹은 해당 코드의 테스트를 토대로 의사소통의 향상을 꾀할 수 있다.

프로젝트에서 언어를 사용하는 것은 미묘하지만 아주 중요하다.

UBIQUITOUS LANGUAGE
(보편 언어)

우선 문장을 쓰고
문장을 잘게 나눈다.
그러고 나서 무작위로
조각들을 섞은 다음 정렬한다.
구절의 순서는 아무런 차이를
만들어내지 않는다.
—루이스 캐롤, "시인은 태어나는 것"

유연하고 풍부한 지식이 담긴 설계를 만들려면 다용도로 사용할 수 있는 팀의 공유 언어와 그 언어에 대한 활발한 실험이 필요하다. 하지만 아쉽게도 소프트웨어 프로젝트에서는 그와 같은 실험이 거의 일어나지 않는다.

✖ ✖ ✖

도메인 전문가는 소프트웨어 개발에 사용되는 기술적인 전문 용어를 이해하는 데 한계가 있지만 자신이 종사하는 분야의 전문 용어는 아마 다양하게 사용할 것이다. 반면 개발자는 시스템을 서술적이고 기능적인 용어로 이해하고 토론할지는 모르지만 전문가들의 언어에 담긴 의미는 알지 못한다. 아니면 개발자는 설계는 뒷받침하지만 도메인 전문가는 이해할 수 없는 방식으로 추상화할지도 모른다. 문제의 다양한 영역을 다루는 개발자는 자기만의 설계 개념과 도메인을 서술하는 방식을 고안해내기 마련이다.

이처럼 언어적으로 어긋남에도 불구하고 도메인 전문가는 원하는 바를 모호하게 서술한다. 생소한 도메인을 이해하려고 고군분투하는 개발자가 이해하는 바도 모호한 수준에 머문다. 팀의 일부만이 가까스로 도메인 전문가와 개발자가 사용하는 언어를 모두 소화해 내지만, 금방 정보

흐름의 병목지점이 되고 그들이 번역하는 바도 정확하진 않다.

공통 언어가 없는 프로젝트에서는 개발자가 도메인 전문가를 위해 자신들의 언어를 번역해줘야 한다. 마찬가지로 도메인 전문가도 개발자 간의, 그리고 다른 도메인 전문가 간의 언어를 번역해줘야 한다. 심지어 개발자 사이에서도 서로 번역해줘야 할 때가 있다. 모델의 개념을 혼란스럽게 만드는 번역은 해로운 코드 리팩터링으로 이어진다. 의사소통이 직접적으로 일어나지 않아 개념이 분열돼도 이 같은 상태가 겉으로 드러나지 않는다. 즉, 팀원들이 용어를 다르게 써도 그것을 알아차리지 못한다. 결과적으로 조화가 깨진, 신뢰할 수 없는 소프트웨어가 만들어진다(14장 참고). 번역에 따르는 노력으로 심층 모델에 대한 통찰력에 이르게 하는 지식과 아이디어의 상호작용이 저해된다.

프로젝트에서 사용하는 언어가 분열되면 심각한 문제가 발생한다. 도메인 전문가는 자신의 전문 용어를 사용하고 기술적인 업무를 맡은 팀원들은 설계 측면에서 도메인에 관한 토론에 적합한 자신들만의 언어를 사용한다.

일상적인 토론에서 쓰이는 용어가 코드(궁극적으로 가장 중요한 소프트웨어 프로젝트 산출물)에 녹아든 용어와 단절된다. 그리고 같은 사람인데도 말할 때나 글을 쓸 때 서로 다른 용어를 써서 도메인의 가장 간결하고 명확한 표현이 일시적인 형태로 나타났다가 코드나 문서에도 담기지 않는 결과가 나타나기도 한다.

번역은 의사소통을 무디게 하고 지식 탐구를 빈약하게 만든다.

이처럼 일부 사람들만 쓰는 언어는 모두의 필요를 충족하지 못하므로 공통 언어가 될 수 없다.

모든 번역에 따르는 부대 비용과 그에 따른 오해의 위험은 너무나 크다. 프로젝트에는 최소 공통 분모보다는 좀더 탄탄한 토대가 될 공통 언어가 필요하다. 팀에서 의식적인 노력을 기울인다면 도메인 모델이 그러한 공통 언어의 근간를 제공하고 동시에 팀 내 의사소통을 소프트웨어 구현이 이르기까지 연결할 수 있다. 그러한 언어는 해당 팀의 업무상 어디서든 확인할 수 있다.

UBIQUITOUS LANGUAGE를 구성하는 어휘에는 클래스와 주요한 연산의 이름이 있다. 이 LANGUAGE(언어)에는 모델 내에서 명시적으로 드러나는 규칙을 토론하기 위한 용어가 포함된다. 여기엔 모델에 부과된 높은 수준의 구성 원칙(14장과 16장에서 논의할 CONTEXT MAP(컨텍스트 맵)과 대규모 구조와 같은)에서 비롯된 용어도 더해진다. 마지막으로 이 언어는 팀에서 일반적으로 도메인 모델에 적용하는 패턴의 이름으로 풍부해진다.

모델의 관계는 모든 언어에 내재된 결합 규칙이 된다. 단어와 구절의 의미는 모델을 구성하는 개별 요소의 의미를 각각 반영한다.

모델 기반 언어는 개발자 사이에서 시스템의 산출물뿐 아니라 업무와 기능을 기술할 때도 사용해야 한다. 아울러 이 모델은 개발자와 도메인 전문가가 서로 의사소통하는 것뿐만 아니라 도메인 전문가들이 서로 요구사항, 개발 계획, 기능에 관해 의사소통하는 데도 언어를 제공해야 한다. 언어가 널리 사용될수록 더욱 원활하게 이해할 수 있다.

적어도 우리는 이 정도 수준까지는 나아가야 한다. 하지만 초기 모델은 분명히 이러한 역할을 다하지 못할 것이다. 초기 모델은 해당 분야의 전문 용어에 대한 의미적 풍부함이 결여돼 있을지도 모른다. 물론 그러한 전문 용어는 모호함과 모순을 지니고 있으므로 그대로 사용하지는 못한다. 또 개발자가 코드에 구현한 한층 더 분간하기 어렵고 실제적인 특징이 빠져 있을 수도 있는데, 이는 개발자가 그러한 전문 용어를 모델의 요소로 여기지 않았거나 코딩 스타일이 절차적이고 도메인의 해당 개념을 불분명하게 전달하는 데 그치기 때문이다.

일련의 과정들이 마냥 되풀이되는 듯해도 좀더 쓸모 있는 모델을 만들어낼 수 있는 지식 탐구 과정은 모델 기반 언어에 팀 전체가 헌신할 때 비로소 가능해진다. UBIQUITOUS LANGUAGE를 지속적으로 사용하다 보면 모델의 취약점이 드러날 것이다. 팀은 실험을 토대로 부자연스러운 용어나 결합의 대안을 찾아낼 것이다. 언어에 공백이 발견되면 토론하는 가운데 새로운 단어가 나타날 것이다. **이러한 언어의 변화는 도메인 모델의 변화로 인식될 것이며,** 용어의 의미가 바뀌면 팀에서는 클래스 다이어그램을 수정하고 코드상의 클래스와 메서드의 이름을 변경하며, 심지어 동작 방식도 바꿀 것이다.

개발자들은 구현이라는 맥락에서 이러한 언어를 사용하고 의미가 부정확하거나 모순되는 사항을 지적해서 도메인 전문가가 실행 가능한 대안을 생각해 내게끔 만들 것이다.

물론 도메인 전문가는 더욱 폭넓은 맥락을 설명하거나 설정하고자 UBIQUITOUS LANGUAGE의 범위를 넘어서서 말할 것이다. 그러나 모델이 다루는 범위 안에서는 LANGUAGE를 사용해야 하고 그것이 부자연스럽거나 불완전하거나, 또는 틀린 경우에는 관심을 기울여야 한다. 모든 상황에서 모델 기반 언어를 사용하고 모델 기반 언어가 자연스럽게 느껴질 때까지 끊임없이 노력한다면 간결한 요소로 복잡한 아이디어를 표현할 수 있는 완전하고 이해하기 쉬운 모델을 만들어 낼 수 있다.

그러므로

모델을 언어의 근간으로 사용하라. 팀 내 모든 의사소통과 코드에서 해당 언어를 끊임없이 적용하는 데 전념하라. 다이어그램과 문서에서, 그리고 특히 말할 때 동일한 언어를 사용하라.

대안 모델을 반영하는 대안이 되는 표현을 시도해 봄으로써 어려움을 해소하라. 그런 다음 새로운 모델에 맞게끔 클래스, 메서드, 모듈의 이름을 다시 지으면서 코드를 리팩터링하라. 일상적으로 쓰는 단어의 의미에 동의를 이끌어내는 것과 같은 방식으로 대화할 때 쓰는 용어의 혼란도 해결하라.

UBIQUITOUS LANGUAGE의 변화가 곧 모델의 변화라는 것을 인식하라.

도메인 전문가는 도메인을 이해하는 데 부자연스럽고 부정확한 용어나 구조에 대해 반대 의사를 표명해야 한다. 개발자는 설계를 어렵게 만드는 모호함과 불일치를 찾아내는 데 촉각을 곤두세워야 한다.

UBIQUITOUS LANGUAGE와 함께 모델은 단순히 설계 산출물이 아니다. 모델은 개발자와 도메인 전문가가 함께 수행하는 모든 부문에 필수불가결한 요소가 된다. LANGUAGE는 동적인 형태로 지식을 전달한다. LANGUAGE를 써서 진행하는 논의는 다이어그램과 코드 이면에 존재하는 의미에 활기를 불어넣는다.

�҂ �҂ �҂

지금은 UBIQUITOUS LANGUAGE에 관한 논의에서 모델이 딱 하나만 있다고 가정한다. 14장, "모델의 무결성 유지"에서는 서로 다른 모델(및 언어)의 공존과 모델의 분열을 막는 방법을 다룬다.

코드상에 나타나지 않는 설계 측면을 전달하는 역할은 주로 UBIQUITOUS LANGUAGE가 담당한다. 여기서 그러한 설계 측면으로는 전체 시스템을 구성하는 대규모 구조(16장 참조), 서로 다른 시스템과 모델 간의 관계를 정의하는 BOUNDED CONTEXT(제한된 컨텍스트, 14장 참조), 그밖에 모델과 설계에 적용할 수 있는 패턴이 있다.

예제

화물의 운송 항로 고안하기

다음에 나올 두 대화에는 미묘하지만 중요한 차이점이 있다. 각 시나리오에서는 대화 과정에서 소프트웨어가 업무에 어떤 의미를 주는가와 소프트웨어가 기술적으로 어떻게 동작하는가에 관해 얼마나 많은 이야기가 오가는지 주의깊게 살펴보자. 사용자와 개발자는 동일한 언어로 이야기하는가? 해당 언어가 애플리케이션에서 수행해야 할 내용에 관한 논의를 이끌어갈 만큼 풍성한가?

시나리오 1: 도메인에 대한 최소한의 추상화

데이터베이스 테이블: cargo_bookings

Cargo_ID	Transport	Load	Unload

그림 2-1

사용자: 그럼 통관 지점이 바뀌면 항로 설정을 완전히 새로 해야 합니다.

개발자: 맞습니다. 저희는 운송 테이블에서 해당 화물 아이디를 지닌 행을 모두 삭제할 겁니다. 그러고 나서 Routing Service(항로 설정 서비스)에 출발지, 목적지, 새 통관 지점 데이터를 입력하고, Routing Service에서는 해당 데이터를 테이블에 재입력할 것입니다. 운송 테이블에 데이터가 있는지 판단하려면 Cargo(화물) 객체에 불린(Boolean) 값이 있어야 할 겁니다.

사용자: 행을 삭제한다고요? 어쨌든 좋습니다. 그건 그렇고 이전에 통관 지점이 전혀 없는 경우에도 같은 작업을 해야 합니다.

개발자: 물론이죠. 출발지, 목적지, 통관 지점을 변경하는 경우(또는 처음 입력하는 경우)에는 언제든 운송 데이터가 있는지 확인한 후 그것을 삭제하고 Routing Service로 다시 만들 것입니다.

사용자: 물론 기존 통관이 딱 맞는 거라면 이 작업은 안 해도 될 겁니다.

개발자: 네, 문제 없습니다. Routing Service로 단순히 매번 하역 작업만 반복하는 게 더 쉽습니다.

사용자: 네, 그렇지만 새로운 운항 일정을 대상으로 가능한 모든 계획을 만들려면 별도 작업이 필요합니다. 그러므로 변경 때문에 꼭 필요한 경우가 아니면 새로운 항로 설정 작업을 하지 않았으면 합니다.

개발자: 음, 그럼 처음으로 통관 지점을 입력할 때는 테이블을 조회해서 전에 만들어둔 통관 지점을 찾은 다음 새로운 통관 지점과 비교해봐야 합니다. 그러면 재작업이 필요한지 알 수 있습니다.

사용자: 출발지와 목적지에 대해서는 이 부분을 걱정하지 않으셔도 됩니다. 왜냐하면 그때는 운항 일정이 항상 바뀌거든요.

개발자: 좋습니다. 그렇게 하겠습니다.

시나리오 2: 논의를 돕는 풍성한 도메인 모델

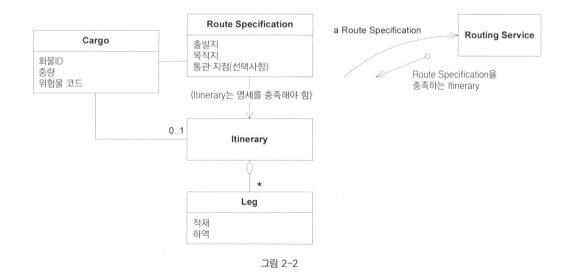

그림 2-2

> **사용자:** 그럼 통관 지점이 바뀌면 항로 설정을 완전히 새로 해야 합니다.
>
> **개발자:** 맞습니다. Route Specification(항로 설정 명세)에 있는 속성 중 어떤 것이라도 변경할 때는 이전 Itinerary(운항 일정)를 삭제하고 Routing Service를 이용해서 새로운 Route Specification에 기반을 둔 새로운 운항 일정을 생성할 것입니다.
>
> **사용자:** 이전에 전혀 통관 지점을 지정하지 않았더라도 그런 작업을 해야 할 겁니다.
>
> **개발자:** 물론입니다. Route Specification에 변경된 것이 있으면 언제나 Itinerary를 다시 만듭니다. 여기엔 처음으로 뭔가를 입력하는 것도 포함되고요.
>
> **사용자:** 물론 기존 통관을 이번에도 동일하게 사용할 수 있다면 이 작업은 안 해도 될 겁니다.
>
> **개발자:** 문제 없습니다. Routing Service로 Itinerary를 반복하는 게 더 쉽습니다.
>
> **사용자:** 네, 그렇지만 새로운 Itinerary를 대상으로 가능한 모든 계획을 만들려면 별도 작업이 필요합니다. 그러므로 변경 때문에 꼭 필요한 경우가 아니면 새로운 항로 설정 작업을 하지 않았으면 합니다.
>
> **개발자:** 아, 네. 그렇다면 Route Specification에 몇 가지 기능을 추가해야겠네요. 그럼 Specification이 변경될 때마다 Itinerary가 여전히 Specification을 충족하는지 파악할 테고, Itinerary가 Specification을 충족하지 못하면 Routing Service로 Itinerary을 다시 만들어야 할 겁니다.
>
> **사용자:** 출발지와 목적지에 대해서는 이 부분을 걱정하지 않으셔도 됩니다. 왜냐하면 그때는 Itinerary가 항상 바뀌거든요.
>
> **개발자:** 좋습니다. 그런데 저희한테는 매번 비교하는 게 더 간단할 겁니다. Itinerary는 Route Specification을 더는 충족하지 못할 경우에만 생성될 겁니다.

두 번째 대화가 도메인 전문가의 의도를 더 잘 전달한다. 사용자는 두 대화에서 모두 "운항 일정(itinerary)"이라는 용어를 사용했다. 그러나 두 번째 대화에서는 운항 일정이 객체로 표현되어 두 사람이 명확하고 구체적으로 논의할 수 있었다. 아울러 항로 설정 명세에 대해서도 매번 속성과 절차 측면에서 항로 설정 명세를 기술하는 대신 "항로 설정 명세(route specification)"라는 객체로 명확하게 표현해서 논의를 이끌어나갔다.

이 두 가지 대화는 일부러 병행식으로 구성했다. 현실적으로 첫 번째 대화는 애플리케이션의 특징 설명과 잘못된 의사소통의 결과로 더 장황했을 것이다. 반면 두 번째 설계에는 도메인 모델 기반의 용어를 사용해서 대화가 더욱 정확해졌다.

크게 소리내어 모델링하기

인간은 구어에 천부적인 재능을 지니고 있으므로 다른 형태의 의사소통과 말하기를 분리하면 대단히 큰 손실이 발생한다. 하지만 안타깝게도 사람들은 이야기를 나눌 때 대개 도메인 모델의 언어를 사용하지 않는다.

이 말이 처음에는 납득되지 않을 수도 있고 사실 예외도 있다. 하지만 다음에 요구사항이나 설계를 위한 논의에 참석하게 되면 잘 들어보자. 분명 업무 관련 전문용어의 특징을 기술한 내용이나 비전문가가 전문용어를 자체적으로 해석한 내용을 듣게 될 것이다. 또한 기술적 산출물과 구체적인 기능에 관한 이야기도 듣게 될 것이다. 그리고 당연히 도메인 모델에 있는 용어도 듣는다. 업무 관련 전문용어에서 뽑아낸 공통 언어 가운데 알기 쉬운 명사는 통상 객체로 코딩될 것이며, 그러한 용어는 논의에서 거론될 가능성이 높다. 하지만 현재 도메인 모델에 존재하는 관계와 상호작용의 관점에서 기술한 표현을 약간이라도 들은 적이 있는가?

모델을 정제하는 가장 좋은 방법은 가능한 모델 변형을 구성하는 다양한 요소를 큰 소리로 말하면서 말하기를 통해 살펴보는 것이다. 다듬어지지 않은 표현은 쉽게 분간할 수 있다.

> "Routing Service에 출발지, 목적지, 도착 시각을 전달하면 화물이 멈춰야 할 지점을 찾고, 음... 그것을 데이터베이스에 삽입한다." (모호하고 기술적임)

> "출발지, 목적지, 등등... 이것들을 모두 Routing Service에 넣으면 필요한 것이 모두 담긴 Itinerary를 돌려받는다." (좀더 완전해졌지만, 장황함)

> "Routing Service는 Route Specification을 만족하는 Itinerary를 찾는다." (간결함)

다이어그램을 그려서 시각적/공간적 추론 능력을 활용하는 것이 중요한 것과 마찬가지로 모델링할 때 우리의 언어 능력을 활용해 단어와 구절을 곱씹어보는 것도 절대적으로 필요하다. 이는 체계적인 분석과 설계에서 우리가 보여주는 분석 역량과 코드와 관련된 신비한 "감각"을 활용하는 것과도 일맥상통한다. 이 같은 사고방식은 서로를 보완하고, 유용한 모델과 설계를 찾는 데 모두 필요하다. 이 가운데 언어를 사용한 실험은 가장 자주 간과되곤 한다(3부에서는 이러한 언어를 토대로 한 발견 프로세스를 심층적으로 살펴보고 각종 대화에서 실제로 이러한 상호작용이 어떻게 일어나는지 보여주겠다).

사실 우리의 뇌는 구어를 활용해 복잡함을 다루는 데 다소 특화돼 있는 듯하다(나 같은 문외한에게 적합한 책으로 스티븐 핑커(Steven Pinker)의 『언어 본능(The Language Instinct)』(Pinker 1994)[1]이 있다). 예를 들어, 사업상 다른 언어적 배경을 지닌 사람이 모인 경우 공통 언어가 없다면 그들은 혼성어(피진(pidgin)이라고 한다)를 만들어낸다. 혼성어는 화자가 원래 쓰는 언어만큼 포괄적이지는 못하지만 당면한 문제에 쓰기에는 적당하다. 이야기를 나눌 때 사람들은 자연스럽게 단어의 해석과 의미에서 차이를 발견하고 수월하게 그러한 차이를 해소한다. 즉, 언어상 껄끄러운 부분을 찾아내서 부드럽게 만드는 것이다.

한번은 대학에서 강도 높은 스페인어 수업을 수강한 적이 있다. 이 수업의 규칙은 영어로 한 마디도 말하면 안 되는 것이었다. 처음엔 당황스러웠다. 엄청 부자연스러웠고 자제력이 많이 필요했다. 하지만 결국 나와 급우는 종이에 적힌 연습문제로는 결코 이르지 못할 수준까지 유창하게 스페인어를 구사할 수 있었다.

도메인 모델에 사용된 UBIQUITOUS LANGUAGE를 논의(특히 개발자와 도메인 전문가가 시나리오와 요구사항에 대해 충분한 이야기를 나눠 해결하고자 하는)할 때 사용하면 우리는 해당 언어를 더욱 유창하게 구사하고 서로에게 해당 언어의 미묘한 차이까지 가르칠 수 있다. 자연스럽게 다이어그램과 문서만으로는 일어날 수 없는 방식으로 말로써 언어를 공유하게 되는 것이다.

소프트웨어 프로젝트에 UBIQUITOUS LANGUAGE를 적용하기란 말처럼 쉽지 않고 이를 성공적으로 달성하려면 우리의 천부적인 재능을 충분히 발휘해야 한다. 인간의 시각적, 공간적 능력이 도식으로 나타낸 자료에 담긴 정보를 빠르게 전달하고 가공할 수 있는 것처럼 문법적, 의미적 언어에 대한 타고난 재능을 모델을 개발하는 데 활용할 수 있다.

그러므로 UBIQUITOUS LANGUAGE 패턴의 추가 사항은 다음과 같다.

시스템에 관해 이야기를 주고받을 때 모델을 사용하라. 모델의 요소와 상호작용을 이용하고 모델이 허용하는 범위에 개념을 조합하면서 시나리오를 큰 소리로 말해보라. 표현해야 할 것을 더 쉽게 말하는 방법을 찾아낸 다음 그러한 새로운 아이디어를 다이어그램과 코드에 적용하라 .

한 팀, 한 언어

종종 기술 담당자는 업무 전문가에게 도메인 모델을 보여 줄 필요가 없다고 생각한다. 그들은 이렇게 말한다.

---

1 (옮긴이) 국내 번역서로 『언어본능: 마음은 어떻게 언어를 만드는가?』(동녘사이언스, 2008)라는 제목으로 출간된 바 있다.

"업무 전문가들에게는 너무 추상적이라서요."

"업무 전문가들은 객체를 이해하지 못해요."

"업무 전문가들이 쓰는 용어로 된 요구사항을 만들어야 해요."

이는 팀에 두 가지 언어가 존재해야 하는 이유로 들은 이야기 중 일부에 불과하다. 이런 말은 귀담아 듣지 않아도 된다.

물론 설계에는 도메인 전문가와 관련이 없는 기술적인 구성요소도 있지만 모델의 핵심은 도메인 전문가의 관심을 끌어야 한다. 너무 추상적이다? 그럼 추상화가 제대로 됐는지는 어떻게 알 수 있는가? 도메인 전문가만큼 도메인을 깊이 있게 이해하는가? 간혹 특정한 요구사항은 더 낮은 수준의 사용자에게서 수집하고 도메인 전문가에게 더 구체적인 용어가 필요할지도 모르지만 도메인 전문가는 해당 분야에 대해 다소 심층적으로 사고할 수 있는 능력을 갖추고 있다고 봐야 한다. **수준 높은 도메인 전문가도 해당 모델을 이해하지 못한다면 모델이 뭔가 잘못된 것이다.**

사용자가 아직 모델링되지 않은 시스템의 향후 특성을 논의하는 초기 단계에서는 당연히 사용할 모델이 존재하지 않는다. 그러나 사용자가 개발자와 함께 이러한 새로운 아이디어를 검토하기 시작하면서 공유할 모델을 찾는 과정이 시작된다. 그 과정은 부자연스럽고 완전하지 못한 상태로 시작될지도 모르지만 점차 정제될 것이다. 새로운 언어가 발전해감에 따라 도메인 전문가는 해당 언어를 채택하고 여전히 중요한 기존 문서를 개정하는 데 각별한 노력을 기울여야 한다.

도메인 전문가가 개발자와 논의하거나 다른 도메인 전문가와 논의할 때 이 언어를 사용하면 모델에서 요건에 적합하지 않거나 잘못된 부분을 금방 발견하게 된다. 아울러 도메인 전문가는(개발자의 도움에 힘입어) 모델 기반 언어의 정밀함을 토대로 도메인 전문가가 생각하는 바 중에서 모순되거나 모호한 부분도 알게 될 것이다.

개발자와 도메인 전문가는 시나리오를 토대로 모델 객체를 단계적으로 사용해 보면서 비공식적으로 모델을 시험해볼 수 있다. 거의 모든 논의에서 개발자와 사용자 전문가가 함께 모델을 검증할 기회가 마련되고 점차 서로의 개념 이해와 정제가 깊어진다.

도메인 전문가는 모델의 언어를 바탕으로 유스케이스를 작성하고, 인수 테스트를 구체화함으로써 모델을 훨씬 더 직접적으로 다룰 수 있다.

간혹 모델에 있는 언어를 사용해서 요구사항을 수집한다는 생각에 반대하는 경우가 있다. 결국 요구사항은 그것을 이행하는 설계와 독립적이어야 한다는 것이다. 이것은 모든 언어는 어떤 모델에 기반을 두고 있다는 현실을 간과한 것이다. 단어의 의미는 애매하다. 도메인 모델은 통상 도메인 전문가의 전문용어에서 비롯되지만 더 명료하고 한정된 정의로 정리될 것이다. 물론 도메인 전문가는 이러한 정의가 해당 분야의 통념에서 벗어나면 이의를 제기해야 한다. 애자일 프로세스에서는 애플리케이션을 충분히 구체화할 지식을 초반에 갖출 수 있는 경우가 거의 없으므로 프로젝트가 진행되면서 요구사항 또한 발전한다고 본다. 정제된 UBIQUITOUS LANGUAGE로 요구사항을 재구성하는 일이 이러한 발전 과정의 일부여야 한다.

때로는 여러 언어가 필요할 때도 있지만 도메인 전문가와 개발자 사이에 언어적 분열이 일어나서는 안 된다. (12장, "모델의 무결성 유지"에서 같은 프로젝트에서 모델이 공존하는 주제를 다루겠다.)

물론 개발자는 분명 도메인 전문가가 이해하지 못하는 기술적 용어를 사용한다. 개발자는 시스템의 기술적 측면을 논의하는 데 필요한 광범위한 전문용어를 사용한다. 사용자 또한 십중팔구 애플리케이션이 다루는 한정된 범위와 개발자의 이해 수준을 넘는 전문용어를 사용한다. 그러나 이러한 용어는 UBIQUITOUS LANGUAGE의 확장 영역에 해당한다. 이 영역의 언어에는 별개의 모델을 반영하면서 같은 도메인에서 쓰이는 대체 어휘가 포함돼 있어서는 안 된다.

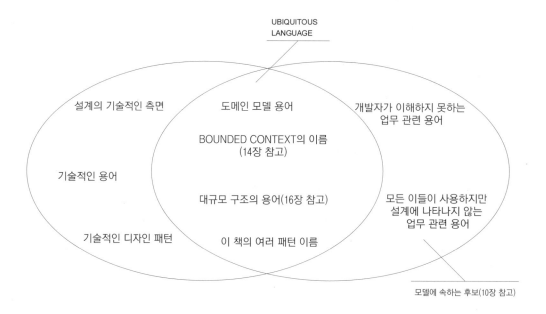

그림 2-3 | 각종 전문용어의 교차 지점에 형성된 UBIQUITOUS LANGUAGE

UBIQUITOUS LANGUAGE가 마련되면 개발자 간의 대화, 도메인 전문가 간의 논의, 코드 자체에 포함된 표현까지 이 모든 것이 공유된 도메인 모델에서 비롯된 동일한 언어를 기반으로 한다.

문서와 다이어그램

나는 소프트웨어 설계를 논의하는 회의를 할 때마다 화이트보드나 스케치북에 그림을 그리지 않으면 제대로 되는 경우가 거의 없다. 내가 그리는 것은 상당수 UML 다이어그램인데, 주로 클래스 다이어그램이나 객체 상호작용이 대부분을 차지한다.

어떤 사람들은 태어날 때부터 시각에 크게 의지하고 있어 어떤 특정한 종류의 정보를 파악하는 데 다이어그램이 도움이 된다. UML 다이어그램은 객체 간의 관계를 전달하는 데 특히 좋고 상호작용을 보이는 데도 알맞다. 그러나 UML은 해당 객체의 개념적 정의를 전해주지는 못한다. 회의를 할 때 나는 다이어그램의 밑그림을 그리면서 말로 그러한 의미를 보충하거나 다른 참석자와 대화를 나누는 과정에서 그러한 의미가 나타나곤 한다.

간결하고 형식에 얽매이지 않은 UML 다이어그램은 논의의 구심점 역할을 할 수 있다. 당면한 쟁점에서 가장 중심이 되는 3개에서 5개 가량의 객체에 대해 다이어그램의 밑그림을 그린다. 그러면 모든 이가 거기에 집중할 수 있다. 그들은 객체 간의 관계를 바라보는 관점, 그리고 더 중요한 객체의 이름을 공유할 것이다. 구두로 하는 논의는 이러한 보조 수단을 토대로 효과를 더 높일 수 있다. 사람들이 다양한 사고 실험을 시도해보면서 다이어그램은 변경될 수 있고, 밑그림은 논의의 핵심 영역에 해당하는 말로 표현되는 단어들의 유동성을 어느 정도 띠게 될 것이다. 어쨌든 UML은 통합 모델링 **언어**를 나타내는 말이 아니던가.

문제는 사람들이 UML을 통해서만 전체 모델이나 설계를 전달해야 한다고 느낄 때 생긴다. 많은 객체 모델 다이어그램은 지나치게 완전한 동시에 많은 부분이 생략돼 있다. 객체 모델이 지나치게 완전해지는 까닭은 사람들이 앞으로 코딩할 것들을 모조리 모델링 툴에 집어넣어야 한다고 생각하기 때문이다. 이러한 모든 세부사항이 존재하는 상황에서는 어느 누구도 나무만 보고 숲은 보지 못한다.

하지만 그러한 모든 세부사항에도 불구하고 속성과 관계는 객체 모델의 반 정도를 차지할 뿐이다. 객체의 행위(behavior)와 제약조건(constraint)은 그리기가 수월하지 않다. 객체 상호작용 다이어그램은 설계상 몇 가지 다루기 어려운 부분을 설명할 수도 있지만 상호작용의 상당수는 그러한 방식으로 표현할 수 없다. 다이어그램을 만들고 또 그것들을 해석하자면 해야 할 일이 너무 많다. 그리고 상호작용 다이어그램은 여전히 모델의 목적을 암시하는 데 그친다. 제약조건과 단언(assertion)까지 포함하려면 텍스트를 작은 괄호로 감싸서 다이어그램에 집어넣는 수밖에 없다.

객체의 행위적 책임은 연산 이름으로 넌지시 비출 수 있고 객체 상호작용(혹은 시퀀스) 다이어그램으로 암묵적으로 보여줄 수 있지만 설명하지는 못한다. 그래서 이를 설명하는 것은 별도의 텍스트나 대화의 몫으로 남는다. 즉, UML 다이어그램은 모델의 가장 중요한 두 가지 측면을 전달할 수 없는데, 그것은 바로 모델이 나타내는 개념의 의미와 모델 내 객체의 행위다. 그렇다고 이 때문에 꼭 곤경에 빠진다는 의미는 아니다. 그 까닭은 영어(혹은 스페인어든 뭐든)가 이러한 역할을 아주 잘 수행하기 때문이다.

UML은 아주 만족스러운 프로그래밍 언어도 아니다. 나는 모델링 툴의 코드 생성 기능을 사용하려고 시도할 때마다 역효과가 일어나는 것을 봐왔다. UML로 표현하지 못한다고 해서 표현할 수 없다면 네모와 선으로 구성된 다이어그램에는 맞지 않는다는 규칙 때문에 종종 모델의 가장 중요한 부분을 생략해야만 할 것이다. 그리고 당연히 코드 생성기는 그러한 텍스트로 된 주석을 이용하지 못한다. 실행 가능한 프로그램을 UML과 비슷한 다이어그램 제작 언어로 작성할 수 있는 어떤 기술을 사용한다면 UML 다이어그램은 단순히 프로그램 자체를 바라보는 또 하나의 방식으로 전락하고 "모델"이라는 본연의 의미는 잃어버리고 만다. UML을 구현 언어로 사용한다면 정돈된 모델을 전달하는 다른 수단이 여전히 필요할 것이다.

다이어그램은 의사소통과 설명의 수단이며 브레인스토밍을 촉진한다. 이러한 목적은 다이어그램이 최소화됐을 때 가장 잘 달성된다. 전체 객체 모델을 전부 포괄하는 다이어그램은 의사소통이나 설명이라는 목적을 달성하지 못한다. 이러한 다이어그램은 읽는 이를 세부사항으로 압도하고 다이어그램의 의미 또한 누락돼 있다. 이런 이유로 포괄적인 객체 모델 다이어그램이나 심지어 UML의 포괄적인 데이터베이스 저장소마저도 피하게 되고 결국 설계를 이해하는 데 필수적인, 객체 모델 중 개념적으로 중요한 부분만을 나타내는 단순화된 다이어그램을 작성하게 된다. 이 책에 포함된 다이어그램은 필자가 프로젝트에서 늘 쓰는 것들이다. 이 다이어그램들은 간결하고 설명적이며 심지어 핵심을 명확하게 표현하기만 하면 표준에 없는 표기법도 일부 포함하고 있다. 이 다이어그램들은 설계상의 제약조건을 보여주지만 모든 세부사항에 걸친 설계 명세는 아니다. 그것들은 아이디어의 골자를 나타낼 뿐이다.

설계의 생생한 세부사항은 코드에 담긴다. 잘 작성된 구현은 투명해서 설계를 지탱하는 모델을 드러내야 한다(이를 확인하는 것이 다음 장을 비롯해 이 책의 나머지 부분에서 상당 부분을 차지하는 주제다). 사람들은 보조적인 역할을 수행하는 다이어그램과 문서를 이용해 핵심에 주의를 기울일 수 있다. 자연어로 하는 논의는 의미의 미묘한 차이를 채워줄 수 있다. 이런 이유로 나는 전형적인 UML 다이어그램이 이 같은 의미상의 미묘한 차이를 다루는 방식을 완전히 뒤집어 엎어버리는 것을 좋아한다. 그래서 텍스트 주석이 달린 다이어그램이 아닌 선택적이고 간결한 다이어그램이 그려진 텍스트 문서를 작성하는 것이다.

모델은 다이어그램이 아니라는 점을 항상 명심해야 한다. 다이어그램의 목적은 모델을 전달하고 설명하는 데 있다. 코드는 설계의 세부사항에 대한 저장소 역할을 할 수 있다. 잘 작성된 자바 코드는 UML만큼 표현력이 있다. 취사선택해서 만든 다이어그램은 모델이나 설계를 완벽하게 표현해야 한다는 강박에 모호해지지만 않는다면 주의를 집중시키고 모델이나 설계의 각 요소를 참조하는 데 도움될 수 있다.

글로 쓴 설계 문서

구두에 의한 의사소통은 코드의 정연함과 상세함을 의미적으로 보충하는 역할을 한다. 그러나 모든 사람을 모델에 연결되게 하는 데 말하기가 결정적인 역할을 한다고 해도 어떠한 규모의 집단이든 어느 정도는 글로 쓴 문서로 안정과 공유를 꾀할 필요가 있다. 그러나 팀이 좋은 소프트웨어를 만들어 내는 데 실제로 도움될 문서를 만드는 것은 쉽지 않은 일이다.

문서가 일단 어떤 변하지 않는 형태를 취하게 되면 종종 프로젝트 흐름과의 연관성을 잃어버리곤 한다. 즉, 문서가 코드의 발전이나 프로젝트 언어의 발전에 뒤처지는 것이다.

여기엔 여러 접근법이 도움될 수 있다. 이 책의 4부에서 특정 요건을 다루는 데 필요한 몇 가지 문서를 제안하겠지만 그렇다고 프로젝트에서 사용해야 하는 각종 문서를 규정해두려는 것은 아니다. 대신 문서를 평가하는 두 가지 일반적인 지침을 제시하겠다.

문서는 코드와 말을 보완하는 역할을 해야 한다

각 애자일 프로세스에는 문서에 관한 나름의 철학이 있다. 익스트림 프로그래밍은 여분의 설계 문서를 전혀 사용하지 않고 코드 스스로 별도의 설명이 필요없는 상태를 유지해야 한다는 입장을 옹호한다. 어떤 다른 문서들은 거짓말을 하는 경우가 있을지도 모르지만 실행되는 코드는 그렇지 않다. 실행되는 코드의 행위는 명백한 것이다.

익스트림 프로그래밍은 오직 프로그램의 실제 동작하는 영역과 실행 가능한 테스트에만 집중한다. 심지어 코드에 달린 주석조차도 프로그램의 행위에 영향을 주지 않으므로 그것들은 항상 실제로 동작하는 코드와 그러한 코드를 만들어내는 모델과의 일관성을 유지하지 못한다. 외부 문서와 다이어그램도 프로그램의 행위에 영향을 주지 못하므로 일관성을 잃어버린다. 반면 구두에 의한 의사소통과 화이트보드에 그리는 일시적인 다이어그램은 오래 남아 혼란을 일으키는 일이 없다. 이처럼 코드가 의사소통 수단의 의미를 지닌 탓에 개발자는 코드를 깔끔하고 투명하게 유지할 필요성을 느끼게 된다.

그러나 설계 문서로서의 코드에는 한계가 있다. 코드를 읽는 이는 코드의 세부사항에 압도될 수 있다. 코드의 행위에 모호함이 없다고 해서 코드를 이해하기가 쉽다는 것은 아니다. 그리고 행위 이면에 존재하는 의미는 전달하기 어렵다. 즉, 오직 코드를 통해서만 문서화하는 것은 포괄적인 UML 다이어그램을 사용할 때 일어나는 것과 기본적으로 동일한 문제를 일부 지니고 있다. 물론 팀 내에서 구두에 의한 의사소통이 활발하게 일어난다면 코드에 맥락과 지침을 제시할 수 있지만 그러한 의사소통은 일시적이고 국지적인 양상을 띤다. 그리고 개발자만 모델을 이해해야 하는 것은 아니다.

문서는 코드가 이미 잘 하고 있는 것을 하려고 해서는 안 된다. 코드는 이미 세부사항을 충족한다. 코드는 프로그램의 행위를 정확하게 규정한 명세에 해당한다.

다른 문서들은 의미를 설명하고, 대규모 구조에 통찰력을 주며, 핵심 요소에 집중할 필요가 있다. 프로그래밍 언어가 개념을 직관적으로 구현하는 데 충분하지 않으면 문서를 가지고 설계 의도를 명확하게 나타낼 수 있다. 글로 쓴 문서는 코드와 논의를 보완해야 한다.

문서는 유효한 상태를 유지하고 최신 내용을 담고 있어야 한다

나는 모델의 문서화 작업을 할 때 모델에서 신중하게 선택한 작은 부분들을 다이어그램으로 그린 다음 그 주위에 글을 적어 넣는다. 그리고 클래스와 해당 클래스의 책임을 말로 정의한 다음 오직 자연어에서만 가능한 방식으로 어떤 의미적인 맥락 내에서 그것들을 표현한다. 그런데 다이어그램은 개념을 객체 모델로 형식화하고 다듬는 과정에서 일부 선택한 사항들을 보여준다. 즉, 이러한 다이어그램은 다소 약식으로(심지어는 손으로) 그릴 수도 있다. 다이어그램을 손으로 그리면 일을 줄이는 것 말고도 딱딱하지 않고 임시적이라는 **느낌**을 준다는 이점도 있다. 이러한 특성은 일반적으로 우리가 모델에 관해 생각하는 바도 그러하기 때문에 의사소통에 도움이 된다.

설계 문서의 가장 큰 가치는 모델의 개념을 설명하고, 코드의 세부사항을 파악해 나가는 데 도움을 주며, 어쩌면 모델의 의도된 사용 방식에 어떤 통찰력을 주는 데 있다. 팀의 철학에 따라 전체 설계 문서는 벽에 붙여둔 여러 장의 밑그림만큼이나 간단할 수도 있고, 혹은 상당한 양이 될 수도 있다.

문서는 프로젝트 활동과 관련을 맺고 있어야 한다. 이를 판단하는 가장 쉬운 방법은 문서가 UBIQUITOUS LANGUAGE와 상호작용하는지 살펴보는 것이다. 문서가 (현재) 프로젝트에서 쓰는 언어로 작성돼 있는가? 문서가 코드에 포함된 언어로 쓰여 있는가?

UBIQUITOUS LANGUAGE와 그것이 어떻게 변화하는지에 주의를 기울여야 한다. 설계 문서에 설명된 용어가 대화와 코드에 나타나지 않는다면 문서가 본연의 목적을 수행하지 못하고 있는 셈이다. 어쩌면 문서가 너무 방대하거나 복잡할지도 모른다. 혹은 중요 주제에 충분히 초점을 맞추고 있지 않을지도 모른다. 사람들이 문서를 읽지 않거나 문서를 읽을 필요가 없다고 여긴다. 문서가 UBIQUITOUS LANGUAGE에 아무런 영향도 주지 못한다면 뭔가 잘못된 것이다.

반대로 문서가 뒤처지는 와중에 UBIQUITOUS LANGUAGE가 자연스럽게 변화하는 것을 알아차리게 될지도 모른다. 분명 문서는 사람들과 직접적으로 관련이 있어 보이지 않거나 갱신할 만큼 중요해 보이지도 않을 것이다. 문서는 이력으로 안전하게 보관해 둘 수도 있지만 유효한 상태로 혼란을 일으키고 프로젝트에 악영향을 줄 수도 있다. 그리고 문서가 중요한 역할을 수행하지 않는다면 순수한 의지와 자제력을 발판삼아 문서를 최신 상태로 유지하는 것은 노력의 낭비일 뿐이다.

UBIQUITOUS LANGUAGE를 바탕으로 요구사항 명세와 같은 다른 문서는 좀더 간결하고 덜 모호해진다. 도메인 모델이 업무와 가장 직접적인 관련이 있는 지식을 반영하게 되면 애플리케이션의 요구사항은 해당 모델 내에서 시나리오가 되고 UBIQUITOUS LANGUAGE는 MODEL-DRIVEN DESIGN과 직접적으로 연결돼 있다는 점에서 그러한 시나리오를 기술하는 데 사용될 수 있다(3장 참조). 결과적으로 명세는 더욱 간결하게 쓰여질 수 있는데, 이것은 모델 이면에 놓인 업무 지식을 명세에서 전달할 필요가 없기 때문이다.

문서를 최소한으로 유지하고 코드와 대화를 보완하는 데 집중함으로써 문서는 프로젝트와 연관된 상태로 유지할 수 있다. UBIQUITOUS LANGUAGE와 그것의 발전이 문서를 유효한 상태로 유지하고 프로젝트 활동과 결부되게 만드는 구심점으로 삼아라.

실행 가능한 기반

이제 실행 가능한 코드와 그것의 테스트에 거의 전적으로 의지하기 위해 XP 커뮤니티를 비롯한 다른 일부 커뮤니티에서 선택한 사항들을 점검해 보자. 이 책의 상당 부분에서는 MODEL-DRIVEN DESIGN(3장 참조)을 통해 의미 전달이 가능한 코드를 작성하는 방법을 살펴보겠다. 잘 작성된 코드는 의미 전달에 매우 충실할 수 있지만 코드가 전달하는 메시지가 정확하다는 보장은 없다. 코드의 어떤 부분이 실행되어 행위가 발생한다는 것은 피할 수 없는 사실이다. 그러나 메서드 이름이 모호하거나 잘못된 방향으로 유도하거나, 또는 메서드 내부와 비교해서 이전 것일 수 있다. 테스트 코드의 단언(assertion)은 한눈에 모든 것을 파악할 수 있지만 변수 이름과 코드 구성으로 전달하려는 이야기는 그렇지 못하다. 좋은 프로그래밍 스타일은 이러한 연결을 가능한 한 직접적으로 유지해 주지만 그것은 여전히 자기수양을 위한 훈련에 해당한다. 올바르게 **실행**되는 것뿐만 아니라 올바른 의미를 **전달**하는 코드를 작성하자면 엄청나게 세심한 노력을 기울여야 한다.

이 같은 불일치를 제거하는 것은 선언적 설계(10장에서 논의한다)와 같은 접근법에서 주로 강조하는 특징에 해당한다. 이러한 접근법에서는 프로그램 요소의 목적을 서술하는 것이 곧 프로그램 내의 실제 행위를 결정한다. UML로부터 프로그램을 생성하려는 움직임은 일반적으로 지금까지 잘 되지는 않았지만 부분적으로 여기에서 유래했다고 볼 수 있다.

코드도 물론 잘못된 방향으로 유도할 수 있다. 그럼에도 코드는 다른 문서보다 기반 역할을 감당하는 데 유리하다. 현재의 표준 기술을 활용해 코드의 행위, 의도, 메시지를 일치시키려면 훈련과 설계에 관한 어떤 특정한 사고방식이 필요하다(3부에서 상세히 논의함). 의사소통을 효과적으로 하려면 코드는 요구사항을 작성하는 데 사용한 것과 동일한 언어이자 개발자가 다른 개발자와 이야기하거나 도메인 전문가와 이야기를 나눌 때 사용하는 것과 동일한 언어에 기반을 둬야 한다.

설명을 위한 모델

이 책의 요점은 하나의 모델이 구현, 설계, 의사소통의 기초가 돼야 한다는 것이다. 이러한 각 목적에 각기 다른 모델을 갖추는 것은 바람직하지 않다.

모델은 도메인을 가르치는 도구로도 아주 유용할 수 있다. 설계를 주도하는 모델은 도메인을 바라보는 하나의 관점에 해당하지만 도메인의 일반 지식을 전달하기 위해 교육적인 도구로만 사용되어 다른 관점을 견지하는 것을 익히는 데 도움을 줄 수 있다. 이러한 목적으로 사람들은 소프트웨어 설계와는 무관한 다른 종류의 모델을 전달하는 그림이나 단어를 활용할 수 있다.

다른 모델이 필요한 이유 가운데 특별한 한 가지는 바로 범위 때문이다. 소프트웨어 개발 프로세스를 이끄는 기술적 모델은 해당 기능을 수행하는 데 필요한 최소한의 수준으로 엄격하게 범위를 줄여야 한다. 반면 설명을 위한 모델은 도메인의 여러 측면들을 포함할 수 있는데, 이때 이러한 측면들은 더욱 좁은 범위의 모델을 명확하게 하는 맥락을 제공한다.

설명을 위한 모델에서는 특정 주제에 맞춰 훨씬 더 전달력이 높은 의사소통 방식을 마음껏 만들어낼 수 있다. 해당 분야의 도메인 전문가가 사용하는 시각적인 은유는 개발자를 교육하고 전문가 간의 조화로운 합의를 이끌어 내는 데 더욱 분명한 설명을 제시하곤 한다. 또한 설명을 위한 모델들은 도메인을 단순히 다른 방식으로 보여주고 이 같은 갖가지 다양한 설명은 사람들의 학습에 이바지한다.

설명을 위한 모델이 꼭 객체 모델일 필요는 없으며, 오히려 그렇지 않을 때가 일반적으로 가장 좋다. 실제로 이러한 모델에서는 UML 사용을 자제하고 UML과 소프트웨어 설계와의 관련성에 관해 잘못된 인상을 주지 않는 것이 좋다. 심지어 설명을 위한 모델과 설계를 주도하는 모델이 상응하는 경우가 있더라도 비슷하다는 것이 정확함을 담보하는 경우는 거의 없다. 혼동을 피하려면 모든 이가 이 둘의 차이를 의식하고 있어야 한다.

예제

해운 활동과 항로

화물을 추적하는 해운 회사의 애플리케이션을 생각해보자. 모델에는 항구에서 일어나는 하역 작업과 선박에 의한 항해가 화물과 관련된 운영 계획(하나의 "항로")으로 어떻게 조합되는가에 관한 관점이 자세히 표현돼 있다. 그러나 이와 관련한 업무 경험이 없는 사람에게는 클래스 다이어그램이 이해하는 데 별로 도움이 되지 않을지도 모른다.

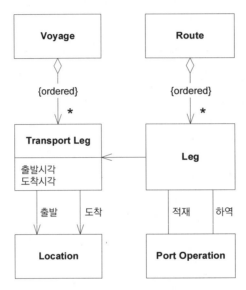

그림 2-4 | 운송 항로를 나타내는 클래스 다이어그램

이러한 경우 설명을 위한 모델은 팀원들이 클래스 다이어그램의 실제 의미를 파악하는 데 도움될 수 있다. 다음은 같은 개념을 바라보는 또 다른 방식을 보여준다.

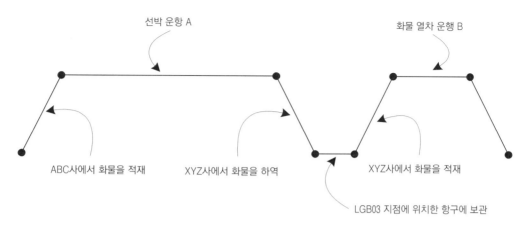

선박 운항 A

화물 열차 운행 B

ABC사에서 화물을 적재

XYZ사에서 화물을 하역

XYZ사에서 화물을 적재

LGB03 지점에 위치한 항구에 보관

그림 2-5 | 해운 항로에 대한 설명을 위한 모델

그림 2.5에서 각 선은 항구에서 일어나는 항만 운송 활동(화물을 싣고 내리는 일)이나 육지 창고에 보관 중인 화물, 또는 항해 중인 선박에 실린 화물을 나타낸다. 이것은 클래스 다이어그램과 상세하게 대응하지는 않지만 도메인의 핵심 개념을 밝히는 데 도움을 준다.

이러한 다이어그램은 그것이 표현하는 모델을 자연어로 설명한 내용과 더불어 개발자와 도메인 전문가가 모두 더욱 엄격하게 표현된 소프트웨어 모델 다이어그램을 이해하는 데 도움될 수 있다. 개별 관점으로 바라볼 때보다 이 둘이 함께할 때 이해하기가 더 쉽다.

03

모델과 구현의 연계

내가 문을 열고 들어갔을 때 처음으로 눈에 들어온 것은 큰 벽 전체를 덮고 있는 종이에 인쇄된 전체 클래스 다이어그램이었다. 이때가 바로 똑똑하다는 사람들이 해당 도메인에 대한 상세 모델을 심층적으로 조사하고 개발하는 데 수개월을 보냈다는 프로젝트에 투입된 첫 날이었다. 모델에 있는 객체는 보통 서너 개의 다른 객체와 복잡한 연관관계를 맺고 있었고, 이러한 거미줄 같은 관계에는 각 객체를 자연스럽게 구분 짓는 경계가 거의 없었다. 이러한 사실을 놓고 봤을 때 분석가는 도메인의 특성에만 충실했던 것이 분명했다.

다이어그램은 벽 크기만큼이나 압도적이어서 이 모델에는 분명 상당한 지식이 포함돼 있었다. 얼마간의 연구 끝에 나는 꽤 많은 것을 배울 수 있었다(그럼에도 학습 방향을 잡기가 힘들었는데, 이건 마치 웹을 무작위로 돌아다니는 것과 흡사했다). 하지만 더욱 난감했던 점은 이렇게 학습한 내용이 애플리케이션 코드와 설계에 어떠한 통찰력도 줄 수 없다는 점이었다.

애플리케이션을 구현하기 시작했을 때 개발자는 얽혀 있는 연관관계(물론 분석가라면 알아볼 수 있었겠지만)를 트랜잭션 무결성을 준수하면서 조작할 수 있는, 저장 및 조회 가능한 단위로 해석할 수 없다는 사실을 금방 깨달았다. 게다가 이 프로젝트에서는 객체 데이터베이스를 사용하고 있어서 개발자가 관계형 테이블에 객체를 매핑할 필요조차 없었다. 그러나 기본적인 수준에서조차 모델은 구현에 대한 지침을 제공하지 못했다.

기술 분석가와 업무 전문가 간의 폭넓은 협업으로 도출된 모델은 그들 관점에서는 '옳은' 것이었지만 구현 과정의 시행착오가 포함되지 않은 개념에 근거한 객체라서 개발자는 자신의 설계에 그것을 활용할 수 없을 거라 결론지었다. 그래서 개발자는 즉흥적으로 설계를 만들어 나갔다. 개발자들이 만든 설계에서도 데이터 저장소에 같은 클래스명과 속성명을 일부 사용하긴 했지만 그 설계는 기존 모델 또는 어떠한 모델에도 근거하지 않은 것이었다.

프로젝트에 도메인 모델은 있었지만 동작하는 소프트웨어를 개발하는 데 직접적으로 도움을 주지 않는 한 종이에 기록된 모델이 무슨 의미가 있겠는가?

몇 년이 지난 후 나는 최종적으로는 같은 결과가 전혀 다른 프로세스를 거쳐 나타나는 것을 목격했다. 이 프로젝트는 기존의 C++로 작성된 애플리케이션을 자바로 구현한 새로운 설계로 대체하는 것이었다. 기존 애플리케이션은 객체 모델링을 고려하지 않고 주먹구구식으로 개발됐다. 아울러 기존 애플리케이션의 설계는 (만약 있었더라도) 분명 어떤 주목할 만한 일반화나 추상화 없이 기존 코드 위에 다른 기능을 더하는 식이었을 것이다.

괴상한 점은 이 두 프로세스의 최종 산출물이 매우 비슷하다는 것이다. 두 산출물 모두 기능성은 갖췄지만 비대했고 매우 이해하기 어려웠으며, 결국 유지보수가 불가능했다. 일종의 방향성을 띠고 구현된 부분도 있었지만 코드를 봐서는 시스템의 목적에 관해 통찰력을 많이 얻지는 못했을 것이다. 이 두 프로세스 모두 화려한 자료구조를 제외하면 개발 환경에서 활용 가능한 객체 패러다임의 이점을 활용하지 못했다.

소프트웨어 개발 프로젝트의 맥락에 한정해서 생각해봐도 모델은 다양한 형태로 나타나고 여러 역할을 수행한다. 도메인 주도 설계에서는 초기 분석 단계에 도움될 뿐 아니라 설계의 기반이 되는 모델이 필요하다. 이제 도메인 주도 설계에서 필요로 하는 모델링 접근법을 알아보자.

MODEL-DRIVEN DESIGN (모델 주도 설계)

별의 위치를 측정하는 데 사용했던 아스트롤라베(astrolabe)는 천체라는 모델을 기계적으로 구현한 것이다.

코드와 그것의 기반이 되는 모델이 긴밀하게 연결되면 코드에 의미가 부여되고 모델과 코드가 서로 대응하게 된다.

중세 천체 관측의

아스트롤라베는 고대 그리스 천문학자들이 처음으로 고안했으며, 그 후 중세 이슬람 과학자들이 완성했다. 회전하는 얇은 금속판(레테(rete)라고 함)은 천구상의 고정된 별의 위치를 나타냈다. 국지 구면 좌표계(local spherical coordinate system)가 새겨진 판은 교체할 수 있고 여러 위도상에서 바라보는 시계를 나타냈다. 판에서 레테를 돌리면 일년 중 특정 시각과 날짜에 해당하는 천체 위치를 계산할 수 있었다. 반대로 별이나 태양의 위치를 알면 시간을 계산할 수 있었다. 아스트롤라베는 천체의 객체지향 모델을 기계적으로 구현한 것이었다.

도메인 모델은 전혀 없고 기능만 차례로 구현하기 위해 코드를 작성하는 프로젝트에서는 앞서 두 장에 걸쳐 논의한 지식 탐구와 의사소통의 이점을 거의 살리지 못한다. 도메인이 복잡하다면 이러한 프로젝트는 난관에 처할 것이다.

한편으로 여러 복잡한 프로젝트에서 도메인 모델을 시도하더라도 모델과 코드를 긴밀하게 연결하지는 못한다. 그러한 프로젝트에서 개발하는 모델이 처음에는 실험적인 도구로 유용할지는 모르지만 모델은 점차 관련성이 떨어지고 심지어 프로젝트를 오도하는 요인이 되기도 한다. 모델에 온갖 정성을 아낌없이 쏟아붓더라도 설계가 올바르다는 것을 보장할 수는 없는데, 이는 모델과 코드가 엄연히 다른 것이기 때문이다.

모델과 코드 간의 연결이 끊어지는 경우는 다양하고 종종 의도적으로 그렇게 할 때도 있다. 여러 설계 방법론에서는 **분석 모델(analysis model)**의 필요성을 지지하는데, 분석 모델은 설계와 뚜렷이 구분되고 보통 다른 사람이 만든다. 이를 분석 모델이라고 하는 이유는 분석 모델이 소프트웨어 시스템에서 수행할 역할에 대해서는 전혀 고려하지 않은 채 업무 도메인의 개념만을 체계화하고자 해당 업무 도메인을 분석한 결과물이기 때문이다. 분석 모델은 오로지 이해하기 위한 수단으로만 간주되며, 구현 관심사와 섞일 경우 혼란만 초래하는 것으로 여겨진다. 이후에 만들어지는 설계는 분석 모델과 느슨하게 대응하게 될지도 모른다. 분석 모델은 설계상의 쟁점들을 염두에 두고 만들어진 것이 아니라서 모델과 설계의 연결을 분석 모델로 진행한다는 것은 매우 비현실적일 가능성이 높다.

이러한 분석 단계 동안 어느 정도 지식 탐구가 일어나긴 하지만 코딩이 시작되는 시기, 즉 개발자가 설계를 하기 위해 새로이 추상화를 생각해내야 할 때 지식 탐구의 성과 중 대부분이 사라진다. 그렇게 되면 분석가에게서 얻은 통찰력과 모델에 담긴 통찰력이 보존되거나 재발견되리라 보장할 수 없다. 이러한 점에서 봤을 때 설계와 그것에 느슨하게 연결된 모델 간의 대응을 모두 유지하는 것은 비용 대비 효과가 높지 않다.

순수하게 이론에만 치우친 분석 모델은 심지어 도메인의 이해라는 가장 주된 목표에 미치지 못하기도 하는데, 중요한 발견은 언제나 설계/구현을 위해 노력하는 가운데 나타나기 때문이다. 매우 특이하고 미처 예상치 못한 문제는 늘 일어나게 마련이다. 선행 모델은 중요한 주제는 간과하는 반면 그다지 관련 없는 주제는 깊이 있게 다룰 것이다. 그 밖의 주제는 애플리케이션에 별로 도움되지 않는 방식으로 표현될 것이다. 결과적으로 순수하게 이론에만 치우친 분석 모델은 코딩이 시작되자마자 폐기되고 대부분의 문제를 다시 검토해야 한다. 그러나 다시 검토하는 과정에서 개발자가 분석을 별도의 과정으로 생각한다면 모델링이 좀더 계획적이지 못한 방식으로 이뤄질 것이다. 관리자가 분석을 별도의 과정으로 생각한다면 개발팀과 도메인 전문가가 충분히 만나지 못할 수도 있다.

이유야 어떻든 설계의 기반이 되는 개념이 부족한 소프트웨어는 기껏해야 해당 소프트웨어의 행위를 설명하지 못한 채 그저 유익한 일을 수행하는 메커니즘 정도밖에 되지 못한다.

설계 혹은 설계의 주된 부분이 도메인 모델과 대응하지 않는다면 그 모델은 그다지 가치가 없으며 소프트웨어의 정확함도 의심스러워진다. 동시에 모델과 설계 기능 사이의 복잡한 대응은 이해하기 힘들고, 실제로 설계가 변경되면 유지보수가 불가능해진다. 분석과 설계가 치명적으로 동떨어지고, 그에 따라 각자의 활동에서 얻은 통찰력이 서로에게 전해지지 않는다.

분석은 도메인의 근본적인 개념을 알기 쉽고 표현력 있는 방식으로 포착해야 한다. 설계에서는 대상 배포 환경에서 효율적으로 수행되고 애플리케이션에서 다뤄야 할 문제를 올바르게 해결해 줄 수 있는 구성요소를 기술해야 하며, 이러한 구성요소는 프로젝트에서 사용 중인 프로그래밍 도구로 구현할 수 있어야 한다.

MODEL-DRIVEN DESIGN에서는 양쪽 모두의 목적을 달성하는 단일 모델을 찾기 위해 분석 모델과 설계를 나누는 이분법은 채택하지 않는다. 순수하게 기술적인 쟁점은 배제함으로써 설계상의 각 객체는 모델에서 기술한 개념적 역할을 수행하게 된다. 이렇게 되면 선택한 모델의 부담이 더 커지는데, 이는 해당 모델이 아주 상이한 두 가지 목표를 달성해야만 하기 때문이다.

도메인을 추상화하는 방법과 애플리케이션의 문제를 해결할 수 있는 설계 방법은 언제나 여러 가지가 있다. 모델과 설계를 연계하는 것이 실용적인 이유가 바로 여기에 있다. 그렇다고 이렇게 연계하는 과정에서 기술적 고려사항 탓에 분석이 심각하게 타협된 상태에 놓여서는 안 된다. 마찬가지로 도메인 아이디어는 반영하지만 소프트웨어 설계 원칙은 따르지 않은 서툰 설계를 받아들여서도 안 된다. 이 접근법에는 분석과 설계 관점에서 모두 효과적인 모델이 필요하다. 모델이 구현에 대해 비현실적으로 보인다면 새로운 모델을 찾아내야만 한다. 모델이 도메인의 핵심 개념을 충실하게 표현하지 않을 때도 새로운 모델을 찾아내야만 한다. 그래야만 모델링과 설계 프로세스가 단 하나의 반복 고리를 형성할 수 있다.

도메인 모델을 설계에 밀접하게 연관시키는 원칙을 강제하면 가능한 각종 모델 가운데 좀더 유용한 것을 선택하는 또 하나의 기준이 만들어진다. 이를 위해서는 많은 고민이 필요하고 보통 수차례에 걸친 반복주기와 상당한 양의 리팩터링이 따르지만, 그 결과 **관련성 있는** 모델이 만들어진다.

그러므로

소프트웨어 시스템의 일부를 설계할 때는 도메인 모델을 있는 그대로 반영해서 설계와 모델의 대응을 분명하게 하라. 또한 모델을 재검토해서 더욱 자연스럽게 소프트웨어로 구현될 수 있게 수정하라. 도메인에 관한 더욱 심층적인 통찰력을 반영하려 할 때도 마찬가지다. 이렇듯 견고한 UBIQUITOUS LANGUAGE를 지원하는 것과 더불어 분석과 설계의 두 가지 측면을 충분히 만족하는 단 하나의 모델을 만들어내야 한다.

모델로부터 설계와 기본적인 책임 할당에 사용한 용어를 도출하라. 코드를 작성할 때 그러한 용어를 사용하면 코드가 모델을 표현한 것이 되고, 코드의 변경이 곧 모델의 변경으로 이어질 수 있다. 그 효과는 프로젝트의 나머지 활동에도 퍼져나가야 한다.

구현을 모델과 그대로 묶으려면 보통 객체지향 프로그래밍과 같은 모델링 패러다임을 지원하는 소프트웨어 개발 도구와 언어가 필요하다.

간혹 서로 다른 하위 시스템에 대해 각기 다른 모델이 있어야 할 때도 있지만(14장 참조) 시스템의 특정 부분에는 코드에서 요구사항 분석에 이르기까지의 개발 노력의 모든 측면에 오로지 하나의 모델만이 적용돼야 한다.

단일 모델은 오류가 일어날 확률을 줄인다. 이는 이제 설계가 주의 깊게 고려한 모델의 직접적인 결과물에 해당하기 때문이다. 그래서 설계, 심지어 코드 자체도 모델의 전달력을 갖추게 된다.

문제를 포착하고 실제적인 설계를 제공하는 단일 모델을 개발한다는 것은 말처럼 쉽지 않다. 단순히 어떤 모델을 가져다가 그것을 이용 가능한 설계로 바꿀 수는 없다. 모델은 실제적인 구현을 위해 정성스럽게 만들어져야 한다. 설계와 구현 기법을 활용해 코드가 모델을 효과적으로 표현할 수 있게 해야 한다(2부 참조). 지식 탐구자는 모델의 선택사항들을 조사하고 그것들을 정제해서 실제적인 소프트웨어의 구성요소로 만든다. 개발은 모델, 설계, 코드를 단일한 활동으로 정제하는 반복적인 과정이 된다(3부 참조).

모델링 패러다임과 도구 지원

MODEL-DRIVEN DESIGN이 성과를 내려면 인간의 오차 범위 내에서 정확하게 모델과 구현이 직접적으로 대응해야만 한다. 그러한 모델과 설계 간의 밀접한 대응을 가능하게 하려면 모델의 개념에 직접적으로 대응되는 것을 만들어낼 수 있는 소프트웨어 도구가 뒷받침되는 모델링 패러다임 내에서 업무를 하는 것이 거의 필수적이다.

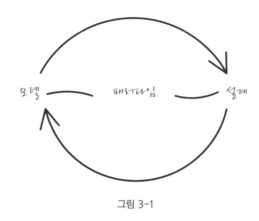

그림 3-1

객체지향 프로그래밍은 모델링 패러다임에 근거하고 모델의 구성요소에 대한 구현을 제공하기 때문에 매우 효과적이다. 프로그래머에게 객체는 실제로 메모리에 존재하고 다른 객체와 연관관계를 맺으며 여러 클래스로 조직되고 메시지 전달로 이용 가능한 행위를 제공하는 것을 의미한다. 많은 개발자가 단지 프로그램 코드를 구성하는 데만 객체의 기술적 능력을 적용해 도움을 얻지만 객체 설계에서의 진정한 도약은 코드가 모델의 개념을 표현할 때 나온다. 자바와 다른 여러 도구를 이용하면 개념적 객체 모델과 직접적으로 유사한 객체와 관계를 만들어낼 수 있다.

객체지향 언어처럼 많은 사람들이 쓰진 않지만 프롤로그(Prolog)라는 언어는 MODEL-DRIVEN DESIGN에 잘 어울린다. 이 경우 패러다임은 논리이고 모델은 논리가 작용하는 일련의 규칙과 사실에 해당한다.

C 같은 언어를 사용할 때는 MODEL-DRIVEN DESIGN을 적용하기가 어려운데, 이는 순수하게 **절차적인(procedural)** 언어에 대응되는 모델링 패러다임은 없기 때문이다. 그러한 언어는 프로그래머가 컴퓨터에게 수행해야 할 일련의 단계를 말해준다는 점에서 절차적이다. 프로그래머가 도메인의 개념에 대해 생각할 수 있을지언정 프로그램 자체는 데이터를 기술적으로 조작하는 것에 지나지 않는다. 결과는 유용할 수 있지만 프로그램은 의미를 많이 담지 못한다. 간혹 절

차적인 언어에서 도메인의 개념에 좀더 자연스럽게 대응되는 복잡한 자료형을 지원하기도 하지만 이러한 복잡한 자료형은 단순히 조직화된 데이터일 뿐 도메인의 활동적인 측면을 담지는 못한다. 그 결과 절차적인 언어로 작성된 소프트웨어는 도메인 모델의 개념적 연결에 의한 것이 아닌 예상된 실행 경로를 토대로 상호 연결된 복잡한 기능만을 갖게 된다.

객체지향 프로그래밍을 알기 전에 나는 수학적 모델을 풀기 위해 포트란(FORTRAN) 프로그램을 작성했는데, 포트란은 그런 종류의 도메인에서 탁월하다. 수학적 모델은 함수가 주요한 개념적 구성요소이며, 이것은 포트란에서 명료하게 표현될 수 있다. 그렇다 하더라도 함수 이상의 고수준의 의미를 담을 방법은 없다. 대부분의 수학적이지 않는 도메인은 절차적인 언어로 MODEL-DRIVEN DESIGN을 하기에는 적합하지 않은데, 이는 도메인이 수학 함수나 절차상의 단계로 개념화되지 않기 때문이다.

이 책에서는 객체지향 설계, 즉 현재 대부분의 대규모 프로젝트를 주도하는 패러다임을 주요 접근법으로 사용하겠다.

예제

절차적인 방식에서 모델 주도적인 방식으로

1장에서 논의한 바와 같이 인쇄 회로 기판(PCB)은 다수의 컴포넌트의 핀을 연결하는 전도체(electrical conductor, 네트라고 함)의 집합으로 볼 수 있다. 종종 네트는 수만 개에 이르기도 한다. PCB 레이아웃 도구라고 하는 특수한 소프트웨어는 네트가 서로 교차하거나 방해하지 않게끔 모든 네트의 물리적인 배열을 찾아낸다. PCB 레이아웃 도구는 설계자가 만들어둔 수많은 제약조건(네트가 놓일 수 있는 방법을 제한하는)을 충족하면서 네트의 경로를 최적화하는 방식으로 이러한 일을 수행한다. PCB 레이아웃 도구는 매우 정교하지만 여전히 단점이 몇 가지 있다.

PCB 레이아웃 도구의 문제점 가운데 하나는 이러한 수천 개의 네트 각각이 고유의 레이아웃 규칙을 지니고 있다는 것이다. PCB 엔지니어들은 자연스럽게 특정 그룹에 속하는 여러 네트가 서로 동일한 규칙을 공유해야 하는 것으로 본다. 예를 들어 어떤 네트들은 버스(bus)를 구성하기도 한다.

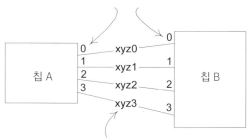

번호가 붙은 "핀" 커넥터.
(각 칩에는 아마 다른 것도 많을 것이다.)

위 네트들은 "xyz" 버스에 속하는
네 개의 "비트"를 구성한다.

그림 3-2 | 버스와 네트에 관한 다이어그램

엔지니어는 한 번에 8개나 16개, 혹은 256개의 네트를 하나의 버스로 묶어 생산성을 향상시키고 오류를 줄여 업무를 좀더 관리 가능한 규모로 나눌 것이다. 문제는 레이아웃 도구에는 버스와 같은 개념이 없다는 것이다. 규칙은 수만 개의 네트에 한 번에 하나씩 할당돼야 한다.

기계적인 설계

무모한 엔지니어라면 레이아웃 도구의 제약을 해결하고자 레이아웃 도구의 데이터 파일을 파싱한 다음 규칙을 파일에 삽입하는 스크립트를 작성해서 한 번에 하나의 버스 전체에 적용할 것이다.

레이아웃 도구는 아래와 같이 생긴 네트 목록 파일에 각 회로 연결을 기록한다.

```
네트 이름    컴포넌트.핀
--------    -------------
Xyz0        A.0, B.0
Xyz1        A.1, B.1
Xyz2        A.2, B.2
. . .
```

레이아웃 규칙은 아래와 같은 형태로 기록한다.

```
네트 이름    규칙 유형        매개변수
--------    ---------       ----------
Xyz1        min_linewidth   5
Xyz1        max_delay       15
Xyz2        min_linewidth   5
Xyz2        max_delay       15
. . . .
```

엔지니어는 네트에 명명규칙을 신중하게 사용해서 데이터 파일을 알파벳 순서로 정렬하면서 버스의 네트가 정렬된 파일에 위치하도록 만들 것이다. 그리고 나면 스크립트에서는 파일을 파싱해서 각 네트를 버스에 따라 수정할 수가 있다. 파싱과 조작, 그리고 파일에 쓰는 실제 코드는 너무 장황하고 불분명해서 이 예제를 설명하는 데 도움되지 않으므로 절차의 각 단계만 나열하겠다.

1. 네트 이름으로 네트 목록 파일을 정렬한다.

2. 버스 이름 패턴으로 시작하는 첫 번째 네트를 찾으면서 파일의 각 줄을 읽는다.

3. 이름이 일치하는 각 줄에서 해당 줄을 파싱해서 네트의 이름을 구한다.

4. 규칙 텍스트가 있는 네트 이름을 규칙 파일에 추가한다.

5. 나머지 줄이 더는 버스 이름과 일치하지 않을 때까지 3번 과정부터 반복한다.

따라서 아래와 같이 버스 규칙을 입력하면

```
버스 이름    규칙 유형      매개변수
--------    --------      ----------
Xyz          max_vias        3
```

다음과 같이 파일에 네트 규칙이 추가된다.

```
네트 이름    규칙 유형      매개변수
--------    --------      ----------
. . .
Xyz0         max_vias        3
Xyz1         max_vias        3
Xyz2         max_vias        3
. . .
```

위 스크립트를 맨 처음 작성할 때는 이처럼 단순한 요구사항만 있었을 것이다. 그리고 이것이 유일한 요구사항이었다면 이러한 스크립트를 작성하는 것도 매우 일리 있다고 볼 수 있다. 하지만 실제로 지금은 수십 개의 스크립트가 있다. 물론 그러한 스크립트에서도 정렬과 문자열 일치 기능을 공유하도록 리팩터링할 수도 있고, 스크립트 언어에서 세부사항을 캡슐화하는 함수 호출을 지원한다면 스크립트가 위에서 나열한 단계처럼 읽히게 만들 수도 있다. 하지만 여전히 스크립트가 하는 일은 단순히 파일을 조작하는 것에 불과하다. 파일 형식(여러 가지가 있음)이 다르면 버스를 그룹화하고 버스에 규칙을 적용하는 개념은 동일하더라도 처음부터 다시 시작해야 한다. 좀더 풍부한 기능과 상호작용을 원한다면 그에 상응하는 대가를 빠짐없이 치러야 할 것이다.

스크립트 작성자가 시도해야 할 것은 도구가 만들어낸 도메인 모델을 "버스"라는 개념으로 보충하는 것이었다. 스크립트 작성자가 구현한 스크립트에서는 정렬과 문자열 일치를 통해 버스의 존재를 추론하긴 하지만 해당 개념을 명시적으로 다루지는 않는다.

모델 주도 설계

앞에서는 도메인 전문가가 어떤 문제에 대해 사고하는 데 사용하는 개념을 설명했다. 이제 우리는 그러한 개념을 소프트웨어의 기반이 될 수 있는 모델로 명시적으로 조직화할 필요가 있다.

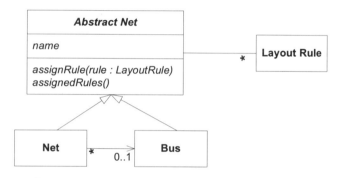

그림 3-3 | 효율적인 레이아웃 규칙 정렬을 지향하는 클래스 다이어그램

이러한 객체를 객체지향 언어로 구현하면 핵심 기능이 간단하게 정리된다.

assignRule() 메서드는 **Abstract Net** 클래스에서 구현할 수 있다. **Net** 클래스의 assigned Rules() 메서드는 자체적인 규칙과 **Net**에 포함돼 있는 **Bus**의 규칙을 받아들인다.

```
abstract class AbstractNet {
    private Set rules;

    void assignRule(LayoutRule rule) {
        rules.add(rule);
    }

    Set assignedRules() {
        return rules;
    }
}
```

```
class Net extends AbstractNet {
    private Bus bus;

    Set assignedRules() {
        Set result = new HashSet();
        result.addAll(super.assignedRules());
        result.addAll(bus.assignedRules());
        return result;
    }
}
```

물론 많은 양의 보조 코드가 있겠지만 이는 스크립트의 기본적인 기능을 모두 포괄한다.

애플리케이션에는 가져오기/내보내기 로직이 필요한데, 이러한 로직은 간결한 서비스로 캡슐화할 것이다.

서비스	책임
네트 목록 가져오기	네트 목록 파일을 읽고 각 항목에 대한 인스턴스를 생성한다.
네트 규칙 내보내기	특정 네트 집합에 대해 첨부된 모든 규칙을 규칙 파일에 기록한다.

또한 약간의 유틸리티도 필요할 것이다.

클래스	책임
네트 리파지터리	이름을 기준으로 네트에 접근하게 해준다.
추론된 버스 팩터리	특정 네트 집합에 대해 명명규칙을 이용해 버스를 추론하고 인스턴스를 생성한다.
버스 리파지터리	이름을 기준으로 버스에 접근하게 해준다.

이제 애플리케이션을 시작하려면 가져온 데이터로 리파지터리를 초기화하기만 하면 된다.

```
Collection nets = NetListImportService.read(aFile);
NetRepository.addAll(nets);
Collection buses = InferredBusFactory.groupIntoBuses(nets);
BusRepository.addAll(buses);
```

각 서비스와 리파지터리는 단위 테스트가 가능하다. 훨씬 더 중요한 점은 핵심적인 도메인 로직을 테스트할 수 있다는 것이다. 아래는 가장 중심이 되는 행위를 대상으로 단위 테스트를 수행한 것이다(JUnit 테스트 프레임워크 사용).

```
public void testBusRuleAssignment() {
    Net a0 = new Net("a0");
    Net a1 = new Net("a1");
    Bus a = new Bus("a");          // 버스가 이름을 토대로 인식하는 것에
    a.addNet(a0);                  // 개념적으로 의존하지 않으므로
    a.addNet(a1);                  // 버스의 테스트도 그래서는 안 된다.

    NetRule minWidth4 = NetRule.create(MIN_WIDTH, 4);
    a.assignRule(minWidth4);

    assertTrue(a0.assignedRules().contains(minWidth4));
    assertEquals(minWidth4, a0.getRule(MIN_WIDTH));
    assertEquals(minWidth4, a1.getRule(MIN_WIDTH));
}
```

대화식 사용자 인터페이스라면 버스의 목록을 보여줘서 사용자가 각 규칙을 할당하게 하거나 하위 호환성을 위해 규칙이 담긴 파일에서 규칙을 읽어올 수도 있다. 퍼사드(façade)를 활용하면 어떤 인터페이스에서든 단순하게 접근할 수 있다. 테스트가 성공할 수 있게 아래처럼 구현한다.

```
public void assignBusRule(String busName, String ruleType, double parameter) {
    Bus bus = BusRepository.getByName(busName);
    bus.assignRule(NetRule.create(ruleType, parameter));
}
```

그리고 아래 코드로 마무리한다.

```
NetRuleExport.write(aFileName, NetRepository.allNets());
```

(서비스에서는 각 **Net**이 assignedRules()를 요청하게 한 다음 전부 출력한다.)

물론 연산이 하나만 있다면(예제처럼) 스크립트 기반 접근법이 실제로 가장 적합할지도 모른다. 그러나 현실에서는 20개 이상의 스크립트가 존재할 것이다. MODEL-DRIVEN DESIGN은 쉽게 규모를 확장할 수 있고, 규칙과 기타 개선사항을 결합하는 것과 관련된 제약조건을 포함할 수 있다.

그뿐만 아니라 두 번째 설계에서는 테스트하기도 쉽다. 컴포넌트에서는 손쉽게 단위 테스트할 수 있는 인터페이스를 제공한다. 반면 스크립트를 테스트하려면 처음부터 끝까지 파일 입력과 출력을 비교하는 수밖에 없다.

이러한 설계는 한 번에 나타나는 것이 아니라는 점을 명심하자. 도메인의 중요한 개념만 추출해서 간결하고 예리한 모델로 표현하려면 리팩터링과 지식 탐구의 과정을 수차례에 걸쳐 반복해야 할 것이다.

내부 드러내기: 왜 모델이 사용자에게 중요한가

이론적으로 아마 여러분은 시스템의 이면에 뭐가 놓여 있든 시스템에 대한 다양한 시각을 사용자에게 제공할 수 있을 것이다. 그러나 실제로 사용자가 바라보는 것과 시스템이 불일치한다면 혼란을 일으킬 수도 있고, 최악의 경우에는 버그를 유발할 수 있다. 이어서 현재 버전의 마이크로소프트 인터넷 익스플로러의 웹 사이트 즐겨찾기 모델이 사용자에게 어떤 혼란을 초래하는지 간단한 사례를 들어 알아보자.[1]

인터넷 익스플로러 사용자는 "즐겨찾기"를 세션 간에 지속되는 웹 사이트 이름 목록이라고 생각한다. 그러나 구현에서는 즐겨찾기를 URL이 저장된 파일로 간주하고 해당 파일의 이름을 즐겨찾기 목록에 넣는다. 그래서 웹 페이지 제목에 윈도우 파일명으로 쓸 수 없는 문자가 포함돼 있다면 문제가 발생한다. 사용자가 즐겨찾기를 기억하려고 즐겨찾기 이름을 "게으름: 행복을 향한 비밀"이라고 입력하려 한다고 해보자. 그러면 "파일 이름은 다음 문자 중 어떤 것도 포함할 수 없습니다: \ / : * ? " < > |"라는 오류 메시지가 나타날 것이다. 무슨 파일 이름? 반면 웹 페이지 제목에 이미 파일명으로 쓸 수 없는 문자가 포함돼 있다면 인터넷 익스플로러에서 해당 문자를 알아서 제거할 것이다. 이런 경우에는 데이터 손실이 도움될지도 모르지만 사용자가 기대하는 바는 아닐 것이다. 대부분의 애플리케이션에서는 아무 메시지 없이 데이터를 변경하는 것을 절대로 허용하지 않는다.

MODEL-DRIVEN DESIGN에서는 (14장에서 살펴보는 것과 같이 모든 단일 컨텍스트 내에서) 오로지 하나의 모델을 다룰 것을 요구한다. 대부분의 조언과 예제는 분석 모델과 설계 모델이 따로 존재할 때의 문제를 다루지만 여기서 나타나는 문제는 대상이 되는 두 모델이 서로 다르다는 데 있다. 즉, 사용자 모델과 설계/구현 모델이 별도로 존재한다는 것이다.

물론 도메인 모델을 있는 그대로 바라보는 것은 확실히 대부분의 경우 사용자에게 편리하지

---

1 이 사례는 브라이언 매릭(Brian Marick)이 알려줬다.

않을 것이다. 그러나 UI에 도메인 모델이 아닌 다른 모델의 환영을 만들려는 시도는 그것이 완벽하지 않을 경우 혼란만 초래한다. 즐겨찾기가 실제로는 단순히 단축 아이콘 파일을 모아 놓은 것에 불과하다면 이 사실을 사용자에게 드러내고 혼란을 일으키는 대안 모델을 제거한다. 이렇게 하면 기능도 덜 혼동될뿐더러 사용자는 파일 시스템에 관해 알고 있는 바를 즐겨찾기를 다루는 데도 활용할 수 있다. 가령 사용자는 웹 브라우저에 내장돼 있는 쓰기 힘든 도구 대신 파일 탐색기로 즐겨찾기를 재구성할 수 있을 것이다. 박식한 사용자는 즐겨찾기를 파일 시스템의 어느 곳에도 저장할 수 있다는 유연함을 더욱 잘 활용할 것이다. 사용자를 오도하기만 하는 번외 모델을 제거함으로써 더 쉽고 명확한 응용이 가능해진다. 프로그래머는 예전 모델로도 충분하다고 느끼는데, 왜 사용자가 새로운 모델을 배우게끔 만드는가?

아니면 즐겨찾기를 데이터 파일과 같은 다른 방식으로 저장해서 즐겨찾기가 자체적인 규칙을 따르게 한다. 그러한 규칙이란 아마 웹 페이지에 적용되는 명명규칙일 것이다. 그렇게 되면 즐겨찾기는 다시 단일한 모델을 제공하게 될 것이다. 이 모델은 사용자가 웹 사이트의 이름을 짓는 것에 관해 아는 바를 즐겨찾기에도 적용할 수 있음을 드러낸다.

설계가 사용자와 도메인 전문가의 기본적인 관심사를 반영하는 모델에 기반을 두면 설계의 골격이 다른 설계 접근법에 비해 더 큰 범위에 걸쳐 사용자에게 드러날 수 있다. 모델이 드러나면 사용자가 소프트웨어의 잠재력을 좀더 많이 접하게 되어 일관성 있고 예상 가능한 행위가 나타날 것이다.

HANDS-ON MODELER
(실천적 모델러)

제조업은 소프트웨어 개발 분야에서 인기 있는 은유(metaphor)다. 이 은유로부터 한 가지 추론할 수 있는 점은 고도로 숙련된 엔지니어는 설계를, 덜 숙련된 노동자는 제품을 조립한다는 것이다. 이 은유는 '소프트웨어 개발은 모든 것이 설계다'라는 한 가지 단순한 이유로 많은 프로젝트를 엉망으로 만들었다. 모든 팀원에게는 각기 전문화된 역할이 있지만 분석과 모델링, 설계, 프로그래밍에 대한 책임을 지나치게 구분하는 것은 MODEL-DRIVEN DESIGN과 상충한다.

어떤 프로젝트에서 나는 여러 애플리케이션 팀을 조율하고 설계를 주도할 도메인 모델의 개발을 돕는 일을 한 적이 있다. 그러나 관리조직에서는 모델러는 모델링을 해야 하고, 코드를 작성하는 것은 이러한 모델링 기술을 낭비하는 것으로 여기고 내가 프로그래머와 함께 세부사항에 대해 프로그램을 작성하거나 함께 일하는 것을 사실상 금지했다.

잠시 동안은 괜찮은 듯했다. 도메인 전문가와 각기 팀을 이끌어가고 있는 리더와 함께 우리는 지식을 탐구했고 괜찮은 핵심 모델을 정제해나갔다. 그러나 그렇게 만들어진 모델은 두 가지 이유로 전혀 쓸모가 없었다.

우선 모델의 의도 중 일부가 이관되면서 사라져 버렸다. 모델의 전체적인 효과는 세부사항에 매우 민감하게 반응할 수 있는데(2부와 3부에서 논의하겠다), 그러한 세부사항은 UML 다이어그램이나 일반적인 토의 내용에서는 발견되지 않는다. 내가 소매를 걷어 붙이고 직접 개발자와 함께 일하면서 따라 할 수 있는 코드를 예제로 제공하고 가까이에서 지원해줬다면 그 팀은 모델을 추상화한 요소를 가지고 그것을 활용할 수 있었을 것이다.

다른 문제는 모델의 구현과 기술과의 상호작용에 대한 피드백이 간접적이었다는 것이다. 이를테면, 모델의 어떤 측면은 우리가 사용하는 기술 플랫폼에서 매우 비효율적인 것으로 밝혀졌는데, 여러 달 동안 나는 거기에 내재된 의미를 온전히 파악하지 못했다. 비교적 사소한 변경만으로도 문제를 해결할 수 있었고 그때까지는 그것이 문제가 되지 않았다. 개발자는 모델 없이도 동작하는 소프트웨어를 작성하는 일을 나름 잘 진행해나갔다. 어디선가 사용됐더라도 그저 하나의 자료구조가 되어버린 모델 없이도 말이다. 개발자들은 빈대 잡으려다 초가 삼간 태운 격이었지만 선택의 여지가 있었겠는가? 개발자들은 상아탑에만 머물러 있는 아키텍트의 지시를 받는 위험을 더는 감수할 수 없었다.

이 프로젝트의 초기 상황은 여느 때처럼 구현에 무관심한 모델러에게도 순조로웠다. 나는 이미 프로젝트에서 사용되는 대부분의 기술을 폭넓게 경험한 터였다. 나는 내 역할이 바뀌기 전에 같은 프로젝트의 한 작은 개발 팀을 이끌어 본 적도 있어 프로젝트 개발 프로세스와 프로그래밍 환경에 익숙했다. 그럼에도 모델러를 구현에서 격리시킨 상황에서는 내가 제 역할을 해내기에 충분하지 않았다.

코드를 작성하는 사람이 모델에 책임을 느끼지 못하거나 애플리케이션을 대상으로 모델이 동작하게 만드는 법을 모른다면 그 모델은 소프트웨어와 무관해진다. 코드의 변경이 곧 모델의 변경이라는 점을 개발자가 인식하지 못하면 리팩터링은 모델을 강화하기보다는 약화시킬 것이다. 한편으로 모델러가 구현 프로세스와 분리돼 있을 경우, 구현상의 제약조건을 감안하는 능력을 결코 갖추지 못하거나 금방 잃어버릴 것이다. 모델이 효과적인 구현을 뒷받침하고 핵심 도메인 지식을 추상화한다는 MODEL-DRIVEN DESIGN의 기본적인 제약조건은 절반쯤 사라지고, 결과로 나타나는 모델은 실용적이지 못할 것이다. 결국 MODEL-DRIVEN DESIGN을 코드로 만드는 과정의 미묘한 사항들은 협업을 통해 알 수 있는데, 설계자가 구현을 하지 못해 개발자와 업무의 단절이 생기면 숙련된 설계자의 지식과 솜씨는 결코 다른 개발자에게 전해지지 못할 것이다.

HANDS-ON MODELER가 필요하다고 해서 팀원들이 전문화된 역할을 맡을 수 없다는 의미는 아니다. 익스트림 프로그래밍을 비롯한 모든 애자일 프로세스에서는 팀원의 역할을 정의하면 그 밖의 비공식적인 분업화가 자연스럽게 이뤄지곤 한다. 문제는 MODEL-DRIVEN DESIGN 내에서 서로 긴밀하게 연결된 모델링과 구현이라는 두 가지 과업을 분리하는 데서 나타난다.

전체적인 설계의 효과는 세밀한 수준의 설계와 구현 결정의 품질과 일관성에 매우 민감하게 반응한다. MODEL-DRIVEN DESIGN에서 코드는 모델의 한 표현으로 볼 수 있다. 코드를 변경하는 것이 곧 모델의 변경에 해당한다. 누가 좋아하건 말건 프로그래머가 곧 모델러다. 그러므로 프로그래머가 훌륭한 모델링 업무를 할 수 있게 프로젝트를 구성하는 것이 바람직하다.

그러므로

모델에 기여하는 모든 기술자는 프로젝트 내에서 수행하는 일차적 역할과는 상관없이 코드를 접하는 데 어느 정도 시간을 투자해야만 한다. 코드를 변경하는 책임이 있는 모든 이들은 코드를 통해 모델을 표현하는 법을 반드시 배워야 한다. 모든 개발자는 모델에 관한 일정 수준의 토의에 깊이 관여해야 하고 도메인 전문가와도 접촉해야 한다. 다른 방식으로 모델에 기여하는 사람들은 의식적으로 코드를 접하는 사람들과 UBIQUITOUS LANGUAGE를 토대로 모델의 아이디어를 나누는 데 적극 참여해야 한다.

✖ ✖ ✖

모델링과 프로그래밍을 뚜렷하게 구분하는 것은 별 의미가 없지만 규모가 큰 프로젝트에서는 고수준의 설계와 모델링을 조율하고 가장 어렵거나 중요한 의사결정을 내리는 것을 돕는 기술적인 측면의 리더가 필요하다. 4부, "전략적 설계"에서는 이러한 의사결정을 다루고, 수준 높은 기술 인력의 역할과 책임을 정의하는 더욱 생산적인 방식을 도출해내는 아이디어를 자극할 것이다.

도메인 주도 설계는 모델을 동작하게 만들어 애플리케이션의 문제를 해결한다. 지식탐구를 바탕으로 팀은 혼란스러운 정보의 거센 흐름 속에서 정수를 추출해 실제적인 모델로 만든다. MODEL-DRIVEN DESIGN은 모델과 구현을 매우 밀접하게 연결한다. UBIQUITOUS LANGUAGE는 개발자와 도메인 전문가, 소프트웨어 사이에 흐르는 모든 정보의 통로에 해당한다.

그리고 그 결과는 다름아닌 핵심 도메인의 근본적인 이해를 토대로 한, 기능이 풍부한 소프트웨어다.

앞에서도 언급했듯이 MODEL-DRIVEN DESIGN의 성공은 세부적인 설계 결정에 민감하게 영향을 받으며, 그러한 설계 결정을 이어지는 몇 개의 장에서 다루겠다.

Domain-Driven Design

제 **2** 부

모델 주도 설계의
기본 요소

혼란스러운 현실에도 불구하고 소프트웨어 구현을 건전한 상태로 유지하고 모델과의 밀접한 관계를 유지하려면 모델링과 설계의 우수 실천법을 적용해야 한다. 이 책에서는 객체지향 설계나 근본적인 설계 원칙에 관해서는 소개하지 않는다. 도메인 주도 설계는 어떤 틀에 박힌 생각의 중점을 옮긴다.

어떤 종류의 의사결정은 모델과 구현이 서로 정합된 상태를 유지해서 서로의 효과를 상호 보완하게 한다. 이러한 정합을 위해서는 개별 요소의 세부사항에 대해서도 관심을 가질 필요가 있다. 이처럼 자그마한 규모의 세부사항도 정교하게 만들어 냄으로써 개발자들은 3부와 4부에 소개할 모델링 접근법을 적용할 견실한 기반을 마련할 수 있을 것이다.

이 책에서 제시하는 설계 방식은 대부분 "책임 주도 설계(responsibility-driven design)"의 원칙을 따르는데, 책임 주도 설계는 Wirfs-Brock et al. 1990에서 처음 다뤘고 Wirfs-Brock 2003에서 새롭게 고쳐졌다. 또한 이 책의 설계 방식은 Meyer 1988에서 설명하는 "계약에 의한 설계(design by contract)"에 크게 의존하고 있기도 하다(3부의 주된 내용이다). 그리고 Larman 1998과 같은 책에서 설명하고 있는 것과 더불어 그 밖에 널리 받아들여지는 객체지향 설계에 관한 우수 실천법과도 일반적인 배경에서 궤를 같이 한다.

규모와는 관계없이 프로젝트가 난관에 부딪치면 개발자들은 자신들이 그와 같은 원칙을 적용할 수 없는 상황에 놓여 있다는 사실을 알게 될지도 모른다. 도메인 주도 설계 과정을 탄력성 있게 만들려면 개발자들은 잘 알려진 근본 원리들이 **어떻게** MODEL-DRIVEN DESIGN을 뒷받침하는지 이해해야 하며, 이를 통해 실패를 극복하고 난관을 헤쳐나갈 수 있다.

이어지는 세 개의 장은 "패턴 언어"로 구성돼 있으며(부록 A 참조), 미묘한 모델의 특징과 설계 의사결정이 어떻게 도메인 주도 설계 과정에 영향을 주는지 보여주겠다.

다음 페이지의 상단에 그려진 다이어그램은 **내비게이션 맵(navigation map)**이다. 내비게이션 맵은 본 장에서 제시할 패턴과 그 패턴들이 서로 어떻게 관계를 맺는지 보여준다.

이 같은 표준 패턴들을 공유하면 설계에 체계가 생겨 팀 구성원이 각기 다른 구성원의 업무를 더욱 쉽게 이해할 수 있다. 또한 UBIQUITOUS LANGUAGE에도 추가된 표준 패턴을 사용하면 모든 팀 구성원이 모델과 설계 의사결정에 관해 논의하는 데 그와 같은 표준 패턴을 활용할 수 있다.

훌륭한 도메인 모델을 개발하는 것도 일종의 예술이다. 그러나 모델의 개별 요소를 실제로 설계하고 구현하는 일은 비교적 체계적으로 이뤄질 수 있다. 소프트웨어 시스템에서 도메인 설계 외의 수많은 관심사로부터 도메인 설계를 격리하면 모델과 설계의 관계가 훨씬 분명해질 것이다. 또한 일정한 구분법에 따라 모델 요소를 정의하면 그러한 모델 요소의 의미가 더욱 명확해질 것이다. 그뿐만 아니라 개별 요소에 대해 이미 널리 입증된 패턴을 따른다면 구현에 실질적으로 도움이 되는 모델을 만드는 데도 도움될 것이다.

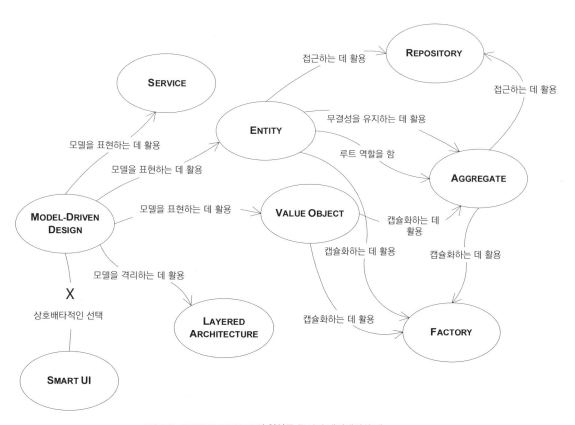

MODEL-DRIVEN DESIGN의 언어로 구성된 내비게이션 맵

정교한 모델은 가장 근본적인 사항에 관심을 가질 때만 비로소 복잡성을 헤쳐나갈 수 있으며, 이는 팀에서 확신을 갖고 결합할 수 있는 상세 요소라는 결과로 나타난다.

04

도메인의 격리

엄밀히 말해서 도메인에서 발생하는 문제를 해결하는 소프트웨어의 각 요소는 그것의 중요성에 어울리지 않게 대개 전체 소프트웨어 시스템의 극히 작은 부분을 구성한다. 그러한 요소에 가장 적절한 생각을 반영하려면 모델의 구성요소를 살펴보고 그것들을 하나의 시스템으로 바라볼 수 있어야 한다. 우리는 그와 같은 소프트웨어의 각 요소를 마치 밤하늘의 별자리를 확인하려는 것마냥 여러 객체가 혼재돼 있는 훨씬 더 넓은 곳에서 그 객체들을 하나하나 구분하려 해서는 안 된다. 우리는 시스템에서 도메인과 관련이 적은 기능으로부터 도메인 객체를 분리할 필요가 있으며, 그렇게 해서 도메인 개념을 다른 소프트웨어 기술에만 관련된 개념과 혼동하거나, 또는 시스템이라는 하나의 큰 덩어리 안에서 도메인을 전혀 바라보지 못하는 문제를 방지할 수 있다.

이 같은 격리를 위한 매우 정교한 기법이 나타났다. 이 기법은 매우 잘 알려진 것이긴 하지만 도메인 모델링 원칙을 성공적으로 적용하려면 이 기법이 매우 중요하므로 도메인 주도 관점에서 간략하게나마 반드시 검토해봐야 한다……

LAYERED ARCHITECTURE
(계층형 아키텍처)

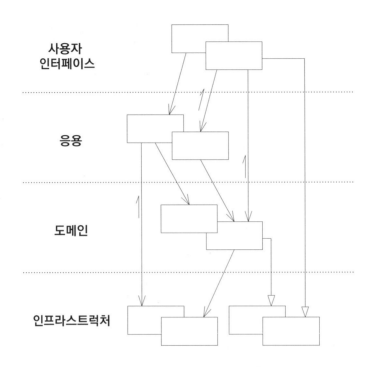

도시 목록에서 화물의 목적지를 선택하는 것과 같이 간단한 사용자 행위를 지원하는 해운 애플리케이션에도 (1) 위젯을 화면에 그리고 (2) 선택 가능한 모든 도시 목록을 데이터베이스에서 조회하며 (3) 사용자가 입력한 내용을 해석하고 유효성을 검증하고 (4) 선택된 도시를 화물과 연결하며 (5) 변경내역을 데이터베이스에 반영하는 프로그램 코드가 들어 있어야 한다. 이러한 모든 코드가 동일한 프로그램의 일부를 차지하더라도 그중 일부만이 해운 업무와 관련돼 있다.

소프트웨어 프로그램에는 갖가지 작업을 수행하는 설계와 코드가 포함된다. 소프트웨어 프로그램은 사용자 입력을 받아들이고 업무 로직을 수행하며, 데이터베이스에 접근하고, 네트워크상으로 통신하며, 사용자에게 정보를 보여주는 등의 일을 수행한다. 따라서 각 프로그램의 기능과 관련된 코드의 양은 상당히 많을 수 있다.

객체지향 프로그램에서는 종종 사용자 인터페이스(UI, User Interface)와 데이터베이스, 기타 보조적인 성격의 코드를 비즈니스 객체 안에 직접 작성하기도 한다. 부가적인 업무 로직은 UI 위젯과 데이터베이스 스크립트에 들어간다. 이런 일이 발생하는 까닭은 단기적으로는 이렇게 하는 것이 뭔가를 동작하게 하는 가장 쉬운 방법이기 때문이다.

도메인에 관련된 코드가 상당한 양의 도메인과 관련이 없는 다른 코드를 통해 널리 확산될 경우 도메인에 관련된 코드를 확인하고 추론하기가 굉장히 힘들어진다. UI를 표면적으로 변경하는 것이 실질적으로 업무 로직을 변경하는 것으로 이어질 수 있다. 업무 규칙을 변경하고자 UI 코드나 데이터베이스 코드, 또는 다른 프로그램 요소를 세심하게 추적해야 할지도 모른다. 응집력 있고, 모델 주도적인 객체를 구현하는 것이 비현실적인 이야기가 돼버리고 자동화 테스트가 어려워진다. 기술과 로직이 모두 각 활동에 포함돼 있다면 프로그램을 매우 단순하게 유지해야 하며, 그렇지 않으면 프로그램을 이해하기가 불가능해진다.

매우 복잡한 작업을 처리하는 소프트웨어를 만들 경우 관심사의 분리(separation of concern)가 필요하며, 이로써 격리된 상태에 있는 각 설계 요소에 집중할 수 있다. 동시에 시스템 내의 정교한 상호작용은 그러한 분리와는 상관없이 유지돼야 한다.

소프트웨어 시스템을 분리하는 방법은 다양하지만 경험과 관례에 근거해 산업계에서는 LAYERED ARCHITECTURE, 좀더 구체적으로 몇 개의 일반화된 계층이 널리 받아들여지고 있다. 계층화라는 은유는 널리 활용되므로 대다수의 개발자는 이를 직관적으로 받아들인다. 계층화에 관한 각종 논의는 논문에서 찾아볼 수 있으며 간혹 패턴의 형식을 갖추기도 한다 (Buschmann et al. 1996의 31 ~ 51페이지에 나온 것처럼). 계층화의 핵심 원칙은 한 계층의 모든 요소는 오직 같은 계층에 존재하는 다른 요소나 계층상 "아래"에 위치한 요소에만 의존한다는 것이다. 위로 거슬러 올라가는 의사소통은 반드시 간접적인 메커니즘을 거쳐야 하며, 이러한 간접적인 메커니즘에 관해서는 나중에 논의하겠다.

계층화의 가치는 각 계층에서 컴퓨터 프로그램의 특정 측면만을 전문적으로 다룬다는 데 있다. 이러한 전문화를 토대로 각 측면에서는 더욱 응집력 있는 설계가 가능해지며, 이로써 설계를 훨씬 더 쉽게 이해할 수 있다. 물론 가장 중요한 응집력 있는 설계 측면을 격리하는 계층을 선택하는 것도 매우 중요하다. 거듭 말하지만 경험과 관례를 바탕으로 널리 받아들여지는 계층화가 어느 정도 정해졌다. 이러한 계층화는 다양한 모습으로 나타나지만 대다수의 성공적인 아키텍처에서는 아래의 네 가지 개념적 계층으로 나뉜다.

사용자 인터페이스 (또는 표현 계층)	사용자에게 정보를 보여주고 사용자의 명령을 해석하는 일을 책임진다. 간혹 사람이 아닌 다른 컴퓨터 시스템이 외부 행위자가 되기도 한다.
응용 계층	소프트웨어가 수행할 작업을 정의하고 표현력 있는 도메인 객체가 문제를 해결하게 한다. 이 계층에서 책임지는 작업은 업무상 중요하거나 다른 시스템의 응용 계층과 상호작용하는 데 필요한 것들이다. 이 계층은 얇게 유지된다. 여기에는 업무 규칙이나 지식이 포함되지 않으며, 오직 작업을 조정하고 아래에 위치한 계층에 포함된 도메인 객체의 협력자에게 작업을 위임한다. 응용 계층에서는 업무 상황을 반영하는 상태가 없지만 사용자나 프로그램의 작업에 대한 진행상황을 반영하는 상태를 가질 수 있다.
도메인 계층 (또는 모델 계층)	업무 개념과 업무 상황에 관한 정보, 업무 규칙을 표현하는 일을 책임진다. 이 계층에서는 업무 상황을 반영하는 상태를 제어하고 사용하며, 그와 같은 상태 저장과 관련된 기술적인 세부사항은 인프라스트럭처에 위임한다. 이 계층은 업무용 소프트웨어의 핵심이다.
인프라스트럭처 계층	상위 계층을 지원하는 일반화된 기술적 기능을 제공한다. 이러한 기능에는 애플리케이션에 대한 메시지 전송, 도메인 영속화, UI에 위젯을 그리는 것 등이 있다. 또한 인프라스트럭처 계층은 아키텍처 프레임워크를 통해 네 가지 계층에 대한 상호작용 패턴을 지원할 수도 있다.

어떤 프로젝트에서는 사용자 인터페이스와 애플리케이션 계층을 명확히 구분하지 않기도 하며, 여러 개의 인프라스트럭처 계층이 존재하는 프로젝트도 있다. 하지만 MODEL-DRIVEN DESIGN을 가능케 하는 것은 결정적으로 **도메인 계층**을 분리하는 데 있다.

그러므로

복잡한 프로그램을 여러 개의 계층으로 나눠라. 응집력 있고 오직 아래에 위치한 계층에만 의존하는 각 계층에서 설계를 발전시켜라. 표준 아키텍처 패턴에 따라 상위 계층과의 결합을 느슨하게 유지하라. 도메인 모델과 관련된 코드는 모두 한 계층에 모으고 사용자 인터페이스 코드나 애플리케이션 코드, 인프라스트럭처 코드와 격리하라. 도메인 객체(표현이나 저장, 애플리케이션 작업을 관리하는 등의 책임에서 자유로운)는 도메인 모델을 표현하는 것에만 집중할 수 있다. 이로써 모델은 진화를 거듭해 본질적인 업무 지식을 포착해서 해당 업무 지식이 효과를 발휘할 수 있을 만큼 풍부하고 명확해질 것이다.

인프라스트럭처 계층과 사용자 인터페이스 계층에서 도메인 계층을 분리하면 각 계층을 훨씬 더 명료하게 설계할 수 있다. 격리된 계층을 유지하는 데 드는 비용은 훨씬 더 적은데, 이는 격리된 계층이 각자 다른 속도로 발전해서 각기 다른 요구에 대처할 것이기 때문이다. 그뿐만 아니라 분산된 시스템에 배포할 때도 이러한 분리가 도움되는데, 통신상의 부하를 최소화하고 성능을 개선하고자 각기 다른 서버나 클라이언트에 각 계층을 유연하게 둘 수 있기 때문이다(Fowler 1996).

예제

온라인 뱅킹 기능을 여러 계층으로 나누기

어떤 애플리케이션에서 은행 계좌를 유지하는 데 필요한 다양한 기능을 제공하고 있다. 그중 하나가 바로 사용자가 두 계좌번호와 일정 금액을 입력하거나 선택하면 이체가 시작되는 자금 이체 기능이다.

예제를 쉽게 다루고자 보안과 같은 주요 기술적인 특징은 생략했다. 그뿐만 아니라 도메인 설계도 상당히 단순화했다(현실적인 복잡성은 계층형 아키텍처에 대한 필요성만을 높일 것이다). 나아가 여기에 포함된 인프라스트럭처는 예제를 명확하게 설명하고자 단순하고 분명하게 만든 것일 뿐 제안하고자 하는 설계는 아니다. 나머지 기능에 대한 책임은 그림 4.1과 같이 계층화할 수 있다.

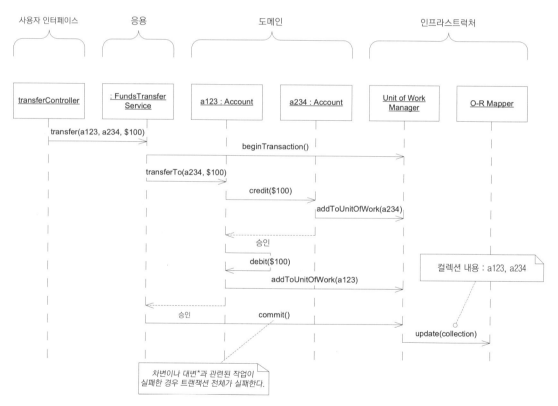

그림 4-1 | 객체는 자신이 속한 계층에 맞는 책임을 수행하며, 같은 계층에 존재하는 객체와 더 결합된다.

* (옮긴이) 차변과 대변은 복식부기 회계 원리에서 쓰이는 개념으로서 대차대조표상의 좌측을 차변, 우측을 대변이라 한다. 대차대조표의 차변에는 자산이, 대변에는 부채와 자본이 표시되며, 손익계산서의 차변에는 비용이, 대변에는 수익이 표시되어, 이 두 표의 차변 합계와 대변 합계는 반드시 일치함이 복식부기의 원리이다. 대차대조표의 자산계정은 차변에 발생 증가를, 대변에 감소 소멸을 기록하고, 부채계정과 자본계정은 대변에 발생 증가를, 차변에 감소를 기록한다. – 두산 백과사전

여기서 눈여겨봐야 할 것은 **응용 계층이 아닌** 도메인 계층에서 주요 업무 규칙을 책임지고 있다는 것이며, 이 경우 "모든 대변(debit)에는 그것과 일치하는 차변(credit)이 있다"가 업무 규칙에 해당한다.

이 애플리케이션에서는 누가 송금을 요청했는가에 관해서는 아무런 가정도 하지 않는다. 아마 프로그램에는 계좌번호와 금액을 입력하는 필드와 명령 버튼이 포함된 사용자 인터페이스가 있을 것이다. 하지만 그와 같은 사용자 인터페이스는 응용 계층이나 그 아래의 계층에는 영향을 주지 않는 XML 형식의 송금 요청으로 대체될 수도 있다. 이 같은 분리가 중요한 까닭은 프로젝트에서 사용자 인터페이스를 자주 대체해야 하기 때문이 아니라 깔끔한 관심사의 분리를 토대로 각 계층의 설계를 이해하고 유지하기가 쉬워지기 때문이다.

사실 그림 4.1은 도메인을 격리하지 않았을 때의 문제점을 완화해서 보여준다. 왜냐하면 여기엔 요청에서 트랜잭션 제어에 이르기까지의 모든 것들을 포함해야 했기 때문에 전체 상호작용을 이해하기에 충분할 정도로 단순하게 유지하고자 도메인 계층을 어렵지 않게 표현해야 했다. 우리가 격리된 도메인 계층의 설계에만 집중했다면 우리의 머릿속과 페이지상에는 도메인 규칙을 더욱 잘 표현하는 모델이 들어 있을 것이며, 이러한 모델에는 원장[1] 객체를 비롯해 차변과 대변 객체, 또는 금전 거래와 관련된 객체가 들어 있을 것이다.

계층 간 관계 설정

지금까지 계층의 분리와 그러한 분할 방법 가운데 어떤 것이 프로그램의 각 측면, 특히 도메인 계층의 설계를 향상시키는지 집중적으로 살펴봤다. 그럼에도 당연히 각 계층은 서로 연결돼야 한다. 분리의 이점을 잃지 않으면서 각 계층을 서로 연결하는 것이야말로 각종 패턴이 존재하는 이유다.

각 계층은 설계 의존성을 오직 한 방향으로만 둬서 느슨하게 결합된다. 상위 계층은 하위 계층의 공개 인터페이스를 호출하고 하위 계층에 대한 참조를 가지며(최소한 임시로라도), 그리고 일반적으로 관례적인 상호작용 수단을 이용해 하위 계층의 구성요소를 직접적으로 사용하거

---

1 (옮긴이) 회계상 거래발생의 내용을 계정과목별로 정리해 놓은 장부를 말한다. 분개장에 거래 발생 순서에 따라 기입된 내용은 원장에 계정과목별로 전기(轉記)되어 정리된다. 따라서 원장에 의해 일정 시점에서의 각 계정의 잔액을 알 수 있을 뿐만 아니라 기업의 재정상태 및 영업실적을 파악할 수 있다. - 두산 백과사전

나 조작할 수 있다. 그러나 하위 수준의 객체가 상위 수준의 객체와 소통해야 할 경우에는(직접적인 질의에 응답하는 것 이상으로) 또 다른 메커니즘이 필요한데, 이 경우 콜백(callback)이나 OBSERVER(관찰자) 패턴(Gamma et al. 1995)처럼 계층 간에 관계를 맺어주는 아키텍처 패턴을 활용할 수 있다.

응용 계층과 도메인 계층에 UI를 연결하는 패턴은 MODEL-VIEW-CONTROLLER(MVC, 모델-뷰-컨트롤러)에서 유래한다. MVC는 과거 1970년대에 스몰토크(Smalltalk) 분야에서 발견되어 MVC를 따르는 여러 UI 아키텍처에 영감을 줬다. Fowler(2003)에서는 이 주제에 관해 MVC 패턴을 비롯한 몇 가지 유용한 변종에 관해 논한다. Larman(1998)에서는 이러한 MODEL-VIEW SEPARATION PATTERN(모델-뷰 분리 패턴)에서의 관심사에 관해 연구했는데, 그가 제안한 APPLICATION COORDINATOR(애플리케이션 조율자) 패턴은 애플리케이션 계층을 연결하는 접근법 가운데 하나다.

UI와 애플리케이션을 연결하는 것과 관련된 다른 유형의 접근법도 있다. 하지만 논의의 목적상 도메인 계층을 격리해서 해당 도메인 객체를 설계할 때 동시에 사용자 인터페이스도 생각할 필요가 없게 만들어준다면 어떤 접근법이라도 괜찮다.

보통 인프라스트럭처 계층에서는 도메인 계층에서 어떤 활동이 일어나게 하지 않는다. 인프라스트럭처 계층은 도메인 계층의 "아래"에 있으므로 해당 인프라스트럭처 계층이 보조하는 도메인의 구체적인 지식을 가져서는 안 된다. 사실 그와 같은 기술적인 기능은 대개 SERVICE(서비스)로 제공된다. 이를테면, 어떤 애플리케이션에서 이메일을 전송해야 한다면 메시지 전송 인터페이스가 인프라스트럭처 계층에 위치할 수 있으며, 애플리케이션 계층의 각 요소는 인프라스트럭처 계층에 메시지 전송을 요청할 수 있다. 이러한 분리는 어느 정도 융통성을 별도로 제공한다. 메시지 전송 인터페이스는 이메일 송신기나 팩스 송신기, 또는 다른 사용할 수 있는 어떤 것에도 연결될 수 있다. 그러나 분리의 주된 이점은 애플리케이션 계층이 단순해져서 애플리케이션 본연의 책임에만 집중하게 되는 것이며, 이로써 메시지를 **"언제"** 보내는지는 알아도 **"어떻게"** 보내는지는 알 필요가 없어진다.

응용 계층과 도메인 계층에서는 인프라스트럭처 계층에서 제공하는 SERVICE를 요청한다. SERVICE의 범위와 인터페이스를 적절히 선정하고 설계한다면 호출하는 측은 SERVICE 인터페이스에서 캡슐화하는 정교한 행위를 바탕으로 느슨하게 결합되고 단순해질 수 있다.

그러나 모든 인프라스트럭처가 상위 계층에서 호출할 수 있는 SERVICE의 형태로 만들어지는 것은 아니다. 어떤 기술적인 구성요소는 다른 계층의 기본적인 기능을 직접적으로 지원하도록 만들어져(이를 테면, 모든 도메인 객체에 대한 추상 기반 클래스를 제공하는 것과 같이) 그러한 계층과 관계를 맺는 메커니즘(MVC 및 그와 비슷한 패턴의 구현과 같은)을 제공하기도 한다. 그러한 "아키텍처 프레임워크"는 프로그램의 다른 요소를 설계하는 데 미치는 영향이 훨씬 더 크다.

아키텍처 프레임워크

인프라스트럭처가 인터페이스를 통해 호출되는 SERVICE의 형태로 제공된다면 계층화의 동작 방식과 각 계층이 느슨하게 결합되는 방식은 상당히 직관적이다. 하지만 일부 기술적인 문제에는 더욱 침습적인 형태의 인프라스트럭처가 필요하다. 수많은 인프라스트럭처의 요구사항을 통합하는 프레임워크는 종종 다른 계층이 매우 특수한 방식으로 구현되기를 요구하는데, 이를테면 프레임워크 클래스의 하위 클래스가 돼야 한다거나 일정한 메서드 서명을 지정해야 한다는 것이 여기에 해당한다(하위 클래스가 그 클래스의 부모 클래스보다 상위 계층에 있는 것이 직관적이지 않아 보일지도 모르지만 염두에 둘 것은 어느 클래스가 다른 클래스에 대한 지식을 더 많이 반영하고 있느냐다). 가장 바람직한 아키텍처 프레임워크라면 도메인 개발자가 모델을 표현하는 것에만 집중하게 해서 복잡한 기술적 난제를 해결한다. 하지만 프레임워크가 방해가 될 수도 있는데, 프레임워크에서 도메인 설계와 관련된 의사결정을 제약하는 가정을 너무 많이 만들어 내거나 구현을 너무 과중하게 만들어 개발을 더디게 하는 경우가 있기 때문이다.

일반적으로 어떤 형태로든 아키텍처 프레임워크와 같은 것은 필요하다(간혹 팀에서 고른 프레임워크가 팀에 제대로 된 도움을 주지 못하더라도). 프레임워크를 적용할 때 팀은 프레임워크의 목적에 집중해야 하는데, 그러한 프레임워크의 목적은 도메인 모델을 표현하고 해당 도메인 모델을 이용해 중요한 문제를 해결하는 구현을 만들어내는 데 있다. 팀에서는 프레임워크를 이용해 그러한 결과를 만들어 내는 방법을 찾아야 하는데, 그렇다고 해서 프레임워크에서 제공하는 모든 기능을 사용해야 한다는 의미는 아니다. 예를 들면, 초창기의 J2EE 애플리케이션에서는 이따금 도메인 객체를 모두 "엔티티 빈"으로 구현하곤 했다. 이러한 접근법은 성능과 개발 속도 면에서 모두 좋지 않은 결과를 초래했다. 반면 오늘날 우수 실천법은 대부분의 업무 로직을 일반 자바 객체로 구현하면서 구성 단위가 큰(larger grain) 객체에 대해서는 J2EE 프레임워크를 사용하는 것이다. 한 프레임워크를 이용해 해결하기 힘든 갖가지 측면은 어려운 문제를 해결하고자 어디서든 통하는 일률적인 해법을 모색하는 것이 아니라 여러 프레임워크를 선택적으로 적용해서 극복할 수 있다. 프레임워크의 가장 유용한 기능만 분별력 있게 적용한다면 구현과 프레임워크 간의 결합이 줄어들어 차후 설계 의사결정을 더욱 유연하게 내릴 수 있을 것이다. 그리고 더 중요한 점은 현재 널리 사용되고 있는 여러 프레임워크가 사용하기에 얼마나 복잡한지 감안하면 이러한 최소주의적인 태도가 비즈니스 객체를 읽기 쉽고 표현력 있게 유지하는 데 이바지한다는 것이다.

아키텍처 프레임워크를 비롯한 여러 도구는 계속해서 발전을 거듭할 것이다. 새로 나오는 프레임워크는 애플리케이션의 기술적인 측면을 점점 더 자동화하거나 미리 만들어 줄 것이다. 제대로만 된다면 애플리케이션 개발자들은 핵심적인 업무 관련 문제만 모델링하는 데 점점 더 많은 시간을 보내게 되고 생산성과 품질이 훨씬 더 향상될 것이다. 그러나 이러한 방향으로 나아가더라도 우리는 기술적인 해결책에 대한 열정만큼은 반드시 사수해야 한다. 정교한 프레임워크는 애플리케이션 개발자들을 속박할 수도 있다.

도메인 계층은 모델이 살아가는 곳

LAYERED ARCHITECTURE는 오늘날 대부분의 시스템에서 다양한 계층화 계획하에 사용되며, 여러 개발 방식도 이러한 계층화의 혜택을 얻을 수 있다. 하지만 도메인 주도 설계에서는 오직 한 가지 특정한 계층만이 존재할 것을 요구한다.

도메인 모델은 일련의 개념을 모아놓은 것이다. "도메인 계층"은 그러한 모델과 설계 요소에 직접적으로 관계돼 있는 모든 것들을 명시한 것이다. 도메인 계층은 업무 로직에 대한 설계와 구현으로 구성된다. MODEL-DRIVEN DESIGN에서는 도메인 계층의 소프트웨어 구성물이 모델의 개념을 반영한다.

도메인 로직이 프로그램상의 다른 관심사와 섞여 있다면 그와 같은 대응을 달성하기가 수월하지 않다. 따라서 도메인 주도 설계의 전제 조건은 도메인 구현을 격리하는 것이다.

SMART UI(지능형 UI) "안티 패턴"

앞서 논의한 내용은 객체 애플리케이션에서 널리 받아들여지는 LAYERED ARCHITECTURE 패턴을 요약한 것이다. 그러나 이처럼 UI와 응용, 도메인을 분리하는 것은 자주 시도되지만 그다지 이뤄진 바는 없으므로 그러한 분리를 부정하는 것도 그 자체만으로 논의할 만한 가치가 있다.

수많은 소프트웨어 프로젝트에서는 내가 SMART UI라고 하는 훨씬 덜 복잡한 설계 접근법을 취하며, 또한 계속해서 취해야 한다. 하지만 SMART UI는 하나의 대안에 불과하며, 도메인 주도 설계 접근법과는 서로 양립할 수 없는 상호배타적인 길에 놓인 접근법이다. SMART UI를 택한다면 이 책의 내용을 대부분 적용할 수 없을 것이다. 나는 어떤 상황에 SMART UI를 적용하지 않는지에 관심이 있고, 그래서 내가 "안티 패턴"이라고 하는 것이다. 여기서 논의한 내용은 두 접근법을 비교하기에 좋으므로 책의 나머지 부분에서 다루는 좀더 힘든 길로 나아가는 것을 정당화하는 상황들을 분명하게 제시하는 데 도움될 것이다.

❧ ❧ ❧

어떤 프로젝트에서 단순한 기능을 전해줘야 하는데, 이러한 기능은 데이터 입력과 표시 방식의 영향을 받고 업무 규칙이 거의 없다. 또한 직원들이 고도의 객체 모델링을 수행하는 사람으로 구성돼 있지 않다.

프로젝트 경험이 많지 않은 팀에서 단순한 프로젝트에 LAYERED ARCHITECTURE와 함께 MODEL-DRIVEN DESIGN을 적용하기로 결정했다면 그 프로젝트 팀은 매우 험악한 학습 곡선에 직면할 것이다. 팀원들은 복잡한 신기술에 통달해야 하고 객체 모델링(이 책의 도움을 받더라도 객체 모델링은 매우 힘든 일이다!)을 학습하는 과정에서 차질을 빚게 될 것이다. 인프라스트럭처 계층을 관리하는 데 따르는 부하 탓에 매우 단순한 과업을 수행하는 데조차 시간이 오래 걸린다. 단순한 프로젝트에는 짧은 일정과 적당한 기대만이 따른다. 결국 팀에 할당된 과업을 완수하기도 전에 그러한 접근법이 가져다 줄 흥미진진한 가능성을 거의 보여주지 못한 채 프로젝트는 취소될 것이다.

설령 그 팀에 시간을 더 주더라도 전문가의 도움 없이는 팀원들이 기술을 능숙하게 익히지 못할 가능성이 높다. 그리고 결국 그 팀이 이러한 문제를 극복하더라도 하나의 단순한 시스템만이 만들어질 것이다. 풍부한 기능을 요청한 적도 없는데 말이다.

좀더 경험이 있는 팀이라면 똑같은 상황에 처하지는 않을 것이다. 노련한 개발자라면 학습곡선을 평평하게 만들 수 있으므로 계층을 관리하는 데 필요한 시간을 줄일 수도 있다. 도메인 주도 설계는 야심 찬 프로젝트에 최고의 성과를 가져다 주며, 동시에 매우 탄탄한 기술력을 요한다. 모든 프로젝트가 야심 찬 것은 아니다. 모든 프로젝트 팀 역시 그러한 기술을 갖출 수 있는 것도 아니다.

그러므로 여건이 된다면

모든 업무 로직을 사용자 인터페이스에 넣어라. 애플리케이션을 작은 기능으로 잘게 나누고, 나눈 기능을 각기 분리된 사용자 인터페이스로 구현해서 업무 규칙을 분리된 사용자 인터페이스에 들어가게 하라. 관계형 데이터베이스를 데이터의 공유 저장소로 사용하고 이용 가능한 최대한 자동화된 UI 구축 도구와 시각적인 프로그래밍 도구를 사용하라.

이런 이단아 같으니! 진리(이 책의 범위를 넘어서서 어디서든 지지받는 진리로서)는 바로 도메인과 UI를 분리해야 한다는 것이다. 사실 이 책의 후반부에서 논의할 방법은 모두 그러한 분리를 하지 않고서는 적용하기 힘들며, 그리고 이러한 SMART UI는 도메인 주도 설계의 맥락에서는 "안티 패턴(anti-pattern)"으로 간주될 수도 있다. 그럼에도 SMART UI는 다른 특정한 상황에서는 적합한 것이기도 하다. 사실 SMART UI에는 여러 이점이 있으며, SMART UI가 가장 적합한 상황도 있다(이는 부분적으로 왜 SMART UI가 그렇게까지 널리 사용되는지를 뒷받침한다). 여기서 SMART UI를 고려해 보는 것은 우리가 왜 도메인에서 애플리케이션을 분리하는지, 그리고 더 중요한 것은 언제 우리가 그렇게 분리하고 싶지 않은지를 이해하는 데 도움될 것이다.

장점

- 애플리케이션이 단순한 경우 생산성이 높고 효과가 즉각적으로 나타난다.

- 다소 능력이 부족한 개발자도 약간의 교육으로 이러한 방식으로 업무를 진행할 수 있다.

- 요구사항 분석 단계에서 결함이 발생하더라도 사용자에게 프로토타입을 배포한 후 요구에 맞게 제품을 변경해서 문제를 해결할 수 있다.

- 애플리케이션이 서로 분리되므로 규모가 작은 모듈의 납기 일정을 비교적 정확하게 계획할 수 있다. 부가적이고 간단한 작업만으로도 시스템을 확장하기가 수월할 수 있다.

- 관계형 데이터베이스와 잘 어울리고 데이터 수준의 통합이 가능하다.

- 4세대 언어 도구와 잘 어울린다.

- 애플리케이션을 인도했을 때 유지보수 프로그래머가 이해하지 못하는 부분을 신속하게 재작업할 수 있다. 이는 변경의 효과가 특정 UI에 국한되기 때문이다.

단점

- 데이터베이스를 이용하는 방식 말고는 여러 애플리케이션을 통합하기가 수월하지 않다.

- 행위를 재사용하지 않으며 업무 문제에 대한 추상화가 이뤄지지 않는다. 업무 규칙이 적용되는 연산마다 업무 규칙이 중복된다.

- 신속한 프로토타입 작성과 반복주기가 SMART UI가 지닌 태생적인 한계에 도달하게 된다. 이는 추상화의 부재로 리팩터링의 여지가 제한되기 때문이다.

- 복잡성에 금방 압도되어 애플리케이션의 성장 경로가 순전히 부가적인 단순 응용으로만 향한다. 우아한 방법으로 더욱 풍부한 행위를 갖출 수 있는 방법은 없다.

이러한 패턴을 의식적으로 적용한다면 팀은 다른 접근법에서 요하는 상당한 양의 부하를 피할 수 있을 것이다. 일반적으로 저지르는 실수는 팀에서 여태까지 수행하고 있지 않던 정교한 설계 접근법을 취하는 것이다. 흔히 저지르면서 큰 대가를 치러야 하는 또 다른 실수는 바로 프로젝트에서 요구하지 않는 복잡한 인프라스트럭처를 구축하고 고성능 도구를 사용하는 것이다.

일반 목적으로 사용할 수 있는 언어(자바와 같은)는 대부분 이러한 애플리케이션에서 사용하기에는 지나치게 문제를 복잡하게 만들어 상당한 비용이 발생할 것이다. 여기엔 4세대 언어(4GL) 형식의 도구가 제격이다.

한 가지 기억해 둘 점은 이러한 패턴의 결과 중 하나로 전체 애플리케이션을 대체하지 않고는 다른 설계 접근법으로 옮겨갈 수 없다는 것이다. 단순히 자바와 같은 일반 목적용 언어를 사용한다고 해서 실제로 나중에 SMART UI를 버려야 하는 것은 아니므로 그 길을 택했다면 해당 언어에 가장 적합한 개발 도구를 선택해야 한다. 두 길을 모두 취하려 애쓸 필요는 없다. 단지 다루기 쉬운 언어를 사용한다고 해서 다루기 쉬운 시스템이 만들어지는 것은 아니며, 오히려 비용이 많이 드는 시스템이 만들어질 수도 있다.

마찬가지로 MODEL-DRIVEN DESIGN을 하기로 한 팀은 처음부터 MODEL-DRIVEN DESIGN의 방식대로 설계할 필요가 있다. 물론 상당히 의욕적이고 경험이 많은 프로젝트 팀이라도 단순한 기능부터 시작해서 계속적인 반복주기를 토대로 개발을 진행해야 한다. 그렇게 처음에 시험 삼아 해보는 단계가 바로 도메인 계층이 격리된 MODEL-DRIVEN이 될 것이며, 그렇지 않으면 십중팔구 SMART UI에서 막힐 것이다.

✼ ✼ ✼

SMART UI는 도메인 계층을 격리하는 데 LAYERED ARCHITECTURE와 같은 패턴이 왜, 그리고 언제 필요한지를 분명하게 짚고 넘어가고자 살펴본 것에 불과하다.

SMART UI와 LAYERED ARCHITECTURE의 중간쯤에 위치하는 해법도 있다. 예를 들어 Fowler(2003)에서는 트랜잭션 스크립트(Transaction Script)를 설명하고 있는데, 트랜잭션 스크립트는 애플리케이션으로부터 UI를 분리해내지만 객체에 모델을 제공하지는 않는다. 결론은 다음과 같다. **아키텍처에서 응집력 있는 도메인 설계가 시스템의 다른 부분과 느슨하게 결합될 수 있게 도메인 관련 코드를 격리한다면 아마 그러한 아키텍처는 도메인 주도 설계를 지원할 수 있을 것이다.**

다른 개발 방식도 제각기 어울리는 분야가 있겠지만 여러분은 복잡함과 유연함과 관련된 다양한 제약을 받아들여야만 한다. 도메인 설계를 분리하는 데 실패한다면 이것은 실제로 어떤 상황에서는 재앙이 될 수 있다. 복잡한 애플리케이션을 개발하고 있고, MODEL-DRIVEN DESIGN을 하기로 했다면 고통을 감내하고 필요한 전문가를 확보하며 SMART UI를 피해야 한다.

다른 종류의 격리

아쉽게도 여러분의 우아한 도메인 모델은 그것을 더럽힐 수 있는, 다름아닌 인프라스트럭처나 사용자 인터페이스의 영향을 받는다. 여러분은 모델에 완전히 통합되지 않는 기타 도메인 구성 요소를 다뤄야 한다. 또한 같은 도메인에 대해 서로 다른 모델을 사용하는 다른 개발팀에 대처해야 할 것이다. 갖가지 이유로 여러분의 모델은 불분명해지고 모델의 효용성을 잃어버리게 될 수도 있다. 14장, "모델의 무결성 유지"에서는 이러한 주제를 다룰 것이며, BOUNDED CONTEXT와 ANTICORRUPTION LAYER와 같은 패턴을 소개하겠다. 정말로 복잡한 도메인 모델은 그 자체로도 매우 다루기 어려워질 수 있다. 15장, "디스틸레이션"에서는 비본질적인 세부사항 탓에 가장 중요한 도메인 개념이 방해받지 않게 만들어줄 도메인 계층 내에서의 구분법을 살펴보겠다.

하지만 그것들은 나중에 알아보기로 하고, 우선 효과적인 도메인 모델과 표현력 있는 구현이 함께 발전해 나가는 것과 관련된 기본적인 사항을 살펴보겠다. 결국 도메인을 격리할 때의 가장 좋은 점은 부수적인 것을 배제하고 도메인 설계에만 집중할 수 있다는 것이다.

05

소프트웨어에서 표현되는 모델

MODEL-DRIVEN DESIGN의 효과를 놓치지 않으면서 구현과 조화를 이루려면 기본적인 사항을 재구성할 필요가 있다. 모델과 구현은 상세 수준에서 연결돼야 한다. 본 장에서는 개별 모델 요소에 초점을 맞춰 각 개별 모델 요소가 이후의 장에서 소개할 활동을 뒷받침하게끔 만들겠다.

여기서는 객체 간의 연관관계(association)를 설계하고 그러한 연관관계를 합리적으로 구성하는 것과 관련된 문제를 논의하는 것으로 시작하겠다. 객체 간의 연관관계를 이해하고 묘사하기는 간단하지만 그것을 실제로 구현하는 것은 잠재적으로 다루기 힘든 문제일지도 모른다. 여기서는 상세한 구현 결정이 MODEL-DRIVEN DESIGN을 실현하는 데 얼마나 중요한가를 연관관계를 토대로 알게 될 것이다.

객체 자체에 초점을 맞추더라도 상세한 모델 선택과 구현 관심사 간의 관계는 계속해서 조사할 것이며, 여러 모델 요소 가운데 모델을 표현하는 세 가지 패턴, 즉 ENTITY(엔티티), VALUE OBJECT(값 객체), SERVICE(서비스)를 구분하는 데 초점을 맞춰 설명하겠다.

도메인 개념을 담은 객체를 정의하는 일은 겉으로는 매우 쉬워 보여도 거기에는 의미상의 미묘한 차이로 발생할 수 있는 중대한 문제가 잠재돼 있다. 이로써 각 모델 요소의 의미를 명확하게 하고 특정 종류의 객체를 도출하기 위한 설계 수행체계에 부합하는 일정한 구분법이 나타난 것이다.

어떤 객체가 연속성(continuity)과 식별성(identity, 각종 상태를 바탕으로 추적되거나 서로 다른 구현에 걸쳐 존재하는 것)을 지닌 것을 의미하는가? 아니면 다른 뭔가의 상태를 기술하는 속성에 불과한가? 이것은 ENTITY와 VALUE OBJECT를 구분하는 가장 기본적인 방법이다. 어떤 객체를 정의할 때 해당 객체가 한 패턴이나 다른 뭔가를 분명하게 따르게 한다면 그 객체는 더 명확해지고 견고한 설계를 위한 구체적인 설계 결정을 내리는 데 도움될 것이다.

또한 여러 도메인 측면 중에는 객체보다는 행동(action)이나 연산(operation)으로 좀더 명확하게 표현되는 것도 있다. 비록 이러한 측면이 전통적인 객체지향 모델링에서 다소 벗어나긴 하지만 어떤 연산의 책임을 특정 ENTITY나 VALUE OBJECT에서 억지로 맡기보다는 SERVICE로 표현하는 편이 나을 때가 있다. SERVICE는 클라이언트 요청에 대해 수행되는 뭔가를 의미한다. 소프트웨어의 기술 계층에는 수많은 SERVICE가 있다. 그러한 SERVICE는 도메인에도 나타나는데, 소프트웨어에서 수행해야 하는 것에는 해당하지만 상태를 주고받지는 않는 활동을 모델링하는 경우가 여기에 해당한다.

관계형 데이터베이스에 객체 모델을 저장하는 경우처럼 불가피하게 객체 모델의 무결함을 타협해야만 하는 상황도 있다. 본 장에서는 이 같은 골치 아픈 현실에 대처해야 할 때도 올바른 방향으로 나아가게 해줄 몇 가지 지침을 제시하겠다.

마지막으로 MODULE(모듈)에 관해 논의하면서 모든 설계 관련 의사결정은 도메인에 부여된 통찰력을 바탕으로 내려야 한다는 사실을 알게 될 것이다. 기술적인 측정 수단으로 여겨지는 높은 응집도(high cohesion)와 낮은 결합도(low coupling)라는 개념은 도메인 개념에도 적용할 수 있다. MODEL-DRIVEN DESIGN에서 MODULE은 모델의 한 부분이므로 도메인의 개념을 반영해야 한다.

본 장에는 소프트웨어에서 모델을 구현하는 이러한 기본요소가 모두 모여 있다. 여기서 소개하는 개념은 관례적인 것이며, 이러한 개념을 따르는 모델링 및 설계 경향에 대해서는 예전부터 책이나 문헌의 형태로 존재했다. 그렇지만 이곳의 맥락에 맞게 그러한 개념을 구성하면 더 규모가 큰 모델과 설계 문제를 다룰 때 개발자들이 도메인 주도 설계의 우선순위에 부합하는 세부 구성요소를 만드는 데 도움될 것이다. 또한 기본적인 원칙을 이해해두면 개발자들이 어쩔 수 없이 택하는 절충안을 토대로 올바른 방향으로 나아가는 데 도움될 것이다.

연관관계

모델링과 실제 구현 간의 상호작용은 여러 객체 간의 연관관계에서 특히 까다롭다.

모델 내의 모든 탐색 가능한(traversable) 연관관계에 대해 그것과 동일한 특성을 지닌 메커니즘이 소프트웨어에도 있다.

고객과 영업사원 간의 연관관계를 나타내는 모델은 두 사물에 관계된 것이다. 한편으로 그 모델은 개발자가 두 명의 실제 사람 사이의 관계를 추상화한 것이기도 하다. 또 한편으로 그 모델은 두 자바 객체 간의 객체 포인터나 데이터베이스 탐색을 캡슐화한 것, 또는 어떤 그와 같은 관계에 견줄 만한 구현에 해당하는 것으로 볼 수도 있다.

이를테면, 일대다(one-to-many) 연관관계는 인스턴스 변수에 들어 있는 컬렉션으로 구현할 수도 있다. 하지만 설계도 반드시 그렇게 되는 것은 아니다. 어쩌면 컬렉션이 없을 수도 있고, 접근자 메서드(accessor method)에서 데이터베이스를 조회해서 적절한 레코드를 찾은 다음 해당 레코드를 토대로 객체를 인스턴스화할 수도 있다. 이러한 설계는 모두 동일한 모델을 반영할 것이다. 설계에는 어떤 특정한 탐색 메커니즘을 명시해야 하며, 그러한 메커니즘의 행위는 모델 내의 연관관계와 일치해야 한다.

현실세계에는 수많은 다대다(many-to-many) 연관관계가 있으며, 그중 상당수는 애초부터 양방향(bidirectional)으로 나타난다. 우리가 도메인에 관한 아이디어 회의를 하고 조사해본 초기 형태의 모델도 그와 같은 경향을 보인다. 그러나 이러한 일반적인 형태의 연관관계는 구현과 유지보수를 복잡하게 하며, 더욱이 해당 관계의 특성에 관해서는 거의 전해주는 바가 없다.

연관관계를 좀더 쉽게 다루는 방법으로는 아래의 세 가지가 있다.

1. 탐색 방향을 부여한다
2. 한정자(qualifier)를 추가해서 사실상 다중성(multiplicity)을 줄인다
3. 중요하지 않은 연관관계를 제거한다

가능한 한 관계를 제약하는 것이 중요하다. 양방향 연관관계는 두 객체가 모두 있어야만 이해할 수 있다. 애플리케이션 요구사항에 두 방향을 모두 탐색해야 한다는 요건이 없을 경우 탐색 방향을 추가하면 상호의존성이 줄어들고 설계가 단순해진다. 그리고 도메인을 이해하면 도메인 본연의 방향성이 드러날지도 모른다.

다른 나라와 마찬가지로 미국에도 여러 명의 역대 대통령이 있다. 이것은 양방향인, 일대다 관계다. 그렇다고 해서 우리가 "조지 워싱턴"이라는 이름으로 시작해서 "조지 워싱턴이 대통령이었던 나라가 어디입니까?"라고 물어보지는 않는다. 실용적인 관점에서 보면 국가에서 대통령의 방향으로 탐색할 수 있는 단방향(unidirectional) 연관관계를 제거할 수 있다. 이러한 정제 과정을 거쳐 우리는 더욱 실제적인 설계를 만들 수 있고, 실제로 도메인에 통찰력을 반영하게 된다. 이것은 연관관계에서 한 방향이 다른 것에 비해 훨씬 더 의미 있고 중요하다는 점을 포착한 것에 해당한다. 또한 "사람"이라는 클래스가 "대통령"이라는 훨씬 덜 근원적인 개념과 독립적으로 유지되기도 한다.

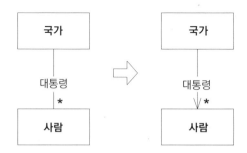

그림 5-1 | 어떤 탐색 방향은 도메인의 본연적인 특성을 반영하기도 한다.

도메인을 더욱 깊이 있게 이해하다 보면 굉장히 자주 "한정적인(qualified)" 관계에 이른다. 대통령을 더 자세히 살펴보면 한 나라에는 한 번에 한 명의 대통령만이 있다는 사실을 깨닫게 될 것이다(아마 남북전쟁 기간은 제외될 것이다). 한정자는 다중성을 일대일로 줄이며, 중요한 규칙을 명시적으로 모델에 포함시킨다. 이제 질문은 이렇게 바뀐다. 1790년에 미국의 대통령은 누구였습니까? 조지 워싱턴입니다.

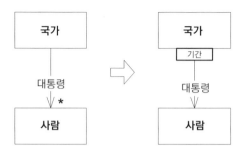

그림 5-2 | 제약이 더해진 연관관계는 더 많은 지식과 실제적인 설계를 전해준다.

다대다 연관관계의 탐색 방향을 제약하면 해당 연관관계는 사실상 훨씬 더 구현하기 쉬운 일 대다 연관관계로 줄어든다.

도메인의 특성이 반영되게끔 연관관계를 일관되게 제약하면 연관관계의 의사전달력이 풍부해지고 구현이 단순해지며, 나머지 양방향 연관관계도 의미를 지니게 된다. 관계의 양방향성이 도메인의 의미적 특징에 해당하고, 애플리케이션 기능에 그러한 양방향성이 필요하다면 두 가지 탐색 방향을 모두 유지하는 것은 그와 같은 사실을 나타내는 셈이다.

물론 당면한 문제에 필요한 것이 아니거니 중요한 의미를 담고 있는 모델 객체가 아니라면 궁극적인 단순화는 연관관계를 완전히 제거하는 것이다.

예제

증권계좌의 연관관계

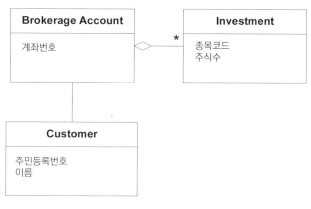

그림 5-3

위 모델의 Brokerage Account(증권계좌)를 자바로 구현하면 다음과 같다.

```
public class BrokerageAccount {
    String accountNumber;
    Customer customer;
    Set investments;

    // 생성자 등은 생략

    public Customer getCustomer() {
```

```
        return customer;
    }
    public Set getInvestments() {
        return investments;
    }
}
```

그런데 관계형 데이터베이스나 다른 구현에서도 동일하게 모델과의 일관성을 유지한 채로 데이터를 가져와야 한다면 아래와 같이 테이블을 구성해야 할 것이다.

테이블: BROKERAGE_ACCOUNT

ACCOUNT_NUMBER	CUSTOMER_SS_NUMBER

테이블: CUSTOMER

SS_NUMBER	NAME

테이블: INVESTMENT

ACCOUNT_NUMBER	STOCK_SYMBOL	AMOUNT

```
public class BrokerageAccount {
    String accountNumber;
    String customerSocialSecurityNumber;

    // 생성자 등은 생략

    public Customer getCustomer() {
        String sqlQuery =
            "SELECT * FROM CUSTOMER WHERE" +
            "SS_NUMBER='"+customerSocialSecurityNumber+"'";
```

```
            return QueryService.findSingleCustomerFor(sqlQuery);
    }

    public Set getInvestments() {
        String sqlQuery =
            "SELECT * FROM INVESTMENT WHERE" +
            "BROKERAGE_ACCOUNT='"+accountNumber+"'";
        return QueryService.findInvestmentsFor(sqlQuery);
    }
}
```

(참고: QueryService는 데이터베이스에서 행을 가져와 객체를 생성하는 유틸리티이며, 예제를 설명하기에는 충분하지만 실제 프로젝트에서 사용하기에는 부족한 면이 있다.)

Brokerage Account와 Investment(투자) 간의 다중성을 줄이고 연관관계를 한정해서 모델을 정제해 보자. 다음은 증권계좌당 하나의 투자 종목만 관리할 수 있음을 나타낸다.

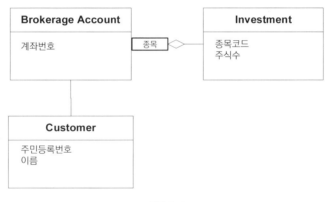

그림 5-4

위 다이어그램이 모든 업무상황(이를테면, 주식을 추적해야 하는 경우처럼)에 해당하지는 않지만 어떠한 특별한 규칙이든 연관관계에 대한 제약조건이 발견되면 해당 제약조건은 모델과 구현에 포함돼야 한다. 그와 같은 제약조건은 모델을 더 정확하게 하고 구현을 더욱 쉽게 유지보수할 수 있게 만들어 준다.

자바로는 다음과 같이 구현할 수 있다.

```
public class BrokerageAccount {
    String accountNumber;
    Customer customer;
```

```
        Map investments;

        // 생성자 등은 생략

        public Customer getCustomer() {
            return customer;
        }

        public Investment getInvestment(String stockSymbol) {
            return (Investment)investments.get(stockSymbol);
        }
    }
```

그리고 SQL 기반으로 구현하면 다음과 같다.

```
    public class BrokerageAccount {
        String accountNumber;
        String customerSocialSecurityNumber;

        // 생성자 등은 생략

        public Customer getCustomer() {
            String sqlQuery = "SELECT * FROM CUSTOMER WHERE SS_NUMBER='"
                + customerSocialSecurityNumber + "'";
            return QueryService.findSingleCustomerFor(sqlQuery);
        }

        public Investment getInvestment(String stockSymbol) {
            String sqlQuery = "SELECT * FROM INVESTMENT "
                + "WHERE BROKERAGE_ACCOUNT='" + accountNumber + "'"
                + "AND STOCK_SYMBOL='" + stockSymbol +"'";
            return QueryService.findInvestmentFor(sqlQuery);

        }
    }
```

모델에 포함된 연관관계를 신중하게 정제하고 제약하면 MODEL-DRIVEN DESIGN으로 나아가는 데 크게 도움될 것이다. 이제 객체로 눈을 돌려보자. 모델을 구체화하는 기본요소를 식별하는 일정한 구분법은 모델을 명확하게 하고 구현을 더욱 실제적으로 만든다……

ENTITY
(엔티티, 참조객체라고도 함)

수많은 객체는 본질적으로 해당 객체의 속성이 아닌 연속성과 식별성이 이어지느냐를 기준으로
정의된다.

✻ ✻ ✻

어떤 집주인이 나를 기물 파손으로 고소했다. 고소장에는 아파트 벽면에 구멍이 나 있고 카펫
은 얼룩져 있으며 싱크대에 있는 유해물질이 주방 벽면을 벗겨냈다고 적혀 있었다. 고소장에는
내가 그러한 피해를 책임질 세입자로 적혀 있었고 이름과 당시 거주지 주소로 나라는 것을 증명
하고 있었다. 그러나 나는 그렇게 엉망이 된 곳에는 한 번도 가본 적이 없었으므로 황당할 노릇이
었다.

잠시 후 나는 분명 신원확인이 잘못됐을 거라 생각했다. 나는 집주인에게 이 사실을 이야기했
지만 집주인은 믿지 않았다. 그리고 이전 세입자는 여러 달째 집주인을 피해 다니고 있었다. 어떻
게 내가 집주인에게 그렇게 많은 비용을 청구하게 만든 사람과 같은 사람이 아니라는 사실을 증
명할 수 있었을까? 전화번호부에는 에릭 에반스가 나밖에 없었다.

결국 전화번호부가 나의 구세주가 돼주었다. 나는 2년째 같은 아파트에 살고 있었기에 집주인에게 작년 전화번호부를 아직도 갖고 있는지 물었다. 집주인이 전화번호부를 찾아내서 내 주소(나와 동명이인인 사람 바로 옆에 있는)가 작년과 같다는 것을 확인하고 나서야 비로소 집주인은 기소하려 했던 사람이 내가 아니었음을 깨닫고 내게 사과한 후 소송을 취하하기로 했다.

컴퓨터는 그렇게까지 자원이 넉넉하지 않다. 소프트웨어 시스템에서 신원착오가 일어나면 데이터 손상과 프로그램 오류로 이어진다.

신원착오와 관련된 특별한 기술적 난관에 대해서는 조만간 다루기로 하고 우선 가장 근본적인 문제, 즉 많은 것들이 속성이 아닌 식별성에 의해 정의된다는 것에 대해 알아보자. 일반적으로 한 사람은(기술적이지 않은 사례를 계속해서 들어보면) 출생에서 죽음까지, 그리고 죽은 다음에도 이어지는 식별성을 지닌다. 사람의 물리적인 속성은 변형되어 결국에는 사라진다. 사람의 이름은 바뀔 수도 있다. 금융관계는 일정하지 않다. 사람에게 변하지 않는 속성은 단 한 가지도 없지만 식별성은 여전히 지속된다. 5살이었을 때의 나와 지금의 나는 같은 사람인가? 이러한 형이상학적인 질문은 효과적인 도메인 모델을 찾는 데 중요하다. 약간만 바꿔 말하면 다음과 같다. 애플리케이션을 사용하는 이들은 5살이었을 때의 나와 지금의 내가 동일 인물인지 중요하게 생각할까?

미수금을 관리하는 소프트웨어 시스템에서는 평범한 "고객" 객체가 더욱 다채로운 측면을 지닐지도 모른다. 고객 객체는 지불 정보를 조회하거나 지불 불능에 대해 대금 징수 대행소로 전달되면서 상태를 더해간다. 영업부서에서 고객 데이터를 뽑아내서 그 데이터를 연락처 관리 소프트웨어로 집어넣을 경우 고객 객체는 전혀 다른 시스템에서 이중 생활을 하게 될지도 모른다. 결국 고객 객체는 일정한 형식을 갖추지 않은 채로 한 줄의 레코드로 데이터베이스 테이블에 저장될 것이다. 신규 사업으로 그러한 데이터 원천에서 데이터가 흘러들어오는 것이 중단되면 고객 객체는 알아볼 수 없을 만큼 변해버린 모습으로 저장될 것이다.

이처럼 다양한 형태의 고객은 각종 언어와 기술을 기반으로 하는 각종 구현의 결과에 해당한다. 하지만 주문 때문에 전화가 오는 경우라면 이 고객이 체납 계정을 가진 고객인지, 아니면 객과 함께 몇 주 동안 함께 일했던 바로 그 고객인지, 그것도 아니면 완전히 신규 고객인지를 파악하는 것이 중요하다.

개념적 식별성은 객체와 해당 객체의 저장 형태, 전화를 거는 사람과 같은 현실의 행위자(actor)의 구현 사이에서 일치해야 한다. 속성은 일치하지 않을 수도 있다. 영업부서에서는 지금 막 미수금에 등록된 주소를 연락처 소프트웨어에 입력해서 갱신할 수도 있다. 두 고객의 연락처는 같은 이름으로 저장될 수도 있다. 소프트웨어가 분산돼 있는 경우라면 여러 사용자가 데이터를 입력하는 곳이 서로 다를 수도 있으므로 거래 갱신 내역은 시스템을 거쳐 전달되어 서로 다른 데이터베이스에서 비동기적으로 조정하는 과정을 거칠 것이다.

객체 모델링을 할 때 우리는 객체의 속성에 집중하곤 하는데, ENTITY의 근본적인 개념은 객체의 생명주기 내내 이어지는 추상적인 연속성이며, 그러한 추상적인 연속성은 여러 형태를 거쳐 전달된다는 것이다.

어떤 객체는 해당 객체의 속성을 자신의 주된 정의로 삼지 않는다. 그러한 객체는 오랜 시간에 걸쳐 작용하는 식별성의 이어짐을 나타내며, 종종 전혀 다른 형태로 나타나기도 한다. 간혹 그런 객체들은 다른 객체와 속성이 같지 않아도 서로 동일한 것으로 표현해야 할 때가 있다. 심지어 어떤 것은 다른 객체와 속성이 같아도 서로 구분해야 하는 경우도 있다. 잘못된 식별성은 데이터 손상으로 이어질 수 있다.

어떤 객체를 일차적으로 해당 객체의 식별성으로 정의할 경우 그 객체를 ENTITY라 한다.[1] **ENTITY에는 모델링과 설계상의 특수한 고려사항이 포함돼 있다. ENTITY는 자신의 생명주기 동안 형태와 내용이 급격하게 바뀔 수도 있지만 연속성은 유지해야 한다. 또한 사실상 ENTITY 를 추적하려면 ENTITY에 식별성이 정의돼 있어야 한다. ENTITY의 클래스 정의와 책임, 속성, 연관관계는 ENTITY에 포함된 특정 속성보다는 ENTITY의 정체성에 초점을 맞춰야 한다. ENTITY가 그렇게까지 급격하게 변형되지 않거나 생명주기가 복잡하지 않더라도 의미에 따라 ENTITY를 분류한다면 모델이 더욱 투명해지고 구현은 견고해질 것이다.**

물론 소프트웨어 시스템의 "ENTITY"는 대부분 단어의 의미 그대로 사람이나 개체를 나타내지는 않는다. ENTITY는 생명주기 내내 이어지는 연속성과 애플리케이션 사용자에게 중요한 속성과는 독립적인 특징을 가진 것이다. 사람이나 도시, 자동차, 복권 티켓, 은행 거래와 같은 것이 ENTITY가 될 수도 있다.

한편으로 모델 내의 모든 객체가 의미 있는 식별성을 지닌 ENTITY인 것은 아니다. 이러한 문제는 객체지향 언어에서 모든 객체에 "동일성(identity)" 연산이 내장돼 있다는 점 때문에 혼동되기도 한다(자바의 "==" 연산자). 이 연산은 두 객체의 메모리 주소나 다른 어떤 메커니즘을 기준으로 두 객체 참조가 같은 객체를 가리키고 있는지 판단한다. 이러한 점에서 보면 모든 객체 인스턴스는 식별성을 지녔다고 볼 수 있다. 지역적으로 원격 객체를 캐싱하기 위한 자바 런타임 환경

---

1 모델 ENTITY는 자바의 "엔티티 빈(entity bean)"과 같은 것이 아니다. 엔티티 빈은 ENTITY 구현을 위한 프레임워크를 목표로 했지만 그렇게 되진 않았다. 대부분의 ENTITY는 평범한 객체로 구현된다. ENTITY의 구현 방법과는 상관없이 ENTITY 는 도메인 모델의 중요한 특징 가운데 하나다.

이나 기술 프레임워크를 만드는 도메인에서는 확실히 모든 객체 인스턴스가 실제로 ENTITY가 돼야 할지도 모른다. 그러나 이 같은 식별 메커니즘은 다른 애플리케이션 도메인에서는 의미하는 바가 그리 크지 않다. 식별성은 ENTITY의 미묘하고 의미 있는 속성이므로 언어에서 제공하는 자동화된 기능으로 대체할 수 없다.

뱅킹 애플리케이션에서 일어나는 거래를 생각해 보자. 같은 날 같은 계좌에 같은 금액을 예금 하더라도 두 예금은 별개의 거래이므로 제각기 식별성을 지니고 ENTITY에 해당한다. 반면, 두 거래의 금액 속성은 아마도 동일한 금액 객체의 인스턴스일 것이다. 이러한 금액 속성은 서로 구 별할 필요가 없으므로 식별성이 없다. 사실 두 객체는 속성이 동일하거나 심지어 반드시 같은 클 래스가 아니더라도 서로 같은 식별성을 지닐 수도 있다. 은행 고객이 수표 기록부에 기재된 거래 내역과 계좌 통지서의 거래내역을 일치시킬 경우 그 작업은 구체적으로 다른 날, 다른 사람이 기 록했더라도 식별성이 같은 거래 내역을 일치시키는 것에 해당한다(은행의 정산일자는 전표상 일자 이후다). 전표 번호의 목적은 거래 내역을 컴퓨터 프로그램으로 처리하든 수기로 처리하 든 유일한 식별자 역할을 하는 데 있다. 일련번호가 없는 예금 및 현금 인출의 경우에는 다루기 가 좀더 까다로울 수도 있지만 적용되는 원리는 같다. 각 거래는 최소한 두 가지 형태로 나타나는 ENTITY일 것이기 때문이다.

식별성은 특정 소프트웨어 시스템 이외의 은행 거래나 아파트 입주와 같은 경우에도 중요한 의 미를 지닌다. 그러나 간혹 식별성은 컴퓨터 프로세스 식별자와 같이 시스템 맥락에서만 중요한 의미를 지니기도 한다.

그러므로

한 객체가 속성보다는 식별성으로 구분될 경우 모델 내에서 이를 해당 객체의 주된 정의로 삼 아라. 클래스 정의를 단순하게 하고 생명주기의 연속성과 식별성에 집중하라. 객체의 형태나 이 력에 관계없이 각 객체를 구별하는 수단을 정의하라. 객체의 속성으로 객체의 일치 여부를 판단 하는 요구사항에 주의하라. 각 객체에 대해 유일한 결과를 반환하는 연산을 정의하라. 이러한 연 산은 객체에 유일함을 보장받는 기호를 덧붙여서 정의할 수 있을지도 모른다. 이 같은 식별 수단 은 외부에서 가져오거나 시스템에서 자체적으로 만들어 내는 임의의 식별자일 수도 있지만, 모델 에서 식별성을 구분하는 방법과 일치해야 한다. 모델은 동일하다는 것이 무슨 의미인지 정의해 야 한다.

식별성은 원래 세상에 존재하는 것이 아니며, 필요에 의해 보충된 의미다. 사실 현실세계의 같 은 사물이라도 도메인 모델에서 ENTITY로 표현되거나 표현되지 않을 수 있다.

경기장의 좌석을 예약하는 애플리케이션에서는 좌석과 참석자를 ENTITY로 다룰지도 모른다. 지정석인 경우 각 입장권에는 좌석번호가 적혀 있을 것이므로 좌석은 ENTITY다. 좌석의 식별자는 좌석번호이며 경기장 내에서 유일하다. 좌석은 좌석의 위치나 시야가 가려지는지 여부, 가격과 같은 다른 여러 속성을 포함할 수 있지만 좌석을 식별하고 구분하는 데는 좌석번호나 유일한 행과 위치만이 사용된다.

한편 입장권을 가진 사람이 빈 좌석을 찾아 아무 데나 앉을 수 있는 "일반석"이라면 개별 좌석을 구분하지 않아도 된다. 이 경우 전체 좌석의 개수만이 중요하다. 좌석번호가 여전히 물리적인 좌석에 새겨져 있더라도 소프트웨어에서 그 번호를 관리할 필요는 없다. 사실 일반석에는 그와 같은 제약이 없어서 모델에서 특정 좌석번호와 입장권을 연관시키는 데 오류가 발생하기 쉬울 것이다. 이 경우 좌석은 ENTITY가 아니며 식별자는 필요하지 않다.

✳   ✳   ✳

ENTITY 모델링

객체를 모델링할 때 속성에 관해 생각하는 것은 자연스러운 일이며, 특히 객체의 행위에 관해 생각해 보는 것은 아주 중요하다. 그러나 ENTITY의 가장 기본적인 책임은 객체의 행위가 명확하고 예측 가능해질 수 있게 연속성을 확립하는 것이다. ENTITY는 별도로 분리돼 있을 때 자신의 책임을 가장 잘 수행한다. ENTITY의 속성이나 행위에 집중하기보다는 ENTITY 객체를 해당 ENTITY 객체의 가장 본질적인 특징(특히 해당 ENTITY를 식별하고 탐색하며 일치시키는 데 널리 사용되는)만으로 정의한다. 개념에 필수적인 행위만 추가하고 그 행위에 필요한 속성만 추가한다. 그 밖의 객체는 행위와 속성을 검토해서 가장 중심이 되는 ENTITY와 연관관계에 있는 다른 객체로 옮긴다. 이들 중 일부는 또 다른 ENTITY가 될 것이다. 또 어떤 것은 이어서 소개할 패턴인 VALUE OBJECT가 될 것이다. 식별성 문제를 제외하면 ENTITY는 주로 자신이 소유한 객체의 연산을 조율해서 책임을 완수한다.

그림 5.5에서 고객ID는 Customer(고객)라는 ENTITY의 유일한 식별자인 반면, 전화번호와 주소는 Customer를 찾거나 일치 여부를 판단하는 데 종종 사용될 것이다. 이름은 한 사람의 식별성을 정의하지는 않지만 간혹 식별성을 판단하는 수단의 일부로 사용되기도 한다. 이 예제에

서는 전화번호와 주소 속성을 Customer로 옮겼지만 실제 프로젝트에서도 그렇게 할지는 해당 도메인에서 보통 두 고객의 일치 여부를 확인하거나 각 고객을 구분하는 방법에 따라 달라진다. 예를 들어 한 Customer에 각기 다른 목적으로 여러 개의 전화번호가 있다면 전화번호는 식별성과 연관관계에 있지 않으므로 Sales Contact(영업용 연락처)에 그대로 포함돼 있어야 한다.

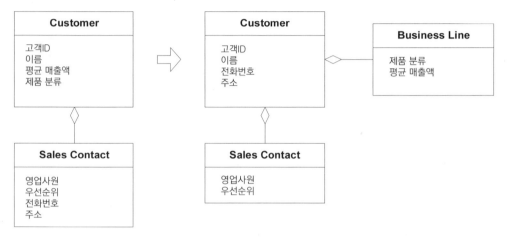

그림 5-5 | 식별성과 연관관계에 있는 속성은 ENTITY에 그대로 남는다.

식별 연산의 설계

각 ENTITY에는 다른 객체와 구분해줄 식별성(심지어 속성이 같은 다른 객체와도 구분할 수 있는)을 만들어내는 수단이 반드시 있어야 한다. 식별에 사용되는 속성은 시스템의 상태(시스템이 분산돼 있거나 객체가 저장돼 있는 경우에도)와 관계없이 해당 시스템 내에서 유일해야 한다.

앞서 언급한 바와 같이 객체지향 언어에는 객체의 메모리 주소를 비교해서 두 객체 참조가 같은 것을 가리키는지 판단하는 "동일성" 연산이 포함돼 있다. 그러나 이 정도의 식별성 관리만으로는 우리의 목적을 달성하기에 부족하다. 대부분의 객체 영속화 기술은 매번 데이터베이스에서 객체를 가져올 때마다 새로운 인스턴스를 생성하므로 초기 식별성은 잃어버리게 된다. 또한 매번 네트워크를 거쳐 객체가 전송될 때마다 목적지에서 새로운 인스턴스가 만들어지므로 또 다시 해당 객체의 식별성을 잃어버리게 된다. 갱신 내역이 분산된 데이터베이스를 거쳐 전달되는 경우처럼 여러 버전의 동일한 객체가 시스템에 존재한다면 문제는 훨씬 더 심각해진다.

하지만 이러한 기술적인 문제를 단순화하는 프레임워크를 사용하더라도 다음과 같은 근본적인 문제가 남는다. 두 객체가 개념적으로 동일한 ENTITY를 나타내는지 어떻게 알 수 있는가? 식별성에 대한 정의는 모델로부터 나온다. 따라서 식별성을 정의하려면 도메인을 이해해야 한다.

때때로 어떤 데이터 속성이나 여러 속성의 조합이 시스템 내에서 유일함을 보장받거나 단순히 유일하도록 제약되기도 한다. 이 같은 접근법의 결과로 ENTITY는 고유한 키를 제공받는다. 일간지를 예로 들면 각 신문은 제목과 도시, 발행일로 구분할 수 있을 것이다. (그러나 특별호나 이름이 바뀌는 경우에 주의해야 한다!)

한 객체의 속성으로 구성되는 실질적인 고유키가 없다면 또 다른 일반적인 해법은 각 인스턴스에 해당 클래스 내에서 유일한 기호(숫자나 문자열과 같은)를 덧붙이는 것이다. 일단 이러한 ID 기호가 생성되어 ENTITY의 속성으로 저장되면 이 ID는 불변성을 띠게 된다. 심지어 개발 시스템에서 직접적으로 이러한 규칙을 적용할 수 없을 때도 이 ID는 결코 변하지 않는다. 예를 들면, 객체가 데이터베이스에 저장될 때도 이 ID 속성은 보존된다. 이따금 기술 관련 프레임워크가 이렇게 하는 데 도움되기도 하는데, 그렇지 못한 경우에는 단순히 공학적 노력만 기울이면 된다.

종종 시스템에서 이러한 ID를 자동으로 만들어 내기도 한다. 이러한 ID 생성 알고리즘은 시스템 내에서 유일함을 보장해야 하는데, 병행 처리 시스템이나 분산 시스템에서는 그렇게 하기가 쉽지 않을 수도 있으며, 유일한 ID를 생성하는 문제는 이 책의 범위를 넘어서는 기술이 필요할지도 모른다. 여기서는 단지 그와 같은 문제가 발생했을 때 개발자가 자신이 풀어야 할 문제가 있음을 인식하고 관심사를 핵심 영역까지 좁혀 나가는 방법을 알았으면 한다. 중요한 건 그러한 식별성에 관한 문제는 모델의 구체적인 면면에 따라 달라진다는 사실을 아는 것이다. 종종 식별 수단도 마찬가지로 도메인에 대한 철저한 연구가 필요하다.

자동으로 ID가 생성되는 경우라면 사용자는 자동 생성된 ID를 전혀 볼 필요가 없을지도 모른다. 그러한 ID는 내부적으로만 필요할 수도 있는데, 사용자가 사람 이름으로 레코드를 찾을 수 있는 연락처 관리 애플리케이션과 같은 경우가 여기에 해당한다. 이 프로그램에서는 이름이 정확히 동일한 두 개의 연락처를 간단하고 명확한 방법으로 구분해 낼 수 있어야 한다. 해당 시스템에서는 유일한 내부 ID를 이용해 그렇게 할 수 있다. 두 개별 항목을 검색한 후 시스템에서는 사용자에게 두 개별 항목은 보여주겠지만 ID는 보여주지 않을 수도 있다. 사용자는 회사나 위치 등을 기준으로 두 연락처를 구별할 것이다.

마지막으로, 생성된 ID가 사용자에게 중요한 경우가 있다. 화물 배송 서비스를 이용해 소포를 발송하는 경우 사용자는 조회번호를 받게 되는데, 이러한 조회번호는 배송업체의 소프트웨어에서 만들어지며, 사용자는 그 번호로 소포를 확인하고 소포가 어디까지 배송됐는지 확인할 수 있다. 항공권을 예약하거나 호텔을 예약할 때도 예약 거래에 대한 유일한 식별자인 확인번호를 받는다.

ID의 유일성이 컴퓨터 시스템의 범위를 넘어 적용돼야 할 때도 있다. 이를테면, 개별 컴퓨터 시스템을 갖춘 두 병원 간에 의료 기록을 교환하는 경우, 이상적으로는 각 시스템에서 동일한 환자 ID를 사용해야 할 것이다. 그러나 각 병원에서 자체적인 기호를 만들어내는 경우라면 그렇게 하기가 쉽지 않다. 그와 같은 시스템은 대개 정부 기관과 같이 다른 기관에서 발행하는 식별자를 사용하곤 한다. 미국에서는 흔히 사회보장번호를 각 환자를 구분하는 식별자로 사용하곤 한다. 그러나 이 방법도 그리 수월하지는 않다. 모든 사람에게 사회보장번호가 있는 것은 아니며(특히 미국에서는 어린이나 거주지가 없는 사람은 사회보장번호가 없다), 많은 사람들이 사생활 침해라는 이유로 사회보장번호 사용을 반대하기 때문이다.

비디오 대여처럼 비교적 덜 공식적인 경우에는 전화번호를 식별자로 사용하기도 한다. 하지만 전화번호는 공유될 수도 있고 번호가 바뀔 수도 있다. 심지어 이전에 사용하던 전화번호를 다른 사람이 사용하게 될 수도 있다.

이러한 이유로 종종 특별하게 할당된 식별자(단골 고객 번호와 같은)가 사용되기도 하며, 일치 여부 확인과 검증에는 전화번호나 사회보장번호와 같은 다른 속성을 사용하기도 한다. 어쨌든 애플리케이션에 외부 ID가 필요한 경우 시스템 사용자는 유일한 ID를 제공할 책임을 지게 되며, 해당 시스템에서는 발생하는 예외 상황을 처리할 적절한 수단을 제공해야 한다.

그런데 이러한 모든 기술적 문제를 감안하더라도 "두 객체가 동일하다는 것이 무엇을 의미하는가?"라는 근원적인 문제를 놓치기 쉽다. ID를 지닌 각 객체를 표시하거나 두 인스턴스를 비교하는 연산을 작성하기는 쉽지만 이러한 ID나 연산이 도메인에 의미 있는 구분법에 부합하지 않는다면 문제를 더욱 혼란스럽게 만들 뿐이다. 이는 식별성 할당 연산에 간혹 사람이 개입할 때가 있기 때문이다. 수표장 확인 소프트웨어를 예로 들면, 소프트웨어에서 대부분 일치하는 내역을 제시하지만 최종 결정은 사용자가 내리게 되어 있다.

VALUE OBJECT
(값 객체)

개념적 식별성이 없는 객체도 많은데, 이러한 객체는 사물의 어떤 특징을 묘사한다.

✖ ✖ ✖

한 아이가 그림을 그릴 때 그 아이는 자기가 고른 펜의 색깔과 펜촉의 두께에 관심이 있을지도
모른다. 그러나 색과 모양이 같은 펜이 두 자루 있다면 아이는 아마 둘 중 어느 것을 사용하고 있
는지 신경 쓰지 않을 것이다. 펜을 잃어버려서 펜 꾸러미에서 색깔이 같은 펜을 꺼내 바꿔 놓더라
도 아이는 펜이 바뀌었는지는 개의치 않고 계속해서 그림을 그릴 것이다.

아이에게 냉장고 위에 붙여둔 그림에 관해 물어보면 그 아이는 누이가 그린 것과 자기가 그린
것을 금방 구분할 것이다. 아이와 아이의 누이는 완성된 그림과 마찬가지로 쓸만한 식별성을 지
니고 있다. 그러나 아이가 각종 펜으로 그려진 그림의 선을 따라 그려야 한다고 했을 때 얼마나
복잡할지 생각해 보라. 그리기가 절대로 쉽지 않을 것이다.

대개 모델에서 가장 눈에 잘 띄는 객체는 ENTITY이며, 각 ENTITY의 식별성을 관리하는 일
은 매우 중요해서 모든 도메인 객체에 식별성을 할당하려고 고려해보는 것은 자연스러운 일이다.
실제로 일부 프레임워크에서는 모든 객체에 고유 ID를 할당하기도 한다.

시스템에서 모든 ENTITY를 관리해야 한다면 여러 가지 적용 가능한 성능 최적화를 적용하지 못한다. 의미 있는 식별성을 정의하고, 분산 시스템에 걸쳐 있거나 데이터베이스 저장소에 들어 있는 객체를 손쉽게 추적하는 수단을 마련하려면 분석적인 노력이 필요하다. 마찬가지로 중요한 것은 인위적으로 만들어지는 식별성을 도입할 경우 오해를 불러 일으킬 수 있다는 점이다. 이렇게 되면 모델이 뒤죽박죽이 되어 모든 객체가 한 덩어리로 뭉쳐진다.

ENTITY의 식별성을 관리하는 일은 매우 중요하지만 그 밖의 객체에 식별성을 추가한다면 시스템의 성능이 저하되고, 분석 작업이 별도로 필요하며, 모든 객체를 동일한 것으로 보이게 해서 모델이 혼란스러워질 수 있다.

소프트웨어 설계는 복잡성과의 끊임없는 전투다. 그러므로 우리는 특별하게 다뤄야 할 부분과 그렇지 않은 부분을 구분해야 한다.

하지만 이러한 범주에 속하는 객체를 단순히 식별성이 없는 것으로만 생각한다면 우리의 도구 상자나 어휘에 추가할 게 그리 많지 않을 것이다. 사실 이 같은 객체는 자체적인 특징을 비롯해 모델에 중요한 의미를 지닌다. 이것들이 바로 사물을 서술하는 객체다.

개념적 식별성을 갖지 않으면서 도메인의 서술적 측면을 나타내는 객체를 VALUE OBJECT라 한다. VALUE OBJECT는 설계 요소를 표현할 목적으로 인스턴스화되는데, 우리는 이러한 설계 요소가 **어느** 것인지에 대해서는 관심이 없고 오직 해당 요소가 **무엇인지**에 대해서만 관심이 있다.

"주소"는 VALUE OBJECT인가요? 누가 묻는 거죠?

우편 주문 회사에서 사용하는 소프트웨어에서는 신용카드를 확인하고 물건을 보낼 주소가 필요하다. 하지만 룸메이트도 같은 회사에 물건을 주문하더라도 두 사람이 같은 곳에 있다는 사실은 중요하지 않다. 이 경우 주소는 VALUE OBJECT다.

우편 서비스에 사용하는 소프트웨어에서는 배송 경로를 조직화하기 위해 그 나라를 지역, 도시, 우편 구역, 블록, 개별 주소로 끝나는 계층구조 형태로 만들 수도 있다. 이 같은 주소 객체는 계층구조상 부모로부터 우편번호를 도출해 낼 수 있는데, 만약 우편 서비스에서 배달 구역을 재할당하기로 했다면 거기에 속하는 모든 주소는 부모 계층의 주소를 따라 바뀔 것이다. 이 경우 주소는 ENTITY다.

전기 설비 회사에서 사용하는 소프트웨어의 경우 주소는 전선 및 전기 공급의 목적지에 해당한다. 룸메이트가 각자 전기 점검을 요청한다면 전기 설비 회사에서는 점검 목적지를 파악할 필요가 있다. 이 경우 주소는 ENTITY다. 아니면 모델에서 주소 속성이 포함된 ENTITY인 "거주지"와 설비 점검을 연관시킬 수도 있다. 이렇게 되면 주소는 VALUE OBJECT일 것이다.

색(color)은 문자열이나 숫자와 마찬가지로 수많은 현대 개발 시스템의 기반 라이브러리에서 제공되는 VALUE OBJECT의 한 예다(아마 여러분은 "4"가 어느 "4"인지 "Q"가 어느 "Q"인지 신경 쓰지 않을 것이다). 이 같은 기본 예제가 단순하긴 하지만 VALUE OBJECT라고 해서 반드시 단순하지만은 않다. 이를테면, 색 조합 프로그램에서는 기능이 풍부한 색 객체를 서로 결합해서 또 다른 색을 만들어내는 풍부한 모델을 갖추고 있을지도 모른다. 그뿐만 아니라 새로운 색 조합의 결과로 생성되는 VALUE OBJECT를 만들기 위한 복잡한 알고리즘이 색에 포함돼 있을 수도 있다.

어떤 VALUE OBJECT는 다른 여러 객체를 조립한 것일 수도 있다. 주택 설계 소프트웨어는 창문 양식마다 그것에 해당하는 객체를 만들어 낼 수도 있다. "창문 양식"은 높이/너비와 함께 "창문" 객체에 통합할 수 있으며, 이 같은 속성이 바뀌고 결합되는 방식을 관장하는 규칙도 마찬가지로 "창문" 객체에 통합될 수 있다. 이러한 창문은 다른 여러 VALUE OBJECT로 구성된 복합적인 VALUE OBJECT에 해당한다. 그다음에는 이 같은 VALUE OBJECT가 "벽" 객체처럼 주택 설계 계획에서 더 규모가 큰 요소에 통합될 것이다.

VALUE OBJECT가 ENTITY를 참조할 수도 있다. 예를 들어, 온라인 지도 서비스에 샌프란시스코에서 로스엔젤레스로 이어지는 경치가 멋진 드라이브 코스를 물어보면 온라인 지도 서비스에서는 태평양 해안의 간선도로를 거쳐 로스앤젤레스와 샌프란시스코가 연결된 Route(경로) 객체를 만들어낼 것이다. 그러한 Route 객체는 그것이 참조하는 세 객체(두 도시와 하나의 고속도로)가 모두 ENTITY이더라도 VALUE에 해당한다.

간혹 VALUE OBJECT는 여러 객체 간에 오가는 메시지의 매개변수로 전달되기도 한다. VALUE OBJECT는 종종 한 연산에서 사용할 목적으로 만들어진 후 폐기되는 것처럼 일시적인 용도로 사용되기도 한다. 또한 ENTITY(그리고 다른 VALUE)의 속성으로 사용되기도 한다. 한 사람은 식별성을 지닌 ENTITY로 모델링할 수 있는 반면, 그 사람의 **이름**은 VALUE인 것처럼 말이다.

모델에 포함된 어떤 요소의 속성에만 관심이 있다면 그것을 VALUE OBJECT로 분류하라. VALUE OBJECT에서 해당 VALUE OBJECT가 전하는 속성의 의미를 표현하게 하고 관련 기능을 부여하라. 또한 VALUE OBJECT는 불변적(immutable)으로 다뤄라. VALUE OBJECT에는 아무런 식별성도 부여하지 말고 ENTITY를 유지하는 데 필요한 설계상의 복잡성을 피하라.

VALUE OBJECT를 구성하는 속성은 개념적 완전성(conceptual whole)[2]을 형성해야 한다. 이를테면, 도, 시군구, 읍면동, 우편번호와 같은 속성은 한 Person 객체에서 개별 속성이 되어서는 안 된다. 그러한 속성은 하나의 완전한 주소를 구성함으로써 더 단순한 Person과 더 응집력 있는 VALUE OBJECT를 만들어낸다.

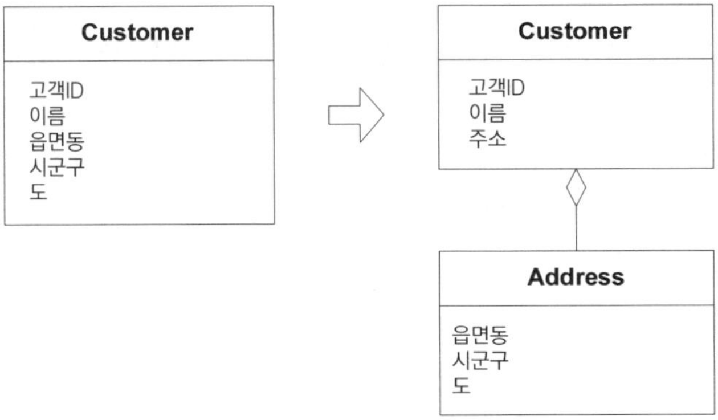

그림 5-6 | VALUE OBJECT는 ENTITY에 관한 정보를 제공할 수 있으며, 개념적으로 완전해야 한다.

VALUE OBJECT의 설계

여러 VALUE OBJECT의 인스턴스 가운데 어느 것을 사용하는지는 중요하지 않다. 이런 식으로 제약조건이 줄어들면 설계 단순화나 성능 최적화를 꾀할 수 있다. 하지만 여기에는 복사, 공유, 불변성에 관한 의사결정이 따른다.

두 사람의 이름이 같다고 해서 두 사람이 동일 인물이 되거나 상호 교체할 수 있는 것은 아니다. 그러나 이름을 나타내는 객체는 서로 맞바꿀 수 있는데, 이름에서는 오직 이름의 철자만이 중요하기 때문이다. 따라서 우리는 첫 번째 Person 객체에서 두 번째 Person 객체로 Name 객체를 **복사**할 수 있다.

2 워드 커닝햄의 WHOLE VALUE 패턴.

사실 두 Person 객체가 제각기 고유한 이름 인스턴스를 가질 필요는 없을지도 모른다. 동일한 Name 객체는 두 Person 객체 간에 **공유**할 수 있으며(각 Person 객체가 동일한 이름 인스턴스를 가리키는 포인터를 보유하는 식으로), 두 Person 객체의 행위나 식별성은 아무것도 변경할 필요가 없다. 다시 말해, 두 Person 객체는 한 사람의 이름이 바뀌기 전까지는 올바르게 동작할 것이다. 그렇지만 한 사람의 이름이 바뀌면 다른 사람의 이름 역시 바뀔 것이다! 이러한 변경을 방지해서 객체를 안전하게 공유할 수 있으려면 해당 객체가 **불변적**이어야 한다. 즉, 이름을 완전히 교체하지 않고는 이름을 변경하지 못한다.

한 객체가 해당 객체의 속성을 인자나 반환값으로 다른 객체에 전달할 때 동일한 문제가 일어난다. 객체의 소유자가 제어하지 못하는 떠돌이 객체에서는 무슨 일이 일어날지 알 수가 없다. VALUE는 소유자의 불변식(invariant)을 위반해 소유자가 손상되게끔 변경될 수도 있다. 이러한 문제는 전달된 객체를 불변적으로 만들거나 객체의 사본을 전달해서 방지할 수 있다.

VALUE OBJECT는 많아지는 경향이 있으므로 성능 최적화를 위한 별도의 대안을 마련하는 것이 중요할 수 있다. 주택 설계 소프트웨어의 예에서 이러한 사실을 확인할 수 있다. 각 전기 콘센트가 개별 VALUE OBJECT라면 하나의 주택 도면에도 수백 개의 VALUE OBJECT가 있을지도 모른다. 그러나 콘센트를 모두 상호 교환 가능한 것으로 간주한다면 단순히 한 콘센트 인스턴스를 공유해서 해당 인스턴스를 수백 번에 걸쳐 같은 것을 가리키게 할 수도 있다(FLYWEIGHT 예제 [Gamma et al. 1995]). 대형 시스템에서는 그 효과가 수천 배로 늘어날 수 있으며, 그와 같은 최적화는 수백만 개의 중복된 객체 탓에 제 속도를 내지 못하는 시스템과 사용하기 편리한 시스템 간의 차이를 만든다. 이것은 ENTITY에는 적용할 수 없는 최적화 기법의 한 가지 사례에 불과하다.

복사와 공유 중 어느 것이 경제성 면에서 더 나은지는 구현 환경에 따라 달라진다. 복사의 경우 객체의 개수가 굉장히 많아져 시스템이 무거워질 수도 있지만 공유 또한 분산 시스템에서는 느려질 수 있다. 두 장비 간에 객체의 복사본이 전달되는 경우, 한 메시지가 전달되면 해당 메시지의 복사본은 메시지를 받는 쪽에 독립적으로 남는다. 그러나 한 인스턴스를 공유하는 경우에는 객체 참조만 전달되므로 상호작용이 발생할 때마다 메시지가 해당 객체로 되돌아와야 한다.

공유는 다음과 같은 경우 가장 도움이 되고 문제가 적게 일어나며, 이러한 경우로 공유를 제한한다.

- 공간을 절약하거나 데이터베이스 내의 객체 수를 줄이는 것이 중요한 경우
- 통신 부하가 낮은 경우(이를테면, 중앙집중형 서버)
- 공유 객체의 불변성이 엄격하게 지켜지는 경우

속성이나 객체의 불변성은 특정 언어나 환경에서만 선언할 수 있다. 그러한 특징은 설계 결정을 전해주는 데 도움되지만, 본질적인 요소에 해당하지는 않는다. 우리가 모델에 적용하는 여러 구분법은 최신 도구와 프로그래밍 언어로도 명시적으로 구현에 선언하지 못한다. 이를테면, ENTITY를 선언할 수는 없으므로 자동으로 식별성 연산이 일어나게끔 만들어야 한다. 그러나 언어에서 개념적 구분을 직접적으로 지원해 주지 않는다고 해서 그러한 구분 자체가 유용하지 않다는 의미는 아니다. 이것은 단지 구현에 암시적으로만 존재할 규칙을 유지하는 노력이 좀더 필요하다는 의미일 뿐이다. 이는 명명관례와 선택적 문서화를 비롯해 **수많은 논의**를 거쳐 개선할 수 있다.

VALUE OBJECT가 불변적인 한 변경관리는 단순해진다. 즉, 완전히 교체하지 않는 한 아무것도 변경되지 않는다. 불변 객체는 전기 콘센트의 예처럼 마음껏 공유할 수 있다. 가비지 컬렉션이 믿을 만 하다면 삭제는 단순히 객체에 대한 모든 객체 참조를 폐기하는 문제에 불과하다. VALUE OBJECT가 설계에서 불변적이라는 의미를 나타낼 경우 개발자들은 애플리케이션이 특정 객체의 인스턴스에 의존하지 않는다는 점을 토대로 순수하게 기술적인 근거에 따라 복사와 공유와 같은 문제에 관해 자유롭게 의사결정을 내릴 수 있다.

특별한 경우: 변경가능성을 허용하는 경우

불변성은 공유와 객체 참조 전달을 안전하게 만들어 구현을 상당히 단순하게 만들어준다. 또한 불변성은 값의 의미에 있어서도 일관성을 지닌다. 속성값이 바뀐다면 기존 VALUE OBJECT를 변경하는 것이 아니라 다른 VALUE OBJECT를 사용하면 그만이다. 그럼에도 성능 문제로 VALUE OBJECT를 변경하도록 허용할 때가 있다. 변경 가능한 구현에 영향을 주는 요인은 다음과 같다.

- VALUE가 자주 변경되는 경우
- 객체 생성이나 삭제에 비용이 많이 드는 경우
- 교체(변경이 아닌)로 인해 클러스터링이 제한되는 경우(이전 예제에서 논의한 것처럼)
- VALUE를 공유할 일이 그리 많지 않거나 클러스터링을 향상시키기 위해서나 다른 기술적인 이유로 공유가 보류된 경우

다시 말하건대, VALUE의 구현이 변경 가능하다면 그것을 공유해서는 **안 된다**. VALUE의 공유 여부와는 관계없이 VALUE OBJECT는 가급적 변하지 않게 설계한다.

VALUE OBJECT를 정의하고 그것이 불변적임을 나타내게 하는 것은 다음과 같은 일반 규칙, 즉 모델에서 불필요한 제약을 피하면 개발자가 순수하게 기술적인 성능 최적화를 마음껏 수행할 수 있다는 것을 따르는 셈이다. 또한 필수적인 제약조건을 명시적으로 정의하면 중요 행위가 변경되는 것으로부터 설계를 안전하게 유지하는 동시에 개발자들이 설계를 최적화할 수 있다. 하지만 그러한 설계 최적화는 종종 특정 프로젝트에서만 사용하는 기술에 매우 종속적일 때가 있다.

예제

VALUE OBJECT를 활용한 데이터베이스 최적화

가장 하위 수준에 위치한 데이터베이스는 디스크상의 물리적인 위치에 데이터를 놓아야 하고, 그러한 물리적인 부분을 여기저기로 옮기고 데이터를 읽어들이는 데 시간을 들인다. 정교하게 만들어진 데이터베이스에서는 이러한 물리적인 주소를 클러스터링해서 관련 데이터를 한 번의 물리적인 연산으로 디스크에서 읽어올 수 있다.

한 객체가 다른 여러 객체에서 참조되고 있다면 그러한 객체 가운데 일부는 가까이(동일한 페이지상에)에 위치하지 않을 것이므로 데이터를 가져오는 데 물리적인 연산이 추가적으로 필요할 것이다. 동일한 인스턴스에 대한 객체 참조를 공유하기보다는 해당 인스턴스의 사본을 만드는 식으로 여러 ENTITY의 속성 역할을 하는 VALUE OBJECT는 각 ENTITY가 사용하고 있는 것과 같은 페이지에 저장될 수 있다. 동일한 데이터에 대해 여러 개의 사본을 저장하는 이 같은 기법을 **"역정규화(denormalization)"**라고 하며, 저장 공간이나 유지보수의 단순함보다는 접근 시간이 더 중요한 경우에 종종 사용되곤 한다.

관계형 데이터베이스에서는 특정 VALUE를 별도 테이블과 연관관계를 맺기보다는 해당 VALUE를 소유하는 ENTITY의 테이블에 집어넣고 싶을지도 모른다. 분산 시스템에서는 다른 서버에 위치한 VALUE OBJECT의 참조를 갖고 있을 경우 메시지에 대한 응답이 느려질 것이므로 대신 객체 전체의 사본을 다른 서버로 전달해야 한다. 우리는 이러한 사본을 VALUE OBJECT로 다루므로 마음껏 사본을 만들어낼 수 있다.

VALUE OBJECT를 포함한 연관관계 설계

앞서 논의한 연관관계에 관한 내용은 대부분 ENTITY와 VALUE OBJECT에 해당하는 것이었다. 모델에 포함된 연관관계의 수가 더 적고 연관관계가 단순할수록 더 나은 모델이라 할 수 있다.

그런데 ENTITY 간의 양방향 연관관계는 유지하기는 어려울 수 있는 반면 두 VALUE OBJECT 간의 양방향 연관관계는 단순히 논리적으로 타당하지 않다. 어떤 객체가 식별성 없이 자신을 가리키는 동일한 VALUE OBJECT를 역으로 가리키는 것은 아무런 의미가 없다. 기껏해야 한 객체가 자신을 가리키고 있는 것과 내용이 **같은** 어떤 객체를 가리키고 있다는 것에 불과하며, 어딘가에서는 해당 객체의 불변식을 이행해야 할 것이다. 그리고 두 VALUE OBJECT가 양방향으로 가리키게끔 설정할 수 있더라도 그런 식으로 연관관계를 맺는 것이 유용한 예를 생각해 내기란 쉽지 않다. VALUE OBJECT 간의 양방향 연관관계는 완전히 제거하도록 노력해야 한다. 모델에 그와 같은 연관관계가 필요해 보여도 그 객체를 VALUE OBJECT로 선언하는 것은 한 번 더 고려해봐야 한다. 어쩌면 그 객체에 아직도 분명하게 파악하지 못한 식별성이 남아 있을지도 모른다.

ENTITY와 VALUE OBJECT가 관례적인 객체 모델의 주된 요소이긴 하지만 실용주의 설계자들은 한 가지 또 다른 요소인 SERVICE를 사용해 오고 있다……

SERVICE
(서비스)

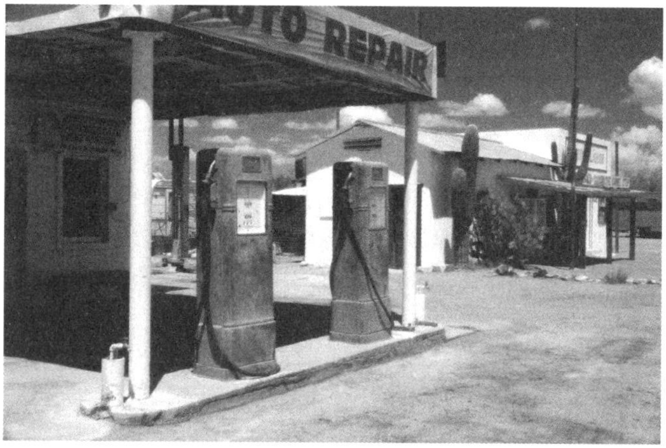

때때로 그것은 사물이 아닐 뿐이다.

설계가 매우 명확하고 실용적이더라도 개념적으로 어떠한 객체에도 속하지 않는 연산이 포함될 때가 있다. 이러한 문제를 억지로 해결하려 하기보다는 문제 자체의 면면에 따라 SERVICE를 모델에 명시적으로 포함할 수 있다.

자신의 본거지를 ENTITY나 VALUE OBJECT에서 찾지 못하는 중요한 도메인 연산이 있다. 이들 중 일부는 본질적으로 사물이 아닌 활동(activity)이나 행동(action)인데, 우리의 모델링 패러다임이 객체이므로 그러한 연산도 객체와 잘 어울리게끔 노력해야 한다.

오늘날 흔히 하는 실수는 행위를 적절한 객체로 다듬는 것을 너무나도 쉽게 포기해서 점점 절차적 프로그래밍에 빠지는 것이다. 하지만 객체의 정의에 어울리지 않는 연산을 강제로 객체에 포함시킨다면 해당 객체는 자신의 개념적 명확성을 잃어버리고 이해하거나 리팩터링하기 힘들어질 것이다. 복잡한 연산은 단순한 객체를 손쉽게 궁지로 몰아넣어 해당 객체의 역할을 불분명하게 만들 수 있다. 그뿐만 아니라 종종 이러한 연산은 여러 도메인 객체를 모아 그것들을 조율해 어떤 행위를 일어나게 하므로 여러 도메인 객체에서 추가한 책임은 그러한 객체에 대한 의존성을 만들어 단독으로 이해할 수 있는 개념조차 뒤죽박죽으로 만들 것이다.

이따금 서비스는 특정 연산을 수행하는 것 이상의 의미는 없는 모델 객체로 가장해서 나타나기도 한다. 이 같은 "행위자(doer)"는 이름 끝에 "Manager"와 같은 것이 붙는다. 행위자는 자신의 상태를 비롯해 도메인에서 맡고 있는 연산 이상으로는 어떠한 의미도 갖지 않는다. 그럼에도 이러한 해법은 적어도 실제 모델 객체를 어지럽히지 않고도 뚜렷이 구분되는 행위의 근거지를 만들어준다.

도메인의 개념 가운데 객체로는 모델에 어울리지 않는 것이 있다. 필요한 도메인 기능을 ENTITY나 VALUE에서 억지로 맡게 하면 모델에 기반을 둔 객체의 정의가 왜곡되거나, 또는 무의미하고 인위적으로 만들어진 객체가 추가될 것이다.

SERVICE는 모델에서 독립적인 인터페이스로 제공되는 연산으로서 ENTITY나 VALUE OBJECT와 달리 상태를 캡슐화하지 않는다. 기술적인 프레임워크에서는 SERVICE가 흔히 사용되는 패턴이지만 SERVICE는 도메인 계층에도 마찬가지로 적용될 수 있다.

서비스라는 이름은 다른 객체와의 관계를 강조한다. ENTITY나 VALUE OBJECT와 달리 SERVICE를 정의하는 기준은 순전히 클라이언트에 무엇을 제공할 수 있느냐에 있다. ENTITY가 주로 동사나 명사로 이름을 부여하는 것과 달리 SERVICE는 주로 활동으로 이름을 짓는다. 또한 SREVICE도 추상적이고 의도적인 정의를 가질 수 있으며, 이것은 객체 정의와는 특성이 다르다. 아울러 SERVICE에도 마찬가지로 규정된 책임이 있을 것이며, SERVICE의 책임과 해당 책임을 이행하는 인터페이스는 도메인 모델의 일부로 정의될 것이다. 연산의 명칭은 UBIQUITOUS LANGUAGE에서 유래하거나 UBIQUITOUS LANGUAGE에 도입돼야 한다. 또한 SERVICE의 매개변수와 결과는 도메인 객체여야 한다.

SERVICE는 적절히 사용해야 하고 ENTITY와 VALUE OBJECT의 행위를 모두 가져와서는 안 된다. 그러나 어떤 연산이 실제로 중요한 도메인 개념이라면 SERVICE는 MODEL-DRIVEN DESIGN의 본연적인 부분을 형성하게 된다. 실제로는 아무것도 나타내지 않는 가짜 객체를 선언하기보다는 모델 내에 SERVICE로 선언하면 그와 같은 독립적인 연산이 누구도 잘못된 곳으로 이끌지 않을 것이다.

잘 만들어진 SERVICE에는 아래의 세 가지 특징이 있다.

1. 연산이 원래부터 ENTITY나 VALUE OBJECT의 일부를 구성하는 것이 아니라 도메인 개념과 관련돼 있다.
2. 인터페이스가 도메인 모델의 외적 요소의 측면에서 정의된다.
3. 연산이 상태를 갖지 않는다.

여기서 상태를 갖지 않는다는 것은 클라이언트가 특정 SERVICE 인스턴스의 개별 이력과는 상관없이 SERVICE의 모든 인스턴스를 사용할 수 있다는 의미다. SERVICE를 수행하면 전역적으로 접근 가능한 정보를 사용할 것이며, 심지어 그러한 전역 정보를 변경할 수도 있다(다시 말하면 부수 효과(side effect)가 발생할 수도 있다는 의미다). 그러나 SERVICE는 대부분의 도메인 객체와 달리 자신의 행위에 영향을 줄 수 있는 상태를 갖지 않는다.

도메인의 중대한 프로세스나 변환 과정이 ENTITY나 VALUE OBJECT의 고유한 책임이 아니라면 연산을 SERVICE로 선언되는 독립 인터페이스로 모델에 추가하라. 모델의 언어라는 측면에서 인터페이스를 정의하고 연산의 이름을 UBIQUITOUS LANGUAGE의 일부가 되게끔 구성하라. SERVICE는 상태를 갖지 않게 만들어라.

❈ ❈ ❈

SERVICE와 격리된 도메인 계층

이 패턴이 도메인에서 중요한 의미를 지닌 SERVICE에 초점을 맞추곤 있지만, 물론 SERVICE는 도메인 계층에서만 이용되는 것은 아니다. 도메인 계층에 속하는 SERVICE와 다른 계층에 속하는 것들을 구분하고, 그러한 구분을 분명하게 유지하는 책임을 나누는 데 주의를 기울여야 한다.

문헌상에서 논의되는 SERVICE는 대부분 순수하게 기술적이며 인프라스트럭처 계층에 속한다. 도메인 SERVICE와 응용 SERVICE는 인프라스트럭처 SERVICE와 협업하는데, 예를 들면 은행에는 계좌 잔고가 일정 금액 아래로 떨어지면 고객에게 이메일을 발송하는 애플리케이션이 있을지도 모른다. 이때 이메일 시스템과 통지 수단을 캡슐화하는 인터페이스는 인프라스트럭처 계층의 SERVICE에 해당한다.

응용 SERVICE를 도메인 SERVICE와 구분하는 것은 더 어려울 수 있다. 응용 계층은 통지를 관리할 책임이 있다. 계좌 잔고가 일정 금액에 도달했는지를 판단하는 데 SERVICE가 필요하지 않더라도 이 작업에 대한 책임은 도메인 계층에 있다. 왜냐하면 이것은 "계좌" 객체의 책임에 어울리기 때문이다. 이러한 뱅킹 애플리케이션은 자금 이체를 책임질 수도 있다. 이체에 대한 입출금 승인을 SERVICE에서 수행하게 되어 있다면 해당 기능은 도메인 계층에 속할 것이다. 자금 이체는 업무 도메인에서 의미가 있으며, 중요한 업무 규칙을 포함한다. 기술과 관련된 SERVICE에는 업무와 관련된 어떤 것도 포함돼서는 안 된다.

수많은 도메인 SERVICE나 응용 SERVICE는 ENTITY와 VALUE를 토대로 만들어져 도메인의 잠재 기능을 조직화함으로써 실제로 뭔가가 이뤄지게 하는 시나리오와 같다. 간혹 ENTITY와 VALUE OBJECT를 너무 세밀하게 구성해서 도메인 계층의 기능을 편리하게 사용할 수 없게 되기도 한다. 여기서 우리는 도메인 계층과 응용 계층 사이에 놓인 아주 가느다란 경계선에 마주치게 된다. 예를 들어, 뱅킹 애플리케이션에서 거래를 분석할 수 있게 스프레드시트 파일로 거래 내역을 변환해 내보낼 수 있다면 그러한 내보내기 기능은 응용 SERVICE에 해당한다. 은행 업무 도메인에서는 "파일 형식"이라는 것이 아무런 의미가 없으며, 그것과 관련된 어떠한 업무 규칙도 없기 때문이다.

한편 한 계좌에서 다른 계좌로 자금을 이체하는 기능은 도메인 SERVICE에 해당한다. 자금 이체 기능에는 중요한 업무 규칙(가령, 출금 계좌에서 자금을 인출해서 입금하는)이 포함돼 있고, "자금 이체"는 중요한 은행업무 도메인의 용어이기 때문이다. 이 경우 SERVICE가 그 자체로는 많은 일을 하지 않으며, 두 Account(계좌) 객체가 대부분의 일을 수행하도록 요청할 것이다. 그러나 "이체" 연산을 Account 객체에 집어넣는 것은 다소 부자연스러울 수도 있는데, 왜냐하면 이체 연산은 두 계좌와 일부 전역적인 규칙을 수반하기 때문이다.

자금 이체와 관련된 규칙과 이력이 더해진 두 기입 내역을 나타내는 Funds Transfer(자금 이체) 객체를 생성하고 싶을지도 모른다. 하지만 그런 경우에도 은행 간 네트워크에서 SERVICE를 요청하지 않을 수는 없다. 또한 대부분의 개발 시스템에서는 도메인 객체와 외부 자원 간의 직접적인 인터페이스를 만든다는 것이 자연스러워 보이진 않는다. 우리는 그와 같은 외부 SERVICE를 모델의 측면에서 입력을 받아들이는 퍼사드(FAÇADE)로 만들 수 있으며, 아마도 퍼사드에서는 Funds Transfer 객체를 결과로 반환할 것이다. 그러나 어떠한 매개체가 있거나, 또는 없더라도 SERVICE는 자금 이체와 관련된 도메인의 책임을 수행할 것이다.

서비스를 여러 계층으로 분할하기

응용	**자금 이체 응용 서비스** • 입력(XML 요청과 같은) 내용의 암호화 • 이체 처리를 위한 도메인 서비스로의 메시지 전송 • 이체 확인 대기 • 인프라스트럭처 서비스를 이용한 통지 결정
도메인	**자금 이체 도메인 서비스** • 금액 인출/입금에 필요한 Account(계좌)와 Ledger(원장) 객체 간의 상호작용 • 이체 결과 확인 정보 제공(이체 수락 여부 등)
인프라스트럭처	**통지 서비스** • 애플리케이션에서 지정한 곳으로 이메일이나 우편 등을 보냄

구성 단위

이 패턴에 관한 논의가 개념을 SERVICE로 모델링할 때의 표현력에 비중을 두고는 있지만 이 패턴은 ENTITY와 VALUE OBJECT로부터 클라이언트를 분리하는 것과 함께 도메인 계층의 인터페이스 구성 단위를 제어하는 수단으로서도 매우 가치가 있다.

구성 단위가 중간 크기인(medium-grained) 무상태 SERVICE는 대형 시스템에서 재사용하기가 더 쉬울 수 있는데, 왜냐하면 그러한 서비스는 단순한 인터페이스 너머에 중요한 기능을 캡슐화하고 있기 때문이다. 아울러 구성 단위가 세밀한(fine-grained) 객체는 분산 시스템에서 비효율적인 메시지 전송을 초래할 수 있다.

앞서 논의한 바와 같이 구성 단위가 세밀한 도메인 객체는 도메인에서 지식이 새어 나오게 해서 도메인 객체의 행위를 조정하는 응용 계층으로 흘러가게 할 수 있다. 그렇게 되면 고도로 세분화된 상호작용의 복잡성이 결국 응용 계층에서 처리되고, 도메인 계층에서 사라진 도메인 지식이 응용 계층의 코드나 사용자 인터페이스 계층의 코드로 스며든다. 도메인 서비스를 적절히 도입하면 계층 간의 경계를 선명하게 하는 데 도움될 수 있다.

이 패턴은 클라이언트 제어와 융통성보다는 인터페이스의 단순함을 선호한다. 이는 대형 시스템이나 분산 시스템에서 컴포넌트를 패키지화하는 데 매우 유용한 중간 구성 단위의 기능성을 제공한다. 그리고 때로는 SERVICE가 도메인 개념을 표현하는 가장 자연스러운 방법이기도 하다.

SERVICE에 접근하기

J2EE와 CORBA와 같은 분산 시스템 아키텍처는 SERVICE에 대한 특수한 공개 메커니즘을 비롯해 해당 SERVICE의 사용과 관련된 규약을 제공하며, 배포 및 접근 기능도 포함돼 있다. 하지만 프로젝트에서 언제나 그러한 프레임워크를 사용하는 것은 아니며, 프로젝트에서 사용된다고 하더라도 그것을 사용하는 이유가 단순히 논리적인 관심사의 분리를 위한 것이라면 프로젝트가 지나치게 복잡해질 가능성이 있다.

SERVICE에 접근하는 수단이 특정 책임을 나누는 설계 의사결정만큼 중요하지는 않다. SERVICE 인터페이스의 구현은 "행위자" 객체만으로도 충분할 수 있다. 간단한 SINGLETON(Gamma et al. 1995)을 작성해서 손쉽게 접근하게 할 수도 있다. 코딩 규약을 토대로 이러한 객체가 의미 있는 도메인 객체가 아닌 단순히 SERVICE 인터페이스의 전달 메커니즘에 불과하다는 점을 명확하게 드러낼 수도 있다. 정교한 아키텍처는 시스템을 분산하거나 프레임워크의 기능을 활용하고자 하는 실제 요구가 있을 때만 사용해야 한다.

MODULE
(모듈, 패키지라고도 함)

MODULE은 오래 전부터 확립되어 사용되고 있는 설계 요소다. 기술적으로 고려해야 할 여러 사항이 있겠지만 모듈화하는 가장 주된 이유는 바로 인지적 과부하(cognitive overload) 때문이다. 사람들은 MODULE을 토대로 모델을 두 가지 측면에서 바라볼 수 있다. 즉, 사람들은 전체에 압도되지 않고도 MODULE에 들어 있는 세부사항을 보거나, 또는 MODULE에 들어 있는 세부사항을 배제한 상태에서 MODULE 간의 관계를 볼 수 있다.

도메인 계층의 MODULE은 모델의 중요한 요소로 나타나 도메인의 주요한 내력을 전해야만 한다.

�֍ ✶ ✶

모든 사람들이 MODULE을 사용하지만 그중에서 MODULE을 하나의 완전한 자격을 갖춘 모델 요소로 여기는 사람은 거의 없다. 코드는 기술적 아키텍처에서 개발자에게 할당된 작업까지 온갖 범주의 것으로 나뉜다. 그러나 리팩터링을 많이 하는 개발자도 프로젝트 초기에 생각해 낸 모듈에 만족하는 경향이 있다.

MODULE 간에는 결합도가 낮아야 하고 MODULE의 내부는 응집도가 높아야 한다는 것은 두말하면 잔소리다. 결합도와 응집도에 대한 설명은 그것을 기술적인 측정 기준처럼 들리게 해서 연관관계와 상호작용의 배분 방법에 근거해 결합도와 응집도의 정도를 기계적으로 판단하게 만든다. 그러나 MODULE로 쪼개지는 것은 코드가 아닌 바로 개념이다. 어떤 사람이 한 번에 생각해낼 수 양에는 한계가 있으며(따라서 결합도는 낮춰야 한다), 일관성이 없는 단편적인 생각은 획일적인 생각을 섞어놓은 것처럼 이해하기 어렵다(따라서 응집도는 높여야 한다).

낮은 결합도와 높은 응집도는 개별 객체에서와 마찬가지로 MODULE에도 적용되는 일반적인 설계 원칙이며, 그 원칙은 구성 단위가 큰 모델링과 설계에서는 특히 중요하다. 이 같은 용어는 아주 오래 전부터 사용돼 왔으며, 패턴 형식으로 설명한 것은 Larman 1998에서 찾아볼 수 있다.

두 모델 요소가 서로 다른 모듈로 분리될 때마다 각 요소는 이전에 비해 좀더 간접적인 관계에 놓이는데, 이로써 설계에서 그와 같은 모델 요소의 위치를 파악하는 부담이 늘어난다. 그러므로

MODULE 간에 결합도가 낮다면 이러한 비용이 최소화되므로 어떤 MODULE의 내용을 분석할 때 해당 MODULE의 내용물과 상호작용하는 것에 대해 조금만 알고 있어도 분석이 가능해진다.

한편으로, 잘 만들어진 모델 요소는 상승효과(synergy)를 내며, 적절히 선택된 MODULE은 특별히 개념적 관계가 풍부한 모델 요소를 한 곳으로 모아주는 역할을 한다. 이처럼 관련 책임을 지닌 객체의 높은 응집도는 모델링과 설계 업무를 한 사람이 쉽게 다룰 수 있는 복잡함의 측정 기준인 단일 MODULE로 모이게 해준다.

MODULE과 좀더 규모가 작은 요소들은 함께 발전해야 하지만 대개 그렇게 되지 않는다. MODULE은 객체의 초기 형태를 조직화할 목적으로 사용된다. 그리고 나면 객체는 기존 MODULE이 정의한 범위 안에 머무를 수 있는 방식으로 변화한다. MODULE을 리팩터링하는 것은 클래스를 리팩터링하는 것보다 일이 더 많고, 파급효과가 더 크며, 아마도 자주 하기는 힘들 것이다. 그러나 모델 객체가 원시적이고 구체적인 상태에서 시작해서 점차 변형되어 더욱 심층적인 통찰력을 드러내는 것처럼 MODULE도 정교해지고 추상적인 형태로 변화할 수 있다. 도메인을 이해하는 바가 바뀔 때마다 이를 MODULE에도 반영하면 MODULE 안의 객체도 더 자유롭게 발전할 수 있다.

도메인 주도 설계의 다른 모든 것들과 마찬가지로 MODULE도 하나의 **의사소통 메커니즘**이다. 우리는 분할되는 객체의 **의미**에 따라 MODULE을 선택해야 한다. 어떤 클래스들을 한 MODULE 안에 함께 둔다면 그것은 바로 여러분 옆에서 설계를 살펴보는 동료 개발자에게 그 클래스들을 하나로 묶어서 생각하자고 말하는 것과 같다. 모델이 어떤 이야기를 들려주는 것이라면 MODULE은 이야기의 각 장(章)에 해당한다. MODULE의 이름은 MODULE의 의미를 전해준다. 이 이름은 UBIQUITOUS LANGUAGE에 들어간다. 여러분이 "자, 이제 '고객' 모듈에 관해 이야기해봅시다."라고 업무 전문가에게 이야기한다면 대화의 맥락이 해당 주제에 맞춰질 것이다.

그러므로

시스템의 내력을 말해주는 MODULE을 골라 일련의 응집력 있는 개념들을 해당 MODULE에 담아라. 이렇게 하면 종종 모듈 간의 결합도가 낮아지기도 하는데, 그렇게 되지 않는다면 모델을 변경해서 얽혀 있는 개념을 풀어낼 방법을 찾아보거나, 아니면 의미 있는 방식으로 모델의 각 요소를 맺어줄, MODULE의 기준이 될 법한 것 중 미처 못보고 지나친 개념을 찾아보라. 서로 독립적으로 이해하고 논리적으로 추론할 수 있다는 의미에서 낮은 결합도가 달성되도록 노력하

라. 높은 수준의 도메인 개념에 따라 모델이 분리되고 그것에 대응되는 코드도 분리될 때까지 모델을 정제하라.

UBIQUITOUS LANGUAGE를 구성하는 것으로 MODULE의 이름을 부여하라. MODULE과 MODULE의 이름은 도메인에 통찰력을 줄 수 있어야 한다.

개념적 관계를 살펴보는 것이 기술적 측정의 대안은 아니다. 개념적 관계를 살피는 것과 기술적 측정은 동일한 문제에 대해 각기 다른 수준에 있는 것이므로 두 가지 모두 이뤄져야 한다. 그러나 모델에 초점을 맞춰 사고하면 지엽적인 해결책이 아닌 더욱 심층적인 해결책이 만들어진다. 그리고 여러 대안 간의 타협점을 따져 보는 경우에도 개념적 명확성을 따르는 것이 가장 좋은데, MODULE을 변경할 경우 각 MODULE을 더 많이 참조해야 하고 변경의 효과가 우발적으로 퍼져나가는 경우에도 마찬가지다. 모델이 일러주는 시스템의 이력을 개발자들이 이해한다면 개발자들은 이러한 문제를 다룰 수 있다.

❊ ❊ ❊

기민한 MODULE

MODULE은 모델과 함께 발전해야 한다. 이것은 MODULE에 대한 리팩터링이 모델과 코드에 대한 리팩터링과 함께 일어난다는 것을 의미한다. 하지만 이러한 리팩터링은 자주 일어나지 않는다. MODULE을 변경하려면 넓은 범위에 걸친 코드를 수정해야만 한다. 이 같은 변경은 팀의 의사소통을 해치고 심지어 소스 코드 관리 시스템과 같은 개발 도구를 망칠 수도 있다. 그 결과, 종종 MODULE의 구조와 이름이 현재 클래스가 나타내고 있는 것보다 훨씬 전의 초기 형태의 모델을 반영하기도 한다.

MODULE을 선택할 때 초기에 한 불가피한 실수로 결합도가 높아지면 리팩터링을 수행하기가 어려워진다. 리팩터링을 자주 수행하지 않는다면 상황은 점점 나빠질 것이다. 고통을 꾹 참고 경험을 바탕으로 문제가 있는 부분의 모듈을 재조직해야만 문제를 해결할 수 있다.

어떤 개발 도구와 프로그램 시스템은 문제를 악화시키기도 한다. 구현이 어떤 개발 기술을 기반으로 하느냐와 관계없이 MODULE을 리팩터링하는 데 소요되는 작업을 최소화하고 다른 개발자들과 의사소통할 때 발생하는 혼란을 최소화하는 방법을 모색해야 한다.

예제

자바 언어의 패키지 코딩 관례

자바에서는 의존성에 해당하는 임포트 구문(import)을 반드시 개별 클래스에 선언해야 한다. 모델링하는 사람들은 아마 패키지를 다른 패키지에 대한 의존성으로 생각하겠지만 자바에서는 꼭 그렇지만도 않다. 널리 통용되는 코딩 관례에서는 개별 클래스에 대해 임포트 구문을 작성할 것을 권장하므로 코드는 아래와 같이 작성할 것이다.

```
ClassA1
import packageB.ClassB1;
import packageB.ClassB2;
import packageB.ClassB3;
import packageC.ClassC1;
import packageC.ClassC2;
import packageC.ClassC3;
...
```

아쉽게도 자바에서는 개별 클래스에다 임포트할 수밖에 없지만 적어도 한 번에 전체 패키지를 임포트할 수는 있다. 이렇게 하면 패키지명을 일제히 변경하는 노력도 줄어들면서 패키지가 대단히 응집력 있는 단위라는 의도가 반영되기도 한다.

```
ClassA1
import packageB.*;
import packageC.*;
...
```

사실 이 기법은 두 가지 척도(패키지에 의존하는 클래스)를 혼용한다는 것을 의미하지만 앞서 나온 클래스 목록을 나열한 것 이상, 즉 특정 MODULE에 대한 의존성이 만들어진다는 의도를 전해주기도 한다.

어떤 개별 클래스가 실제로 다른 패키지의 특정 클래스에 의존하고 현 위치의 MODULE이 그 밖의 MODULE에 개념적으로 의존하지 않는 것처럼 보인다면 클래스를 옮기거나 MODULE 자체를 다시 고려해봐야 한다.

인프라스트럭처 주도 패키지화의 함정

패키지화 결정의 주된 요인은 기술 관련 프레임워크에서 나온다. 이들 중 어떤 것은 도움되는 반면 다른 어떤 것은 받아들이지 않을 필요가 있다.

매우 유용한 프레임워크 표준의 예는 인프라스트럭처 코드와 사용자 인터페이스 코드를 별도의 패키지 그룹에 두는 식으로 LAYERED ARCHITECTURE를 적용해 도메인 계층을 물리적으로 자체적인 패키지 안으로 들어가게 하는 것이다.

한편으로 티어 아키텍처(tiered architecture)는 모델 객체에 대한 구현을 잘게 나눠서 서로 흩어지게 할 수도 있다. 어떤 프레임워크에서는 단일 도메인 객체의 책임을 여러 객체에 걸쳐 퍼뜨린 다음, 그러한 객체를 제각기 분리된 패키지에 두는 식으로 티어를 만들어 내기도 한다. 이를테면, J2EE의 일반 관행은 연관된 업무 로직은 "세션 빈"에 두고 데이터와 데이터에 대한 접근은 "엔티티 빈"에 두는 것이다. 이렇게 되면 각 컴포넌트의 구현 복잡성이 증가하면서 그러한 분리로 객체 모델의 응집력을 이내 잃어버리게 된다. 객체의 가장 기본적인 개념 중 하나는 데이터와 해당 데이터를 대상으로 연산을 수행하는 로직을 캡슐화하는 것이다. 이러한 방식으로 티어가 나뉘진 구현은 두 컴포넌트가 모두 단일 모델 요소의 구현을 구성하는 것으로 보일 수 있어 치명적인 문제를 일으키지는 않지만 설상가상으로 엔티티 빈과 세션 빈이 종종 다른 패키지로 분리되기도 한다. 그렇게 되면 다양한 객체를 바라보면서 머릿속으로 그것들을 역으로 하나의 개념적 ENTITY로 끼워 맞추려면 너무나도 많은 노력이 들 것이다. 아울러 모델과 설계 간의 연결을 잃어버리게 된다. 우수 실천법은 ENTITY 객체보다 단위가 더 큰 EJB를 이용해 티어 분리에 따른 부정적인 측면을 줄이는 것이다. 그렇지만 구성 단위가 세밀한 객체도 종종 여러 개의 티어로 나뉘기도 한다.

한 예로, 나는 각 개념적 객체가 실제로는 4개의 티어로 분할돼 있었지만 비교적 적절히 운영되고 있던 프로젝트에서 이 같은 문제에 직면한 적이 있다. 각 분할에는 적절한 이론적 근거가 있었다. 첫 번째 티어는 데이터 영속화 계층이었으며, 관계형 데이터베이스에 대한 매핑과 접근을 처리했다. 그리고 모든 상황에서 객체 고유의 행위를 처리하는 것이 두 번째 계층이었다. 다음 계층은 애플리케이션에 특화된 기능을 얹어놓는 계층이었다. 네 번째 계층은 공개 인터페이스에 해당하는 계층이었는데, 하단에 놓인 모든 구현과 분리돼 있었다. 이러한 설계가 약간 복잡하긴 했지만 각 계층은 잘 정의돼 있었고 관심사의 분리가 상당히 깔끔하게 돼 있었다. 우리는 단일한 개념적 객체를 구성하는 모든 물리적인 객체들을 마음속으로 연결해 볼 수 있었다. 간혹 관점의 분리(separation of aspect)가 도움되기도 했다. 특히 영속화 코드를 옮겨서 어수선한 것들이 상당수 없어졌다.

그러나 이 외에도 프레임워크에서는 각 티어를 일련의 분리된 패키지에 들어가게 하고 그러한 티어를 식별하는 규약에 따라 이름을 부여할 필요가 있었다. 이 때문에 분할에만 온 정신을 쏟을 수밖에 없었다. 그 결과, 도메인 개발자들이 너무 많은 MODULE(각각 4배로 커진)을 만들지 않으려 해서 바뀐 게 거의 없었다. 그 까닭은 모델을 리팩터링하는 데 굉장히 많은 노력이 들었기 때문이다. 더 안 좋은 점은 단일한 개념적 클래스를 특징짓는 모든 데이터와 행위를 관리하기가 너무 어려워(계층화에 대한 인디렉션과 합쳐져서) 개발자들이 모델에 관해 생각할 여유가 많지 않았다는 것이다. 애플리케이션을 인도하긴 했지만 애플리케이션에는 일부 SERVICE에서 제공하는 행위와 함께 데이터베이스 접근 요구사항만을 기본적으로 이행하는 빈약한(anemic) 도메인 모델이 포함돼 있었다. 그리고 MODEL-DRIVEN DESIGN의 효과는 제한적으로 나타났는데, 코드가 모델을 투명하게 드러내지 않아 개발자가 그러한 코드로 개발할 수 없었기 때문이다.

이런 식의 프레임워크 설계는 두 가지 논리적인 문제를 해결하고자 한다. 하나는 관심사의 논리적 분리인데, 한 객체에서 데이터베이스 접근에 대한 책임을 맡고 다른 객체에서는 업무 로직 등을 책임지는 것이다. 이러한 분리를 바탕으로 각 티어의 기능을 더욱 쉽게 이해하고(기술적인 수준에서), 계층을 쉽게 포착할 수 있다. 문제는 애플리케이션 개발에 드는 비용을 알아낼 수가 없다는 점이다. 이 책이 프레임워크 설계에 관한 책은 아니므로 그와 같은 문제의 대안에 대해서는 검토하지 않겠지만 그러한 문제는 분명히 있다. 그리고 심지어 그런 문제에 대해 우리에게 선택의 여지가 없더라도 이러한 혜택을 더욱 응집력 있는 도메인 계층과 맞바꾸는 편이 더 나을 것이다.

이 같은 패키지화 계획을 해야 하는 또 다른 이유는 티어 배치 때문이다. 대개 그렇지는 않지만 티어 배치는 코드가 실제로 서로 다른 서버에 배포돼 있을 경우 격렬한 논쟁거리가 될 수도 있다. 유연함이 필요한 경우에만 유연함을 추구하라. MODEL-DRIVEN DESIGN의 효과를 누리고자 하는 프로젝트에서 이러한 희생의 대가는 희생으로 당면한 급박한 문제를 해결하지 못할 경우 너무나도 클 것이다.

기술적인 정교함이 주도하는 패키지화 계획에는 두 가지 비용이 따른다.

- 프레임워크의 분할 관례 탓에 개념적 객체를 구현하는 요소가 서로 떨어져 있으면 더는 코드에서 모델이 드러나지 않는다.
- 머릿속으로 다시 합칠 수 있는 만큼밖에 분할돼 있지 않은데 프레임워크에서 그렇게 분할된 결과를 모조리 사용해버리면 도메인 개발자들은 모델을 의미 있는 조각으로 나누는 능력을 잃어버리게 된다.

단순하게 유지하는 편이 가장 좋다. 기술 환경에 필수적이거나 실질적으로 개발에 도움이 되는 최소한의 분할 규칙만 선택한다. 가령 복잡한 데이터 영속화 코드를 객체의 행위적인 측면에서 분리하면 리팩터링이 쉬워질 수도 있다.

여러 서버에 코드를 분산하는 것이 실제로 의도했던 바가 아니라면 동일한 객체는 아니더라도 하나의 개념적 객체를 구현하는 코드는 모두 같은 MODULE에 둬야 한다.

우리는 고전 명제인 "높은 응집도/낮은 결합도"를 이용해도 같은 결론에 도달할 수 있었을 것이다. 업무 로직을 구현하는 "객체"와 데이터베이스 접근에 관한 책임이 있는 객체 간의 연관관계는 넓은 범위에 걸쳐 존재하므로 결합도가 매우 높다고 할 수 있다.

프레임워크 설계나 단순히 회사나 프로젝트의 관례 때문에 도메인 객체 본연의 응집도가 불분명해져 MODEL-DRIVEN DESIGN이 훼손될 수 있는 또 다른 함정도 있지만 결론은 같다. 필요한 패키지를 제한하거나 단순히 패키지가 더 많아지면 도메인 모델의 요구에 맞게 조정된 다른 패키지화 계획을 이용할 수 없게 될 것이다.

패키지화를 바탕으로 다른 코드로부터 도메인 계층을 분리하라. 그렇게 할 수 없다면 가능한 한 도메인 개발자가 자신의 모델과 설계 의사결정을 지원하는 형태로 도메인 객체를 자유로이 패키지화할 수 있게 하라.

한 가지 예외적인 경우는 선언적 설계(10장에서 논의하겠다)를 기반으로 코드가 만들어질 때다. 이 경우 개발자들은 코드를 읽을 필요가 없으므로 생성되는 코드를 가까이에 있지 않게 별도의 패키지에 집어넣어 개발자가 실제로 작업해야 할 설계 요소를 어지럽히지 않는 게 좋다.

모듈화는 설계가 점점 커지고 복잡해져 감에 따라 더욱 중요해진다. 여기서는 기본적으로 고려해야 할 사항을 제시하겠다. 4부, "전략적 설계"에서는 대규모 모델과 설계의 패키지화 및 분할에 대한 접근법과 사람들의 이해를 돕는 초점을 부여하는 법을 제시하겠다.

도메인 모델의 각 개념은 구현 요소에 반영돼야 한다. ENTITY와 VALUE OBJECT, 그리고 그러한 객체들 간의 연관관계는 일부 도메인 SERVICE와 조직화 MODULE과 함께 구현과 모델이 직접적으로 대응하는 지점이다. 구현에서의 객체와 포인터, 검색 메커니즘은 모델 요소에 직접적이고 분명하게 매핑돼야 한다. 그렇지 않으면 코드를 정리한 다음 되돌아가 모델을 변경하거나 모델과 코드를 모두 변경해야 한다.

어떤 것의 개념이 도메인 객체와 밀접하게 관련돼 있지 않다면 그것을 도메인 객체에 추가해서는 안 된다. 이 같은 설계 요소에는 제각기 해야 할 일이 있는데, 그것은 바로 모델을 표현하는 것이다. 이 밖에도 수행해야 할 도메인 관련 책임과 시스템을 작동시키기 위해 관리해야 할 데이터가 있지만 그것들은 이러한 객체에 속하는 것이 아니다. 6장에서는 데이터베이스 검색을 정의하고 복잡한 객체 생성을 캡슐화하는 등 도메인 계층의 기술적인 책임을 이행하는 일부 보조적인 성격의 객체를 살펴보겠다.

본 장에서 논의한 네 가지 패턴은 객체 모델에 대한 기본 요소를 제공해준다. 그러나 MODEL-DRIVEN DESIGN이라고 해서 반드시 모든 것을 객체라는 틀에 맞춰야 한다는 의미는 아니다. 룰 엔진과 같은 도구의 지원을 받는 다른 모델 패러다임도 있다. 프로젝트에서는 그러한 것들 사이에서 실용적으로 타협점을 따져봐야 한다. 이러한 기타 도구와 기법은 다른 대안이 아닌 결국 MODEL-DRIVEN DESIGN으로 가는 수단에 불과하다.

모델링 패러다임

MODEL-DRIVEN DESIGN은 현재 적용 중인 특정 모델링 패러다임과 조화를 이루는 구현 기술을 필요로 한다. 그런데 그러한 다수의 패러다임이 실험되고 있긴 하지만 그 가운데 극히 일부만이 실무에서 널리 사용되고 있다. 현재는 객체지향 설계가 가장 지배적인 패러다임이며, 오늘날 가장 복잡한 프로젝트에서도 객체를 사용하기 시작하고 있다. 이처럼 객체지향 패러다임이 우세한 이유는 여러 가지가 있는데, 어떤 요인은 객체 본연의 특성에 기인하며, 또 어떤 것은 상황에 따라 달라지며, 그리고 그 밖에는 객체지향 패러다임이 널리 사용되고 있다는 이점에서 유래한다.

객체 패러다임이 지배적인 이유

팀에서 객체 패러다임을 선택하는 이유 중 다수는 기술적인 것이 아니며, 심지어 객체 때문도 아니다. 하지만 지금 당장 말할 수 있는 것은 객체 모델링이 복잡함과 단순함의 절묘한 조화를 이룬다는 것이다.

모델링 패러다임이 너무도 난해해서 개발자들이 숙달할 수 없을 정도라면 개발자들은 그러한 모델링 패러다임을 서툴게 사용하게 될 것이다. 팀 내에서 기술과 관련이 없는 구성원들은 그러한 패러다임의 기초도 파악할 수 없으므로 모델을 이해할 수 없을 것이며, 따라서 UBIQUITOUS LANGUAGE는 사라져버릴 것이다. 객체지향 설계 원리는 대부분의 사람들도 자연스럽게 이해하는 듯하다. 그렇지만 심지어 기술과 관련이 없는 사람들도 객체 모델의 다이어그램을 이해할 수 있는데도 어떤 개발자들은 모델링의 미묘한 측면들을 놓치기도 한다.

객체 모델링의 개념은 단순하지만 그것은 중요한 도메인 지식을 포착할 만큼 풍부한 것으로 입증됐다. 또한 객체 모델링은 처음부터 모델을 소프트웨어에서 표현하게 해주는 도구의 지원을 받고 있기도 하다.

오늘날 객체 패러다임에는 패러다임의 성숙과 함께 널리 보급되고 있다는 데서 오는 부수적인 이점도 상당하다. 성숙한 인프라스트럭처와 도구 지원이 없다면 프로젝트는 기술적인 연구 개발로 벗어나 지체되고, 애플리케이션을 개발하는 데 사용해야 할 자원을 전용해서 기술적인 위험에 처할 수 있다. 어떤 기술은 다른 것들과 잘 어울리지 않아 해당 산업의 표준 솔루션과 통합하기가 아예 불가능해서 팀에서 공통 유틸리티를 다시 만들어야 할 때도 있다. 하지만 지난 몇 년간 이러한 문제 중 상당수는 객체 기술에서 활용 가능한 방식으로 해결되거나, 또는 그 기술이 널리 보급되어 무의미해졌다(지금은 다른 접근법을 토대로 주류 객체 기술에 통합되고 있다). 대부분의 신기술은 대중적인 객체지향 플랫폼에 통합될 수 있는 수단을 제공한다. 이러한 수단은 통합을 더욱 용이하게 하고 다른 모델링 패러다임(본 장의 후반부에서 살펴보겠다)에 기반을 둔 하위 시스템과 융합될 수 있게 만들어준다.

이와 마찬가지로 **개발자 커뮤니티와 설계 문화 자체**의 성숙도 중요하다. 새로운 패러다임을 채택하는 프로젝트에서는 해당 기술에 전문성이 있거나 선택된 패러다임에 효과적인 모델을 만들어내는 숙련된 개발자들을 찾기가 불가능할지도 모른다. 적당한 시간을 들여 개발자들을 교육하는 것도 쉽지 않을 수 있는데, 그러한 패러다임을 최대한 활용하는 패턴과 기술이 아직까지 구체화되지 않았기 때문이다. 아마 해당 분야의 선구자들이 유능하기는 하겠지만 아직까지 그들의 통찰력을 활용 가능한 형태로 만들기는 어려울 것이다.

객체는 이미 수천 명의 개발자와 프로젝트 관리자, 그리고 다른 모든 프로젝트 업무에 종사하는 전문가들이 활동하는 커뮤니티와 함께 알려져 있다.

객체지향 프로젝트에 관련된 10년 전 내 경험은 미숙한 패러다임에서 일하는 것의 위험성을 보여준다. 1990년대 초반 이 프로젝트에서는 대규모 객체지향 데이터베이스를 비롯한 몇 가지 최첨단 기술을 사용하게 됐다. 그것은 매우 흥미진진한 일이었다. 팀원들은 방문자에게 지금까지 나온 기술에서는 지원한 적이 없던 가장 규모가 큰 데이터베이스를 배포하고 있다는 사실을 자랑스럽게 이야기하곤 했다. 내가 그 프로젝트에 합류했을 때 다른 팀에서는 객체지향 설계를 만들어 내고 객체를 힘들이지 않고 데이터베이스에 저장하고 있었다. 하지만 우리는 데이터베이스 용량의 상당수를 쓰고 있다는 사실을 점차 깨닫기 시작했다. 그것도 테스트 데이터로 말이다! 실제 데이터베이스의 용량은 아마 수십 배나 더 클 것이다. 실제 트랜잭션의 양도 몇십 배나 더 많을 것이다. 이 애플리케이션에는 그러한 기술을 사용하는 것이 불가능했던 걸까? 아니면 우리가 그 기술을 부적절하게 사용했던 걸까? 우리는 그 기술을 전혀 이해하지 못하고 있었다.

다행히도 그와 같은 문제에서 우리를 구출해 줄 기술을 지닌, 세계에서 몇 안 되는 전문가 중 한 분을 모셔올 수 있었다. 우리는 전문가가 부르는 대로 비용을 지불했다. 문제의 원인은 세 가지였다. 첫째, 데이터베이스에서 제공하는 기성 인프라스트럭처가 요구사항에 부합하지 못했다. 둘째, 구성 단위가 세밀한 객체를 저장하는 데 우리가 알게 된 것보다 훨씬 더 많은 비용이 드는 것으로 드러났다. 셋째, 객체 모델에서 경합을 벌이고 상호의존성이 얽히고설킨 부분들이 비교적 적은 수의 동시 트랜잭션만으로도 문제를 일으켰다.

이렇게 고용한 전문가의 도움으로 우리는 인프라스트럭처를 강화했다. 이제 구성 단위가 세밀한 객체의 파급효과를 알게 된 팀은 이 기술에 효과적인 모델을 모색하기 시작했다. 우리 모두 모델 내의 관계망을 제한하는 것의 중요성을 뼈저리게 느꼈고, 새로 알게 된 지식을 적용해 밀접한 상호관계를 맺고 있는 것들을 더욱 분리하는 개선된 모델을 만들어 나가기 시작했다.

앞서 몇 달을 실패로 접어드는 데 보낸 것을 포함해 회복 과정에 수개월이 헛되이 지나갔다. 그렇지만 이번 일이 팀에서 선택한 기술에 익숙하지 않았던 것과 그 기술을 학습하는 것과 관련된 경험 부족에서 오는 첫 번째 실패는 아니었다. 유감스럽게도 프로젝트는 결국 축소되고 완전히 보류됐다. 오늘날까지도 사람들은 새로운 기술을 사용하지만 애플리케이션의 구현 영역이 신중하게 제한된 경우에는 아마 그러한 신기술의 혜택을 실제로 누리지는 못할 것이다.

10여년이 지난 후 객체지향 기술은 비교적 성숙해졌다. 대다수의 공통적인 인프라스트럭처 요구사항은 실무에서 사용되는 기성 솔루션으로도 해결할 수 있다. 미션 크리티컬한(mission-critical) 도구들이 주요 벤더, 또는 간혹 여러 벤더에 의해 만들어지거나, 아니면 안정화된 오픈소스 프로젝트에서 만들어지고 있다. 이러한 인프라스트럭처의 구성요소 가운데 대다수는 이미 그러한 구성요소를 주제로 하는 책을 비롯해 해당 구성요소를 이미 이해한 사용자 기반이 있을 정도로 널리 사용되고 있다. 이처럼 이미 확립된 기술이 지닌 제약사항은 상당히 잘 알려져 있으므로 그러한 사정에 밝은 팀은 실패할 확률이 더 적다.

다른 흥미로운 모델링 패러다임은 이 정도로 성숙하지 않다. 어떤 것은 익숙해지기가 너무 어려워서 소수의 전문가 외에는 아무도 사용하지 않을 것이다. 그 밖의 것도 잠재력이 있긴 하지만 기술적인 인프라스트럭처가 아직까지 고르지 못하거나 불안정하며, 좋은 모델을 만드는 데 필요한 세밀함을 파악하고 있는 사람이 거의 없다. 또한 이러한 기술이 성숙해졌다고 해도 대부분의 프로젝트에서는 사용할 준비가 돼 있지 않다.

이러한 이유로 현재로서는 MODEL-DRIVEN DESIGN을 시도하는 대다수의 프로젝트에서는 시스템 기반에 객체지향 기술을 사용하는 것이 현명하다. 또한 MODEL-DRIVEN DESIGN을 시도하는 프로젝트는 객체 전용 시스템(object-only system)으로 고착화되지는 않을 것이다. 이는 객체지향 기술이 산업의 주류 기술로 자리잡았으며, 현재 사용되는 거의 모든 기술을 연결하는 통합 도구를 사용할 수 있기 때문이다.

그럼에도 언제까지나 객체 패러다임만 써야 한다는 의미는 아니다. 군중이 움직이는 대로 따라가면 얼마간은 안전하겠지만 그것이 언제나 정답은 아니다. 객체 모델이 수많은 실무적인 소프트웨어 문제를 해결해 주지만 캡슐화된 행위에 대한 개별 묶음으로 모델링하기에는 수월하지 않은 도메인도 있다. 예를 들어 지나치게 수학적인 도메인이나 객체지향 패러다임에 어울리지 않는 포괄적인 논리적 추론이 중심이 되는 도메인이 여기에 해당한다.

객체 세계에서 객체가 아닌 것들

도메인 모델이 반드시 객체 모델이어야 하는 것은 아니다. 이를테면, 프롤로그(Prolog)로 구현된 MODEL-DRIVEN DESIGN도 있었는데, 여기서는 모델이 논리적인 규칙과 사실로 구성돼 있었다. 모델 패러다임은 사람들의 도메인에 관한 일정한 사고방식을 다루는 것으로 여겨져 왔다. 그리고 도메인의 모델은 패러다임을 토대로 형성된다. 그 결과는 패러다임을 따르는 모델이므로 그러한 모델링 형식을 지원하는 도구로 효과적으로 구현할 수 있다.

프로젝트에서는 어떠한 지배적인 모델 패러다임도 적용할 수 있지만 다른 어떤 패러다임으로 훨씬 더 쉽게 표현할 수 있을 법한 도메인의 구성요소도 있게 마련이다. 해당 도메인에는 이례적인 요소나 어떤 패러다임에는 잘 어울리는 도메인 요소가 있다면 개발자들은 그러한 약간은 부자연스러운 객체를 다른 일관된 모델에 더 잘 받아들일 수 있다(아니면 다소 극단적으로 말하면 문제 도메인의 상당 부분이 특정한 다른 패러다임에서 훨씬 더 자연스럽게 표현된다면 패러다임을 완전히 교체해서 다른 구현 플랫폼을 선택하는 것이 맞을지도 모른다). 그러나 도메인의 주요한 부분이 다른 패러다임에 속하는 것으로 보일 때는 구현을 지원하는 도구를 혼용해 모델에 어울리는 패러다임의 각 부분을 모델링하는 편이 지적인 측면에서 더 나은 듯하다. 만약 상호의존성이 적다면 다른 패러다임의 하위시스템을 캡슐화할 수도 있는데, 가령 단순히 객체에 의해 호출되기만 하는 복잡한 수학 계산과 같은 것이 여기에 해당한다. 그러나 어떤 경우에는 갖가지 측면이 서로 얽히기도 하는데, 객체 간의 상호작용이 어떤 수학과 관련된 관계에 의존하는 경우가 그러하다.

이러한 이유로 그와 같은 비객체 구성요소가 비즈니스 룰 엔진과 워크플로 엔진으로 객체 시스템에 통합되는 것이다. 패러다임을 혼합하면 개발자들이 어떤 개념을 그것에 가장 잘 어울리는 형식으로 모델링할 수 있다. 그뿐만 아니라 대부분의 시스템에서는 특정한 비객체 기술 인프라스트럭처, 즉 가장 일반적으로는 관계형 데이터베이스와 같은 것을 사용해야 한다. 그렇지만 여러 패러다임에 걸친 응집력 있는 모델을 만드는 것은 쉽지 않으며, 그러한 패러다임과 공존하는 지원 도구를 만드는 것도 복잡한 일이다. 개발자가 소프트웨어에 포함된 응집력 있는 모델을 분명하게 볼 수 없다면 이 같은 여러 패러다임이 혼재하는 시스템에서 MODEL-DRIVEN DESIGN의 필요성이 늘어나더라도 MODEL-DRIVEN DESIGN이 사라질 수 있다.

패러다임이 혼재할 때 MODEL-DRIVEN DESIGN 고수하기

룰 엔진은 때때로 객체지향 애플리케이션 개발 프로젝트에서 혼용되는 기술의 예로 알맞을 것이다. 풍부한 지식이 담긴 도메인 모델에는 명시적인 규칙이 포함돼 있겠지만 그럼에도 여전히 객체 패러다임에는 규칙과 규칙 간의 상호작용을 나타내기 위한 구체적인 의미체계가 부족하기 마련이다. 비록 규칙을 객체로 모델링할 수 있거나 흔히 성공적으로 모델링되기도 하지만 객체로 캡슐화하면 전체 시스템에 걸쳐 전역적인 규칙을 적용하기가 부자연스러워진다. 룰 엔진 기술이 매력적인 이유는 룰 엔진에서 규칙을 정의하는 더욱 자연스러운 선언적인 방식을 제공해서 룰 패러다임을 객체 패러다임에 효과적으로 녹아들게 하기 때문이다. 로직 패러다임은 잘 발달되어 강력하며, 객체의 강점과 약점을 보충하기에 적당해 보인다.

그러나 사람들이 룰 엔진에서 기대했던 바를 항상 얻는 것은 아니다. 어떤 제품은 제대로 작동하지 않기도 한다. 또한 두 가지 구현 환경 간에 오가는 모델 개념의 관계성을 자연스럽게 보여주지 못하는 것도 있다. 그러한 제품에서 공통적으로 얻게 되는 결과 중 하나는 바로 애플리케이션이 두 개로 쪼개진다는 것이다. 하나는 객체를 이용한 정적 데이터 저장 시스템이며, 다른 하나는 객체 모델에 대한 연결을 거의 모두 잃어버린 주먹구구식의 규칙 처리 애플리케이션이다.

규칙을 다루는 동안에는 한 모델의 관점에서 사고를 지속하는 것이 중요하다. 팀에서는 두 가지 구현 패러다임에서 모두 작용할 수 있는 단 하나의 모델을 찾아야 한다. 이렇게 하기가 쉽지는 않지만 룰 엔진이 구현의 표현력을 풍부하게 한다면 가능할 것이다. 그렇지 않으면 데이터와 규칙 간의 연관관계가 단절된다. 그러면 엔진상의 규칙은 결국 도메인 모델의 개념적 규칙이라기보다는 자그마한 프로그램에 훨씬 가까워진다. 규칙과 객체 간의 관계가 긴밀하고 명확하다면 두 부분의 의미는 계속 유지된다.

자연스러운 연결을 제공하는 환경이 없다면 전체 설계를 유지하고자 명확하고 근본적인 개념으로 구성된 모델을 정제하는 일은 개발자들의 몫으로 고스란히 돌아간다.

각 부분을 함께 유지하는 가장 효과적인 수단은 완전히 이질적인 모델을 통합할 수 있는 확고한 UBIQUITOUS LANGUAGE다. UBIQUITOUS LANGUAGE에 포함된 명칭들을 두 환경에 일관되게 적용하고 활용한다면 두 환경 사이에 벌어진 틈을 메우는 데 도움될 것이다.

이것은 그 자체로도 한 권의 책으로 낼 만한 주제다. 본 절의 목표는 단지 MODEL-DRIVEN DESIGN을 굳이 포기할 필요가 없으며 그것을 유지하는 노력이 가치 있음을 보여주는 데 있다.

MODEL-DRIVEN DESIGN이 객체지향적일 필요는 없지만 MODEL-DRIVEN DESIGN은 표현력이 풍부한 모델 구성물(객체나 규칙, 또는 워크플로)의 구현에 **분명** 의존한다. 이용 가능한 도구가 그와 같은 표현력을 촉진하지 못한다면 그와 같은 도구를 사용하는 것을 재고해봐야한다. 표현력이 풍부하지 않은 구현은 부가적인 패러다임의 이점을 잃어버리게 할 것이다.

객체가 아닌 요소를 객체지향 시스템에 혼합하는 데는 경험상 다음의 4가지 법칙이 있다.

- **구현 패러다임을 도메인에 억지로 맞추지 않는다.** 도메인에 관한 사고방식은 반드시 하나만 있는 것이 아니다. 패러다임에 어울리는 모델 개념을 찾는다.

- **유비쿼터스 언어에 의지한다.** 각종 도구가 서로 엄밀한 관계에 있지 않더라도 언어를 매우 일관되게 사용하면 설계의 각 부분이 분화되는 것을 방지할 수 있다.

- **UML에 심취하지 않는다.** 간혹 사람들이 UML 다이어그램과 같은 도구에 집착해서 그리기 쉬운 방향으로 모델을 왜곡하곤 한다. 이를테면, UML에 제약조건을 표현하는 기능이 포함돼 있기는 하지만 그것만으로는 충분하지 않다. 다른 어떤 그리기 방식(아마 다른 패러다임에서는 관례적일)이나 간단한 문장으로 설명을 써놓는 편이 객체를 바라보는 특정 관점을 나타내고자 도식 방법을 완곡하게 바꾸는 것보다 낫다.

- **회의적이어야 한다.** 도구가 실제로 제 몫을 하고 있는가? 단순히 어떤 규칙이 있다고 해서 반드시 값비싼 룰 엔진이 필요한 것은 아니다. 아마도 약간은 덜 깔끔하겠지만 규칙은 객체로 표현할 수 있으며, 복합적인 패러다임은 문제를 터무니없이 복잡하게 만든다.

여러 패러다임이 혼재하는 데서 오는 부담을 떠안기 전에 지배적인 패러다임 내에서 선택 가능한 방안을 샅샅이 살펴봐야 한다. 어떤 도메인 개념이 분명한 객체로서 스스로를 드러내지 않더라도 보통 해당 패러다임 내에서는 모델링될 수 있다. 9장에서는 객체 기술을 이용해 색다른 형태의 개념을 모델링하는 것에 관해 살펴보겠다.

관계형 패러다임은 패러다임 혼합의 특수한 경우다. 또한 가장 흔히 접하는 비객체 기술인 관계형 데이터베이스는 다른 구성요소에 비해 객체 모델과 더욱 직접적인 관련이 있는데, 이것은 관계형 데이터베이스가 객체를 구성하는 데이터의 영구 저장소 역할을 하기 때문이다. 6장에서는 관계형 데이터베이스에 객체 데이터를 저장하는 것을 비롯해 다른 여러 객체의 생명주기와 관련된 문제를 살펴보겠다.

06

도메인 객체의 생명주기

모든 객체에는 생명주기가 있다. 한 객체는 생성되어 다양한 상태를 거친 후 결국 저장되거나 삭제되면서 소멸한다. 물론 이들 중 상당수는 객체의 생성자를 호출해서 만들어진 다음 특정 연산에서 사용된 후 가비지 컬렉터에게 보내지는 단순하고 일시적인(transient) 객체다. 이런 객체는 복잡하게 만들 필요가 없다. 그러나 다른 객체들은 더 오래 지속되며, 활성 메모리 안에서만 시간을 보내지는 않는다. 그것들은 다른 객체와 복잡한 상호의존성을 맺는다. 또한 여러 가지 상태의 변화를 겪기도 하는데, 이때 갖가지 불변식이 적용된다. 이러한 객체들을 관리하는 데 실패한다면 MODEL-DRIVEN DESIGN을 시도하는 것이 쉽게 좌절될 수 있다.

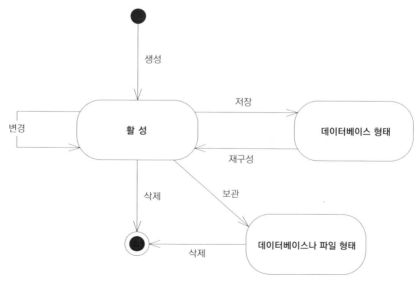

그림 6-1 | 도메인 객체의 생명주기

도메인 객체의 관리와 관련된 문제는 아래의 두 가지 범주로 나뉜다.

1. 생명주기 동안의 무결성 유지하기

2. 생명주기 관리의 복잡성으로 모델이 난해해지는 것을 방지하기

본 장에서는 이러한 문제를 세 가지 패턴을 이용해 해결하겠다. 먼저 AGGREGATE(집합체)는 소유권과 경계를 명확히 정의함으로써 모델을 엄격하게 만들어 객체 간의 연관관계가 혼란스럽게 얽히지 않게 한다. 이 패턴은 생명주기상의 전 단계에 걸쳐 도메인 객체의 무결성을 유지하는 데 매우 중요하다.

다음으로 생명주기의 초기 단계로 초점을 바꿔 FACTORY(팩터리)를 이용해 복잡한 객체와 AGGREGATE를 생성하고 재구성함으로써 그것들의 내부 구조를 캡슐화하는 것에 관해 살펴보겠다. 마지막으로 생명주기의 중간과 마지막을 다루며, 거대한 관련 인프라스트럭처를 캡슐화하면서 영속 객체를 찾아 조회하는 수단을 제공하는 REPOSITORY(리파지터리)를 살펴보겠다.

비록 REPOSITORY와 FACTORY가 도메인에서 나오는 것은 아니지만 그것들은 도메인 설계에서 중요한 역할을 담당한다. 이러한 구성물은 모델 객체에 쉽게 접근하는 수단을 제공해 MODEL-DRIVEN DESIGN을 완성한다.

AGGREGATE를 모델링하고 설계에 FACTORY와 REPOSITORY를 추가하면 모델 객체의 생명주기 동안 그것들을 체계적이고 의미 있는 단위로 조작할 수 있다. AGGREGATE는 생명주기의 전 단계에서 불변식이 유지돼야 할 범위를 표시해 준다. 그리고 FACTORY와 REPOSITORY는 AGGREGATE를 대상으로 연산을 수행하며 특정 생명주기로 옮겨가는 데 따르는 복잡성을 캡슐화한다.

AGGREGATE
(집합체)

연관관계를 최소주의 관점에서 설계하면 탐색이 단순해지고 폭발적으로 증가하는 관계를 제한하는 데 어느 정도 도움되지만 대부분의 업무 도메인은 상호 연관의 정도가 높으므로 결국 우리는 객체 참조를 통해 얽히고 설킨 관계망을 추적해야 한다. 경우에 따라서는 이처럼 얽히고 설킨 것이 우리가 명확히 경계를 지어야 할 일이 거의 없는 세상의 현실을 반영한다고도 볼 수 있다. 그러나 소프트웨어 설계에서는 이것이 문제가 된다.

 데이터베이스에서 Person 객체를 삭제한다고 해보자. 한 사람에게는 이름, 생년월일, 직업 설명이 따른다. 하지만 주소는 어떨까? 같은 주소를 쓰는 사람이 있을 수도 있다. 주소를 삭제한다면 다른 Person 객체는 삭제된 객체를 참조하게 될 것이다. 그렇다고 그러한 참조를 그대로 둔다면 데이터베이스에는 쓰레기 주소가 쌓인다. 자동화된 가비지 컬렉션으로 쓰레기 주소를 제거할 수도 있고, 데이터베이스 시스템에서도 그렇게 할 수 있더라도 그와 같은 기술적인 해법은 기본적인 모델링 문제를 간과하는 것에 해당한다.

격리된 트랜잭션을 생각해봐도 일반적인 객체 모델의 관계망은 잠재적인 변경의 효과가 미칠 범위를 명확하게 한정해주지 않는다. 그렇다고 약간의 의존성이 있는 경우를 대비해 시스템의 모든 객체를 갱신하는 것도 좋은 방법은 아니다.

문제는 동일한 객체에 여러 클라이언트가 동시에 접근하는 시스템에서 매우 심각해진다. 여러 사용자가 시스템에서 다양한 객체를 참조하거나 갱신한다면 상호 의존 관계에 있는 객체가 동시에 변경되지 않게 해야 한다. 변경의 범위를 알맞게 한정하지 않는다면 심각한 결과가 초래될 것이다.

모델 내에서 복잡한 연관관계를 맺는 객체를 대상으로 변경의 일관성을 보장하기란 쉽지 않다. 그 까닭은 단지 개별 객체만이 아닌 서로 밀접한 관계에 있는 객체 집합에도 불변식이 적용돼야 하기 때문이다. 그렇다고 변경의 일관성을 보장하고자 신중 잠금 기법(cautious locking scheme)을 쓴다면 다수의 사용자가 서로 부적절하게 간섭해서 시스템이 사용할 수 없는 상태가 될 것이다.

그렇다면 여러 객체로 구성된 한 객체의 범위가 어디서부터 어디까지인지 어떻게 알 수 있을까? 데이터의 영속화 저장소가 마련돼 있는 시스템에는 데이터를 변경하는 트랜잭션의 범위와 그러한 데이터의 일관성을 유지하는(다시 말해, 데이터의 불변식을 유지하는) 수단이 있을 것이다. 데이터베이스는 다양한 잠금 기법을 제공하며, 그와 같은 잠금 기법을 테스트하는 코드를 작성할 수도 있다. 그러나 이 같은 임시방편적인 해법은 모델에 집중하는 것을 방해하고, 곧 "일단 해보고 잘 되길 바라는" 상태로 되돌아갈 것이다.

사실 이러한 문제의 균형 잡힌 해법을 찾으려면 도메인을 심층적으로 이해해야 하며, 특히 이 경우에는 특정 클래스 인스턴스 사이의 변화 빈도와 같은 사항까지 이해하고 있어야 한다. 우리는 경합이 높은 지점을 느슨하게 하고, 엄격한 불변식을 더욱 엄격하게 지켜지게 하는 모델을 찾을 필요가 있다.

이러한 문제가 데이터베이스 트랜잭션과 관련된 기술적 문제로 나타나더라도 문제의 근원은 모델에 경계가 정의돼 있지 않다는 데 있다. 모델을 근간으로 하는 해법을 이용하면 모델을 좀더 이해하기 쉬워지고 설계한 바가 더 쉽게 전달될 것이다. 모델이 개선됨에 따라 해당 모델이 구현을 어떻게 바꿔야 할지 안내할 것이다.

지금까지 모델 내의 소유 관계를 정의하는 갖가지 방법들이 만들어졌다. 아래의 단순하지만 엄격한 체계는 그와 같은 개념에서 정수를 뽑아낸 것으로서, 객체와 해당 객체의 소유자를 변경

하는 트랜잭션을 구현하기 위한 각종 규칙을 포함하고 있다.[1]

먼저 우리는 모델 내의 참조에 대한 캡슐화를 추상화할 필요가 있다. AGGREGATE는 우리가 데이터 변경의 단위로 다루는 연관 객체의 묶음을 말한다. 각 AGGREGATE에는 루트(root)와 경계(boundary)가 있다. 경계는 AGGREGATE에 무엇이 포함되고 포함되지 않는지를 정의한다. 루트는 단 하나만 존재하며, AGGREGATE에 포함된 특정 ENTITY를 가리킨다. 경계 안의 객체는 서로 참조할 수 있지만, 경계 바깥의 객체는 해당 AGGREGATE의 구성요소 가운데 루트만 참조할 수 있다. 루트 이외의 ENTITY는 지역 식별성(local identity)을 지니며, 지역 식별성은 AGGREGATE 내에서만 구분되면 된다. 이는 해당 AGGREGATE의 경계 밖에 위치한 객체는 루트 ENTITY의 컨텍스트 말고는 AGGREGATE의 내부를 볼 수 없기 때문이다.

자동차 수리점에서 사용하는 소프트웨어에서는 자동차에 대한 모델을 사용할지도 모른다. 자동차는 전역 식별성을 지닌 ENTITY인데, 이것은 우리가 한 자동차를 그것과 매우 비슷하더라도 세상의 다른 모든 자동차와 구별하고 싶기 때문이다. 이를 위해서는 새로 만들어진 차에 할당되는 유일한 식별자인 차량식별번호를 활용할 수 있다. 우리는 네 개의 바퀴 위치를 토대로 타이어 로테이션[2] 이력을 알아내고 싶을지도 모른다. 또한 각 타이어의 주행거리와 마모 정도를 알고 싶을 수도 있다. 어느 타이어가 어떤 것인지 알려면 타이어 또한 ENTITY여야 한다. 하지만 보통 특정 자동차 외부의 컨텍스트에서는 그와 같은 타이어의 식별성에 관심을 두지 않는다. 만약 타이어를 교체해서 낡은 것을 재활용센터에 보낸다면 우리가 만든 소프트웨어에서는 더는 그 타이어를 추적하지 못할 테고, 그 타이어는 타이어 더미 중 하나가 될 것이다. 아무도 그 타이어의 로테이션 이력에 대해서는 관심을 두지 않을 것이다. 더 중요한 건 타이어가 자동차에 부착돼 있는 동안에도 특정 타이어를 찾아 그것이 어느 자동차에 부착돼 있는지 확인하려고 시스템을 조회해 보는 사람은 아무도 없을 거라는 점이다. 사람들은 데이터베이스에 조회해서 자동차를 찾은 다음 타이어를 일시적으로 참조할 것이다. 따라서 자동차는 타이어도 포함하는 경계를 지닌 AGGREGATE의 루트 ENTITY로 볼 수 있다. 반면, 엔진부에는 몸체에 일련번호가 새겨져 있으며 때때로 그와 같은 일련번호는 차량과는 무관하게 추적되기도 한다. 따라서 어떤 애플리케이션에서는 엔진이 자체적인 AGGREGATE의 루트일지도 모른다.

---

1   데이빗 시겔(David Siegel)이 1990년대에 진행했던 프로젝트에서 이 시스템을 고안해 사용했지만 시스템을 공개하지는 않았다.

2   (옮긴이) 타이어를 동일한 위치에 장착한 채로 계속 사용하게 되면 사용 환경에 따라 편마모가 되기 쉬우므로 5,000km 정도에 위치를 바꿔 타이어가 고르게 마모되게 하고 타이어의 수명을 연장시키고 차량의 조종성과 안정성을 좋게 유지하는 것을 말한다.

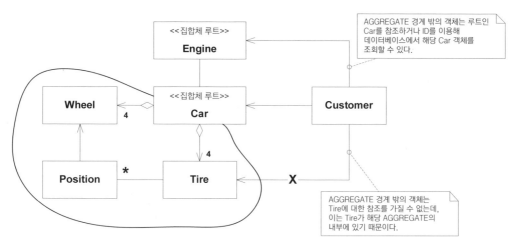

그림 6-2 | 지역 및 전역 식별성과 객체 참조

불변식은 데이터가 변경될 때마다 유지돼야 하는 일관성 규칙을 뜻하며, 여기엔 AGGREGATE 를 구성하는 각 구성요소 간의 관계도 포함될 것이다. 그러나 여러 AGGREGATE에 걸쳐 존재하는 규칙이 언제나 최신 상태로 유지되는 것은 아니다. 다른 의존 관계는 이벤트 처리, 배치 처리, 혹은 다른 갱신 메커니즘을 토대로 특정 시간 내에 해결될 수 있다. 반면, 한 AGGREGATE 에 적용된 불변식은 각 트랜잭션이 완료될 때 이행될 것이다.

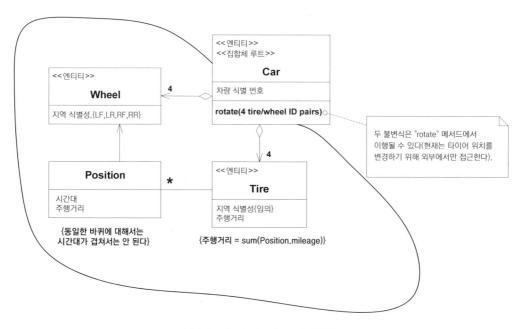

그림 6-3 | AGGREGATE의 불변식

이제 그러한 개념적 AGGREGATE를 구현하려면 모든 트랜잭션에 적용되는 다음과 같은 규칙이 필요하다.

- 루트 ENTITY는 전역 식별성을 지니며 궁극적으로 불변식을 검사할 책임이 있다.

- 각 루트 ENTITY는 전역 식별성을 지닌다. 경계 안의 ENTITY는 지역 식별성을 지니며, 이러한 지역 식별성은 해당 AGGREGATE 안에서만 유일하다.

- AGGREGATE의 경계 밖에서는 루트 ENTITY를 제외한 AGGREGATE 내부의 구성요소를 참조할 수 없다. 루트 ENTITY가 내부 ENTITY에 대한 참조를 다른 객체에 전달해 줄 수는 있지만 그러한 객체는 전달받은 참조를 일시적으로만 사용할 수 있고, 참조를 계속 보유하고 있을 수는 없다. 루트는 VALUE OBJECT의 복사본을 다른 객체에 전달해 줄 수 있으며, 복사본에서는 어떤 일이 일어나든 문제되지 않는다. 이것은 복사본이 단순한 VALUE에 불과하며 AGGREGATE와는 더는 연관관계를 맺지 않을 것이기 때문이다.

- 지금까지의 규칙을 바탕으로 결론을 내려보면 데이터베이스 질의를 이용하면 AGGREGATE의 루트만 직접적으로 획득할 수 있다. 다른 객체는 모두 AGGREGATE를 탐색해서 발견해야 한다.

- AGGREGATE 안의 객체는 다른 AGGREGATE의 루트만 참조할 수 있다.

- 삭제 연산은 AGGREGATE 경계 안의 모든 요소를 한 번에 제거해야 한다. (가비지 컬렉션을 이용하면 이렇게 하기가 쉬운데, 루트를 제외한 나머지 구성요소는 외부에서 그것을 참조하지 않을 경우 루트가 삭제되면 가비지 컬렉터가 자동으로 그것들을 모두 수집할 것이기 때문이다.)

- AGGREGATE 경계 안의 어떤 객체를 변경하더라도 전체 AGGREGATE의 불변식은 모두 지켜져야 한다.

ENTITY와 VALUE OBJECT를 AGGREGATE로 모으고 각각에 대해 경계를 정의하라. 한 ENTITY를 골라 AGGREGATE의 루트로 만들고 AGGREGATE 경계 내부의 객체에 대해서는 루트를 거쳐 접근할 수 있게 하라. AGGREGATE 밖의 객체는 루트만 참조할 수 있게 하라. 내부 구성요소에 대한 일시적인 참조는 단일 연산에서만 사용할 목적에 한해 외부로 전달될 수 있다. 루트를 경유하지 않고는 AGGREGATE의 내부를 변경할 수 없다. 이런 식으로 AGGREGATE의 각 요소를 배치하면 AGGREGATE 안의 객체와 전체로서의 AGGREGATE의 상태를 변경할 때 모든 불변식을 효과적으로 이행할 수 있다.

AGGREGATE를 선언하고 잠금 기법 등을 자동으로 수행하게 하는 데 기술 관련 프레임워크가 매우 유용할 수 있다. 그와 같은 보조수단이 없다면 팀은 AGGREGATE와 관련된 사항에 합의하고 그에 맞는 일관된 코드를 작성하는 일을 자체적으로 수행해야 한다.

예제

구매주문의 무결성

단순한 구매주문 시스템에서도 일어날 법한 복잡한 문제에 관해 생각해 보자.

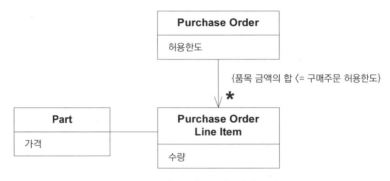

그림 6-4 | 구매주문 시스템의 모델

위 다이어그램은 상당히 일반적인 구매주문을 보여주는데, 여기엔 구매주문(PO, Purchase Order)은 여러 주문품목(line item)으로 나뉘고 각 주문품목의 합계는 전체적으로 구매주문 한도를 초과할 수 없다는 불변식이 포함돼 있다.[3] 그러나 현재 구현된 시스템에는 다음과 같은 세 가지 상호 연관된 문제가 있다.

1. **불변식 이행.** 새로운 주문품목이 추가될 때 구매주문은 전체 내역을 확인해서 주문품목이 한도를 초과할 경우 구매주문 자체를 무효로 표시한다. 앞으로 살펴보겠지만 이렇게 하는 것이 적절한 보호 방법은 아니다.

2. **변화 관리.** 구매주문이 삭제되거나 저장될 때 주문품목도 함께 삭제되거나 저장되는데, 모델은 그에 따른 관계를 어디서 끊어야 하는지에 관한 지침을 주지 않는다. 또한 부품 가격의 변화에 따라 파급효과가 혼동되는 문제도 있다.

3. **데이터베이스 공유.** 데이터베이스에서 다수의 사용자로 인한 경합 문제가 발생한다.

---

3 (옮긴이) 위 다이어그램의 Part 클래스는 이어지는 내용에서 '품목'으로 표기해서 주문품목과 구분하겠다.

여러 사용자가 다양한 구매주문을 동시에 입력하고 갱신할 것이므로 우리는 사용자가 다른 사용자의 작업을 망치지 않게 해야 한다. 먼저 사용자가 트랜잭션을 커밋(commit)하기 전까지 해당 사용자가 편집을 시작한 특정 객체를 잠그는(lock) 매우 단순한 전략으로 시작해보자. 그렇게 하면 조지가 001번 주문품목을 편집하고 있을 경우 아만다는 해당 주문품목에 접근할 수 없다. 그러나 아만다는 다른 구매주문의 주문품목은 편집할 수 있다(조지가 작업 중인 동일한 구매주문의 다른 주문품목을 포함해서).

PO #0012946			허용한도: $1,000.00	
품목 #	수량	품목	단가	금액
001	3	기타	@ 100.00	300.00
002	2	트롬본	@ 200.00	400.00
			합계:	700.00

그림 6-5 | 데이터베이스에 저장된 초기 상태의 구매주문

객체는 데이터베이스에서 읽혀져 각 사용자의 메모리 공간에 인스턴스화될 것이다. 메모리 공간에서는 해당 객체를 보거나 편집할 수 있다. 데이터베이스 잠금은 편집이 시작될 때만 요청될 것이다. 따라서 조지와 아만다 모두 제각기 다른 주문품목에 대해 간섭하지 않는 한 동시에 작업을 진행할 수 있다. 조지와 아만다가 같은 구매주문에 들어 있는 개별 주문품목과 관련된 작업을 시작하기 전까지는 모든 것이 순조롭다.

조지가 자신의 관점에서 기타를 추가함

PO #0012946			허용한도 : $1,000.00	
품목 #	수량	품목	단가	금액
001	5	기타	@ 100.00	500.00
002	2	트롬본	@ 200.00	400.00
			합계 :	900.00

아만다가 자신의 관점에서 트롬본을 추가함

PO #0012946			허용한도 : $1,000.00	
품목 #	수량	품목	단가	금액
001	3	기타	@ 100.00	300.00
002	3	트롬본	@ 200.00	600.00
			합계 :	900.00

그림 6-6 | 개별 트랜잭션에서 진행되는 동시 편집

두 명의 사용자와 소프트웨어의 관점에서는 모든 것이 정상적으로 보이는데, 이것은 두 사용자가 트랜잭션이 진행되는 동안 데이터베이스의 다른 부분에 대한 변경은 무시하고 잠금 상태에 있는 주문품목도 다른 사용자의 변경내역에 포함되지 않기 때문이다.

그림 6-7 | 최종 구매주문 내역이 허용한도를 위반(불변식이 깨짐)

두 사용자가 모두 각자의 변경내역을 저장하고 나면 구매주문은 도메인 모델의 불변식을 위반한 채로 데이터베이스에 저장된다. 즉, 중요한 업무 규칙이 깨진 것이다. 그리고 아무도 이러한 사실을 알지 못한다.

분명히 말해두지만 단일 주문품목을 잠그는 것은 적절한 보호책이 아니다. 대신 한 번에 전체 구매주문을 잠금 상태에 뒀다면 이 문제를 미연에 방지할 수 있었을 것이다.

그림 6-8 | 전체 구매주문을 잠금 상태에 두면 불변식이 지켜진다.

아마 프로그램에서는 아만다가 문제를 해결하기 전까지는 한도를 올리거나 기타를 제거해서 해당 트랜잭션이 저장되지 않게 할 것이다. 이 같은 메커니즘은 문제가 발생하지 않게 하고 작업이 여러 구매주문에 걸쳐 폭넓게 흩어져 있는 경우에는 적절한 해결책일지도 모른다. 그러나 통상 다수의 사용자가 주문품목 수가 많은 구매주문의 각 주문품목을 대상으로 작업한다면 이러한 잠금이 오히려 방해될 것이다.

주문품목 수가 적은 구매주문이 많을 때도 다른 방식으로 규칙을 위반할 가능성이 있다. "품목"을 생각해 보자. 아만다가 트롬본을 주문 내역에 추가하는 동안 누군가가 트롬본의 가격을 바꾼다면 그것도 불변식을 위반하는 것이지 않은가?

전체 구매주문과 함께 품목도 잠금 상태에 둬보자. 다음은 조지와 아만다, 샘이 각자 구매주문을 대상으로 작업을 수행할 때 어떤 일이 일어나는지 보여준다.

조지가 편집 중인 구매주문
기타와 트롬본이 잠금 상태에 있음

PO #0012946	허용한도: $1,000.00			
품목 #	수량	품목	단가	금액
001	2	기타	@ 100.00	200.00
002	2	트롬본	@ 200.00	400.00
			합계:	600.00

아만다가 트롬본을 추가하려면 조지의 트랜잭션이 끝나기를 기다려야 함
바이올린은 잠금 상태에 있음

PO #0012932	허용한도: $1,850.00			
품목 #	수량	품목	단가	금액
001	3	바이올린	@ 400.00	1,200.00
002	2	트롬본	@ 200.00	400.00
			합계:	1,600.00

샘이 트롬본을 추가하려면 조지의 트랜잭션이 끝나기를 기다려야 함

PO #0013003	허용한도: $15,000.00			
품목 #	수량	품목	단가	금액
001	1	피아노	@ 1,000.00	1,000.00
002	2	트롬본	@ 200.00	400.00
			합계:	1,400.00

그림 6-9 | 지나치게 조심스러운 잠금은 작업을 방해한다.

이렇게 되면 주문하기가 불편해지는데, 왜냐하면 악기(품목)를 차지하려는 경합이 많아졌기 때문이다. 그러면 다음과 같은 상태가 된다.

조지가 바이올린을 추가하려면 아만다의 트랜잭션이 끝나기를 기다려야 한다!

PO #0012946			허용한도: $1,000.00	
품목 #	수량	품목	단가	금액
001	2	기타	@ 100.00	**200.00**
002	2	트롬본	@ 200.00	400.00
003	**1**	**바이올린**	**@ 400.00**	**400.00**
			합계:	1,000.00

그림 6-10 | 교착 상태

세 명의 사용자는 잠시 동안 대기하게 될 것이다.

이 시점에서 우리는 다음의 업무 지식을 반영해 모델을 개선할 수 있다.

1. 품목은 여러 구매주문에서 사용된다(경합이 높음).

2. 구매주문보다는 품목의 변경이 더 적다.

3. 품목 가격에 대한 변경 내역이 반드시 기존 구매주문에 전해질 필요는 없다. 이는 구매주문의 상태와 관련된 가격 변경 시점에 좌우된다.

특히 3번 항목은 이미 배송이 끝난 구매주문을 생각해보면 분명해진다. 구매주문은 현재 가격이 아닌 구매주문에 추가된 당시의 가격을 보여줘야 하기 때문이다.

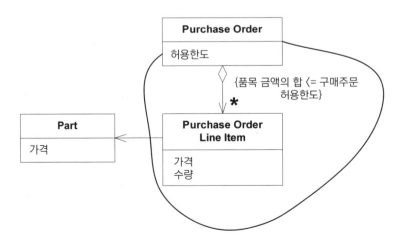

그림 6-11 | 주문품목으로 가격이 복사된다. 이제는 AGGREGATE의 불변식이 지켜질 수 있다.

이 모델에 대응하는 구현은 구매주문과 해당 구매주문에 속한 품목과 관련된 불변식을 보장할 것이다. 이때 품목 가격의 변경이 즉시 해당 품목을 참조하는 주문품목에 영향을 줄 필요는 없을 것이다. 더 범위가 넓은 일관성 규칙은 다른 방법으로도 다룰 수 있다. 이를테면, 시스템에서 이전 가격이 책정된 품목의 목록을 매일 사용자에게 제시할 수 있다면 각 주문품목을 갱신하거나 갱신하지 않을 수 있다. 그러나 이것은 항상 지켜져야 하는 불변식은 아니다. 대신 각 품목과 주문품목 간의 의존성을 느슨하게 해서 경합을 방지하고 업무의 현실성을 더 잘 반영할 수 있다. 동시에 구매주문과 해당 구매주문을 구성하는 각 주문품목 간의 관계를 강화해 중요한 업무 규칙이 지켜지는 것도 보장할 수 있다.

AGGREGATE는 업무 관행에 맞는 구매주문과 구매주문의 각 주문품목에 대한 소유권을 부여한다. 구매주문과 구매주문의 주문품목의 생성과 삭제는 자연스럽게 함께 묶이는 반면 품목의 생성과 삭제는 독립적으로 이뤄진다.

�֍ ✖ ✖

AGGREGATE는 생명주기의 전 단계에서 불변식이 유지돼야 할 범위를 표시해준다. 이어지는 패턴인 FACTORY와 REPOSITORY는 AGGREGATE를 대상으로 연산을 수행하며, 특정 생명주기 전이에 따르는 복잡성을 캡슐화한다……

FACTORY
(팩터리)

어떤 객체나 전체 AGGREGATE를 생성하는 일이 복잡해지거나 내부 구조를 너무 많이 드러내는 경우 FACTORY가 캡슐화를 제공해준다.

객체의 장점 중 상당 부분은 객체의 내부구조와 연관관계를 정교하게 구성하는 데서 나온다. 객체는 그것의 존재 이유와 관련이 없거나 다른 객체와 상호작용할 때 해당 객체의 역할을 보조하지 않는 것이 아무것도 남지 않을 때까지 정제해야 한다. 이러한 객체의 책임 중에는 전체 생명주기의 중간 단계에서 수행해야 하는 것들이 많다. 문제는 이러한 책임만으로도 복잡한 객체에 객체 자체를 생성하는 책임까지 맡기는 데 있다.

자동차 엔진은 갖가지 복잡한 기계 장치로 구성돼 있으며, 수십 개의 부품이 서로 협력해서 엔진의 책임, 즉 자동차의 축을 회전시킨다. 어떤 사람은 자기 스스로 피스톤을 가져와 그것들을 실린더에 넣을 수 있는 엔진부와, 소켓을 찾아 거기에 스스로 나사를 돌려 박는 점화 플러그를 떠올릴 수도 있다. 하지만 그처럼 복잡한 기계는 우리가 흔히 보는 일반 엔진만큼 믿을 수 있거나 효율적이지는 않을 것이다. 대신 우리는 그러한 각 부품을 조립해줄 다른 뭔가를 활용한다. 그것은 아마도 수리공이거나 산업용 로봇일 것이다. 로봇과 사람은 모두 실제로 자신이 조립하는 엔진보다 더 복잡하다. 부품을 조립하는 일은 축을 회전시키는 것과는 전혀 상관이 없다. 차를 조립하는 기능은 자동차를 생산하는 동안에나 필요할 뿐 운전할 때는 로봇이나 조립공이 필요하지 않다. 자동차를 조립하고 운전하는 일은 결코 같은 시간에 할 수 없으므로 이러한 기능이 모두 동일한 메커니즘에 결합돼 있는 것은 아무런 가치가 없다. 마찬가지로 복잡한 복합 객체를 조립하는 일은 조립이 완료됐을 때 해당 객체가 하는 일과 가장 관련성이 적은 일이다.

그러나 애플리케이션에서 그와 같은 책임을 클라이언트 객체로 옮긴다면 문제가 훨씬 더 나빠진다. 클라이언트는 어떤 작업이 이뤄져야 하는지 알고 있으며, 도메인 객체에 의존해 필요한 연산을 수행한다. 클라이언트에서 자신이 원하는 도메인 객체를 직접 조립해야 한다면 클라이언트는 도메인 객체의 내부구조를 어느 정도 알고 있어야 한다. 도메인 객체의 각 구성요소의 관계에 적용되는 모든 불변식을 이행하려면 클라이언트에서 해당 객체의 규칙을 어느 정도 알아야 한다. 이렇게 되면 생성자를 호출하는 것만으로도 생성 중인 객체의 구상 클래스와 클라이언트가 결합된다. 클라이언트를 변경하지 않고는 도메인 객체의 구현을 변경할 수 없으며, 이로써 리팩터링이 더 힘들어진다.

객체 생성을 맡은 클라이언트는 불필요하게 복잡해지고 클라이언트가 맡고 있는 책임은 불분명해진다. 그 클라이언트는 도메인 객체와 생성된 AGGREGATE의 캡슐화를 위반한다. 더욱 안 좋은 점은 그 클라이언트가 응용 계층의 일부를 구성하고 있다면 도메인 계층에서 책임이 새어나온다는 것이다. 이처럼 애플리케이션이 구현의 세부사항에 강하게 결합되면 도메인 계층을 추상화해서 얻을 수 있는 이점은 대부분 없어지고 이전보다 훨씬 더 비용이 많이 드는 변경사항이 계속해서 나타날 것이다.

어떤 객체를 생성하는 것이 그 자체로도 주요한 연산이 될 수 있지만 복잡한 조립 연산은 생성된 객체의 책임으로 어울리지 않는다. 이런 책임을 클라이언트에 두면 이해하기 힘든 볼품없는 설계가 만들어질 수 있다. 클라이언트에서 직접 필요로 하는 객체를 생성하면 클라이언트 설계가 지저분해지고 조립되는 객체나 AGGREGATE의 캡슐화를 위반하며, 클라이언트와 생성된 객체의 구현이 지나치게 결합된다.

복잡한 객체를 생성하는 일은 도메인 계층의 책임이지만 그것이 모델을 표현하는 객체에 속하는 것은 아니다. 객체를 생성하고 조립하는 것이 "은행 계좌를 개설하다"와 같이 도메인에서 중요한 이정표에 해당하는 경우가 있다. 그러나 일반적으로 객체의 생성과 조립은 도메인에서는 아무런 의미가 없지만 구현 측면에서는 반드시 필요하다. 이러한 문제를 해결하려면 ENTITY나 VALUE OBJECT, SERVICE가 아닌 구조물을 도메인 설계에 추가해야 한다. 이는 이전 장의 내용에서 벗어나는 것이긴 하지만 논점을 명확하게 하는 것이 중요하다. 즉, 우리가 모델 내의 어떤 것에도 해당하지 않는 요소를 설계에 추가하는 것이긴 하지만, 그럼에도 그러한 요소는 도메인 계층에서 맡고 있는 책임의 일부를 구성한다는 것이다.

모든 객체지향 언어에서 객체 생성 메커니즘(이를테면, 자바와 C++의 생성자, 스몰토크의 인스턴스 생성 클래스 메서드)을 제공하지만 다른 객체와 분리된 좀더 추상적인 생성 메커니즘이 필요하다. 자신의 책임이 다른 객체를 생성하는 것인 프로그램 요소를 FACTORY라 한다.

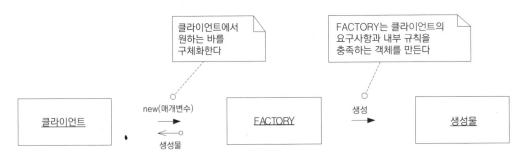

그림 6-12 | FACTORY와의 기본적인 상호작용

한 객체의 인터페이스가 자신의 구현을 캡슐화해서 객체의 동작방식을 알아야 할 필요 없이 클라이언트가 해당 객체의 행위를 이용할 수 있게 해주듯이 FACTORY는 복잡한 객체나 AGGREGATE를 생성하는 데 필요한 지식을 캡슐화한다. FACTORY는 클라이언트의 목적과 생성된 객체의 추상적인 관점을 반영하는 인터페이스를 제공한다.

그러므로

복잡한 객체와 AGGREGATE의 인스턴스를 생성하는 책임을 별도의 객체로 옮겨라. 이 객체 자체는 도메인 모델에서 아무런 책임도 맡지 않을 수도 있지만 여전히 도메인 설계의 일부를 구성한다. 모든 복잡한 객체 조립 과정을 캡슐화하는 동시에 클라이언트가 인스턴스화되는 객체의 구상 클래스를 참조할 필요가 없는 인터페이스를 제공하라. 전체 AGGREGATE를 하나의 단위로 생성해서 그것의 불변식이 이행되게 하라.

�✻ ✻ ✻

FACTORY를 설계하는 방법에는 여러 가지가 있다. FACTORY METHOD(팩터리 메서드), ABSTRACT FACTORY(추상 팩터리), BUILDER(빌더)와 같은 몇 가지 특수한 목적의 생성 패턴은 Gamma et al. 1995에서 빠짐없이 다루고 있다. 이 책에서는 주로 가장 어려운 객체 생성 문제와 관련된 패턴을 다룬다. 이 책에서는 FACTORY 설계에 깊숙하게 파고드는 것이 아니라 도메인 설계의 중요한 한 가지 구성요소로서 FACTORY가 차지하는 부분을 보여주는 데 초점을 맞춘다. FACTORY를 적절하게 활용하면 MODEL-DRIVEN DESIGN으로 나아가는 데 도움될 수 있다.

FACTORY를 잘 설계하기 위한 두 가지 기본 요건은 다음과 같다.

1. 각 생성 방법은 원자적(atomic)이어야 하며, 생성된 객체나 AGGREGATE의 불변식을 모두 지켜야 한다. FACTORY는 일관성 있는 상태에서만 객체를 만들어 낼 수 있어야 한다. ENTITY의 경우 이것은 전체 AGGREGATE를 생성하는 것을 의미하며, 이때 모든 불변식을 충족하고 선택적인 요소도 추가될 것이다. 불변적인 VALUE OBJECT의 경우에는 모든 속성이 올바른 최종 상태로 초기화된다는 것을 의미한다. 인터페이스를 통해 올바르게 생성할 수 없는 객체를 요청할 수 있다면 예외가 발생하거나 또는 다른 어떤 메커니즘이 작동해서 더는 적절하지 않은 반환값이 사용될 수 없도록 보장할 것이다.

2. FACTORY는 생성된 클래스보다는 생성하고자 하는 타입으로 추상화돼야 한다. 여기엔 Gamma et al. 1995에서 소개한 세련된 FACTORY 패턴이 도움될 것이다.

FACTORY와 FACTORY의 위치 선정

일반적으로 여러분은 뭔가 감추고 싶은 세부사항이 포함된 것을 생성하고자 FACTORY를 만든 다음 그것을 여러분이 제어할 수 있는 곳에 둔다. 보통 이러한 결정은 AGGREGATE를 중심으로 이뤄진다.

예를 들어, 이미 존재하는 AGGREGATE에 요소를 추가해야 한다면 해당 AGGREGATE의 루트에 FACTORY METHOD를 만들 수도 있다. 이렇게 하면 그림 6.13과 같이 한 요소가 추가될 때 AGGREGATE의 무결성을 보장하는 책임을 루트가 담당하고, 동시에 모든 외부 클라이언트에게서 AGGREGATE의 내부 구현을 감출 수 있다.

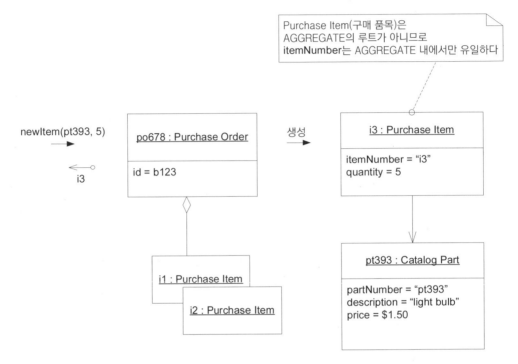

그림 6-13 | FACTORY METHOD는 AGGREGATE의 규모가 늘어나는 과정을 캡슐화한다.

또 다른 예로는 생성된 객체를 소유하지는 않지만 다른 객체를 만들어내는 것과 밀접한 관련이 있는 특정 객체에 FACTORY METHOD를 두는 것이다. 이렇게 하면 한 객체의 데이터나 규칙이 객체를 생성하는 데 매우 크게 영향을 주는 경우 어떤 다른 곳에서 해당 객체를 생성할 때 생산자의 정보를 필요로 하는 것을 줄일 수 있다. 아울러 생산자와 생성된 객체 사이의 특별한 관계를 전해주기도 한다.

그림 6.14에서 Trade Order(거래 주문)는 Brokerage Account와 동일한 AGGREGATE를 구성하지는 않는데, 이것은 우선 Trade Order가 거래 수행 애플리케이션과 계속해서 상호작용할 것이며, 이러한 애플리케이션에서는 Brokerage Account가 방해만 될 것이기 때문이다. 그럼에도 Trade Order 생성과 관련된 제어권은 Brokerage Account에 부여하는 것이 자연스러워 보인

다. 이는 Brokerage Account가 Trade Order에 들어갈 정보를 갖고 있으며(Trade Order는 생성
될 때 자체적인 식별성을 부여받는다), 어떠한 거래를 허용할지 판단하는 규칙을 담고 있기 때문
이다. 그뿐만 아니라 우리는 Trade Order의 구현을 감추는 데서 오는 이점을 누릴 수 있을지도
모른다. 이를테면, Trade Order를 Buy Order(구매주문)와 Sell Order(판매주문)에 대한 개별 하
위 클래스로 계층적으로 리팩터링할 수도 있다. FACTORY는 클라이언트가 구상 클래스와 결합
되는 것을 방지한다.

그림 6-14 | FACTORY METHOD는 동일한 AGGREGATE에 속하지 않는 ENTITY를 만들어 낸다.

FACTORY는 해당 FACTORY에서 만들어내는 객체와 매우 강하게 결합돼 있으므로
FACTORY는 자신의 생성물과 가장 밀접한 관계에 있는 객체에 있어야 한다. 구상 구현체나 생
성 과정의 복잡성과 같은 것을 감춰야 한다면 비록 자연스러운 곳으로 보이지는 않더라도 전
용 FACTORY 객체나 SERVICE를 만들어야 한다. 대개 독립형(standalone) FACTORY는 전
체 AGGREGATE를 생성해서 루트에 대한 참조를 건네주며, 생성된 AGGREGATE의 불변식
이 지켜지도록 보장해준다. 특정 AGGREGATE 안의 어떤 객체가 FACTORY를 필요로 하는
데 AGGREGATE 루트가 해당 FACTORY가 있기에 적절한 곳이 아니라면 독립형 FACTORY
를 만들면 된다. 하지만 AGGREGATE 내부에 접근하는 것을 제한하는 규칙은 지켜지게 하고
AGGREGATE 외부에서는 FACTORY의 생성물을 일시적으로만 참조하게 해야 한다.

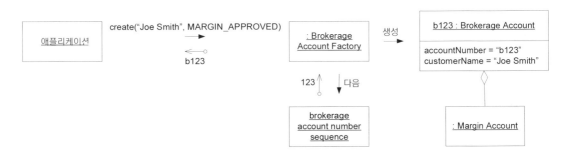

그림 6-15 | AGGREGATE를 생성하는 독립형 FACTORY

생성자만으로 충분한 경우

나는 클래스의 생성자를 직접 호출해서 인스턴스를 생성하거나, 아니면 프로그래밍 언어에서 제
공하는 기본적인 수준의 인스턴스 생성 방법으로 **모든** 인스턴스를 만들어내는 코드를 너무나도
자주 봐왔다. FACTORY를 도입하면 상당한 이점이 있는데도 일반적으로 충분히 이용되지는 않
는다. 그럼에도 직접적으로 생성자를 사용하는 것이 최선의 선택일 때가 있다. FACTORY는 실
제로 다형성을 활용하지 않는 간단한 객체를 이해하기 어렵게 만들 수 있다.

타협점을 고려해봤을 때 다음과 같은 상황에서는 공개 생성자(public constructor)를 사용하는
편이 좋다.

- 클래스가 타입인 경우. 클래스가 어떤 계층구조의 일부를 구성하지 않으며, 인터페이스를
  구현하는 식으로 다형적으로 사용되지 않는 경우.
- 클라이언트가 STRATEGY를 선택하는 한 방법으로서 구현체에 관심이 있는 경우
- 클라이언트가 객체의 속성을 모두 이용할 수 있어서 클라이언트에게 노출된 생성자 내에
  서 객체 생성이 중첩되지 않는 경우
- 생성자가 복잡하지 않은 경우
- 공개 생성자가 FACTORY와 동일한 규칙을 반드시 준수해야 하는 경우. 이때 해당 규칙은
  생성된 객체의 모든 불변식을 충족하는 원자적인 연산이어야 한다.

다른 클래스의 생성자 내에서 생성자를 호출하지 않도록 한다. 생성자는 극도로 단순해야 한
다. AGGREGATE와 같이 복잡한 조립과정을 거쳐 만들어지는 것을 생성하려면 FACTORY가
필요하다. 또한 규모가 작은 FACTORY METHOD를 사용하는 데 드는 비용은 그리 크지 않다.

자바 클래스 라이브러리는 흥미로운 예를 보여준다. 모든 컬렉션은 구상 구현체에게서 클라
이언트를 분리하는 인터페이스를 구현한다. 그럼에도 그러한 컬렉션은 모두 생성자를 직접 호
출해서 생성된다. FACTORY가 컬렉션 계층을 캡슐화할 수도 있었을 것이다. 클라이언트는
FACTORY의 메서드를 이용해 FACTORY가 인스턴스화할 적절한 클래스를 선택하게 하면서
필요한 기능을 요청할 수 있었을 것이다. 그러면 컬렉션을 생성하는 코드는 더욱 표현력을 갖출
수 있고 모든 자바 프로그램을 고치지 않고도 새로운 컬렉션 클래스를 도입할 수 있을 것이다.

하지만 구상 생성자를 더 선호하는 경우도 있다. 우선 많은 애플리케이션에서는 어떤 구현을 선택하느냐에 따라 성능 차이가 발생할 수 있으므로 애플리케이션에서는 구현 선택을 제한하고 싶을지도 모른다(그럼에도 정말로 지능적인 FACTORY라면 그와 같은 사항을 조정할 수 있을 것이다). 아무튼 컬렉션 클래스가 매우 많은 것은 아니므로 구현체를 선택하는 것이 그렇게까지 복잡하지는 않다.

추상 컬렉션 타입은 그것의 사용 패턴 때문에 FACTORY가 부족한데도 상당한 가치가 있다. 컬렉션은 상당히 자주 한 곳에서 생성되어 다른 곳에서 사용되곤 한다. 이는 궁극적으로는 해당 컬렉션을 사용(내용을 추가·제거·검색하는)하는 클라이언트가 인터페이스와 상호작용할 수 있고 구현에서 분리될 수 있음을 의미한다. 어떤 컬렉션 클래스를 선택하느냐는 통상 해당 컬렉션을 소유하는 객체나 객체의 FACTORY를 소유하는 쪽에서 결정한다.

인터페이스 설계

FACTORY의 메서드 서명을 설계할 때는 해당 FACTORY가 독립형이냐 FACTORY METHOD냐에 관계없이 다음의 두 가지 사항을 명심해야 한다.

- **각 연산은 원자적이어야 한다.** 복잡한 생성물을 만들어내는 데 필요한 것들을 모두 한 번에 FACTORY로 전달해야 한다. 또한 생성이 실패해서 특정 불변식이 충족되지 못하는 상황에서는 어떤 일이 일어날지 결정해야 하는데, 이 경우 예외를 던지거나 단순히 널(null) 값을 반환할 수도 있다. 일관성을 지키고자 FACTORY에서 발생하는 실패에 대해 코딩 표준을 도입할 것을 고려해본다.
- **FACTORY는 자신에게 전달된 인자와 결합될 것이다.** 입력 매개변수를 선택하는 데 신경 쓰지 않는다면 의존성의 덫이 만들어질 수 있다. 결합의 정도는 인자를 어떻게 처리하느냐에 따라 달라진다. 인자가 단순히 생성물에 들어가는 것이라면 가장 의존성이 적당한 상태다. 그러나 인자를 끄집어내서 객체 생성 과정에 사용한다면 결합은 더 강해진다.

가장 안전한 매개변수는 하위 설계 계층에서 나오는 매개변수다. 심지어 한 계층 내에서도 상위 수준의 객체에서 사용되는 좀더 기본적인 객체가 포함된, 자연스럽게 형성되는 또 다른 계층이 존재하곤 한다(그러한 계층화는 10장, "유연한 설계"와 16장, "대규모 구조"에서 각기 다른 방식으로 살펴보겠다).

또 다른 매개변수로 적절한 것은 모델 내의 생성물에 밀접하게 관련된 객체다. 이러한 매개변수로는 어떠한 새로운 의존성도 추가되지 않는다. 앞서의 Purchase Order Item(구매주문 품목) 예제에서는 FACTORY METHOD가 Item(주문품목)에 대한 필수 연관관계에 있는 Catalog Part(카탈로그 품목)를 인자로 받아들인다. 이렇게 하면 Purchase Order 클래스와 Part(품목) 간의 직접적인 의존성이 더해진다. 하지만 이 같은 세 객체는 밀접한 개념적 집단을 형성한다. 어찌 됐건 Purchase Order의 AGGREGATE는 이미 Part를 참조하고 있으므로 AGGREGATE의 루트에 제어권을 부여하고 AGGREGATE의 내부 구조를 캡슐화하는 것은 적절한 타협점으로 볼 수 있다.

구상 클래스가 아닌 추상적인 타입의 인자를 사용하라. FACTORY는 생성물의 구상 클래스에 결합되므로 구상 매개변수에도 결합될 필요는 없다.

불변식 로직의 위치

FACTORY의 책임은 그것이 만들어내는 객체나 AGGREGATE의 불변식이 충족되도록 보장하는 것이다. 그럼에도 언제나 해당 객체의 외부에서 그것에 적용되는 규칙을 제거하기 전에 한 번 더 생각해봐야 한다. FACTORY는 불변식 검사를 생성물에 위임할 수 있으며, 간혹 이렇게 하는 것이 최선일 때도 있다.

그러나 FACTORY는 자신의 생성물과 특별한 관계를 맺는다. FACTORY는 자신이 만들어 내는 생성물의 내부 구조를 이미 알고 있으며, FACTORY의 존재 이유는 FACTORY의 생성물에 대한 구현과 밀접하게 관련돼 있다. 특정 상황에서는 불변식 로직을 FACTORY에 둬서 생성물에 들어 있는 복잡한 요소를 줄이는 것도 이점이 있다. 이렇게 하는 것은 AGGREGATE 규칙(여러 객체에 걸쳐 존재하는)에는 특히 잘 맞지만 다른 도메인 객체에 속한 FACTORY METHOD의 경우에는 그렇지 못하다.

대체로 불변식은 모든 연산의 마지막에 적용되지만 이따금 객체를 변형하는 탓에 불변식이 결코 제 역할을 다하지 못할 때도 있다. 가령 ENTITY의 식별 속성을 할당하는 데 적용되는 규칙이 있을지도 모른다. 그러나 ENTITY가 생성되고 나면 해당 식별성은 불변성을 띠게 된다. VALUE OBJECT는 완전히 불변적이다. 객체는 해당 객체가 활동하는 생애 동안 결코 적용되지 않을 로직을 수행할 필요는 없다. 그런 경우에는 FACTORY가 불변식을 둘 논리적인 위치가 되며, 생성물은 더욱 단순하게 유지된다.

ENTITY FACTORY와 VALUE OBJECT FACTORY

ENTITY FACTORY는 VALUE OBJECT FACTORY와 두 가지 점에서 다르다. VALUE OBJECT 는 불변적이다. 즉, 생성물이 완전히 최종적인 형태로 만들어진다. 그러므로 FACTORY의 연산 은 생성물에 대해 풍부한 설명을 곁들여야 한다. ENTITY FACTORY는 유효한 AGGREGATE 를 만들어 내는 데 필요한 필수 속성만 받아들이는 경향이 있다. 불변식에서 세부사항을 필요로 하지 않는다면 그와 같은 세부사항은 나중에 추가해도 된다.

그리고 또 다른 차이점은 ENTITY에는 식별성 할당과 관련된 쟁점이 있다는 것이다(VALUE OBJECT에는 해당하지 않는다). 5장에서 지적한 바와 같이 식별자는 프로그램에서 자동으로 할당하거나 사용자가 부여하는 것처럼 외부에서 제공할 수도 있다. 전화번호로 고객의 식별성을 관리한다면 FACTORY에는 반드시 전화번호를 인자로 전달해야 한다. 프로그램에서 식별자를 할당하는 경우라면 FACTORY는 그와 같은 식별자를 관리하기에 적절한 곳이다. 실질적인 고유 관리 ID는 대개 데이터베이스의 "시퀀스(sequence)"나 기타 인프라스트럭처의 메커니즘으로 생 성되지만 FACTORY에서는 무엇을 요청해야 하고 그것을 어디에 둬야 할지 알고 있을 것이다.

저장된 객체의 재구성

지금까지 FACTORY는 특정 객체의 생명주기의 초반에 해당하는 부분을 다뤘다. 언젠가 객체 는 대부분 데이터베이스에 저장되거나 네트워크상으로 전송될 것이며, 현재의 데이터베이스 기 술 가운데 객체에 들어 있는 객체의 특성이나 내용을 그대로 유지해주는 것은 거의 없다. 대부 분의 전송 방법은 객체를 납작하게 만들어 훨씬 더 제한적인 형태로 만든다. 따라서 그와 같은 객체를 검색하려면 각 부분을 하나의 살아 있는 객체로 재구성하는 잠재적으로 복잡한 과정이 필요하다.

재구성에 사용되는 FACTORY는 생성에 사용된 것과 매우 유사하며 주된 차이점으로는 아래 의 두 가지가 있다.

1. **재구성에 사용된 ENTITY FACTORY는 새로운 ID를 할당하지 않는다.** 그렇게 하면 이 전에 객체를 실체화(incarnation)했던 것과의 연속성을 잃어버릴 것이다. 따라서 저장된 객체를 재구성하는 FACTORY의 입력 매개변수에는 반드시 식별 속성을 포함해야 한다.

2. 객체를 재구성하는 FACTORY는 불변식 위반을 다른 방식으로 처리할 것이다. 새로운 객체를 생성하는 가운데 불변식이 충족되지 않은 경우 FACTORY라면 단순히 객체 생성 과정을 멈추면 되겠지만 재구성이 일어나는 동안에는 좀더 탄력적으로 대응해야 한다. 어떤 객체가 이미 시스템 어딘가에(가령 데이터베이스와 같은) 존재한다면 이 같은 사실을 무시해서는 안 된다. 마찬가지로 규칙 위반도 무시해서는 안 된다. 따라서 새로운 객체를 생성하는 것보다 훨씬 더 재구성을 어렵게 만들 수 있는 그와 같은 불일치 문제를 해결하기 위한 전략이 어느 정도 마련돼 있어야 한다.

그림 6.16과 6.17은 두 가지 종류의 재구성을 보여준다. 객체 매핑(object-mapping) 기술은 데이터베이스 재구성을 할 때 이처럼 편리한 서비스의 일부 또는 전부를 제공해줄 수 있다. 다른 매체로부터 객체를 재구성하는 과정에서 복잡성이 드러날 때마다 FACTORY가 좋은 대안이 된다.

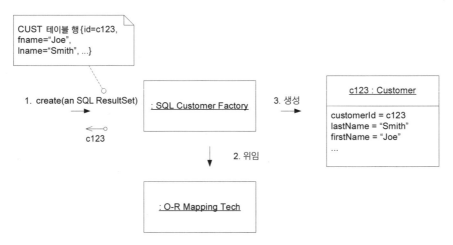

그림 6-16 | 관계형 데이터베이스에서 가져온 ENTITY의 재구성

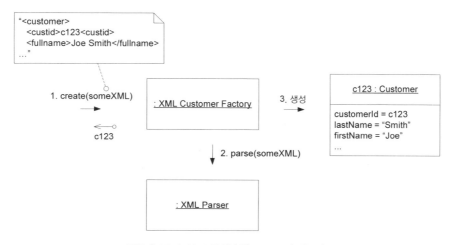

그림 6-17 | XML로 전송된 ENTITY의 재구성

요약하면, 인스턴스 생성을 위한 접근 지점을 식별해야 하며, 그러한 접근 지점의 범위는 명시적으로 정의해야 한다. 그와 같은 접근 지점은 단순히 생성자일 수도 있지만 간혹 더 추상적이거나 정교한 인스턴스 생성 메커니즘이 필요할 때도 있다. 이러한 필요에 따라 새로운 구조물인 FACTORY가 설계에 도입된다. 일반적으로 FACTORY는 모델의 어떤 부분도 표현하지는 않지만 해당 모델을 나타내는 객체를 뚜렷하게 드러내는 데 일조하는 도메인 설계의 일부로 볼 수 있다.

FACTORY는 객체의 생성과 재구성이라는 생명주기 전이(transition)를 캡슐화한다. 도메인 설계를 난해하게 할 수 있는 기술적 복잡성을 노출하는 또 하나의 생명주기 전이로는 저장소에 들어갈 때와 저장소에서 나올 때 거치는 전이가 있다. 이러한 전이는 또 다른 도메인 설계 구조물인 REPOSITORY의 책임이다.

REPOSITORY
(리파지터리)

우리는 연관관계를 토대로 다른 객체와의 관계에 근거해 특정 객체를 찾을 수 있다. 그러나 객체의 생명주기 중간에도 ENTITY나 VALUE를 탐색하기 위한 진입점이 있어야 한다.

✖ ✖ ✖

객체를 이용해 뭔가를 하려면 해당 객체에 대한 참조를 가지고 있어야 한다. 그러한 참조는 어떻게 획득할 수 있을까? 한 가지 방법은 객체를 생성하는 것인데, 생성 연산이 새로운 객체에 대한 참조를 반환하기 때문이다. 두 번째 방법은 연관관계를 탐색하는 것이며, 이미 알고 있는 객체로 시작해서 해당 객체의 연관관계를 토대로 필요한 객체의 참조를 얻는 방법이다. 모든 객체지향 프로그램에서는 이러한 일을 많이 할 것이며, 그리고 이러한 연결 구조를 바탕으로 객체 모델은 풍부한 표현력을 갖게 된다. 어쨌든 필요한 객체를 찾기 위한 진입점이 되는 첫 번째 객체가 있어야 한다.

실제로 한때 나는 팀 구성원들이 MODEL-DRIVEN DESIGN을 열렬히 받아들여 생성이나 탐색을 거쳐 모든 객체에 접근하려 했던 프로젝트에 참여한 적이 있다. 객체는 객체 데이터베이스에 들어 있었고 팀에서는 기존의 개념적 관계가 모든 필요한 연관관계를 제공할 것으로 생각했다. 그 팀은 전체 도메인 모델을 응집력 있게 만들면서 그러한 연관관계를 충분히 분석하는 데 그쳤다. 이렇게 스스로 부여한 한계 탓에 그 팀에는 일종의 끝없는 혼란이 일어났고, 이러한 혼란은 바로 지난 몇 개의 장에서 살펴본 ENTITY를 신중하게 구현하고 AGGREGATE를 응용해서 방지하려 했던 것이었다. 팀에서 이러한 전략을 오랫동안 고수하지는 않았지만 시간이 지남에도 전략을 다른 응집력 있는 접근법으로 대체하지는 않았다. 그 팀은 주먹구구식 해결책을 조잡하게 기워 맞췄고 팀 구성원들은 의욕이 떨어졌다.

이러한 접근법을 생각해 내는 사람은 거의 없을 것이며, 그것을 시험해보려는 사람은 더더욱 없을 것이다. 이는 대부분의 객체를 관계형 데이터베이스에 저장하기 때문이다. 이러한 저장 기술을 이용하면 객체의 속성을 토대로 데이터베이스에서 객체를 찾는 질의를 수행하거나 어떤 객체의 구성물을 찾은 다음 그것을 재구성하는 식의 제3의 객체 참조 획득 방법을 자연스럽게 활용할 수 있다.

데이터베이스 검색은 어디서든 이용할 수 있으며, 곧바로 어떠한 객체에도 접근하게 해준다. 모든 객체가 상호 연결돼 있을 필요는 없으며, 이로써 우리는 관리 가능한 객체망을 유지할 수 있다. 탐색을 제공할 것이냐, 검색에 의존할 것이냐가 설계 결정이 되며, 연관관계의 응집성과 검색의 분리는 상충 관계에 있다. Customer 객체가 주문이 성사된 모든 Order에 대한 컬렉션을 갖고 있어야 하는가? 아니면 Customer ID 필드를 검색해서 데이터베이스에서 Order를 찾아야 하는가? 검색과 연관관계를 알맞게 조합하면 설계를 이해하기가 쉬워진다.

유감스럽게도 개발자들은 보통 그와 같은 설계의 미묘한 사항에 관해 충분히 고민하지 않곤 하는데, 이것은 개발자들이 객체를 저장하고 그것을 다시 가져오고, 결국 객체를 저장소에서 제거하는 요령을 알아내는 메커니즘에만 관심을 두기 때문이다.

이제 기술적 관점에서 보면 저장된 객체를 가져오는 것은 실제로는 생성의 한 부분집합으로 볼 수 있다. 이는 데이터베이스에서 가져온 데이터를 토대로 새로운 객체를 만들어내기 때문이다. 실제로 우리가 보통 작성해야 하는 코드는 이와 같은 현실을 쉽게 잊혀지지 않게 만든다. 하지만 개념상 이것은 특정 ENTITY의 생명주기 가운데 **중간** 단계에 불과하다. Customer 객체는 단지 해당 Customer 객체를 데이터베이스에 저장하고 검색했다고 해서 새로운 객체를 나타내는 것은 아니다. 이러한 구분을 염두에 두고자 나는 저장돼 있는 객체로부터 인스턴스를 만들어 내는 것을 **재구성(reconstitution)**이라고 한다.

　도메인 주도 설계의 목표는 기술보다는 도메인에 대한 모델에 집중해 더 나은 소프트웨어를 만들어내는 것이다. 개발자가 SQL 질의문을 구성해 인프라스트럭처 계층의 질의 서비스에 전달하고, 테이블 행의 결과집합을 획득한 다음 필요한 정보를 꺼내 그 정보를 생성자나 FACTORY에 전달할 때쯤이면 모델에 집중하기 힘들어진다. 자연스럽게 객체를 질의를 통해 제공되는 데이터의 컨테이너로 여기게 되고, 전체 설계가 데이터 처리 방식으로 나아간다. 기술의 세부 사항은 다양하지만 클라이언트가 모델의 개념이 아닌 기술을 다루게 된다는 문제가 남는다. METADATA MAPPING LAYER(메타데이터 매핑 계층, Martin Fowler 2003)와 같은 인프라스트럭처는 질의 결과를 손쉽게 객체로 변환할 수 있어 굉장히 도움되지만 개발자들은 여전히 도메인이 아닌 기술적 메커니즘에 관해 생각하게 된다. 더 안 좋은 점은 클라이언트 코드에서 직접적으로 데이터베이스를 사용할수록 개발자들은 AGGREGATE나 캡슐화와 같은 특징을 활용하는 것을 우회하려 하고, 그 대신 필요한 데이터를 직접 획득해서 조작하게 된다는 것이다. 점점 더 많은 도메인 규칙이 질의 코드로 들어가거나 그냥 사라져 버린다. 객체 데이터베이스가 변환 문제를 없애주긴 하지만 일반적으로 검색 메커니즘은 여전히 기계적인 수준에 머무르고 개발자들은 자신이 원하는 객체가 무엇이든 여전히 직접 획득하려 한다.

　클라이언트는 이미 존재하는 도메인 객체의 참조를 획득하는 실용적인 수단을 필요로 한다. 인프라스트럭처에서 도메인 객체의 참조를 쉽게 획득할 수 있게 해준다면 클라이언트 측을 개발하는 개발자들이 좀더 탐색 가능한 연관관계를 추가해 모델을 엉망으로 만들어 버릴지도 모른다. 한편으로는 AGGREGATE 루트에서부터 순회하지 않고 정확히 필요한 데이터를 데이터베이스에서 뽑아내거나 몇 가지 특정한 객체를 가져오는 데 질의를 사용할 수도 있다. 도메인 로직은 질의와 클라이언트 코드로 들어가고, ENTITY와 VALUE OBJECT는 그저 데이터 컨테이너로 전락한다. 대부분의 데이터 접근 인프라스트럭처를 적용하는 데 따르는 급격한 기술적 복잡성으로 클라이언트 코드는 금방 복잡해지고, 이는 도메인 계층에 대한 개발자들의 이해 수준을 낮춰 모델을 도메인 계층과 동떨어진 것으로 만든다.

　지금까지 논의한 설계 원칙을 살려 적용하면 어느 정도는 객체 접근과 관련된 문제의 범위를 좁힐 수 있는데, 이는 우리가 그와 같은 원칙들을 활용할 수 있을 정도로 모델에 대한 초점을 명확하게 하는 접근 수단을 찾는다고 가정한다. 우선 일시적인 객체에 대해서는 신경 쓰지 않아도 된다. 일시적인 객체(보통 VALUE OBJECT)는 짧은 생애를 살아가면서 그것들을 생성하고 폐기하는 클라이언트 연산에서만 사용된다. 또한 우리는 탐색을 이용해 찾는 것이 더 편리한 영속 객체에 대해서도 질의로 접근할 필요가 없다. 예를 들어, Person 객체에서 그 사람의 주소를 요청할 수 있는 것처럼 말이다. 그리고 더 중요한 것은 **AGGREGATE 내부에 존재하는 모든 객체는 루트에서부터 탐색을 토대로 접근하는 것 말고는 접근이 금지돼 있다는 점이다.**

대개 영속화된 VALUE OBJECT는 그것들을 캡슐화하고 AGGREGATE의 루트 역할을 하는 특정 ENTITY에서부터 탐색해서 찾을 수 있다. 사실 VALUE를 전역적으로 검색하는 것은 종종 무의미할 때가 있는데, 이것은 VALUE의 속성을 이용해 VALUE를 찾는 것이 해당 속성을 지닌 새로운 인스턴스를 생성하는 것과 마찬가지이기 때문이다. 물론 거기에도 예외는 있다. 이를테면, 나는 온라인으로 여행 계획을 짤 때 예상되는 여행지를 저장해뒀다가 나중에 예약할 것을 선택하고자 되돌아가는 경우가 있다. 그와 같은 여행지는 VALUE이며(동일한 항공편을 구성하는 것이 두 개가 있더라도 뭐가 뭔지는 상관없을 것이다), 그것들은 내 사용자명과 연관돼 있으므로 변하지 않은 채로 그대로 오게 된다. 다른 사례로는 사용 가능한 값이 미리 정해져 있는 식으로 타입이 엄격히 제한돼 있는 열거형이 있다. VALUE OBJECT에 전역적으로 접근하는 일은 ENTITY에 비해서는 훨씬 덜 자주 있는 일이지만 그렇더라도 데이터베이스에 이미 존재하는 VALUE를 검색할 필요가 있다면 미처 알아차리지 못한 식별성을 지닌 ENTITY를 실제로 얻게 될 가능성을 고려해볼 만하다.

이 같은 논의로 대부분의 객체는 전역적인 검색으로 접근하지 말아야 한다는 점이 분명해진다. 이러한 점이 설계에 드러나면 바람직할 것이다.

이제는 문제를 좀더 정확하게 말할 수 있다.

영속 객체는 해당 객체의 속성에 근거해서 검색하는 식으로 전역적으로 접근할 수 있어야 한다. 그러한 접근 방식이 필요한 곳은 탐색으로 도달하기에는 편리하지 않은 AGGREGATE의 루트다. 일반적으로 루트는 ENTITY이며, 간혹 복잡한 내부 구조를 지닌 VALUE OBJECT이거나 열거형 VALUE이기도 하다. 다른 객체에도 접근할 수 있게 한다면 중요한 구분법이 혼동될 것이다. 마음대로 데이터베이스에 질의를 수행하면 실제로 도메인 객체와 AGGREGATE의 캡슐화를 어길 수도 있다. 기술적 인프라스트럭처와 데이터베이스 접근 메커니즘을 드러내면 클라이언트가 복잡해져서 MODEL-DRIVEN DESIGN이 불분명해질 것이다.

데이터베이스 접근과 관련된 기술적 어려움을 다루는 기법은 아주 많다. 그러한 예로 SQL을 QUERY OBJECT(질의 객체)로 캡슐화하는 것과 METADATA MAPPING LAYER(Martin

Fowler 2003)를 이용해 객체와 테이블 사이를 번역하는 것이 있다. FACTORY는 저장된 객체를 재구성하는 데 도움될 수 있으며(이 장의 후반부에서 논의하겠다), 이것을 비롯한 다른 여러 기법들은 복잡성을 감추는 데 이바지한다.

하지만 그렇더라도 우리가 놓친 건 없는지 주의를 기울여야 한다. 우리는 더 이상 도메인 모델에 포함된 개념에 관해서는 생각하지 않고 있다. 이렇게 되면 우리가 작성하는 코드는 업무에 관해 전해주지 않을 것이며, 코드는 데이터 조회 기술을 다루게 될 것이다. REPOSITORY 패턴은 그와 같은 해법을 캡슐화해서 우리를 다시 모델에 집중하게 해주는 단순한 개념적 틀에 해당한다.

REPOSITORY는 특정 타입의 모든 객체를 (대개 모방된) 하나의 개념적 집합으로 나타낸다. 더욱 정교한 질의 기능이 있다는 점을 제외하면 REPOSITORY는 컬렉션처럼 동작한다. REPOSITORY에는 적절한 타입의 객체가 추가되고 제거되며, 이러한 REPOSITORY 이면에 존재하는 장치가 그러한 객체를 데이터베이스에 삽입하거나 삭제한다. 이 같은 정의에는 생명주기의 초기 단계에서 마지막 단계에 이르기까지 AGGREGATE의 루트에 대한 접근을 제공하는 각종 응집력 있는 책임이 포함된다.

클라이언트는 지정된 기준에 근거해 객체를 선택하는 질의 메서드를 이용해 REPOSITORY에서 객체를 요청하는데, 대개 특정 속성의 값을 선택 기준으로 삼는다. REPOSITORY는 요청된 객체를 가져오며, 데이터베이스 질의 및 메타데이터 매핑에 대한 장치를 캡슐화한다. REPOSITORY는 클라이언트에서 요구하는 기준에 근거해 객체를 선택하는 다양한 질의를 구현할 수 있다. 그뿐만 아니라 특정 기준에 부합하는 인스턴스의 개수와 같은 요약 정보도 반환할 수 있다. 심지어 특정 수치 속성에 부합하는 모든 객체의 합계와 같은 요약 계산을 반환할 수도 있다.

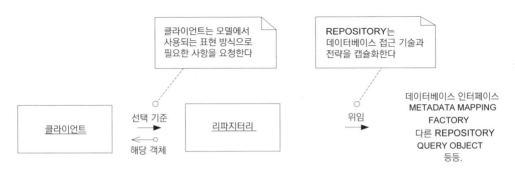

그림 6-18 | 클라이언트의 요청에 대한 검색을 수행하는 REPOSITORY

REPOSITORY는 클라이언트가 진 큰 부담을 덜어줘서 이제 클라이언트는 단순하고 의도를 드러내는 인터페이스로 소통하고, 모델의 측면에서 필요로 하는 것들을 요청할 수 있게 된다. 이러한 사항을 모두 지원하려면 상당히 복잡한 기술적 인프라스트럭처가 필요한 반면 인터페이스는 단순해지고 도메인 모델과 개념적으로 연결된다.

그러므로

전역적인 접근이 필요한 각 객체 타입에 대해 메모리상에 해당 타입의 객체로 구성된 컬렉션이 있다는 착각을 불러 일으키는 객체를 만든다. 잘 알려진 전역 인터페이스를 토대로 한 접근 방법을 마련하라. 객체를 추가하고 제거하는 메서드를 제공하고, 이 메서드가 실제로 데이터 저장소에 데이터를 삽입하고 데이터 저장소에서 제거하는 연산을 캡슐화하게 하라. 특정한 기준으로 객체를 선택하고 속성값이 특정 기준을 만족하는 완전히 인스턴스화된 객체나 객체 컬렉션을 반환하는 메서드를 제공함으로써 실제 저장소와 질의 기술을 캡슐화하라. 실질적으로 직접 접근해야 하는 AGGREGATE의 루트에 대해서만 REPOSITORY를 제공하고, 모든 객체 저장과 접근은 REPOSITORY에 위임해서 클라이언트가 모델에 집중하게 하라.

REPOSITORY에는 다음과 같은 이점이 있다.

- REPOSITORY는 영속화된 객체를 획득하고 해당 객체의 생명주기를 관리하기 위한 단순한 모델을 클라이언트에게 제시한다.
- REPOSITORY는 영속화 기술과 다수의 데이터베이스 전략, 또는 심지어 다수의 데이터 소스로부터 애플리케이션과 도메인 설계를 분리해준다.
- REPOSITORY는 객체 접근에 관한 설계 결정을 전해준다.
- REPOSITORY를 이용하면 테스트에서 사용할 가짜 구현을 손쉽게 대체할 수 있다(보통 메모리상의 컬렉션을 이용).

REPOSITORY에 질의하기

모든 REPOSITORY는 클라이언트가 특정 기준에 부합하는 객체를 요청할 수 있는 메서드를 제공하며, 이러한 인터페이스를 설계하는 방법에는 여러 가지가 있다.

가장 만들기 쉬운 REPOSITORY는 질의에 구체적인 매개변수를 직접 입력하는 것이다. 이러한 질의는 다양할 수 있는데, 여기엔 식별자를 기준으로 한 ENTITY 조회(거의 모든 REPOSITORY에서 제공), 특정 속성값이나 복잡한 매개변수 연산을 토대로 한 객체 컬렉션 요청, 값 범위(날짜 범위와 같은)에 따른 객체 선택, REPOSITORY의 일반 책임에 속하는 특정 연산 수행(특히 기반 데이터베이스에서 지원되는 연산에 의존하는)과 같은 것이 있다.

대부분의 질의가 한 객체나 객체의 컬렉션을 반환하기도 하지만 질의는 특정 유형의 요약 연산을 반환한다는 개념에도 잘 맞아떨어진다. 이를테면, 객체의 개수나 모델에서 조사하고자 하는 수치 속성의 합계와 같은 것이 여기에 해당한다.

그림 6-19 | 간단한 REPOSITORY에 직접 입력돼 있는 질의문

직접 입력한 질의는 많은 노력을 들이지 않고도 어떠한 인프라스트럭처상에서도 제공할 수 있는데, 이는 직접 입력한 질의도 결국 특정 클라이언트에서 수행했어야 할 일을 하기 때문이다.

질의의 수가 많은 프로젝트에서는 좀더 유연하게 질의를 수행할 수 있는 REPOSITORY 프레임워크를 만들 수 있다. 이를 위해서는 필요한 기술에 익숙한 구성원이 있어야 하며 지원 인프라스트럭처의 도움을 상당수 받을 수 있다.

프레임워크를 토대로 REPOSITORY를 일반화하는 한 가지 특별히 적절한 접근법은 SPECIFICATION(명세)에 기반을 둔 질의를 사용하는 것이다. SPECIFICATION을 이용하면 클라이언트가 질의의 획득 방법에 대해서는 신경 쓰지 않고도 원하는 바를 서술할 수 있다(즉, 원하는 바를 구체화할 수 있다). 그러한 과정에서 실제로 원하는 바를 선택할 수 있는 객체가 생성된다. 이러한 패턴은 9장에서 자세히 살펴보겠다.

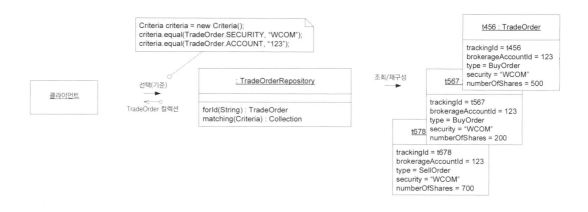

그림 6-20 | 정교한 REPOSITORY에 포함된, 검색 기준에 유연하고 선언적인 SPECIFICATION

SPECIFICATION기반 질의는 우아하고 유연하다. 사용 가능한 인프라스트럭처에 따라 SPECIFICATION 기반 질의는 가장 적당한 프레임워크가 되거나 아니면 굉장히 사용하기 힘든 것이 될지도 모른다. 롭 미(Rob Mee)와 에드워드 히아트(Edward Hieatt)는 Martin Fowler 2003에서 그와 같은 REPOSITORY의 설계와 관련된 기술적 쟁점에 관해 좀더 상세하게 논한다.

그러나 유연한 질의를 이용하는 REPOSITORY 설계에서도 특별히 직접 입력된 질의를 추가할 수 있어야 한다. 그러한 질의는 자주 사용되는 질의나 선택된 객체의 수학적인 요약 정보와 같이 객체 자체를 반환하지 않는 질의를 캡슐화하는 편의 메서드(convenience method)일지도 모른다. 이러한 부가적인 요소를 제공하는 것이 불가능한 프레임워크는 도메인 설계를 왜곡하거나 개발자들이 해당 프레임워크를 우회해서 뭔가를 하게 만들 것이다.

클라이언트 코드가 REPOSITORY 구현을 무시한다(개발자는 그렇지 않지만)

영속화 기술을 캡슐화하면 클라이언트가 매우 단순해지고 REPOSITORY 구현에서 완전히 분리된다. 그러나 캡슐화가 종종 그렇듯이 개발자들은 무슨 일이 일어나고 있는지 반드시 알고 있어야 한다. REPOSITORY가 의도하지 않은 방식으로 사용되거나 작동한다면 REPOSITORY의 수행 성능이 극단에 치우칠 수 있다.

카일 브라운(Kyle Brown)은 대대적으로 시판 중이었던 웹스피어(WebSphere) 기반 제조 애플리케이션을 회수한 이야기를 들려준 적이 있다. 시스템은 이상하게 몇 시간 동안 사용하고 나면 메모리가 부족해졌다. 카일은 코드를 훑어보고 나서 원인을 발견했는데, 원인은 어느 한 지점에서 제조 설비의 모든 항목에 관한 특정 정보를 요약하는 것에 있었다. 개발자들은 "all objects"라는 질의를 이용해 이 작업을 수행했는데, 이 질의는 각 객체를 인스턴스화한 다음 개발자들이 필요로 하는 일부 객체를 가져왔다. 이 코드는 데이터베이스의 내용 전체를 한꺼번에 메모리에 올렸던 것이다! 테스트 과정에서는 테스트 데이터의 양이 적었기에 그와 같은 문제가 나타나지 않았다.

이것은 명백히 있어서는 안 되는 일이지만 훨씬 더 세밀한 사항을 간과하는 것 또한 똑같이 중대한 문제를 일으킬 수 있다. 개발자들은 캡슐화된 행위를 활용하는 것에 내포된 의미를 알아야 한다. 그러나 그것이 구현상의 상세한 내용까지 잘 알고 있어야 한다는 의미는 아니다. 잘 설계된 컴포넌트라면 특징이 잘 드러날 수도 있다(이것은 10장, "유연한 설계"의 요점 가운데 하나다).

5장에서 논의한 바와 같이 기반 기술 탓에 모델링상의 선택의 여지가 제한될 수도 있다. 예를 들면, 관계형 데이터베이스에서는 지나치게 복합적인 객체 구조에 실질적인 제한을 둘 수 있다. 마찬가지로 REPOSITORY를 이용하는 개발자와 해당 REPOSITORY의 질의를 구현하는 개발자는 서로 피드백을 주고받아야 한다.

REPOSITORY 구현

구현은 영속화에 사용되는 기술과 인프라스트럭처에 따라 매우 다양해질 것이다. 이상적인 모습은 클라이언트에서 모든 내부 기능을 감춰서(비록 클라이언트 개발자에게는 그렇지 못하더라도), 데이터가 객체 데이터베이스나 관계형 데이터베이스에 저장되든, 아니면 단순히 메모리상에 상주하느냐에 관계없이 클라이언트 코드를 동일하게 유지하는 것이다. REPOSITORY는 적절한 인프라스트럭처 서비스에 작업을 위임해서 작업을 완수할 것이다. 저장·조회·질의 메커니즘을 캡슐화하는 것은 REPOSITORY 구현의 가장 기본적인 기능이다.

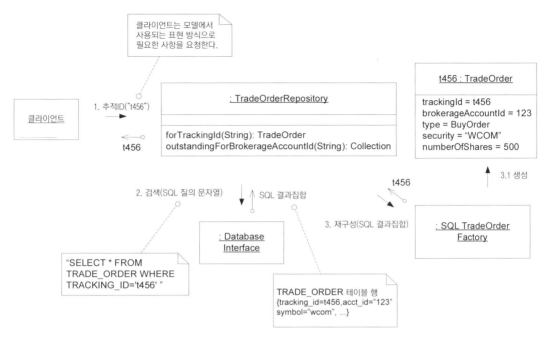

그림 6-21 | REPOSITORY는 기반 데이터 저장소를 캡슐화한다.

REPOSITORY의 개념은 여러 상황에 적용할 수 있다. 구현상의 가능성은 매우 다양하므로 명심해야 할 몇 가지 중요한 사항만 아래에 나열했다.

- **타입을 추상화한다.** REPOSITORY가 특정 타입의 모든 인스턴스를 "담기는" 하지만 이것이 각 클래스마다 하나의 REPOSITORY가 필요하다는 의미는 아니다. 타입은 계층구조상의 추상 상위 클래스가 될 수 있다(예를 들어, TradeOrder는 BuyOrder나 SellOrder가 될 수 있을 것이다). 타입은 인터페이스가 될 수도 있는데, 이때 해당 인터페이스를 구현한 것과도 계층적으로 관계를 맺지 않을 수도 있다. 또는 타입은 구체적인 구상 클래스가 될 수도 있다. 명심할 점은 현재 이용 중인 데이터베이스 기술에는 그와 같은 다형성이 존재하지 않아서 발생할 수 있는 제약조건에 마주치게 될지도 모른다는 것이다.

- **클라이언트와의 분리를 활용한다.** 이렇게 하면 클라이언트에서 직접 메커니즘을 호출했을 때보다 더 자유롭게 REPOSITORY의 구현을 변경할 수 있다. 이로써 영속화 전략을 자유롭게 교체하면서 질의 기법을 다양하게 하거나 메모리상에 객체를 캐싱해 성능을 최적화할 수도 있다.

- **트랜잭션 제어를 클라이언트에 둔다.** 데이터베이스에 대한 삽입과 삭제를 REPOSITORY 에서 수행하겠지만 보통 REPOSITORY에서는 아무것도 커밋(commit)하지 않을 것이다. 가령, 저장한 후에 커밋하고 싶을 수도 있겠지만 아마 클라이언트에는 올바르게 단위 작업 을 개시하고 커밋하는 컨텍스트가 있을 것이다. 만약 REPOSITORY에서 간섭하지 않는다 면 트랜잭션 관리가 좀더 단순해질 것이다.

대개 팀에서는 REPOSITORY의 구현을 보조하기 위해 인프라스트럭처 계층에 프레임워크를 추가한다. 상위 REPOSITORY 클래스는 하위 수준의 인프라스트럭처 구성요소와의 협업을 비 롯해 일부 기본적인 질의를 구현할 수도 있는데, 특히 유연한 쿼리를 구현할 때가 여기에 해당 한다. 아쉽게도 자바와 같은 언어의 타입 체계를 이용하면 이러한 접근법에서 반환되는 객체는 "Object"로 한정되므로 클라이언트에서는 REPOSITORY에 포함된 타입으로 객체를 형변환해 야 한다. 하지만 어쨌든 자바에서는 컬렉션을 반환하는 질의로 이렇게 해야 할 것이다.

REPOSITORY 구현을 비롯한 QUERY OBJECT와 같은 REPOSITORY의 보조 기술 패턴에 대한 추가 지침은 Martin Fowler (2003)에서 찾아볼 수 있다.

프레임워크의 활용

REPOSITORY와 같은 것을 구현하기 전에 먼저 현재 사용 중인 인프라스트럭처, 특히 모든 아키 텍처 프레임워크에 관해 곰곰이 생각해봐야 한다. 즉, 프레임워크에서 REPOSITORY를 만드는 데 손쉽게 사용할 수 있는 서비스가 제공된다는 사실을 알게 되거나, 아니면 줄곧 프레임워크 때 문에 고생하고 있다는 사실을 알게 되거나 아키텍처 프레임워크에 이미 영속화 객체 획득에 대 응하는 패턴이 정의돼 있다는 사실을 알게 될지도 모른다. 혹은 전혀 REPOSITORY 같지 않은 패턴이 정의돼 있다는 사실을 깨닫게 될 수도 있다.

이를테면, 프로젝트가 J2EE로만 진행될지도 모른다. 프레임워크와 MODEL-DRIVEN DESIGN의 여러 패턴 간의 개념적 유사성을 찾아봄으로써(그리고 엔티티 빈은 ENTITY와 같은 것이 아니라는 사실을 명심한다) AGGREGATE 루트에 대응되는 것으로 엔티티 빈을 쓰기로 결 정할 수도 있다. 이러한 객체 접근을 제공할 책임을 맡고 있는 J2EE 아키텍처 프레임워크의 구성 물은 "EJB Home"이다. 그러나 EJB Home을 REPOSITORY처럼 보이게 한다면 다른 문제가 생 길 수도 있다.

일반적으로 현재 사용 중인 프레임워크를 자신의 요구에 억지로 맞추려 해서는 안 된다. 도메인 주도 설계의 원칙을 유지할 수 있는 방법을 찾고 프레임워크가 자신의 요구와 맞지 않는 경우에는 명세를 준수한다. 도메인 주도 설계의 개념과 프레임워크의 개념 사이의 유사성을 찾아본다. 이는 여러분이 프레임워크를 사용할 수밖에 없는 경우를 전제한다. 수많은 J2EE 프로젝트에서는 엔티티 빈을 전혀 사용하지 않는다. 할 수만 있다면 자신이 사용하고자 하는 설계 형식과 조화되는 프레임워크나 프레임워크 요소를 선택한다.

FACTORY와의 관계

FACTORY가 객체 생애의 초기 단계를 다루는 데 반해 REPOSITORY는 중간 단계와 마지막 단계를 관리하는 데 도움된다. 객체가 메모리에 상주하거나 객체 데이터베이스에 저장돼 있을 때는 객체를 다루기가 매우 쉽다. 하지만 일반적으로는 적어도 관계형 데이터베이스나 파일, 또는 다른 비객체지향적인 시스템에 객체 저장소가 존재한다. 그러한 경우에는 획득한 데이터를 객체 형태로 재구성해야 한다.

이 경우 REPOSITORY가 데이터를 근거로 객체를 생성하므로 많은 이들이 REPOSITORY를 FACTORY로 생각하는데, 사실 기술적 관점에서는 그렇다고 볼 수 있다. 그러나 모델을 중심에 두는 것이 더 유용하며, 앞에서 언급한 것처럼 저장된 객체를 재구성하는 것이 새로운 개념적 객체를 생성하는 것은 아니다. 설계를 이러한 도메인 주도 관점에서 보면 FACTORY와 REPOSITORY의 책임이 뚜렷이 구분되는데, FACTORY가 새로운 객체를 만들어 내는 데 반해 REPOSITORY는 기존 객체를 찾아낸다. REPOSITORY의 클라이언트에게는 메모리상에 객체가 존재하고 있는 것으로 보여야 한다. 이때 객체가 재구성돼야 할지도 모르지만(그렇다. 새로운 인스턴스가 하나 생성될지도 모른다) 그것은 동일한 개념적 객체이며, 여전히 객체 생명주기상의 중간 단계에 해당한다.

이러한 두 가지 관점은 REPOSITORY가 맨 처음으로 객체를 생성(비록 실무에서는 거의 그렇게 하지 않지만 이론적으로는)하는 데도 사용할 수 있는 FACTORY로 객체 생성을 **위임**해서 일치시킬 수 있다.

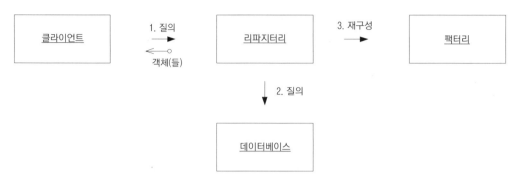

그림 6-22 | REPOSITORY는 FACTORY를 이용해 이미 존재하는 객체를 재구성한다.

FACTORY에서 영속화에 대한 모든 책임을 빼내는 것은 이러한 명확한 분리에도 도움된다. FACTORY의 역할은 데이터를 가지고 잠재적으로 복잡한 객체를 인스턴스화하는 것이다. 생성물이 새로운 객체라면 클라이언트가 이러한 사실을 알고 해당 객체를 REPOSITORY에 추가할 수 있다. 이때 REPOSITORY는 데이터베이스 내의 객체 저장소를 캡슐화한다.

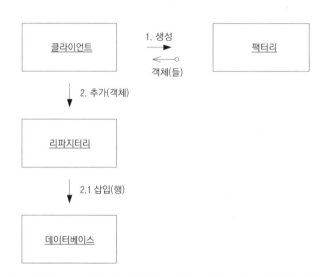

그림 6-23 | 클라이언트는 REPOSITORY를 이용해 새로운 객체를 저장한다.

사람들이 FACTORY와 REPOSITORY를 결합하게 만드는 또 한 가지 경우는 "찾아서 없으면 생성하는(find or create)" 기능을 원할 때다. 이때 클라이언트는 원하는 객체를 기술할 수 있고 원하는 객체를 찾을 수 없으면 새로 생성한 객체가 반환된다. 이 기능은 사용하는 것을 자제해야 한다. 이 기능은 기껏해야 조금 더 편리할 뿐이다. 이 기능이 유용해 보일 때는 대부분 ENTITY와 VALUE OBJECT가 확연히 구분되는 경우밖에 없다. VALUE OBJECT를 원하는 클라이언트는 곧장 FACTORY에 새로운 VALUE OBJECT를 요청하면 된다. 일반적으로 새로운 객체와 이미 존재하는 객체를 구분하는 것은 도메인에서 중요하며, 그리고 그것들을 투명하게 결합하는 프레임워크는 실제로 상황을 엉망으로 만들어버릴 것이다.

관계형 데이터베이스를 위한 객체 설계

객체지향 소프트웨어 시스템에서의 가장 일반적인 비객체 구성요소는 주로 관계형 데이터베이스다. 이러한 현실은 일반적인 패러다임 혼재에 따른 문제를 제기한다(5장 참조). 그러나 데이터베이스는 대다수의 다른 구성요소에 비해 객체 모델에 좀더 직접적으로 관련돼 있다. 데이터베이스는 단순히 객체와 상호작용하는 것만은 아니며, 객체 자체를 구성하는 데이터의 영속적인 형태를 저장한다. 객체를 관계형 테이블에 매핑하고 객체의 효과적인 저장과 검색과 관련한 기술적 난제를 잘 다룬 책이 출간되고 있으며, 최근의 한 논의는 Fowler 2003에서 찾아볼 수 있다. 둘 사이의 매핑을 생성하고 관리하는 데 사용되는 상당히 세련된 도구도 있다. 기술적 관점은 별도의 문제로 하더라도 이 같은 불일치는 객체 모델에 상당한 영향을 줄 수 있다.

아래는 세 가지 공통적인 경우를 나열한 것이다.

1. 데이터베이스가 주로 객체를 저장하는 저장소인 경우

2. 데이터베이스가 다른 시스템에서 사용될 용도로 설계된 경우

3. 데이터베이스가 현행 시스템에서 사용될 용도로 설계됐으나 객체 저장 이외의 역할을 하는 경우

특히 데이터베이스 스키마가 구체적으로 객체 저장을 위해 만들어진 경우라면 매핑을 매우 단순하게 유지하고자 일부 모델의 제약사항을 수용할 만한 가치는 있다. 스키마 설계에 대한 다른 요구사항이 없다면 데이터베이스는 집계 무결성(aggregate integrity)을 좀더 안전하게 하고 더 효율적으로 갱신되게끔 구조화될 수 있다. 기술적으로 관계형 테이블 설계에서 도메인 모델을 반영할 필요는 없다. 매핑 도구가 객체 모델과 관계형 모델 간의 중대한 차이를 서로 이어줄 만큼 충분히 정교하기 때문이다. 문제는 여러 겹으로 교차하는 모델이 너무 복잡하다는 것이다. 여러 번에 걸쳐 MODEL-DRIVEN DESIGN에 제기된 주장들(분석 모델과 설계 모델의 분리를 피하자는)이 이러한 불일치에 적용된다. 이러한 주장을 받아들이자면 어느 정도 객체 모델의 풍부함을 희생해야 하고 간혹 데이터베이스 설계도 변경해야 하는데(가령 선택적인 비정규화와 같은), 그렇게 하지 않는다면 모델과 구현 간의 밀접한 결합을 잃어버릴 위험을 각오해야 한다. 이 같은 접근법은 극도로 단순화한 "한 객체당 한 테이블 매핑"을 요구하지 않는다. 매핑 도구의 기능에 따라 일부 객체의 애그리게이션(aggregation)이나 컴포지션(composition)이 가능할 것이다. 그러나 매핑은 투명해야 하고, 매핑 도구에 작성된 코드를 검사하거나 항목을 읽기만 해도 쉽게 이해할 수 있어야 한다는 점이 중요하다.

- 데이터베이스가 하나의 객체 저장소로 보여진다면 매핑 도구의 기능과는 상관없이 데이터 모델과 객체 모델이 서로 갈라지게 해서는 안 된다. 일부 객체 관계의 풍부함을 희생해서 관계 모델에 밀접하게 한다. 객체 매핑을 단순화하는 데 도움된다면 정규화와 같은 정형화된 관계 표준을 절충한다.
- 객체 시스템 외부의 프로세스는 이러한 객체 저장소에 접근해서는 안 된다. 그러한 프로세스는 객체에 적용된 불변식을 위반할 수 있기 때문이다. 그뿐만 아니라 그러한 프로세스가 접근하게 되면 데이터 모델을 고착화해서 객체를 리팩터링할 때 변경하기가 힘들어진다.

한편 결코 객체 저장소로 의도하지 않았던 레거시나 외부 시스템에서 데이터가 올 때도 많다. 이 같은 상황에서는 실제로 두 가지 도메인 모델이 동일한 시스템에 공존하는 셈이다. 14장, "모델의 무결성 유지"에서는 이러한 문제를 심도 있게 다룬다. 이 경우 다른 시스템에서는 분명하게 표현되지 않는 모델을 따르는 것이 타당하거나, 아니면 모델을 완전히 구별되게 하는 편이 더 나을지도 모른다.

이 같은 예외적인 상황이 존재하는 한 가지 이유로 성능을 꼽을 수 있다. 수행 속도 문제를 해결하기 위해서는 특별히 설계를 변경해야 할지도 모른다.

그러나 객체지향 도메인을 영속적인 형태로 표현하는 관계형 데이터베이스의 경우에는 단순하게 직접적으로 표현하는 편이 가장 좋다. 아마 AGGREGATE에 들어 있을 부가적인 사항들을 비롯해 하나의 테이블 행은 하나의 객체를 담고 있어야 한다. 테이블의 외래키는 또 다른 ENTITY 객체에 대한 참조로 변환해야 한다. 때때로 이처럼 단순하고 직접적인 방식에서 벗어나야 한다고 해서 단순 매핑의 원칙을 모두 포기해서는 안 된다.

UBIQUITOUS LANGUAGE는 객체와 관계형 구성요소를 하나의 모델로 묶는 데 이바지할 수 있다. 한 객체를 구성하는 각 요소의 이름과 연관관계는 관계형 테이블을 구성하는 요소의 이름과 연관관계와 정확히 대응해야 한다. 특정 매핑 도구의 기능을 이용하면 이렇게 하는 것이 불필요하게 보일지도 모르지만 여러 관계에 걸친 미세한 차이는 상당한 혼동을 초래할 것이다.

객체 세계에서 빠르게 확립되고 있는 리팩터링은 사실 관계형 데이터베이스 설계에는 크게 영향을 주지 못했다. 게다가 중대한 데이터 마이그레이션 문제는 빈번한 변경을 단념하게 만든다. 이는 객체 모델을 대상으로 하는 리팩터링을 지연시킬지도 모르지만 객체 모델과 데이터 모델이 서로 갈라지기 시작한다면 투명성이 빠르게 사라질 수도 있다.

마지막으로 데이터베이스가 시스템에 특화돼 있는 경우에도 객체 모델과 확연히 구분되는 스키마를 따르는 데는 몇 가지 이유가 있다. 데이터베이스는 객체를 인스턴스화하지 않을 다른 소프트웨어에서도 사용할 수 있다. 그러한 데이터베이스는 객체의 행위가 변경되거나 급속히 발전하는 경우조차도 약간만 수정해서 다른 소프트웨어에서 사용할 수 있다. 모델과 데이터베이스 간의 관계를 끊는 것은 현혹적인 경로에 해당한다. 이것은 팀이 데이터베이스와 모델의 대응을 유지하는 데 실패할 때 부지불식간에 받아들여지곤 한다. 하지만 모델과 데이터베이스를 의식적으로 분리한 경우라면 기존의 객체 모델을 따르는 절충안으로 가득 찬 부자연스러운 데이터베이스 스키마가 아닌 깔끔한 데이터베이스 스키마가 만들어질 수 있다.

언어의 사용(확장 예제)

앞의 세 개의 장에서는 모델의 세부사항을 연마하고 MODEL-DRIVEN DESIGN과의 긴밀한 관계를 지속하기 위한 패턴 언어를 소개했다. 초반 예제에서는 대부분 패턴을 하나씩 적용했지만 실제 프로젝트에서는 그러한 여러 가지 패턴을 조합해야 한다. 본 장에서는 정교하게 만든 예제 하나를 제시하겠다(그렇더라도 당연히 실제 프로젝트에 비하면 상당히 단순하다). 예제에서는 한 가상의 팀이 요구사항과 구현 쟁점을 다루고 MODEL-DRIVEN DESIGN을 발전시켜가면서 이어지는 모델과 설계의 정제 과정을 단계적으로 밟아나감으로써 MODEL-DRIVEN DESIGN의 적용 효과와 2부에서 소개한 패턴이 어떻게 요구사항과 구현 쟁점을 해결할 수 있는지 보여주겠다.

화물 해운 시스템 소개

우리는 화물 해운 회사에서 사용할 새로운 소프트웨어를 개발하는 중이다. 초기 요구사항은 다음의 세 가지 기본 기능으로 구성돼 있다.

1. 고객 화물의 주요 처리상황 추적

2. 화물 사전 예약

3. 화물이 일정한 처리 지점에 도달할 때 자동으로 고객에게 송장을 발송

실제 프로젝트에서는 이러한 모델이 명확해지기까지 상당한 시간과 반복주기가 필요할 것이다. 이 책의 3부에서는 그와 같은 발견 과정을 심층적으로 살펴보겠다. 그렇지만 여기서는 필요한 개념이 적절한 형태로 갖춰진 모델로 시작할 것이며, 설계를 지원하는 세부사항을 알맞게 조정하는 데만 집중하겠다.

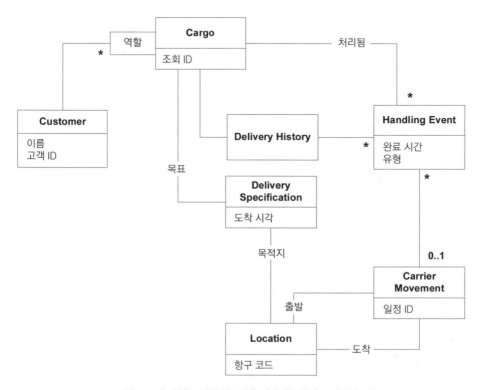

그림 7-1 | 해운 도메인의 모델을 나타내는 클래스 다이어그램

이 모델은 도메인 지식을 조직화하고 팀에 필요한 언어를 제공한다. 이를 토대로 우리는 아래와 같은 문장을 만들어 낼 수 있다.

"여러 Customer(고객)는 하나의 Cargo(화물)와 관계를 맺고, 각기 다른 **역할**을 수행한다."

"Cargo의 배송 **목표(goal)**를 **명시한다.**"

"Specification(명세)을 충족하는 여러 Carrier Movement(운송수단 이동)로 배송 **목표**가 달성될 것이다."

모델 내의 각 객체는 다음과 같이 명확한 의미를 지닌다.

Handling Event(처리 이벤트)는 Cargo에 불연속적으로 발생하는 활동으로서, 가령 화물을 배에 적재하거나 세관을 통관하는 등의 행위가 여기에 해당한다. 이 클래스는 아마 갖가지 종류의 사건, 가령 적재(loading), 하역(unloading), 또는 수취인에 의한 배상청구와 같은 사건의 계층구조를 구성할 것이다.

Delivery Specification(배송 명세)은 배송 목표를 정의하는데, 여기엔 최소한 목적지와 도착 날짜는 포함될 것이며, 더 복잡해질 수도 있다. 이 클래스는 SPECIFICATION 패턴을 따른다(9장 참조).

이 같은 책임을 Cargo 객체로 관리할 수도 있겠지만 Delivery Specification를 추상화하면 적어도 다음과 같은 세 가지 이점이 있다.

1. **Delivery Specification**이 없다면 Cargo 객체에서 배송 목표를 명시하기 위한 모든 속성과 연관관계의 세부적인 의미를 책임져야 할 것이다. 그렇게 되면 Cargo 객체가 지저분해져서 화물을 이해하거나 변경하기가 힘들어질 것이다.

2. 이러한 추상화로 전체적으로 모델을 설명할 때 세부사항을 쉽고 안전하게 감출 수 있다. 예를 들어, **Delivery Specification**에 다른 기준이 캡슐화되어 있을 수도 있지만 이러한 상세 수준의 다이어그램에서 그것들을 드러낼 필요는 없을 것이다. 다이어그램은 그것을 읽는 사람에게 화물 배송에 대한 SPECIFICATION이 있고 그것의 세부사항은 생각해 볼 만큼 중요하지 않다는 점을 전해준다(그리고 사실 나중에 손쉽게 변경할 수도 있다).

3. 이 모델은 더 표현력 있다. **Delivery Specification**을 추가한다는 것은 **Cargo**의 정확한 배송 수단이 아직까진 결정되지 않았지만 **Delivery Specification**에 명시된 목표는 반드시 달성해야 한다는 점을 명시적으로 드러낸다.

역할(role)은 해운 과정에서 **Customer**가 수행하는 여러 측면을 구분해준다. 즉, "선적인", "수취인", "지불인" 등으로 말이다. 특정 **Cargo**에 대해서는 오직 한 명의 **Customer**만이 특정한 역할을 수행할 수 있으므로 연관관계는 다대다(many-to-many) 대신 다대일(many-to-one)로 한정된다. 역할은 단순히 문자열로 구현할 수도 있지만 다른 행위가 필요하다면 클래스로 만들 수도 있다.

Carrier Movement는 특정 Carrier(트럭이나 선박과 같은 운송수단)에 의한 한 Location(위치)에서 다른 Location으로의 이동을 나타낸다. 화물은 하나 이상의 Carrier Movement가 일어나는 동안 운송수단에 적재되어 여기저기로 옮겨질 수 있다.

Delivery History(배송 이력)는 실제로 화물에 어떠한 일이 발생했는지를 반영하며, 배송 목표를 기술하는 Delivery Specification과는 상반된다. Delivery History 객체는 마지막 적재 및 하역과 해당 Carrier Movement의 목적지를 분석해서 Cargo의 현재 위치를 계산할 수 있다. 화물이 성공적으로 배송되면 해당 Delivery History는 Delivery Specification의 목표를 충족한 셈이다.

지금까지 기술한 요구사항을 처리하는 데 필요한 개념은 모두 이러한 모델에 있으며, 이러한 모델에서는 적절한 메커니즘에 의해 객체를 영속화하고 적절한 객체를 찾는 등의 활동이 일어날 것으로 가정한다. 모델에서는 이러한 구현 쟁점을 다루지 않지만 분명 설계에는 그와 같은 문제가 있을 것이다.

따라서 견고한 구현 기반을 갖추려면 이러한 모델을 어느 정도 명확하게 하고 긴밀하게 구성해야 한다.

한 가지 기억해 둘 점은 대개 모델의 정제·설계·구현은 반복적인 개발 과정 동안 서로 긴밀한 관계를 유지해야 한다는 것이다. 그러나 본 장에서는 설명을 명료하게 하고자 어느 정도 완성된 모델로 시작할 것이므로 변경의 필요성은 기본 요소 패턴을 활용해 실질적인 구현과 그러한 모델을 연결해야 할 때만 나타날 것이다.

보통 모델이 설계를 더 잘 지원하기 위해 정제되는 것처럼 설계 또한 새로운 통찰력을 도메인에 반영하기 위해 정제돼야 한다.

도메인 격리: 응용 기능 소개

도메인의 책임이 시스템의 다른 부분과 섞이는 것을 방지하고자 LAYERED ARCHITECTURE를 적용해 도메인 계층을 구별해 보자.

심층적인 분석에 들어가지 않고도 우리는 세 가지 사용자 수준의 응용 기능을 식별할 수 있으며, 그것들을 아래의 세 가지 응용 계층 클래스에 할당할 수 있다.

1. Tracking Query(추적 질의) : 특정 화물의 과거와 현재 처리 상태에 접근

2. Booking Application(예약 애플리케이션) : 새로운 Cargo를 등록하고 등록된 화물 처리를 준비

3. Incident Logging Application(사건 기록 애플리케이션) : 각 Cargo의 처리 내역을 기록 (Tracking Query로 찾은 정보를 제공).

이러한 응용 계층의 클래스는 조정자(coordinator)에 해당한다. 이 같은 조정자는 요청되는 질문에 답하려 해서는 안 된다. 그것은 도메인 계층에서 해야 할 일이다.

ENTITY와 VALUE OBJECT의 구분

각 객체를 차례로 살펴볼 때 우리는 추적해야 할 식별성이나 해당 객체가 나타내는 기본적인 값을 살펴보게 될 것이다. 여기서는 먼저 명확한 경우를 살펴본 다음 좀 더 모호한 경우를 살펴보겠다.

Customer(고객)

먼저 쉬운 걸로 시작해 보자. Customer 객체는 단어의 일반적인 의미에 따라 한 사람이나 회사를 나타낸다. Customer 객체는 분명히 그것을 사용하는 사람에게 중요한 식별성을 지니고 있으므로 Customer 객체는 모델 내에서 ENTITY에 해당한다. 그럼 Customer 객체를 어떻게 추적해야 할까? 어떤 경우에는 Tax ID(세금 ID)가 적절할지도 모르지만 여러 국가에 걸쳐 활동하는 기업에서는 그와 같은 Tax ID를 사용할 수 없다. 이러한 문제는 도메인 전문가와 협의해야 있다. 우리는 해운 회사의 사업가와 그 문제를 논의했는데, 영업상 처음으로 고객과 접촉할 때 각 Customer의 ID를 할당해 놓은 고객 데이터베이스가 이미 회사에 있다는 사실을 알게 됐다. 이 ID는 이미 회사 내에서 두루 사용되고 있으므로 ID를 우리가 개발 중인 소프트웨어에서 사용하면 시스템 간에 식별성의 연속성이 확립될 것이다. 그렇지만 초기에는 ID를 수동으로 입력할 것이다.

Cargo(화물)

우리는 두 개의 동일한 컨테이너를 서로 구별할 수 있어야 하므로 Cargo(화물) 객체는 ENTITY에 해당한다. 실제로 모든 해운 회사에서는 각 화물에 조회 ID를 할당한다. 이 ID는 자동으로 생성되고 사용자가 볼 수 있으며, 이 경우 예약이 이뤄질 때 고객에게 전달될 것이다.

Handling Event(처리 이벤트)와 Carrier Movement(운송수단 이동)

우리는 개별 사건을 토대로 처리상황을 알아낼 수 있으므로 이 같은 개별 사건에 관심을 가질 필요가 있다. 개별 사건은 현실세계의 사건을 반영하며, 대개 서로 교환할 수 없으므로 ENTITY에 해당한다. 각 Carrier Movement는 해운 일정에서 획득한 코드로 식별될 것이다.

도메인 전문가와 한 번 더 논의를 거쳐 Cargo ID와 완료 시간, 화물 유형을 조합해서 Handling Event를 유일하게 식별할 수 있다는 사실을 알게 됐다. 이를테면, 동일한 Cargo를 동시에 적재하고 하역하지는 못한다.

Location(위치)

두 위치의 이름이 같다고 해서 그것들을 같은 위치로 볼 수는 없다. 아마 경도와 위도를 유일한 키로 사용할 수는 있겠지만 아주 실용적인 방법은 아니다. 이것은 대다수의 현행 시스템의 목적에는 경도와 위도와 같은 측정수단이 맞지 않으며 시스템이 상당히 복잡해질 것이기 때문이다. 오히려 Location은 해운 항로를 비롯한 기타 도메인에 특화된 관심사에 따라 장소를 관련 짓는 일종의 지리학적 모델의 일부가 될 것이다. 따라서 이 경우에는 자동으로 생성되는 임의적이고 내부적인 식별자만으로도 충분할 것이다.

Delivery History(배송 이력)

Delivery History는 까다로운 것 중 하나다. Delivery History는 서로 대체할 수 없으므로 ENTITY에 해당한다. 그러나 Delivery History는 화물과 일대일 관계에 있으므로 Delivery History에는 실제로 자체적인 식별성이 없는 셈이다. Delivery History의 식별성은 그것을 소유하는 Cargo에게서 가져온 것이다. 이는 AGGREGATE를 모델링할 때 더욱 분명해질 것이다.

Delivery Specification(배송 명세)

Delivery Specification가 Cargo의 목표를 나타내긴 하지만 Delivery Specification이 Cargo에 의존하지는 않는다. 실제로 Delivery Specification은 특정 Delivery History의 가상적인 상태를 표현한다. 그리고 우리는 Cargo에 부속된 Delivery History가 결국 Cargo에 부속된 Delivery Specification을 충족하길 바란다. 만약 두 개의 Cargo가 동일한 곳으로 배송되는 중이라면 그것들은 동일한 Delivery Specification을 공유할 수도 있지만 이력이 똑같은 상태에서

(빈 상태로) 시작하더라도 동일한 Delivery History를 공유하지는 못할 것이다. 따라서 Delivery Specification은 VALUE OBJECT에 해당한다.

역할과 그 밖의 속성

역할은 그것이 한정하는 연관관계에 관한 사항을 전해주지만 이력이나 연속성을 지니고 있지는 않다. 따라서 역할은 VALUE OBJECT이며, 서로 다른 Cargo/Customer로 구성된 연관관계 사이에서 공유할 수 있다.

시간/날짜나 이름과 같은 그 밖의 속성은 VALUE OBJECT다.

해운 도메인의 연관관계 설계

기존 다이어그램에 표현된 연관관계에는 아무런 탐색 방향도 지정돼 있지 않지만 양방향 연관관계는 설계에서 문제를 일으킬 수 있다. 또한 탐색 방향은 종종 통찰력을 포착해서 도메인에 반영함으로써 모델 자체를 심층적으로 만들기도 한다.

Customer가 운송 요청한 모든 Cargo를 직접 참조한다면 이는 장기적으로 성가신 일이 될 것이며, 문제는 여러 Customer에 대해서도 되풀이될 것이다. 또한 Customer라는 개념은 Cargo에만 특화된 것은 아니다. 규모가 큰 시스템에서는 Customer가 여러 객체를 다루는 역할을 맡을지도 모른다. 이 같은 문제를 해결하는 가장 좋은 방법은 Customer를 특화된 책임에서 벗어나게 하는 것이다. 우리가 Customer를 토대로 Cargo를 찾아낼 수 있어야 한다면 데이터베이스 질의로 Cargo를 찾을 수도 있을 것이다. 이 장의 후반부인 REPOSITORY에 관한 절에서 이러한 문제를 다시 살펴보겠다.

애플리케이션에서 선박의 재고를 확인하고 있었다면 Carrier Movement에서 Handling Event에 이르는 탐색이 중요할 것이다. 하지만 업무에서는 Cargo만 조회할 필요가 있다. **Handling Event**에서 Carrier Movement에 이르는 연관관계만 탐색할 수 있게 만든 것은 그와 같은 업무상의 지식을 포착한 것에 해당한다. 그뿐만 아니라 이렇게 하면 다중성을 지닌 탐색 방향이 허용되지 않으므로 단순 객체 참조를 만들 일도 줄어든다.

나머지 결정 사항에 대한 이론적 근거는 다음 페이지의 그림 7.2에 설명돼 있다.

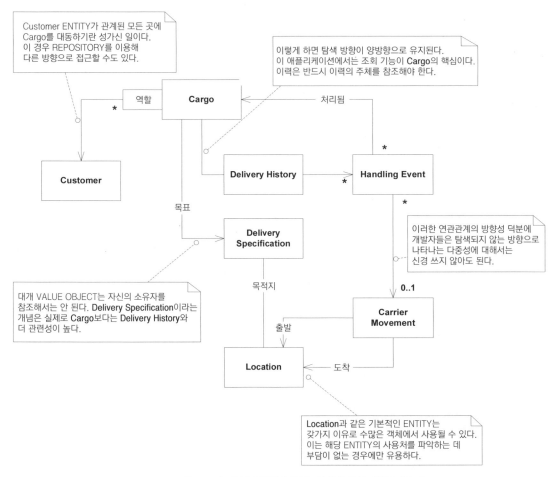

그림 7-2 | 특정 연관관계에서는 탐색 방향이 제약을 받는다.

모델에는 다음과 같은 순환 참조(circular reference)가 포함돼 있다. 즉, Cargo가 그것의 Delivery History를 알고 있고, 이 Delivery History는 일련의 Handling Event를 가지고 있으며, 그리고 이번에는 Handling Event가 Cargo를 가리킨다. 순환 참조는 논리적으로 여러 도메인에 존재하며 간혹 설계에도 필요하지만 순환 참조를 유지하는 데는 신중을 기해야 한다. 동기화를 유지해야 하는 두 곳에서 동일한 정보를 보관하지 않는 식으로 구현 선택에 도움을 줄 수 있다. 이 경우 초기 프로토타입에서는 Delivery History에 Handling Event를 담은 List 객체를 전달하는 식으로 단순하지만 취약한(fragile) 구현체(자바로 작성된)를 만들 수 있다. 하지만 언젠가 Cargo를 키로 사용하는 데이터베이스 탐색을 선호하게 되어 컬렉션을 사용하지 않게 될 수도 있다. 이 같은 논의는 REPOSITORY를 선택할 때 다시 한번 거론될 것이다. 이력을 확인하는 질의를 비교적 드물게 수행한다면 이렇게 하는 편이 성능상 유리하고 유지보수를 단순하게 하며, Handling Event를 추가하는 데 따르는 부하를 줄일 것이다. 반면 이러한 질의를 매우 빈번하게 수행한다면 직접적인 포인터를 계속 유지하는 편이 더 낫다. 이 같은 설계상의 타협점은 구현의 단순함과 성능 사이에서 균형을 이룬다. 모델은 동일하며 순환과 양방향 연관관계가 포함돼 있다.

AGGREGATE의 경계

Customer와 Location, Carrier Movement는 자체적인 식별성을 지니고 여러 Cargo 사이에서 공유되므로 그것들은 자체적인 AGGREGATE의 루트가 되어야 하며, 이러한 AGGREGATE에는 그것들의 속성을 비롯해 본 논의에서 언급하는 상세 수준의 다른 객체도 포함한다. Cargo 또한 명백히 AGGREGATE의 루트이나 다소 심사숙고해서 경계를 지정해야 할 곳이다.

Cargo AGGREGATE는 특정 Cargo가 없다면 존재하지 않을 모든 것들을 포함할 수 있는데, 이러한 것으로는 Delivery History와 Delivery Specification, Handling Event가 있다. 이는 Delivery History도 마찬가지다. Cargo 없이 직접 Delivery History를 찾아볼 사람은 아무도 없을 것이다. 직접 전역적으로 접근할 필요 없이 단순히 Cargo에서 실제로 도출되는 식별성이 있다면 Delivery History가 Cargo의 경계 안으로 잘 맞아들어가므로 Delivery History가 루트가 될 필요는 없다. Delivery Specification은 VALUE OBJECT이므로 Delivery Specification을 Cargo AGGREGATE에 포함하는 데는 전혀 문제될 게 없다.

Handling Event는 또 다른 골칫거리다. 앞에서는 다음의 두 가지를 검색할 법한 두 가지 데이터베이스 질의를 생각해봤다. 하나는 컬렉션에 대한 대안으로 Delivery History에 대한 Handling Event를 찾는 것으로서, 이것은 Cargo AGGREGATE의 내부를 검색 대상으로 삼을 것이다. 다른 하나는 특정 Carrier Movement를 적재 및 준비하기 위한 모든 활동을 찾는 데 사용될 것이다. 두 번째 경우에는 Cargo **처리** 활동이 Cargo 자체와는 별개의 것으로 여겨지는 경우에도 어느 정도 의미가 있는 듯하다. 그러므로 Handling Event는 자체적인 AGGREGATE의 루트여야 한다.

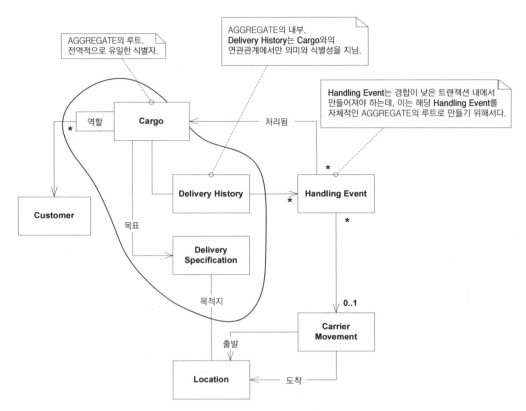

그림 7-3 | 모델에 부여된 AGGREGATE의 경계. (참고로 경계 밖의 ENTITY는 자체적인 AGGREGATE에 대한 루트가 된다는 것을 의미한다)

REPOSITORY의 선정

설계에는 AGGREGATE의 루트인 ENTITY가 5개 있으므로 고려해야 할 사항을 여기에 맞게 한정할 수 있다. 이는 ENTITY를 제외한 다른 객체는 REPOSITORY를 가질 수 없기 때문이다.

이러한 후보 가운데 어떤 것이 실제로 REPOSITORY를 가져야 하는지 결정하려면 애플리케이션의 요구사항을 되돌아볼 필요가 있다. 사용자가 Booking Application(예약 애플리케이션)을 이용해 화물을 예약하려면 다양한 역할(선적인, 수하인 등)을 수행하는 Customer(또는 여러 Customer)를 선택해야 하므로 Customer Repository(고객 리파지터리)가 필요할 것이다. 또한 Cargo의 목적지를 지정하고자 Location을 찾아볼 필요가 있으므로 Location Repository(위치 리파지터리)도 만들어야 한다.

Activity Logging Application(활동 기록 애플리케이션)에서는 사용자가 현재 Cargo가 적재되고 있는 Carrier Movement를 찾을 수 있게 해줘야 하므로 Carrier Movement Repository(운송 수단 이동 리파지터리)가 필요할 것이다. 그뿐만 아니라 이 같은 사용자는 어느 Cargo가 적재됐는지 시스템에 알려줘야 하므로 Cargo Repository(화물 리파지터리)도 필요할 것이다.

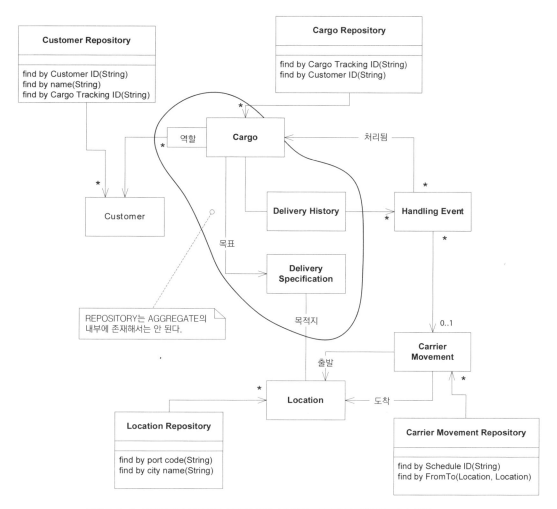

그림 7-4 | 각 REPOSITORY를 이용해 특정 AGGREGATE의 루트에 접근할 수 있다.

지금은 아무런 Handling Event Repository(처리 이벤트 리파지터리)도 없는데, 이는 첫 번째 반복주기에서는 Delivery History와의 연관관계를 컬렉션으로 구현하기로 했고, 애플리케이션 요구사항에는 Carrier Movement에 적재된 것을 찾아야 한다는 요건이 포함돼 있지 않았기 때문이다. 이 같은 전제는 모두 바뀔 수 있으므로 만약 전제가 바뀌었다면 REPOSITORY를 추가할 것이다.

시나리오 연습

이러한 모든 결정사항을 비교 · 검토하려면 끊임없이 각 시나리오를 단계적으로 밟아나가면서 애플리케이션과 관련된 문제를 효과적으로 해결할 수 있는지 확인해야 한다.

예제 애플리케이션 기능: 화물의 목적지 변경

이따금 Customer는 전화를 걸어 이렇게 말하곤 한다. "아, 안돼요! 우린 화물을 하켄색 (Hackensack)으로 보내달라고 했는데, 실제로는 호보켄(Hoboken)으로 보내야 해요." 우리는 이러한 문제를 해결하기 위해 여기에 온 것이므로 시스템은 이 같은 변경에 대비해야 한다.

Delivery Specification은 VALUE OBJECT이므로 그냥 기존 것을 버리고 새 Delivery Specification을 획득한 다음 Cargo에서 제공하는 설정자 메서드를 이용해 기존 것을 새로운 것으로 대체하게 하는 편이 가장 간단하다.

예제 애플리케이션 기능: 반복 업무

사용자측에서 말하길, 같은 고객이 반복적으로 예약하는 내용은 서로 비슷해서 기존 Cargo를 새로운 Cargo의 프로토타입으로 사용하고 싶다고 한다. 따라서 애플리케이션에서는 사용자가 REPOSITORY에서 Cargo를 찾고 나서 사용자가 선택한 것을 토대로 새로운 Cargo를 생성하는 명령어를 선택할 수 있게 해야 할 것이다. 우리는 PROTOTYPE(프로토타입) 패턴(Gamma et al. 1995)을 이용해 이를 설계할 것이다.

Cargo는 ENTITY이며 AGGREGATE의 루트다. 그러므로 Cargo는 신중하게 복사해야 하며 각 객체나 속성이 자신의 AGGREGATE 경계에 둘러싸일 경우 어떻게 될지 고민해봐야 한다. 하나씩 살펴보자.

- Delivery History: 여기서는 기존 Delivery History의 이력은 사용하지 않으므로 빈 상태의 새로운 Delivery History를 만들어야 한다. 이렇게 하는 것은 AGGREGATE 경계 안의 ENTITY에서는 흔히 있는 경우다.

- Customer Role(고객 역할): 여기서는 Customer에 대한 참조를 키로 갖는 Map(또는 다른 컬렉션)을 키를 포함한 채로 복사해야 하는데, 그것들은 새로운 해운 활동에서도 동일한 역할을 수행할 가능성이 높기 때문이다. 하지만 Customer 객체 자체는 복사하지 **않도록** 주의해야 한다. 아울러 Customer 객체에 대한 참조가 기존 Cargo 객체가 참조했던 것과 동일하게 만들어야 하는데, Customer 객체는 AGGREGATE 밖에 존재하는 ENTITY이기 때문이다.

- Tracking ID(조회 ID): 맨 처음으로 새로운 Cargo를 생성할 때는 반드시 동일한 출처에서 만들어진 새 Tracking ID를 제공해야 한다.

참고로 우리는 Cargo AGGREGATE 내부의 모든 것을 복사하고 사본의 일부를 변경했지만 **AGGREGATE 외부에는 아무런 영향을 주지 않았다.**

객체 생성

Cargo에 대한 FACTORY와 생성자

"반복 업무" 시나리오에서처럼 아무리 Cargo에 대한 세련된 FACTORY가 있거나 다른 Cargo를 FACTORY로 사용하더라도 여전히 기본 생성자는 있어야 한다. 우리는 생성자를 이용해 자신의 불변식을 이행하거나, 아니면 적어도 ENTITY의 경우에는 자신의 식별성을 그대로 갖는 객체를 생성하고자 한다.

이렇게 하기로 했다면 다음과 같이 Cargo에 FACTORY 메서드를 만들지도 모른다.

```
public Cargo copyPrototype(String newTrackingID)
```

아니면 독립형 FACTORY에 다음과 같은 메서드를 만들 수도 있다.

```
public Cargo newCargo(Cargo prototype, String newTrackingID)
```

독립형 FACTORY는 새 **Cargo**의 새 ID(자동으로 생성되는)를 획득하는 과정을 캡슐화할 수 있는데, 이 경우 메서드에는 인자가 딱 하나 필요할 것이다.

```
public Cargo newCargo(Cargo prototype)
```

이러한 FACTORY에서 반환되는 결과는 모두 같을 것이다. 즉, 빈 **Delivery History**와 널(null) 값으로 설정된 **Delivery Specification**가 담긴 **Cargo**일 것이다.

Cargo와 **Delivery History** 간의 양방향 연관관계는 **Cargo**나 **Delivery History**가 모두 자신의 상대편을 참조하지 않고는 둘 간의 연관관계가 성립되지 않음을 뜻하므로 **Cargo**와 **Delivery History**는 반드시 함께 생성돼야 한다. **Cargo**는 **Delivery History**를 포함하는 AGGREGATE의 루트라는 점을 기억하라. 따라서 **Cargo**의 생성자나 FACTORY에서 **Delivery History**를 생성하게 할 수 있다. **Delivery History**의 생성자에서는 인자로 **Cargo**를 받아들일 것이다. 그 결과, 코드는 다음과 같다.

```
public Cargo(String id) {
    trackingID = id;
    deliveryHistory = new DeliveryHistory(this);
    customerRoles = new HashMap();
}
```

결과적으로 **Cargo**를 역참조하는 새 **Delivery History**가 포함된 **Cargo**가 새로 만들어진다. **Delivery History**의 생성자는 자신의 AGGREGATE 루트인 **Cargo**에 의해 배타적으로 사용되므로 **Cargo**의 구성은 캡슐화된다.

Handling Event 추가

현실 세계에서는 화물이 처리될 때마다 일부 사용자가 Incident Logging Application(사건 기록 애플리케이션)을 이용해 Handling Event를 입력할 것이다.

모든 클래스에는 기본 생성자가 있어야 한다. **Handling Event**는 ENTITY이므로 ENTITY의 식별성을 정의하는 모든 속성이 생성자에 전달돼야 한다. 앞서 논의한 바와 같이 **Handling Event**는 화물 ID, 완료 시간, 이벤트의 종류를 조합한 것으로 유일하게 식별할 수 있다. **Handling Event**에서 유일하게 다른 속성은 특정 유형의 **Handling Event**는 가질 수조차 없는

Carrier Movement에 대한 연관관계다. 유효한 Handling Event를 생성하는 기본적인 생성자는 다음과 같을 것이다.

```
public HandlingEvent(Cargo c, String eventType, Date timeStamp) {
    handled = c;
    type = eventType;
    completionTime = timeStamp;
}
```

미처 확인하지 못한 ENTITY의 속성은 대개 나중에 추가할 수 있다. 이 경우 Handling Event의 모든 속성은 트랜잭션 초기에 설정되어 변경되지 않을 것이므로(데이터 입력 오류를 정정하는 경우를 제외하면) 필요한 모든 인자를 받아들이는, 각 이벤트 타입에 대한 간단한 FACTORY METHOD를 Handling Event에 추가하는 편이 편리하고 또 클라이언트 코드를 더욱 표현력 있게 만들 것이다. 이를테면, "적재 이벤트"에는 **Carrier Movement**가 관여한다.

```
public static HandlingEvent newLoading(
    Cargo c, CarrierMovement loadedOnto, Date timeStamp) {
    HandlingEvent result = new HandlingEvent(c, LOADING_EVENT, timeStamp);
    result.setCarrierMovement(loadedOnto);
    return result;
}
```

모델의 Handling Event는 적재와 하역에서 포장, 입고, 기타 **Carrier**(운반 수단)에 관계되지 않는 활동에 이르기까지 다양하게 특화돼 있는 Handling Event 클래스를 캡슐화하는 추상적인 개념이다. 그와 같은 Handling Event 클래스는 여러 개의 하위 클래스로 구현되거나, 아니면 복잡한 초기화 과정을 거칠지도 모른다(또는 두 가지 모두). 각 타입에 대한 기반 클래스(Handling Event)에 FACTORY METHOD를 추가하면 인스턴스 생성이 추상화되며, 클라이언트가 구현에 관해 알지 않아도 된다. 그러나 FACTORY에서는 어떤 클래스가 생성되고 어떻게 초기화돼야 하는지 알아야 할 책임이 있다.

안타깝게도 이 이야기는 그렇게까지 단순하지 않다. **Cargo**에서 **Delivery History**를 거쳐 **History Event**까지, 그리고 반대로 **Cargo**에 이르는 참조의 순환은 인스턴스 생성을 복잡하게 한다. **Delivery History**는 자신의 **Cargo**와 관련된 **Handling Event**의 집합을 가지며, 그리고 새로운 객체는 트랜잭션의 일부로 이러한 집합에 추가돼야 한다. 이 같은 역참조가 만들어지지 않았다면 해당 객체는 일관성을 잃어버릴 것이다.

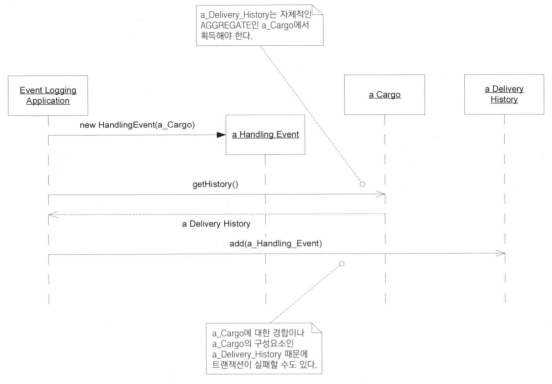

그림 7-5 | Handling Event를 추가할 경우 그것을 Delivery History에 집어넣을 필요가 있다.

역참조 생성을 FACTORY 안으로 캡슐화할 수도 있겠지만(그리고 그것이 속한 도메인 계층에 유지할 수도 있다) 지금은 이러한 부자연스러운 상호작용을 모두 제거하는 설계 대안부터 살펴보겠다.

리팩터링할 시간: Cargo AGGREGATE의 설계 대안

모델링과 설계가 끊임없이 앞으로만 나아가는 과정은 아니다. 모델링과 설계는 새로운 통찰력을 활용해 모델과 설계를 개선하는 리팩터링이 자주 일어나지 않는다면 서서히 정체될 것이다.

지금은 현행 설계가 동작하고 또 모델을 반영하고는 있지만 성가신 측면이 몇 가지 있을 것이다. 설계를 시작할 때는 중요하게 보이지 않던 문제가 이내 성가시게 느껴지기 시작할 것이다. 소 잃고 외양간 고치는 격이긴 하지만 그 중 하나로 돌아가서 설계를 다시 올바른 상태로 돌려놓자.

Handling Event를 추가할 때 Delivery History를 갱신해야 하는 탓에 Cargo AGGREGATE가 트랜잭션에 참여하게 된다. 어떤 다른 사용자가 같은 시각에 Cargo를 변경하고 있었다면 Handling Event 트랜잭션은 실패하거나 지연될 수도 있다. Handling Event에 진입하는 것은 신속하고 단순하게 처리돼야 할 운영 활동이며, 따라서 중요한 애플리케이션 요구사항 하나는 바로 **경합을 겪지 않고도 Handling Event에 진입할 수 있는** 것이다. 이로써 우리는 또 다른 설계를 고려해봐야 한다.

Delivery History의 Handling Event 컬렉션을 질의로 교체하면 Handling Event는 자체적인 AGGREGATE 외부에 아무런 무결성 문제를 일으키지 않고도 추가될 수 있다. 이 같은 변경으로 트랜잭션은 방해받지 않고 완료될 수 있을 것이다. 만약 수많은 Handling Event가 입력돼 있고 비교적 질의의 수가 적다면 이 설계가 더 효율적이다. 사실 관계형 데이터베이스가 기반 기술이라면 결국 내부적으로는 질의를 사용해 컬렉션처럼 보이게 만들었을 것이다. 또한 컬렉션을 사용하기보다는 질의를 사용하는 편이 Cargo와 Handling Event 사이의 순환 참조에서 일관성을 유지하는 데 따르는 어려움을 덜어줄 것이다.

질의에 대한 책임을 담당하고자 여기서는 Handling Event에 대한 REPOSITORY를 추가하겠다. Handling Event Repository는 특정 Cargo와 관계된 Event에 대한 질의를 지원할 것이다. 또한 REPOSITORY는 특정 질의에 효율적으로 답하기 위한 최적화된 질의를 제공할 수도 있다. 예를 들면, 마지막으로 보고된 적재나 하역을 확인하는 Delivery History에 자주 접근한다면 화물의 현재 상태를 추론하기 위해 단순히 관련 Handling Event만을 반환하는 질의를 고안할 수도 있다. 그리고 특정 Carrier Movement에 적재된 모든 화물을 찾는 질의가 필요하다면 그것 역시 손쉽게 추가할 수 있다.

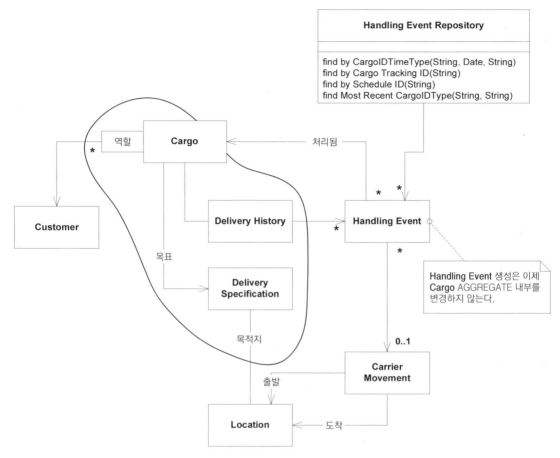

그림 7-6 | Delivery History의 Handling Event 컬렉션을 질의로 구현한다면 Handling Event를 삽입하는 것이 단순해지고 Cargo AGGREGATE와의 경합을 겪지 않아도 된다.

이렇게 하면 Delivery History는 아무런 영속성도 갖지 않는다. 현 시점에서는 실제로 그와 같은 영속성을 유지해 둘 필요가 없다. 우리는 특정 질의에 답할 때마다 Delivery History 자체를 도출할 수도 있다. 우리가 이 객체를 도출할 수 있는 것은 비록 ENTITY가 반복적으로 재생성되더라도 동일한 Cargo 객체와의 연관관계를 토대로 여러 실현체(incarnation) 간의 연속성이 이어지기 때문이다.

순환 참조를 더는 생성하고 유지하기가 까다롭지 않다. 그리고 Cargo Factory(화물 팩터리)는 단순해져서 더는 새로운 인스턴스에 빈 Delivery History을 덧붙이지 않을 것이다. 게다가 데이터베이스 공간을 약간 더 줄일 수 있으며, 특정 객체 데이터베이스에서는 제한된 자원인 영속 객체의 실제 개수도 현저히 줄어들지도 모른다. Cargo가 도착하기 전까지 사용자가 Cargo의 상태를 거의 조회하지 않는 것이 일반적인 사용 패턴이라면 꽤 많은 양의 불필요한 작업을 하지 않아도 될 것이다.

반면 객체 데이터베이스를 사용하고 있다면 연관관계나 명시적인 컬렉션을 탐색하는 편이 아마 REPOSITORY를 조회하는 것보다 훨씬 빠를 것이다. 마지막 지점을 대상으로 삼는 것이 아니라 전체 이력을 빈번하게 나열하는 것이 접근 패턴에 포함돼 있다면 성능 타협점을 따져봤을 때 명시적인 컬렉션의 손을 들어 줄지도 모른다. 그리고 부가 기능(특정 Carrier Movement의 처리 상태를 확인하는 것과 같은)이 아직 요청되지도 않았고(그리고 결코 요청되지 않을 수도 있으므로) 우리는 그와 같은 선택사항에 그다지 신경 쓰고 싶지는 않다.

이러한 대안과 설계상의 타협점은 어디에도 있으며, 그리고 나는 이렇게 작고 단순화된 시스템에서도 갖가지 예를 생각해 낼 수 있다. 하지만 중요한 점은 이러한 부분이 바로 특정 모델 내에서의 자유도에 해당한다는 것이다. VALUE와 ENTITY, 그리고 그것들의 AGGREGATE를 모델링해서 우리는 설계 변경에 따른 파급 효과를 줄였다. 가령 이 경우 모든 변경은 Cargo AGGREGATE 경계 안으로 캡슐화된다. 또한 Handling Event Repository도 추가해야 했지만 Handling Event 자체에 대해서는 어떠한 재설계도 필요치 않았다(REPOSITORY 프레임워크의 세부사항에 의존하는 일부 구현을 변경해야 할지도 모르지만).

해운 모델의 MODULE

지금까지 모듈화가 문제되지 않는 객체를 살펴봤다. 이제 해운 모델에서 좀더 규모가 큰 부분(물론 여전히 단순화돼 있기는 하지만)을 살펴보면서 모델을 MODULE로 조직화하는 것이 모델에 어떠한 영향을 주는지 살펴보자.

그림 7.7은 이 책의 어떤 가상의 열렬한 독자가 모델을 깔끔하게 분할한 모습이다. 이 다이어그램은 5장에서 일어난 인프라스트럭처 주도 패키지화 문제의 한 변종이다. 이 경우 객체는 제각기 자신이 따르는 패턴에 따라 무리를 이룬다. 그 결과, 개념적으로 관계가 적은(낮은 응집도) 객체가 한데 몰려 있으며, 연관관계가 모든 MODULE 사이에 무질서하게 이어져 있다(높은 결합도). 패키지가 내력을 말해주기는 하지만 해운에 관한 것은 아니며, 당시 개발자가 무엇을 읽고 있었는지를 전해줄 따름이다.

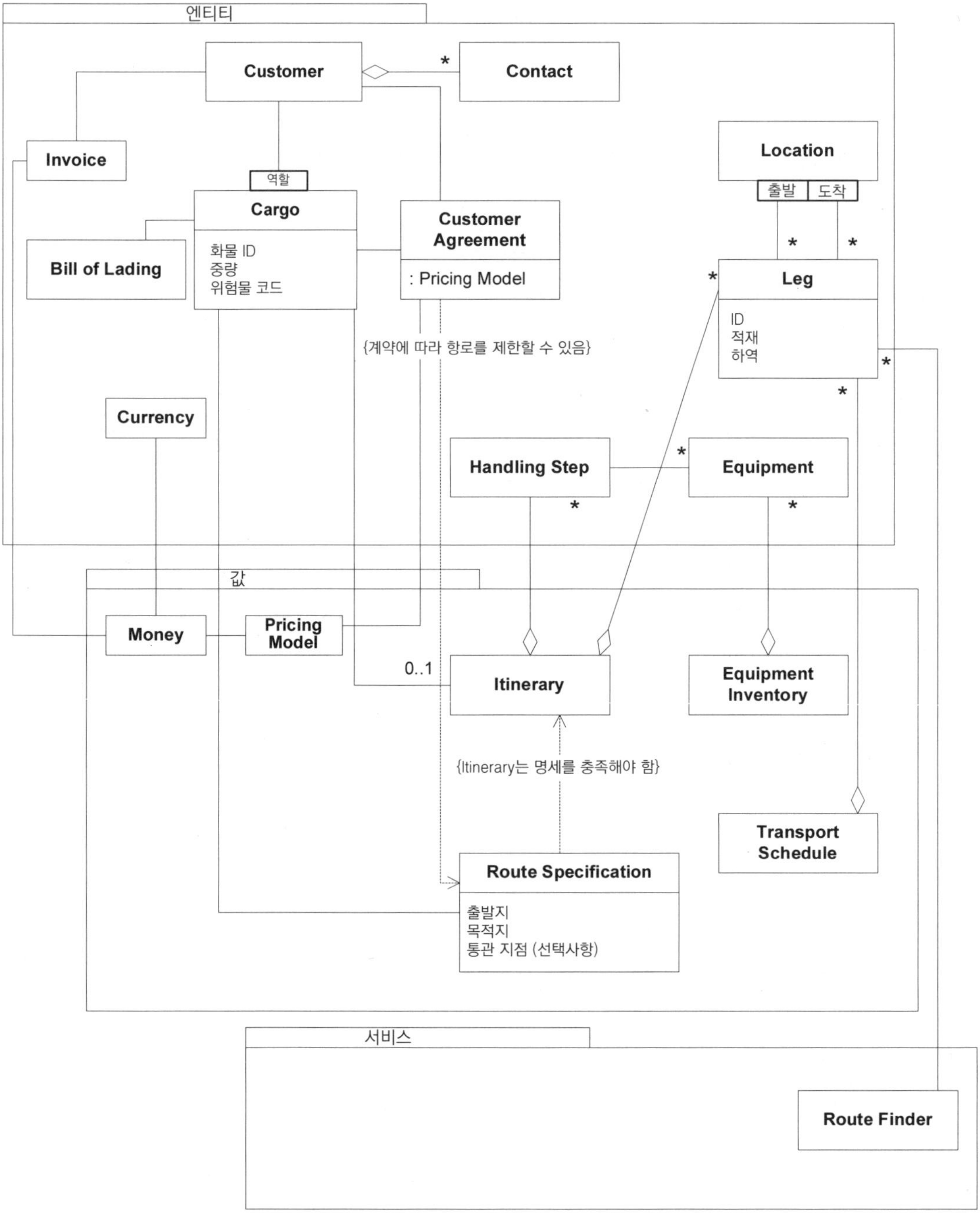

그림 7-7 | 이러한 MODULE은 도메인 지식을 전해주지 않는다.

패턴에 따른 분할이 명백히 잘못된 것으로 보일 수도 있지만 영속 객체를 일시적인 객체나 객체의 의미에 근거를 두지 않는 다른 어떤 체계적인 계획에서 분리하는 것보다 그렇게까지 합리적이지 못한 것은 아니다.

대신 우리는 프로젝트에서 응집력 있는 개념을 찾고 프로젝트에 참여 중인 다른 사람들과 의사소통하고자 하는 바에만 집중해야 한다. 모델링 의사결정의 규모가 작을수록 의사결정 방법의 가짓수도 늘어난다. 그림 7.8은 아주 간단한 예를 하나 보여준다.

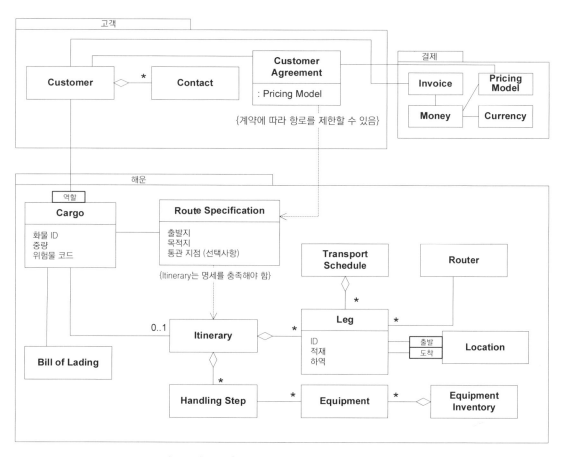

그림 7-8 | 폭넓은 도메인 개념에 근거한 MODULE

그림 7.8에 나온 MODULE의 이름은 팀 언어에 기여한다. 회사에서는 **고객**을 위해 **해운 업무**를 수행하므로 고객에게 **결제**를 요구할 수 있다. 회사의 영업부서와 홍보부서 사람들은 **고객**과 거래를 하고, 고객과 계약을 맺는다. 운영부서 사람들은 **해운 업무**를 하면서 명시된 목적지로 화

물을 보낸다. 회사의 비영업 부서에서는 **결제**를 처리하며, **고객**과 체결한 계약서에 명시된 금액에 따라 송장을 발송한다. 이것이 내가 그림 7.8에 나온 MODULE을 가지고 이야기해줄 수 있는 것 중의 하나다.

이러한 직관적인 분할 방법은 확실히 계속되는 반복주기 동안에는 정제되거나 아니면 심지어 완전히 대체될 수도 있지만 그 방법은 이제 MODEL-DRIVEN DESIGN을 보조하고 UBIQUITOUS LANGUAGE에 기여한다.

새로운 기능 도입: 할당량 검사

지금까지 초기 요구사항과 모델과 관련된 작업을 마무리했다. 이제 첫 번째 주요 새 기능을 추가할 차례다.

가상 해운 회사의 영업부서에서는 별도의 소프트웨어를 이용해 클라이언트와의 관계와 영업 예측 등과 같은 사항을 관리한다. 어떤 기능은 회사에서 예약하고자 하는 특정 유형의 화물의 양을 다양한 요인(물품 유형, 발송지와 목적지, 또는 카테고리명으로 입력 가능한 요인)에 근거해 할당하게 해서 수익 관리를 지원하기도 한다. 이것은 각 유형의 물품에 대한 예상 판매량을 지정해 예약 미달(해운 처리 능력을 최대한 이용하지 않는)이나 과도한 초과예약(화물이 자주 부딪치게 만들어 고객 관계에 타격을 주는)이 동시에 일어나지 않게 해서 수익성이 낮은 화물 탓에 더 수익성이 높은 업무가 처리되지 않는 상황을 방지한다.

이제 사람들은 이 기능이 예약 시스템에 통합되길 바란다. 예약이 들어오면 사람들은 이러한 할당 내역을 검사해서 해당 예약을 수락할지 여부를 확인하고자 한다.

예약 수락 여부에 관한 정보는 두 곳에 있을 필요가 있으며, 요청된 예약을 받아들이거나 거부할 수 있게끔 Booking Application에서 질의를 수행해야 할 것이다. 일반적인 정보 흐름을 묘사하면 다음과 같다.

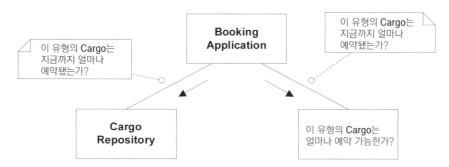

그림 7-9 | Booking Application에서는 영업 관리 시스템과 자체적인 도메인 REPOSITORY의 정보를 이용해야 한다.

두 시스템의 연계

Sales Management System(영업 관리 시스템)은 여기서 사용한 것과 동일한 모델을 염두에 두고 만들어지지는 않았다. Booking Application에서 직접적으로 영업 관리 시스템과 상호작용한다면 현재 개발 중인 애플리케이션에서는 다른 시스템의 설계를 받아들여야만 할 것이며, 이 경우 MODEL-DRIVEN DESIGN을 지속해 나가기가 더욱 어려워지고 UBIQUITOUS LANGUAGE에 혼란이 가중될 것이다. 대신 모델과 Sales Management System에서 쓰는 언어를 서로 번역(translate)하는 역할을 지닌 또 다른 클래스를 만들어보자. 그 클래스는 범용적인 번역 메커니즘이 되지는 않을 것이다. 그 클래스는 현재 개발 중인 애플리케이션에 필요한 기능만을 노출할 것이며, 도메인 모델의 관점에서 그와 같은 기능을 재추상화할 것이다. 이 클래스는 ANTICORRUPTION LAYER(오류 방지 계층)의 역할을 수행할 것이다(14장에서 논의하겠다).

　이 클래스는 Sales Management System에 대한 인터페이스이라서 처음에는 해당 클래스를 "Sales Management Interface(영업 관리 인터페이스)"와 같은 것으로 불러야 한다고 생각할지도 모른다. 하지만 그렇게 하면 문제를 좀더 유용한 형태로 바꿔줄 언어를 써볼 기회를 놓치는 셈이다. 대신 다른 시스템에서 획득할 필요가 있는 각 할당 기능에 대한 SERVICE를 정의하자. 여기서는 클래스명이 시스템에서 맡은 책임을 반영하는, 즉 "Allocation Checker(할당 검사기)"라는 클래스를 이용해 SERVICE를 구현하겠다.

다른 어떤 통합이 필요한 경우라면(이를테면, 자체적인 Customer REPOSITORY 대신 **Sales Management System**의 고객 데이터베이스를 사용하는 것과 같은) 그와 같은 책임을 이행하는 SERVICE로 또 다른 번역기가 만들어질 수 있다. 다른 프로그램과 소통하는 장치를 다루는 **Sales Management System Interface**와 같은 저수준 클래스가 여전히 유용할 수도 있지만 해당 클래스에서 번역에 대한 책임까지 맡지는 않을 것이다. 그뿐만 아니라 해당 클래스는 **Allocation Checker**의 배후에 감춰질 것이므로 도메인 설계에는 나타나지 않을 것이다.

모델 강화: 업무 분야 나누기

이제 두 시스템 간의 상호작용에 대한 윤곽을 잡았는데, 여기서 제공하고자 하는 인터페이스의 종류는 "이러한 유형의 **Cargo**를 얼마나 예약할 수 있는가?"와 같은 질문에 답할 수 있는 것이다. 한 가지 까다로운 문제는 어떠한 "유형"의 **Cargo**가 있는지 정의하는 것인데, 이는 도메인 모델에서 아직까지 **Cargo**를 분류하지 않았기 때문이다. **Sales Management System**에서 **Cargo**의 유형은 단순히 분류 키워드를 모아놓은 것에 불과하고 그것에 따라 **Cargo**의 유형을 정의할 수도 있다. 아니면 문자열로 구성된 컬렉션을 인자로 전달할 수도 있는데, 그렇게 하면 또 다른 기회, 즉 여기서는 다른 시스템의 도메인을 재추상화할 기회를 놓칠 수도 있다. 여기서는 화물의 종류가 여러 가지라는 지식을 도메인 모델에서 수용하도록 도메인 모델을 풍부하게 만들어야 하므로 도메인 전문가와의 브레인스토밍을 토대로 새로운 개념을 고안해내야 한다.

이따금 (11장에서도 논의하겠지만) 분석 패턴에서 모델링 해법에 대한 영감을 얻을 수도 있다. 『분석 패턴(Analysis Patterns)』(Fowler 1996)이라는 책에서는 ENTERPRISE SEGMENT(업무 분야)와 같은 종류의 문제를 해결하는 패턴이 기술돼 있다. ENTERPRISE SEGMENT는 업무를 분할하는 방법을 정의한 차원(dimension)의 집합에 해당한다. 이러한 차원에는 달(month)에서부터 일자(date)까지의 시간 차원을 비롯해 앞에서 언급한 해운 업무에 필요한 개념들을 모두 포함할 수도 있다. 할당 모델에서 이 같은 개념을 이용하면 모델의 표현력이 좋아지고 인터페이스를 단순하게 할 수 있다. 따라서 "Enterprise Segment(업무 분야)"라는 클래스가 부가적인 VALUE OBJECT로 도메인 모델과 설계에 나타날 것이며, 이것은 각 **Cargo**에서 도출해야 할 것이다.

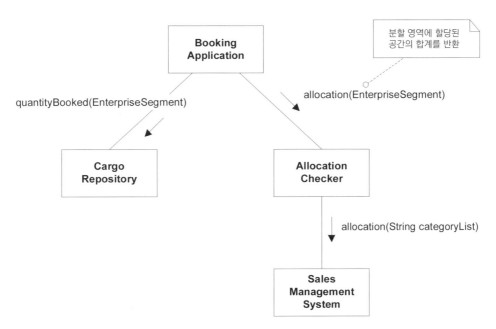

그림 7-10 | Allocation Checker는 도메인 모델 관점에서 Sales Management System에 대한 선택적인 인터페이스를 제공하는 ANTICORRUPTION LAYER의 역할을 한다.

Allocation Checker는 Enterprise Segment와 외부 시스템에서 사용되는 분류명 간의 번역을 수행할 것이다. Cargo Repository 역시 Enterprise Segment를 기반으로 질의를 제공해야 한다. 두 경우 모두 Enterprise Segment 객체와의 협업을 바탕으로 Segment의 캡슐화를 위반하거나 그것의 구현을 복잡하게 하지 않으면서 활동을 수행할 수 있다(주의할 점은 Cargo Repository 가 인스턴스의 컬렉션이 아닌 인스턴스의 개수를 반환한다는 것이다).

하지만 이 설계에도 여전히 몇 가지 문제가 있다.

1. 여기서는 Booking Application에 "Cargo는 자신의 Enterprise Segment에 할당된 공간이 이미 예약된 공간과 새 Cargo의 크기를 더한 것보다 클 때만 수락된다"라는 규칙을 적용하는 책임을 부여했다. 업무 규칙을 이행하는 것은 도메인의 책임이며 응용 계층에서 수행해서는 안 된다.

2. Booking Application에서 어떻게 Enterprise Segment를 도출하는지가 분명하지 않다.

이러한 책임은 모두 Allocation Checker에 속하는 것으로 보인다. Allocation Checker의 인터 페이스를 변경한다면 이 같은 두 가지 SERVICE를 분리할 수 있으며 상호작용을 분명하고 명시 적으로 만들 수 있다.

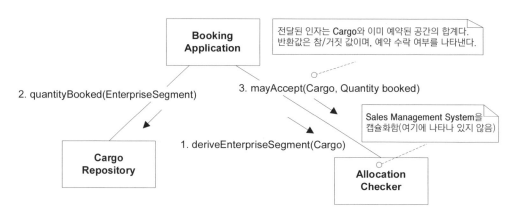

그림 7-11 | 도메인의 책임이 Booking Application에서 Allocation Checker로 옮겨졌다.

이러한 통합으로 부과된 유일하게 중요한 제약사항은 "Sales Management System에서는 Allocation Checker에서 Enterprise Segment로 변환하지 못하는 차원을 사용해서는 안 된다" 일 것이다(ENTERPRISE SEGMENT 패턴을 적용하지 않는다면 동일한 제약사항으로 영업 시 스템에서는 Cargo Repository에 대한 질의에 사용할 수 있는 차원만 쓸 수 있을 것이다. 이 접근 법이 타당하기는 하지만 영업 시스템이 도메인의 다른 부분으로 새어나갈 것이다. 이 설계에서는 Cargo Repository가 오직 Enterprise Segment만을 처리하도록 설계할 필요가 있으며, 따라서 영업 시스템에 가해진 변경은 애초 FACADE로 여겨졌던 Allocation Checker까지만 변경의 효 과가 퍼져나가게 된다).

성능 최적화

Allocation Checker의 인터페이스가 도메인 설계 이외의 사항에 관여하는 부분에 지나지 않지 만 Allocation Checker의 내부 구현은 성능 문제가 발생할 경우 그 문제를 해결할 기회를 제시할 수도 있다. 예를 들어, Sales Management System이 다른 서버, 혹은 어쩌면 다른 곳에서 실행 되고 있다면 통신 부하가 상당히 커질 수 있으며, 각 할당 검사에 대해 두 번의 메시지 교환이 일 어나게 된다. 두 번째 메시지, 즉 Sales Management System에서 특정 화물의 수락 여부에 관한 기본적인 질문의 답을 요청하는 데는 마땅한 대안이 없다. 그러나 첫 번째 메시지, 즉 한 화물의

Enterprise Segment를 도출하는 것은 할당 결정과 비교해봤을 때 비교적 정적 데이터와 행위를 기반으로 한다. 설계상의 한 가지 대안은 이러한 정보를 캐싱해서 Allocation Checker가 포함된 서버에 그러한 정보를 재배치함으로써 메시지 전달에 따른 부하를 절반으로 줄이는 것이다. 하지만 이러한 유연함에는 대가가 따른다. 설계는 더욱 복잡해지고 중복된 데이터는 어떻게든 최신 상태를 유지해야 한다. 하지만 분산 시스템에서 성능이 아주 중요한 경우라면 유연한 배포가 중요한 설계 목표가 될 수 있다.

최종 검토

이게 전부다. 이러한 통합으로 우리의 단순하고 개념적으로 일관된 설계가 얽히고설켜서 지저분해질 수도 있었지만 지금은 ANTICORRUPTION LAYER와 SERVICE, 그리고 몇 가지 ENTERPRISE SEGMENT를 이용해 도메인을 풍부하게 하면서도 Sales Management System의 기능을 예약 시스템에 깔끔하게 통합했다.

　설계와 관련된 마지막 질문은 다음과 같다. Enterprise Segment를 도출하는 책임을 Cargo에 부여하지 않은 이유는 무엇인가? 언뜻 보기에는 도출로 얻는 데이터가 모두 Cargo에 있다면 그러한 데이터를 Cargo의 유도 속성(derived attribute)으로 만드는 편이 우아해 보인다. 하지만 안타깝게도 그렇게 하기가 그리 단순하지는 않다. Enterprise Segment는 업무 전략에 유용한 형태로 나뉘게끔 임의적으로 정의된다. 이것은 동일한 ENTITY도 각기 다른 목적으로 서로 다르게 분할될 수 있다는 의미다. 여기서는 예약 할당(booking allocation)을 목적으로 특정 Cargo를 도출했지만 세금 회계 목적으로는 전혀 다른 Enterprise Segment가 만들어질 수도 있다. 심지어 할당 Enterprise Segment는 영업 관리 시스템이 새로운 영업 전략에 따라 재구성되면 변경될 수도 있다. 그렇게 되면 Cargo는 Allocation Checker에 관해 알아야 할 것이며, 이러한 Allocation Checker는 자신의 개념적 책임의 범위를 넘어서며, 특정 타입의 Enterprise Segment를 도출하는 메서드를 잔뜩 갖게 될 것이다. 따라서 이러한 값을 도출할 책임은 분할 규칙을 적용할 데이터가 담긴 객체보다는 분할 규칙을 알고 있는 객체에 있는 것이 적절하다. 그 규칙들은 개별 "Strategy(전략)" 객체로 나뉠 수 있으며, 이러한 Strategy 객체는 Cargo에 전달되어 Enterprise Segment를 도출할 수 있게 만들어준다. 그와 같은 해법은 이 예제의 요구사항을 넘어서는 것으로 보이나 차후 설계에 대한 대안이며 아주 급격한 변화를 동반하지는 않을 것이다.

Domain-Driven Design

제 **3** 부

더 심층적인 통찰력을
향한 리팩터링

2부에서는 모델과 구현을 조화시키는 데 필요한 기반을 구축했다. 일관된 언어와 입증된 기본 구성요소를 활용하면 적절하고 합리적인 노력으로 개발이 가능해진다.

물론 가장 어려운 일은 도메인 전문가의 섬세한 관심사를 포착하고 효과적인 설계를 이끌어줄 명확한 모델을 **발견**하는 것이다. 궁극적으로, 도메인에 대한 심층적인 이해를 반영한 모델이 필요하다. 이로써 도메인 전문가의 사고방식과 좀더 자연스럽게 융합되고 사용자의 요구에 기민하게 대응할 수 있는 소프트웨어를 개발할 수 있다. 3부에서는 이와 관련된 목표를 명확하게 제시하고, 목표를 달성할 수 있는 프로세스를 기술한 후, 애플리케이션의 요구사항뿐 아니라 개발자 본인의 요구사항까지도 충족하는 설계를 만들기 위한 원리와 패턴을 설명한다.

유용한 모델을 성공적으로 개발하기 위해 명심해야 할 세 가지 관건은 다음과 같다.

1. 정교한 도메인 모델은 만들 수 있으며, 노력을 들일 만한 가치가 있다.
2. 해당 도메인을 학습하는 개발자와 도메인 전문가의 긴밀한 참여와 반복적인 리팩터링 과정 없이 유용한 모델을 개발하기란 쉽지 않다.
3. 유용한 모델을 효과적으로 구현하고 사용하려면 정교한 설계 기술이 필요할지도 모른다.

리팩터링 수준

리팩터링이란 소프트웨어의 기능을 수정하지 않고 설계를 다시 하는 것을 의미한다. 사전에 모든 설계 결정을 내리기보다는 기존의 기능은 유지한 채 끊임없이 코드를 변경하면서 설계를 좀더 유연하게 개선하거나 이해하기 쉽게 만든다. 자동화된 단위 테스트 스위트가 구비돼 있다면 비교적 안전하게 리팩터링을 수행할 수 있다. 덕분에 개발자는 앞으로 발생할 수 있는 문제를 미리 예측해야 하는 부담감에서 해방될 수 있다.

그러나 리팩터링을 다루는 대부분의 문헌에서는 매우 상세한 수준에서 코드의 가독성을 높이거나 쉽게 개선하는 기계적인 변경에 초점을 맞춘다. 『패턴을 활용한 리팩터링(Refactoring to Patterns)』[1]에서 소개한 접근법의 경우 개발자가 디자인 패턴을 적용해야 한다고 판단했을 때 따라야 할 리팩터링 절차에 대한 높은 수준의 목표를 제시한다. 그럼에도 이 접근법은 설계 품질을

---

1 『디자인 패턴』(Gamma et al. 1995)에서는 패턴이 리팩터링의 목표라는 사실을 간략하게 언급하고 있다. 조슈아 케리에브스키 (Joshua Kerievsky)는 패턴을 향해 리팩터링하는 방법을 좀더 성숙하고 유용한 형태로 발전시켰다(Kerievsky 2003).

주로 기술적인 관점에서 바라보고 있다.

시스템의 생존력에 가장 큰 영향을 미치는 리팩터링은 도메인에 대한 새로운 통찰력을 얻었을 때 수행하거나 코드를 사용해서 모델이 표현하고자 하는 바를 명확하게 드러내고자 수행하는 경우다. 이런 유형의 리팩터링이 디자인 패턴을 향한 리팩터링이나 마이크로 리팩터링을 대체하는 것은 아니다. 대신 또 다른 수준의 리팩터링, 즉 심층 모델을 향한 리팩터링이라는 수준을 추가한다. 도메인에 대한 통찰력을 바탕으로 리팩터링을 하는 경우에도 각종 마이크로 리팩터링을 함께 적용할 수는 있지만 이 경우 마이크로 리팩터링을 적용하는 이유는 코드의 상태를 개선하기 위해서라기보다는 더 통찰력을 갖춘 모델을 만들기 위해 따라야 할 유용한 변경의 단위를 마이크로 리팩터링이 제시하기 때문이다. 리팩터링의 목표는 개발자가 단순히 코드가 수행하는 바를 이해하는 것뿐만 아니라 왜 그렇게 수행되는지를 이해하고 도메인 전문가와의 의사소통에 이를 연관시키는 것이다.

『리팩터링』(Fowler 1999)에 소개된 카탈로그에는 자주 사용하는 대부분의 마이크로 리팩터링이 포함돼 있다. 카탈로그에 소개된 마이크로 리팩터링의 목표는 코드 자체에서 발견되는 문제를 해결하는 데 있다. 이와 달리 도메인 모델은 도메인에 대한 새로운 통찰력을 얻는 정도에 따라 변화의 폭이 달라지므로 포괄적인 카탈로그를 수집하는 것이 불가능할 것이다.

모델링은 여느 탐험과 마찬가지로 본래부터 일정한 체계를 갖추고 있지 않다. 심층 모델을 향한 리팩터링은 학습과 심층적인 사고가 이뤄지는 곳이라면 어디라도 함께해야 한다. 11장에서 소개하는 모델처럼 이미 널리 알려져 있는 성공적인 모델을 참고할 수는 있지만 도메인 모델을 설명서나 단순한 도구 모음으로 격하시켜서는 안 된다. 이어지는 6개의 장에서는 도메인 모델에 생명을 불어넣을 설계를 비롯해 도메인 모델을 개선하기 위한 구체적인 접근법을 제시하겠다.

심층 모델

전통적인 방식으로 객체 분석 방법을 설명하면 요구사항 문서에 서술된 명사와 동사를 식별하고, 식별된 명사는 초기 객체의 이름으로, 식별된 동사는 객체의 메서드로 사용하는 것이다. 객체 모델링을 처음 접하는 초보자를 가르치기에는 이런 단순화된 설명이 유용하다. 그러나 실제로 초기 모델은 얄팍한 지식에 기반을 둔 투박하고 무의미한 모델인 경우가 대부분이다.

한 가지 예를 들자면, 과거에 선박과 컨테이너가 포함된 객체 모델을 초기 아이디어로 사용한 해운 애플리케이션 개발에 참여한 적이 있다. 선박은 다양한 장소의 항구를 거쳐 운항하고, 컨테이너는 적재 작업을 거쳐 선박과 연결되고 하역 작업을 거쳐 선박과 분리된다. 객체 모델은 해운 업무와 관련된 활동의 물리적인 측면을 정확하게 표현하고 있었지만 해운 업무 소프트웨어에는 그다지 유용하지 못한 것으로 드러났다.

결국 해운 전문가와 함께 수차례의 반복주기를 거쳐 작업한 지 수개월이 지나서야 원래의 모델과는 완전히 상이한 새로운 모델로 발전시킬 수 있었다. 새로 작성된 모델은 해운 업무에 문외한 사람들에게는 다소 불명확해 보였지만 전문가가 보기에 도메인의 본질을 적절하게 반영하고 있었다. 결과 모델이 화물 운송 업무에 다시 초점을 맞추게 된 것이다.

선박이라는 개념은 여전히 모델에 포함돼 있지만 선박이나 기차 등의 다양한 운송 수단을 포괄하는 운항일정이라는 의미를 담고 있는 "선박 운항"(vessel voyage)의 형태로 추상화됐다. 선박 자체는 부차적이고 선박 보수 작업이나 일정 지연 등으로 최종 시점에 다른 운송 수단으로 대체될 수 있는 데 비해 선박 운항 자체는 원래의 계획대로 진행된다. 선적용 컨테이너는 모델에서 거의 사라졌다. 선적용 컨테이너는 화물 처리 애플리케이션에서는 매우 상이하고 복잡한 형태를 띠었지만 원래의 애플리케이션 맥락에서는 컨테이너가 운영상의 세부사항을 나타내는 개념이었다. 물리적인 화물 이동은 화물에 대한 법률적 책임을 양도하는 개념으로 약화됐고 "선하증권"(bill of lading)처럼 덜 명확하던 객체가 부각됐다.

새로운 객체 모델러가 프로젝트에 참가할 때마다 가장 먼저 제안한 것은 무엇이었을까? 바로 선박과 컨테이너가 모델에 누락됐다는 것이었다. 그들은 영리한 사람들이었지만 앞서 설명한 발견 과정(process of discovery)을 거치지 못했을 뿐이다.

심층 모델(deep model)이란 도메인의 피상적인 측면은 배제하고 도메인 전문가의 주요 관심사와 가장 적절한 지식을 알기 쉽게 표현하는 모델이다. 이 정의가 추상화를 의미하는 것은 아니다. 심층 모델이 일반적으로 추상적인 요소를 포함하기는 하지만 문제의 핵심을 관통하는 구체적인 요소 또한 포함할 수 있다.

도메인과 조화를 이루는 모델에서는 융통성, 단순함, 설명력을 얻을 수 있다. 그러한 모델이 공통적으로 지니고 있는 한 가지 특징은 업무 전문가가 즐겨 쓰는 단순하지만 충분히 추상적인 언어가 존재한다는 것이다.

심층 모델/유연한 설계

지속적으로 리팩터링을 수행하려면 설계 자체가 변경을 지원해야 한다. 10장에서는 변경하기 쉽고 시스템의 다른 부분과 쉽게 통합되는 설계를 작성하는 방법을 살펴보겠다.

설계를 변경하고 더 사용하기 쉽게 만들어 주는 설계 특성이 있다. 이러한 설계 특성이 복잡하지는 않지만 그렇다고 해서 만만하게 대할 수 있는 것도 아니다. "유연한 설계"(supple design)와 이를 달성하기 위한 접근법이 바로 10장에서 다루는 주제다.

한 가지 다행인 점은 도메인에 대해 새롭게 알게 된 내용을 반영하도록 지속적으로 모델과 코드를 변경하는 실제 행위 자체로 말미암아 여러 부분에 중복될 수 있는 공통적인 부분을 손쉽게 처리하는 동시에 변경이 필요한 적절한 지점에 유연성을 제공할 수 있다는 것이다. 낡은 야구 글러브에 비유하자면 손가락을 구부리는 지점은 유연해지는 반면 움직임이 적은 부분은 여전히 딱딱해서 손을 보호할 수 있다. 따라서 여기서 소개하는 모델링과 설계 접근법을 따른다면 수많은 시행착오를 겪을 수도 있지만 결과적으로 설계를 변경하기가 쉬워지고 반복적인 변경을 거쳐 유연한 설계에 도달하게 된다.

유연한 설계는 변경을 촉진할뿐 아니라 모델 자체의 개선에도 기여한다. MODEL-DRIVEN DESIGN을 지탱하는 두 개의 축이 있다. 심층 모델은 설계에 표현력을 부여한다. 그와 동시에 개발자가 여러 가지 시도를 할 수 있을 정도로 설계가 유연하고 개발자가 무슨 일이 일어나고 있는지 파악할 수 있을 만큼 설계가 명확하다면 설계는 모델의 발견 과정에 통찰력을 제공할 수 있다. 이런 피드백 고리의 한 측면은 필수 불가결한 것이라고 할 수 있는데, 우리가 찾고 있는 모델이 단순히 훌륭한 아이디어의 집합이 아니라 구축하게 될 시스템의 기반이 되기 때문이다.

발견 과정

해결해야 하는 문제에 적합한 설계를 만들려면 먼저 도메인의 중심 개념을 담고 있는 모델을 확보해야 한다. 9장, "암시적인 개념을 명시적으로"에서는 적극적으로 도메인의 중심 개념을 찾아 이를 설계에 반영하는 방법을 다룬다.

모델과 설계 간의 관계가 매우 밀접하므로 코드가 리팩터링하기 어려운 경우 더는 모델링을 진행할 수가 없다. 10장, "유연한 설계"에서는 소프트웨어를 쉽게 확장하고 변경할 수 있게 특히 여러분과 같은 소프트웨어 개발자를 위해 소프트웨어를 작성하는 방법을 다룬다. 이러한 방법은 더 많은 모델 정제와 함께 하며, 좀더 발전된 설계 기법과 함께 더 엄격한 모델 정의를 수반하는 경우가 흔하다.

발견한 개념을 훌륭하게 모델링하기 위해 보통 창조성과 시행착오에 의존하겠지만 종종 누군가가 쉽게 적용할 수 있는 패턴을 만들어 놓은 경우도 있다. 11장과 12장에서는 "분석 패턴"과 "디자인 패턴"을 적용하는 방법을 설명한다. 이러한 패턴은 바로 사용 가능한 해결책은 아니지만 면밀한 지식 검토 과정에 도움을 주고 조사해야 할 범위를 줄여준다.

도메인 주도 설계에서 가장 흥미진진했던 사건을 설명하는 것으로 3부를 시작하겠다. 때때로 MODEL-DRIVEN DESIGN과 명시적인 개념이 함께 어우러지는 단계에서 도약을 경험하게 된다. 소프트웨어를 기대했던 것보다 더욱 표현력 있고 융통성 있게 변화시킬 수 있는 기회는 열려 있다. 여기서 기회란 새로운 기능일 수도 있고 변경이 어려운 커다란 코드 덩어리를 심층 모델의 단순하고 유연한 표현으로 대체하는 것일 수도 있다. 매일 이러한 도약을 경험할 수는 없더라도 도약이 발생할 경우 대단히 가치 있으므로 이를 잘 인식하고 기회를 잡을 필요가 있다.

8장에서는 더욱 심층적인 통찰력을 향해 리팩터링하는 과정에서 도약에 이른 프로젝트의 실제 사례를 다룬다. 미리 계획을 한다고 해서 도약을 경험할 수 있는 것은 아니지만 도메인 리팩터링에 관해 숙고할 수 있는 훌륭한 맥락을 제시해줄 것이다.

08

도약

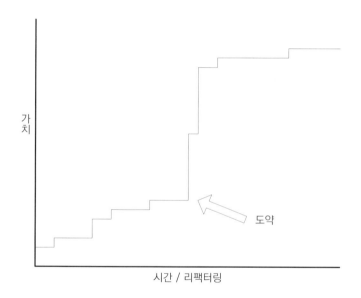

리팩터링의 효과는 선형적으로 증가하지 않는다. 일반적으로 리팩터링에 들어간 노력의 양이 적다면 최소의 보답만이 돌아오며 개선되는 부분 역시 적을 수밖에 없다. 리팩터링은 엔트로피와의 싸움이며 레거시 시스템이 퇴보하는 것을 막는 최전선에 놓여 있다. 하지만 가장 중요한 통찰력은 어느 순간 갑자기 떠오르고 그에 따른 충격은 프로젝트 전체로 퍼져나간다.

팀은 느리지만 그러나 확실하게 습득된 지식을 자신의 것으로 만들고 이를 모델에 투영한다. 심층 모델은 한 번에 하나의 객체를 대상으로 하는 각종 소규모 리팩터링(이쪽에 있는 연관관계를 조정하고 저쪽에 있는 책임을 옮기는) 과정을 거쳐 서서히 모습을 드러낸다.

그렇지만 종종 지속적인 리팩터링이 다소 규칙적이지 않은 사항을 다루는 방법을 제공하기도 한다. 개발자는 개별적인 코드 개선과 모델의 개선 작업을 토대로 좀더 명확한 시각을 갖게 된다. 이러한 명확성을 바탕으로 통찰력을 도약시킬 수 있는 잠재적인 가능성이 열린다. 맹렬하게 이뤄지는 변경은 모델을 사용자의 현실과 우선순위에 부합하게 만든다. 복잡성이 사라지는 바로 그때 갑자기 모델의 융통성과 표현력이 높아진다.

이런 부류의 도약은 기법이 아니다. 그것은 사건이다. 중요한 문제는 무슨 일이 일어나고 있는지 인식하고 이를 어떻게 처리할지 결정하는 것이다. 도약을 경험한다는 것이 어떤 느낌인지 전해주고자 몇 년 전에 참여했던 실제 프로젝트 사례를 토대로 매우 가치 있는 심층 모델에 어떻게 이르렀는지 들려주겠다.

도약에 관한 일화

뉴욕의 겨울 만큼이나 혹독하고 기나긴 리팩터링 작업을 마치고 나서야 도메인의 핵심 지식이 담긴 모델과 함께 애플리케이션에 실제로 적용할 수 있는 적절한 설계를 마련할 수 있었다. 우리는 투자 은행에서 사용될 대형 신디케이트론(syndicated loans)[1] 관리 애플리케이션의 핵심적인 부분을 개발 중이었다.

인텔사에서 10억 달러에 달하는 공장을 지을 경우 대출 회사 한곳에서 감당하기에는 너무나 큰 액수의 대출이 필요하므로 여러 대출 회사가 모여 **퍼실리티(facility)**를 지원할 자금을 공동으로 출자하는 **채권은행단(syndicate)**을 구성한다. 일반적으로 투자 은행이 채권은행단의 대표를 맡고 거래와 다양한 서비스를 조율하는 역할을 담당한다. 프로젝트에서는 이와 관련된 전체 프로세스를 추적하고 지원하는 소프트웨어를 제작하는 것이 목표였다.

괜찮은 모델이기는 하지만……

우리는 기분이 매우 좋았다. 넉 달 전까지만 하더라도 인계받은 코드 기반을 도저히 사용할 수 없는 매우 어려운 상황에 처해 있었고 그때 이후로 악전고투한 결과 응집도 높은 MODEL-DRIVEN DESIGN에 이르렀기 때문이다.

---

1   (옮긴이) 다수의 은행으로 구성된 차관단이 공통의 조건으로 일정 금액을 차입자에게 융자해 주는 중장기 대출을 말한다. 돈을 빌리는 기업이나 국가의 입장에서는 효율적으로 대규모 자금을 조달할 수 있으며, 채권은행 입장에서는 차입자의 채무 불이행에 따른 위험을 신디케이트 조직에 의한 공동융자방식을 통해 분산시킬 수 있다는 이점이 있다.

그림 8.1에 반영된 모델은 일반적인 경우를 매우 단순하게 표현한 것이다. Loan Investment(대출 투자)는 Facility(퍼실리티) 내에서의 지분(share)에 비례하는 특정 투자자의 Loan(대출) 분담액을 표현하는 파생 객체다.

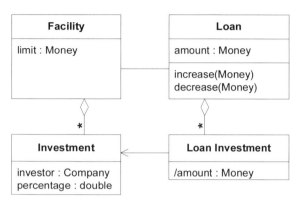

그림 8-1 | 대출 회사의 지분이 고정적이라고 가정한 모델

"퍼실리티"란 무엇인가?

여기서 이야기하는 "퍼실리티"는 어떤 건축물을 의미하지 않는다. 대부분의 프로젝트와 마찬가지로 도메인 전문가가 사용하는 특수한 용어가 어휘집에 편입되어 UBIQUITOUS LANGUAGE의 일부가 된다. 상업 은행 도메인에서 **퍼실리티란 돈을 대출해 줄 회사와의 매매 계약을 의미한다.** 여러분이 사용하는 신용카드는 미리 정해진 금리로 사전 협의된 최대 금액까지 즉시 빌릴 수 있는 권한을 부여하는 퍼실리티에 해당한다. 신용카드를 사용하면 미결제 대출이 발생하고, 각 청구 금액은 퍼실리티에 대한 차용액이 되며 대출 총액을 증가시킨다. 결국 여러분은 대출 원금을 갚을 테고 이와 더불어 연회비도 낼 것이다. 연회비는 신용카드(퍼실리티)를 보유한 권리에 대한 요금이며 대출과는 무관하다.

그러나 몇 가지 혼란스러운 징표가 나타났다. 설계를 복잡하게 하는 예상치 못한 요구사항이 계속해서 발목을 잡았던 것이다. 대표적인 예로 Facility에 포함된 지분은 단지 특정 대출자금을 인출할 때의 **가이드라인**에 불과하다는 사실을 뒤늦게야 이해했다는 것이다. 차용인이 대출금을 요청하면 채권은행단의 대표는 모든 대출사에게 각 대출사가 보유한 지분만큼의 대출금을 제공해줄 것을 요청한다.

대출금 제공을 요청받은 투자 회사는 일반적으로 지분에 해당하는 금액을 제공하지만 채권 은행단의 다른 회사와 협의를 거쳐 더 적은(또는 더 많은) 금액을 제공하기도 한다. 우리는 모델 에 Loan Adjustment(대출 조정)을 추가해서 이 요구사항을 수용할 수 있었다.

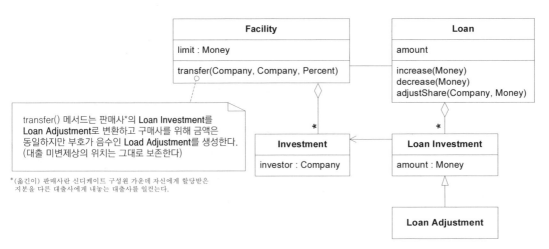

transfer() 메서드는 판매사*의 Loan Investment를 Loan Adjustment로 변환하고 구매사를 위해 금액은 동일하지만 부호가 음수인 Load Adjustment를 생성한다. (대출 미변제상의 위치는 그대로 보존한다)

*(옮긴이) 판매사란 신디케이트 구성원 가운데 자신에게 할당받은 지분을 다른 대출사에게 내놓는 대출사를 일컫는다.

그림 8-2 | 문제를 해결하고자 점진적으로 모델이 수정됨. Loan Adjustment는 원래 대출사가 동의한 Facility 내의 지 분과 다를 경우 그 차이를 추적한다.

다양한 종류의 거래 규칙이 명확해짐에 따라 이런 유형의 정제 과정을 거쳐 뒤처지지 않고 규 칙을 수용할 수 있었다. 그러나 복잡도는 점점 증가하고 있었고, 이 상태대로라면 견고한 기능을 신속하게 개발하지 못할 듯했다.

더 큰 문제는 점점 복잡해지는 알고리즘 탓에 더는 감당할 수 없을 정도가 되어버린 미묘한 반 올림 불일치 문제였다. 실제로 1억 달러 규모의 거래에서 몇 페니의 금액이 어딘가 증발해버렸다 고 해서 신경 쓰는 사람은 아무도 없겠지만 은행원이라면 금액이 행방불명되는 원인을 정확하게 설명하지 못하는 소프트웨어를 신뢰할 수 없을 것이다. 우리는 이것이 기본적인 설계 문제에서 비롯된 것이라는 점을 깨닫기 시작했다.

도약

일주일이 지난 뒤 불현듯 잘못된 것이 뭔지 깨닫기 시작했다. 업무에 적합하지 않은 방식으로 모델 내의 Facility와 Loan 지분을 밀접하게 결부시켜 놓았던 것이다. 새롭게 알게 된 뜻밖의 사실은 모델에 광범위한 영향을 미쳤다. 업무전문가의 동의와 열정적인 지원을 받으며(그리고 단언하건대 그것을 깨닫는 데 왜 그렇게 오랜 시간이 걸렸는지 의아해하면서) 화이트보드에 새로운 모델을 그려가며 장시간에 걸쳐 이 문제를 토의했다. 아직까지는 세부적인 사항이 구체화되지 않았지만 새로운 모델의 핵심적인 특징을 파악할 수 있었다. 즉, Loan의 지분과 Facility의 지분은 상호독립적으로 변경 가능하다는 것이다. 이와 같은 통찰력을 바탕으로 다음과 같이 새로운 모델을 시각화한 후 다양한 시나리오를 검토했다.

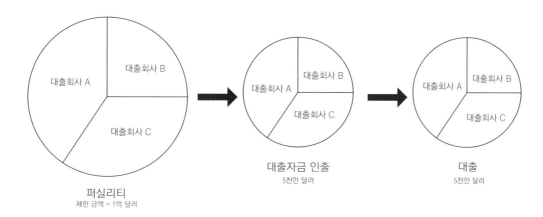

그림 8-3 | Facility의 지분을 기준으로 배당된 대출 총액

이 다이어그램은 차용인이 Facility에 위탁한 1억 달러의 금액 중 처음으로 5천만 달러를 차입하기로 결정한 상황을 보여준다. 세 대출회사는 정확하게 Facility의 지분에 비례해 지분을 제시했으며, 결과적으로 세 대출회사는 5천만 달러의 Loan을 나눠 갖는다.

그 후 그림 8.4와 같이 차용인이 추가로 3천만 달러를 차입해서 미변제 Loan이 8천만 달러가 됐지만 아직은 Facility의 제한 금액인 1억 달러를 초과하지는 않았다. 이번에는 대출회사 B가 대출에 참여하지 않기로 결정하고 대출회사 A에게 여분의 지분을 부담하게 했다. 대출 총액의 지분은 이와 같은 투자 결정을 반영한다. 인출 금액이 Loan에 더해질 때 Loan의 지분은 더는 Facility의 지분에 비례하지 않는다. 이런 일은 흔히 일어난다.

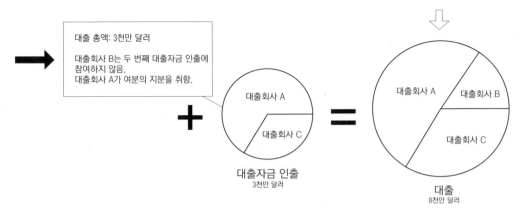

그림 8-4 | 대출회사 B가 두 번째 대출자금 인출에 참여하지 않음

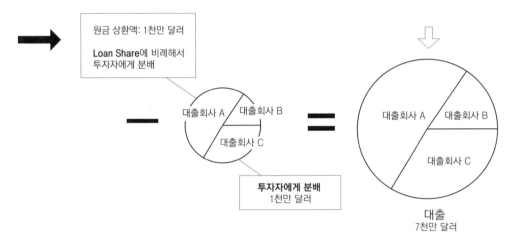

그림 8-5 | 원금 상환은 항상 미변제 Loan에서의 지분 비율에 따라 분배됨

차용인이 Loan에 대한 대출금을 상환하면 Facility가 아닌 Loan에서의 지분 비율에 따라 상환된 금액을 대출회사에게 분배한다. 상환된 이자 역시 대출금과 마찬가지로 Loan의 지분 비율에 따라 분배된다.

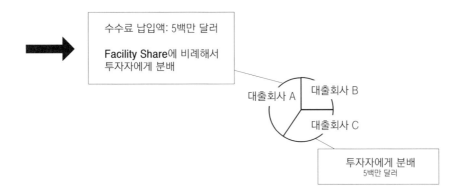

그림 8-6 | 수수료 납입은 항상 Facility의 지분에 비례해서 분배됨

한편으로 차용인이 Facility의 소유권에 대한 비용을 지불할 경우에는 어떤 회사가 실제로 금액을 대출해줬는가와는 상관없이 Facility의 지분 비율에 따라 납입금을 분배한다. 수수료를 납입해도 Loan은 변경되지 않는다. 대출회사들이 이자 지분과는 별도로 수수료 지분을 거래하는 등의 시나리오도 존재한다.

더 심층적인 모델

앞에서 두 가지 깊이 있는 통찰력을 얻었다. 첫째로 "투자(Investment)"와 "대출 투자(Loan Investment)"는 일반적이면서도 기본적인 개념인 지분(share)의 두 가지 특수한 경우에 불과하다는 사실을 알게 된 것이다. 퍼실리티의 지분, 대출의 지분, **상환액 분배**의 지분 등등 모든 곳에 지분이 존재한다. 지분이란 분배할 수 있는 값을 의미한다.

다소 소란스러웠던 며칠이 지나가고 나는 도메인 전문가와의 토론에 사용한 언어를 비롯해 머리를 맞대고 조사했던 시나리오를 기반으로 지분에 관한 모델을 구상했다.

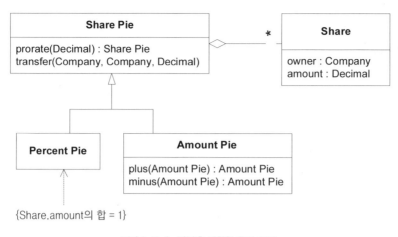

그림 8-7 | 지분을 표현한 추상 모델

또한 지분 모델에 맞게 새로운 대출 모델을 구상했다.

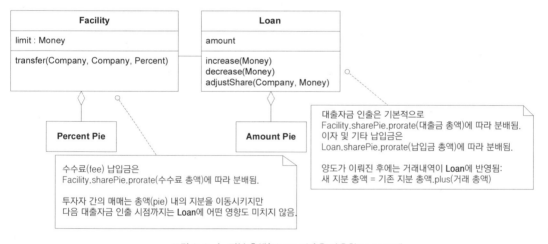

그림 8-8 | 지분 총액(Share Pie)을 사용한 Loan 모델

더는 Facility나 Loan의 지분을 표현하는 특수한 개념은 존재하지 않는다. 분석 과정을 거쳐 두 가지 모두 좀더 직관적인 "Share Pie(지분 총액)"라는 개념으로 통합됐다. 이와 같은 일반화로 거래상의 지분을 매우 간단하게 계산할 수 있으며 계산 자체를 좀더 표현력 있고, 간결하며, 쉽게 조합할 수 있는 "지분 계산(shares math)"을 도입하는 것이 가능해졌다.

그러나 무엇보다도 새로운 모델에서는 부적절한 제약사항을 제거해서 많은 문제점을 해결할 수 있었다. 새로운 모델은 합계, 수수료 분배 등에 관한 유효한 제약사항은 그대로 유지하면서도 Loan Share가 Facility Share에 대한 비율에 얽매이지 않게 만들었다. Loan의 Share Pie를 직접 조정할 수 있으므로 더는 **Load Adjustment**가 필요하지 않게 됐고 특별한 경우를 처리하는 상당한 양의 로직을 제거할 수 있었다.

Loan Investment는 사라졌고, 이 시점에 이르러 "대출 투자(loan investment)"라는 용어를 은행에서 사용하지 않는다는 사실을 알게 됐다. 사실 업무 전문가들은 대출 투자라는 용어를 이해할 수 없다고 수차례 말해왔다. 업무 전문가들은 우리의 소프트웨어 지식을 따랐고 기술적인 설계를 위해 대출 투자가 유용할 거라고 추측했을 따름이었다. 실제로 우리는 도메인을 완전하게 이해하지 못한 상태에서 용어를 만들었던 것이다.

불현듯 이와 같은 도메인을 바라보는 새로운 방식을 기반으로 비교적 적은 노력을 들이고도 이전에 직면한 모든 시나리오를 어느 때보다 훨씬 더 간단하게 진행해 볼 수 있었다. **그리고 종종 다이어그램이 "너무 기술적"이라고 지적하곤 했던 업무 전문가들은 새로운 모델 다이어그램을 완벽하게 이해할 수 있었다.** 화이트보드에 모델을 그리자마자 우리는 가장 골치 아픈 반올림 문제가 뿌리째 뽑혀져 나갔음을 알 수 있었기에 복잡한 반올림 코드를 폐기할 수 있었다.

새로운 모델은 효과적이었다. 정말 효과적이었다.

그리고 우리 모두는 앓아 누워버리고 말았다!

냉정한 결정

지금까지 한 이야기만 들어 보면 당연히 이 당시 프로젝트에 참여하고 있던 팀원들이 상당히 고무돼 있었으리라 생각할 것이다. 하지만 당시 상황은 그렇지 못했다. 프로젝트 마감일을 엄격하게 준수해야 했으나 전체적인 일정은 이미 위험할 정도로 원래 계획보다 뒤처져 있었다. 이런 상황에서 프로젝트에 참여한 대부분의 사람들은 불안감에 휩싸일 수밖에 없었다.

리팩터링의 근본적인 취지는 항상 모든 것이 정상적으로 동작하는 상태를 유지하면서 작은 단계를 밟아가며 코드를 개선해야 한다는 점이다. 하지만 앞에서 설명한 새로운 모델로 코드를 리팩터링하기 위해서는 많은 양의 보조 코드를 수정해야 하므로 리팩터링 도중에도 애플리케이션이 안정적인 상태를 유지할 수 있는 작은 단계들을 식별하기가 어려웠다. 간단한 수정만으로도 개선할 수 있는 부분도 있었지만 그러한 작은 개선만으로는 코드 전체를 새로운 모델로 변경하려는 소기의 목적을 달성하기가 불가능했다. 일련의 작은 단계를 토대로 새로운 모델로 리팩터링하는 방법도 있었지만 그 와중에 애플리케이션의 일부 기능이 정상적으로 동작하지 않을 게 뻔했다. 그리고 이때는 아직 프로젝트 전반에 걸쳐 자동화된 테스트가 널리 사용되기 전이었다. 자동화된 테스트가 없었으므로 리팩터링 도중 애플리케이션의 어떤 부분이 정상적으로 동작하지 않을지 예측하기란 불가능에 가까웠다.

그리고 이 작업을 위해서는 지속적인 노력이 필요했다. 그러나 우리는 이미 수개월 동안의 작업으로 녹초가 된 상태였다.

이 시점에 프로젝트 관리자와 회의한 적이 있었는데, 나는 그 회의를 결코 잊지 못할 것이다. 프로젝트 관리자는 현명하면서도 과감한 사람이었다. 그는 다음과 같은 질문을 했다.

Q : 새로운 설계를 적용해서 현재와 같이 정상적으로 기능을 제공하려면 얼마나 걸릴까요?

A : 대략 3주 정도로 예상하고 있습니다.

Q : 리팩터링을 하지 않고 문제점을 해결할 수는 없을까요?

A : 아마 가능할 수는 있을 겁니다. 하지만 확신할 수는 없습니다.

Q : 지금 리팩터링을 하지 않더라도 다음 릴리스에 예정대로 작업을 진행할 수는 있을까요?

A : 지금 수정하지 않는다면 진행이 더뎌질 것입니다. 그리고 일단 설치되고 나면 수정하기가 더 어려워지겠죠.

Q : 지금 리팩터링하는 게 옳다고 판단하십니까?

A : 정치적인 상황이 불안정해서 리팩터링해야 한다고 결정하면 외부에서 들어오는 다양한 압력에 대항해야 할 겁니다. 게다가 저희는 지쳐 있는 상태입니다. 하지만 옳다고 생각합니다. 지금 리팩터링을 하는 게 업무 처리에 적합한 소프트웨어를 개발하는 더 손쉬운 방법입니다. 장기적으로 봤을 때 리팩터링을 하는 것이 위험을 완화시키는 길입니다.

프로젝트 관리자는 그렇게 해도 좋다고 했고 프로젝트 진행에 따른 비난이나 공격은 자신이 처리할 것이라고 말해줬다. 나는 그러한 결정을 내린 그의 용기와 신뢰에 항상 헤아릴 수 없는 존경을 표한다.

우리는 목표를 달성하고자 몸이 부서질 정도로 노력했고 결국 3주 안에 작업을 마칠 수 있었다. 작업 규모는 매우 컸지만 일은 놀라울 정도로 매끄럽게 진행됐다.

결말

신기하게도 미처 기대하지 못했던 요구사항 변경이 중단됐다. 엄밀히 말해서 반올림 로직은 단순하지는 않았지만 안정화되고 논리적으로 타당했다. 우리는 그렇게 첫 번째 버전을 출시했고 계산 방식은 두 번째 버전에서 명확해졌다. 이로써 나는 가까스로 신경쇠약을 면할 수 있었다.

두 번째 버전에 이르러서 Share Pie는 전체 애플리케이션을 관통하는 통일된 주제로 자리매김했다. 기술 인력과 업무전문가 모두 시스템을 논의하는 데 Share Pie를 사용했다. **마케팅 부서 사람들은 잠재 고객에게 애플리케이션의 기능을 설명하는 데 Share Pie를 사용했다.** 잠재 고객과 실제 고객들은 Share Pie의 의미를 수월하게 이해할 수 있었으며 애플리케이션의 기능을 논의할 때 Share Pie를 사용했다. Share Pie는 신디케이트론의 의미를 설명하는 핵심 개념이었기에 진정한 UBIQUITOUS LANGUAGE의 일부로 자리매김했다.

기회

심층 모델로 도약할 수 있는 기회가 찾아올 때 우리는 종종 두려움을 느낀다. 그러한 변화는 대부분의 리팩터링에 수반되는 것보다 더 큰 기회와 더 큰 위험을 수반한다. 그리고 시점이 적절하지 못할 수도 있다.

달라지기를 염원하는 만큼 진행 과정이 순탄한 것은 아니다. 진정으로 심층적인 모델로 나아가려면 근본적인 사고방식의 전환이 필요하며 설계의 대부분을 수정해야 한다. 많은 프로젝트에서는 모델과 설계에서 나타나는 가장 중요한 발전은 이러한 도약을 거쳐 이뤄진다.

기본에 집중하라

도약을 위해 프로젝트 진행을 정지한 채 마비상태에 빠져서는 안 된다. 일반적으로 수많은 적정 규모의 리팩터링을 수행하고 나서야 도약이 나타나기 때문이다. 대부분의 시간은 단편적인 개선에 소요되고 결과적으로 연속적인 각 정제 과정 속에서 서서히 모델에 대한 통찰력을 얻게 된다.

도약이 등장할 수 있는 무대를 마련하려면 지식탐구와 함께 인내심을 가지고 UBIQUITOUS LANGUAGE를 만드는 일에 집중해야 한다. 중요한 도메인 개념을 조사하고 그러한 개념을 모델 내에 명시적으로 표현한다(9장에서 논의한다). 유연해지도록 설계를 정제한다(10장 참고). 모델의 정수를 추출한다(15장 참고). 도약에 앞서 명확함을 늘리는 데 도움이 되는 이러한 예측 가능한 계층을 만드는 노력을 멈춰서는 안 된다.

똑같은 일반적인 개념의 틀에 갇혀 있더라도 점진적으로 모델의 깊이를 더하는 적정 규모의 개선 작업을 망설여서는 안 된다. 너무 멀리 내다보려고 하다가 마비상태에 빠져서는 안 된다. 다만 기회를 놓치지 않기 위해 예의주시한다.

후기 : 연이은 새로운 통찰력의 출현

이렇게 도약을 토대로 곤경에서 벗어날 수 있었지만 이것으로 이야기가 끝난 건 아니다. 더 심층적인 모델은 애플리케이션을 더 풍부하게 만들고 설계를 더 명확하게 만들 수 있는 예상하지도 못했던 기회의 문을 열었다.

Share Pie 버전의 애플리케이션을 출시한 지 몇 주 되지 않은 시점에 모델 내에 설계를 복잡하게 만드는 부자연스러운 측면이 더 있다는 점을 발견했다. 모델 내에 존재해야 하는 중요한 ENTITY가 누락돼서 다른 객체가 여분의 책임을 맡고 있었던 것이다. 특히, 대출자금 인출(loan drawdown), 수수료 납입(fee payment) 등을 관장하는 중요한 규칙이 존재했으며, 이와 관련된 모든 로직이 Facility와 Loan에서 제공하는 다양한 메서드 안에 억지로 포함돼 있었다. Share Pie를 토대로 도약하기 전에는 이러한 설계 문제가 존재한다는 사실을 거의 인식하지 못했지만 도약 이후에 시야가 명확해지면서 설계상의 문제점이 분명하게 드러난 것이다. 이제 복잡한 메서드 안에 함축적으로 묻혀 있던 "거래(transaction, 금융거래를 뜻함)"와 같이 모델의 어디서도 찾아 볼 수 없었던 용어가 토론 중에 갑자기 등장한다는 사실을 깨달았다.

앞에서 설명한 절차와 유사한 과정을 거쳐(다행히도 이번에는 시간적인 압력이 덜했다) 또 다른 새로운 통찰력의 고리와 더 심층적인 모델을 얻을 수 있었다. 새로운 모델에서는 Transaction과 같은 암시적인 개념이 명확하게 표현됐고, 동시에 Position(Facility와 Loan을 포함하는 추상화)을 단순화시켰다. 이를 바탕으로 다양한 트랜잭션과 그에 따른 규칙, 협상 절차, 승인 절차를 비교적 이해하기 쉬운 코드 내에 손쉽게 정의할 수 있었다.

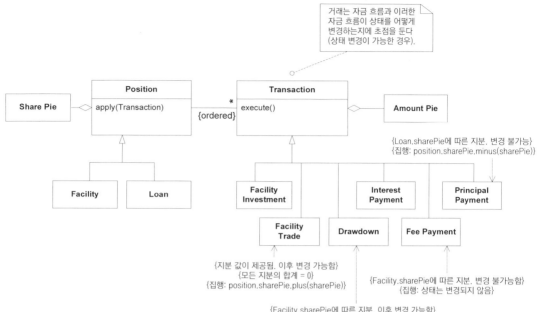

그림 8-9 | 몇 주 후의 모델 도약. 거래상의 제약조건이 쉽고 정확하게 표현됨.

심층 모델로의 진정한 도약을 거치고 나면 새로운 설계의 명확성과 단순함이 새로운 UBIQUITOUS LANGUAGE를 기반으로 한 개선된 의사소통과 결합되어 또 다른 모델링 도약으로 이어지는 사례가 자주 발생한다.

일반적인 대부분의 프로젝트라면 기존에 구축돼 있는 거대함과 복잡함으로 수렁에 빠지기 시작하는 단계에서도 우리는 개발에 박차를 가하고 있었다.

09

암시적인 개념을 명확하게

심층적인 모델링이라는 것이 대단하게 느껴지기는 하지만 실제로 어떻게 하면 이를 달성할 수 있을까? 심층 모델이 강력한 이유는 심층 모델에 사용자의 행위, 문제, 문제의 해법에 대한 본질적인 지식을 간결하고 유연하게 표현하는 중심 개념과 추상화가 담겨 있기 때문이다. 심층 모델로 향하는 첫걸음은 일단 도메인의 본질적인 개념을 모델 내에 표현하는 것이다. 그 후 성공적인 지식탐구와 리팩터링을 반복하면서 이를 정제하게 된다. 그러나 지식탐구와 리팩터링은 중요한 개념이 모델과 설계 내에 명확하게 인식되고 표현될 때에야 비로소 본 궤도에 오른다.

개발자들이 토의 중에 단서를 얻거나 설계상에 암시적으로 존재하는 개념을 인지하면 도메인 모델과 관련 코드를 대량으로 변환하게 되며, 그 후 하나 이상의 객체와 객체 간의 관계를 활용해 모델 내에 해당 개념을 명확하게 표현하게 된다.

경우에 따라서는 과거에 암시적이었던 개념을 명확한 개념으로 변환하는 이러한 작업 역시 심층 모델로의 도약에 해당한다. 그렇지만 대개 도약은 여러 가지 중요 개념이 모델 내에서 명확해지고 난 후에야 나타난다. 성공적인 리팩터링 과정을 거쳐 반복적으로 개념에 할당된 책임을 조정하고, 다른 객체와의 관계를 변경하며, 심지어 이름까지도 몇 번씩 수정한다. 그리고 마침내 모든 것이 또렷해진다. 그러나 이런 단계는 암시적인 개념을 임의의, 그러나 정제되지 않은 형태로 인식하는 것에서부터 출발한다.

개념 파헤치기

개발자는 잠재해 있는 암시적인 개념을 드러내는 단서에 민감해야 하며, 이따금 한발 앞서 미리 암시적인 개념을 찾아야 할 때도 있다. 발견된 대부분의 암시적인 개념은 팀에서 사용하는 언어를 주의 깊게 경청하고, 설계상 부자연스러운 부분과 외견상 모순돼 보이는 전문가의 견해를 면밀하게 검토하며, 도메인과 관련된 문서를 조사하고 수없이 많은 실험 과정을 거쳐 얻어진 것이다.

언어에 귀 기울여라

아마 사용자가 매번 보고서상의 일부 항목에 대해서만 반복적으로 이야기하는 경우를 경험한 적이 있을 것이다. 해당 항목은 다양한 객체의 속성을 조합해서 표현한 것으로서 직접 데이터베이스를 질의해서 얻은 결과일지도 모른다. 애플리케이션의 다른 부분에서는 뭔가를 표현하거나, 보고서를 작성하거나, 또 다른 뭔가를 도출해내기 위해 동일한 데이터 집합을 조합하기도 한다. 그러나 이와 같은 처리과정에서 객체가 필요하다는 생각은 전혀 하지 않았을 것이다. 아마 사용자들이 사용하는 특정한 용어의 의미를 이해하지도 못했을뿐더러 해당 용어가 중요하다는 사실도 깨닫지 못했을 것이다.

그러던 어느 순간 갑자기 머리 속에서 모든 것이 명확해진다. 보고서상의 항목 이름이 중요한 도메인 개념을 의미한다는 사실을 깨닫게 된 것이다. 여러분은 흥분을 주체하지 못한 채 도메인 전문가에게 새로이 얻은 통찰력을 이야기한다. 아마 도메인 전문가는 여러분이 마침내 통찰력을 얻었다는 사실에 안도의 한숨을 쉴지도 모른다. 아니면 지금까지 줄곧 당연하게 생각해왔던 사실이라서 따분해할지도 모른다. 도메인 전문가의 반응이 어느 쪽이든 화이트보드에 사용자가 지적한 부분을 채워 넣으며 모델 다이어그램을 그리기 시작한다. 사용자가 새로운 모델의 연결 방식에 관한 세부사항을 정정해 주지만 이제 논의의 품질 면에서는 변화가 있다고 볼 수 있다. 여러분과 사용자는 서로의 생각을 더 정확하게 이해하게 되고, 특정 시나리오에 대한 모델 상호작용을 더욱 자연스러운 방식으로 표현하는 것이 가능해진다. 도메인 모델 언어는 더욱 강력해지고 새로운 모델을 반영하기 위해 코드를 리팩터링한 후 설계가 더 깔끔해졌음을 알게 된다.

도메인 전문가가 사용하는 언어에 귀 기울여라. 복잡하게 뒤얽힌 개념들을 간결하게 표현하는 용어가 있는가? 여러분이 선택한 단어를 (아마도 더 적절하게) 고쳐주는가? 여러분이 특정 문구를 이야기할 때 도메인 전문가의 얼굴에서 곤혹스러운 표정이 사라지는가? 이 모두가 바로 모델에 기여하는 개념의 실마리에 해당한다.

하지만 이것이 "명사는 객체다"라는 진부한 개념을 표현하는 것은 **아니다**. 새로운 단어를 듣게 되면 명료하고 유용한 개념을 찾기 위한 대화와 지식탐구로 이어진다. 사용자나 도메인 전문가가 설계상의 어디에도 표현돼 있지 않은 어휘를 사용하고 있다면 그것은 곧 경고 신호다. 개발자와 도메인 전문가가 설계상에 표현돼 있지 않은 어휘를 사용하고 있다면 그것은 더욱 더 위험한 경고다.

아니면 이것을 하나의 기회로 삼는 편이 더 낫다. UBIQUITOUS LANGUAGE는 언어, 문서, 모델 다이어그램, 심지어 코드에도 널리 퍼져 있는 어휘로 구성돼 있다. 어떤 용어가 설계에 누락돼 있다면 누락된 용어를 설계에 포함시켜 모델과 설계를 향상시키는 기회가 될 수 있다.

예제

해운 모델의 누락된 개념에 귀 기울이기

팀에서는 이미 화물 예약 기능을 제공하는 애플리케이션을 개발해 둔 상태였다. 다음으로 출발지와 목적지, 또는 선박에서 선박으로 화물을 이동할 때 화물을 적재/하역하는 작업 순서를 효율적으로 조직하는 "운영 지원(operations support)" 애플리케이션을 개발하는 일에 착수했다.

예약 애플리케이션에서는 화물에 대한 운송 계획을 수립할 때 항로설정 엔진(routing engine)을 사용했다. 각 운항 구간(leg)은 데이터베이스 테이블의 한 레코드로 저장되고, 화물을 운반하기로 예정된 선박 운항(특정 선박에 의해 이뤄지는 특정 항해)에 부여된 ID와 화물을 적재할 위치(location) 및 하역할 위치의 정보를 사용해서 구분한다.

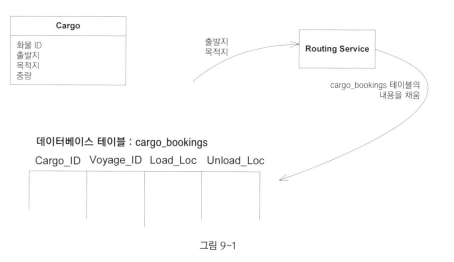

그림 9-1

개발자와 해운 전문가가 주고받는 (많은 부분이 생략된) 대화를 엿들어보자.

개발자: 운영 애플리케이션에 필요한 데이터가 모두 "cargo bookings" 테이블에 저장돼 있는지 확인하고 싶습니다.

전문가: 사람들한테는 Cargo화물에 대한 전체 운항일정(itinerary)이 필요할 겁니다. 지금은 어떤 정보를 저장하고 있죠?

개발자: 화물 ID, 선박 운항 정보(vessel voyage), 각 구간별 적재 항구(loading port)와 하역 항구(unloading port)가 들어 있습니다.

전문가: 날짜는 어떻게 처리하고 있죠? 운영부서에서는 예상 시간을 기준으로 화물 처리 작업을 계약해야 합니다.

개발자: 선박 운항 일정에서 날짜 정보를 얻을 수 있습니다. 테이블에 저장된 데이터는 정규화돼 있는 상태고요.

전문가: 좋습니다. 일반적으로 날짜 정보가 필요하죠. 운영부서 사람들은 운항일정 정보를 참고해서 다음 작업에 대한 일정 계획을 수립합니다.

개발자: 그렇군요……. 잘 알겠습니다. 운영부서 사람들이 날짜 정보를 참조할 수 있게 처리해 놓겠습니다. 운영관리 애플리케이션에서는 전반적인 적재 및 하역 순서와 함께 각 작업을 처리할 날짜 정보도 함께 제공하도록 만들어두겠습니다. 방금 제가 설명한 정보를 "운항일정"이라고 부르시는 거죠?

전문가: 정확하게 이해하고 계시네요. 운영부서 사람들이 가장 중요하게 생각하는 것이 바로 운항일정입니다. 알고 계시겠지만 실제로 예약 애플리케이션에는 운항일정을 출력하거나 고객의 이메일로 내역을 보내는 메뉴 항목이 포함돼 있습니다. 이 메뉴를 참고하는 건 어떨까요?

개발자: 제가 생각하기에는 그저 단순한 보고서라서 큰 도움은 안 될 듯합니다. 보고서를 기반으로 운영 애플리케이션을 만들 수는 없을 거예요.

[개발자는 잠시 생각에 잠긴 듯하더니 이내 활기를 띠며 말을 이었다.]

개발자: 그렇다면 이 운항일정이라는 개념이 예약과 운영 사이의 실제적인 연결고리가 되는 셈이군요.

전문가: 네, 그리고 어느 정도는 고객과도 관계를 맺고 있죠.

개발자: [화이트보드에 다이어그램을 그리며] 이런 식으로 말이죠?

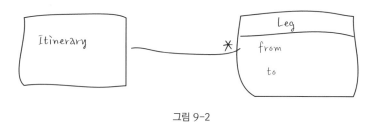

그림 9-2

전문가: 네, 원래 취지에 맞는 것 같네요. 각 구간에서는 선박 운항, 적재 위치 및 하역 위치, 시간을 확인할 수 있어야 합니다.

개발자: 이제 일단 Leg 객체를 생성하고 나면 선반 운항 일정에서 시간을 도출할 수 있습니다. 그리고 Itinerary 객체를 운영 애플리케이션과의 주요 접점으로 활용할 수 있습니다. Itinerary 객체를 사용해서 운항일정 보고서를 출력할 수 있게 프로그램을 수정하면 도메인 로직을 도메인 계층으로 옮길 수 있을 겁니다.

전문가: 말씀하신 내용을 전부 이해하기는 힘들지만 Itinerary의 두 가지 주요 사용처가 예약 애플리케이션의 보고서 출력 부분과 운영 애플리케이션이라는 점은 맞습니다.

개발자: 잠시만요! 데이터베이스 테이블에 데이터를 저장하는 대신 Itinerary 객체를 반환하는 Routing Service 인터페이스를 만들 수 있을 것 같네요. 이런 방식으로 개발하면 라우팅 엔진이 데이터베이스 테이블 스키마를 알 필요가 없겠어요.

전문가: 무슨 뜻이죠?

개발자: 간단하게 말씀드리면 라우팅 엔진이 Itinerary을 반환하도록 만들겠다는 겁니다. 그러면 예약 애플리케이션에서 나머지 예약 정보가 저장될 때 운항일정을 함께 데이터베이스에 저장하게 되죠.

전문가: 그럼 지금은 그렇게 하고 있지 않다는 건가요?!

그리고 나서 개발자는 항로 설정 프로세스와 관련해서 다른 개발자와 의논하고자 자리에서 일어났다. 개발자들은 모델에 대한 변경사항과 설계와의 관련성을 철저히 논의했으며, 필요한 경우 해운 전문가와 함께 논의하기도 했다. 개발자들은 긴 토의를 거쳐 그림 9.3에 나오는 다이어그램을 제안했다.

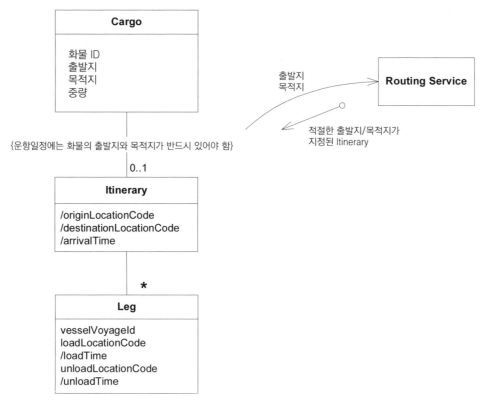

그림 9-3

이어서 새로운 모델을 반영하고자 코드를 리팩터링했다. 개발자들은 예약 애플리케이션의 운항 일정 보고서와 관련된 부분을 단순화하기 위해 다음 주 초반을 보낸 것을 제외하고는 일주일에 두세 번에 걸친 연속적인 리팩터링 과정 끝에 변경된 모델을 반영했다.

개발자는 누락된 개념에 주의해서 귀를 기울인 결과 "운항일정"이 해운 전문가에게 얼마나 중요한 개념인지 알게 됐다. 사실, 이미 필요한 모든 데이터를 수집하는 것이 가능했고, 운항일정 보고서상에 암시적이나마 행위가 표현돼 있기는 했지만 운항일정을 명시적으로 모델에 포함시키면서 새로운 기회가 생겨났다.

명시적인 Itinerary 객체로 리팩터링한 결과로 얻게 된 이점은 다음과 같다.

1. Routing Service의 인터페이스를 좀더 표현력 있게 정의

2. Routing Service에서 예약 데이터베이스 테이블로의 결합 제거

3. 예약 애플리케이션과 운영 지원 애플리케이션 간의 (Itinerary 객체를 공유하는) 관계를 명확하게 표현

4. Itinerary로부터 예약 보고서와 운영지원 애플리케이션 모두에 대한 적재/하역 시간 도출이 가능해져서 중복 코드가 줄어듦

5. 예약 보고서로부터 도메인 로직을 제거하고 별도의 도메인 계층으로 옮김

6. UBIQUITOUS LANGUAGE를 확장함으로써 개발자와 도메인 전문가, 그리고 개발자 간의 모델과 설계에 대한 좀더 정확한 논의가 가능해짐

어색한 부분을 조사하라

필요한 개념이 늘 대화나 문서로 인식할 수 있을 만큼 확연히 드러나 있지는 않다. 이미 존재하는 개념을 파헤치거나 새로운 개념을 만들어내야 할지도 모른다. 아울러 설계에서 가장 어색한 부분을 조사해야 한다. 설명하기 힘들 만큼 복잡한 작업을 수행하는 프로시저와 관련된 부분이나 새로운 요구사항 탓에 복잡성이 증가하는 부분이 여기에 해당한다.

가끔씩 누락된 개념이 존재한다는 사실조차 인식하지 못할 때가 있다. 객체가 모든 작업을 원활하게 수행하지만 할당된 일부 책임이 어색하다는 것을 발견할지도 모른다. 또는 뭔가가 누락됐다는 사실을 깨닫는다고 해도 모델과 관련된 문제를 어떻게 풀어야 할지 감이 잡히지 않을 수도 있다.

이제 적극적으로 나서서 도메인 전문가가 그러한 개념을 발견할 수 있게 해야 한다. 운이 좋다면 도메인 전문가가 다양한 아이디어를 고안해서 즐겁게 여러 가지 모델을 시도해 볼 것이다. 운이 나쁘다면 동료 개발자와 함께 직접 아이디어를 제안하고 도메인 전문가의 얼굴에 불편한 기색이 드러나는지, 아니면 긍정적인 표정이 나타나는지 예의주시하면서 아이디어를 검증해야 할 것이다.

예제

이자 수익 예제 – 어려운 방식으로 접근하기

다음은 기업 대출(commercial loan)과 그 밖의 이자부 자산(interest-bearing asset)에 투자하는 한 가상 금융 회사에 관한 이야기다. 이 회사에서는 기능을 하나씩 추가해 나가는 점진적인 방식으로 투자 및 투자수익을 추적하는 애플리케이션을 개발해왔다. 매일 밤 배치 스크립트를 이용해 애플리케이션의 컴포넌트를 실행시켜 그날의 모든 이자와 수수료를 계산하고 결과를 회사의 회계 소프트웨어에 적절한 형태로 저장한다.

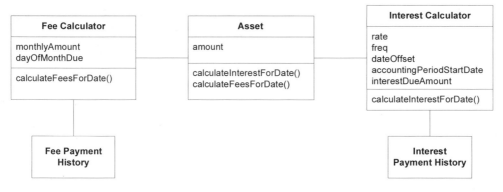

그림 9-4 | 어색한 모델

매일 밤 실행되는 배치 스크립트는 해당 일자의 이자를 계산하기 위해 모든 Asset(자산)의 calculateInterestForDate() 메서드를 호출한다. 스크립트는 calculateInterestForDate() 메서드의 반환값(수익금)과 특정 원장(ledger)의 이름을 회계 프로그램에 대한 공용(public) 인터페이스를 제공하는 SERVICE로 전달한다. 회계 소프트웨어에서는 지정된 원장에 수익금을 기입한다. 스크립트는 이자 계산 절차와 유사한 방식으로 각 Asset에 대한 일별 수수료를 계산한 후 그 결과를 또 다른 원장에 기입한다.

개발자는 점점 더 복잡해지는 이자 계산 방식을 처리하느라 애를 먹고 있었다. 이 개발자는 이자 계산에 더 적합한 모델이 있을 거라 생각하고 가장 친한 도메인 전문가에게 문제가 되는 부분을 살펴봐달라고 요청했다.

> **개발자**: Interest Calculator(이자 계산기)가 도저히 손을 쓸 수 없을 정도로 복잡해지고 있습니다.

전문가: 이자를 계산하는 부분은 복잡할 수밖에 없습니다. 아직 시작조차 못하고 보류 중인 이자 계산 방식도 있어요.

개발자: 저도 알고 있습니다. 물론 새로운 Interest Calculator로 대체하면 새로운 이자 유형을 처리할 수는 있습니다. 하지만 현재 이자를 처리하는 데 가장 큰 문제는 차용인이 일정대로 이자를 상환하지 않는 특수한 경우가 있다는 겁니다.

전문가: 그것을 특수한 경우로 봐서는 안 됩니다. 사람들이 이자를 상환하는 방식은 매우 유동적이에요.

개발자: Asset에서 Interest Calculator를 분리한 경우를 돌이켜 보면 그 작업이 많은 도움이 됐죠. 아무래도 Asset을 좀더 작은 부분으로 나눠야 할 것 같습니다.

전문가: 좋습니다.

개발자: 저는 전문가께서 이런 이자 계산 방법을 지칭할 때 쓰는 별도의 방식이 있을 거라고 생각했습니다.

전문가: 무슨 뜻이죠?

개발자: 음, 이를테면 회계 기간 내에 미상환된 이자를 추적한다고 할 때 이런 작업을 뭐라고 하시죠?

전문가: 글쎄요, 실제로 그런 방식으로 처리하지는 않습니다. 이자 수익(interest earned)과 상환(payment)은 완전히 별개의 기입 항목입니다.

개발자: 그렇다면 미상환 이자를 추적할 필요가 없다는 말씀인가요?

전문가: 글쎄요, 가끔 필요할 때도 있지만 실제 업무가 처리되는 방식과는 거리가 멉니다.

개발자: 알겠습니다. 상환과 이자가 서로 무관하다면 아마 이런 방식으로 모델링해야겠네요. 이건 어떻습니까? [화이트보드에 다이어그램을 그리며]

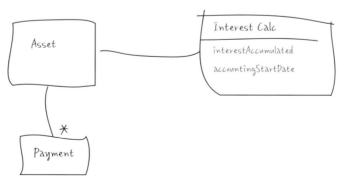

그림 9-5

전문가: 제가 보기에는 괜찮은 것 같습니다만, 이건 단지 상환만 다른 장소로 옮긴 것 같은 데요.

개발자: Interest Calculator는 오직 이자 수익만 추적하고 Payment는 Interest Calculator 와는 별도로 상환액을 자체적으로 유지합니다. 많은 부분을 단순화한 건 아니지만 그래도 실제 업무 방식을 더 적절하게 반영하지 않나요?

전문가: 아, 이제 이해했습니다. 그러면 이자 내역도 알 수 있나요? Payment History(상환 이력)처럼 말이죠.

개발자: 예, 그건 신규 기능 추가 요청으로 들어왔습니다. 하지만 그 기능은 원래 설계에서 도 추가할 수 있습니다.

전문가: 오, 그래요? 이자와 Payment History를 분리하신 걸 봤을 때 Payment History 와 좀더 비슷해지게 하려고 이자를 나눈다고 생각했습니다. 혹시 발생주의 회계(accrual basis accounting)에 관해 알고 계신가요?

개발자: 어떤 개념인지 설명해 주시겠어요?

전문가: 매일, 혹은 일정상 필요할 때마다 발생 이자(interest accrual)를 원장에 기입하게 됩니다. 상환은 이와는 다른 방식으로 기입하게 돼 있고요. 화이트보드에 그리신 모델을 사용해서 집계하려면 좀 불편할 것 같네요.

개발자: 발생(accrual) 목록을 유지한다면 이를 이용해서 집계할 수도 있고……. 필요하다 면 원장에 기입(post)할 수도 있다는 얘기군요.

전문가: 보통은 이자가 발생한 시간에 기입합니다만 어떤 때라도 집계는 가능합니다. 수수 료도 동일한 방식으로 처리되고 당연히 다른 원장에 기입하게 되죠.

개발자: 실제로 하루 또는 특정한 기간 단위로 이자를 계산한다면 이자 계산 방식이 더 단 순해질 겁니다. 게다가 발생한 이자를 간단하게 보관할 수 있죠. 이건 어떨까요?

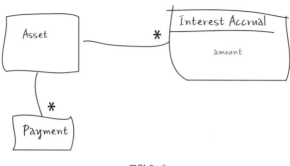

그림 9-6

전문가: 아주 좋네요. 이 방식이 왜 개발자 입장에서는 더 쉬운지 잘 모르겠습니다만 근본
적으로 자산이 가치 있는 이유는 거기에 이자나 수수료 등이 붙기 때문이죠.

개발자: 수수료도 동일한 방식으로 처리된다는 건가요? 그럼 수수료는 다른 원장에 기입하
게 되는 겁니까?

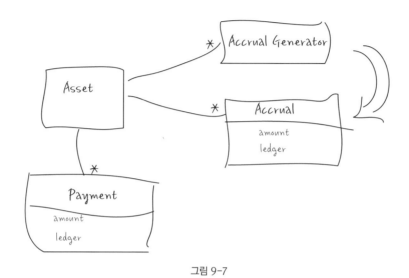

그림 9-7

개발자: 이 모델을 사용하면 Interest Calculator 안에 묻혀 있던 이자 계산 로직, 아니 정
확하게 말하면 발생 계산 로직을 이자 추적 로직에서 떼어낼 수 있습니다. 그리고 저는 바
로 전까지도 Fee Calculator에 얼마나 많은 중복 로직이 포함돼 있었는지 알지 못했습니다.
그뿐만 아니라 이제 다른 종류의 수수료라도 쉽게 추가할 수 있게 됐습니다.

전문가: 예, 이전에도 계산은 정확했지만 이제는 뭐가 중요한지를 확실하게 볼 수 있게 됐
군요.

Calculator(계산기) 클래스가 설계상의 다른 클래스와 직접적으로 결합돼 있지 않았으므로 매
우 쉽게 리팩터링할 수 있었다. 개발자는 몇 시간 안에 새로운 언어를 사용하는 단위 테스트를
작성할 수 있었으며, 다음 날 새로운 설계에 기반을 둔 코드를 실행해볼 수 있었다. 개발자가 최
종적으로 작성한 코드의 설계는 다음과 같다.

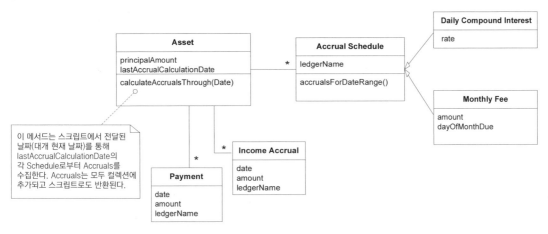

그림 9-8 │ 리팩터링 후 더 의미가 깊어진 모델

리팩터링된 애플리케이션에서 야간 배치 스크립트는 각 Asset(자산)의 calculateAccruals ThroughDate() 메서드를 실행한다. 이 메서드는 Accrual(발생)의 컬렉션을 반환하며, 각 Accrual 의 금액은 명시된 원장에 기입된다.

새로운 모델은 이전 모델에 비해 몇 가지 장점이 있다. 다음은 변경된 사항을 정리한 것이다.

1. "발생"이라는 용어를 추가해서 UBIQUITOUS LANGUAGE가 풍부해졌다.

2. 상환에서 발생을 분리했다.

3. 도메인 지식(이를테면, 어느 원장에 기입할 것인지와 같은)을 스크립트에서 도메인 계층 으로 옮겼다.

4. 업무에 적합하게 수수료와 이자를 하나의 개념으로 묶어 코드상의 중복을 제거했다.

5. 새로운 수수료와 이자 처리 방식을 간단하게 추가하기 위한 Accrual Schedule(발생 기록 표)을 제공한다.

이번에는 개발자가 필요한 새로운 개념들을 찾아내고자 문제 도메인을 직접 파헤쳐야만 했다. 개발자는 현재의 이자 계산 방식이 어색하다는 사실을 알고 있었기에 깊이 있는 해답을 발견하 고자 헌신적인 노력을 기울였다.

다행히도 개발자에게는 지적이고 의욕적인 은행 전문가가 곁에 있었다. 소극적인 전문가를 만 났다면 개발자는 잘못된 출발점에서 일을 시작했을 것이며, 브레인스토밍을 위해 전문가가 아닌 다른 개발자에게 좀더 의지해야 했을 것이다. 그렇다면 진행은 더뎠겠지만 그럼에도 어색한 부분을 파헤치는 게 불가능하지는 않았을 것이다.

모순점에 대해 깊이 고민하라

도메인 전문가는 자신의 경험과 필요에 따라 각기 다른 방식으로 사물을 바라본다. 심지어 동일한 전문가조차도 신중한 분석 과정을 거치고 나서 논리적으로 모순되는 정보를 제공하기도 한다. 우리가 프로그램 요구사항을 파헤칠 때면 항상 마주치게 되는 이와 같은 성가신 모순은 더 심층적인 모델에 이르는 중요한 단서로 활용될 수 있다. 어떤 모순은 용어를 다르게 쓰는 데서 발생하며, 어떤 모순은 도메인을 잘못 이해하는 데서 발생한다. 하지만 용어와 오해의 문제 말고도 두 도메인 전문가가 서로 모순되는 사실을 진술하는 경우도 있다.

천문학자인 갈릴레오 역시 역설 때문에 고민한 적이 있다. 사람들이 감각적으로 느끼는 현상은 지구가 정지해 있다는 사실을 뒷받침한다. 즉, 지상에 서 있는 사람들은 결코 날아가거나 떨어지지 않는다. 하지만 코페르니쿠스는 지구가 태양 주위를 빠르게 공전하고 있다는 주장을 강하게 피력했다. 두 가지 모순되는 사실과 주장을 조화시킬 수만 있다면 우주의 원리와 관련된 심오한 뭔가를 밝혀낼 수 있었을지도 모른다.

이를 위해 갈릴레오는 사고 실험(thought experiment)을 고안했다. 달리고 있는 말 위에 앉아 있는 사람이 공을 떨어트린다면 공은 어디로 떨어질까? 당연히 그 공은 마치 말이 그대로 서 있었던 것처럼 땅에 떨어지기 전까지는 말의 진행 방향을 따라 함께 이동할 것이다. 이러한 관찰 결과를 가지고 갈릴레오는 관성계라는 아이디어의 초기 형태를 이끌어 냈으며, 역설을 해결하고 이를 더 유용한 운동 물리학 모델로 이끌었다.

일반적으로 모순은 그다지 흥미롭지도 않을뿐더러 그렇게 심오한 내용을 암시하지도 않는다. 그렇더라도 종종 이런 식의 사고 패턴을 거쳐 문제 도메인의 피상적인 층을 뚫고 더 심층적인 통찰력에 이를 수 있다.

모든 모순을 해소한다는 것은 현실적이지도, 바람직하지도 않다(14장에서 결과를 결정하고 관리하는 방법을 깊이 있게 살펴보겠다). 그러나 모순되는 사항을 그대로 유지해야 하는 상황에서조차 모순되는 양측의 주장을 모두 동일한 외부 현실에 적용하는 방법을 심사숙고하는 과정에서 숨겨져 있던 사실들을 밝히는 계기가 마련될 수 있다.

서적을 참고하라

모델의 개념을 조사할 때는 분명해 보이는 사실이라고 해서 간과해서는 안 된다. 다양한 분야에 대해 근본 개념과 일반적인 통념을 설명하는 책을 찾아볼 수 있다. 그럼에도 여전히 문제 도메인과 관련된 부분을 정제해서 이를 객체지향 소프트웨어에 적절한 형태로 처리해야 한다. 하지만 다양한 서적을 참고함으로써 일관성 있고 사려 깊은 관점에서 작업을 시작할 수 있을 것이다.

예제

이자 수익 예제 – 서적을 참고해서 작업하기

앞의 예제에서 사용한 투자 관리 애플리케이션에 대한 다른 시나리오를 가정해보자. 전과 마찬가지로 이야기는 설계를, 특히 그 중에서도 Interest Calculator(이자 계산기)를 다루기가 점점 더 어려워진다는 사실을 개발자가 깨닫기 시작하는 시점에서 시작한다. 하지만 이번 시나리오에서는 도메인 전문가의 일차적인 책임이 애플리케이션 개발과 무관한 업무를 처리하는 것이라서 소프트웨어 개발 프로젝트를 지원하는 데는 별다른 관심을 보이지 않았다. 이번에는 개발자가 표면 아래에 숨어 있을 것으로 추측되는 누락된 개념을 조사하려고 브레인스토밍 회의를 한다고 해도 도메인 전문가에게 의지할 수는 없는 상황이었다.

대신 개발자는 서점으로 발걸음을 옮겼다. 각종 책을 이리저리 살펴본 후 마음에 드는 회계 입문서를 찾아 그 자리에서 책 전체를 훑어봤다. 개발자는 그 책에서 잘 정의된 개념들의 전체적인 체계를 발견할 수 있었다. 특히 다음과 같은 내용이 개발자의 눈길을 끌었다.

> **발생주의 회계(Accrual Basis Accounting)**. 발생주의 회계란 실제로 지불되지 않았다고 하더라도 이익이 발생한 해당 시점에 수입으로 인식하는 방식을 의미한다. 모든 지출 역시 실제로 비용이 지불됐든 아니면 차후에 지불하도록 청구됐는가와 무관하게 발생한 해당 시점에 지출로 표시된다. 세금을 포함한 모든 지불 의무는 지출로 표시된다.
>
> —『재무와 회계: 전문가의 손을 빌리지 않고도 당신의 장부를 기록하고 관리하는 법』,
> 수잔 캐플랜(Adams Media, 2000)

개발자는 더는 회계에 관한 내용을 다시 고안해낼 필요가 없었다. 다른 개발자와의 브레인스토밍 과정을 거친 후 개발자는 다음과 같은 모델을 제안했다.

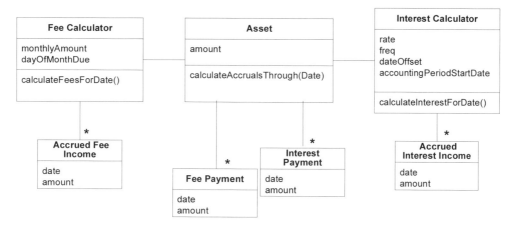

그림 9-9 | 책에서 얻은 지식을 기반으로 만든 다소 깊이 있는 모델

개발자는 Asset(자산)이 수익을 발생시킨다는 사실에 대한 통찰력을 얻지는 못했기 때문에 위 모델에는 Calculator가 그대로 남아 있다. 원장에 대한 지식은 여전히 원래 있어야 하는 도메인 계층이 아닌 응용 계층에 위치한다. 하지만 개발자는 수익 발생에서 지불이라는 쟁점을 분리해 내는 데 성공했고 "발생(accrual)"이라는 용어를 모델과 UBIQUITOUS LANGUAGE에 추가했다. 이후의 반복주기를 거치면 모델을 개선하는 작업이 더 많이 진행될 것이다.

마침내 도메인 전문가와 의논할 수 있는 자리가 마련됐을 때 도메인 전문가는 결과물을 받아 보고는 상당히 놀랐다. 개발자가 도메인 전문가의 업무에 조금이나마 관심을 기울인 것은 그때가 처음이었기 때문이다. 도메인 전문가의 주된 업무가 개발 프로젝트 지원이 아니라서 이전까지는 전문가와 프로그래머가 앞선 시나리오에서처럼 함께 앉아 모델을 검토한 적이 없었다. 그러나 개발자는 책에서 습득한 지식을 토대로 더 나은 질문을 할 수 있었고 이후로 도메인 전문가는 질문에 신속하게 답변하기 위해 특별한 주의를 기울였다.

물론 이 이야기가 반드시 둘 중 하나만을 택해야 한다는 의미는 아니다. 도메인 전문가가 프로젝트를 충분히 지원하는 상황이더라도 해당 분야의 체계를 잘 이해하고자 문헌을 찾아보는 것은 도움이 된다. 대부분의 업무에 회계나 금융만큼 정제된 모델이 마련돼 있는 것은 아니지만 대부분 해당 분야의 일반적인 업무 관행을 체계화하고 추상화한 사상가들이 있게 마련이다.

그밖에 다른 대안으로는 해당 도메인을 경험한 다른 소프트웨어 전문가의 책을 읽는 것이다. 예를 들어 개발자가 『분석 패턴: 재사용 가능한 객체 모델(Analysis Patterns: Reusable Object

Models)』(Fowler 1997)의 6장을 읽었다면 좋든 나쁘든 간에 앞의 결과와는 전혀 다른 방향으로 작업을 진행했을 것이다. 책을 읽는다고 해서 그대로 이용할 수 있는 해법을 얻는 건 아니다. 다만 해당 분야를 두루 경험한 사람의 정제된 경험을 비롯해 개발자가 직접 시도해볼 만한 출발점 정도는 제시할 것이다. 덕분에 개발자는 바퀴를 다시 발명하는 수고를 아낄 수 있다. 11장, "분석 패턴의 적용"에서는 이와 같은 방식을 좀더 깊이 있게 다루겠다.

시도하고 또 시도하라

지금까지 살펴본 예제만으로 내가 겪은 모든 시행착오를 전달하기는 불가능할 것이다. 모델에서 시도해볼 수 있을 만큼 명확하고 유용해 보이는 지식을 발견하기까지 대화로 표현한 시행착오를 6번 정도는 반복해야 했다. 아울러 새로운 경험의 축적과 지식탐구를 거쳐 더 훌륭한 아이디어가 떠오르면서 나중에 적어도 한 번은 기존의 결과를 바꾸게 될 것이다. 모델러/설계자는 자신의 아이디어에 집착해서는 안 된다.

이러한 모든 방향 선회가 단지 갈팡질팡하는 것에 불과한 것은 아니다. 각 방향 선회는 모델에 좀더 심층적인 통찰력을 반영했음을 의미한다. 각 리팩터링은 더 유연하고, 차후에 좀더 변경하기 수월하며, 수정해야 할 것으로 판명된 곳을 지체하지 않고 바로 수정할 수 있게 모델의 상태를 유지해준다.

어차피 선택의 여지는 없다. 실험은 유용한 것이 무엇이고 유용하지 않은 것이 무엇인지를 배우는 방법이다. 설계 과정에서 실수를 피하려고 발버둥친다면 더 적은 경험을 바탕으로 설계를 해야 하는 탓에 품질이 더 낮은 결과물을 얻게 될 것이다. 그리고 어쩌면 여러 번의 신속한 실험을 거쳐 설계를 하는 것에 비해 시간이 더 오래 걸릴 수도 있다.

다소 불명확한 개념을 모델링하는 법

객체지향 패러다임을 적용할 경우 특정한 종류의 객체를 찾거나 고안하게 된다. "발생"처럼 매우 추상적인 사물까지도 사물과 사물이 취하는 행위와 함께 대부분의 객체 모델을 구성하는 내용에 해당한다. 객체지향 설계 입문서에서는 개념을 찾기 위해 "명사와 동사"를 조사해보라고 설명한다. 그러나 "명사와 동사"로 표현되지 않는 다른 중요한 범주의 개념도 모델 내에 명시적으로 표현할 수 있다.

여기서는 내가 객체지향 설계를 시작할 당시에는 명확한 개념으로 인식하지 못했던 세 가지 범주에 관해 논의하겠다. 이러한 범주의 개념을 익히고 적용해가면서 설계는 더욱 명확해졌다.

명시적인 제약조건

제약조건(constraint)은 특별히 중요한 범주의 모델 개념을 형성하다. 흔히 제약조건은 암시적인 상태로 존재하며, 이를 명시적으로 표현하면 설계를 대폭 개선할 수 있다.

간혹 제약조건이 어떤 객체나 메서드 내에 포함돼 있는 것이 가장 자연스러울 때가 있다. "Bucket" 객체는 제한된 용량(capacity)을 초과해서 저장할 수 없다는 불변식(invariant)을 만족시켜야 한다.

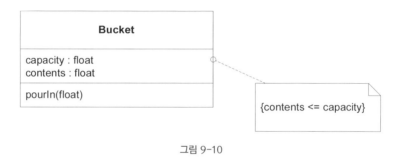

그림 9-10

이처럼 간단한 불변식의 경우에는 내용물(content)을 변경하는 개별 연산 안에 조건 로직(case logic)을 사용해서 불변식을 보장할 수 있다.

```
class Bucket {
   private float capacity;
   private float contents;

   public void pourIn(float addedVolume) {
      if (contents + addedVolume > capacity) {
         contents = capacity;
      } else {
         contents = contents + addedVolume;
      }
   }
}
```

이 경우에는 로직이 매우 단순하므로 규칙을 명확하게 식별할 수 있다. 그러나 더 복잡한 클래스 안에 제약조건을 표현할 때는 제약조건을 표현하는 부분을 파악하기가 어려워질 것이다. 제약조건을 별도의 메서드로 분리하고 제약조건의 의미를 분명하고 명확하게 표현할 수 있게 메서드의 이름을 짓는다.

```
class Bucket {
    private float capacity;
    private float contents;

    public void pourIn(float addedVolume) {
        float volumePresent = contents + addedVolume;
        contents = constrainedToCapacity(volumePresent);
    }

    private float constrainedToCapacity(float volumePlacedIn) {
        if (volumePlacedIn > capacity) return capacity;
        return volumePlacedIn;
    }
}
```

여기서 소개한 두 코드 모두 제약조건을 강제하지만 두 번째 예제가 제약과 모델과의 관계(MODEL-DRIVEN DESIGN의 기본적인 요구사항)를 좀더 명확하게 표현한다. 이처럼 매우 간단한 규칙은 첫 번째 코드에 표현된 형태에서는 쉽게 이해할 수 있지만 규칙이 더 복잡해지면 여느 암시적인 개념과 마찬가지로 규칙을 적용해야 하는 객체와 연산을 압도하기 시작한다. 제약조건을 자체적인 메서드로 분리하면 제약조건에 의도를 드러내는 이름을 부여해서 설계 내에 제약조건을 명확하게 표현할 수 있다. 이제 제약조건에 이름이 부여됐기 때문에 부여된 이름을 사용해서 제약조건에 관한 토의가 가능해졌다. 또한 이 접근법은 설계에 더 복잡한 제약조건을 수용할 수 있는 여지를 제공한다. 여기서 설명한 규칙보다 더 복잡한 규칙을 표현할 때는 제약조건을 표현하는 메서드가 해당 메서드를 호출하는 메서드(이 경우 pourIn() 메서드)보다 길어질 것이다. 이처럼 규칙의 복잡도에 비례해 제약조건을 표현하는 메서드가 비대해지더라도 호출 메서드는 단순한 상태를 유지하고 본연의 작업에만 집중할 수 있다.

메서드를 분리해서 어느 정도 제약조건이 커지더라도 이를 수용할 수 있는 여지를 마련하기는 했지만 만족스럽게 한 메서드 안에 제약조건을 표현할 수 없는 경우도 상당히 많다. 혹은 메서드를 단순한 상태로 유지할 수 있더라도 객체의 주된 책임을 수행하는 데는 필요하지 않은 정보를 해당 메서드에서 필요로 할지도 모른다. 규칙이 기존 객체에 존재하기에는 적절하지 않을지도 모른다.

다음은 어떤 제약조건을 포함한 객체의 설계가 어딘가 잘못돼 있음을 나타내는 조짐을 일부 나열한 것이다.

1. 제약조건을 평가하려면 해당 객체의 정의에 적합하지 않은 데이터가 필요하다.

2. 관련된 규칙이 여러 객체에 걸쳐 나타나며, 동일한 계층구조에 속하지 않는 객체 간에 중복 또는 상속 관계를 강요한다.

3. 설계와 요구사항에 관한 다양한 논의는 제약조건에 초점을 맞춰 이뤄지지만 정작 구현 단계에서는 절차적인 코드에 묻혀 명시적으로 표현되지 않는다.

제약조건이 객체가 담당하는 기본 책임을 모호하게 만들거나 제약조건이 도메인과 관련된 대화에서는 중요한 개념으로 다뤄지지만 모델 내에 명확하게 표현돼 있지 않다면 제약조건을 명시적인 객체로 분리하거나, 나아가 일련의 객체와 관계의 집합으로 모델링할 수 있다(『The Object Constraint Language: Precise Modeling with UML』(Warmer and Kleppe 1999)에서 이 주제에 관해 깊이 있고 다소 형식에 얽매이지 않고 논의한 내용을 확인할 수 있다.)

예제

설계 검토: 초과 예약 정책

1장에서 운송 수단이 처리할 수 있는 양보다 10퍼센트 많은 양의 화물을 예약하는 일반적인 해운 업무의 관행을 살펴봤다. (해운 회사는 경험을 토대로 10퍼센트의 초과 예약으로 마지막 순간에 고객들이 예약을 취소하는 경우를 보완할 수 있고, 이로써 선박을 거의 만선에 가까운 상태로 운행할 수 있다는 사실을 알게 됐다.)

제약조건을 표현하는 새로운 클래스를 추가해서 Voyage와 Cargo 간의 관계에 대한 제약조건이 다이어그램과 코드에 모두 명시적으로 표현됐다.

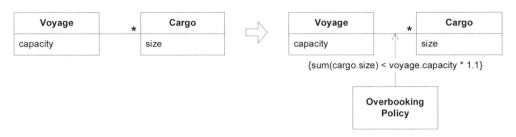

그림 9-11 | 정책을 명확하게 표현하고자 리팩터링한 모델

코드와 설계 과정을 이해하고자 전체 예제를 보고 싶다면 1장, "지식탐구"의 "감춰진 개념 추출하기" 예제를 참고하기 바란다.

도메인 객체로서의 프로세스

솔직히 말해서 절차(procedure)를 모델의 주요한 측면으로 삼고 싶지 **않다는** 점에 동의하자. 객체는 절차를 캡슐화해서 절차 대신 객체의 목표나 의도에 관해 생각하게 해야 한다.

여기서 이야기하고자 하는 대상은 도메인에 존재하는 프로세스(process)이며, 우리는 모델 내에 프로세스를 표현해야 한다. 프로세스가 나타나면 객체를 어색하게 설계하는 경향이 있다.

본 장의 첫 번째 예제로 화물을 운송하는 해운 시스템을 살펴봤다. 해운 시스템의 운송 프로세스는 업무적인 의미를 나타낸다. SERVICE는 그러한 프로세스를 명시적으로 표현하는 한 가지 방법이기는 하지만 여전히 너무나도 복잡한 알고리즘을 캡슐화한다.

프로세스를 수행하는 방법이 한 가지 이상일 때 취할 수 있는 또 다른 접근법은 알고리즘 자체 또는 그것의 일부를 하나의 객체로 만드는 것이다. 어떤 프로세스를 선택할 것인가는 곧 어떤 객체를 선택할 것인가가 되고, 각 객체는 각기 다른 STRATEGY를 표현한다(12장에서 도메인 내에서 STRATEGY를 활용하는 방법을 좀더 자세히 살펴보겠다).

명시적으로 표현해야 할 프로세스와 숨겨야 할 프로세스를 구분하는 비결은 간단하다. 이것이 바로 도메인 전문가가 이야기하고 있는 프로세스인가? 아니면 단순히 컴퓨터 프로그램상의 메커니즘의 일부일 뿐인가?

제약조건과 프로세스는 객체지향 언어로 프로그래밍할 때 확연하게 떠오르지 않는 두 가지 넓은 범주의 모델 개념이지만, 일단 제약사항과 프로세스를 모델의 요소로 간주하면 설계를 매우 명확하게 만들 수 있다.

일부 유용한 범주의 개념은 더 제한적이다. 사용 범위는 특화돼 있지만 상당히 널리 사용되는 개념을 소개하는 것으로 본 장을 마무리하겠다. SPECIFICATION은 특정한 종류의 규칙을 표현하는 매우 간결한 수단을 제공하며, 조건 로직으로부터 규칙을 분리해서 규칙이 모델 내에서 분명해지게끔 만들어준다.

나는 마틴 파울러와 함께 SPECIFICATION(Evans and Fowler 1997)을 개발했다. SPECIFICATION의 개념은 단순해서 이를 적용하거나 구현할 때 미묘한 사항들을 착각할 여지가 있으므로 이번 절에서는 가급적 자세하게 설명하겠다. SPECIFICATION을 확장하는 10장에서는 더 다양한 문제를 살펴보겠다. 이어지는 패턴을 설명한 부분을 읽고 나서 실제로 패턴을 적용하기 전까지는 "SPECIFICATION의 적용과 구현" 부분을 대략적으로 훑어만 봐도 무방하다.

SPECIFICATION
(명세)

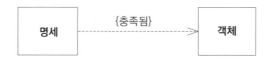

모든 종류의 애플리케이션에는 대수롭지 않은 규칙을 검사하는 Boolean 테스트 메서드가 있다. 규칙이 단순하다면 anIterator.hasNext()나 anInvoice.isOverdue()와 같은 테스트 메서드를 사용해서 규칙을 처리하면 된다. 다음은 Invoice 클래스의 isOverdue()에 포함된 코드는 규칙을 검사하는 알고리즘이다.

```
public boolean isOverdue() {
    Date currentDate = new Date();
    return currentDate.after(dueDate);
}
```

하지만 규칙이 모두 이렇게 단순하기만 한 것은 아니다. 같은 Invoice 클래스에 있는 또 다른 규칙인 anInvoice.isDelinquent()에서는 처음에는 isOverdue()를 사용해 Invoice에 대한 지불 기한이 지났는지 검사하겠지만 이것은 단지 서막에 불과하다. 지불 유예기간에 대한 정책은 고객의 계정 상태에 따라 달라질 수 있다. 일부 체납된 송장의 경우 2차 통보가 준비 중인 반면, 일부 송장은 미수금 처리 대행 회사로 넘길 준비가 돼 있을 것이다. 고객의 지불 이력, 서로 다른 제품군에 대한 회사 정책 등……. 오래지 않아 지불 요청을 의미하는 Invoice의 명료함이 규칙을 평가하는 코드 덩어리에 묻혀 이내 사라져 버릴 것이다. 또한 Invoice는 근본적인 의미를 지원하지 않는 도메인 클래스와 하위시스템에 대해 의존성을 갖게 될 것이다.

현 시점에서 Invoice 클래스를 구원하고자 개발자는 규칙을 평가하는 코드를 리팩터링해서 응용 계층(이 경우에는 청구서 수집 애플리케이션)으로 옮길 것이다. 이제 업무 모델에 내재된 규칙을 표현하지 않는 쓸모 없는 데이터 객체를 뒤로한 채 규칙은 도메인 계층과 완전히 분리된다. 규칙을 도메인 계층 내에 유지할 필요가 있지만 규칙을 통해 평가하려는 객체(이 경우 Invoice)에 규칙을 두기에는 적절하지 않다. 그뿐만 아니라 규칙을 평가하는 메서드는 조건 코드로 팽창할 것이고 결국 규칙에 대한 가독성은 떨어지고 만다.

논리 프로그래밍(logic-programming) 패러다임에 익숙한 개발자들은 다른 방식으로 이를 처리한다. 앞에서 살펴본 규칙은 **술어(predicate)**로 표현할 수 있다. 술어는 "true" 또는 "false"로 평가되는 함수이며, 더 복잡한 규칙을 표현하기 위해 "AND"와 "OR"와 같은 연산자를 사용해서 결합할 수 있다. 술어를 사용하면 규칙을 명확하게 선언해서 이를 Invoice에 사용할 수 있다. 단, 우리가 논리 패러다임을 사용하고 있었다면 말이다.

논리 프로그래밍 패러다임을 본 사람들은 객체를 사용해서 논리적인 규칙을 구현하려고 시도했다. 어떤 것은 너무 복잡했고, 어떤 것은 너무 단순했다. 어떤 것은 매우 의욕적이었던 반면 또 어떤 것은 적당한 수준에 머물렀다. 어떤 것은 가치가 있는 것으로 판명됐지만 어떤 것은 실패했기 때문에 가차없이 버려졌다. 일부 시도로 프로젝트가 정해진 방향을 벗어난 적도 있었다. 한 가지만은 분명하다. 즉, 아이디어가 매력적인 만큼 논리를 객체 안에 구현하는 것은 커다란 작업이라는 점이다(어쨌거나 논리 프로그래밍은 자체적으로 완전한 모델링과 설계를 위한 패러다임이다.)

종종 업무 규칙이 ENTITY나 VALUE OBJECT가 맡고 있는 책임에 맞지 않고 규칙의 다양성과 조합이 도메인 객체의 기본 의미를 압도할 때가 있다. 그렇다고 규칙을 도메인 계층으로부터 분리한다면 도메인 코드가 더는 모델을 표현할 수 없어서 상황이 더 악화된다.

논리 프로그래밍에서는 "술어"라고 하는 조합 가능한 별도의 규칙 객체의 개념을 제공하지만 순수한 객체를 이용해 술어의 개념을 완전히 구현하기란 매우 성가신 작업이다. 또한 이 방법은 너무 일반적이라서 논리 프로그래밍과 같은 특별한 설계만큼 의도를 충분히 전달하지 못한다.

한 가지 다행스러운 점은 이런 이점을 얻기 위해 논리 프로그래밍을 완전히 구현할 필요까지는 없다는 점이다. 대부분의 규칙은 몇 가지 특수한 경우로 나뉜다. 술어의 개념을 차용해서 Boolean 결과를 내는 특별한 객체를 만들 수 있다. 감당할 수 없을 정도로 덩치가 커진 테스트 메서드는 독립적인 객체로 발전할 것이다. 이러한 테스트는 별도의 VALUE OBJECT로 분해할 수 있는 간단한 참/거짓 테스트다. 테스트 메서드를 보유한 객체는 정의된 술어가 어떤 대상 객체에 대해 참인지 검사하기 위해 대상 객체를 평가할 수 있다.

그림 9-12

달리 말하자면 새로운 객체는 **명세(specification)**에 해당한다. SPECIFICATION은 다른 객체에 대한 제약조건을 기술하며, 제약조건은 존재할 수도 존재하지 않을 수도 있다. SPECIFICATION을 다양한 용도로 사용할 수 있지만 가장 기본적인 개념은 다른 객체가 SPECIFICATION에 명시된 기준을 만족하는지 검사할 수 있다는 것이다.

그러므로

특별한 목적을 위해 술어와 유사한 명시적인 VALUE OBJECT를 만들어라. SPECIFICATION은 어떤 객체가 특정 기준을 만족하는지 판단하는 술어다.

수많은 SPECIFICATION은 체납 송장 예제에서 본 것처럼 단순하고, 특별한 목적으로 사용하는 테스트에 해당한다. 규칙이 복잡한 경우 논리 연산자를 사용해 술어를 결합하는 것과 동일한 방식으로 단순한 명세들을 결합하도록 개념을 확장할 수 있다. (이 기법은 10장에서 살펴보겠다.) 기본적인 패턴은 동일하며 이것은 더 단순한 모델에서 더 복잡한 모델로 나아갈 수 있는 방향을 제시한다.

체납 송장 예제의 경우 체납이 의미하는 바를 명시하고 Invoice를 평가해서 체납 여부를 결정하는 SPECIFICATION을 이용해 모델링할 수 있다.

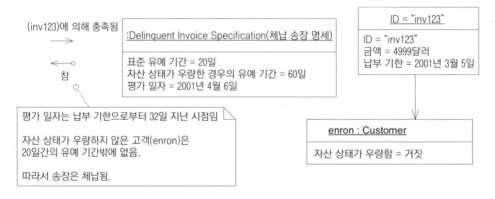

그림 9-13 | 별도의 SPECIFICATION으로 정교해진 체납 규칙

SPECIFICATION을 이용하면 규칙을 도메인 계층에 유지할 수 있다. 아울러 완전한 객체를 사용해서 규칙을 표현하므로 설계가 모델을 더욱 명확하게 반영할 수 있다. FACTORY는 고객의 계정이나 기업 정책 데이터베이스와 같은 외부 정보를 사용해 SPECIFICATION을 설정할 수 있다. Invoice에서 계정이나 정책 데이터베이스에 직접 접근한다면 Invoice가 지불 요청(Invoice의 기본적인 책임)과는 무관한 객체와 결합될 것이다. 이러한 경우 Delinquent Invoice Specification을 생성하고 Invoice를 평가한 후 제거하므로 특정한 평가 일자를 Delinquent Invoice Specification 안에 포함할 수 있다. 이것은 아주 적절한 단순화다. SPECIFICATION은 단순하고 직접적인 방식으로 필요한 정보를 얻을 수 있다.

✕ ✕ ✕

SPECIFICATION의 기본 개념은 매우 단순하며, 도메인 모델링 문제에 관해 생각할 수 있게 돕는다. 그러나 MODEL-DRIVEN DESIGN을 실현하려면 개념을 표현하는 효과적인 구현 방법도 필요하다. 이를 위해서는 패턴을 적용하는 방법을 좀더 깊이 있게 탐구해야 한다. 도메인 패턴을 단지 UML 다이어그램을 작성하기 위한 깔끔한 아이디어 정도로 치부해서는 안 된다. 도메인 패턴은 모델과 구현 간에 MODEL-DRIVEN DESIGN의 개념을 유지하게 해주는 프로그래밍 문제에 대한 해법이다.

패턴을 적절히 적용하면 도메인 모델링과 관련한 다양한 범주의 문제에 접근하는 방법에 관한 전반적인 사고체계를 활용할 수 있고 효과적인 구현 방법을 선택할 때 수년간 축적된 경험을 참고할 수 있다. 이어지는 장에서는 SPECIFICATION의 구현 특성과 접근법에 따라 선택할 수 있는 다양한 선택사항을 살펴보겠다. 패턴은 요리책이 아니다. 패턴은 자체적인 해법을 고안해낼 때 경험을 기반으로 작업에 착수할 수 있게 해주며 현재 진행 중인 작업에 관해 의사소통할 수 있는 언어를 제공한다.

이어지는 부분을 처음 읽는다면 핵심적인 개념만을 훑어보고 지나가도 무방하다. 나중에 실제로 패턴을 적용해야 할 상황이 생기면 다시 돌아와서 상세한 논의 내용을 읽고 그 속에 담긴 경험을 활용해도 된다. 그러면 현재 직면한 문제에 적합한 해결책을 고안해 낼 수 있을 것이다.

SPECIFICATION의 적용과 구현

SPECIFICATION의 주된 가치는 매우 상이해 보이는 애플리케이션 기능을 하나로 통합해 준다는 점이다. 객체의 상태를 다음과 같은 세 가지 목적으로 명시하고 싶을 때가 있다.

1. 객체가 어떤 요건을 충족시키거나 특정 목적으로 사용할 수 있는지 가늠하고자 객체를 검증

2. 컬렉션 내의 객체를 선택(이를테면, 기한이 만료된 송장 목록을 조회)

3. 특정한 요구사항을 만족하는 새로운 객체의 생성을 명시

검증(validation), 선택(selection), 요청 구축(building to order)이라는 SPECIFICATION의 세 가지 용도는 개념적인 차원에서 동일하다. SPECIFICATION과 같은 패턴이 없다면 동일한 규칙이 각기 다른 형태를 띨 수도 있고 심지어 서로 모순된 형태를 취할 수도 있다. 즉, 개념적인 통일성이 소실될 수 있다. SPECIFICATION 패턴을 적용하면 다른 방법을 사용해서 구현해야 하는 상황에서도 일관된 모델을 사용할 수 있다.

검증

SPECIFICATION의 가장 단순한 용도는 검증(validation)이며, SPECIFICATION의 개념을 가장 직관적으로 설명해주는 방식이기도 하다.

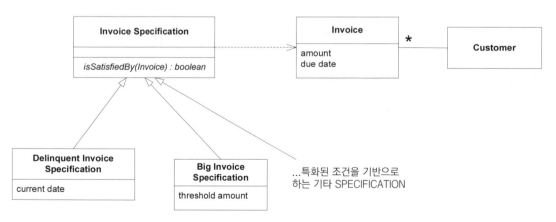

그림 9-14 | 검증을 위해 SPECIFICATION을 적용한 모델

```
class DelinquentInvoiceSpecification extends InvoiceSpecification {
    private Date currentDate;
    // 인스턴스는 한 날짜를 대상으로 사용된 후 폐기된다.

    public DelinquentInvoiceSpecification(Date currentDate) {
        this.currentDate = currentDate;
    }


    public boolean isSatisfiedBy(Invoice candidate) {
        int gracePeriod = candidate.customer().getPaymentGracePeriod();
        Date firmDeadline = DateUtility.addDaysToDate(candidate.dueDate(), gracePeriod);
        return currentDate.after(firmDeadline);
    }


}
```

이제 판매원이 고객에게 체납 청구서를 보낸 경우 붉은 색으로 표시하고 싶다고 가정하자. 이
경우 클라이언트 클래스에 다음과 같은 메서드를 작성하면 된다.

```
public boolean accountIsDelinquent(Customer customer) {
    Date today = new Date();
    Specification delinquentSpec = new DelinquentInvoiceSpecification(today);
    Iterator it = customer.getInvoices().iterator();
    while (it.hasNext()) {
        Invoice candidate = (Invoice) it.next();
        if (delinquentSpec.isSatisfiedBy(candidate)) return true;
    }
    return false;
}
```

선택(또는 질의)

검증은 특정한 조건에 부합하는지 여부를 판단하기 위해 개별 객체를 테스트하며, 대개 클라
이언트는 테스트 결과를 기반으로 특정한 행위를 수행한다. SPECIFICATION을 사용해야 하
는 다른 경우는 특정한 조건을 기반으로 객체 컬렉션의 일부를 선택하는 것이다. 이 경우에도
SPECIFICATION이라는 동일한 개념을 적용할 수 있지만 구현상 쟁점에는 차이가 있다.

체납된 송장을 보유한 모든 고객 목록을 나열하는 요구사항이 있다고 해보자. 이론상으로는

이 경우에도 앞서 정의한 Delinquent Invoice Specification을 사용할 수 있지만 실제로는 구현과 관련된 세부사항을 변경해야 할 것이다. 개념이 동일하다는 사실을 설명하고자 우선 전체 Invoice의 수가 적어서 모든 Invoice가 메모리상에 존재한다고 가정하자. 이 경우 검증을 설명할 때 개발한 직관적인 구현 방식이 여전히 유효하다. 다음과 같이 Invoice Repository에 SPECIFICATION을 기반으로 Invoice를 선택하는 일반화된 메서드를 구현할 수 있다.

```
public Set selectSatisfying(InvoiceSpecification spec) {
    Set results = new HashSet();
    Iterator it = invoices.iterator();
    while (it.hasNext()) {
        Invoice candidate = (Invoice) it.next();
        if (spec.isSatisfiedBy(candidate)) results.add(candidate);
    }

    return results;
}
```

이제 클라이언트는 단 한 줄의 코드만으로 모든 체납된 Invoice의 목록을 구할 수 있다.

```
Set delinquentInvoices = invoiceRepository.selectSatisfying(
    new DelinquentInvoiceSpecification(currentDate));
```

위 코드는 연산에 내포된 개념을 명시적으로 표현한다. 물론, Invoice 객체는 아마 메모리상에 존재하지는 않을 것이다. 시스템 내에는 수천 개의 Invoice가 존재한다. 일반적인 업무 시스템이라면 데이터를 관계형 데이터베이스에 저장할 것이다. 그리고 이전 장에서 지적한 것처럼 상이한 기술과 교차되는 지점에서는 모델의 초점을 잃어버리기 쉽다.

관계형 데이터베이스는 강력한 검색 기능을 제공한다. SPECIFICATION의 모델은 유지하면서도 모델의 초점을 잃어버리는 문제를 해결하려면 관계형 데이터베이스의 능력을 어떻게 활용할 수 있을까? MODEL-DRIVEN DESIGN에서는 모델이 구현과 밀접한 관계를 유지할 것을 요구하지만 모델의 의미를 충실하게 반영하는 구현 방식이라면 어떤 것이든 자유롭게 선택할 수 있다. 다행히도 SQL을 사용하면 매우 자연스러운 방식으로 SPECIFICATION을 작성할 수 있다.

다음은 검증 규칙을 담은 동일한 클래스에 질의문(query)을 캡슐화한 간단한 예다. Invoice Specification에 메서드 하나를 추가하고 Delinquent Invoice Specification 하위 클래스에서 이 메서드를 구현한다.

```
public String asSQL() {
    return
        "SELECT * FROM INVOICE, CUSTOMER" +
        "  WHERE INVOICE.CUST_ID = CUSTOMER.ID" +
        "  AND INVOICE.DUE_DATE + CUSTOMER.GRACE_PERIOD" +
        "    < " + SQLUtility.dateAsSQL(currentDate);
}
```

SPECIFICATION은 도메인 객체에 대한 질의 접근을 제공하고 데이터베이스에 대한 인터페이스를 캡슐화하는 기본요소 메커니즘에 해당하는 REPOSITORY와 자연스럽게 어울린다(그림 9.15).

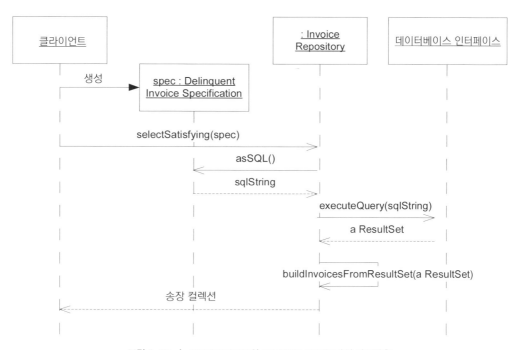

그림 9-15 | REPOSITORY와 SPECIFICATION 간의 상호작용

현행 설계에는 몇 가지 문제가 있다. 가장 중요한 문제는 세부적인 테이블 구조가 DOMAIN LAYER에 노출된다는 점이다. 테이블 구조는 도메인 객체와 관계형 테이블 간의 관계를 책임지는 매핑 계층 내부로 격리해야 한다. 이 경우와 같이 테이블 정보를 암시적으로 중복시키면 매핑 정보가 변경될 경우 이 정보가 포함된 여러 곳을 수정해야 하므로 Invoice와 Customer 객체를 변경하거나 유지보수하기가 힘들어진다. 하지만 이 예제는 규칙을 오직 한 곳에만 유지하려면 어

떻게 해야 할지를 간략하게 보여주는 데 그친다. 일부 객체지향 매핑 프레임워크에서는 질의문을 모델 객체와 속성을 사용해 표현하는 방법을 제공하며, 인프라스트럭처 계층에서 실제로 실행될 SQL문을 생성한다. 이러한 프레임워크를 이용하면 두 마리 토끼를 한꺼번에 잡을 수 있다.

인프라스트럭처의 도움을 받을 수 없다면 특수한 질의 메서드를 Invoice Repository에 추가해서 SQL을 도메인 객체 밖으로 빼낼 수 있다. REPOSITORY에 선택(selection) 규칙을 포함하지 않으려면 질의문을 좀더 일반화된 방식으로 표현해야 하며, 이러한 질의는 규칙을 담지 않지만 규칙을 만들어내는 컨텍스트에서 결합되거나 그러한 컨텍스트에 위치할 수 있다(여기서는 DOUBLE DISPATCH 패턴을 사용한다).

```
public class InvoiceRepository {

    public Set selectWhereGracePeriodPast(Date aDate){
        // 이것은 규칙이 아닌 단순히 특화된 질의에 불과하다
        String sql = whereGracePeriodPast_SQL(aDate);
        ResultSet queryResultSet =
            SQLDatabaseInterface.instance().executeQuery(sql);
        return buildInvoicesFromResultSet(queryResultSet);
    }

    public String whereGracePeriodPast_SQL(Date aDate) {
        return
            "SELECT * FROM INVOICE, CUSTOMER" +
            " WHERE INVOICE.CUST_ID = CUSTOMER.ID" +
            " AND INVOICE.DUE_DATE + CUSTOMER.GRACE_PERIOD" +
            "    < " + SQLUtility.dateAsSQL(aDate);
    }

    public Set selectSatisfying(InvoiceSpecification spec) {
        return spec.satisfyingElementsFrom(this);
    }
}
```

Invoice Specification의 asSql() 메서드는 satisfyingElementsFrom(InvoiceRepository)로 대체되며, Delinquent Invoice Specification은 다음과 같이 구현된다.

```
public class DelinquentInvoiceSpecification {
    // 기본적인 DelinquentInvoiceSpecification 코드
```

```
    public Set satisfyingElementsFrom(
                    InvoiceRepository repository) {
        // 체납 규칙은 다음과 같이 정의된다:
        //   "현재 날짜를 기준으로 유예기간이 지남"
        return repository.selectWhereGracePeriodPast(currentDate);
    }
}
```

이 경우 SQL문은 REPOSITORY 내부에 위치하며 SPECIFICATION은 어떤 질의문을 사용해야 하는지 제어한다. 규칙을 깔끔하게 SPECIFICATION 내부로 모으지는 못했지만 체납 개념을 구성하는 본질적인 규칙(즉, 유예기간 초과)은 SPECIFICATION에 선언돼 있다.

이제 REPOSITORY는 이런 경우에만 사용되는 매우 특수한 질의문을 포함한다. 이 방식은 수용할 만하지만 체납된 Invoice에 대한 기간 초과 Invoice의 상대적인 개수에 따라서는 REPOSITORY 메서드를 좀더 일반화된 상태로 유지할 수 있는 중재안이 SPECIFICATION을 좀더 자기 설명적(self-explanatory)으로 유지하면서도 더 나은 성능을 보일 수 있다.

```
    public class InvoiceRepository {

        public Set selectWhereDueDateIsBefore(Date aDate) {
            String sql = whereDueDateIsBefore_SQL(aDate);
            ResultSet queryResultSet =
                SQLDatabaseInterface.instance().executeQuery(sql);
            return buildInvoicesFromResultSet(queryResultSet);
        }

        public String whereDueDateIsBefore_SQL(Date aDate) {
            return
                "SELECT * FROM INVOICE" +
                "  WHERE INVOICE.DUE_DATE" +
                "     < " + SQLUtility.dateAsSQL(aDate);
        }

        public Set selectSatisfying(InvoiceSpecification spec) {
            return spec.satisfyingElementsFrom(this);
        }
    }
```

```java
public class DelinquentInvoiceSpecification {
    // 기본적인 DelinquentInvoiceSpecification 코드

    public Set satisfyingElementsFrom(InvoiceRepository repository) {
        Collection pastDueInvoices =
            repository.selectWhereDueDateIsBefore(currentDate);

        Set delinquentInvoices = new HashSet();
        Iterator it = pastDueInvoices.iterator();
        while (it.hasNext()) {
            Invoice anInvoice = (Invoice) it.next();
            if (this.isSatisfiedBy(anInvoice))
                delinquentInvoices.add(anInvoice);
        }
        return delinquentInvoices;
    }
}
```

이 코드에서는 더 많은 양의 Invoice를 메모리로 적재한 후 메모리상에서 원하는 Invoice를 선택해야 하므로 성능 저하를 겪는다. 이것이 더 좋은 책임의 분할을 위해 수용 가능한 비용인가는 전적으로 상황에 따라 달라진다. 기본적인 책임을 올바른 상태로 유지하면서 SPECIFICATION과 REPOSITORY 간의 상호작용을 구현하는 방법은 다양하다.

때로는 성능을 향상시키거나 보안을 강화하고자 질의문을 서버상의 저장 프로시저(stored procedure)로 구현할 수도 있다. 이 경우 SPECIFICATION은 저장 프로시저에 전달할 수 있는 매개변수만 포함할 것이다. 그럼에도 각 구현 방법에 포함된 모델 간에는 차이가 없다. 모델에 의해 특수하게 제약을 받는 경우를 제외하면 모델의 구현 방법을 자유롭게 선택할 수 있다. 하지만 구현 방법마다 질의문을 작성하고 유지하는 방법이 얼마나 번거로운가에 따른 차이는 있다.

이러한 논의는 SPECIFICATION과 데이터베이스를 결합하는 데 따르는 표면상의 문제만을 다루는 것에 불과하며, 지면상 관련된 모든 고려사항을 다루지는 않겠다. 단지 결정을 내려야 하는 구현 방법에 관련된 느낌을 전달할 수 있길 바랄 뿐이다. 마틴 파울러의 『엔터프라이즈 애플리케이션 아키텍처 패턴(Patterns of Enterprise Application Architecture)』에서 미(Mee)와 히아트(Hieatt)는 SPECIFICATION을 사용해 REPOSITORY를 설계하는 것과 관련된 일부 기술적인 쟁점을 다루고 있다.

요청 구축(생성)

미 국방부에서 새로운 전투기를 개발해야 한다면 담당자는 명세서를 작성한다. 이 명세서에는 전투기가 마하 2에 근접한 속도를 낼 수 있어야 하고 1800마일 이상 비행이 가능해야 하며, 5천만 달러 이하의 예산으로 개발이 가능해야 한다는 등의 항목이 포함될 것이다. 하지만 상세한 정도와는 상관없이 명세서는 항공기의 설계가 아니며, 항공기 자체는 더더욱 아니다. 항공 우주 공학 회사에서는 이 명세서를 전달받아 이를 토대로 여러 개의 설계도를 작성할 것이다. 경쟁사에서는 아마 원래의 명세에 포함된 모든 항목을 포함하지만 완전히 다른 설계안을 만들어낼지도 모른다.

수많은 컴퓨터 프로그램은 뭔가를 생성해내며, 생성되는 것들은 명시돼 있어야 한다. 문서 작성 프로그램에서 작성 중인 문서에 이미지를 삽입하면 텍스트는 겹치지 않고 이미지 주위에 배치된다. 페이지상에 단어를 정확히 어디에 배치할 것인가는 명세를 만족시키는 범위 내에서 문서 작성 프로그램에 의해 이뤄진다.

처음에는 명백해 보이지 않을 수도 있지만 이것은 검증(validation)과 선택(selection)에 적용했던 SPECIFICATION과 개념상 다르지 않다. 아직 존재하지 않는 객체에 대한 기준을 명시하는 것이다. 그러나 구현 자체만 놓고 보면 매우 두드러진 차이점을 볼 수 있다. 여기서는 SPECIFICATION을 앞서 살펴본 질의문과 달리 이미 존재하는 객체 중에서 조건을 만족하는 객체를 선별할 목적으로 사용하지 않는다. 또한 검증에서처럼 이미 존재하는 객체를 테스트하려고 사용하는 것도 아니다. 여기서는 SPECIFICATION에 명시된 조건을 만족하는 완전히 새로운 객체나 객체 집합을 새로 만들어 내거나 재구성하는 것이 목적이다.

SPECIFICATION을 사용하지 않는다면 원하는 객체를 생성하기 위한 절차나 일련의 명령이 포함된 생성기(generator)를 작성할 수도 있다. 이렇게 작성된 코드는 생성기의 행위를 암시적으로 규정할 수밖에 없다.

이와 달리 서술적인 SPECIFICATION을 사용해서 생성기의 인터페이스를 정의하면 생성할 결과물을 명시적으로 인터페이스에 포함시킬 수 있다. 이 접근법에는 여러 가지 이점이 있다.

- 생성기의 구현을 인터페이스로부터 분리(decouple)할 수 있다. SPECIFICATION은 생성할 결과물에 대한 요구사항은 선언하지만 결과물을 생성하는 방법은 정의하지 않는다.

- SPECIFICATION을 사용한 인터페이스는 생성 규칙을 명시적으로 전해주므로 개발자들이 연산의 세부적인 사항을 이해하지 않고도 생성기의 결과물을 예상할 수 있다. 절차적인 방식으로 정의된 생성기의 경우 어떻게 작동할지 예상하려면 여러 가지 경우를 직접 실행해 보거나 코드를 한 줄 한 줄 읽어보고 이해하는 수밖에 없다.

- 생성기는 단순히 SPECIFICATION에 포함된 조건에 따라 객체를 생성하는 반면 생성 요청을 표현하는 코드는 클라이언트에 존재하므로 더 유연한 인터페이스를 얻거나 더 유연하게 개선할 수 있다.

- 마지막으로 언급하지만 매우 중요한 이점은 이런 종류의 인터페이스는 생성기에 대한 입력 **(동시에 생성기의 결과물을 검증하기도 하는)**을 정의하는 명시적인 방법이 모델에 포함돼 있어서 테스트하기가 더 수월하다는 점이다. 즉, 생성 절차를 명시하고자 생성기의 인터페이스로 전달된 것과 동일한 SPECIFICATION을 생성된 객체가 올바른지 확인하기 위한 자체적인 검증(구현에서 이를 지원할 경우) 용도로 사용할 수 있다는 것이다. (이것은 10장에서 살펴볼 ASSERTION의 한 예다.)

요청 구축이 아무 것도 없는 상태에서 객체를 생성하는 것을 의미할 수도 있지만 이미 존재하는 객체가 SPECIFICATION을 충족하도록 구성하는 것일 수도 있다.

예제

화학 창고 포장기

다양한 화학물질을 유개화차와 유사한 대형 컨테이너에 보관하는 창고가 있다. 어떤 화학물질은 화학 작용이 일어나지 않기 때문에 어떤 컨테이너에도 보관할 수 있다. 화학 작용이 일어날 수 있는 일부 화학물질은 특별히 통풍 컨테이너(ventilated containers)에 보관해야 한다. 폭발성이 있는 화학물질은 특별히 강화 컨테이너(armored containers)에 보관해야 한다. 또한 어떤 규칙에 따라 화학물질을 조합해서 한 컨테이너에 함께 보관할 수도 있다.

소프트웨어의 목적은 화학물질을 효율적이고 안전하게 컨테이너에 저장하는 방법을 찾아내는 것이다.

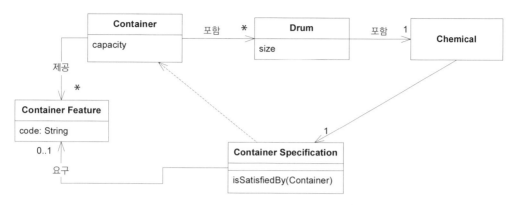

그림 9-16 | 창고 보관에 관한 모델

화학물질을 선택하고 컨테이너에 할당하는 프로시저를 작성하는 것으로 시작할 수도 있겠지만 여기서는 검증 문제와 관련된 부분부터 해결해보자. 검증 문제에 초점을 맞춤으로써 규칙을 명확하게 만드는 방법에 집중할 수 있으며, 이를 최종 구현을 테스트하는 용도로도 활용할 수 있다.

각 화학물질을 보관하기 위해 컨테이너가 갖춰야 SPECIFICATION은 다음과 같다.

화학물질	컨테이너 명세
TNT	강화 컨테이너
모래	
생물학적 시료	폭발성을 지닌 화학물질과 동일한 컨테이너에 보관해서는 안 됨
암모니아	통풍 컨테이너

이제 위 규칙을 Container Specification(컨테이너 명세)으로 작성하면 포장된 컨테이너에 관련된 구성 정보를 가지고 컨테이너가 제약조건을 만족하는지 검사할 수 있다.

컨테이너 특성	내용물	명세 충족 여부
강화 컨테이너	TNT 20톤.	✓
	모래 500톤.	
	생물학적 시료 50톤.	✓
	암모니아	✗

Container Specification의 isSatisfied() 메서드는 컨테이너가 필요로 하는 Container Feature(컨테이너 특성)의 만족 여부를 확인하도록 구현한다. 이를테면, 폭발성 화학물질의 SPECIFICATION에는 "강화" 특성이 포함돼 있을 것이다.

```java
public class ContainerSpecification {
    private ContainerFeature requiredFeature;

    public ContainerSpecification(ContainerFeature required) {
        requiredFeature = required;
    }

    boolean isSatisfiedBy(Container aContainer){
        return aContainer.getFeatures().contains(requiredFeature);
    }
}
```

다음은 폭발성 화학물질을 구성하는 클라이언트 코드 예제다.

```java
tnt.setContainerSpecification(new ContainerSpecification(ARMORED));
```

Container(컨테이너) 객체의 isSafelyPacked() 메서드는 Container에 보관된 Chemical(화학물질)의 모든 ContainerFeature가 Container에 포함돼 있는지 여부를 확인한다.

```java
boolean isSafelyPacked(){
    Iterator it = contents.iterator();
    while (it.hasNext()) {
        Drum drum = (Drum) it.next();
        if (!drum.containerSpecification().isSatisfiedBy(this))
            return false;
    }
    return true;
}
```

이제 재고 데이터베이스의 데이터를 사용해서 위험한 경우를 보고하는 모니터링 애플리케이션을 작성할 수 있다.

```java
Iterator it = containers.iterator();
while (it.hasNext()) {
    Container container = (Container) it.next();
    if (!container.isSafelyPacked())
        unsafeContainers.add(container);
}
```

물론 우리의 목적은 모니터링 애플리케이션을 작성하는 데 있지 않다. 업무 담당자가 위험한 상황을 모니터링할 수 있다면 좋겠지만 실제적인 작업은 포장기(packer)를 설계하는 일이다. 현재 완료된 작업은 포장기를 테스트하는 부분이다. 우리는 도메인에 대한 이러한 이해와 SPECIFICATION 기반 모델을 바탕으로 여러 Drum과 Container의 묶음을 규칙을 만족하는 상태로 포장해줄 SERVICE를 대상으로 다음과 같이 명확하고 간단한 인터페이스를 정의할 수 있다.

```
public interface WarehousePacker {
    public void pack(Collection containersToFill,
        Collection drumsToPack) throws NoAnswerFoundException;

        /* ASSERTION: pack()의 끝에서는 각 Drum의
        ContainerSpecification이 Container에 의해 충족된다.
        완전한 해결책을 찾을 수 없다면 예외를 던진다.
        */
}
```

이제 Packer SERVICE의 책임을 충족하는 최적화된 제약조건 해결자(constraint solver)를 정의하는 작업을 애플리케이션의 나머지 부분으로부터 분리할 수 있게 됐고, 이를 위한 메커니즘이 모델을 표현하는 설계를 혼란시키지 않을 것이다(10장의 '선언적인 형식의 설계'와 15장, 'COHESIVE MECHANISM'을 참고한다). 그러나 화학물질 포장 방법을 **좌우하는** 규칙 자체는 외부로 유출되지 않고 도메인 객체 내부에 유지할 수 있었다.

예제

동작하는 창고 포장기 프로토타입

창고 포장 소프트웨어를 동작하게 만드는 최적화 로직을 작성하기란 쉽지 않은 일이다. 개발자와 업무 전문가로 구성된 소규모 팀은 일을 분담한 후 작업에 착수했지만 코드 작성을 시작하지 못했다. 그 동안 다른 소규모 팀은 사용자가 데이터베이스로부터 재고를 추출할 수 있게 한 후 이를 Packer에 전달하고 결과를 해석하는 애플리케이션을 개발하고 있었다. 그 팀에서는 예상되는 Packer를 상대로 설계를 하고 있었다. 그러나 할 수 있는 일이라곤 프로토타입의 UI를 만들고 데이터베이스 통합 코드를 작성하는 것에 불과했다. 그들은 사용자에게 의미 있는 행위가 포함된 인터페이스를 보여주고 적절한 피드백을 받을 수가 없었다. Packer 팀 역시 같은 이유로 아무 것도 없는 상태에서 작업을 진행하고 있었다.

애플리케이션 팀은 창고 포장기 예제에서 살펴본 도메인 객체와 SERVICE 인터페이스를 이용하면 개발 프로세스의 진행을 원활하게 하는 매우 간단한 **Packer** 구현을 개발함으로써 병렬 작업이 가능하고 실제로 동작하는 종단간 시스템(end-to-end system)을 통해서만 완전한 효과를 거둘 수 있는 피드백 고리를 마칠 수 있다는 사실을 깨달았다.

```java
public class Container {
    private double capacity;
    private Set contents; // 드럼통

    public boolean hasSpaceFor(Drum aDrum) {
        return remainingSpace() >= aDrum.getSize();
    }

    public double remainingSpace() {
        double totalContentSize = 0.0;
        Iterator it = contents.iterator();
        while (it.hasNext()) {
            Drum aDrum = (Drum) it.next();
            totalContentSize = totalContentSize + aDrum.getSize();
        }
        return capacity - totalContentSize;
    }

    public boolean canAccommodate(Drum aDrum) {
        return hasSpaceFor(aDrum) &&
            aDrum.getContainerSpecification().isSatisfiedBy(this);
    }

}


public class PrototypePacker implements WarehousePacker {

    public void pack(Collection containers, Collection drums)
            throws NoAnswerFoundException {

        /* 이 메서드는 작성된 바대로 ASSERTION을 이행한다.
        하지만 예외가 던져지면 Container의 내용물은 바뀔 수도 있다.
        롤백은 반드시 상위 수준에서 처리해야 한다. */
```

```
        Iterator it = drums.iterator();
        while (it.hasNext()) {
            Drum drum = (Drum) it.next();
            Container container = findContainerFor(containers, drum);
            container.add(drum);
        }
    }

    public Container findContainerFor(Collection containers, Drum drum)
            throws NoAnswerFoundException {
        Iterator it = containers.iterator();
        while (it.hasNext()) {
            Container container = (Container) it.next();
            if (container.canAccommodate(drum))
                return container;
        }
        throw new NoAnswerFoundException();
    }

}
```

이 코드에 개선의 여지가 많다는 사실을 인정한다. 모래가 특수 컨테이너에 보관될 수도 있으므로 위험한 화학물질을 담기도 전에 공간이 모자라게 될지도 모른다. 이렇게 될 경우 수익을 극대화할 수 없다는 것은 불을 보듯 뻔한 일이다. 하지만 대다수의 최적화 문제는 일반적으로 완벽하게 해결할 수 없다. 여기서 살펴본 구현은 지금까지 언급한 규칙을 충실히 반영한다.

동작하는 프로토타입을 이용한 개발 정체 해소

한 팀은 업무 진행을 위해 다른 팀에서 코드를 작성하기를 기다려야 한다. 양 팀이 작성한 컴포넌트를 사용해 보거나 사용자에게 피드백을 받으려면 컴포넌트가 전체적으로 통합되기를 기다려야 한다. 이와 같은 정체 현상은 비록 모든 요구사항을 만족시키지는 않더라도 핵심 컴포넌트에 대한 MODEL-DRIVEN DESIGN 프로토타입을 개발해서 완화할 수 있다. 구현을 인터페이스로부터 분리하면 어떤 구현이라도 프로젝트가 병렬로 진행될 수 있는 유연성을 제공할 수 있다. 적당한 시기가 되면 좀더 효과적인 구현으로 프로토타입을 대체할 수 있다. 그 전까지 시스템의 모든 다른 부분은 개발 단계 동안 상호작용할 수 있는 대상을 갖게 된다.

애플리케이션 개발자들은 프로토타입을 토대로 외부 시스템과의 전반적인 통합을 포함해 전속력으로 개발을 진행해 나갈 수 있게 된다. Packer 개발팀에서도 도메인 전문가가 프로토타입을 실제로 이용해보면서 시스템에 대한 생각을 정리해감에 따라 요구사항과 우선순위를 명확하게 정리할 수 있는 피드백을 얻을 수 있었다. Packer 팀은 프로토타입을 전달받아 여러 가지 아이디어를 테스트하는 데 쓸 수 있게 프로토타입을 수정하기로 했다.

또한 Packer 팀은 애플리케이션과 일부 도메인 객체에 대한 리팩터링을 촉진시켜 인터페이스를 가장 최근 설계에 맞는 최신 상태로 유지함으로써 통합과 관련된 문제를 초기부터 다룰 수 있었다.

정교한 Packer가 준비되자마자 통합은 원활하게 진행됐는데, 이는 Packer 애플리케이션이 특성이 잘 명시된 인터페이스(프로토타입과 상호작용할 목적으로 작성된 것과 동일한 인터페이스와 ASSERTION)와 상호작용하도록 작성됐기 때문이다.

최적화 알고리즘 전문가들조차 통합이 제대로 이뤄지게 하는 데 여러 달이 걸렸다. Packer 팀은 프로토타입과 상호작용하는 사용자가 제공하는 피드백을 활용해 좀더 수월하게 작업을 진행할 수 있었다. 그동안 시스템의 모든 다른 부분은 개발 기간 동안 상호작용할 수 있는 대상을 가질 수 있었다.

여기서는 더 정교한 모델을 사용해서 실제로 "작동하는 가장 간단한 것(simplest thing that could possibly work)"이라는 목표를 달성할 수 있었던 예제를 살펴봤다. 20여 줄 정도의 적지만 쉬운 코드로도 매우 복잡한 컴포넌트의 프로토타입을 만들 수 있었다. MODEL-DRIVEN 접근법을 다소 소극적으로 따랐다면 이해하고 개선하기가 더 어려웠을 것이며(설계의 나머지 부분에 대한 Packer의 결합도가 더 높았을 것이므로), 이 경우 프로토타입을 만드는 데 더 오랜 시간이 걸렸을 것이다.

10

유연한 설계

소프트웨어의 궁극적인 목적은 사용자를 만족시키는 것이다. 하지만 우선 그 소프트웨어는 개발자를 만족시켜야 한다. 특히 리팩터링을 강조하는 프로세스에서는 이 점이 더 중요하다. 프로그램이 발전해감에 따라 개발자들은 모든 부분을 다시 배열하고 코드를 다시 작성한다. 도메인 객체를 애플리케이션 내부로 흡수하고 새로운 도메인 객체와 통합할 것이다. 심지어 몇 년이 지난 후에도 유지보수 프로그래머가 코드를 변경하고 확장하고 있을 것이다. 사람들은 이 소프트웨어를 사용해서 작업해야 한다. 하지만 사람들이 정말 그러길 원할까?

복잡하게 동작하는 소프트웨어에 좋은 설계가 결여돼 있다면 요소들을 리팩터링하거나 결합하기가 어려워진다. 개발자들이 소프트웨어의 처리 방식에 내포된 모든 의미를 확신하지 못하면 곧바로 중복이 나타나기 시작한다. 설계 요소가 모놀리식(monolithic)으로 구성돼 있을 경우 중복을 할 수밖에 없기 때문에 각 부분을 재결합하기가 불가능해진다. 재사용성을 높이고자 클래스와 메서드를 분해할 수는 있지만 이렇게 분할된 작은 부분들이 무슨 일을 하는지 추적하기가 어려워진다. 소프트웨어가 깔끔하게 설계돼 있지 않다면 개발자들은 엉망진창으로 꼬여버린 코드를 보는 것조차 두려워하며, 혼란을 악화시키거나 예측하지 못한 의존성 탓에 뭔가를 망가트릴지도 모르는 변경을 덜 하게 될 것이다. 가장 작은 시스템에서조차 이러한 취약성(fragility)은 구축 가능한 행위의 풍부함을 제약하는 요인으로 작용한다. 취약성은 리팩터링과 반복적인 정제를 방해한다.

개발이 진행될수록 현재의 레거시 코드로 인한 중압감에 시달리지 않고 프로젝트 진행을 촉진하려면 변경을 수용하고 즐겁게 작업할 수 있는 설계가 필요하다. 바로 유연한 설계(supple design)가 그것이다.

유연한 설계는 심층 모델링을 보완한다. 암시적인 개념을 찾아내서 이를 명확하게 표현했다면 일단 심층 모델을 만들 원재료는 갖춘 셈이다. 반복주기를 거쳐 핵심 관심사를 단순하고도 명확하게 표현하는 모델을 계발하고, 클라이언트 개발자가 모델을 실제 작동 가능한 코드로 만들어낼 수 있는 설계를 구성함으로써 이 재료를 유용한 형태로 만든다. 설계와 코드를 작성하는 과정에서 모델에 포함된 개념을 개선할 수 있는 통찰력을 얻게 된다. 다음 반복주기에서 다시 심층 모델을 향한 리팩터링을 수행하는 작업을 반복한다. 그렇다면 우리가 도달하고자 하는 설계는 어떤 모습일까? 유연한 설계를 얻으려면 무엇을 시도해야 할까? 본 장에서는 바로 그와 같은 내용을 다룬다.

무수히 많은 과도한 엔지니어링이 유연성이라는 명목으로 정당화되어 왔다. 그러나 대개 너무 과도한 추상 계층과 간접 계층이 존재하면 오히려 유연성에 방해가 된다. 사용자에게 유용성을 제공하는 소프트웨어의 설계를 한번 살펴보기 바란다. 일반적으로 뭔가 단순한 것을 보게 될 것이다. 단순하다는 것이 쉽다는 것을 의미하지는 않는다. 정교한 시스템을 만들 목적으로 조립 가능하고 그럼에도 이해하기가 어렵지 않은 요소를 만들어내려면 MODEL-DRIVEN DESIGN을 적당한 수준의 엄밀한 설계 형식과 접목하고자 노력해야 한다. 단순한 모델을 창조하거나 심지어 **사용**하자면 상대적으로 복잡한 설계 솜씨가 필요할지도 모른다.

개발자는 두 가지 역할을 수행하며, 각 역할은 설계에 의해 뒷받침되어야 한다. 동일한 사람이 두 역할을 모두 수행하겠지만(심지어는 빈번하게 두 역할을 번갈아 가며 수행하기도 한다) 그럼에도 코드와의 관계에 있어서는 두 역할 간에 차이를 보인다. 그 중 한 가지는 클라이언트 개발자 역할로서 설계 특징을 활용해 도메인 객체를 애플리케이션 코드나 다른 도메인 계층의 코드와 통합한다. 유연한 설계는 모델이 지닌 잠재력을 명백하게 표현하는 하부의 심층 모델을 드러낸다. 클라이언트 개발자는 느슨하게 결합된 개념들의 최소 집합을 유연하게 사용해서 도메인 내의 일련의 시나리오를 표현할 수 있다. 각 설계 요소는 서로 자연스럽게 조화를 이루며 맞물리고, 그 결과 예상 가능하고 명확하게 특성을 파악할 수 있으며, 견고해진다.

마찬가지로 중요한 것은 설계는 설계 자체를 변경하는 개발자도 뒷받침해야 한다는 것이다. 변경에 열려 있으려면 설계가 클라이언트 개발자가 사용하는 모델과 **동일한** 저변의 모델을 드러내어 쉽게 이해할 수 있어야 한다. 설계는 도메인을 표현하는 심층 모델의 윤곽(contour)을 따르기 때문에 유연한 지점에서 설계를 알맞게 수정해서 대부분의 변경을 처리할 수 있다. 코드에서 발생하는 부수효과가 명확하므로 변경에 따른 파급 효과를 예측하기가 쉬워진다.

일반적으로 초기에 작성된 설계는 유연하지 못하다. 많은 사람들은 프로젝트의 시간이나 예산 한도 내에서 유연성을 전혀 얻지 못하곤 한다. 나는 지금까지 이런 품질을 일관성 있게 보유한 대규모 프로그램을 본 적이 없다. 하지만 복잡성 때문에 진행이 지연될 경우 가장 중요하고 난해한 부분을 잘 다듬어 유연한 설계로 이끄는 작업이 레거시 코드를 유지보수하느라 허우적댈 것인지, 아니면 복잡도의 한계를 뚫고 전진할 것인지의 차이를 결정한다.

소프트웨어를 유연하게 만드는 특별한 공식 같은 것은 없지만 개인적인 경험을 바탕으로 적절하게 적용할 경우 유연한 설계를 만들 수 있는 패턴 집합을 추려 보았다. 본 장에서 소개하는 패턴과 예제를 토대로 유연한 설계가 무엇이고 유연한 설계를 만들려면 어떤 식으로 사고해야 하는지에 대한 감을 잡을 수 있을 것이다.

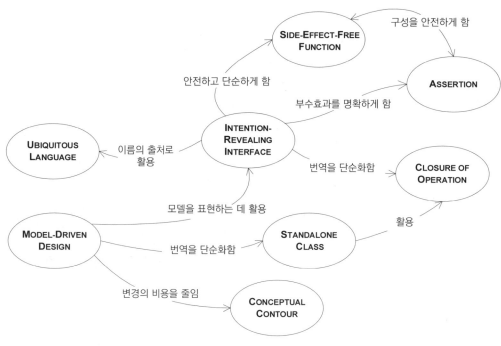

그림 10-1 | 유연한 설계에 기여하는 패턴

INTENTION–REVEALING INTERFACE
(의도를 드러내는 인터페이스)

도메인 주도 설계를 적용할 때는 의미 있고 가치 있는 도메인 로직에 관해 생각하고자 한다. 명확하게 표현된 규칙 없이 암묵적인 규칙에 따라 실행되는 코드를 이해하려면 소프트웨어 프로시저를 구성하는 각 단계를 기억해야만 한다. 코드를 실행해서 어떤 값을 계산하지만 계산 자체가 명확하게 표현되지 않은 경우도 마찬가지다. 모델과의 연관관계가 분명하지 않을 경우 코드의 수행 결과를 이해하거나 변경의 파급 효과를 예상하기가 어렵다. 앞 장에서는 규칙과 계산 절차를 명확하게 모델링하는 방법을 살펴봤다. 모델링된 객체를 구현하려면 계산의 까다로운 세부 내용이나 놓치기 쉬운 규칙의 세부사항을 이해해야 한다. 객체가 아름다운 이유는 이 모든 것들을 캡슐화할 수 있기 때문이며, 캡슐화로 클라이언트 코드는 단순해지고 상위 수준의 개념 관점에서 코드를 이해할 수 있다.

그러나 클라이언트 개발자가 객체를 효과적으로 사용하는 데 알아야 할 정보를 인터페이스로부터 얻지 못한다면 세부적인 측면을 이해하고자 객체 내부를 깊이 파고들 수밖에 없다. 클라이언트 코드를 읽게 될 다른 개발자들도 같은 일을 해야 하는 수고를 감내해야 한다. 그러면 캡슐화로부터 얻을 수 있는 대부분의 가치를 잃어버리고 만다. 우리는 언제나 인지 과부하(cognitive overload)와의 힘겨운 투쟁을 벌여야 한다. 클라이언트 개발자의 머릿속이 컴포넌트의 작동방식과 같은 세부적인 내용으로 넘쳐난다면 클라이언트 설계의 복잡함을 풀어나갈 정신적인 여유를 확보하지 못할 것이다. 이것은 한 사람이 코드를 개발하는 역할과 개발된 코드를 사용하는 역할을 함께 맡는 경우에도 마찬가지다. 세부적인 내용을 파악하는 단계는 생략할 수 있다고 해도 동시에 고려할 수 있는 요소의 개수에는 한계가 있기 때문이다.

개발자가 컴포넌트를 사용하기 위해 컴포넌트의 구현 세부사항을 고려해야 한다면 캡슐화의 가치는 사라진다. 원래의 개발자가 아닌 다른 개발자가 구현 내용을 토대로 객체나 연산의 목적을 추측해야 한다면 새로운 개발자는 우연에 맡긴 채 연산이나 클래스의 목적을 짐작할 가능성이 있다. 추측한 바가 원래의 취지에 어긋난다면 당장은 코드가 정상적으로 동작했다고 하더라도 설계의 개념적 기반은 무너지고 두 개발자는 서로 의도가 어긋난 상태로 일하게 된다.

도메인 내에 존재하는 개념을 클래스나 메서드의 형태로 명확하게 모델링해서 가치를 얻으려면 해당 도메인 개념을 반영하도록 클래스와 메서드의 이름을 지어야 한다. 클래스와 메서드의 이름은 개발자 간의 의사소통을 개선하고 시스템 추상화를 향상시킬 아주 좋은 기회다.

켄트 벡(Kent Beck)은 메서드의 목적을 효과적으로 전달하고자 INTENTION-REVEALING SELECTOR(Beck 1997)를 사용해 메서드의 이름을 짓는 것에 관해 글을 쓴 적이 있다. 설계에 포함된 모든 공개 요소가 조화를 이뤄 인터페이스를 구성하고, 인터페이스를 구성하는 각 요소의 이름을 토대로 설계 의도를 드러낼 수 있는 기회를 얻게 된다. 타입 이름, 메서드 이름, 인자 이름이 모두 결합되어 INTENTION-REVEALING INTERFACE를 형성한다.

그러므로

수행 방법에 관해서는 언급하지 말고 결과와 목적만을 표현하도록 클래스와 연산의 이름을 부여하라. 이렇게 하면 클라이언트 개발자가 내부를 이해해야 할 필요성이 줄어든다. 이름은 팀원들이 그 의미를 쉽게 추측할 수 있게 UBIQUITOUS LANGUAGE에 포함된 용어를 따라야 한다. 클라이언트 개발자의 관점에서 생각하기 위해 클래스와 연산을 추가하기 전에 행위에 대한 테스트를 먼저 작성하라.

방법이 아닌 의도를 표현하는 추상적인 인터페이스 뒤로 모든 까다로운 메커니즘을 캡슐화해야 한다.

도메인의 공개 인터페이스에서는 관계와 규칙을 시행하는 방법이 아닌 관계와 규칙 그 자체만 명시한다. 이벤트와 액션을 수행하는 방법이 아닌 이벤트와 액션 그 자체만을 기술한다. 방정식을 푸는 방법을 제시하지 말고 이를 공식으로 표현한다. 문제를 내라. 하지만 문제를 푸는 방법을 표현해서는 안 된다.

예제

리팩터링: 페인트 혼합 애플리케이션

페인트 상점에서 사용하게 될 프로그램은 고객에게 규격 페인트를 혼합한 결과를 표시할 수 있다. 다음은 하나의 도메인 클래스만을 포함하는 초기의 설계 모습을 보여준다.

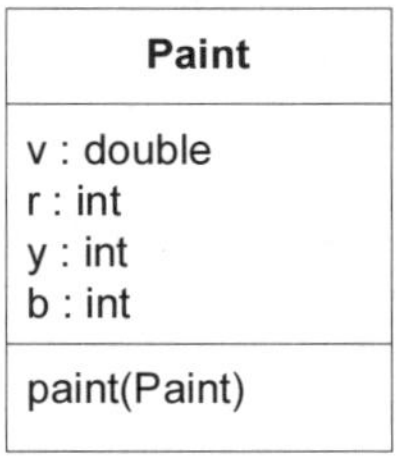

Paint
v : double r : int y : int b : int
paint(Paint)

그림 10-2

paint(Paint) 메서드가 수행하는 작업을 짐작하는 유일한 방법은 코드를 읽는 것뿐이다.

```
public void paint(Paint paint) {
    v = v + paint.getV(); // 혼합한 후에는 페인트의 용량을 합산
    // 새로운 r, b, y 값을 할당하는
    // 복잡한 색상 혼합 로직의 코드는 생략
}
```

이제 이해가 된다. 이 메서드는 두 개의 **Paint**를 혼합하는 일을 하는 것 같고 그 결과로 용량은 더 늘어나고 색상은 혼합된다.

이번에는 관점을 바꿔서 이 메서드에 대한 테스트를 작성하자(테스트 코드는 JUnit 테스트 프레임워크를 기반으로 작성했다).

```
public void testPaint() {
    // 용량이 100인 순수한 노란색 페인트를 생성한다.
    Paint yellow = new Paint(100.0, 0, 50, 0);
    // 용량이 100인 순수한 파란색 페인트를 생성한다.
    Paint blue = new Paint(100.0, 0, 0, 50);

    // 노란색 페인트에 파란색 페인트를 혼합한다.
    yellow.paint(blue);

    // 혼합한 결과는 용량이 200.0인 초록색 페인트여야 한다.
    assertEquals(200.0, yellow.getV(), 0.01);
    assertEquals(25, yellow.getB());
    assertEquals(25, yellow.getY());
    assertEquals(0, yellow.getR());
}
```

테스트를 통과하는 것이 출발점이다. 현 시점에서는 테스트 내의 코드가 무엇을 수행하고 있는지를 나타내지 못하므로 만족스럽지 못하다. **Paint** 객체를 사용하는 클라이언트 애플리케이션을 작성한다면 테스트 코드에서 **Paint** 객체를 어떤 식으로 사용하고 싶은지를 반영하게끔 다시 작성해보자. 클라이언트 개발자의 관점에서 **Paint** 객체의 인터페이스 설계를 검사하기 위해 테스트를 작성한다.

```
public void testPaint() {
    // 용량이 100인 순수한 노랑색 페인트로 테스트를 시작한다.
    Paint ourPaint = new Paint(100.0, 0, 50, 0);
    // 용량이 100인 순수한 파란색 페인트를 생성한다.
```

```
        Paint blue = new Paint(100.0, 0, 0, 50);

        // 노란색 페인트에 파란색 페인트를 혼합한다.
        ourPaint.mixIn(blue);

        // 혼합한 결과는 용량이 200.0인 초록색 페인트여야 한다.
        assertEquals(200.0, ourPaint.getVolume(), 0.01);
        assertEquals(25, ourPaint.getBlue());
        assertEquals(25, ourPaint.getYellow());
        assertEquals(0, ourPaint.getRed());
    }
```

시간을 들여 객체에게 이야기하고 싶은 방식을 반영하는 테스트를 작성해야 한다. 그런 다음
앞서 작성한 테스트를 통과하도록 Paint 클래스를 리팩터링한다.

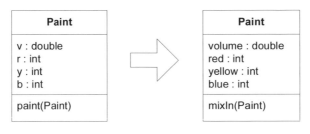

그림 10-3

새로운 메서드 이름이 메서드를 읽는 사람에게 Paint를 "혼합한" 결과에 대한 모든 세부적인
사항을 전달할 수는 없다(이를 위해 ASSERTION이 필요하며, ASSERTION에 대해서는 몇 페
이지 뒤에서 살펴보겠다). 그러나 클래스를 사용하기에 충분할 정도의 실마리는 제공할 수 있으
며 특히 테스트로 표현된 예제가 있다면 더 쉽게 실마리를 찾을 수 있을 것이다. 그리고 클라이
언트 코드를 읽는 사람은 새로운 메서드 이름을 토대로 클라이언트의 의도를 이해할 수 있다. 본
장에 포함된 일부 예제에서는 의도를 좀더 명확하게 하고자 다시 Paint 클래스를 리팩터링할 것
이다.

✖ ✖ ✖

전체 하위 도메인을 서로 다른 모듈로 분리하고 각 모듈을 INTENTION-REVEALING INTERFACE를 사용해서 캡슐화할 수 있다. 이처럼 프로젝트에 초점을 맞추고 대형 시스템의 복잡성을 관리하기 위해 시스템을 여러 부분으로 나누는 방법은 15장, "디스틸레이션"의 COHESIVE MECHANISM과 GENERIC SUBDOMAIN 패턴에서 좀더 자세히 살펴보겠다.

그러나 다음에 소개할 두 가지 패턴에서는 메서드를 사용한 결과를 매우 예측 가능하게끔 만들어줄 것이다. SIDE-EFFECT-FREE FUNCTION 안에서는 복잡한 로직을 안전하게 수행할 수 있다. 시스템의 상태를 변경하는 메서드는 ASSERTION을 통해 변경의 영향을 표현할 수 있다.

SIDE-EFFECT-FREE FUNCTION
(부수효과가 없는 함수)

연산은 크게 명령(command)과 질의(query)라는 두 가지 범주로 나눌 수 있다. 질의는 변수 안에 저장된 데이터에 접근하거나, 저장된 데이터를 기반으로 계산을 수행해서 시스템으로부터 정보를 얻는 연산을 의미한다. 명령(또는 변경자(modifier)라고도 한다)은 변수의 값을 변경하는 등의 작업을 통해 시스템의 상태를 변경하는 연산을 의미한다. 일반 영어에서는 **부수효과(side effect)**가 의도하지 않은 결과를 의미하지만 컴퓨터 과학에서는 시스템의 상태에 대한 영향력을 의미한다. 여기서는 앞으로의 연산에 영향을 미치는 시스템 상태의 변경으로 의미를 한정하기로 한다.

그렇다면 연산에 의해 유발되는 다분히 의도된 변경을 표현하기 위해 의도하지 않은 변경을 의미하는 **부수효과**라는 용어를 채택한 이유는 뭘까? 개인적인 견해로는 복잡한 시스템을 개발한 경험이 부수효과라는 부정적인 용어를 선택하는 데 영향을 끼쳤을 거라 생각한다. 대부분의 연산은 다른 연산을 호출하고, 호출된 연산은 또 다시 다른 연산을 호출한다. 연산에 대한 호출 계층이 깊어지고 무질서하게 중첩됨에 따라 연산을 호출한 결과를 온전히 예측하기가 대단히 어려워진다. 클라이언트 개발자가 의도하지 않았음에도 두 번째 티어와 세 번째 티어에서 실행된 연산에 의해 시스템의 상태가 변경됐을 수도 있다. 어느 모로 보나 이렇게 발생한 효과는 시스템에 대한 부수효과에 해당한다. 복잡한 설계 요소 역시 상호간에 예측 불가능한 다른 방식으로 상호작용한다. **부수효과**라는 용어를 사용하는 것은 이처럼 의도하지 않은 영향력을 발생시키는 상호작용이 불가피하다는 점을 강조하는 것이다.

다수의 규칙에 따라 상호작용하거나 여러 가지 계산을 조합하면 극도로 예측하기가 어려워진다. 연산을 호출하는 개발자가 결과를 예상하려면 연산 자체의 구현뿐 아니라 연산이 호출하는 다른 연산의 구현도 이해해야 한다. 개발자가 베일에 가려진 구현과 관련된 세부사항도 함께 이해해야 한다면 인터페이스 추상화로 얻을 수 있는 유용성이 제한된다. 안전하게 예측할 수 있는 추상화가 마련돼 있지 않다면 개발자가 연산을 조합해서 사용하는 데 제약이 따르며, 따라서 행위를 풍부하게 할 수 있는 가능성이 낮아진다.

부수효과를 일으키지 않으면서 결과를 반환하는 연산을 **함수(function)**라고 한다. 함수는 여러 번 호출해도 무방하며 매번 동일한 값을 반환한다. 함수는 중첩된 깊이에 대해 걱정하지 않고도 다른 함수를 호출할 수 있다. 함수는 부수효과를 지닌 연산에 비해 테스트하기 쉽다. 이런 이유로 함수는 연산을 사용하는 데 따르는 위험을 낮춘다.

대부분의 소프트웨어 시스템에서 명령을 사용하지 않기란 불가능하지만 다음의 두 가지 방법으로 문제를 완화할 수는 있다. 첫째, 명령과 질의를 엄격하게 분리된 서로 다른 연산으로 유지하는 것이다. 변경을 발생시키는 메서드는 도메인 데이터를 반환하지 않아야 하고 가능한 한 단순하게 유지해야 한다. 모든 질의와 계산을 관찰 가능한 부수효과를 발생시키지 않는 메서드 내에서 수행해야 한다(Meyer 1988).

둘째, 기존의 객체를 전혀 변경하지 않고도 문제를 완화할 수 있는 대안적인 모델과 설계가 있다. 명령과 질의를 분리하는 대신 연산의 결과를 표현하는 새로운 VALUE OBJECT를 생성해서 반환한다. 이것은 일반적인 기법으로서 다음 예제에서 이 방법을 설명하겠다. 생명주기를 신중하게 통제해야 하는 ENTITY와 달리 VALUE OBJECT는 질의에 대한 응답으로 생성하고, 반환한 후, 잊어버리면 된다.

VALUE OBJECT는 불변 객체이며, 이것은 오직 VALUE OBJECT를 생성할 때만 호출되는 초기화 연산을 제외한 **모든** 연산이 함수라는 의미다. 함수와 마찬가지로 VALUE OBJECT 역시 더 안전하게 사용할 수 있고 더 쉽게 테스트할 수 있다. 상태 변경을 수반하는 로직과 계산이 혼합된 연산은 리팩터링을 거쳐 두 개의 연산으로 분리해야 한다(Fowler 1999). 부수효과를 단순한 명령 메서드 내부로 격리하는 작업은 당연히 ENTITY에 대해서만 적용한다. 수정과 질의를 분리하는 리팩터링을 **마치면** 복잡한 계산을 처리하는 책임을 VALUE OBJECT로 옮기는 두 번째 리팩터링을 고려한다. 기존 상태를 변경하는 대신 VALUE OBJECT를 이끌어내거나 전체 책임을 VALUE OBJECT로 옮기는 식으로 부수효과를 완전히 제거할 수 있다.

그러므로

가능한 한 많은 양의 프로그램 로직을 관찰 가능한 부수효과 없이 결과를 반환하는 함수 안에 작성하라. 명령(관찰 가능한 상태를 변경하는 메서드)을 도메인 정보를 반환하지 않는 아주 단순한 연산으로 엄격하게 분리하라. 한 걸음 더 나아가 책임에 적합한 어떤 개념이 나타난다면 복잡한 로직을 VALUE OBJECT로 옮겨서 부수효과를 통제하라.

SIDE-EFFECT-FREE FUNCTION, 특히 불변 VALUE OBJECT가 제공하는 SIDE-EFFECT-FREE FUNCTION을 사용하면 연산을 안전하게 조합할 수 있다. 어떤 FUNCTION의 인터페이스가 INTENTION-REVEALING INTERFACE라면 개발자는 구현과 관련된 세부 사항을 몰라도 FUNCTION을 사용할 수 있다.

예제

페인트 혼합 애플리케이션을 다시 리팩터링하기

페인트 상점에서 사용하게 될 프로그램은 고객에게 규격 페인트를 혼합한 결과를 표시할 수 있다. INTENTION-REVEALING INTERFACE 예제에서 중단했던 부분을 살펴보면 하나의 도메인 클래스가 존재한다.

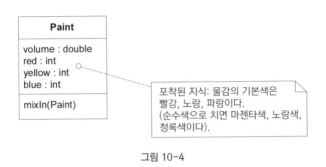

그림 10-4

```
public void mixIn(Paint other) {
    volume = volume.plus(other.getVolume());
    // 새로운 빨강, 파랑, 노랑 값을 할당하는
    // 많은 양의 복잡한 색상 혼합 코드가 이어짐
}
```

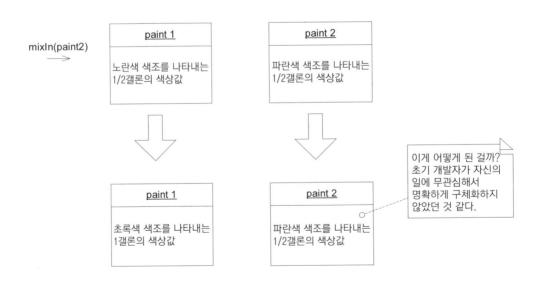

그림 10-5 | mixIn() 메서드의 부수효과

mixIn() 메서드에서는 많은 일들이 일어나고 있지만 분명히 이 설계는 질의(query)로부터 변경(modification)을 분리해야 한다는 규칙을 준수한다. 뒤에서 다루겠지만 한 가지 문제는 mixIn() 메서드의 인자로 사용되는 paint 2 객체의 용량이 불확실한 상태로 방치되고 있다는 점이다. 연산이 paint 2의 용량을 변경하지 않는다는 사실은 개념 모델의 문맥상 완벽하게 논리적이라고 할 수 없다. paint 2의 용량 변화가 불확실하다는 점은 초기 개발자들에게 문제가 되지 않았는데, 현재 이야기할 수 있는 바로는 초기 개발자들이 연산이 실행된 후의 paint 2 객체의 상태에 대해서는 관심이 없었기 때문이다. 하지만 현행 설계로는 부수효과가 있다면 어떤 영향을 미치는지, 또는 부수효과가 아예 존재하지 않는지를 예측하기가 어렵다. 이 문제에 관해서는 ASSERTION을 논의할 때 다시 한번 살펴보겠다. 지금 당장은 색상에 관해 살펴보자.

현재 다루고 있는 도메인에서 색상은 중요한 개념이다. 색상을 명시적인 객체로 만들어보자. 새로운 객체의 이름은 뭘로 할까? 머릿속에서 가장 먼저 떠오르는 단어는 "Color"다. 하지만 이미 초반 지식탐구 과정에서 색상 혼합(color mixing)과 페인트(paint)는 다른 것이며, 오히려 RGB 광 디스플레이와 유사하다는 중요한 통찰력을 얻었다. 새로운 객체의 이름은 이러한 통찰력을 반영해야 한다.

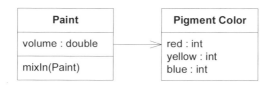

그림 10-6

Paint로부터 Pigment Color(안료 색소)를 분리해낸 결과, 이전에 비해 의사전달이 더 명확해지기는 했지만 계산은 여전히 mixIn() 메서드 안에서 처리되고 있다. 색상과 관련된 데이터를 분리했을 때 색상과 관련된 행위 역시 함께 분리했어야 했다. 행위를 분리하기 전에 우선은 Pigment Color가 VALUE OBJECT라는 사실에 주목하자. Pigment Color는 VALUE OBJECT이므로 불변 객체로 취급해야 한다. 페인트를 혼합하면 Paint 객체 자체가 변경된다. Paint는 진행 중인 이야기를 담고 있는 ENTITY다. 이에 비해 노란 색조를 표현하는 Pigment Color는 항상 정확하게 노란 색조 그 자체만을 의미한다. Pigment Color를 혼합하는 경우 상태를 변경하는 대신 새로운 색상을 표현하는 새로운 Pigment Color 객체가 생성된다.

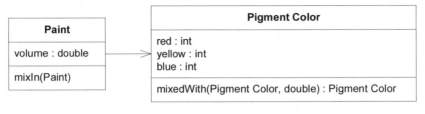

그림 10-7

```
public class PigmentColor {

    public PigmentColor mixedWith(PigmentColor other, double ratio) {
        // 새로운 빨강, 파랑, 노랑 값을 할당하는
        // 많은 양의 복잡한 색상 혼합 코드가 이어짐
    }
}

public class Paint {

    public void mixIn(Paint other) {
        volume = volume + other.getVolume();
        double ratio = other.getVolume() / volume;
        pigmentColor = pigmentColor.mixedWith(other.pigmentColor(), ratio);
    }
}
```

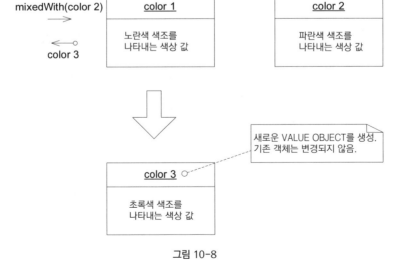

그림 10-8

이제 Paint의 상태를 변경하는 코드를 최대한 단순하게 변경했다. 새로운 Pigment Color 클래스는 도메인 내의 지식을 표현하고 해당 지식을 명확하게 전달한다. 또한 결과를 쉽게 이해할 수 있고 테스트하기가 용이하며, 다른 연산과 결합하거나 단독으로 사용할 때 안전성을 보장받을 수 있는 SIDE-EFFECT-FREE FUNCTION을 제공한다. SIDE-EFFECT-FREE FUNCTION은 매우 안전하기 때문에 색상을 혼합하는 복잡한 로직을 올바르게 캡슐화할 수 있다. Pigment Color 클래스를 사용하는 개발자는 구현에 관련된 세부사항을 이해하지 않아도 된다.

ASSERTION
(단언)

복잡한 계산을 SIDE-EFFECT-FREE FUNCTION으로 분리하면 해결해야 할 문제의 난이도를 낮출 수 있다. 하지만 여전히 부수효과를 초래하는 명령(command)이 ENTITY에 남아 있으므로 ENTITY를 사용하는 개발자는 명령의 영향력을 이해해야 한다. ASSERTION을 사용하면 ENTITY의 부수효과가 명확해지고 다루기 쉬워진다.

❋　❋　❋

복잡한 계산이 포함되지 않은 명령은 코드를 조사(inspection)하는 것만으로도 연산의 결과를 쉽게 이해할 수 있다. 그러나 작은 부분들을 조합해서 큰 부분을 구축하는 설계에서는 명령이 다른 명령을 호출한다. 상위 수준의 명령을 사용해서 코드를 작성하는 개발자는 각기 호출되는 명령의 결과를 이해해야 한다. 이렇게 되면 캡슐화가 무용지물이 된다. 게다가 객체 인터페이스는 부수효과를 제한하지 않으므로 동일한 인터페이스를 구현하는 두 개의 하위 클래스가 서로 다른 부수효과를 일으킬 수 있다. 두 하위 클래스를 사용하는 개발자가 결과를 예측하려면 어떤 하위 클래스를 사용하고 있는지 알아야 한다. 이렇게 되면 추상화와 다형성이 무용지물이 된다.

연산의 부수효과가 단지 구현에 의해서만 함축적으로 정의될 때 다수의 위임(delegation)을 포함하는 설계는 인과 관계로 혼란스러워진다. 프로그램을 이해하려면 분기 경로(branching path)를 따라 실행 경로를 추적하는 수밖에 없다. 이렇게 되면 캡슐화의 가치가 사라지고, 구체적인 실행 경로를 추적해야 한다는 필요성으로 추상화가 무의미해진다.

내부를 조사하지 않고도 설계 요소의 의미와 연산의 실행 결과를 이해할 수 있는 방법이 필요하다. INTENTION-REVEALING INTERFACE를 사용해서 부분적인 효과를 얻을 수는 있겠지만 코드에 포함된 의도를 비형식적인 방법으로 암시하는 것만으로 항상 충분한 효과를 기대할 수는 없다. "계약에 의한 설계" 학파에서는 한 걸음 더 나아가 클래스와 메서드에 대해 개발자가 사실임을 보장하는 "단언"을 사용한다. "계약에 의한 설계" 형식에 대해서는 (Meyer 1988)에서 자세히 논의하고 있다. 요약하면 "사후조건"은 연산의 부수효과를 의미하며, 호출되는 연산에서 보장하는 결과를 기술한다. "사전조건"은 계약에 명시된 단서 조항과 유사하며 사후조건이 유효하기 위해 충족돼야 하는 조건들을 기술한다. 클래스 불변식은 임의의 연산이 종료된 후 만족해야 하는 객체의 상태에 관한 단언을 기술한다. 무결성 규칙을 엄격하게 정의하고자 AGGREGATE 전체를 대상으로 불변식을 선언할 수도 있다.

단언에는 절차를 기술하지 않고 상태만 기술하므로 분석하기가 쉽다. 클래스 불변식을 사용하면 클래스의 의미를 기술하기가 수월해지며 객체를 더욱 예측 가능하게 설명할 수 있어 클라이언트 개발자의 작업이 좀더 간단해진다. 사후조건을 신뢰할 수 있다면 메서드의 작동방식에 대해 염려하지 않아도 된다. 단언에는 위임으로 발생할 수 있는 효과가 이미 포함돼 있을 것이다.

그러므로

연산의 사후조건과 클래스 및 AGGREGATE의 불변식을 명시하라. 프로그래밍 언어를 사용해서 프로그램 코드에 직접 ASSERTION을 명시할 수 없다면 자동화된 단위 테스트를 작성해서 ASSERTION의 내용을 표현하라. 프로젝트에서 사용 중인 개발 프로세스의 형식에 맞는 적절한 문서나 다이어그램으로 ASSERTION을 서술하라.

개발자들이 의도된 ASSERTION을 추측할 수 있게 인도하고, 쉽게 배울 수 있고 모순된 코드를 작성하는 위험을 줄이는 응집도 높은 개념이 포함된 모델을 만들려고 노력하라.

현재 많은 객체지향 언어가 직접적으로 ASSERTION을 지원하고 있지는 않지만 ASSERTION은 여전히 좋은 설계를 증진시키는 강력한 사고방식이다. 자동화된 단위 테스트를 작성하면 언어 차원에서의 지원 부족을 부분적으로나마 보완할 수 있다. ASSERTION은 절차가 아니라 상태에 대해서만 기술하므로 테스트로 작성하기가 쉽다. 사전조건을 테스트의 적절한 곳에 두고 테스트를 실행한 후, 사후조건을 만족하는지 검사한다.

불변식을 비롯해 사전조건과 사후조건을 명확하게 명시하면 객체나 연산을 사용한 결과를 이해할 수 있다. 이론상으로는 모순적이지 않은 단언만이 올바르게 작동할 것이다. 하지만 인간은 머릿속에서 술어(predicate)를 컴파일할 수 없다. 사람들은 모델에 포함된 개념을 추론하고 수정하기 때문에 애플리케이션의 요구사항은 물론 사람들이 이해할 수 있는 모델을 발견하는 것이 중요하다.

예제

다시 페인트 혼합 애플리케이션으로

앞에서 살펴본 페인트 혼합 예제에서 Paint 클래스의 mixIn(Paint) 연산에 인자로 전달된 객체의 상태 변화가 모호하게 표현돼 있다고 우려했던 것을 떠올려보자.

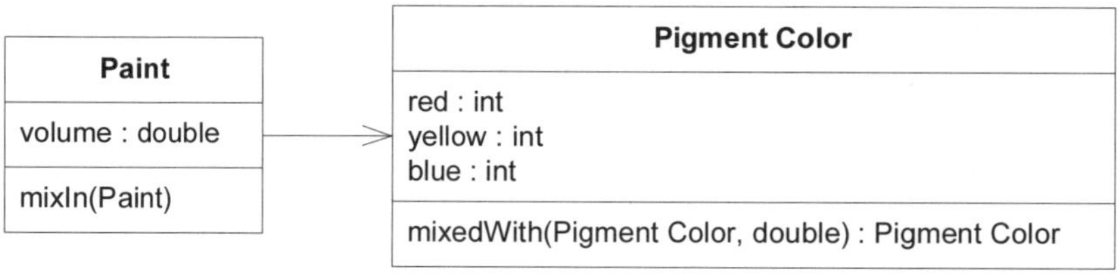

그림 10-9

mixIn(Paint) 메시지를 수신하는 객체의 용량은 인자로 전달된 객체의 용량만큼 증가한다. 실생활에서 사용하는 실제 페인트를 떠올려보면 이러한 혼합 프로세스는 섞이는 다른 쪽 페인트의 용량을 동일한 양만큼 감소시켜 용량을 0으로 만들거나 아니면 객체 자체를 완전하게 삭제할 것이다. 현재 구현에서는 인자를 변경하지 않지만, 인자를 변경하는 것은 매우 위험한 종류의 부수효과에 해당한다.

견고한 기반에서 리팩터링을 시작하고자 mixIn() 메서드의 사후조건을 **현재 상태 그대로** 서술하자.

> p1.mixIn(p2)을 실행하고 나면:
>
> p1.volume은 p2.volume만큼 증가함.
>
> p2.volume은 변경되지 않음.

문제는 사후조건에 기술된 특성이 개발자들이 페인트 혼합에 관해 사고하는 개념과 일치하지 않아 실수를 저지르게 된다는 점이다. 문제를 해결하는 가장 간단한 방법은 인자로 전달된 **Paint** 객체의 용량을 0으로 변경하는 것이다. 인자를 변경하는 것이 좋은 방법은 아니지만 쉽고 직관적이다. 이제 다음과 같은 불변식을 작성할 수 있다.

페인트를 혼합하면 전체 용량은 변하지 않는다.

잠깐! 개발자들이 페인트의 용량을 변경하지 않기로 한 선택에 대해 심사숙고한 결과 한 가지 새로운 사실이 발견됐다. 원래의 설계자가 이런 방식으로 설계할 수밖에 없었던 이유가 밝혀진 것이다. 결국 프로그램은 **추가된 순수한 페인트의 목록에 관한 보고서를 생성해야 한다**는 것이다. 즉, 이 애플리케이션의 최종 목적은 사용자가 어떤 페인트를 혼합물에 넣어야 할지 판단하는 것을 돕는 데 있다.

따라서 논리적으로 일관성 있는 페인트의 용량 모델을 구축한다면 애플리케이션의 요구사항을 만족시킬 수 없을 것이다. 진퇴양난의 상황에 빠져 버린 것 같다. 계속해서 기묘한 사후조건을 문서화하고 이를 훌륭한 의사소통으로 보완해야 할까? 세상의 모든 것이 직관적이지는 않으므로 이렇게 하는 편이 최선의 방법일 때도 있다. 하지만 이 경우에는 부자연스러움의 원인이 놓쳐버린 개념에 있는 듯하다. 새로운 모델을 찾아 나서자.

이제는 분명하게 알 수 있다

더 나은 모델을 조사할 때는 최초의 설계 이후로 행해진 지식 탐구와 더 심층적인 통찰력을 향한 리팩터링으로 원래의 설계자보다 유리한 위치에 설 수 있다. 예를 들어, 이제는 VALUE OBJECT에 기반을 둔 SIDE-EFFECT-FREE FUNCTION을 사용해서 색상을 계산한다. 이것은 원하는 횟수만큼 계산을 반복할 수 있다는 의미다. 우리는 리팩터링의 결과로 얻어진 이 같은 특성을 활용해야 한다.

　Paint에는 각기 다른 두 가지 책임이 부여되어 있는 것 같다. 책임을 분리하자.

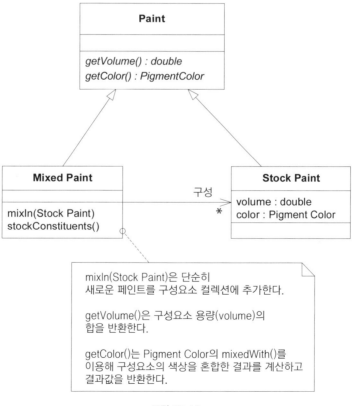

그림 10-10

이제 명령(command)은 mixIn() 하나밖에 없다. mixIn()은 단지 객체를 컬렉션에 추가할 뿐이고 그에 따른 결과는 모델을 직관적으로 이해한 경우 매우 명확하다. 그 밖의 연산은 모두 SIDE-EFFECT-FREE FUNCTION이다.

그림 10.10에 기술한 ASSERTION 중 한 가지를 확인하는 테스트 메서드는 다음과 같다 (JUnit 테스트 프레임워크 사용).

```
public void testMixingVolume {
    PigmentColor yellow = new PigmentColor(0, 50, 0);
    PigmentColor blue = new PigmentColor(0, 0, 50);

    StockPaint paint1 = new StockPaint(1.0, yellow);
    StockPaint paint2 = new StockPaint(1.5, blue);
    MixedPaint mix = new MixedPaint();

    mix.mixIn(paint1);
    mix.mixIn(paint2);
    assertEquals(2.5, mix.getVolume(), 0.01);
}
```

이 모델은 도메인에 관한 좀더 풍부한 정보를 포함하고 전달한다. 불변식과 사후조건이 의미하는 바와 일맥상통하며, 결과적으로 모델을 유지보수하고 사용하기가 쉬워질 것이다.

※　※　※

SIDE-EFFECT-FREE FUNCTION과 ASSERTION의 예측 가능성을 INTENTION-REVEALING INTERFACE의 의사전달력과 결합하면 더 안전한 캡슐화와 추상화가 가능해진다.

재결합 가능한 요소를 만드는 데 필요한 다음 재료는 효과적인 분할이다……

CONCEPTUAL CONTOUR
(개념적 윤곽)

유연하게 조합할 수 있게 작은 크기로 기능을 나눌 때가 있다. 복잡성을 캡슐화하기 위해 기능을 더 큰 단위로 통합할 때도 있다. 어떤 때는 전체적으로 일관성 있는 입도(granularity)를 유지하고자 모든 클래스와 연산을 유사한 크기로 만들기도 한다. 이러한 방법은 지나치게 단순화된 것이라서 일반 원칙으로 적용하기에는 부적절하다. 하지만 이 방법들은 몇 가지 기본적인 문제들을 해결하기 위한 동기를 부여한다.

모델 또는 설계를 구성하는 요소가 모놀리식 구조에 묻혀 있을 경우 각 요소의 기능이 중복된다. 클라이언트는 외부 인터페이스로부터 유용한 정보의 일부만 파악할 수 있을 뿐이다. 서로 다른 개념이 뒤죽박죽으로 섞여 있기 때문에 의미를 파악하기도 어렵다.

반면 클래스와 메서드를 잘게 나누면 클라이언트 객체가 무의미하게 복잡해진다. 이는 클라이언트 객체가 작은 부분들의 협력 방식을 이해하고 있어야 하기 때문이다. 절반의 우라늄 원자는 우라늄이 아니다. 물론 중요한 것은 입자의 크기가 아니라 입자가 어디에서 움직이고 있느냐다.

요리책에 들어 있는 것과 같은 판에 박힌 규칙은 효과적이지 않다. 대부분의 도메인에는 논리적인 일관성이 존재하며, 그렇지 않았다면 도메인이 해당 분야에서 존속하기가 불가능했을 것이다. 그렇다고 도메인에 완벽한 일관성이 존재한다는 의미는 아니다. 사람들이 도메인에 대해 이야기하는 방식을 들어보면 틀림없이 일관적이지 않다는 사실을 알게 될 것이다. 하지만 도메인 어딘가에는 나름의 논리가 있을 테고, 그렇지 않다면 모델링이 무의미해지고 만다. 이처럼 도메인에는 잠재적인 일관성이 존재하므로 도메인의 일부 영역에서 적절한 모델을 발견하면 이 모델이 나중에 발견되는 다른 영역과도 일관성을 유지할 가능성이 높다. 때때로 새로 발견된 영역을 기존 모델에 조화시키기 어려운 경우도 있지만 이러한 경우 더 심층적인 통찰력이 반영된 모델을 향해 리팩터링하고 **다음 번** 발견에서는 조화로워질 거라 기대한다.

이것이 바로 반복적인 리팩터링을 통해 유연한 설계를 얻게 되는 이유 중 하나다. 새로 알게 된 개념이나 요구사항을 코드에 적용하다 보면 CONCEPTUAL CONTOUR가 나타난다.

두 가지 기본 원리인 높은 응집도와 낮은 결합도는 개별 메서드부터 클래스와 MODULE, 그리고 대규모 구조(16장 참조)에 이르기까지 모든 규모의 설계에 중요한 역할을 한다. 두 원리는 코드뿐 아니라 개념에 대해서도 동일하게 적용할 수 있다. 기계적인 관점에서 개념을 바라보는 함정을 피하려면 수시로 도메인에 관한 직관을 발휘해서 기술적인 방향으로 흐를 수 있는 사고의 흐름을 조절해야 한다. 결정을 내릴 때마다 다음과 같은 질문을 자문해보자. "이 개념이 현재 모델과 코드에 포함된 관계를 기준으로 했을 때 적절한가, 또는 현재 기반을 이루는 도메인과 유사한 윤곽을 나타내는가?"

개념적으로 의미 있는 기능의 단위를 찾게 되면 그 결과로 만들어진 설계는 유연하고 이해하기가 쉬워진다. 예를 들어 두 객체의 "합(addition)"이 도메인에서 의미를 가진다면 그 수준에서 메서드를 구현한다. add()를 두 개의 개별적인 단계로 나눠서는 안 된다. 동일한 연산 내에서 현재 다루고 있는 "합"의 의미를 넘는 수준까지 처리하려고 해서는 안 된다. 규모가 좀더 커진다면 각 객체를 하나의 완전한 개념인 "WHOLE VALUE[1]"로 만들어야 할 것이다.

나아가 도메인 내에는 소프트웨어를 사용하는 사람들이 세부적인 내용을 알 필요가 없는 부분도 있다. 이를테면, 앞에서 살펴본 가상의 페인트 혼합 애플리케이션의 사용자들은 붉은색 안료나 파란색 안료를 혼합하지 않는다. 오직 붉은색, 초록색, 파란색 안료를 모두 포함하는 완전한 페인트만을 혼합한다. 나누거나 재배열할 필요가 없는 요소를 하나로 합치면 혼란을 피할 수 있고 진짜로 재결합돼야 하는 요소를 식별하기도 더 수월해진다. 만약 물리적인 장치에 안료를 개별적으로 추가할 수 있었다면 도메인을 수정해서 각 안료 단위로 혼합할 수 있게 만들었을 것이다. 페인트를 제조하는 사람들이라면 안료를 더 정밀한 수준으로 제어해야 하므로 전혀 다른 분석 과정을 거쳤을 것이며 페인트 혼합을 위해 고안했던 안료 색상(pigment color) 추상화보다 훨씬 더 세밀한 페인트 제작 모델을 만들었을 것이다. 하지만 이처럼 세밀한 모델은 페인트 혼합 애플리케이션 프로젝트에는 적합하지 않다.

그러므로

도메인을 중요 영역을 나누는 것과 관련한 직관을 감안해서 설계 요소(연산, 인터페이스, 클래스, AGGREGATE)를 응집력 있는 단위로 분해하라. 계속적인 리팩터링을 토대로 변경되는 부분과 변경되지 않는 부분을 나누는 중심 축을 식별하고, 변경을 분리하기 위한 패턴을 명확하게 표현하는 CONCEPTUAL CONTOUR를 찾아라. 우선적으로 확실한 지식 영역을 구성하는 도메인의 일관성 있는 측면과 모델을 조화시켜라.

---

1 WHOLE VALUE 패턴, 워드 커닝햄

목표는 UBIQUITOUS LANGUAGE를 사용해 합리적으로 표현하기 위해 논리적으로 결합할 수 있고 관계없는 선택사항으로 인한 혼란과 유지보수의 부담이 없는 단순한 인터페이스 집합을 얻는 것이다. 이것은 일반적으로 리팩터링을 통해 달성할 수 있으며, 사전 설계로는 달성하기 어렵다. 하지만 기술 지향적인 리팩터링으로는 결코 달성할 수 없을 것이다. 단순한 인터페이스 집합은 심층적인 통찰력을 향한 리팩터링을 거쳐 드러난다.

CONCEPTUAL CONTOUR에 맞춰 설계할 때도 수정과 리팩터링은 필요하다. 연속적인 리팩터링이 지역적으로 한정된 범위 안에서만 이뤄지고 넓은 범위의 개념을 흔들지 않는다면 모델이 현재 도메인에 적합해졌다는 표시다. 객체와 메서드를 와해시킬 정도로 광범위한 변경을 야기하는 요구사항이 나타났다는 것은 도메인에 관해 알고 있는 지식을 개선해야 한다는 메시지다. 이런 메시지를 모델을 깊이 있게 만들고 설계를 좀더 유연하게 만드는 기회로 활용할 수 있다.

예제

발생(Accrual)의 윤곽

9장에서는 좀더 심층적인 통찰력을 토대로 대출 관리 시스템을 회계 개념으로 리팩터링했다.

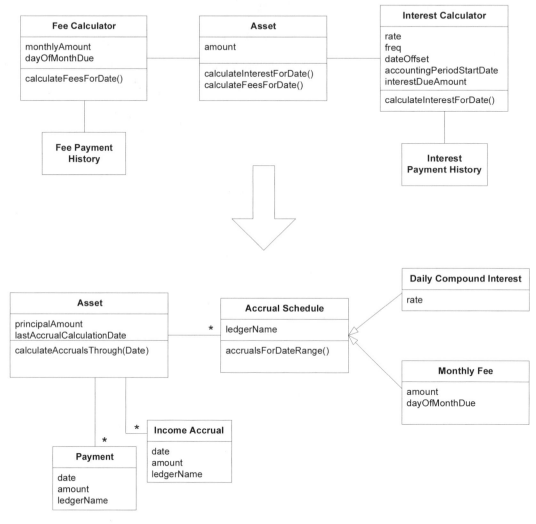

그림 10-11

새로운 모델은 기존 모델에 비해 객체를 딱 하나 더 포함하고 있지만 책임 분할은 크게 바뀌었다.

Calculator 클래스에 들어 있는 조건 로직(case logic)을 통해 만들어진 기록표(Schedule)는 각종 수수료와 이자 유형에 따라 여러 개의 개별 클래스로 나뉘었다. 반면, 이전에는 별도로 유지됐던 수수료와 이자에 대한 상환이 하나로 모였다.

새롭게 명시적으로 드러난 개념이 미치는 영향과 Accrual Schedule(발생 기록표) 계층구조의 응집력 때문에 개발자는 이 모델이 도메인의 CONCEPTUAL CONTOUR를 좀더 잘 반영하고 있다고 믿었다.

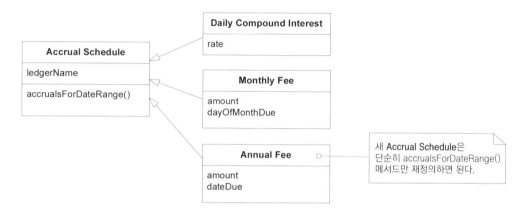

그림 10-12 | 이 모델은 새로운 유형의 Accrual Schedule이 추가되는 것을 수용한다.

개발자가 자신 있게 예측할 수 있었던 한 가지 변화는 바로 새로운 Accrual Schedule이 추가되는 것이었다. 그러한 요구사항은 이미 예견된 것이었기 때문이다. 그래서 개발자는 기존의 기능성을 더욱 명확하고 단순하게 하는 것에 더해 새로운 기록표를 도입하기가 쉬운 모델을 선택했던 것이다. 하지만 개발자가 도메인 설계 변경에 이바지하고 애플리케이션과 업무가 발전해 가면서 함께 성장해야 할 CONCEPTUAL CONTOUR도 발견했을까? 설계가 예상치 못한 변경을 어떻게 처리할지에 관해서는 아무것도 보장할 수 없지만 적어도 개발자는 그렇게 할 수 있는 가능성은 높았다고 생각했다.

예상치 못한 변화

프로젝트가 진행됨에 따라 조기 상환 및 연체 상환 처리에 대한 세분화된 규칙과 관련된 요구사항들이 나타났다. 개발자는 그러한 문제를 조사한 적이 있었기에 이자 상환과 수수료 상환에 가상적으로 동일한 규칙이 적용되는 것을 보고 기뻐했다. 이는 새로운 모델 요소들 역시 본질적으로는 단 하나의 Payment(상환) 클래스에 연결된다는 것을 의미했다.

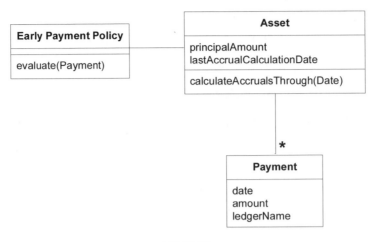

그림 10-13

예전의 설계라면 두 Payment History(상환 이력) 클래스 간에 중복이 발생했을 것이다. (이러한 문제로 Payment 클래스를 공유해야 한다는 통찰력이 생겨나 또 다른 유사 모델이 나타났을 것이다.) 이 같은 확장의 용이함은 개발자가 변화를 예상했다거나 설계를 상당히 다용도로 만들어 생각할 수 있는 어떠한 변경도 수용할 수 있었기에 나타난 것은 아니다. 그것은 이전에 수행했던 리팩터링에서 기반 도메인의 개념이 설계와 조화됐기에 일어난 것이다.

※ ※ ※

INTENTION-REVEALING INTERFACE는 클라이언트가 단순 메커니즘이 아닌 의미 단위로 객체를 제공하게 해준다. SIDE-EFFECT-FREE FUNCTION과 ASSERTION은 그러한 단위를 사용해 복잡한 조합을 만드는 일을 안전하게 만든다. 이러한 CONCEPTUAL CONTOUR의 출현으로 모델의 각 부분은 안정화될뿐더러 각 단위는 직관적으로 사용하고 조합할 수 있게 된다.

그럼에도 상호 의존성 때문에 동시에 이러한 것들을 너무 많이 생각해야 한다면 우리는 개념적 과부하에 빠질 수 있다……

STANDALONE CLASS
(독립형 클래스)

상호의존성은 모델과 설계를 이해하기 어렵게 만든다. 또한 테스트를 어렵게 만들고 유지보수성을 떨어뜨린다. 그리고 쉽게 축적되는 경향이 있다.

모든 연관관계는 의존성을 의미하므로 클래스를 이해하려면 연관관계를 토대로 어떤 요소가 연결돼 있는지 이해해야 한다. 이러한 요소는 또 다른 요소와 연관돼 있으므로 이들 역시 이해하고 있어야 한다. 모든 메서드에 포함된 인자 타입 역시 의존성을 의미한다. 이것은 메서드의 반환 타입에 대해서도 마찬가지다.

의존성이 하나만 있더라도 동시에 두 개의 클래스를 고려해야 하고 그 관계의 본질에 관해 생각해야 한다. 두 개의 의존성이 존재한다면 동시에 세 개의 클래스를 고려해야 하고, 클래스 간의 관계에 내포된 본질과 의존성 간에 존재할지도 모르는 관계에 대해서도 생각해야 한다. 클래스가 다른 부분에 의존하고 있다면 이 의존성 역시 경계해야 한다. 의존성이 세 개라면…… 고려할 사항은 눈덩이처럼 불어난다.

MODULE과 AGGREGATE 모두 지나치게 얽히고설키는 상호의존성을 방지하는 것이 목적이다. 응집도가 매우 높은 하위 도메인을 MODULE로 만들 경우 일련의 객체를 시스템의 다른 부분으로부터 분리하기 때문에 외부 시스템과 연관된 개념의 수를 제한할 수 있다. 하지만 아무리 별도의 MODULE로 분리하더라도 MODULE 내부의 의존성을 제어하려고 열심히 노력하지 않으면 고려할 사항이 많아질 수 있다.

MODULE 내에서조차 의존성이 증가할수록 설계를 파악하는 데 따르는 어려움이 가파르게 높아진다. 이는 개발자에게 정신적 과부하(mental overload)를 줘서 개발자가 다룰 수 있는 설계의 복잡도를 제한한다. 아울러 명시적인 참조에 비해 암시적인 개념이 훨씬 더 많은 정신적 과부하를 초래한다.

정제된 모델은 여러 개념 간에 남은 모든 연결이 해당 개념의 의미에 근본적인 뭔가를 나타낼 때까지 증류된다. 중요 부분집합에서는 의존성의 수가 0으로 줄어들 수 있으며, 그 결과 몇 가지 기본적인 기능과 기본 라이브러리 개념과 함께 그 자체로도 완전히 이해할 수 있는 클래스가 만들어진다.

모든 프로그래밍 환경에는 널리 사용되어 모든 개발자가 늘 염두에 두고 있는 기본 개념이 있다. 이를테면, 자바 언어에서는 숫자, 문자열, 컬렉션과 같은 기본 요소를 원시 타입과 표준 라이브러리에서 제공한다. 하지만 이런 기본 요소를 제외한 객체를 이해하기 위해 기억해야 하는 그 밖의 모든 부가적인 개념은 정신적 과부하를 초래한다.

인식하고 있는 개념인가 인식하지 못한 개념인가와 무관하게 암시적 개념은 명시적인 참조만큼이나 중요하다. 일반적으로 정수형이나 문자열과 같은 기본 타입에 대한 의존성은 무시할 수 있더라도 **그것이 표현하는 바**를 무시할 수는 없다. 예를 들어 첫 번째 페인트 혼합 예제에서 Paint 객체에는 빨강, 노랑, 파랑 값을 나타내는 세 개의 정수형 변수가 포함돼 있었다. Pigment Color 객체를 추가했다고 해서 관련된 개념이나 의존성의 수가 늘어나지는 않았다. 한편 Collection의 size() 연산은 정수의 기본 의미인 개수를 나타내는 int 타입을 반환하므로 새로운 개념을 암시하지 않는다.

객체 개념을 구성하는 데 필수적이라는 사실이 증명되기 전까지는 모든 의존성을 검토해야 한다. 이러한 검토 과정은 모델 개념 자체를 분해하는 것에서 출발한다. 그런 다음 개별 연관관계와 연산에 주목해야 한다. 모델과 설계와 관련된 결정을 하면서 의존성을 조금씩 없앨 수 있으며 가끔은 의존성을 완전히 제거할 수 있다.

낮은 결합도는 객체 설계의 기본 원리다. 가능한 한 늘 결합도를 낮추고자 노력하라. 현재 상황과 무관한 모든 개념을 제거하라. 그러면 클래스가 완전히 독립적(self-contained)으로 바뀌고 단독으로 검토하고 이해할 수 있을 것이다. 그러한 독립적인 클래스는 MODULE을 이해하는 데 따르는 부담을 상당히 덜어준다.

같은 모듈에 속하는 클래스 간의 의존성은 모듈 외부에 존재하는 클래스에 대한 의존성에 비해 문제를 덜 일으킨다. 마찬가지로 두 객체가 긴밀하게 결합되는 것이 자연스럽다면 두 클래스를 이용하는 복합적인 연산들이 관계의 본질을 명확하게 설명할 수 있다. 모든 의존성을 제거하는 것이 아니라 모든 비본질적인 의존성을 제거하는 것이 목표다. 모든 의존성을 제거할 수는 없더라도 제거된 의존성 덕분에 맘 편히 남아 있는 개념적인 의존성에 집중할 수 있다.

가장 복잡다단한 계산을 STANDALONE CLASS로 도출하려고 노력하라. 이때 VALUE OBJECT로 모델링하고 좀더 관계가 밀접한 클래스에서 해당 VALUE OBJECT를 참조할 수도 있다.

페인트라는 개념은 근본적으로 색상이라는 개념과 관련이 있다. 그러나 색상, 심지어 안료의 색상조차도 페인트라는 개념과는 상관없이 생각해 낼 수 있다. 이 두 가지 개념을 명확하게 표현하고 관계를 정제함으로써 최종적으로 남는 단방향 연관관계는 중요한 정보를 표현하고, 대부분의 복잡한 로직을 처리하는 Pigment Color 클래스는 단독으로 검토하고 **테스트**할 수 있다.

⁂

낮은 결합도는 개념적 과부하를 줄이는 기본적인 방법 중 하나다. STANDALONE CLASS는 극단적으로 결합도를 낮춘 것이다.

의존성의 제거가 제멋대로 모델에 포함된 모든 요소를 원시 타입(primitive)으로 격하시키는 것을 의미하지는 않는다. 10장의 마지막 패턴인 CLOSURE OF OPERATION은 풍부한 인터페이스를 유지하면서도 의존성을 줄일 수 있는 한 가지 기법이다……

CLOSURE OF OPERATION
(연산의 닫힘)

두 실수를 곱하면 실수가 나온다. [모든 실수는 유리수인 동시에 무리수다.] 실수를 곱하
면 실수가 나온다는 것은 항상 참이므로 실수를 가리켜 "곱셈에 대해 닫혀 있다"라고 한다.
즉, 실수를 곱한 결과가 실수 집합에 포함되지 않는 경우는 존재하지 않는다. 실수 집합에
포함된 임의의 두 수를 결합한 결과 역시 항상 실수 집합에 포함된다.

—수학 포럼, 드렉셀 대학(*Drexel University*)

의존성은 늘 존재하겠지만 근본 개념을 구성하는 의존성은 나쁜 것이 아니다. 단지 원시 타입
만을 다루게끔 인터페이스를 선언하면 인터페이스의 표현력이 빈약해진다. 그러나 그렇게 하지
않는다면 다수의 불필요한 의존성과 심지어 불필요한 개념까지도 인터페이스에 나타나곤 한다.

대부분의 흥미로운 객체는 기본 타입만으로는 특징지을 수 없는 작업을 수행하게 된다.

정제된 설계에서 흔히 볼 수 있는 일반적인 실천지침으로 "CLOSURE OF OPERATION"이
있다. 이 명칭은 가장 정교한 개념체계인 수학에서 유래한 것이다. 1 + 1 = 2과 같은 덧셈 연산은
실수 집합에 대해 닫혀 있다. 수학자들은 이질적인 개념이 스며들지 않게 하는 데 매우 열성적이
며, 닫힘(closure)의 특성은 다른 개념의 개입 없이도 연산을 정의하는 수단을 제공한다. 우리는
이미 수학의 정교화(refinement)에 너무 익숙해져 있어서 이처럼 자그마한 기법이 얼마나 강력한
힘을 발휘하는지 이해하기 어려울 수도 있다. 하지만 닫힘은 소프트웨어 설계에서도 매우 광범
위하게 사용되는 기법이다. 하나의 XML 문서를 다른 XML 문서로 변환할 때 XSLT를 사용하곤
한다. XSLT 연산은 XML 문서 집합에 대해 닫혀 있다. 닫힘의 특성 덕분에 연산을 간단하게 해
석할 수 있고 닫힌 연산을 연결하거나 결합하는 것에 관해 쉽게 생각할 수 있다.

그러므로

**적절한 위치에 반환 타입과 인자 타입이 동일한 연산을 정의하라. 구현자(implementer)가 연
산에 사용되는 상태를 포함하고 있다면 연산의 인자로 구현자를 사용하는 것이 효과적이므로
인자의 타입과 반환 타입을 구현자의 타입과 동일하게 정의한다. 이런 방식으로 정의된 연산은
해당 타입의 인스턴스 집합에 닫혀 있다. 닫힌 연산은 부차적인 개념을 사용하지 않고도 고수준
의 인터페이스를 제공한다.**

이 패턴은 VALUE OBJECT의 연산을 정의하는 데 주로 사용된다. 도메인 내에서 ENTITY의 생명주기는 매우 중요하므로 연산의 결과로 새로운 ENTITY를 생성해서 반환할 수는 없다. 물론 ENTITY 타입에 대해 닫힌 연산을 정의할 수는 있다. Employee 객체에게 자신의 관리자를 반환하도록 요청하고 새로운 Employee 객체를 반환받을 수 있다. 하지만 일반적으로 ENTITY 는 어떤 계산의 수행 결과를 표현하는 개념이 아니다. 따라서 대부분의 경우 VALUE OBJECT에서 이 패턴을 적용할 기회를 찾을 수 있다.

연산은 추상 타입에 닫혀 있을 수 있으며, 이 경우 추상 클래스의 연산 인자는 구체적인 클래스가 될 수 있다. 이는 덧셈 연산이 유리수이거나 무리수인 실수에 닫혀 있는 것과 같다.

상호의존성을 줄이고 응집도를 높이는 방법을 모색하고 실험하는 과정에서 패턴을 불완전하게 적용하는 경우도 있다. 인자는 구현자와 동일하지만 반환 타입이 다르거나, 반환 타입은 같지만 구현자와 인자의 타입이 다를 수 있다. 이러한 연산은 특정 타입에 닫혀 있지 않지만 어느 정도는 CLOSURE의 혜택을 받을 수 있다. 다른 타입이 원시 타입이거나 기본 라이브러리 클래스에 속한다면 CLOSURE를 사용할 때와 거의 유사한 정도의 편안함을 느낄 수 있다.

앞의 예제에서 Pigment Color의 mixedWith() 연산은 Pigment Color에 닫혀 있었으며, 이 책 전반에 걸쳐 이 패턴을 적용한 다른 예제를 여럿 보게 될 것이다. 여기서는 순수한 CLOSURE를 사용하지 않더라도 이 아이디어가 얼마나 유용할 수 있는가를 보여주는 예제를 하나 살펴보겠다.

예제

컬렉션에 포함된 요소의 선택

자바에서는 Collection에 포함된 일부 요소를 선택하기 위해 Iterator에 요청을 보낸다. 그런 다음 요소를 순회하면서 각 요소가 조건을 만족하는지 검사하고, 조건을 만족하는 요소를 새로운 Collection에 추가한다.

```
Set employees = (Employee 객체로 구성된 Set);
Set lowPaidEmployees = new HashSet();
Iterator it = employees.iterator();
while (it.hasNext()) {
   Employee anEmployee = it.next();
   if (anEmployee.salary() < 40000)
      lowPaidEmployees.add(anEmployee);
}
```

이것은 개념상 어떤 집합의 부분 집합을 선택한 것이다. **Iterator**라는 추가적인 개념과 **Iterator**를 사용함으로써 수반되는 기계적인 복잡도가 왜 필요한가? 스몰토크라면 **Collection**의 "select" 연산을 호출하면서 조건을 검사하는 로직을 인자로 전달했을 것이다. "select" 연산은 조건을 만족하는 요소를 담은 새로운 **Collection**을 반환할 것이다.

```
employees := (Employee 객체로 구성된 Set).
lowPaidEmployees := employees select:
        [:anEmployee | anEmployee salary < 40000].
```

스몰토크의 **Collection**은 파생 **Collection**을 반환하는 FUNCTION을 제공하며, 파생 클래스는 다양한 구상 클래스가 될 수 있다. "select" 연산은 인자로 블록(block)을 받기 때문에 닫혀 있지는 않다. 하지만 블록은 스몰토크의 기본 라이브러리라서 개발자에게 정신적 부담이 되지 않는다. 반환값은 구현자와 일치하므로 필터처럼 연결해서 나열할 수 있는데, 이러한 코드는 읽기 쉽고 작성하기도 편하다. 부분 집합을 선택하는 문제와 상관없는 어떤 이질적인 개념도 추가되지 않는다.

✖ ✖ ✖

본 장에서 제시한 패턴은 일반적인 설계 형식과 함께 설계에 대해 생각하는 방법을 보여준다. 소프트웨어를 분명하고, 예측 가능하며, 전달력 있게 만든다면 추상화와 캡슐화의 목표를 효과적으로 달성할 수 있다. 아울러 객체를 간단하게 사용하고 이해할 수 있으면서도 고수준의 풍부한 표현력을 지닌 인터페이스를 보유할 수 있게 모델을 분해할 수 있다.

이 기법을 적용해 코드를 작성하거나 또는 작성된 코드를 사용하는 클라이언트를 작성하는 데도 상당히 고도의 설계 기술이 필요하다. MODEL-DRIVEN DESIGN의 유용성은 세부적인 설계/구현 결정의 품질에 좌우되며 일부 개발자만 혼란스러워져도 프로젝트는 원래의 목표로부터 멀어진다.

말하자면 모델링과 설계 기술을 계발할 의지가 있는 팀의 경우 여기서 소개한 패턴과 사고방식이 복잡한 소프트웨어를 창조하기 위해 지속적으로 다루고 개정할 수 있는 소프트웨어를 만들어낸다.

선언적 설계

상대적으로 비형식적인 방식으로 설계를 테스트하는 경우에도 ASSERTION을 이용하면 더 나은 설계를 만들 수 있다. 그러나 사람에 의해 작성되는 소프트웨어에서 실제로 이를 보장하는 방법은 있을 수가 없다. ASSERTION을 우회하는 방법을 하나 들자면 코드에 명확하게 제거하지 못한 부수효과가 부가적으로 포함되는 경우다. 아무리 설계가 MODEL-DRIVEN DESIGN 방식을 따른다고 해도 결국에는 개념적인 상호작용에 따른 부수효과를 포함하는 프로시저(procedure)를 작성하게 된다. 그리고 실제로는 어떤 의미나 행위도 보태지 않는 반복 사용 코드(boilerplate code)를 작성하는 데 매우 많은 시간을 소모한다. 이러한 작업은 지루하고, 오류를 수반하며, 이렇게 작성된 코드는 대부분 모델의 의미를 불분명하게 만든다. (어떤 언어가 다른 언어에 비해 상대적으로 더 나을 수는 있겠지만 모든 언어는 상당한 양의 반복 코드를 작성하도록 요구한다.) 본 장에서 소개한 INTENTION-REVEALING INTERFACE와 여러 패턴이 도움은 될 수 있겠지만 전통적인 객체지향 프로그램에 형식적인 정밀함을 부여하지는 못한다.

선언적 설계(declarative design)의 배경에는 몇 가지 동기가 있다. 선언적 설계는 대상에 따라 다양한 의미를 지닐 수 있지만 일반적으로 일종의 실행 가능한 명세(executable specification)로서 프로그램 전체 혹은 프로그램의 일부를 작성하는 방식을 의미한다. 특성(properties)을 매우 정확하게 기술함으로써 소프트웨어를 제어하는 것이다. 선언적 설계를 작성하는 방식은 다양하며 리플렉션 메커니즘을 이용하거나 컴파일 시점에 코드를 생성하는 방법(선언을 기반으로 정해진 패턴에 따라 자동으로 코드를 생성)을 이용할 수도 있다. 선언적 설계에서 개발자는 선언을 보이는 모습 그대로 받아들일 수 있다. 그리고 개발자가 받아들인 선언은 절대적으로 보장된다.

모델의 특성을 선언해서 동작하는 프로그램을 생성하는 방법이 MODEL-DRIVEN DESIGN에서는 일종의 성배에 해당하지만 실제로 적용하는 데는 몇 가지 위험이 도사리고 있다. 다음은 코드를 생성할 경우 자주 발생했던 두 가지 중요한 문제를 정리한 것이다.

- 필요한 모든 것을 충분하게 표현할 수 없는 선언 언어(declaration language)와 자동화로 감당할 수 있는 범위를 벗어나면 소프트웨어를 확장하기가 어려운 프레임워크
- 자동으로 생성된 코드와 직접 작성한 코드를 통합한 후 코드를 다시 생성할 경우 통합된 부분이 없어져서 반복적인 주기를 무력하게 만드는 코드 생성 기법

선언적 설계의 의도하지 않은 결과로 모델과 애플리케이션의 수준이 낮아지고, 개발자들은 프레임워크의 한계에 갇힌 채 **뭔가**를 인도하기 위해 설계에서 우선적으로 처리해야 할 문제를 위주로 프로세스를 재편하게 된다.

추론 엔진(inference engine)과 규칙 기반(rule base)을 사용하는 규칙 기반 프로그래밍은 또 다른 선언적 설계를 위한 접근법이다. 하지만 아쉽게도 미묘한 문제들은 본래의 의도를 손상시킬 수 있다.

규칙 기반 프로그램은 원칙적으로는 선언적이지만 대부분의 시스템은 성능 최적화를 위해 "제어 술어(control predicate)"를 포함하고 있다. 이러한 제어 코드는 부수효과를 수반하므로 더는 선언된 규칙만으로는 완전한 행위를 지시할 수 없다. 규칙을 추가하고, 제거하고, 순서를 다시 부여할 경우 예상치 못한 부정확한 결과가 발생할 수 있다. 이러한 경우 논리형 언어를 사용하는 프로그래머는 객체 언어를 사용하는 프로그래머와 마찬가지로 코드에 의해 발생하는 영향력을 명확하게 유지하기 위해 주의해야 한다.

여러 선언적인 접근법은 개발자가 의도적이든 의도적이지 않든 이를 우회할 경우 변질될 가능성이 있다. 시스템이 사용하기 어렵거나 과도하게 제한적일 경우 이런 문제가 발생하기 쉽다. 선언적인 프로그램의 이점을 누리려면 모든 개발자가 프레임워크의 규칙을 준수해야 한다.

개인적으로 선언적인 접근법을 적용해서 가장 큰 가치를 얻었던 경험은 아주 좁은 범위로 한정된 프레임워크를 사용해서 영속성과 객체 관계형 매핑과 같이 매우 지루하고 오류가 발생하기 쉬운 설계 측면을 자동화한 경우였다. 이렇게 했을 때 가장 큰 장점은 개발자들이 완전히 자유롭게 설계할 수 있게 하는 동시에 개발자들은 판에 박힌 단조로운 작업에서 해방시켰다는 점이다.

도메인 특화 언어

종종 선언적인 형식을 취하는 흥미로운 접근법으로 **도메인 특화 언어(domain-specific language)**가 있다. 도메인 특화 언어에서는 특정 도메인을 위해 구축된 특정 모델에 맞게 조정된 프로그래밍 언어를 사용해 클라이언트 코드를 작성한다. 예를 들면, 해운 시스템의 도메인 특화 언어에는 **화물(cargo)**, **항로(route)**와 같은 용어와 화물과 항로를 연관시키는 문법이 포함될 것이다. 프로그램을 컴파일하고, 컴파일된 프로그램은 객체지향 언어로 변환되며, 클래스 라이브러리는 해당 언어에 포함된 용어의 구현을 제공한다.

이러한 언어를 사용하면 프로그램의 표현력을 월등히 향상시킬 수 있고 UBIQUITOUS LANGUAGE와도 가장 높은 일관성을 유지할 수 있다. 그러나 도메인 특화 언어가 흥미로운 개념이기는 하지만 객체지향 기술을 기반으로 한 접근법의 단점 또한 지니고 있다.

모델을 개선하려면 개발자가 언어를 수정할 수 있어야 한다. 언어를 수정하려면 기반 클래스 라이브러리뿐 아니라 문법을 선언하는 방식과 언어를 번역할 때의 특징까지도 변경해야 할지 모른다. 개인적으로 고급 기술과 설계 개념을 배우는 것을 매우 즐기지만 미래에 설계를 담당할 유지보수 팀의 기술뿐 아니라 특정 팀의 기술도 냉정하게 평가해야 한다. 또한 같은 언어를 사용해서 구현한 애플리케이션과 모델 간의 자연스러운 연결(seamlessness) 역시 간과할 수 없는 요소다. 또 다른 단점으로 수정된 모델과 도메인 특화 언어를 준수하도록 클라이언트 코드를 리팩터링하기가 어렵다는 점이 있다. 물론 누군가가 리팩터링 문제를 해결하는 기술적인 방법을 제시하게 될지도 모른다.

이 기법은 클라이언트 코드를 개별적인 팀에서 작성하는 아주 성숙한 모델에 적용할 때 가장 유용할지도 모른다. 일반적으로 조직 구성을 그렇게 한다면 기술력을 보유한 프레임워크 개발자와 기술적으로 미숙한 애플리케이션 개발자 간의 좋지 못한 차이가 발생하지만 꼭 그런 식으로 구성할 필요는 없다.

스킴 프로그래밍 언어의 경우 도메인 특화 언어와 유사한 요소를 표준 프로그래밍 형식으로 포함하고 있어서 시스템을 서로 다른 언어를 사용하는 부분으로 나누지 않고도 도메인 특화 언어의 표현력을 얻을 수 있다.

근본적인 대책

객체보다 훌륭하게 도메인 특화 언어를 다루는 패러다임도 있다. 함수형 프로그래밍 패러다임을 대표하는 스킴(Scheme) 언어에서는 도메인 특화 언어와 유사한 요소를 표준 프로그래밍 형식으로 포함하고 있어서 시스템을 서로 다른 언어를 사용하는 부분으로 나누지 않고도 도메인 특화 언어의 표현력을 얻을 수 있다.

선언적인 형식의 설계

일단 설계에 INTENTION-REVEALING INTERFACE, SIDE-EFFECT-FREE FUNCTION, ASSERTION을 적용했다면 서서히 선언적인 영역으로 나아가고 있는 것이다. 의미 전달이 확실하고, 특징적이거나 명확한 부수효과를 포함하거나 아예 부수효과를 포함하지 않는 조합 가능한 요소를 보유하고 있다면 선언적인 설계의 여러 혜택을 얻을 수 있다.

유연한 설계는 선언적인 **형식**의 설계를 사용해서 클라이언트 코드를 작성하는 것을 가능하게 한다. 이를 설명하고자 다음 절에서는 SPECIFICATION을 좀더 선언적이고 유연해지게끔 본 장에서 소개한 일부 패턴을 한데 모아보겠다.

SPECIFICATION을 선언적인 형식으로 확장하기

9장에서는 SPECIFICATION의 기본 개념과 프로그램 내에서 수행 가능한 역할, 구현과 관련된 의미를 살펴봤다. 이제 복잡한 규칙이 존재하는 상황에서 매우 유용하게 사용할 수 있는 추가적인 기능을 살펴보자.

SPECIFICATION은 확립된 정형화인 술어를 각색한 것이다. 술어에는 선택적으로 사용할 수 있는 갖가지 유용한 특성이 있다.

논리 연산을 이용한 SPECIFICATION 조합

SPECIFICATION을 사용하다 보면 이내 여러 개의 SPECIFICATION을 조합해서 사용하면 유용한 상황에 마주치게 된다. 바로 위에서 설명한 것처럼 SPECIFICATION은 술어의 한 예이며, 술어는 "AND", "OR", "NOT" 연산을 사용해 조합할 수 있다. 이러한 논리 연산은 술어에 대해 닫혀 있어서 SPECIFICATION의 조합은 CLOSURE OF OPERATION을 의미한다.

SPECIFICATION은 상당히 일반화된 기능을 지니고 있으므로 다양한 종류의 SPECIFICATION에 사용할 수 있는 추상 클래스나 인터페이스를 만드는 것이 여러모로 유용하다. 이것은 인자의 타입으로 고수준의 추상 클래스를 사용한다는 것을 의미한다.

```
public interface Specification {
    boolean isSatisfiedBy(Object candidate);
}
```

이러한 추상화를 적용할 경우 메서드를 시작할 때 보호절이 필요하지만 기능 자체에는 영향을 미치지 않는다. 예를 들어 Container Specification(9장 252페이지의 예제)은 다음과 같이 바뀐다.

```
public class ContainerSpecification implements Specification {
    private ContainerFeature requiredFeature;

    public ContainerSpecification(ContainerFeature required) {
        requiredFeature = required;
    }

    boolean isSatisfiedBy(Object candidate){
        if (!candidate instanceof Container) return false;

        return (Container)candidate.getFeatures().contains(requiredFeature);
    }
}
```

이제 세 가지 새로운 연산을 추가해서 Specification 인터페이스를 확장해보자.

```
public interface Specification {
    boolean isSatisfiedBy(Object candidate);

    Specification and(Specification other);
    Specification or(Specification other);
    Specification not();
}
```

일부는 통풍 컨테이너(ventilated Container)를, 또 다른 일부는 강화 컨테이너(armored Container)를 요구하도록 Container Specification을 설정했던 것을 떠올려보자. 휘발성인 **동시에** 폭발성이 강한 화학 물질인 경우에는 이 두 가지 SPECIFICATION이 **모두** 필요할 것이다. 새로 정의한 메서드를 이용하면 이를 간단하게 처리할 수 있다.

```
Specification ventilated = new ContainerSpecification(VENTILATED);
Specification armored = new ContainerSpecification(ARMORED);

Specification both = ventilated.and(armored);
```

선언문은 기대한 속성을 포함하는 새로운 Specification 객체를 정의한다. 이런 조합에는 더 복잡한 Container Specification이 필요하겠지만 이 역시 특수한 목적을 위한 것일 것이다.

통풍 Container의 종류가 한 가지 이상이라고 가정해 보자. 어떤 품목의 경우에는 어떤 통풍 Container에 포장되는가가 중요하지 않을 수 있다. 그런 품목은 두 Container 중 어느 쪽에 둬도 무방하다.

```
Specification ventilatedType1 = new ContainerSpecification(VENTILATED_TYPE_1);
Specification ventilatedType2 = new ContainerSpecification(VENTILATED_TYPE_2);

Specification either = ventilatedType1.or(ventilatedType2);
```

모래를 특수 컨테이너에 저장하는 것은 낭비이므로 아무런 특수 기능도 없는 "저렴한" 컨테이너에 관한 Container Specification을 명시해서 낭비를 방지할 수 있다.

```
Specification cheap = (ventilated.not()).and(armored.not());
```

이와 같은 제약조건을 이용하면 9장에서 논의한 창고 포장기 프로토타입을 가장 최적화된 형태로 설계할 수 있었을 것이다.

단순한 요소를 사용해 복잡한 명세를 만들어 내는 능력은 코드의 표현력을 향상시킨다. 이러한 조합은 선언적인 형식으로 작성돼 있다.

SPECIFICATION의 구현 방법에 따라 이러한 연산을 제공하기가 어려울 수도, 쉬울 수도 있다. 이어서 설명하는 구현 방법은 매우 단순한 것이며, 어떤 상황에서는 매우 비효율적일 수도, 또 어떤 상황에서는 매우 실용적일 수도 있다. 아래의 코드는 **설명을 목적으로 작성된 예제**에 불과하다. 여느 패턴과 마찬가지로 이 패턴을 구현하는 방법 역시 다양하다.

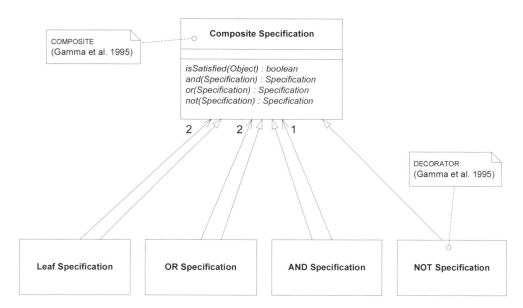

그림 10-14 | COMPOSITE 패턴을 이용한 SPECIFICATION 설계

```
public abstract class AbstractSpecification implements Specification {
    public Specification and(Specification other) {
        return new AndSpecification(this, other);
    }
    public Specification or(Specification other) {
        return new OrSpecification(this, other);
    }
    public Specification not() {
        return new NotSpecification(this);
    }
}


public class AndSpecification extends AbstractSpecification {
    Specification one;
    Specification other;
    public AndSpecification(Specification x, Specification y) {
        one = x;
        other = y;
    }
    public boolean isSatisfiedBy(Object candidate) {
        return one.isSatisfiedBy(candidate) &&
            other.isSatisfiedBy(candidate);
    }
```

```
        }

        public class OrSpecification extends AbstractSpecification {
            Specification one;
            Specification other;
            public OrSpecification(Specification x, Specification y) {
                one = x;
                other = y;
            }
            public boolean isSatisfiedBy(Object candidate) {
                return one.isSatisfiedBy(candidate) ||
                    other.isSatisfiedBy(candidate);
            }
        }

        public class NotSpecification extends AbstractSpecification {
            Specification wrapped;

            public NotSpecification(Specification x) {
                wrapped = x;
            }
            public boolean isSatisfiedBy(Object candidate) {
                return !wrapped.isSatisfiedBy(candidate);
            }
        }
```

위 코드는 책을 통해 읽힐 것을 감안해서 가능하면 읽기 쉽도록 작성했다. 앞서 언급했듯이 어떤 상황에서는 이 방법이 비효율적일 수 있다. 그러나 객체의 수나 실행 속도를 최소화하거나, 타프로젝트에서 제공한 독특한 기술과의 호환성을 고려해서 다른 방식으로 구현하는 것도 가능하다. 중요한 것은 도메인의 핵심 개념을 포착하는 모델과 해당 모델을 충실히 반영한 구현이다. 이런 모델과 구현은 성능 문제를 해결할 수 있는 여지를 많이 남긴다.

또한 대부분 이와 같은 완전한 일반화가 필요하지는 않다. 특별히 다른 연산에 비해 AND 연산을 자주 사용하는 경향이 있으며 실제로 구현할 때 늘어나는 복잡도 역시 낮다. 필요한 연산이 오직 AND뿐이라면 AND만 구현하는 방안을 주저하지 말자.

2장으로 돌아가서 30페이지의 대화를 살펴보면 개발자들은 SPECIFICATION의 "충족됨"이라는 행위를 명확하게 구현하지 않았다. 그때까지 SPECIFICATION은 명령 구축의 용도로밖에는 사용되지 않았다. 그렇더라도 추상화는 손상되지 않았으며 기능을 추가하기가 비교적 어렵지 않았다. 패턴을 사용한다는 것이 필요하지 않은 기능을 만든다는 의미는 아니다. 개념이 엉망이 되지 않는 한 부가적인 기능은 나중에 언제라도 추가할 수 있다.

예제

COMPOSITE SPECIFICATION을 구현하는 다른 방법

어떤 구현 환경은 구성단위가 아주 작은 객체를 효과적으로 수용하지 못하기도 한다. 필자는 객체 데이터베이스를 사용해 모든 객체에 ID를 부여하고 이를 추적하자고 주장하는 프로젝트에 참여한 적이 있다. 각 객체는 메모리 공간과 성능에 크나큰 부하를 초래했고 사용 가능한 전체 주소 공간은 제한적이었다. 나는 도메인 설계상의 일부 중요한 위치에 SPECIFICATION을 적용했고 이것은 훌륭한 결정이었다고 생각한다. 하지만 이번 장에서 소개한 구현 방법보다는 좀더 복잡한 방법을 썼는데 이것은 명백한 실수였다. 그 결과 수백만 개에 달하는 매우 작은 크기의 객체가 생성됐고 시스템은 부하 때문에 꼼짝 못하는 상태가 돼버리곤 했다.

다음은 논리 표현식을 나타내는 문자열 또는 배열로 복합적인 SPECIFICATION을 표현하고 이를 실행 시간에 해석하는 다른 구현 방식의 예다.

(이것을 어떻게 구현해야 할지 모른다고 해서 걱정할 필요는 없다. 중요한 것은 논리 연산을 사용해서 SPECIFICATION을 구현하는 방법은 다양하며, 따라서 단순한 방식이 실용적이지 못한 상황이라면 다른 방안을 선택하면 된다.)

"저렴한 컨테이너"에 대한 SPECIFICATION 스택의 내용	
Top	AndSpecificationOperator (FLY WEIGHT)
	NotSpecificationOperator (FLY WEIGHT)
	Armored
	NotSpecificationOperator
	Ventilated

어떤 대상이 SPECIFICATION을 만족하는지 검사하려면 스택에서 각 요소를 꺼낸 다음 요소 자체를 평가하거나 요소가 연산이라면 다음 요소를 꺼내서 이를 조합하는 방식으로 위 구조를 해석해야 한다. 최종적으로 아래와 같은 결과를 얻게 될 것이다.

```
and(not(armored), not(ventilated))
```

이 설계에는 다음과 같은 장점(+)과 단점(-)이 있다.

+ 생성되는 객체의 수가 적음

+ 효율적인 메모리 사용

− 좀더 숙련된 개발자가 필요

타협점을 토대로 현재 여러분이 직면한 상황에 적절한 구현 방법을 찾아야 한다. 동일한 패턴과 모델이라도 구현 방법은 다양할 수 있다.

포섭 관계

마지막으로 소개하는 기능은 일반적인 상황이라면 불필요하고 구현하기도 어렵지만, 가끔씩 정말 어려운 문제를 해결하는 데 요긴하게 쓸 수 있다. 그뿐만 아니라 SPECIFICATION의 의미를 명료하게 만들기도 한다.

250페이지에서 다룬 화학 창고 포장기 예제로 돌아가보자. 각 Chemical에는 저장 가능한 컨테이너를 평가하기 위한 Container Specification이 연관돼 있으며 Packer SERVICE는 Drum을 Container에 할당할 때 Container Specification이 만족됨을 보장한다. 모든 것이 순조롭다. 누군가가 규칙을 변경하기 전까지는…….

몇 달에 한 번씩 새로운 규칙이 추가되기 때문에 사용자는 좀더 요구사항이 엄격한 화학물질의 목록을 만들 수 있기를 바란다.

물론 새로운 SPECIFICATION을 적절히 사용해서 재고에 포함된 각 Drum의 정합성을 검사하고 더는 SPECIFICATION을 만족하지 않는 Drum을 찾아내서 부분적인 해답(아마 사용자도 원할 해답)을 얻을 수는 있다. 이렇게 하면 사용자는 현재 재고에 포함된 Drum 가운데 옮겨야 할 대상이 뭔지 알 수 있을 것이다.

하지만 사용자가 **원하는 바**는 더욱 엄격하게 취급해야 하는 화학물질의 목록이다. 어쩌면 조건에 해당하는 화학물질을 회사에서 확보해 놓고 있지 않았거나 이미 더 엄격한 컨테이너를 사용해서 보관하고 있을지도 모른다. 어떤 경우든 방금 전에 설명한 방식으로 만들어진 보고서에는 원하는 화학물질이 누락돼 있을 것이다.

두 SPECIFICATION을 직접 비교하는 새로운 연산을 추가해보자.

```
boolean subsumes(Specification other);
```

더 엄격한 SPECIFICATION은 덜 엄격한 SPECIFICATION을 포함한다. 더 엄격한 SPECIFICATION은 이전의 어떠한 요구사항도 간과하지 않은 채 추가될 수 있다.

포섭(old)
⟶
⟵○
참

new : Container Specification

통풍 AND 강화

포섭(new)
⟶
⟵○
거짓

old : Container Specification

통풍

그림 10-15 | 더 엄격해진 가솔린 컨테이너에 대한 SPECIFICATION

새로운 SPECIFICATION을 만족하는 임의의 대상은 기존의 SPECIFICATION 역시 만족시키며 이를 SPECIFICATION의 언어를 사용해서 표현하면 '새로운 SPECIFICATION은 기존의 SPECIFICATION을 **포섭한다(subsume)**'라고 한다.

각 SPECIFICATION을 술어로 간주할 경우 포섭은 논리적 함축(logical implication)과 동일하다. 이를 전통적인 표기법을 사용해서 A→B로 표현할 수 있으며, 이것은 문장 A가 문장 B를 함축하고 있음을 의미하고, 따라서 A가 참이면 B 또한 참이다.

이 로직을 화학물질에 적절한 컨테이너를 찾아야 하는 요구사항에 적용해보자. SPECIFICATION이 변경되면 새로운 SPECIFICATION이 기존의 SPECIFICATION의 모든 조건을 만족하는지 알 수 있어야 한다.

새 명세 → 기존 명세

즉, 새로운 SPECIFICATION이 참이라면 기존의 SPECIFICATION 또한 참이다. 포괄적인 방식으로 논리적 함축을 증명하기는 매우 어렵지만 특별한 경우로 한정해서 생각한다면 쉽게 구현할 수 있다. 예를 들어, 매개변수화된 SPECIFICATION은 자기 자신의 포섭 규칙을 정의할 수 있다.

```
public class MinimumAgeSpecification {
    int threshold;

    public boolean isSatisfiedBy(Person candidate) {
        return candidate.getAge() >= threshold;
    }

    public boolean subsumes(MinimumAgeSpecification other) {
        return threshold >= other.getThreshold();
    }
}
```

JUnit을 이용한 테스트 코드는 다음과 같다.

```
drivingAge = new MinimumAgeSpecification(16);
votingAge = new MinimumAgeSpecification(18);
assertTrue(votingAge.subsumes(drivingAge));
```

Container Specification 문제를 해결하기에 적절한 또 다른 특별한 경우는 하나의 AND 논리 연산과 포섭을 결합해서 사용하는 SPECIFICATION 인터페이스다.

```
public interface Specification {
    boolean isSatisfiedBy(Object candidate);
    Specification and(Specification other);
    boolean subsumes(Specification other);
}
```

오직 AND 연산만을 포함하는 함축을 증명하는 것은 간단하다.

$$A \text{ AND } B \rightarrow A$$

또는 좀더 복잡한 경우에는 다음과 같이 증명할 수 있다.

$$A \text{ AND } B \text{ AND } C \rightarrow A \text{ AND } B$$

따라서 Composite Specification 내부로 AND 연산으로 결합된 모든 단말(leaf) SPECIFICATION을 모을 수만 있다면 포섭하는 SPECIFICATION이 포섭되는 SPECIFICATION

에 포함된 모든 단말 SPECIFICATION과 일부 부가적인 SPECIFICATION(모든 단말 SPECIFICATION은 다른 단말 SPECIFICATION 집합의 상위집합이다)을 포함하는지 여부만 확인하면 된다.

```
public boolean subsumes(Specification other) {
    if (other instanceof CompositeSpecification) {
        Collection otherLeaves = (CompositeSpecification) other.leafSpecifications();
        Iterator it = otherLeaves.iterator();
        while (it.hasNext()) {
            if (!leafSpecifications().contains(it.next()))
                return false;
        }
    } else {
        if (!leafSpecifications().contains(other))
            return false;
    }
    return true;
}
```

이러한 상호작용은 신중하게 선택된 매개변수화된 단말 SPECIFICATION과 다른 복잡한 SPECIFICATION을 비교해 향상시킬 수 있다. 아쉽게도 OR와 NOT을 포함하면 증명이 훨씬 더 복잡해진다. 대부분의 경우 일부 연산을 무시하거나 포섭을 사용하지 않는 방식 중 하나를 택해서 이처럼 복잡한 상황을 피하는 것이 최선이다. 두 가지 모두 필요한 상황이라면 구현에 수반되는 어려움을 정당화할 정도로 돌아오는 이익이 큰지 신중하게 고려해봐야 한다.

아리스토텔레스의 SPECIFICATION	

모든 인간은 죽는다.	`Specification manSpec = new ManSpecification();`
	`Specification mortalSpec = new MortalSpecification();`
	`assert manSpec.subsumes(mortalSpec);`

아리스토텔레스는 인간이다.	`Man aristotle = new Man();` `assert manSpec.isSatisfiedBy(aristotle);`
고로, 아리스토텔레스는 죽는다.	`assert mortalSpec.isSatisfiedBy(aristotle);`

받음각[2]

본 장에서는 코드의 의도를 명백하게 표현하고 코드의 사용 결과를 투명하게 만들며, 모델 요소 간의 결합도를 낮추는 다양한 기법을 살펴봤다. 하지만 기법을 알고 있더라도 여전히 이런 종류의 설계 목표를 달성하기란 어려운 일이다. 거대한 시스템을 가리키며 "자, 이제 이 시스템을 유연하게 만들어 봅시다"라고 말하는 것으로는 충분하지 않다. 목표를 선정해야 한다. 여기서는 두 가지 포괄적인 접근법을 제시하고, 이어서 패턴들을 어떤 식으로 조화롭게 결합하고 더 큰 규모의 설계를 만들기 위해 어떻게 사용해야 하는지 보여주는 예제를 살펴보겠다.

하위 도메인으로 분할하라

전체 설계 영역을 동시에 다룰 수는 없다. 조금씩 뜯어내야 한다. 시스템의 일부 측면에는 어떤 접근 방식을 취해야 하는지에 관한 암시가 있으므로 그러한 측면을 뽑아낸 후 개선할 수 있다. 모델의 일부 영역이 전문적인 수학 영역으로 보인다면 그러한 부분을 분리한다. 애플리케이션에서 상태 변경에 제약을 가하는 복잡한 규칙을 적용하고 있다면 그러한 부분을 끄집어내서 별도의 모델이나 규칙을 선언적으로 표현해주는 간단한 프레임워크 내부로 옮긴다. 각 단계를 거치면서 추출된 새로운 모듈이 깔끔해질 뿐만 아니라 남겨진 모듈 또한 크기가 작아지고 깔끔해진다. 나머지 부분은 선언적인 형식이나, 특별한 수학 용어나 유효성 검증 프레임워크를 사용한 선언, 또는 하위 도메인에서 취하는 어떤 형태로도 작성할 수 있다.

전체 영역을 피상적으로 수정하기보다는 하나의 영역에 집중해서 그 부분의 설계가 매우 유연해지도록 개선하는 편이 더 유익하다. 15장에서는 하위 도메인을 선택하고 관리하는 방법을 좀 더 깊이 있게 살펴보겠다.

가능하다면 정립된 정형화를 활용하라

아무것도 없는 상태에서 빈틈없는 개념적 체계를 만들어낸다는 것은 매일 할 수 있는 간단한 작업이 아니다. 간혹 프로젝트 기간 동안 이런 체계를 발견하고 정제하기도 한다. 그러나 보통은 현

---

2 (옮긴이) 영각(迎角)이라고도 하며, 항공기의 날개를 절단한 면의 기준선과 기류가 이루는 각도를 의미한다. 기본적으로 항공기는 받음각이 커지면 상승하고, 작아지면 하강한다. 하지만 임계 받음각을 넘어서면 받음각이 항공기를 상승하게 하는 양력이 발생하지 않고 오히려 양력을 떨어뜨리는 난류가 발생하게 된다.

재의 도메인이나 다른 도메인 영역에서 오랜 시간 동안 정립되어 온 개념적인 체계를 이용하거나 수정해서 적용할 수 있으며, 그 중 일부는 몇 세기에 걸쳐 정제되고 증류된 것들이다. 예를 들어, 여러 업무용 애플리케이션은 회계 개념과 관련이 있다. 회계에는 심층 모델과 유연한 설계에 쉽게 적용할 수 있는 잘 정립된 ENTITY와 규칙이 정의돼 있다.

정형화된 개념 체계가 여럿 있지만 개인적으로 선호하는 체계는 수학이다. 기본적인 산수만으로 해법을 이끌어내는 방법이 얼마나 유용한지 놀라울 정도다. 각종 도메인의 어딘가에는 수학적인 개념이 존재한다. 찾아라. 그리고 파헤쳐라. 도메인에 적절히 특화된 수학은 깔끔한 동시에 명확한 규칙과 결합할 수 있어서 사람들이 이해하기도 쉽다. 수학 체계와 관련해서 과거에 개발했던 "지분 계산" 예제를 소개하는 것으로 본 장을 마무리하겠다.

예제

패턴 통합하기: 지분 계산(Shares Math)

8장에서는 신디케이트론 시스템을 구축하는 프로젝트에서 경험했던 모델의 도약 사례를 살펴봤다. 이번에는 8장에서 논의한 도약과 비교해도 손색이 없는 한 가지 설계상의 특징만 자세히 살펴보겠다.

신디케이트론 시스템에는 차용인이 원금을 상환할 경우 기본적으로 대출사의 지분 비율에 따라 상환금을 비례 배분해야 한다는 요구사항이 있다.

상환액 배분에 대한 초기 설계

리팩터링을 진행하면서 점차 코드를 이해하기 쉽게 수정할 것이므로 현재 버전의 코드에 너무 집착하지 말자.

그림 10-16

```
public class Loan {
    private Map shares;
```

```
// 접근 메서드, 생성자, 간단한 메서드는 생략

public Map distributePrincipalPayment(double paymentAmount) {
   Map paymentShares = new HashMap();
   Map loanShares = getShares();
   double total = getAmount();
   Iterator it = loanShares.keySet().iterator();
   while(it.hasNext()) {
      Object owner = it.next();
      double initialLoanShareAmount = getShareAmount(owner);
      double paymentShareAmount = initialLoanShareAmount / total * paymentAmount;
      Share paymentShare = new Share(owner, paymentShareAmount);
      paymentShares.put(owner, paymentShare);

      double newLoanShareAmount = initialLoanShareAmount - paymentShareAmount;
      Share newLoanShare = new Share(owner, newLoanShareAmount);
      loanShares.put(owner, newLoanShare);
   }
   return paymentShares;
}

public double getAmount() {
   Map loanShares = getShares();
   double total = 0.0;
   Iterator it = loanShares.keySet().iterator();
   while(it.hasNext()) {
      Share loanShare = (Share) loanShares.get(it.next());
      total = total + loanShare.getAmount();
   }
   return total;
}
}
```

COMMAND와 SIDE-EFFECT-FREE FUNCTION의 분리

이 설계는 이미 INTENTION-REVEALING INTERFACE에 따라 의도를 명확하게 표현하고 있다. 하지만 유감스럽게도 distributePaymentPrincipal() 메서드는 각 대출사에 배분할 금액을 계산하는 동시에 **Loan**의 상태를 변경한다. 리팩터링을 거쳐 변경자(modifier)와 질의(query)를 분리해보자.

그림 10-17

```
public void applyPrincipalPaymentShares(Map paymentShares) {
    Map loanShares = getShares();
    Iterator it = paymentShares.keySet().iterator();
    while(it.hasNext()) {
        Object lender = it.next();
        Share paymentShare = (Share) paymentShares.get(lender);
        Share loanShare = (Share) loanShares.get(lender);
        double newLoanShareAmount = loanShare.getAmount() - paymentShare.getAmount();
        Share newLoanShare = new Share(lender, newLoanShareAmount);
        loanShares.put(lender, newLoanShare);
    }
}


public Map calculatePrincipalPaymentShares(double paymentAmount) {
    Map paymentShares = new HashMap();
    Map loanShares = getShares();
    double total = getAmount();
    Iterator it = loanShares.keySet().iterator();
    while(it.hasNext()) {
        Object lender = it.next();
        Share loanShare = (Share) loanShares.get(lender);
        double paymentShareAmount = loanShare.getAmount() / total * paymentAmount;
        Share paymentShare = new Share(lender, paymentShareAmount);
        paymentShares.put(lender, paymentShare);
    }
    return paymentShares;
}
```

Loan을 사용해서 상환액을 배분하는 클라이언트 코드는 이제 다음과 같다.[3]

```
Map distribution = aLoan.calculatePrincipalPaymentShares(paymentAmount);
aLoan.applyPrincipalPaymentShares(distribution);
```

---

3 (옮긴이) calculatePrincipalPaymentShares() 메서드는 상환 시 각 투자사의 지분 비율에 따라 배당금을 계산하는 질의
이고, applyPrincipalPaymentShares() 메서드는 계산된 배당금에 따라 잔금을 수정하는 명령이다.

그럭저럭 괜찮아진 것 같다. FUNCTION은 복잡한 세부사항을 INTENTION-REVEALING INTERFACE 너머로 캡슐화한다. 그러나 applyDrawdown(), calculateFeePaymentShares() 등의 메서드를 추가하면서 코드의 양이 증가하기 시작한다[4]각 코드를 추가할 때마다 코드는 점점 더 복잡해지고 동시에 코드를 다뤄야 하는 개발자의 부담도 커진다. 코드가 복잡해지는 이유는 계산 메서드가 수행하는 작업이 너무나 많기 때문이다. 전통적인 해법은 상환액을 계산하는 메서드를 더 작은 하위 루틴으로 분해하는 것이다. 그러나 메서드 분해를 좋은 출발점으로 삼을 수는 있지만 최종적으로 원하는 바는 근본적인 개념상의 경계를 찾고 모델을 심층적으로 만드는 것이다. CONCEPTUAL CONTOUR에 따라 개념의 적절한 윤곽을 포함하는 설계 방법을 적용하면 필요한 변경사항을 쉽게 추가할 수 있다.

암시적인 개념을 명확하게 만들기

이제 새로운 모델을 검증하는 데 필요한 만큼의 지침이 갖춰졌다. 현재 구현에서 Share(지분) 객체는 수동적인 존재이며, 복잡한 저수준 방식으로 조작되고 있다. 이는 지분에 대한 규칙과 계산 방식이 개별 지분이 아닌 전체 지분의 합을 대상으로 하기 때문이다. 여기에는 한 가지 개념이 누락돼 있다. 바로 지분이 전체를 구성하는 일부로서 서로 관련을 맺고 있다는 점이다. 이러한 개념을 명시적으로 드러내면 지분의 규칙과 계산 방식이 좀더 간결해지게끔 다듬을 수 있다.

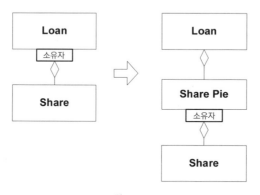

그림 10-18

---

4 (옮긴이) calculatePrincipalPaymentShares(), applyPrincipalPaymentShares()가 상환 시 사용하는 명령/질의 쌍이라면, calculateFeePaymentShares(), applyDrawdown()은 최초 대출 시에 사용하는 명령/질의 쌍이다. 현재 설계에서는 투자사의 지분 비율이나 분배액을 변경할 때마다 명령/질의를 하나씩 추가해야 하는 구조이므로 작성하는 코드의 양이 기하급수적으로 늘어난다.

Share Pie(지분 총액)는 Loan에 투자한 전체 투자사들의 지분 비율을 표현한다. Share Pie는 Loan AGGREGATE 내부에서 지역적으로 식별되는 ENTITY에 해당한다. Loan은 상환액을 투자사별로 배분하는 계산 작업을 직접 처리하지 않고 Share Pie에 위임할 수 있다.

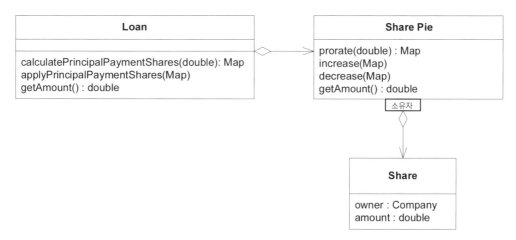

그림 10-19

```
public class Loan {
    private SharePie shares;

    // 접근 메서드, 생성자, 간단한 메서드는 생략

    public Map calculatePrincipalPaymentDistribution(double paymentAmount) {
        return getShares().prorated(paymentAmount);
    }
    public void applyPrincipalPayment(Map paymentShares) {
        shares.decrease(paymentShares);
    }
}
```

Loan은 단순해졌고 Share를 배분하는 계산 절차는 계산 자체에 집중하는 VALUE OBJECT 내부로 모아졌다. 그럼에도 실제로 계산을 실행하는 방법이 쉬워졌다거나 융통성 있다는 느낌은 들지 않는다.

Share Pie를 VALUE OBJECT로 만들기: 통찰력의 연쇄 반응

종종 새로운 설계를 실제 구현으로 옮기는 과정에서 모델 자체에 대한 새로운 통찰력을 얻기도 한다. 이러한 경우 Loan과 Share Pie 간의 강한 결합도 때문에 Share Pie와 Share 간의 관계가 모호해진다. Share Pie를 VALUE OBJECT로 만들면 어떻게 될까?

Share Pie를 VALUE OBJECT로 만들면 객체의 상태를 변경할 수 없으므로 상태 변경을 수반하는 increase(Map)와 decrease(Map)은 사용할 수 없다. Share Pie의 값을 변경하려면 전체 Share Pie를 새로운 Share Pie로 교체해야 한다. 따라서 추가 대출을 처리하기 위해 더 큰 금액을 포함한 Share Pie를 새로 생성해서 반환하게끔 addShares(Map) 연산을 작성할 수 있다.

CLOSURE OF OPERATION까지 적용해 보자. Share Pie의 금액을 "증가"시키거나 Share를 추가하는 대신 두 개의 Share Pie를 더한다. 그 결과 대출금 값이 더 큰 새 Share Pie가 반환된다.

단순히 반환형을 변경하는 것만으로도 Share Pie의 prorate() 연산을 부분적으로 닮을 수 있다. 부수효과가 없다는 점을 강조하고자 연산의 이름을 protated()로 변경한다. 이제 4개의 연산을 갖춘 초기의 "지분 계산" 설계가 서서히 모습을 갖추기 시작한다.

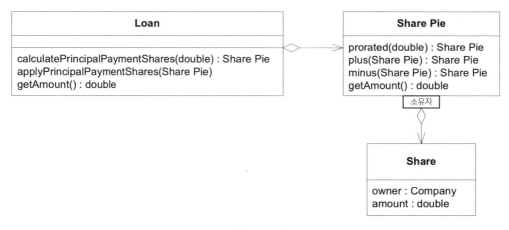

| 그림 10-20 |

이제 새로운 Shares Pie VALUE OBJECT에 관한 명확한 ASSERTION를 정의할 수 있다. 각 메서드는 제각기 의미를 지닌다.

```
public class SharePie {
    private Map shares = new HashMap();
```

```
// 접근 메서드와 기타 간단한 메서드는 생략

public double getAmount() {
    double total = 0.0;
    Iterator it = shares.keySet().iterator();
    while(it.hasNext()) {
        Share loanShare = getShare(it.next());
        total = total + loanShare.getAmount();
    }
    return total;
}
```

전체는 부분의 합과 같다.

```
public SharePie minus(SharePie otherShares) {
    SharePie result = new SharePie();
    Set owners = new HashSet();
    owners.addAll(getOwners());
    owners.addAll(otherShares.getOwners());

    Iterator it = owners.iterator();
    while(it.hasNext()) {
        Object owner = it.next();
        double resultShareAmount =
                    getShareAmount(owner) - otherShares.getShareAmount(owner);
        result.add(owner, resultShareAmount);
    }
    return result;
}
```

두 **Pie**의 차는 각 **Pie** 소유
자의 배당금의 차와 같다.

```
public SharePie plus(SharePie otherShares) {
    // minus()의 구현과 유사함
}
```

두 **Pie**를 조합한 것은 각
소유자의 배당금을 조합한
것과 같다.

```
public SharePie prorated(double amountToProrate) {
    SharePie proration = new SharePie();
    double basis = getAmount();
    Iterator it = shares.keySet().iterator();
    while(it.hasNext()) {
        Object owner = it.next();
        Share share = getShare(owner);
        double proratedShareAmount = share.getAmount() / basis * amountToProrate;
        proration.add(owner, proratedShareAmount);
```

금액은 비율에 따라 모든 주
주에게 나눠질 수 있다.

```
        }
        return proration;
    }
}
```

새로운 설계의 유연함

이제 가장 중요한 **Loan** 클래스의 메서드는 다음과 같이 단순해진다.

```
public class Loan {
    private SharePie shares;

    // 접근 메서드, 생성자, 간단한 메서드는 생략

    public SharePie calculatePrincipalPaymentDistribution(double paymentAmount) {
        return shares.prorated(paymentAmount);
    }

    public void applyPrincipalPayment(SharePie paymentShares) {
        setShares(shares.minus(paymentShares));
    }
}
```

위 코드의 짧은 메서드는 제각기 자신의 **의미**를 명확하게 나타낸다. 원금을 상환한다는 것은 지분 비율에 따라 대출금에서 상환액을 차감한다는 것을 의미한다. 원금을 배분한다는 것은 주주 간의 지분에 **비례해서** 원금을 나눈다는 것을 의미한다. **Share Pie**의 설계는 이제 **Loan**의 코드를 계산하는 과정보다는 업무 거래에 내포된 개념적인 정의와 유사한 방식으로 읽히도록 선언적인 형식으로 구현되기 시작했다.

이전에는 표현하기 복잡했던 다른 거래 유형도 이제는 손쉽게 선언할 수 있다. 예를 들어, 대출금 인출이 발생한 경우 인출금은 **Facility** 내의 지분 비율에 따라 각 대출사로 분배된다. 추가로 발생된 인출금은 융자 잔고(outstanding) **Loan**에 더해진다. 이 과정을 새로운 도메인 언어를 사용해서 표현하면 다음과 같다.

```
public class Facility {
    private SharePie shares;
    ...
    public SharePie calculateDrawdownDefaultDistribution(double drawdownAmount) {
```

```
            return shares.prorated(drawdownAmount);
        }
    }

    public class Loan {
        ...
        public void applyDrawdown(SharePie drawdownShares) {
            setShares(shares.plus(drawdownShares));
        }
    }
```

각 대출사가 계약 시의 분담금과 실제 금액 간의 차이를 확인하려면 융자 잔고 Loan의 금액을 가상으로 분배한 후 분배액을 Loan의 실제 배당금에서 빼면 된다.

```
SharePie originalAgreement = aFacility.getShares().prorated(aLoan.getAmount());
SharePie actual = aLoan.getShares();
SharePie deviation = actual.minus(originalAgreement);
```

Share Pie 설계에 포함된 아래의 특성들은 코드를 재결합하고 의사소통하는 과정을 용이하게 만들어 준다.

- **복잡한 로직을 SIDE-EFFECT-FREE FUNCTION이 포함된 특화된 VALUE OBJECT 내부로 캡슐화했다.** 대부분의 복잡한 로직은 이러한 불변 객체 내부로 캡슐화됐다. Share Pie는 VALUE OBJECT라서 수학 연산은 새로운 인스턴스를 생성할 수 있으며, 이로써 불필요해진 인스턴스를 새로운 인스턴스로 자유롭게 대체할 수 있다.

  Share Pie의 어떠한 메서드도 기존 객체의 상태를 변경하지 않는다. 따라서 중간 계산을 위해 plus(), minus(), prorated() 메서드를 자유롭게 호출하거나 결합할 수 있으며, 이 과정에서 오직 메서드의 이름이 나타내는 기능만을 수행하리라 기대할 수 있다. 상태가 변경되지 않으며, 동일한 메서드를 기반으로 분석 기능을 구축할 수도 있다(과거에는 메서드 호출로 상태가 변경됐기에 실제 배분이 이뤄지는 경우에 한해서만 메서드를 호출할 수 있었다).

- **상태를 변경하는 연산은 단순하며 ASSERTION을 사용해서 부수효과를 기술했다.** Shares Math라는 높은 수준의 추상화를 이용해 거래와 관련된 불변식을 선언적인 형식으로 간결하게 작성할 수 있었다. 예를 들어 편차(deviation)는 실제 수익 총액(pie)에서 Facility의 Share Pie를 기반으로 비례 배분한(prorated) Loan 금액을 뺀 값이다.

- **모델 개념 간의 결합도를 낮췄다(연산이 다른 타입과 최소한의 관계만 맺는다).** Share Pie 의 일부 메서드는 CLOSURE OF OPERATION(Share Pie를 더하거나 빼는 메서드는 Share Pie에 닫혀 있다)으로 구성돼 있다. 다른 메서드는 매개변수나 반환값으로 간단한 금액을 취한다. 비록 이러한 메서드의 경우 닫혀 있지는 않지만 메서드를 이해하는 데 수반되는 개념적인 부담이 매우 적다. Share Pie는 오직 Share라는 다른 클래스하고만 긴밀하게 상호작용한다. 결과적으로 Share Pie는 독립적이고, 쉽게 이해할 수 있으며, 테스트가 수월하고, 선언적인 거래를 구성하고자 쉽게 조합할 수 있다. 이러한 특성은 수학이라는 정형화(formalism)로부터 물려받은 것이다.

- **이미 익숙한 정형화로 규약을 이해하기가 쉬워졌다.** 지분을 관리하고자 완전히 독자적인 규약을 고안할 수도 있었을 것이다. 원칙상으로는 독자적인 규약 역시 유연하게 만들 수 있다. 하지만 이 방법에는 두 가지 단점이 있다. 첫 번째 단점은 새로운 규약을 만들어내야 한다는 것으로 이것은 어렵고도 불확실한 작업이다. 두 번째 단점은 규약을 다뤄야 하는 사람들이 고안된 규약을 새롭게 익혀야 한다는 것이다. Shares Math를 본 사람은 그 안에 포함된 체계를 이미 알고 있다는 사실을 깨닫게 되며, 설계가 계산 규칙에 모순이 없고 일관성을 유지하게끔 주의를 기울였기에 올바르지 않은 방식으로 사용하는 것을 미연에 방지할 수 있다.

해결해야 하는 문제 영역 가운데 수학의 정형화와 연관된 부분을 추출함으로써 핵심적인 Loan과 Facility의 메서드를 한층 더 정제한, Share에 대한 유연한 설계를 얻을 수 있었다. (CORE DOMAIN(핵심 도메인)에 대해서는 15장에서 논의한다.)

유연한 설계는 변화와 복잡도에 대처하는 소프트웨어의 능력에 깊은 영향을 미친다. 본 장에서 살펴본 예제에서 알 수 있듯이 매우 상세한 모델링과 설계 결정에 따라 설계의 유연성이 좌우된다. 그 효과는 특정한 모델링과 설계 문제를 초월할 수도 있다. 15장에서는 도메인 모델의 정수를 추출해서 대규모의 복잡한 프로젝트를 더욱 다루기 쉽게 만들어주는 여러 도구 중 하나로서 유연한 설계가 지닌 전략적인 가치를 살펴보겠다.

11

분석 패턴의 적용

심층 모델과 유연한 설계는 쉽게 얻을 수 있는 것이 아니다. 도메인에 대한 장기간의 학습과 풍부한 대화, 수많은 시행착오를 거쳐 개선이 이뤄진다. 그렇더라도 가끔은 좀더 수월하게 원하는 바를 달성하는 방법이 있을 때도 있다.

숙련된 개발자들은 도메인 문제를 관찰하던 도중 익숙한 종류의 책임이나 관계를 발견하면 과거에 문제를 해결했던 경험을 활용하려고 한다. 어떤 모델을 시도했고 그중 어떤 것이 효과가 있었던가? 구현할 때 어떤 문제가 발생했고 어떤 방법으로 해결했던가? 문득 예전에 경험한 시행착오가 새로운 상황에 대한 실마리를 제공하기도 한다. 이 가운데 일부는 패턴 형식으로 기록되고 공유되어 이전에 축적된 경험을 다른 사람들이 쉽게 활용할 수 있는 길을 열어 주기도 한다.

2부에서 소개한 기본 요소와 관련된 패턴이나 10장의 유연한 설계 원칙과는 대조적으로 본 장에서 소개하는 패턴은 특정 개념을 표현하는 객체를 사용해서 더 높은 수준에서 더욱 특화된 영역을 다룬다. 그러한 패턴은 표현력이 풍부하고, 구현이 가능하며, 난해하고 미묘한 문제를 처리하는 모델을 제공하므로 시행착오를 겪지 않고도 즉시 작업에 활용할 수 있다. 그와 같은 출발점에서 시작한 후 리팩터링과 다양한 실험을 거듭한다. 그러나 그것들이 곧바로 사용할 수 있는 해결책을 의미하는 것은 아니다.

마틴 파울러는 『분석 패턴: 재사용 가능한 객체 모델(Analysis Patterns: Reusable Object Models)』에서 분석 패턴을 다음과 같이 정의한다.

> 분석 패턴은 업무 모델링 과정에서 발견되는 공통적인 구조를 표현하는 개념의 집합이다.
> 분석 패턴은 단 하나의 도메인에 대해서만 적절할 수도 있고 여러 도메인에 걸쳐 적용이 가
> 능할 수도 있다. [Fowler 1997, p. 8]

마틴 파울러가 제시하는 분석 패턴은 실무에서 쌓은 경험을 바탕으로 도출된 것이므로 올바른 상황에서 적용할 경우 매우 실용적이다. 분석 패턴은 파악하기 힘든 도메인을 다뤄야 하는 사람들에게 반복적인 개발 과정으로 소프트웨어를 성장시킬 수 있는 가치 있는 출발점에 해당한다. 분석 패턴이라는 이름은 분석 패턴이 지닌 개념적인 본질을 강조한다. 분석 패턴은 기술적인 해법이 아니다. 분석 패턴은 특정 도메인의 모델을 작성할 때 따를 수 있는 유용한 지침서에 해당한다.

유감스럽게도 분석 패턴이라는 이름은 이러한 패턴에 코드를 포함해서 중요 구현 쟁점과 관련돼 있다는 사실을 효과적으로 전달하지 **못한다.** 마틴 파울러는 실용적인 설계를 고려하지 않은 분석에 숨어 있는 함정을 잘 알고 있다. 마틴 파울러는 모델의 선택이 배포 시점을 넘어 오랜 기간에 걸친 시스템 유지보수에 어떤 영향을 끼치는지를 보여주는 흥미로운 사례를 언급한 바 있다.

> 새로운 [회계] 업무 절차를 만들 때는 새로운 기입 규칙(posting rule) 인스턴스의 네트워크를 생성한다. 이 작업은 시스템을 다시 컴파일하거나 빌드하지 않고도 시스템이 가동하는 중에 수행할 수 있다. 새로운 기입 규칙의 하위 타입이 필요한 상황을 피할 수 없는 경우도 있겠지만 그런 일은 드물게 발생할 것이다. [p. 151]

성숙기에 접어든 프로젝트의 경우 애플리케이션 개발로 얻은 경험이 모델의 선택을 좌우하기도 한다. 지금까지 다양한 컴포넌트를 여러 번 구현해 봤을 것이다. 그 중 일부는 운영환경에서 실행 중인 것도 있고 심지어 유지보수 단계에 접어드는 것도 있을 것이다. 이렇게 쌓인 경험을 활용할 수만 있다면 다양한 문제를 미연에 방지할 수 있다. 최상의 분석 패턴은 과거의 프로젝트에서 유용한 경험을 전달하고 모델에 대한 통찰력을 광범위한 설계 방침과 구현 결과에 결합시킨다. 문맥을 고려하지 않고 모델과 관련된 아이디어를 논한다면 아이디어를 적용하기가 어려워지고 MODEL-DRIVE DESIGN의 개념에 상반되는 분석과 설계의 치명적인 분할이 발생할 위험을 무릅써야 한다.

추상적인 설명보다는 예제를 토대로 분석 패턴의 원리와 적용 방법을 더 쉽게 설명할 수 있다. 본 장에서는 『분석 패턴』의 "재고와 회계(Inventory and Accounting)" 장에 소개된 작은 규모의

대표적인 모델을 사용하는 두 가지 사례를 살펴보겠다. 분석 패턴에 관해서는 예제를 이해하는데 필요한 정도로만 요약하겠다. 본 장의 목적이 분석 패턴의 목록을 만드는 것이 아니며 심지어 예제에 사용된 패턴을 완전하게 설명하려는 것도 아니라는 점을 분명하게 밝혀둔다. 본 장의 핵심은 도메인 주도 설계 과정과 분석 패턴을 함께 통합하는 방법을 설명하는 것이다.

예제

계좌의 이자 수익

10장에서는 전문적인 회계 애플리케이션에 적합한 심층 모델을 발견하는 여러 가지 방법을 살펴봤다. 여기서 또 다른 시나리오를 살펴보겠다. 이번에는 개발자가 유용한 아이디어를 얻기 위해 마틴 파울러의 『분석 패턴』을 연구할 것이다.

예제 애플리케이션의 요구사항을 다시 살펴보면 대출(loan)과 이자부 자산(interest-bearing asset)을 관리하는 애플리케이션이 발생한 이자(interest)와 수수료(fee)를 계산하고 차용인이 변제한 상환액(payment)을 추적한다. 야간 배치 프로세스는 계산 결과를 레거시 회계 시스템으로 전달하며, 이때 각 금액을 어느 원장(ledger)에 기록해야 하는지도 함께 전달한다. 초기 설계는 제 구실을 하기는 하지만 사용하기 불편하고, 변경하기 까다로우며, 정확한 의미를 전달하지 못한다.

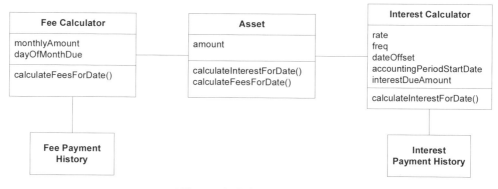

그림 11-1 | 초기 클래스 다이어그램

개발자는 『분석 패턴』의 6장, '재고와 회계' 부분을 읽어보기로 마음먹었다. 다음은 현재 요구사항을 해결하기에 가장 적절하다고 판단되는 부분을 요약한 것이다.

『분석 패턴』에서의 회계 모델

모든 종류의 업무용 애플리케이션은 계정(account)을 관리하며, 이러한 계정에는 특정한 값(일반적으로 금액)을 저장한다. 많은 애플리케이션의 경우 단순히 계정 총액(amount)만 추적하는 것으로는 부족할 때가 있다. 현재 저장된 총액에 이르기까지의 개별적인 변화를 통제하고 변화의 원인을 설명할 수 있어야 한다. 이것이 바로 회계 모델이 나오게 된 가장 기본적인 동기다.

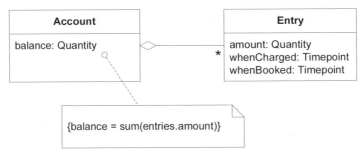

그림 11-2 | 기본적인 회계 모델

값을 추가하려면 Account에 Entry(계정 항목)을 추가한다. 값을 제거하려면 음의 부호를 가진 Entry를 삽입한다. Entry 자체를 제거하는 경우는 없으므로 전체 변경 이력이 유지된다. 잔액(balance)은 모든 Entry의 금액을 합한 총액이다. 잔액은 요청 시에 계산될 수도 있고 캐시에 저장된 값을 사용할 수도 있다. 이와 관련된 구현 세부사항은 Account 인터페이스에 의해 캡슐화된다.

회계의 기본 원리는 **보존(conservation)**이다. 돈은 아무런 이유 없이 하늘에서 떨어지지도, 땅으로 꺼지지도 않는다. 단지 하나의 Account에서 다른 Account로 이동할 뿐이다.

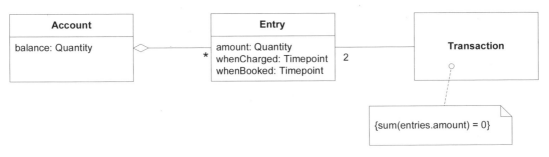

그림 11-3 | 거래 모델

이것이 "모든 대변(credit)에는 대응되는 차변(debt)이 존재한다"라는 **복식부기**의 기본 개념이다. 물론 다른 보존 법칙과 마찬가지로 복식부기 역시 오직 모든 소스(source)와 싱크(sink)를 포함하는 폐쇄계(closed system) 내에서만 유효하다. 요구사항이 간단한 대다수의 애플리케이션에서는 이런 제약을 엄격하게 요구하지 않는다.

『분석 패턴』에서는 회계와 관련된 더욱 정교한 형태의 모델을 소개하고 있으며, 모델 간의 다양한 타협점에 관해 논한다.

『분석 패턴』을 읽은 후 개발자(**개발자1**)의 머릿속에 새로운 아이디어가 몇 가지 떠올랐다. 개발자는 함께 이자 계산 로직을 개발하고 있고 야간 배치 프로그램을 담당했던 동료(**개발자2**)에게 책을 보여줬다. 두 개발자는 책에서 읽은 모델 요소를 통합해서 현재의 모델을 어떻게 변경할지 개략적인 계획을 세웠다.

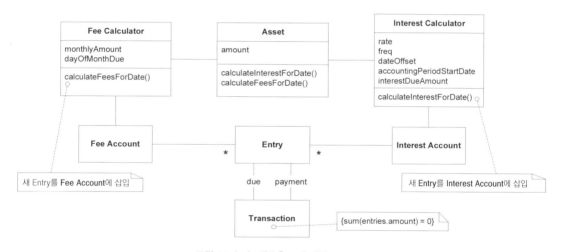

그림 11-4 | 새로운 모델 제안

두 개발자는 새로운 모델에 반영할 아이디어를 검토하고자 도메인 전문가의 조언을 구하기로 했다.

개발자 1: 새로운 모델에서는 이자에 대한 **interestDueAmount**를 조정하는 대신 이자 Entry를 Interest Account(이자 계정)에 기입할 생각입니다. 그러면 상환 Entry가 기입될 때 대차 잔액이 맞춰지는 거죠.

전문가: 그럼 이제 상환 이력뿐 아니라 모든 이자 발생 이력도 확인할 수 있겠군요? 바로 저희가 원했던 기능입니다.

개발자 2: 여기서 "Transaction(거래)"을 올바른 방식으로 사용하고 있는지 확신이 잘 안 서네요. 정의에 따르면 Transaction은 하나의 Account에서 다른 Account로 금액을 옮기는 것이지 동일한 Account 안에서 두 Entry의 대차 잔액을 맞추는 용도로 사용하는 것은 아니라서요.

개발자 1: 아주 좋은 지적입니다. 책에서 Transaction이 동시에 생성된다는 점을 강조하고 있어서 저 역시 그 부분을 고민하고 있었습니다. 이자는 며칠이 지나서 상환될 수도 있거든요.

전문가: 꼭 늦게 상환되는 것은 아닙니다. 상환 시기는 꽤나 유동적으로 조정이 가능해요.

개발자 1: 음, 그렇다면 현재 방식으로는 해결할 수 없겠네요. 암시적인 개념을 식별했다고 생각했는데 방향을 잘못 잡은 것 같습니다. 제가 보기에는 Interest Calculator가 Entry 객체를 생성하게 하는 편이 더 명확하게 의미를 전달하는 것 같습니다. 그리고 Transaction은 계산된 이자와 이자 상환을 깔끔하게 하나로 묶는 것으로 보이는군요.

전문가: 왜 이자 발생을 상환과 묶어야 하죠? 이자 발생과 상환은 회계 시스템에서 별도의 기입 항목입니다. 중요한 것은 Account의 잔액이죠. 이자와 상환을 개별적인 Entry로 구성하는 것만으로도 충분합니다.

개발자2: 그럼 이자 상환 여부를 추적할 필요가 없다는 말씀이세요?

전문가: 음, 물론 추적은 해야겠지요. 하지만 말씀하신 것처럼 "한 번의 이자 발생에 대해 오직 한 번의 상환(one-accrual/one-payment)"이 이뤄지는 단순한 구조는 아닙니다.

개발자 2: 그렇다면 이자 발생과 상환 간의 관계를 무시하는 편이 더 낫겠군요.

개발자 1: 그럼, 이렇게 하면 어떨까요? [기존 클래스 다이어그램의 사본에 변경 내용을 스케치한다.] 그런데 발생(accrual)이라는 단어를 여러 번 사용하셨는데 무슨 뜻인지 명확하게 설명해 주실 수 있으신가요?

전문가: 네, 물론이죠. 발생이라는 것은 지출이나 수입이 발생한 시점을 의미할 뿐 실제로 돈이 오갔는지 여부와는 무관합니다. 예를 들어 월 단위로 이자를 상환하기로 돼 있다면 이자는 매일 발생하지만 매달 말이 되어서야 이자에 대한 상환액을 받게 되는 식이죠.

개발자 1: 그렇군요. 저희에게 정말로 필요했던 용어를 알게 된 것 같습니다. 자, 이건 어떤가요?

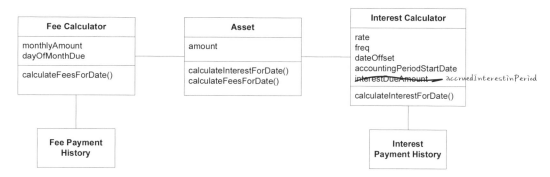

그림 11-5 | 발생이 상환에서 분리돼 있는 원래의 클래스 다이어그램

개발자 1: 이제 Interest Calculator에 포함돼 있던 상환과 관련된 복잡한 사항을 제거하고 **발생(accrual)**이라는 용어를 사용해서 의도가 더 명확하게 드러나도록 수정했습니다.

전문가: 그럼 Account 객체는 사용하지 않는 건가요? 저는 이자 발생, 상환, 잔액을 모두 Account 객체 안에서 확인할 수 있을 거라 기대하고 있었는데요.

개발자 1: 정말이세요? 음, 그럼 **이렇게** 하는 게 좋을 것 같네요. [다른 다이어그램 사본을 수정한다]

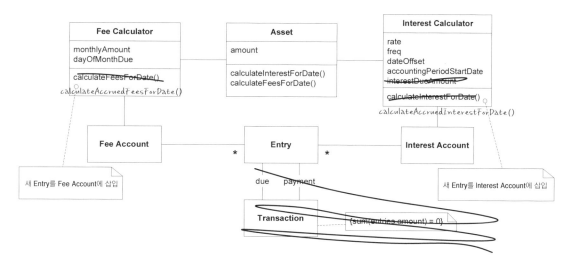

그림 11-6 | Transaction을 제거한 계정 기반 다이어그램

전문가: 훌륭하군요!

개발자 2: 새로운 객체를 사용하도록 배치 스크립트를 수정하는 작업은 간단할 겁니다.

개발자 1: 며칠 정도 작업하면 새로운 Interest Calculator를 사용할 수 있을 겁니다. 테스트도 상당수 수정해야겠군요. 하지만 수정 후에는 테스트 코드가 좀더 명확해질 겁니다.

두 개발자는 회의를 마친 후 새로운 모델을 토대로 리팩터링을 시작했다. 설계를 정밀하게 다듬고 코드를 수정하는 과정에서 모델을 개선하는 데 필요한 통찰력을 얻었다.

도메인을 면밀히 검토한 후 애플리케이션 내에서 Payment와 Accrual이 미묘하게 다른 책임을 나타낸다는 사실을 알게 됐고 두 가지 모두 도메인의 중요한 개념을 표현하고 있기에 Entry를 상속하는 하위 클래스인 Payment와 Accrual을 추가했다. 한편 수수료(fee)에 의해 발생한 Entry와 이자(interest)에 의해 발생한 Entry의 경우 두 Entry 사이에는 개념상으로나 행위상 차이가 없었다. 두 Entry는 단지 적절한 Account에 추가될 뿐이다.

하지만 아쉽게도 구현을 위해서는 수수료 Entry와 이자 Entry를 통합하려고 했던 마지막 추상화는 포기해야 한다는 사실을 깨달았다. 데이터는 관계형 테이블에 저장됐고, 프로그램을 실행하지 않고도 테이블을 이해할 수 있게 만드는 것이 프로젝트 표준이었다. 결과적으로 수수료 Entry와 이자 Entry를 저장하기 위해 별도의 독립적인 테이블을 만들어야 했다. 현재 사용 중인 객체 관계 매핑 프레임워크를 사용해서 해결하는 유일한 방법은 Fee Payment, Interest Payment와 같은 구체적인 하위 클래스를 추가하는 것이었다.

항상 부닥치게 되는 현실의 문제를 표현하고자 이런 꼬인 상황을 이야기에 집어넣었다. 우리는 적절한 절충안을 찾아야 하고, 찾아낸 절충안을 바탕으로 MODEL-DRIVEN DESIGN의 길에서 벗어나는 일 없이 앞으로 나아가야 한다.

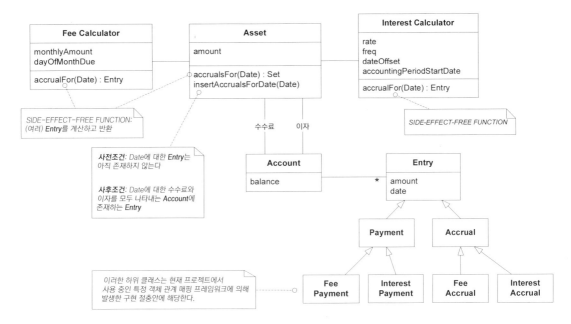

그림 11-7 | 구현 후의 클래스 다이어그램

가장 복잡한 기능이 SIDE-EFFECT-FREE FUNCTION으로 구현돼 있어서 새로운 설계는 분석하고 테스트하기가 아주 쉬웠다. 나머지 명령은 단순히 FUNCTION을 호출하기 때문에 코드가 단순했고 ASSERTION을 사용해서 명령의 내부 특성을 묘사했다.

간혹 도메인 모델을 사용해서는 장점을 얻을 가능성이 거의 없다고 생각되는 프로그램이 있다. 이런 프로그램은 처음에는 아주 단순하게 시작했지만 시간이 지나면서 기계적인 방식으로 발전해 왔을 것이다. 이것들은 도메인 로직이라기보다는 복잡한 애플리케이션 코드처럼 보인다. 분석 패턴은 이와 같은 맹점을 가시화하는 데 특히 유용하다.

이어지는 사례에서는 어떤 개발자가 도메인 지향적이라고 생각하지 않았던 야간 배치 프로그램이라는 블랙박스를 대상으로 새로운 통찰력을 얻게 된 이야기를 살펴보겠다.

예제

야간 배치 프로그램에 대한 통찰력

몇 주가 지난 뒤 개선된 Account 기반 모델이 자리를 잡아가기 시작했다. 흔히 그렇듯이 새로운 설계에 포함된 명료함은 숨겨져 있던 문제점을 더욱 뚜렷하게 부각시켰다. 야간 배치 프로그램과 연동하도록 새로운 설계를 개선해야 하는 개발자(**개발자 2**)는 배치의 작동 방식과 『분석 패턴』에 포함돼 있는 일부 개념 간의 연관성을 인식하기 시작했다. 다음은 적용하기에 가장 적합하다고 판단되는 개념을 일부 요약한 것이다.

기입 규칙

종종 회계 시스템은 기본적인 재무 정보에 대한 다양한 관점을 제공한다. 한 계정에서 수입을 추적하는 동안 다른 계정에서는 수입에 부과되는 예상 세금을 추적한다. 이때 시스템이 자동으로 세금 계정을 갱신해야 한다면 세금 계정과 수입 계정을 구현한 부분을 서로 강하게 결합시킬 수밖에 없을 것이다. 이처럼 상호 연관된 규칙을 기반으로 대다수의 계정 항목을 생성하는 시스템에서는 서로 의존하는 로직이 뒤죽박죽으로 꼬여버리기 십상이다. 좀더 신중하게 시스템을 설계한다고 해도 계정 항목의 교차 기입 규칙을 구현하는 작업은 까다로울 수밖에 없다. 얽히고 설킨 의존성을 완화하는 첫 번째 단계는 새로운 객체를 추가해서 규칙을 명확하게 만드는 것이다.

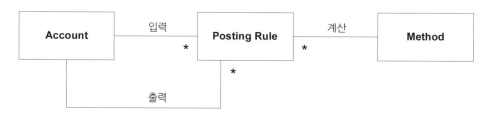

그림 11-8 | 기본 기입 규칙을 표현하는 클래스 다이어그램

새로운 Entry가 입력 계정에 추가되면 기입 규칙이 실행된다. 기입 규칙은 계산 Method(방식)를 사용해서 새로운 Entry를 생성하고 이를 Account에 삽입한다. 급여 지급 시스템이라면 봉급 Account에 Entry가 추가될 때 30%의 소득세를 계산하는 Posting Rule이 실행되고 계산 결과를 원천징수세액 Account에 삽입한다.

기입 규칙 실행

Posting Rule을 사용해서 여러 Account 간에 개념적 의존성을 설정했지만, 만약 패턴에 대한 설명이 여기까지밖에 없었다면 패턴을 적용하기가 어려웠을 것이다. 의존성을 설계할 때 까다로운 부분 중 하나는 갱신의 시기와 제어 방식이다. 마틴 파울러는 다음의 세 가지 선택안을 논한다.

1. "적극적인 실행" 방식은 가장 명확하지만 동시에 가장 비효율적인 방법이다. Account에 Entry가 삽입될 때마다 곧바로 Posting Rule을 실행하기 때문에 모든 갱신 작업이 즉시 이뤄진다.

2. "Account 기반 실행" 방식은 처리 시기를 연기할 수 있다. 특정 시점에 Account로 메시지가 전달되고, Posting Rule이 실행되어 마지막으로 실행된 후에 삽입된 모든 Entry를 처리한다.

3. 마지막으로 "Posting-Rule 기반 실행" 방식은 Posting Rule을 실행하는 외부 에이전트에 의해 시작된다. Posting Rule은 최종 실행 시점 이후로 입력 계정에 추가된 모든 Entry를 찾아야 하는 책임이 있다.

    시스템 내에서 세 가지 실행 방식을 혼용해서 사용할 수도 있지만 각 실행 방식과 연관된 규칙에는 실행을 시작하고 입력 Account Entry를 식별할 책임을 지닌 하나의 명확한 지점이 있어야 한다. 세 가지 실행 모드를 UBIQUITOUS LANGUAGE에 추가하는 것은 모델 내에 객체를 정의하는 것만큼이나 패턴을 성공적으로 적용하는 데 중요하다. 이렇게 해서 모호함을 제거하고 분명하게 정의된 선택사항을 기반으로 의사결정을 내릴 수가 있다. 위 세 가지 실행 모드는 간과하기 쉬운 위험을 식별하고 좀더 명확한 논의가 이뤄질 수 있게 도와주는 어휘집을 제공한다.

개발자 2는 새로운 아이디어를 함께 논의할 상대가 필요하던 차에 발생과 관련된 부분의 모델링 작업을 담당하는 동료(**개발자 1**)와 우연히 마주쳤다.

개발자 2: 어떤 측면에서 보면 야간 배치는 뭔가를 감춰야 하는 곳에서부터 시작됐죠. 스크립트 코드 안에는 도메인 로직이 간접적으로 포함돼 있고 시간이 흐르면서 점점 더 복잡해지고 있어요. 오랫동안 배치 작업에 MODEL-DRIVEN DESIGN 방법을 적용해서 도메인 계층을 분리하고, 도메인 객체를 사용하는 단순한 계층이 되도록 스크립트를 수정하고 싶었지만 도메인 모델을 어떤 식으로 구성해야 할지 가늠조차 못하겠더군요. 배치 로직은 그저 객체로 표현하기에는 적절하지 못한 프로시저로밖에는 보이지 않더군요. 그러다 『분석 패턴』의 Posting Rule 부분을 읽고 나서야 아이디어가 떠올랐어요. 이게 제가 생각하고 있는 설계입니다. [개발자 1에게 스케치를 넘긴다]

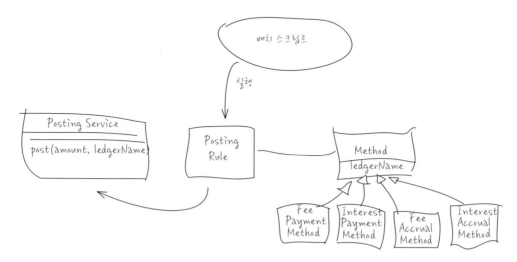

그림 11-9 | 배치에 Posting Rule을 적용한 화면

개발자 1: "Posting Service"가 뭐죠?

개발자 2: 회계 애플리케이션의 API를 SERVICE 형태로 제공하는 FAÇADE에요. 실제로는 배치 코드를 단순하게 바꾸려고 예전에 만들었던 건데, 레거시 시스템에 기입하는 작업을 명확하게 표현하는 INTENTION-REVEALING INTERFACE를 제공하죠.

개발자 1: 흥미롭군요. 그럼 Posting Rule에는 어떤 실행 방식을 사용할 건가요?

개발자 2: 아직 거기까진 생각해보지 못했어요.

개발자 1: 실제 배치 작업에서는 Asset에 Accrual을 삽입하도록 요청하기 때문에 적극적인 실행 방식이 적합할 것 같지만 Payment의 경우에는 낮에 입력되기 때문에 적극적인 실행 방식을 사용할 수 없을 것 같네요.

개발자 2: 어떤 방식을 사용하든 계산 방식과 배치가 강하게 결합돼서는 안 된다고 생각해요. 그런 식의 결합이 발생한다면 다른 시간에 이자 계산 로직을 실행하도록 변경할 경우 작업이 실패할 수도 있을 테니까요. 그리고 그런 방식은 개념상으로도 안 맞는 것 같아요.

개발자 1: 이야기를 듣고 보니 Posting-Rule 기반 실행 방식을 사용하는 편이 좋을 것 같군요. 배치 작업이 각 Posting Rule을 실행시키고, Posting Rule은 새로 추가된 모든 Entry를 찾은 후 작업을 처리하는 거죠. 이 방식이 아까 다이어그램에 그리신 방식과 거의 비슷하고요.

개발자 2: 그렇게 하면 배치 설계 쪽으로 향하는 의존성을 추가하지 않아도 되고, 배치 쪽에서 계속 제어할 수 있겠군요. 그렇게 하는 게 맞는 것 같습니다.

개발자 1: Posting Rule이 Account나 Entity와 상호작용해야 한다는 점은 좀 모호하군요.

개발자 2: 저도 그렇게 생각해요. 책의 예제에서는 Account와 Posting Rule을 직접 연결하더군요. 그렇게 하는 편이 타당한 것 같긴 합니다만 저희 시스템에는 맞지 않아요. 매번 데이터에서 인스턴스를 생성해야 하기 때문에 연결하려면 어떤 Posting Rule이 적용될지 파악해야 하거든요. 반면에 Asset 객체는 개별 Account의 내용을 알고 있기 때문에 어떤 Posting Rule을 적용해야 할지 알고 있죠. 어쨌든 그 부분을 제외한 나머지 부분은 어때요?

개발자 1: 제가 흠을 잡는 걸 좋아하는 편은 아니지만 이 설계에서 "Method"를 잘못 사용하고 있다는 생각이 드네요. Method라는 개념은 기입될 양을 계산하는 겁니다. 소득에 대해 20%의 원천징수세액을 계산하는 경우처럼 말이죠. 하지만 이 경우에는 계산이 아주 간단합니다. 항상 전체 금액을 기입하죠. 제가 보기에는 Posting Rule 스스로 어떤 Account에 기입해야 하는지 알고 있어야 한다고 봐요. 기입될 Account는 원장명에 해당하죠.

개발자 2: 아, 그렇군요. 그럼 Posting Rule에서 적절한 원장명을 알 수만 있다면 더는 Method를 사용할 필요가 없겠네요.

실제로 올바른 원장명을 선택하는 작업이 점점 더 복잡해지고 있어요. 이미 수입 유형(수수료나 이자)과 "자산 종류"(각 Asset에 적용되는 업무의 분류)를 조합해서 원장명을 구하고 있죠. 이 부분이 새로운 모델을 사용해서 개선했으면 하는 부분입니다.

개발자 1: 좋아요, 그 부분에 집중해 봅시다. Posting Rule은 Account의 속성을 토대로 원장을 선택합니다. 지금 당장은 자산 종류를 처리하는 작업과 이자와 수수료를 구분하는 작업을 수월하게 만들 수 있어요. 나중에는 더 복잡한 경우를 처리하고자 개선할 수 있는 OBJECT MODEL이 만들어질 거예요.

개발자 2: 이 부분에 관해서는 좀더 생각해봐야겠네요. 좀더 방법을 궁리해 보고, 패턴을 다시 읽은 다음에 다른 방식으로 시도해 볼 참이에요. 내일 오후에 다시 한번 이야기를 나눠 볼 수 있을까요?

그로부터 며칠 후 두 개발자는 모델을 완성했고 전체 Asset을 대상으로 순회하면서 반복적으로 명확한 메시지를 전달하고 데이터베이스 트랜잭션을 커밋하도록 배치 코드를 리팩터링했다. 복잡성은 도메인 계층 내부로 옮겨졌으며, 도메인 계층 내의 객체 모델은 복잡성을 좀더 추상적이고 명확하게 만들었다.

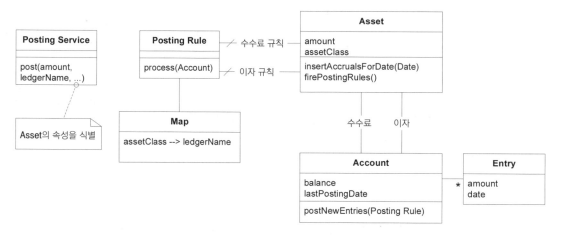

그림 11-10 | Posting Rule이 포함된 클래스 다이어그램

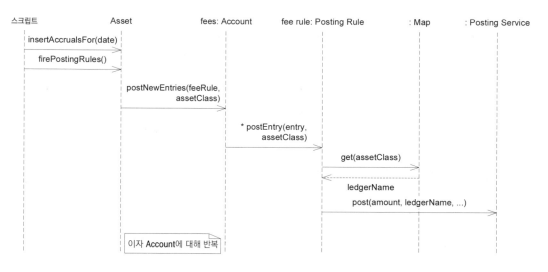

그림 11-11 | 규칙 실행을 보여주는 시퀀스 다이어그램

개발자들은 결과 모델이 『분석 패턴』에서 제시하는 모델의 세부적인 부분과는 상당히 차이를 보이지만 개념적인 본질은 유지하고 있다고 생각했다. 하지만 Posting Rule을 선택하는 작업에

Asset을 포함시켰다는 점이 다소 마음에 걸렸다. 그렇게 결정한 이유는 Asset이 각 Account(수수료나 이자)의 본질적인 내용을 알고 있고 Asset이 스크립트에서 접근할 수 있는 자연스러운 지점이었기 때문이다. Posting Rule과 Account를 직접 연결하려면 매번 배치가 실행될 때마다 Asset 객체와 객체들의 각 인스턴스와 협력해야 할 것이다. 대신 Asset 객체의 SINGLETON 접근 메서드를 사용해서 두 개의 적절한 Posting Rule 객체를 찾고, 그렇게 찾은 객체를 알맞은 Account로 전달하게 했다. 코드는 좀더 직관적으로 바뀌었고 이에 따라 개발자들은 실용적인 결정을 내릴 수 있게 됐다.

두 개발자 모두 Asset은 Accrual을 생성하는 본연의 책임에만 집중하게 하고 Posting Rule은 Account에만 연결하는 것이 개념상 더 나은 방법이라고 생각했다. 개발자들은 계속적인 리팩터링과 심층적인 통찰력을 토대로 코드의 명확성을 잃지 않고도 이를 깔끔하게 분리하는 방법을 찾게 되리라 기대했다.

분석 패턴은 참고할 수 있는 지식이다

운 좋게 적용 가능한 분석 패턴을 알고 있더라도 분석 패턴이 현재의 특정 요구사항에 딱 들어맞는 경우는 거의 없다. 그럼에도 분석 패턴은 도메인을 파악하는 과정에서 훌륭한 길잡이 역할을 하며 깔끔하게 추상화된 어휘집을 제공한다. 이뿐만 아니라 구현할 때 고려해야 할 영향력에 대한 지침을 제공함으로써 장차 겪게 될 고통을 덜어주기도 한다.

이 모든 것이 지식 탐구와 심층적인 통찰력을 향한 리팩터링이라는 발전기의 연료가 되어 개발을 촉진한다. 그 결과로 작성된 모델은 분석 패턴에 적힌 형태와 유사하지만 완전히 동일하지는 않으며 각기 특수한 상황에 적합하도록 수정하고 개선된 것이다. 이따금 분석 패턴과의 눈에 띄는 관련성을 확인하기 어려운 경우도 있지만 이것은 패턴을 적용하면서 얻게 되는 통찰력의 결과다.

다만 한 가지 변경하지 말아야 할 것이 있다. 널리 알려진 분석 패턴을 적용할 때는 패턴의 외견상의 형태는 변경해도 무방하지만 패턴이 의미하는 기본적인 개념만큼은 손대지 말아야 한다. 여기에는 두 가지 이유가 있다. 첫째, 패턴에는 문제의 발생을 미연에 방지할 수 있는 지식이 포함돼 있다. 둘째, 그보다 더 중요한 이유는 널리 이해되거나 적어도 잘 설명된 용어를 포함시킴으로써 UBIQUITOUS LANGUAGE의 품질을 높일 수 있다. 모델의 자연스런 발전에 발맞춰 모델 정의를 변경할 때는 이름을 변경하는 일에도 수고를 아끼지 말아야 한다.

그동안 상당히 많은 수의 객체 모델이 작성돼 왔고, 특정 산업의 응용 분야로 활용 범위가 제한된 모델이 있는 반면 상당히 일반화된 모델도 있다. 대부분의 모델에서 근본 아이디어는 얻을 수 있을지 몰라도 분석 패턴의 가장 큰 가치라고 할 수 있는 선택의 배경이 된 논리와 그에 따르는 영향력까지 제공하는 모델의 수는 손에 꼽을 정도로 적다. 이런 식으로 개선된 분석 패턴은 가치가 높고 계속해서 바퀴를 다시 발명하는 시간을 절약하는 데 도움이 된다. 포괄적인 분석 패턴의 카탈로그가 작성되리라는 점에는 회의적이지만, 언젠가는 특정 산업에서만 사용될 수 있는 한정된 범위의 분석 패턴 카탈로그는 작성되리라 기대하고 있다. 그에 따라 어떤 도메인에서는 많은 애플리케이션에 적용할 수 있는 분석 패턴을 광범위하게 공유하게 될 것이다.

유기적으로 구성된 지식을 다시 적용하는 이런 종류의 재사용은 명백하지 않은 상황에서 아이디어를 얻을 수 있다는 공통점을 제외하면 프레임워크나 컴포넌트와 같이 코드를 재사용하는 방법과는 완전히 다르다. 일반화된 프레임워크를 포함해 모델은 전체적으로 동작하는 하나의 완전한 기능 단위인 데 비해 분석 패턴은 모델의 일부를 구성하는 부속품에 불과하다. 분석 패턴은 가장 중요하고 어려운 결정 사항에 집중하고 어떤 것을 선택해야 하는지와 그 외의 대안으로는 어떤 것이 있는지 명확하게 제시한다. 또한 분석 패턴은 그것이 없다면 알아내는 데 큰 비용이 드는 하부 활동에 대한 영향력을 예측할 수 있게 만들어준다.

12

모델과 디자인 패턴의 연결

지금까지는 MODEL-DRIVEN DESIGN의 맥락에서 특별히 도메인 모델과 관련된 문제를 해결하기 위해 의도된 패턴들을 살펴봤다. 실제로 현재까지 발표된 대부분의 패턴은 좀더 기술적인 측면에 초점을 맞춘다. 디자인 패턴과 도메인 패턴의 차이점은 무엇인가? 패턴 분야의 매우 중요한 서적인 『디자인 패턴(Design Patterns)』의 저자들은 이제 막 디자인 패턴에 입문한 사람들을 위해 다음과 같이 설명한다.

> 패턴에 대한 시각은 어떤 것이 패턴이고 어떤 것이 아닌가를 분석하는 데 영향을 준다. 어떤 사람에게는 패턴인 것이 다른 사람에게는 기본적인 요소일 수도 있다. 이 책에서는 일정 수준의 추상화를 갖춘 패턴에 전념했다. 디자인 패턴은 클래스로 코딩되는 연결 리스트와 해시 테이블에 관한 설계를 패턴화하는 것이 아니다. 그렇다고 애플리케이션 전체나 하위 시스템을 지원하는 복잡한 설계에 대한 패턴도 아니다. 이 책에서 논의하는 디자인 패턴은 특정한 상황에서 일반적인 설계 문제를 해결하고자 상호 교류하는 수정 가능한 객체와 클래스에 관해 설명한 것이다. [Gamma et al. 1995, p. 3]

『디자인 패턴』에 소개된 패턴 가운데 일부 패턴만을 도메인 패턴으로 사용할 수 있다. 이를 위해서는 『디자인 패턴』에서 강조하는 사항을 도메인 패턴에 맞게 적절하게 수정해야 한다. 『디자인 패턴』에서는 다양한 환경에서 공통적으로 발생하는 문제를 성공적으로 해결하는 데 사용됐던 설계 요소의 목록을 제공한다. 디자인 패턴을 사용하는 동기와 패턴 자체는 순수하게 기술적인 용어를 사용해서 표현된다. 그러나 일부 설계 요소는 많은 도메인에서 접하게 되는 일반적인 개념과도 부합하므로 도메인 모델링과 도메인 설계를 아우르는 포괄적인 문맥에도 활용할 수 있다.

수년간 『디자인 패턴』에 소개된 패턴 이외의 많은 종류의 기술적인 디자인 패턴이 소개됐다. 그중 일부는 도메인에서 마주치는 의미 있는 개념에 사용할 수 있다. 이런 종류의 디자인 패턴을 모델링 작업에 활용할 수 있다면 매우 유용할 것이다. 도메인 주도 설계에서 디자인 패턴을 활용하려면 동시에 두 가지 수준에서 패턴을 바라봐야만 한다. 한 가지 수준은 코드 내에 포함된 기술적인 측면을 다루는 디자인 패턴이다. 다른 수준은 모델 내에 포함된 개념 패턴이다.

『디자인 패턴』에 포함된 구체적인 패턴을 적용한 사례를 살펴보면 디자인 패턴으로 간주되는 패턴을 도메인 모델에 적용하는 방법을 알 수 있고, 기술적인 디자인 패턴과 도메인 패턴 간의 구분이 확연해질 것이다. COMPOSITE과 STRATEGY는 고전적인 디자인 패턴을 다른 방식으로 생각함으로써 도메인 문제에 어떻게 적용할 수 있는지를 보여준다……

STRATEGY
(전략, POLICY[정책]라고도 함)

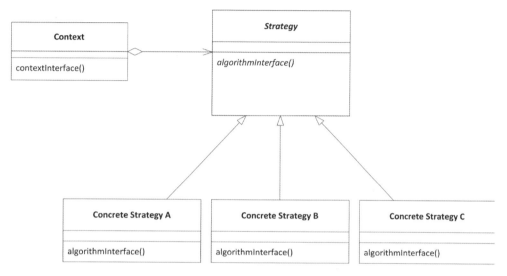

알고리즘군을 정의하고, 각 알고리즘을 캡슐화한 후 알고리즘들을 상호 교환 가능하게끔 만든다. STRATEGY 패턴을 이용하면 어떤 알고리즘을 사용하는 클라이언트와 상관없이 해당 알고리즘을 변경할 수 있다. [Gamma et al. 1995]

도메인 모델에는 기술적인 이유로 필요한 것이 아니라 실제적으로 문제 도메인 관점에서 의미 있는 프로세스가 존재한다. 여러 종류의 프로세스 중 하나를 선택해야 할 경우 적절한 프로세스를 선택하는 데 따르는 복잡성과 다수의 프로세스가 존재한다는 사실 자체에 내포된 복잡성이 결합되어 결국 감당하기 어려운 지경에 이르고 만다.

프로세스 모델링 작업을 하다 보면 대상 프로세스를 적절하게 모델링하는 방법이 단 하나가 아니라는 사실을 깨닫곤 한다. 여러 가지 프로세스 중 하나를 선택하는 방법을 고려하기 시작하면서 우리가 알고 있던 프로세스의 정의는 점점 더 어색해지고 복잡해진다. 한 프로세스의 행위가 나머지 프로세스의 행위와 혼합되면서 원래의 프로세스가 지니고 있던 실제적인 행위가 불분명해진다.

우리는 프로세스의 중심 개념과 변경되는 부분을 분리하고자 한다. 두 부분을 분리한다면 중심 프로세스와 그 외의 부가적인 선택사항을 더욱 명확하게 식별할 수 있게 될 것이다. 이미 소프트웨어 설계 커뮤니티에서 효용성이 입증된 STRATEGY 패턴은 기술적인 문제 해결에 중점을 두고는 있지만 앞서 제기한 여러 프로세스의 선택이라는 문제를 해결한다. 여기서 STRATEGY 는 모델에 포함된 하나의 개념으로 사용되며 해당 모델을 구현한 코드에 반영된다. 이와 같은 요구사항으로 비교적 더 안정적인 부분으로부터 변경되기 쉬운 부분을 분리해야 하는 것도 있다.

그러므로

프로세스에서 변화하는 부분을 별도의 전략(strategy) 객체로 분리해서 모델에 표현하라. 프로세스의 규칙과 프로세스를 제어하는 행위를 서로 분리하라. STRATEGY 디자인 패턴에 따라 규칙이나 대체 가능한 프로세스를 구현하라. 다양한 방식으로 변형된 전략 객체는 프로세스의 서로 다른 처리 방식을 표현한다.

STRATEGY를 디자인 패턴으로 바라보는 전통적인 관점에서는 각기 다른 알고리즘 간에 상호 대체할 수 있는 능력에 중점을 두는 반면, 도메인 패턴으로 사용하는 관점에서는 프로세스 또는 정책적인 규칙과 같은 하나의 개념을 표현하는 능력에 중점을 둔다.

예제

항로 탐색 정책

Route Specification이 Routing Service에 전달되면 Routing Service는 SPECIFICATION에 명시된 항목을 만족하는 상세한 Itinerary를 만들어낸다. 이러한 SERVICE는 가장 빠르게 목적지에 도착하는 항로나 가장 저렴한 비용으로 목적지에 도착하는 항로 중 하나를 탐색하도록 조절할 수 있는 최적화 엔진에 해당한다.

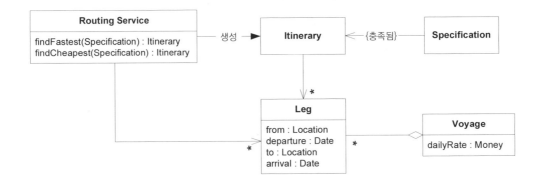

그림 12-1 | 탐색 방법을 선택할 수 있는 인터페이스에는 조건 로직이 필요할 것이다.

얼핏 보기에는 큰 문제가 없어 보여도 운항 항로를 결정하는 코드를 자세히 살펴보면 항로를 계산하는 모든 곳에 가장 빠른 항로나 가장 저렴한 항로 중 하나를 선택하는 조건 로직이 나타난다는 사실을 알 수 있다. 좀더 정교하게 항로를 선택하고자 새로운 기준을 추가하려 한다면 문제가 더 악화된다.

한 가지 해법은 빠른 항로나 저렴한 항로 중 어떤 것을 선택해야 하는지를 표현하는 조정 매개변수를 STRATEGY로 분리하는 것이다. 이렇게 하면 항로 선택 방법을 명확하게 표현할 수 있으며, 명확하게 표현된 선택 방법을 Routing Service에 매개변수로 전달할 수 있다.

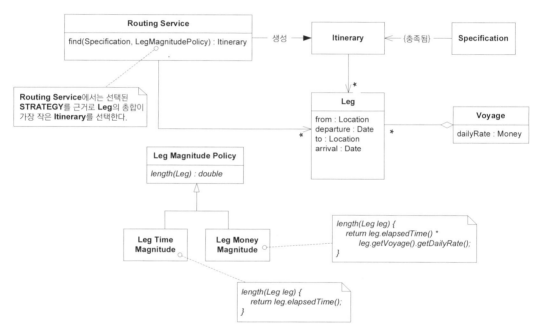

그림 12-2 | 항로 선택 방법은 매개변수로 어떤 STRATEGY(POLICY)를 전달하느냐에 따라 결정된다.

Leg Magnitude Policy(구간 등급 정책)가 시간이 적게 걸리거나 비용이 저렴한 Leg(구간)를 계산하도록 변경됐으므로 이제 Routing Service는 시간이나 비용에 대해 값이 작은 Leg를 찾음으로써 조건식을 사용하지 않고도 동일한 방법으로 모든 요청을 처리할 수 있다.

이 설계에는 『디자인 패턴』에서 설명하는 STRATEGY 패턴의 장점이 고스란히 담겨 있다. 애플리케이션의 융통성과 유연성 관점에서 보면 적절한 Leg Magnitude Policy를 선택하는 식으로 애플리케이션을 조절하고 확장할 수 있다. 그림 12.2에 표현된 가장 빠른 항로나 가장 저렴한 항로를 표현하는 STRATEGY는 선택 가능한 Leg Magnitude Policy의 종류를 명확하게 표현한다. 속도와 비용 측면에서 균형을 이루게끔 항로를 선택해야 하는 경우도 있을 수 있다. 다른 회사의 운송 수단을 사용하도록 하도급 계약을 맺지 않고 자사에서 보유한 운송 수단을 사용해 화물을 운반하는 정책을 고수하는 회사처럼 속도나 비용과는 무관한 다른 요인에 따라 항로를 선택하는 경우도 있다. STRATEGY를 사용하지 않고도 코드를 수정할 수는 있겠지만 이렇게 할 경우 관련 로직이 Routing Service의 여기저기에 흩어져 다른 코드와 엉키게 되고, Routing Service의 인터페이스에 새로운 연산이 계속 추가되어 비대해질 것이다. 결합도를 줄이면 Routing Service가 깔끔해지고 테스트하기가 쉬워진다.

이제 도메인에서 근본적으로 중요한 규칙에 해당하는 Itinerary에 포함될 Leg를 선택하는 원칙이 명확하고 뚜렷해졌다. 현행 설계는 잠재적으로 유도된 개별 Leg의 특정 속성(하나의 숫자로 요약되는)을 바탕으로 항로를 구성한다는 지식을 전달해준다. 이로써 도메인 언어를 사용해 Routing Service의 행위를 간단히 하나의 문장으로 다음과 같이 정의할 수 있다. "Routing Service는 선택한 STRATEGY를 기반으로 Leg의 총합이 가장 작은 Itinerary를 선택한다."

참고: 지금까지의 논의는 Routing Service가 SPECIFICATION을 만족하는 Itinerary를 검색하는 시점에 실제로 Leg의 속성값을 평가한다는 것을 암시한다. 이런 접근법을 이용하면 개념상 직관적이고 적절한 프로토타입을 구현할 수 있지만 아마 수용하기 힘들 정도로 비효율적인 성능을 보일 것이다. 14장, "모델의 무결성 유지"에서는 Routing Service의 인터페이스는 그대로 유지하되 완전히 다른 방식으로 구현해 보겠다.

✄ ✄ ✄

　도메인 계층에서 기술적인 디자인 패턴을 사용할 때는 부가적인 동기 부여와 함께 별도의 의미 계층을 추가해야 한다. 구현 기술로서의 패턴이 그 자체만으로도 가치가 있긴 하지만 STRATEGY를 실제 업무 전략이나 정책과 연관시킬 때 패턴은 유용한 구현 기술 이상의 가치를 지닌다.

　디자인 패턴의 '**결과**' 절에 서술된 내용은 디자인 패턴을 도메인 모델에 적용할 때도 동일하게 적용된다. 예를 들면, 『디자인 패턴』의 저자들은 클라이언트는 서로 다른 STRATEGY를 인식하고 있어야 한다고 지적했는데, 이 점은 모델링할 때도 관심을 기울여야 하는 사항이다. 순수하게 구현과 관련된 관심사는 STRATEGY를 사용할 경우 애플리케이션 내의 객체 수가 늘어날 수 있다는 점이다. 객체 수가 문제가 된다면 컨텍스트를 공유하는 상태 없는 객체로 STRATEGY를 구현해서 부담을 줄일 수 있다. 『디자인 패턴』에서 설명하는 광범위한 구현 방법과 관련한 사항도 모두 적용이 가능하다. 이것이 가능한 이유는 우리가 사용하고 있는 것이 여전히 STRATEGY이기 때문이다. STRATEGY를 사용하는 동기는 부분적으로는 다르고 그 차이점이 선택에 영향을 주더라도 디자인 패턴에 녹아 있는 경험을 마음대로 활용하는 데는 아무런 문제가 없다.

COMPOSITE
(복합체)

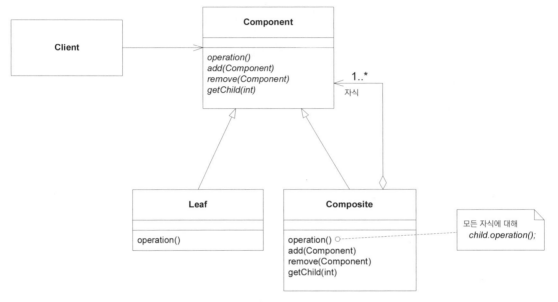

부분과 전체의 계층을 표현하기 위해 복합 객체를 트리 구조로 만든다. COMPOSITE 패턴을 이용하면 클라이언트
가 개별 객체와 복합 객체를 모두 동일하게 다룰 수 있다. [Gamma et al. 1995]

복잡한 도메인을 모델링하는 동안 종종 중요한 객체가 여러 개의 작은 부분으로 조합되어 구성
돼 있는 경우가 있다. 객체를 구성하는 부분 역시 더 작은 부분으로 구성되고, 더 작은 부분은 다
시 더 세밀한 부분으로 분할되어 각 부분이 임의의 깊이로 중첩되기도 한다. 어떤 도메인에서는
객체를 구성하는 개별 부분의 개념적 수준이 전혀 다른 반면, 어떤 의미에서는 전체를 구성하는
부분이 단지 크기만 더 작을 뿐 전체와 완전히 동일한 종류인 경우도 있다.

중첩돼 있는 복합 객체 간의 관련성을 모델에 반영하지 않을 경우 계층구조상의 각 수준에 공통적인 행위를 중복시킬 수밖에 없으며 복합 객체 내에 객체들을 중첩할 수 있는 유연성이 손상된다(예를 들면, 복합 객체는 동일한 수준에 위치한 다른 복합 객체를 내부에 중첩할 수 없으며 중첩할 수 있는 수준의 수는 고정적이다). 계층구조상의 각 수준에서 다루는 개념에 차이가 없더라도 클라이언트는 서로 다른 수준을 처리하기 위해 각기 다른 인터페이스를 사용해야 한다. 집계 정보(aggregate information)를 산출하고자 계층구조를 재귀적으로 탐색하는 작업은 매우 복잡하다.

도메인 모델에 디자인 패턴을 적용할 경우 가장 우선적으로 고려할 사항은 적용하려는 패턴의 기본 아이디어가 정말로 도메인 개념에 적합한지 여부다. COMPOSITE을 적용하면 연관된 객체를 재귀적으로 탐색하기가 좀더 수월해지겠지만 정말로 도메인 개념 간의 부분/전체 계층구조가 존재하는가? 하부의 모든 부분이 실제로 동일한 유형의 개념으로 구성되는 추상화를 발견했는가? 만약 그러한 추상화를 발견했다면 COMPOSITE을 적용해 모델의 측면을 좀더 명확하게 표현하는 동시에 디자인 패턴의 설계 및 구현과 관련된 사려 깊은 연구 결과를 활용할 수 있을 것이다.

그러므로

COMPOSITE 내부에 포함된 모든 구성요소를 포괄하는 추상 타입을 정의하라. 컨테이너에 포함된 항목의 집계 정보를 반환할 수 있게 정보를 제공하는 메서드를 컨테이너에 구현하라. "단말(Leaf)" 노드의 경우 자신의 값을 기반으로 정보를 제공하는 메서드를 구현하라. 클라이언트는 추상 타입만을 사용하므로 컨테이너와 단말 노드를 구분하지 않아도 된다.

COMPOSITE은 상대적으로 구조적인 수준에서는 명백한 패턴이지만 설계자들은 종종 패턴의 연산 수준까지 구체화하는 데까지는 나아가지 않는다. COMPOSITE은 계층구조상의 모든 수준에서 동일한 행위를 제공하므로 크고 작은 각 부분이 전체 구조를 투명하게 반영하는가, 라는 의미 있는 질문을 던질 수 있다. 이와 같은 엄격한 대칭성이 COMPOSITE 패턴이 지닌 진정한 위력에 해당한다.

예제

여러 항로로 구성된 배송 항로

화물을 수송하는 전체 항로(route)는 복잡하다. 가장 먼저 컨테이너를 철도에 싣기 위해 트럭으로 운반한 후, 철도를 사용해 항구로 옮기고, 항구에서 선박으로 다른 항구로 운송하며, 이 과정에서 몇 차례 선박에서 선박으로 컨테이너를 옮긴 후 최종적으로 육지에 도착하게 된다.

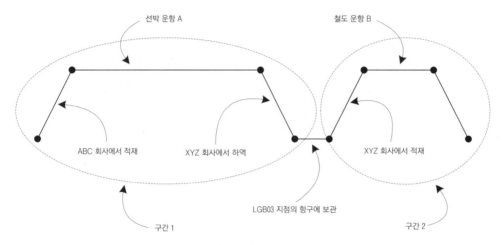

그림 12-3 | "구간"으로 구성된 "항로"를 개략적으로 표현한 그림

애플리케이션 개발팀은 객체 모델을 만들어서 임의 개수의 구간으로 구성된 항로를 표현했다.

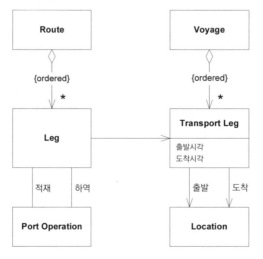

그림 12-4 | 여러 Leg로 구성된 Route를 표현하는 클래스 다이어그램

개발자들은 이 모델을 사용해 예약 요청을 기반으로 Route 객체를 생성할 수 있다. 아울러 화물의 단계별 처리를 위해 각 Leg를 가공해서 운영 계획으로 만들 수 있다. 그때 불현듯 새로운 아이디어가 떠올랐다.

개발자들은 항상 항로를 임의의, 획일화된 구간의 연속이라고 생각해왔다.

그림 12-5 | 개발자들이 인식하는 항로

그에 반해 도메인 전문가들은 항로를 5개의 논리적인 구획(segment)의 연속으로 보고 있다는 사실이 드러났다.

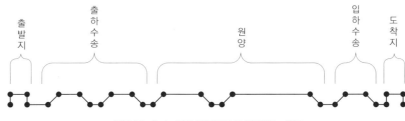

그림 12-6 | 업무 전문가들이 인식하는 항로

그중에서도 특히 대체 항로(subroute)의 경우 다양한 시점에 다양한 사람들이 대체 항로에 대한 계획을 수립할 수 있으므로 서로 연관성이 없는 독립적인 항로로 봐야 한다. 좀더 자세히 조사한 결과, 관문 구간(door leg)은 현지에서 동원한 트럭 혹은 심지어 고객의 운반수단을 사용할 수도 있다는 점에서 정교하게 계획된 철도나 선박을 이용해서 수송하는 여타 구간과는 매우 다르다는 사실이 드러났다.

새로 알게 된 모든 차이점을 반영함에 따라 객체 모델이 점점 복잡해지기 시작했다.

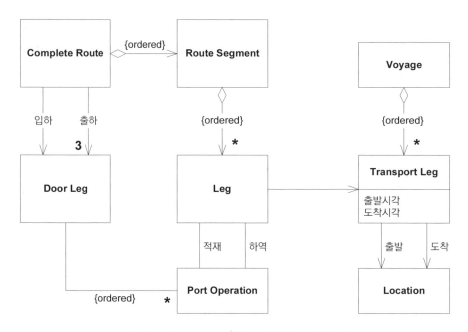

그림 12-7 | Route를 표현한 수정된 클래스 다이어그램

모델의 구조적인 측면에서는 그렇게 불만족스러운 정도는 아니지만 운영계획을 처리하는 것과 관련된 일관성이 손실됐기 때문에 코드, 더 나아가 행위에 대한 기술이 훨씬 더 복잡해졌다. 그 밖의 시스템을 복잡하게 만드는 다른 문제들도 표면화되기 시작했다. 항로를 탐색하려면 서로 다른 타입의 객체를 포함하는 여러 컬렉션을 사용해야만 했다.

이제 COMPOSITE을 적용해보자. COMPOSITE에서 하나의 항로는 다른 항로의 조합으로 구성되므로 서로 다른 수준의 항로를 동일하게 다루기에 적절할 것이다. 이런 관점은 개념상으로도 타당하다. 최종 수준의 개별 구간에 이르기까지 모든 수준의 Route는 한 곳에서 다른 곳으로의 컨테이너 운반을 의미하기 때문이다(그림 12.8).

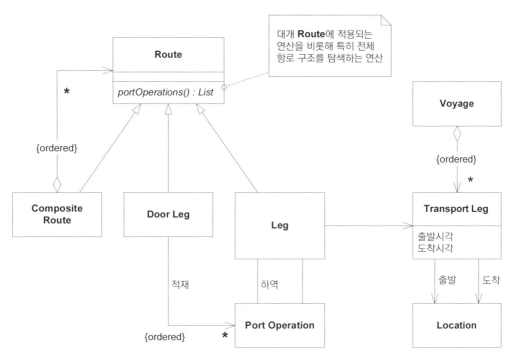

그림 12-8 | COMPOSITE을 사용한 클래스 다이어그램

현재의 정적인 클래스 다이어그램은 관문 구간과 다른 구획이 어떤 방식으로 함께 맞물려 돌아가는지에 관해 개선 전의 다이어그램처럼 많은 내용을 전달해 주지는 않는다. 그러나 모델은 정적인 클래스 다이어그램 그 이상이다. 다른 다이어그램(그림 12.9)과 (이제는 매우 간단해진) 코드로 두 개념을 조합하는 방법에 관한 정보를 전달할 수 있다. 이 모델은 서로 다른 종류의 "Route" 사이의 깊은 관련성을 포착한다. 운영계획을 생성하는 것은 다른 항로 탐색 연산과 마찬가지로 간단해졌다.

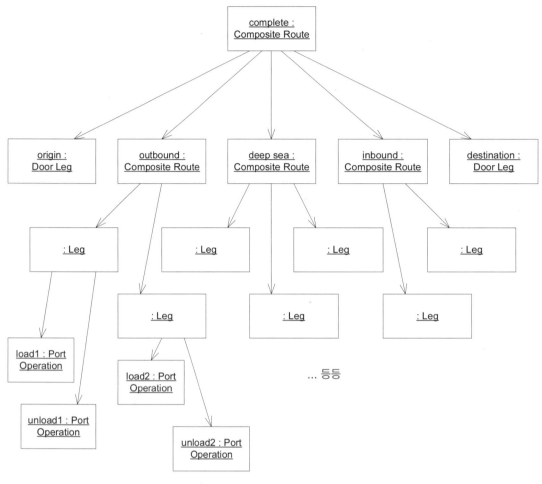

그림 12-9 | 전체 항로를 표현하는 각종 인스턴스

　한 곳에서 다른 곳으로 도달할 목적으로 양 지점을 이어 결합한 갖가지 항로의 조합을 이용하면 다양한 상세 수준으로 항로를 구현할 수 있다. 항로의 한 쪽 끝을 잘라내어 새로운 끝에 연결하거나 세부사항을 임의의 깊이로 중첩할 수 있고, 다양한 종류의 유용한 부가 기능을 활용할 수도 있다.

　물론 아직까지는 그와 같은 부가 기능이 필요하지는 않다. 그리고 항로 구획과 독특한 관문 구간이 필요하기 전까지는 COMPOSITE을 적용하지 않고도 아무런 문제 없이 작업을 진행할 수 있었다. 디자인 패턴은 정말로 필요한 경우에만 적용해야 한다.

그렇다면 FLYWEIGHT는?

앞서(5장에서) FLYWEIGHT 패턴에 관해 언급한 바 있으므로 아마 FLYWEIGHT 패턴이 도메인 모델에 적용되는 패턴이라고 짐작했을지도 모르겠다. 사실 FLYWEIGHT는 도메인 모델과는 **전혀 관련이 없는** 디자인 패턴의 좋은 예다.

제한된 수의 VALUE OBJECT 집합이 자주 사용될 경우(주택 설계의 전기 배선처럼) VALUE OBJECT를 FLYWEIGHT로 구현하는 것이 적절하다. 이것은 VALUE OBJECT에 적용할 수 있는 **구현** 선택사항이지만 ENTITY에는 적용할 수 없다. 개념적인 객체가 다른 개념적인 객체로 조합되는 COMPOSITE과 대비해 보기 바란다. COMPOSITE의 경우 모델과 구현에 모두 패턴이 적용되며, 이처럼 모델과 구현에 모두 적용되는 것은 도메인 패턴의 본질적인 특성이다.

여기서 도메인 패턴으로 사용할 수 있는 디자인 패턴의 목록을 언급하지는 않겠다. INTERCEPTOR를 도메인 패턴으로 적용할 수 있는 예를 생각해 낼 수 없다고 해서 INTERCEPTOR를 적용하기에 적합한 도메인이 존재하지 않는다고 말할 수는 없다. 기술적인 문제에 대한 기술적인 해법뿐 아니라 개념적인 도메인에 관한 해법도 제공해야 한다는 것이 디자인 패턴을 도메인 패턴으로 적용하기 위한 유일한 요구사항이다.

13

더 심층적인 통찰력을 향한 리팩터링

더 심층적인 통찰력을 향한 리팩터링은 다양한 특성과 요소를 포함하는 과정이다. 이쯤에서 잠깐 멈춰서서 핵심사항을 통합해보는 것이 도움될 것이다. 다음은 이 과정에서 초점을 맞춰야 하는 세 가지 사항을 나열한 것이다.

1. 활동의 근거지를 도메인으로 삼는다.

2. 현상과 사물을 다른 방식으로 바라보도록 노력한다.

3. 도메인 전문가와 지속적으로 대화한다.

도메인에 대한 통찰력을 추구하다 보면 리팩터링 과정을 위한 더욱 폭넓은 컨텍스트가 만들어진다.

고전적인 리팩터링 시나리오는 한두 명의 개발자가 키보드 앞에 나란히 앉아 개선의 여지가 있는 코드를 발견하고는 즉석에서 해당 코드를 변경하는 것이다(물론 단위 테스트를 이용해 리팩터링 결과를 검증한다). 항상 이런 식으로 리팩터링을 수행하겠지만 이것이 리팩터링의 전부는 아니다.

앞의 다섯 개 장에서는 전통적인 마이크로 리팩터링 접근법을 보충하는 확장된 관점의 리팩터링을 제시했다.

시작

더 심층적인 통찰력을 향한 리팩터링을 시작하는 방식은 다양할 수 있다. 복잡성이나 부자연스러움과 같은 코드상에서 발견된 문제점을 해결하고자 리팩터링을 시작할 수도 있다. 표준적인 변경 절차에 따라 코드를 변형하려 하기보다는 개발자들은 문제의 근본적인 원인이 도메인 모델에서 기인한다고 느낀다. 아마 어떤 개념이 누락됐을 것이다. 아니면 어떤 관계가 잘못돼 있을 수도 있다.

전통적인 관점의 리팩터링과는 차이가 있지만 도메인 전문가가 이해하지 못하는 언어를 사용해서 모델이 작성돼 있거나 새로운 요구사항을 자연스럽게 수용할 수 없다면 코드가 깔끔해 보여도 이와 유사한 느낌을 받을 수 있다. 리팩터링은 도메인을 더욱 심층적으로 이해한 개발자가 더 명쾌하고 유용한 모델로 개선할 수 있는 여지를 발견하는 과정에서 얻게 된 학습의 결과다.

문제가 있는 위치를 발견하는 것은 가장 어려우면서도 모호한 과정이다. 문제를 발견하고 나면 체계적으로 적절한 새로운 모델 요소를 찾아낼 수 있다. 동료 및 전문가와 함께 머리를 맞대고 브레인스토밍하거나 분석 패턴이나 디자인 패턴과 같은 체계적인 지식을 활용할 수도 있다.

조사팀

코드를 만족스럽지 못하게 만드는 원인이 무엇이건 간에, 다음 과정은 모델을 좀더 명확하고 자연스럽게 의사소통할 수 있게 만들어줄 개선안을 조사하는 것이다. 명백하면서도 짧은 시간 안에 완료할 수 있을 정도의 적은 변경만으로 코드를 개선할 수도 있다. 이 경우 변경 과정은 전통적인 리팩터링 과정과 비슷하다. 그러나 새로운 모델을 조사하는 과정은 더 많은 시간과 인력의 참여가 필요하다.

코드 변경에 착수한 개발자는 해당 유형의 문제에 대한 사고 능력이 탁월하거나, 해당 도메인 영역을 잘 알고 있거나, 모델링 기술이 뛰어난 두 명의 개발자를 선발한다. 난해한 부분이 있다면 도메인 전문가도 함께 참여해야 한다. 이렇게 구성된 4명 혹은 5명 정도의 그룹은 회의실이나 커피숍에 모여 30분에서 1시간 30분 동안 브레인스토밍을 한다. 이때 UML 다이어그램을 스케치해 보거나 객체를 사용해서 시나리오를 재현해 본다. 주제 영역의 전문가가 모델을 이해하고 모델의 유용성을 발견할 수 있도록 노력해야 한다. 만족스러운 개념을 발견했다면 자리로 돌아와 발견한 내용을 코드로 옮긴다. 또는 며칠 동안 좀더 생각해보기로 하고 다른 작업을 진행할 수도 있다. 이틀 후에 그룹에 속한 사람들이 다시 모여 이전에 발견한 내용을 세밀히 검토한 후 어떤 결론에 도달한다. 다시 컴퓨터 앞으로 돌아와 새로운 설계를 코드로 옮긴다.

이런 과정을 생산성 있게 진행하는 몇 가지 비결은 다음과 같다.

- **자기 결정.** 설계 문제를 조사하기 위해 즉시 규모가 작은 팀을 소집할 수 있다. 팀은 며칠 동안 작업을 진행한 후 해산한다. 장기간의 정교한 조직 구조는 필요하지 않다.

- **범위와 휴식.** 며칠에 걸쳐 두세 번 정도의 짧은 회의를 진행한 후 시도할 가치가 있는 설계 안을 도출해야 한다. 결정을 늦추는 것은 도움이 되지 않는다. 진행이 막혔다면 한 번에 너무 많은 부분을 한 번에 해결하려는 건 아닌지 돌아보라. 더 작은 설계 영역을 선택하고 해당 영역에 집중한다.

- **UBIQUITOUS LANGUAGE의 사용.** 브레인스토밍 과정에 다른 팀 구성원, 특히 주제 영역의 전문가를 포함시키는 것은 UBIQUITOUS LANGUAGE를 사용하고 이를 개선할 수 있는 좋은 기회다. 이런 노력을 기울인 결과, UBIQUITOUS LANGUAGE가 개선되고 개발자가 이를 코드에 반영할 것이다.

이전의 여러 장에 걸쳐 개발자와 도메인 전문가가 더 훌륭한 모델을 탐구하기 위해 나눴던 다양한 대화를 살펴봤다. 본격적으로 진행되는 브레인스토밍 회의는 역동적이고 일정한 체계가 없으면서도 놀라울 정도의 생산성을 보여준다.

선행 기술

항상 바퀴를 다시 발명할 필요는 없다. 누락된 개념을 발견하고 더 나은 모델을 만들기 위한 브레인스토밍 과정은 가능한 모든 출처로부터 아이디어를 흡수하고, 흡수한 아이디어와 지엽적인 지식을 결합하며, 현재 직면한 문제의 해답을 찾는 탐구 과정을 지속할 수 있게 만들어준다.

서적이나 도메인 자체에 관한 지식을 정리해 놓은 다른 자료에서도 아이디어를 얻을 수 있다. 비록 실무 종사자들이 소프트웨어에 적합한 모델을 만들어내지는 않았더라도 개념을 훌륭하게 체계화하고 일부 유용한 추상적 개념을 발견해 놓았을 것이다. 이와 같은 방식으로 지식 탐구 프로세스를 마련하면 도메인 전문가에게 좀더 친숙하게 느껴지는 결과를 더욱 풍부하고 신속하게 얻게 될 것이다.

가끔은 분석 패턴의 형태로 다른 이들의 경험을 활용할 수 있다. 분석 패턴을 활용하면 도메인 관련 서적을 읽는 것과 어느 정도 유사한 효과를 볼 수 있지만 서적과 달리 분석 패턴은 명확하게 소프트웨어 개발에 적합한 형태를 띠고 있으며 직접적으로 현재 도메인의 소프트웨어를 개발한 경험을 기반으로 한다. 분석 패턴을 토대로 적절한 모델 개념을 파악할 수 있으므로 실수를 상당수 피할 수 있다. 그러나 분석 패턴이 요리책의 조리법처럼 단순히 그저 따라 하기만 하면 되는 건 아니라는 점에 주의해야 한다. 분석 패턴은 지식 탐구 프로세스를 제공하는 것이다.

각 부분을 적절히 맞춰 가면서 동시에 모델 및 설계와 관련된 관심사 역시 함께 다뤄야 한다. 다시 한 번 강조하지만 항상 아무것도 없는 상태에서 모든 것을 새로 발명해야 하는 것은 아니다. 디자인 패턴이 구현 요구와 모델 개념에 모두 적합하다고 판단된다면 도메인 계층에 디자인 패턴을 활용할 수 있다.

이와 유사하게 수학이나 술어 로직(predicate logic)과 같은 일반적인 정형화가 일부 도메인 영역에 적합하다면 해당 영역을 분리한 후 거기에 맞게 형식 체계의 규칙을 조정할 수 있다. 이로써 간결하면서도 손쉽게 이해할 수 있는 모델을 작성할 수 있다.

개발자를 위한 설계

소프트웨어는 사용자만을 위한 것이 아니다. 개발자를 위한 것이기도 하다. 개발자들은 작성된 코드를 시스템의 다른 부분과 통합해야 한다. 반복적인 프로세스를 거쳐 개발자는 몇 번이고 반복적으로 코드를 수정한다. 더 심층적인 통찰력을 향해 리팩터링을 한 결과, 유연한 설계에 이르기도 하고 유연한 설계 덕분에 리팩터링 과정이 손쉬워지기도 한다.

유연한 설계는 설계의 의도를 전달한다. 유연한 설계는 실행 중인 코드의 영향을 쉽게 예측할 수 있게 만들어주므로 설계 변경의 결과 역시 쉽게 예상할 수 있다. 유연한 설계를 토대로 의존성과 부수 효과를 감소시킴으로써 정신적인 부담이 많이 생기지 않도록 제한할 수도 있다. 유연한 설계는 사용자에게 가장 핵심적인 부분만을 세밀하게 표현하는 심층적인 도메인 모델에 기반을 둔다. 이것은 변경이 가장 빈번하게 발생하는 부분은 유연하게 유지하고 그 밖의 자주 변경되지 않는 부분은 단순하게 만드는 데 도움이 된다.

타이밍

변경을 완벽하게 정당화할 수 있을 때까지 기다린다면 지나치게 오랫동안 기다린 셈이다. 프로젝트는 이미 과다한 비용 손실을 초래하고 있으며 변경을 미룰수록 변경하려는 코드가 더 복잡해지고 해당 부분을 사용하는 코드도 늘어나기 때문에 변경하기가 더 어려워질 것이다.

지속적인 리팩터링은 "우수 실천법"으로서 확고한 지위를 얻어 왔지만 여전히 대부분의 프로젝트 팀에서는 이 부분에 지나치게 신중한 태도를 취한다. 팀에서는 코드 변경에 따르는 위험과 변경에 소요되는 개발자의 시간 비용은 인식하지만 부자연스러운 설계와 그러한 설계를 사용해서 작업하는 데 따르는 비용은 쉽게 깨닫지 못한다. 리팩터링 작업을 원하는 개발자는 종종 리팩터링을 해야 하는 당위성을 설명해야 하는 입장에 처하곤 한다. 리팩터링의 당위성을 묻는 이유가 합당하더라도 이로 인해 이미 어려웠던 작업은 불가능할 정도로 어려워지고 리팩터링 작업을 할 수 없게 되는(또는 공식적인 승인 없이 암암리에 하게 되는) 상황이 초래된다. 소프트웨어 개발은 변경의 이익과 변경을 하지 않음으로써 입게 되는 손실을 정확하게 계산할 수 있는 예측 가능한 프로세스가 아니다.

더 심층적인 통찰력을 향한 리팩터링은 도메인의 주요 주제를 지속적으로 조사하고, 개발자들을 교육하며, 개발자와 도메인 전문가가 의견의 일치를 이루는 과정의 일부가 돼야 한다. 따라서 다음과 같은 경우에 리팩터링을 수행한다.

- 현재 팀에서 도메인을 이해하고 있는 바가 설계에 표현돼 있지 않은 경우
- 중요한 개념이 설계상에 암시적으로 표현돼 있는 경우(그리고 개념을 명확하게 표현할 수 있는 방법이 보이는 경우)
- 설계상의 중요한 부분을 더욱 유연하게 만들 기회가 보이는 경우

이런 적극적인 태도가 모든 변경에 대해 항상 정당화되는 것은 아니다. 출시 전날에는 리팩터링을 해서는 안 된다. 도메인의 핵심을 찌르지 못하면서 단지 기술적인 기교를 뽐내기 위한 용도로 "유연한 설계"를 도입해서는 안 된다. 우아한 정도와 상관없이 도메인 전문가가 납득하지 못하는 "더 심층적인 모델"을 도입해서는 안 된다. 모든 것이 완전무결하다는 생각을 버리고 현재의 편안한 상황을 넘어 리팩터링을 촉진하는 방향으로 나아가야 한다.

위기를 기회로

찰스 다윈이 진화론을 소개한 이후 한 세기 이상 진화의 표준 모델은 시간의 흐름에 따라 생물의 종이 점진적이면서 어느 정도 안정적으로 변화한다는 것이었다. 그러나 1970년대에 이르러 갑자기 다윈의 모델은 "단속 평형론"이라는 모델로 대체됐다. 단속 평형론이라는 진화의 확장된 관점에서는 오랜 기간 동안의 점진적인 변화나 안정성은 상대적으로 짧은 기간의 폭발적이면서 신속한 변화로 중단된다. 그 후 종은 새로운 평형 상태에 안착한다. 소프트웨어 개발에는 진화에는 없는 어떤 의도적인 방향성이 있지만(어떤 프로젝트에서는 분명하게 드러나지 않기도 하지만) 그럼에도 소프트웨어 개발 역시 이와 유사한 종류의 리듬을 따른다.

리팩터링에 대한 고전적인 설명을 보면 리팩터링이 매우 안정적인 상태로 진행되는 것처럼 보인다. 더 심층적인 통찰력을 향한 리팩터링은 그렇지 않다. 모델을 일정 기간 동안 꾸준히 정제하다 보면 어느 순간 갑자기 모든 것을 뒤흔드는 통찰력을 얻는다. 이와 같은 도약이 매일 일어나는 것은 아니지만 심층 모델과 유연한 설계로 이끄는 변경의 상당 부분이 도약에서 발생한다.

이런 상황은 종종 기회처럼 보이지 않는다. 오히려 위기처럼 보인다. 불현듯 모델 내에 명백한 결점이 드러나기 시작한다. 모델이 표현할 수 있는 부분에 허점이 보이거나 일부 핵심적인 영역이 불분명해진다. 아마도 이런 상황에서는 잘못된 표현이 만들어질 것이다.

이는 팀이 새로운 이해 수준에 도달했다는 의미다. 한 단계 향상된 팀의 관점에서 보면 과거 모델이 결함투성이로 보인다. 이런 관점에서 팀은 더 훌륭한 모델을 생각해낼 수 있다.

더 심층적인 통찰력을 향한 리팩터링은 지속적인 과정이다. 이 과정에서 암시적인 개념이 인식되어 명확하게 표현된다. 일부 설계는 더 유연해지고, 아마도 선언적인 형식으로 작성될 것이다. 개발 수준은 도약하기 일보 직전의 상태로 발전하고 심층 모델을 향해 나아간다. 그리고 지속적인 정제 과정이 다시 시작된다.

Domain-Driven Design

제 **4** ^부

전략적 설계

시스템이 너무 복잡해져서 개별 객체 수준에서도 완벽하게 파악되지 않을 때 우리에게는 커다란 모델을 솜씨 있게 다루고 이해하기 위한 기법이 필요하다. 여기서는 모델링 과정을 매우 복잡한 도메인까지 확장하는 원리를 제시하겠다. 대부분의 이와 같은 결정은 팀이나 팀 간의 협상 차원에서 이뤄져야 한다. 그러나 간혹 설계와 정치가 교차하는 곳에서 이러한 결정이 이뤄지기도 한다.

대부분의 야심 찬 기업 시스템의 목표는 전체 업무를 아우르는 긴밀하게 통합된 시스템이다. 그러나 이러한 조직의 전체 업무 모델은 대부분 너무 규모가 크고 복잡해서 하나의 단위로 관리하거나 이해하는 것조차 불가능하다. 시스템은 개념뿐 아니라 구현에서도 더 작은 부분으로 나눠져야 한다. 쉽지 않은 부분은 통합의 이점을 잃어버리지 않으면서도 이러한 모듈화를 달성해서 갖가지 시스템이 다양한 업무 활동을 위해 조화롭게 상호작용하게끔 만드는 것이다. 모놀리식 형태의 전체를 포괄하는 도메인 모델은 비대해서 다루기 힘들고 미묘한 중복과 모순된 부분을 포함할 것이다. 다른 한편으로 규모가 작고 뚜렷이 구분되는 하위 시스템이 임시방편적인 인터페이스를 토대로 결합된다면 기업 차원의 문제를 해결하기가 힘들어지고 통합이 이뤄지는 모든 곳에서 일관성 문제가 발생할 것이다. 이러한 두 가지 극단적인 상황에서 발생할 수 있는 함정은 체계적이고 발전하는 설계 전략으로 방지할 수 있다.

이 같은 규모의 시스템에서도 도메인 주도 설계는 구현과 동떨어진 모델을 만들어 내지 않는다. 모든 의사결정은 시스템 개발에 직접적인 영향을 줘야만 하며, 그렇지 않으면 아무런 의미가 없다. 전략적 설계 원칙은 설계 의사결정이 중요한 상호운용성(interoperability)과 상승효과(synergy)를 잃지 않으면서 각 부분 간의 상호의존성을 줄이고 명확성을 향상시키게끔 이끌어야 한다. 전략적 설계 원칙은 모델에 초점을 맞춰 시스템의 개념적 핵심, 즉 시스템의 "비전"을 포착해야 한다. 아울러 그러한 전략적 설계 원칙은 프로젝트를 교착상태에 빠뜨리지 않으면서 이 모든 것들을 수행해야 한다. 이러한 목표를 달성하는 데 도움을 주고자 4부에서는 컨텍스트, 디스틸레이션, 대규모 구조라는 세 가지 광범위한 주제를 다룬다.

컨텍스트는 설계 원칙 가운데 가장 분명하게 드러나지는 않지만 실제로는 가장 근본적인 원칙에 해당한다. 성공적인 모델은 규모와는 상관없이 모순되거나 정의가 겹치지 않고 처음부터 끝까지 논리적인 일관성을 지녀야 한다. 간혹 기업 시스템은 출처가 다양한 하위 시스템을 통합하거나, 또는 아주 뚜렷이 구분되어 해당 도메인에 속하지 않는 것으로 보이는 애플리케이션으로 구성되기도 한다. 따라서 이처럼 다른 여러 부분에 걸쳐 존재하는 불분명한 모델을 통합하는 것은 무리한 요구사항일지도 모른다. 그러므로 모델이 적용되는 BOUNDED CONTEXT(제한된 컨

텍스트)를 분명하게 정의하고, 필요하다면 다른 컨텍스트와의 관계를 정의해서 모델의 품질을
유지할 수 있다.

디스틸레이션은 혼란을 줄이고 적절히 주의를 집중시킨다. 종종 도메인에서 중요하지 않은 문
제에 많은 노력을 기울일 때가 있다. 전체 도메인 모델은 시스템에서 가장 가치를 더하고 특별한
측면을 부각시켜 해당 측면에 가능한 한 많은 힘이 실리도록 구조화돼야 한다. 일부 보조적인
성격의 컴포넌트가 매우 중요하더라도 그것들은 적당한 수준에서 분류해야 한다. 이러한 방식
으로 주의를 집중하면 많은 노력이 시스템에서 가장 중요한 부분으로 향하게 되고 시스템의 비
전을 놓치지 않게 된다. 전략적 디스틸레이션은 규모가 큰 모델에 명확함을 가져다 줄 수 있다.
그리고 더욱 명확한 시각을 보유하게 되어 CORE DOMAIN(핵심 도메인)의 설계가 더욱 유용
해질 수 있다.

대규모 구조는 전체 그림을 완성한다. 매우 복잡한 모델에서는 나무만 보고 숲을 보지 못할지
도 모른다. 디스틸레이션은 핵심적인 부분에 주의를 집중하고 다른 구성요소는 보조적인 역할
을 수행하게 해서 도움되지만 일부 시스템 차원의 설계 요소와 패턴을 적용하는 지배적인 주제
없이는 여러 관계가 여전히 혼동될 수 있다. 여기서는 대규모 구조에 대한 일부 접근법을 개괄적
으로 설명한 다음 이러한 구조를 사용하는 것에 내포된 의미를 파악하고자 RESPONSIBILITY
LAYER(책임 계층)와 같은 패턴을 깊이 있게 살펴보겠다. 여기서 논의하는 특정 구조는 예제일
뿐 포괄적인 카탈로그는 아니다. 필요하다면 EVOLVING ORDER(발전하는 질서)와 같은 프로
세스를 토대로 새로운 것을 고안하거나 기존 것을 변경해야 한다. 일부 그와 같은 구조는 설계에
통일성을 부여해서 개발을 촉진하고 통합을 개선할 수 있다.

개별적으로도 유용하지만 함께 적용하면 특히 강력한 이러한 세 가지 원칙은 누구도 완벽하게
이해할 수 없도록 불규칙하게 뻗어나간 시스템에서도 훌륭한 설계를 만들어 내는 데 기여한다.
대규모 구조는 전혀 공통점이 없는 부분들이 맞물려 돌아가도록 일관성을 가져다 준다. 구조와
디스틸레이션은 큰 그림을 고려하는 동안 각 부분 간에 존재하는 복잡한 관계를 쉽게 이해할 수
있게 만들어준다. 또한 BOUNDED CONTEXT는 모델을 손상시키거나 부지불식간에 모델을
산산조각 내는 일 없이 각 부분에서 업무가 진행되게 한다. 이러한 개념을 팀의 UBIQUITOUS
LANGUAGE에 추가하면 개발자가 자신만의 해결책을 강구하는 데 도움될 것이다.

14

모델의 무결성 유지

나는 제법 규모가 있는 신규 시스템에서 여러 팀이 동시에 일을 진행하는 프로젝트에 참여한 적이 있다. 어느 날 고객 송장 발급 모듈을 담당하던 팀에서 Charge(요금)라는 객체를 구현하려고 하다가 다른 팀에서 이미 그 객체를 구현했다는 사실을 알게 됐다. 이들은 부지런히 기존 객체를 재사용하기 시작했다. 이 팀은 Charge 객체에 "지출 코드"가 없다는 것을 확인하고 지출 코드를 추가했다. Charge 객체에는 이 팀이 필요로 하는 "기입 금액" 속성이 이미 들어 있었다. 팀 구성원들은 이 속성을 "납입 금액"으로 부를 계획이었고, 이름이 뭐가 대수랴? 라고 생각하면서 속성의 이름을 바꿨다. 그들은 몇 가지 메서드와 연관관계를 더 추가했고, 기존의 내용을 혼란스럽게 만들지 않고 Charge 객체를 원하는 형태로 만들었다. 팀 구성원들은 자신들에게는 불필요한 수많은 연관관계를 무시해야 했지만 애플리케이션 모듈은 동작했다.

며칠이 지난 후 원래 Charge를 사용하기로 했던 청구서 결제 애플리케이션 모듈에서 알 수 없는 문제가 발생했다. 아무도 입력한 기억이 없고 말도 안 되는 이상한 Charge가 나타난 것이다. 프로그램은 특히 일자별 세금 보고서라는 기능에서부터 이상하게 작동하기 시작했다. 문제를 조사해 보니 금월 전체 결제액에서 공제되는 금액을 합산하는 기능을 사용했을 때 이상하게 작동하는 것으로 드러났다. 문제의 이상한 레코드에는 데이터 입력 애플리케이션의 유효성 검증 부분에서 값을 필요로 하고 기본값을 입력함에도 "공제율" 필드에 값이 들어 있지 않았다.

문제는 이러한 두 팀에서 서로 다른 모델을 보유했지만 그것을 아무도 알아차리지 못했으며, 이를 탐지하는 프로세스조차 마련돼 있지 않았다는 데 있다. 각 팀은 자신들만의 맥락에서만 유효한 요금 속성을 대상으로 가정을 세웠던 것이다(고객 요금청구와 대금 결제라는 맥락에서). 이러한 모순점을 해결하지 않고 코드를 결합했기에 신뢰할 수 없는 소프트웨어가 만들어진 것이다.

그들이 이러한 현실을 제대로 인식했다면 문제를 어떻게 다뤄야 할지 의식적으로 판단할 수 있었을 것이다. 이는 공통 모델을 고안해내기 위해 서로 협력하고 향후 돌발상황을 방지하기 위한 자동화 테스트를 작성하는 것을 의미할 수도 있다. 또는 별도의 모델을 개발하고 각자의 코드를 간섭하지 않기로 합의한다는 것을 의미할 수도 있다. 어느 쪽이든 문제 해결은 각 모델이 적용되는 경계를 분명하게 합의하는 것에서부터 출발한다.

그럼 그들은 문제를 파악하고 어떻게 조치했을까? 그들은 별도의 Customer Charge(고객 요금) 클래스와 Supplier Charge(공급자 요금)라는 클래스를 작성해서 해당 팀의 요구사항에 따라 클래스를 정의했다. 당장의 문제는 해결됐지만 이전과 같은 상태로 되돌아갔다. 오, 세상에.

우리가 이런 문제를 의식적으로 생각하는 경우는 드물지만 모델의 가장 근본적인 요구사항은 모델은 내적으로 일관성을 유지하고 모델의 용어는 언제나 의미가 동일하며, 모델에는 어떠한 모순되는 규칙도 없어야 한다는 것이다. 각 용어가 모호하지 않고 모순되는 규칙이 없는 모델의 내적 일관성을 **단일화(unification)**라 한다. 모델에 논리적 일관성이 없다면 그 모델은 아무런 의미가 없다. 이상적인 세계라면 기업의 전체 도메인을 아우르는 단일 모델이 있을 것이다. 이러한 모델은 모순되거나 용어의 정의가 겹치지 않고 통일돼 있을 것이며, 도메인에 관한 논리적 진술 일체가 일관성을 유지할 것이다.

하지만 대규모 시스템 개발이라는 세계는 이상적인 세계가 아니다. 전사적 시스템 차원에서 단일화를 유지하기란 생각보다 복잡하다. 여러 모델이 시스템의 서로 다른 부문에서 개발되게끔 해야 할 필요도 있지만 시스템의 어느 부분을 나누고 나눈 부분들 간에는 어떤 관계를 맺을지 결정하는 데는 신중을 기해야 한다. 우리에겐 모델의 주요 부분을 밀접하게 단일화하는 수단이 필요하다. 이것은 저절로 되거나 선의의 의도가 있다고 해서 되는 것이 아니며, 의식적인 설계 결정과 구체적인 프로세스를 거쳐서만 달성될 수 있다. **대규모 시스템의 도메인 모델을 완전하게 단일화한다는 것은 타당하지 않거나 비용 대비 효과적이지 않을 것이다.**

간혹 사람들은 이러한 사실을 놓고 대립하곤 한다. 대부분의 사람들은 여러 개의 모델 때문에 통합이 제한되고 의사소통이 어려워져서 발생하는 비용에 대해서는 알고 있다. 또한 하나 이상의 모델을 보유하는 것이 세련되지 않게 보일 수도 있다. 복수 모델에 대한 이 같은 거부감은 단일한 모델 하에서 대규모 프로젝트에 속하는 소프트웨어 일체를 통합하려는 의욕적인 시도로 이어진다. 나도 이처럼 지나친 과욕은 잘못된 것임을 알고 있다. 다만 다음과 같은 위험 요소도 고려해보라.

1. 한 번에 지나치게 많은 레거시를 교체하려 할지도 모른다.

2. 대규모 프로젝트에서는 능력에 비해 조율에 드는 비용이 너무 커서 난관에 처할지도 모른다.

3. 특화된 요구사항이 있는 애플리케이션에서는 요건을 완전하게 충족하지 못해 애플리케이션의 행위를 다른 곳에 둘 수밖에 없는 모델을 사용해야 할지도 모른다.

4. 이와 반대로 단일 모델로 모두를 만족시키려 해서 모델을 사용하기 어렵게 만드는 복잡한 대안으로 이어질지도 모른다.

더욱이 모델의 분화는 기술적 관심사만큼이나 정치적 분열과 다양한 경영상의 우선순위로 발생하기 마련이다. 그리고 팀 구성과 개발 프로세스의 결과로 서로 다른 모델이 나타날 수도 있다. 그러므로 완전한 통합을 가로막는 기술적 요인이 전혀 없더라도 프로젝트에는 여전히 다수의 모델이 나타날 수 있다.

기업 전체를 대상으로 단일화된 모델을 유지한다는 게 실현 가능성이 없음을 감안하더라도 거기에 휘둘릴 필요는 없다. 어떤 것을 단일화해야 하는지에 관한 적극적인 의사결정과 어떤 것을 단일화해서는 안 되는지를 실용적으로 인식하는 안목이 결합되면 현재 처한 상황을 명확하게 나타내고 다른 이와 공유할 수 있는 형상을 만들어 낼 수 있다. 우리는 이러한 형상을 곁에 두고 단일화되기를 바라는 부분은 그대로 유지하고 단일화되지 않는 부분이 혼란을 초래하거나 다른 부분을 손상시키지는 않는지 확인하는 일에 착수할 수 있다.

우리에겐 다른 여러 모델 간의 경계와 관계를 표시해줄 수단이 필요하다. 우리는 의식적으로 전략을 결정해야 하며, 그리고 나서 이러한 전략을 지속적으로 따라야 한다.

본 장에서는 모델과 다른 모델과의 관계가 지닌 한계를 인식하고 전달하며, 선택하는 기법을 설명하겠다. 그 기법은 현 프로젝트 분야를 매핑하는 것에서부터 출발한다. CONTEXT MAP(컨텍스트 맵)이 프로젝트의 컨텍스트와 각 컨텍스트 간의 관계의 전체적인 개관을 제공해 주는 반면 BOUNDED CONTEXT는 각 모델의 적용가능성의 범위를 정의한다. 이처럼 모호함이 줄어드는 것 자체가 프로젝트의 진행 방식은 바꾸겠지만 이것만으로는 충분하지 않다. 일단 컨텍스트가 제한되면(CONTEXT BOUNDED) CONTINUOUS INTEGRATION(지속적인 통합) 프로세스를 토대로 모델의 단일화를 유지할 수 있을 것이다.

그러면 우리는 이처럼 안정적인 상황에서 시작해서 BOUNDING CONTEXT(제한하는 컨
텍스트)와 (SHARED KERNEL(공유 커널)과 밀접하게 관련된 컨텍스트에서 SEPARATE
WAYS(각자의 길)를 취하는 느슨하게 결합된 모델에 이르는) 각 BOUNDING CONTEXT를 연
결하기 위한 더욱 효과적인 전략으로 나아갈 수 있다.

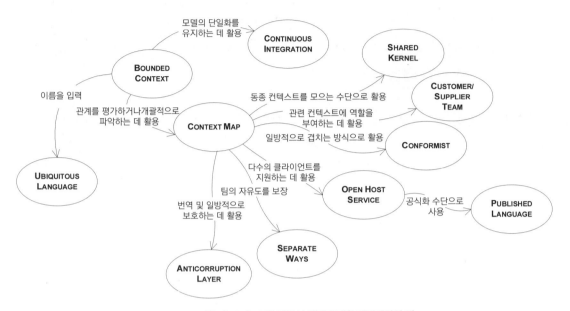

그림 14-1 | 모델 무결성 패턴에 대한 내비게이션 맵

BOUNDED CONTEXT
(제한된 컨텍스트)

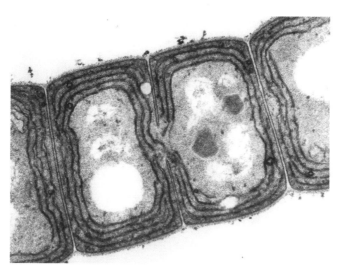

세포가 생존할 수 있는 것은 세포막에서 세포의 내부에 존재할 수 있는 것과 외부에
존재해야 하는 것을 정의하고 어떤 물질이 세포막을 통과할 수 있는지를 결정하기 때문이다.

규모가 큰 프로젝트에는 다수의 모델이 공존하며, 많은 경우 다수의 모듈을 토대로 작업을 순조롭게 진행할 수 있다. 서로 다른 모델은 서로 다른 컨텍스트에 적용된다. 예를 들어, 새롭게 개발 중인 소프트웨어를 직접 통제할 수 없는 외부 시스템과 통합해야 한다고 해보자. 이 경우 개발 중인 모델을 적용할 수 없는 별개의 컨텍스트를 다루기 때문에 다른 모델을 적용해야 한다는 사실이 명확하지만 어떤 상황에서는 판단하기가 다소 모호하고 혼란스러울 수 있다. 본 장의 처음에 소개한 이야기에서 두 팀은 동일한 시스템에 포함될 예정인 서로 다른 기능을 개발하고 있었다. 두 팀은 동일한 모델을 기반으로 개발을 진행하고 있었는가? 적어도 함께 작업해야 하는 부분과 관련된 일부 모델이라도 공유하자는 것이 두 팀의 의도였지만 무엇을 공유하고 무엇을 공유하지 않을지를 명시하는 어떠한 경계도 마련돼 있지 않았고 공유 모델을 유지하거나 차이를 빠르게 감지할 수 있는 적절한 프로세스도 없었다. 두 팀은 갑자기 시스템이 예측 불가능한 상태에 빠지고 나서야 비로소 모델에 차이가 발생했다는 사실을 깨달았다.

심지어 한 팀 내에서도 다수의 모델이 공존할 수 있다. 이 경우 의사소통이 둔화되어 동일한 모델을 미묘하지만 상반되게 해석할 수도 있다. 종종 오래된 코드에서 현재의 모델이 내포하고 있는 개념과는 미묘한 차이를 보이는 초기 모델의 개념을 반영하고 있는 경우를 발견하곤 한다.

다른 시스템에서 관리하는 데이터의 형식이 자신의 시스템과 다른 탓에 데이터 변환 작업이 필요하다는 사실은 누구나 알고 있지만 이것은 단지 기계적인 차원의 문제일 뿐이다. 더 근본적인 문제는 두 시스템 내에 존재하는 암시적인 모델 간의 차이다. 모순이 외부 시스템 간에 발생하는 것이 아니라 동일한 코드 기반 내에서 발생할 경우 이를 인식하기가 더 어렵다. 그러나 이것은 모든 대규모 팀 프로젝트에서 발생하는 일이다.

규모가 큰 프로젝트에서는 다수의 모델이 사용되기 마련이다. 그러나 개별적인 모델을 기반으로 작성된 코드가 한데 섞이면 많은 버그가 발생하고 신뢰성이 떨어지며 이해하기 힘든 소프트웨어가 만들어진다. 아울러 팀 구성원 간의 의사소통이 혼란스러워진다. 종종 어떤 컨텍스트에서 어떤 모델을 사용해서는 안 되는지 불분명한 경우도 있다.

모델을 올바른 상태로 유지하는 데 실패했는가는 결국 실행 중인 코드가 정상적으로 동작하지 않을 때 드러나지만 문제의 원인은 팀이 조직되는 방식과 사람들이 상호작용하는 방식에 있다. 그러므로 모델의 컨텍스트를 명확하게 만들려면 프로젝트와 산출물(코드, 데이터베이스 스키마 등)을 모두 살펴봐야 한다.

모델은 **컨텍스트**에 적용된다. 컨텍스트는 코드의 특정 부분일 수도, 개별 팀이 수행하는 업무일 수도 있다. 브레인스토밍 회의를 거쳐 만들어진 모델의 경우, 회의에서 오간 대화로 컨텍스트를 국한시킬 수 있다. 이 책의 예제에 사용된 모델의 컨텍스트는 예제를 소개한 부분과 그에 대해 차후에 이어지는 토론에 해당한다. 모델 컨텍스트란 모델에서 사용된 용어를 특정한 의미로 의사소통하기 위한 조건의 집합이다.

다수의 모델 탓에 발생하는 문제를 해결하려면 하나의 모델이 적용되고 가능한 한 통일된 상태로 유지할 수 있는 소프트웨어 내의 제한된 부분으로 특정 모델의 범위를 명확하게 정의할 필요가 있다. 여기서 정의한 바는 팀의 구성과 조화를 이뤄야 한다.

그러므로

모델이 적용되는 컨텍스트를 명시적으로 정의하라. 컨텍스트의 경계를 팀 조직, 애플리케이션의 특정 부분에서의 사용법, 코드 기반이나 데이터베이스 스키마와 같은 물리적인 형태의 관점에서 명시적으로 설정하라. 이 경계 내에서는 모델을 엄격하게 일관된 상태로 유지하고 경계 바깥의 이슈 때문에 초점이 흐려지거나 혼란스러워져서는 안 된다.

BOUNDED CONTEXT는 팀 구성원이 어떤 부분에서 일관성을 지녀야 하고 다른 CONTEXT와 어떤 식으로 관련돼 있는가를 서로 명확하게 이해할 수 있게 특정 모델의 적용 범위를 제한한다. CONTEXT 내에서는 모델을 논리적으로 통일된 상태로 유지하되, 경계 외부에 대한 적절성에 대해서는 신경 쓰지 않아도 된다. 서로 다른 컨텍스트에 대해서는 용어, 개념과 규칙, UBIQUITOUS LANGUAGE에 포함된 독특한 표현 방식(dialect)에 차이를 보이는 서로 다른 모델을 적용한다. 명확한 경계를 정의함으로써 해당 모델을 적용할 수 있는 영역 내에서 모델을 순수하게(따라서 유용하게) 유지하고, 동시에 다른 CONTEXT로 초점을 옮길 때 혼란을 피할 수 있다. 여러 경계에 걸쳐 이뤄지는 통합에는 필수적으로 어느 정도의 번역(translation)이 수반될 것이며, 여러분은 이를 명시적으로 분석할 수 있을 것이다.

BOUNDED CONTEXT는 MODULE이 아니다

간혹 두 용어를 혼동하는 경우가 있는데 BOUNDED CONTEXT와 MODULE은 서로 동기가 다른 패턴이다. 사실 어떤 두 객체 집합이 각기 다른 모델을 구성한다고 여겨지면 두 객체 집합은 거의 항상 서로 다른 개별 MODULE 내에 위치한다. 이렇게 해서 서로 다른 네임스페이스(서로 다른 CONTEXT를 위한 필수 요소)와 일종의 경계를 제공할 수 있다.

그러나 MODULE은 단일 모델 내에 포함된 요소를 구성하는 데도 사용되며, 꼭 개별 CONTEXT에 의도를 전하는 것은 아니다. 실제로는 BOUNDED CONTEXT 내에 MODULE이 만들어낸 개별 네임스페이스가 포함되면 우발적으로 발생하는 모델의 단편화를 파악하기가 더욱 어려워진다.

예제

예약 컨텍스트

어떤 해운 회사에서 화물운송 예약에 사용할 신규 애플리케이션을 개발하는 내부 프로젝트를 진행 중이다. 이 애플리케이션은 객체 모델로 진행될 예정이다. 이 모델이 적용되는 BOUNDED CONTEXT는 무엇인가? 이 질문에 답하려면 프로젝트에서 일어나고 있는 일을 살펴봐야 한다. 염두에 둘 것은 프로젝트를 **있는 그대로** 봐야지, 이상적인 프로젝트를 생각해서는 안 된다는 것이다.

　한 프로젝트 팀에서는 예약 애플리케이션 자체를 작업 중이다. 그 프로젝트 팀에서는 모델 객체를 수정하지 않겠지만 해당 팀에서 구축하고 있는 애플리케이션에서는 그와 같은 객체를 보여주고 조작해야 한다. 이 팀은 모델의 소비자에 해당한다. 모델은 애플리케이션(모델의 주요 소비자) 내에서 유효하며, 따라서 예약 애플리케이션은 구획 내에 존재한다고 볼 수 있다.

예약이 완료되면 해당 예약 내역은 레거시 화물추적 시스템으로 전달돼야 한다. 새로운 모델은 레거시 모델과 구분하기로 사전에 결정했으므로 레거시 화물추적 시스템은 구획 밖에 존재한다. 새로운 모델과 레거시 사이에 필요한 번역은 레거시 유지보수팀의 몫이다. 번역 메커니즘은 모델에 의해 주도되지 않는다. 번역 메커니즘은 BOUNDED CONTEXT 내에 존재하지 않기 때문이다. (번역 메커니즘은 경계 자체의 일부인데, 이것에 관해서는 CONTEXT MAP에서 논의하겠다.) 번역은 CONTEXT(모델을 기반으로 하지 않는) 밖에 있는 것이 좋다. 그렇게 하면 레거시 팀의 주요 업무가 CONTEXT 밖에 있으므로 레거시 팀에서 실제로 모델을 사용하기 위해 요청하는 것이 불가능해질 것이다.

모델을 책임지는 팀에서는 영속화를 비롯한 각 객체의 전체 생명주기를 다룬다. 이 팀에서 데이터베이스 스키마를 통제하므로 그 팀에서 신중하게 객체 관계형 매핑을 명확하게 유지해 오고 있다. 다시 말해서, 스키마는 모델에 의해 주도되며, 따라서 구획 안에 존재한다.

또 다른 팀에서는 화물선 운항일정을 관리하는 모델과 애플리케이션을 개발 중이다. 일정관리 팀과 예약 팀은 함께 프로젝트에 착수했고, 두 팀의 목표는 하나의 단일화된 시스템을 만들어내는 것이었다. 두 팀은 비공식적으로 서로 조율하는 경우가 있었고 경우에 따라서는 객체를 공유하기도 하는데, 그와 같은 협업이 체계적으로 이뤄지는 것은 아니었다. 두 팀은 동일한 BOUNDED CONTEXT 내에서 일하고 있는 게 **아니다**. 이렇게 하는 것은 위험한데, 그 이유는 두 팀 스스로가 개별 모델을 이용하는 것으로 생각하지 않기 때문이다. 두 팀의 통합 정도에 따라 그와 같은 상황을 관리할 적절한 프로세스를 마련하지 않는다면 문제가 발생할 것이다. (본 장의 후반부에서 논의할 SHARED KERNEL이 좋은 대안일지도 모른다). 그렇지만 우선은 상황을 **있는 그대로** 인식해야 한다. 두 팀이 같은 CONTEXT 안에 있지 않다면 어느 정도의 변화가 생기기 전까지는 코드를 공유하려 해서는 안 된다.

이러한 BOUNDED CONTEXT는 모델 객체와 모델 객체를 영속화하는 데이터베이스 스키마, 예약 애플리케이션과 같은 특정 모델에 의해 주도되는 시스템의 그러한 모든 측면으로 구성된다. 모델링 팀과 애플리케이션 팀은 주로 이 CONTEXT 안에서 업무를 수행한다. 모델링 팀과 애플리케이션 팀은 레거시 관리 시스템과 정보를 주고받아야 하며, 레거시 팀의 주된 책임은 모델링 팀과의 협업을 토대로 이러한 경계에서 번역을 수행하는 것이다. 예약 모델과 운항일정 모델 간의 관계는 명확하게 정의된 바가 없으므로 이들 팀에서는 이와 같은 관계를 가장 먼저 정의해야 한다. 동시에 코드나 데이터를 공유하는 부분에서는 매우 신중을 기해야 한다.

그럼 이러한 BOUNDED CONTEXT를 정의해서 얻을 수 있는 건 뭘까? CONTEXT 안에서 업무를 진행하는 팀에서 얻게 되는 것은 바로 명확함이다. 두 팀은 자신들이 하나의 모델과 일관성을 유지해야 한다는 점을 알고 있다. 두 팀은 그와 같은 지식의 범위 내에서 설계 결정을 내리고 틈이 생기지는 않는지 살펴야 한다. 반면 BOUNDED CONTEXT 밖의 팀이 얻게 되는 것은 바로 자유로움이다. BOUNDED CONTEXT 안의 팀과 밖의 팀이 동일한 모델을 사용하지는 않는데, 어떤 면에서는 그래야 하지 않나 생각하면서 이도 저도 아닌 생각을 할 필요는 없다. 그러나 이처럼 특수한 경우에서 가장 실질적으로 얻을 수 있는 이득은 아마 예약 모델 팀과 운항일정 팀에서 비공식적인 정보 공유가 위험하다는 사실을 인지하는 것이리라. 문제가 일어나지 않게 하려면 두 팀은 정보를 공유했을 때 발생하는 비용과 이득의 타협점을 결정하고 정보 공유가 잘 될 수 있게 프로세스로 정립할 필요가 있다. 하지만 모든 이가 모델의 경계가 공존하는 곳을 알지 못한다면 이 같은 일은 일어나지 않을 것이다.

�֎ ✖ ✖

물론 경계는 특별한 곳이다. BOUNDED CONTEXT와 이웃하는 BOUNDED CONTEXT 간의 관계는 보살핌과 주의가 필요하다. 일부 패턴이 CONTEXT 간의 다양한 관계의 특성을 정의하는 반면 CONTEXT MAP은 여러 CONTEXT와 각 CONTEXT 사이의 연결이라는 큰 그림을 제시하면서 각 CONTEXT가 차지하는 영역을 보여준다. 또한 CONTINUOUS INTEGRATION 프로세스는 BOUNDED CONTEXT 내에 존재하는 모델의 단일성을 유지해준다.

그러나 이런 것들을 모두 살펴보기에 앞서 모델의 단일화가 깨진다면 어떤 모습을 띠게 될까? 어떻게 개념적 균열을 인식할 수 있을까?

BOUNDED CONTEXT 안의 균열 인식

여러 징후를 바탕으로 미처 인식하지 못한 모델의 차이점이 나타날 수도 있다. 일부 두드러진 징후 가운데 하나는 바로 코드로 작성된 인터페이스가 서로 맞지 않는 경우다. 좀더 미묘하게 예상치 못한 행위가 신호가 되는 경우도 있다. 자동화된 테스트를 이용한 CONTINUOUS INTEGRATION 프로세스가 이러한 문제점을 발견하는 데 도움될 수 있다. 그러나 초기 징후는 대개 언어를 혼동한 상태로 구사하는 데서 나타난다.

뚜렷이 구분되는 모델 요소를 결합할 경우 두 가지 종류의 문제가 일어나게 되는데, 바로 **중복된 개념**과 **허위 동족 언어(false cognates)**다. 중복된 개념이란 실제로 같은 개념을 나타내는 두 개의 모델 요소(그리고 그것에 따르는 구현)가 존재하는 것이다. 따라서 이 같은 정보가 변경될 때마다 두 군데를 갱신하고 변환해야 한다. 새로운 지식으로 여러 객체 중 한 객체가 바뀔 때마다 다른 하나도 다시 분석하고 바꿔야 한다. 실제로 객체를 다시 분석하지 않는다면 개념은 동일하지만 서로 다른 규칙을 따르고 심지어 데이터까지 다른 두 가지 버전의 객체가 존재하게 된다. 이러한 상황에서는 팀원들이 동기화를 위한 방법뿐 아니라 같은 일을 하는 데도 두 가지 방법을 배워야 한다.

허위 동족 언어는 그리 일반적으로 나타나지는 않지만 좀더 교묘한 방식으로 해를 끼친다. 허위 동족 언어는 같은 용어(혹은 구현 객체)를 사용하는 두 사람이 서로 같은 것을 이야기하고 있다고 생각하지만 실제로는 그렇지 않은 경우를 말한다. 본 장의 초반부에 나오는 예제(똑같이 Charge라고 부르는 두 가지 서로 다른 업무 활동)가 허위 동족 언어의 전형적인 예인데, 이러한 개념상의 충돌은 두 정의가 실제 도메인에서의 동일한 측면과 관련돼 있지만 약간 다른 방식으로 개념화됐을 때 훨씬 알아차리기 힘들 수 있다. 허위 동족 언어 탓에 개발 팀은 서로의 코드를 침범하게 되고, 데이터베이스에 이상한 불일치가 생기고, 팀 내 의사소통이 혼란스러워질 수 있다. **허위 동족 언어**라는 용어는 주로 자연어에 적용되는 용어다. 이를테면, 스페인어를 배우는 영어 사용자는 주로 **embarazada**라는 단어를 잘못 사용하곤 하는데, 이 단어는 "당황한"을 의미하는 것이 아니라 "임신한"을 의미한다. 이런!

이러한 문제를 감지했다면 팀에서 결정을 내려야 한다. 여러분은 모델에서 한 걸음 물러나 프로세스를 정제해서 단편화를 막으려 할지도 모른다. 아니면 여러 집단이 모델을 합당한 이유에서 서로 다른 방향으로 이끈 결과로 단편화가 나타날 수도 있으므로 각 모델을 독립적으로 개발하기로 결정할 수도 있다. 이러한 문제를 다루는 것이 바로 본 장의 나머지 패턴이 다루는 주제에 해당한다.

CONTINUOUS INTEGRATION (지속적인 통합)

BOUNDED CONTEXT를 정의했다면 이를 건전한 상태로 유지해야 한다.

✻ ✻ ✻

다수의 사람이 동일한 BOUNDED CONTEXT 내에서 작업할 경우 모델이 단편화될 가능성이 높다. 팀의 규모가 커지면 문제도 증폭되지만 서너 명 정도에 달하는 소수의 인원으로 구성된 팀도 심각한 문제에 마주칠 수 있다. 그렇다고 시스템을 더 작은 CONTEXT로 분할한다면 결국 가치 있는 수준의 통합과 응집성을 잃게 되는 결과가 초래된다.

이따금 다른 사람이 모델링한 객체나 상호작용의 의도를 완전히 이해하지 못한 채로 객체를 수정해 원래의 목적으로 사용할 수 없게 만들 때가 있다. 간혹 다루고 있는 개념이 이미 모델의 다른 부분에 포함돼 있다는 사실을 알지 못해서 동일한 개념과 행위를 (부정확하게) 중복시킬 때가 있다. 때로는 다른 표현 방식을 알고 있지만 기존에 정상적으로 수행되고 있던 기능에 오류를 추가할지도 모른다는 두려움 탓에 함부로 손을 댈 수 없어 개념과 기능을 중복시키기도 한다.

규모와 상관없이 통합된 시스템을 개발하는 데 필요한 수준의 의사소통을 유지하기란 매우 어려운 일이다. 우리에겐 의사소통을 촉진하고 복잡도를 줄일 방법이 필요하다. 아울러 기존 코드를 망가뜨릴지도 모른다는 두려움에 코드를 중복시키는 등의 소심한 행위를 방지해줄 안전망이 필요하다.

바로 이런 상황에서 익스트림 프로그래밍(XP, Extreme Programming)이 진가를 발휘한다. XP에서 제시하는 각종 실천사항의 목표는 많은 사람들에 의해 끊임없이 수정되는 응집도 높은 설계를 유지하는 문제를 해결하는 데 있다. 가장 순수한 형태의 XP는 단일 BOUNDED CONTEXT에 포함된 모델의 무결성을 유지하는 데 적합하다. 그러나 XP의 활용 여부와 관계없이 일정 수준의 CONTINUOUS INTEGRATION 프로세스를 보유하는 것은 대단히 중요하다.

CONTINUOUS INTEGRATION은 내부적으로 균열이 발생할 때 이를 빠르게 포착하고 정정할 수 있을 정도로 컨텍스트 내의 모든 작업을 빈번하게 병합해서 일관성을 유지하는 것을 의미한다. 도메인 주도 설계의 다른 기법과 마찬가지로 CONTINUOUS INTEGRATION도 (1) 모델 개념의 통합과 (2) 구현 수준에서의 통합이라는 두 가지 수준에서 작용한다.

개념은 팀 구성원 간의 부단한 의사소통을 토대로 통합된다. 팀은 끊임없이 변화하는 모델을 함께 이해하고 이를 발전시켜야 한다. 각종 실천사항도 유용하지만 가장 근본적인 것은 지속적으로 UBIQUITOUS LANGUAGE를 다듬는 것이다. 그와 동시에 구현 산출물은 모델 내의 균열을 조기에 드러내는 체계적인 병합/빌드/테스트 프로세스를 토대로 통합된다. 통합을 위한 여러 프로세스가 사용되지만 가장 효과적인 프로세스에는 공통적으로 다음과 같은 특징이 있다.

- 단계적이고 재생 가능한 병합/빌드 기법

- 자동화된 테스트 스위트

- 수정사항이 통합되지 않은 상태로 존재할 수 있는 시간을 적당히 짧게 유지하는 규칙

비록 공식적으로 포함되는 경우는 그리 많지 않지만 효과적인 프로세스의 또 다른 측면으로 개념적인 통합이 있다.

- 모델과 애플리케이션에 관해 논의할 때 UBIQUITOUS LANGUAGE를 지속적으로 사용

대부분의 애자일 프로젝트에서는 적어도 매일 한 번씩은 각 개발자가 변경한 코드를 병합한다. 병합 주기는 다른 팀 구성원이 상당한 양의 통합 불가능한 작업을 하기 전에 통합되지 않은 변경사항을 병합할 수만 있다면 작업 속도에 따라 조정할 수 있다.

MODEL-DRIVEN DESIGN에서 개념의 통합은 구현을 통합하는 방법을 좀더 용이하게 하는 반면, 구현 통합은 모델의 유효성과 일관성을 입증하고 발생한 균열을 드러낸다.

그러므로

단편화가 발생했다는 사실을 빠르게 알려줄 수 있는 자동화된 테스트와 함께 모든 코드와 그 밖의 구현 산출물을 빈번하게 병합하는 프로세스를 수립하라. 개념이 각자의 머릿속에서 발전해감에 따라 모델에 관한 시각의 차이를 해소하기 위해 끊임없이 UBIQUITOUS LANGUAGE 를 사용하라.

마지막으로 필요 이상으로 일이 커지지 않게 한다. CONTINUOUS INTEGRATION은 오직 하나의 BOUNDED CONTEXT 내에서만 필수적이다. 번역을 비롯해 인접한 CONTEXT와 관련된 설계 쟁점을 똑같은 수준으로 다룰 필요는 없다.

✖ ✖ ✖

CONTINUOUS INTEGRATION은 두 사람이 수행할 수 있는 작업보다는 규모가 큰 개별적인 BOUNDED CONTEXT를 대상으로 적용될 것이다. 이렇게 하면 단일 모델의 무결성이 유지되며, 여러 BOUNDED CONTEXT가 공존한다면 BOUNDED CONTEXT 간의 관계를 결정하고 필요한 인터페이스를 설계해야 한다……

CONTEXT MAP
(컨텍스트 맵)

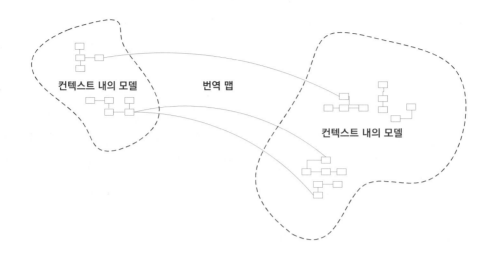

개별적인 BOUNDED CONTEXT로는 전체를 조망할 수 없다. 그래서 다른 모델의 컨텍스트는 여전히 모호하고 유동적이다.

✻   ✻   ✻

다른 팀에 속한 사람들은 CONTEXT 간의 경계를 인식하지 못할 것이며, 따라서 자신도 모르는 사이에 CONTEXT의 경계를 흐리게 하거나 연결되는 방식을 복잡하게 바꿀 것이다. 서로 다른 CONTEXT를 연결해야 하는 경우 CONTEXT는 서로에게 스며드는 경향이 있다.

BOUNDED CONTEXT 간에 코드를 재사용하는 것은 위험하므로 피해야 한다. 기능과 데이터는 번역 과정을 거쳐 통합해야 한다. 서로 다른 컨텍스트 간의 관계를 정의하고 프로젝트상의 모든 모델 컨텍스트를 아우르는 전체적인 뷰를 만들면 혼란을 줄일 수 있다.

CONTEXT MAP은 프로젝트 관리와 소프트웨어 설계 영역 사이에 걸쳐 있는 개념이다. 대개 컨텍스트의 경계는 팀 조직의 윤곽을 따라 정해진다. 긴밀하게 협력하는 사람들은 자연스럽게 모델 컨텍스트를 공유할 것이다. 다른 팀에 속하거나 같은 팀에 속하더라도 서로 의사소통하지 않는 사람들은 다른 컨텍스트로 분리될 것이다. 물리적인 사무 공간 역시 컨텍스트 분리에 영향을 미칠 수 있는데, 서로 다른 도시는 말할 것도 없이 건물의 반대편에서 일하는 팀 구성원조차 통합을 위해 별도의 노력을 기울이지 않는다면 아마 서로 다른 컨텍스트로 나뉘고 말 것이다. 대부분의 프로젝트 관리자는 직관적으로 이와 같은 요인을 인식하고 있어서 대체로 하위 시스템의 구조에 따라 팀을 구성한다. 그러나 여전히 팀 조직과 소프트웨어 모델, 설계 간의 상호연관성은 만족스러울 정도로 확연하게 드러나지 않는다. 관리자와 팀 구성원 모두에게는 현재 진행 중인 소프트웨어 모델과 설계의 개념적인 분할을 명확하게 바라볼 수 있는 뷰가 필요하다.

그러므로

프로젝트상의 유요한 모델을 식별하고 각 BOUNDED CONTEXT를 정의하라. 여기에는 비객체지향적인 하위 시스템에 대한 암시적인 모델도 포함된다. 각 BOUNDED CONTEXT에 이름을 부여하고 이 이름을 UBIQUITOUS LANGUAGE의 일부로 포함시켜라.

의사소통을 위해 컨텍스트 간의 번역에 대한 윤곽을 명확하게 표현하고 컨텍스트 간에 공유해야 하는 정보를 강조함으로써 모델과 모델이 만나는 경계 지점을 서술하라.

각 컨텍스트의 현재 영역을 나타내는 지도를 작성하라. 컨텍스트의 배치를 바꾸는 일은 나중에 하라.

각 BOUNDED CONTEXT마다 일관성 있는 UBIQUITOUS LANGUAGE의 독특한 표현 방식을 보유하게 될 것이다. BOUNDED CONTEXT의 명칭은 그 자체로 언어가 되며, CONTEXT를 명확하게 만들어 설계의 한 측면을 기술하는 모델에 관해 모호하지 않게 말할 수 있게 된다.

MAP을 특정한 형식으로 문서화할 필요는 없다. 개인적으로 본 장에서 소개하는 것과 같은 다이어그램들이 맵을 가시화하고 의사소통하는 데 유용하다는 사실을 알게 됐다. 다른 사람들은 텍스트 형식이나 시각적인 표현 방식을 선호할지도 모른다. 팀 구성원 간의 토론만으로 충분한 경우도 있다. 상세한 정도는 필요에 따라 다양할 수 있다. MAP을 어떤 형식으로 작성하건 프로젝트에 속한 모든 사람들은 MAP을 이해하고 공유해야 한다. MAP은 BOUNDED CONTEXT의 명확한 이름을 제공해야 하며, 경계 지점과 경계 지점의 특성을 명확하게 표현해야 한다.

❋ ❋ ❋

BOUNDED CONTEXT 간의 관계는 설계 쟁점과 프로젝트 조직의 쟁점 모두에 따라 다양한 형태를 취한다. 본 장의 후반부에서는 각종 상황에서 효과적으로 적용할 수 있는 CONTEXT 간의 관계와 관련된 다양한 패턴을 나열할 것이며, 이 패턴들은 자신이 작성한 MAP에 나타난 관계를 서술하기 위한 용어를 제공할 것이다. CONTEXT MAP이 항상 **현재 상태 그대로의 상황**을 표현한다는 사실을 염두에 둔다면 컨텍스트에서 발견하게 되는 관계가 처음에는 패턴과 딱 맞아 떨어지지 않을 수도 있다. 유사성이 눈에 띈다면 패턴 이름을 사용하고 싶어질 수도 있지만 이를 강요해서는 안 된다. 단지 발견한 관계를 서술하기만 한다. 나중에 좀더 표준화된 관계로 이를 변경할 수 있다.

그렇다면 균열(서로 완전히 뒤얽혀 있지만 비일관성을 내포하는 모델)을 발견했다면 어떻게 해야 할까? 지도에 모른다고 적어 넣고 거기서 서술을 중단한다. 그리고 나서 정확한 전체적인 뷰를 가지고 혼란스러운 지점을 설명한다. 작은 균열은 수선할 수 있으며, 균열 때문에 무너지지 않게 적절한 프로세스를 활용해 이를 지탱할 수 있다. 관계가 모호하다면 가장 근접한 패턴을 선택해서 그 패턴을 향해 전진할 수 있다. 최우선으로 해결해야 하는 과제는 분명한 CONTEXT MAP에 이르는 것이며, 이것이 발견된 실제 문제의 해결을 의미할 수도 있다. 하지만 이 같은 필수적인 수선 작업이 전체적인 구조를 재구성하는 작업으로 이어지게 해서는 안 된다. 수행해야 하는 모든 작업을 일부 BOUNDED CONTEXT로만 제한하고 연결된 모델 간의 관계가 명확한 모호하지 않은 CONTEXT MAP을 보유하기 전까지는 명백하게 드러나는 모순만 변경한다.

일단 응집도 높은 CONTEXT MAP가 마련되면 변경하고 싶은 사항들을 발견하게 될 것이다. 심사숙고한 후 팀 조직 또는 설계를 변경할 수 있다. 그러나 실제로 변경이 **완료**되기 전까지는 MAP을 수정해서는 안 된다는 사실을 명심한다.

예제

해운 애플리케이션의 두 CONTEXT

다시 해운 시스템을 살펴보자. 애플리케이션의 주요 기능 가운데 하나는 예약 시 화물에 대한 자동화된 항로 탐색을 제공하는 것이었다. 모델은 다음과 같았다.

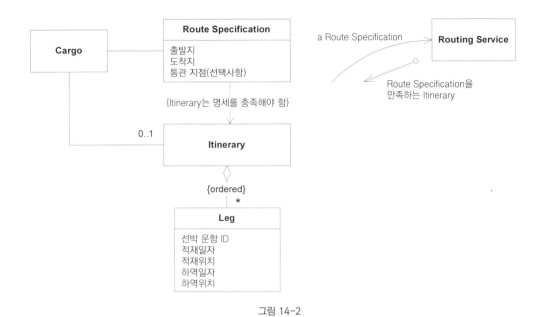

그림 14-2

Routing Service는 SIDE-EFFECT-FREE FUNCTION으로 구성된 INTENTION-REVEALING INTERFACE 이면의 메커니즘을 캡슐화하는 SERVICE다. SIDE-EFFECT-FREE FUNCTION의 결과는 ASSERTION으로 특징이 명확하게 드러난다.

1. 인터페이스에서는 Route Specification이 전달되면 Itinerary가 반환되리라고 선언한다.

2. ASSERTION에서는 반환된 Itinerary가 전달된 Route Specification을 만족하리라고 명시한다.

하지만 이처럼 어려운 작업이 어떻게 수행되는지는 명시돼 있지 않다. 이제 메커니즘을 들여다보자.

이 예제의 토대가 된 프로젝트 초기에 나는 Routing Service의 내부 구조에 대해 너무 독단적인 입장을 취했다. 나는 실제 항로설정 활동이 확장된 도메인 모델로 이뤄지길 바랐는데, 이 모델은 선박 운항을 나타내고 선박 운항을 Itinerary 내의 Leg와 직접적으로 연결하는 모델이었다. 그러나 항로설정 문제를 처리하는 팀에서는 항로설정 기능이 잘 작동하게 하고 이미 충분히 입증된 알고리즘을 활용하려면 솔루션을 각 운항구간이 매트릭스의 한 요소로 나타나는 최적화된 네트워크로 구현해야 한다고 지적했다. 그 팀에서는 이러한 이유로 해운활동을 별도의 모델로 만들 것을 주장했다.

당시 설계돼 있던 항로설정 프로세스의 계산적 요구사항에 관해서는 그 팀이 확실히 옳았고 당시 내겐 더 좋은 아이디어가 없었다는 점을 인정한다. 그 결과, 사실상 우리는 두 개의 개별 BOUNDED CONTEXT를 만들게 됐고, 각 BOUNDED CONTEXT에는 자체적으로 해운활동에 대한 개념적인 구성이 포함돼 있었다(그림 14.3).

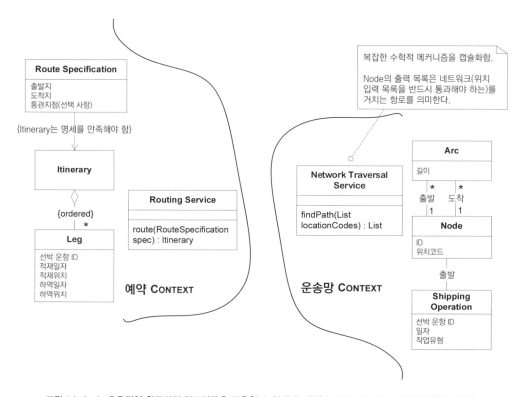

그림 14-3 | 효율적인 항로설정 알고리즘을 적용할 수 있게 두 개의 BOUNDED CONTEXT가 만들어졌다.

요구사항은 Routing Service 요청을 받아들여 Network Traversal Service(운송망 탐색 서비스)에서 이해할 수 있는 용어로 번역한 다음, 그 결과를 다시 Routing Service에서 받아들일 것으로 예상되는 형태로 번역하는 것이었다.

이는 이러한 두 모델에 들어 있는 모든 것을 매핑할 필요는 없으며, 아래의 두 가지 특수한 번역만 할 수 있으면 된다는 것을 의미한다.

Route Specification → 위치 코드 List

Node ID의 List → Itinerary

이렇게 하려면 한 모델의 요소가 의미하는 바를 살펴보고 어떻게 이것을 다른 모델의 용어로 나타낼지 생각해내야 한다.

첫 번째 번역(Route Specification → 위치 코드 List)으로 시작하자면 먼저 우리는 목록에 들어 있는 각 위치의 순서에 담긴 의미를 생각해봐야 한다. 목록의 첫 번째 항목은 항로의 시작이며, 이 항로는 목록의 마지막 위치에 다다를 때까지 순서대로 각 위치를 통과한다. 따라서 출발지와 목적지는 목록에서 처음과 마지막이며, 통관 위치(목록에 있다면)는 중앙에 위치한다.

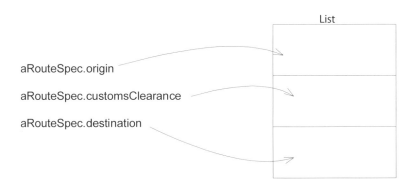

그림 14-4 | Network Traversal Service에 대한 질의 번역

(다행히도 두 팀은 같은 위치 코드를 사용하므로 우리가 그와 같은 수준의 번역 문제를 다룰 필요는 없다.)

참고로 역번역이 모호하리라는 점을 알아둬야 한다. 이는 네트워크 횡단 입력을 이용하면 지정된 특정한 한 지점이 아닌 어떠한 중간 지점도 통관 지점으로 지정할 수 있기 때문이다. 다행히도 우리가 그 방향으로 번역할 필요는 없으므로 문제가 되는 건 아니지만 이로써 어떤 번역이 왜 불가능한지 어느 정도 파악할 수 있다.

이제 결과(Node ID List → Itinerary)를 번역해 보자. 여기서는 REPOSITORY를 이용해 우리가 받게 되는 Node ID를 토대로 Node와 Shipping Operation 객체를 탐색할 수 있을 것으로 가정하겠다. 그럼 어떻게 그와 같은 Node가 Leg로 매핑될까? 여기서는 operationTypeCode를 토대로 Node 목록을 출발지/도착지 쌍으로 나눌 수 있을 것이다. 각 쌍은 하나의 Leg와 연결돼 있다.

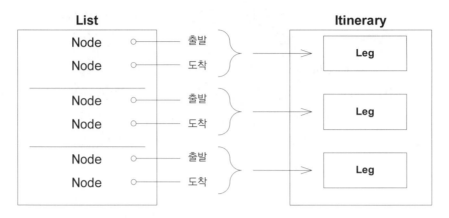

그림 14-5 | Network Traversal Service를 토대로 발견한 항로의 번역

각 Node 쌍의 속성은 다음과 같이 매핑될 것이다.

```
departureNode.shippingOperation.vesselVoyageId → leg.vesselVoyageId
departureNode.shippingOperation.date → leg.loadDate
departureNode.locationCode → leg.loadLocationCode
arrivalNode.shippingOperation.date → leg.unloadDate
arrivalNode.locationCode → leg.unloadLocationCode
```

위에 나열한 것은 이러한 두 모델 간의 개념적 번역 맵이다. 이제 번역을 수행할 수 있는 것들을 구현해야 한다. 이와 같은 간단한 예제에서도 대개 나는 그러한 목적으로 객체를 만들고, 또 다른 객체를 탐색하거나 만들어 다른 하위 시스템에 해당 서비스를 제공하곤 한다.

그림 14-6 | 양방향 번역기

이것은 양 팀에서 합심해서 유지해야 할 유일한 객체다. 설계는 단위 테스트가 용이하게 만들어야 하며, 두 팀에서 그와 같은 목적으로 테스트 스위트를 두고 협업하는 것은 특히 좋은 생각이다. 그 밖의 사항에 대해서는 두 팀에서 독자적으로 진행해 나갈 수 있다.

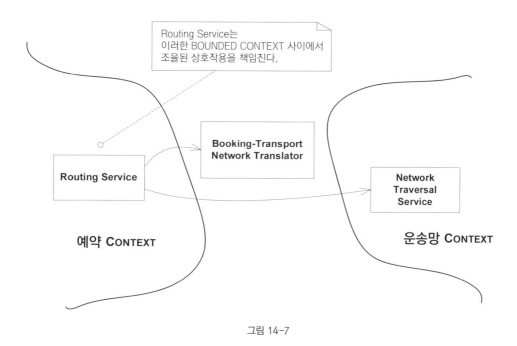

그림 14-7

Routing Service 구현이 이제는 번역기(Translator)와 운송망 탐색 서비스(Network Traversal Service)로 위임하는 것과 관련된 문제가 된다. 이제 Routing Service의 유일한 연산은 다음과 같다.

```
public Itinerary route(RouteSpecification spec) {
    Booking_TransportNetwork_Translator translator =
        new Booking_TransportNetwork_Translator();

    List constraintLocations = translator.convertConstraints(spec);

    // NetworkTraversalService에 접근
    List pathNodes = traversalService.findPath(constraintLocations);

    Itinerary result = translator.convert(pathNodes);

    return result;
}
```

그리 나쁘지 않다. BOUNDED CONTEXT가 각 모델을 비교적 깔끔하게 유지해서 각 팀에서는 대부분 독립적으로 일할 수 있었으며, 초기 가정이 옳았다면 제 역할을 더 잘 수행했을 것이다(이와 관련한 내용은 본 장의 후반부에서 다시 다룬다).

두 컨텍스트 간의 인터페이스는 꽤 적은 편이다. Routing Service의 인터페이스는 항로 탐색 으로부터 예약 CONTEXT의 설계를 보호해준다. 해당 인터페이스는 SIDE-EFFECT-FREE FUNCTION으로 구성돼 있어 테스트하기가 쉽다. 다른 CONTEXT와 조화로이 공존할 수 있는 비결은 인터페이스에 대한 효과적인 테스트 집합을 마련하는 것이다. 레이건 대통령이 무기 감 축을 협정할 때 "신뢰하되, 검증하라"라고 말했던 것을 참고하자.[1]

Route Specification을 Routing Service에 전달하고 반환된 Itinerary를 확인해줄 자동화된 테스트는 쉽게 만들 수 있을 것이다.

모델의 컨텍스트는 언제나 존재하지만 계속해서 주의하지 않으면 중복이 일어나고 불안정해 진다. BOUNDED CONTEXT와 CONTEXT MAP을 명시적으로 정의하면 팀은 모델을 단일 화하고 뚜렷이 구분되는 것들을 연결하는 절차를 통제할 수 있을 것이다.

CONTEXT 경계에서의 테스트

다른 BOUNDED CONTEXT와 접촉하는 지점은 테스트할 때 특히 중요하다. 대개 테스트는 컨 텍스트의 경계에 존재하는 번역의 미묘한 차이와 낮은 수준의 의사소통을 보완하는 데 기여한 다. 테스트는 귀중한 조기경보체계의 역할을 할 수 있으며, 특히 여러분이 통제할 수 없는 모델의 세부사항에 의존할 때는 안심할 수 있게 만들어준다.

CONTEXT MAP의 조직화와 문서화

CONTEXT MAP을 조직화하고 문서화할 때는 아래의 두 가지 사항이 중요하다.

1. BOUNDED CONTEXT의 이름은 해당 BOUNDED CONTEXT에 관해 이야기할 수 있는 것이라야 한다. 그러한 이름은 팀의 UBIQUITOUS LANGUAGE에 들어가야 한다.

2. 모든 이들이 경계가 어디에 위치하는지 알아야 하며, 어떠한 코드나 환경의 CONTEXT 도 인식할 수 있어야 한다.

---

1 레이건 전 대통령은 러시아의 옛 속담을 차용해서 양측이 당면한 문제의 본질을 간추렸는데, 이것은 컨텍스트 연결에 대한 또 하나의 은유에 해당한다.

두 번째 요구사항은 팀 문화에 따라 여러 면에서 충족될 수도 있다. BOUNDED CONTEXT 가 정의되면 각기 다른 CONTEXT에 위치한 코드를 서로 다른 MODULE로 분리하기가 아주 쉬워지는데, 이렇게 하면 어떤 MODULE이 어떤 CONTEXT에 속하는지 어떻게 추적해야 하느냐라는 문제가 남는다. 이를 나타내는 데는 명명규칙이나 그 밖의 이해하기 쉽고 혼동을 방지할 수 있는 메커니즘이 이용될지도 모른다.

마찬가지로 중요한 것은 팀의 모든 구성원이 서로 동일한 방식으로 개념적 경계를 이해하도록 개념적 경계에 관해 활발히 의사소통하는 것이다. 나는 이러한 의사소통을 목적으로 예제에 나온 것과 같은 비공식인 다이어그램을 선호하는 편이다. 또는 연결과 번역을 책임지는 접촉지점이나 메커니즘과 더불어 각 CONTEXT 안의 패키지를 모두 보여주는 더욱 정밀한 다이어그램이나 텍스트로 구성된 목록을 만들 수도 있다. 어떤 팀은 이런 방식에 더 익숙해질 것이며, 또 어떤 팀은 구두 협의나 여러 차례에 걸친 논의에 더 익숙해질 것이다.

어떤 경우든 UBIQUITOUS LANGUAGE에 이름이 들어갈 거라면 논의에는 CONTEXT MAP이 반드시 스며들어야 한다. "조지 팀에서 만든 것이 변경될 예정이므로 그에 따라 저희 것도 변경할 예정입니다."라고 말하는 대신 "**운송망** 모델이 바뀌고 있습니다. 그러니 저희도 **예약 컨텍스트**에 대한 **번역기**를 변경할 예정입니다."라고 이야기하자.

BOUNDED CONTEXT 간의 관계

이어지는 패턴들은 전사적인 차원을 포괄하도록 구성할 수 있는 두 모델의 연결을 위한 전략을 폭넓게 다룬다. 이 같은 패턴은 개발 업무를 성공적으로 조직화하기 위한 대상을 제공하고 기존 조직을 기술하기 위한 어휘를 공급하는 두 가지 목적을 충족한다.

기존 관계는 우연히 또는 의도적으로 이러한 패턴 중 하나와 근접해지는데, 이 경우 어떠한 변종이 가능한지 적절히 기록된 상태에서 그러한 용어를 사용해 패턴을 기술할 수 있다. 그렇게 되면 각기 규모가 작은 설계 변경을 거쳐 관계를 앞서 선택한 패턴에 더욱 근접하게 만들 수 있다.

다른 한편으로 기존 관계가 엉망진창이거나 지나치게 복잡하다는 사실을 알게 될 수도 있다. 이러한 경우에는 모호하지 않은 CONTEXT MAP을 사용할 수 있게끔 재조직화가 필요할지도 모른다. 이 같은 상황이나 재조직화를 고려하고 있는 어떠한 상황에서도 이러한 패턴은 갖가지 상황에 적합한 대안을 제시한다. 주요 변수로는 상대 모델에 대한 통제 수준, 팀 간 협업의 수준과 협업 유형, 기능과 데이터의 통합 정도 등이 있다.

이어지는 여러 패턴은 몇 가지 가장 흔히 나타나고 중요한 경우를 다루며, 이를 바탕으로 다른 경우에는 어떻게 대처할지 참고할 수 있다. 긴밀하게 통합된 제품을 면밀히 다루는 최고의 팀이라면 규모가 큰 단일 모델을 배포할 수 있다. 각종 사용자 커뮤니티를 지원해야 할 필요성이나 팀의 조화 능력의 한계로 SHARED KERNEL이나 CUSTOMER/SUPPLIER(고객/공급자) 관계로 나아갈지도 모른다. 이따금 요구사항을 면밀하게 검토한 결과, 통합이 필요하지 않다는 사실이 드러나 시스템이 SEPARATE WAYS로 가는 것이 최선인 경우도 있다. 그리고 당연히 대부분의 프로젝트에서는 어느 정도 레거시와 외부 시스템이 통합돼야 하며, 이로써 OPEN HOST SERVICE(공개 호스트 서비스)나 ANTICORRUPTION LAYER로 이어질 수 있다.

SHARED KERNEL
(공유 커널)

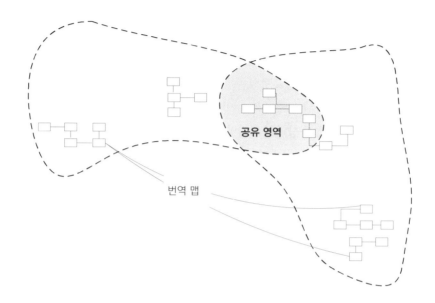

기능 통합에 한계가 있는 경우 CONTINUOUS INTEGRATION에 따르는 비용이 너무 높다고 판단할 수 있다. 특히 팀 내에 지속적인 통합을 유지할 수 있는 기술이나 정치적인 조직이 갖춰져 있지 않거나, 단일 팀의 규모가 너무 크고 비대한 경우 이런 문제가 발생할 가능성이 높다. 따라서 개별적인 BOUNDED CONTEXT가 정의되고 이에 따라 다수의 팀이 구성될 수도 있다.

❉ ❉ ❉

밀접하게 연관된 애플리케이션을 대상으로 작업 중인 팀 간의 협력이 조율되지 않는다면 잠시 동안은 작업을 진행할 수 있겠지만 각 팀이 만들어낸 결과물을 함께 조합하기는 쉽지 않을 것이다. 결국 처음부터 CONTINUOUS INTEGRATION을 적용했을 때보다 더 많은 시간을 번역 계층을 개발하고 구조를 개선하는 데 허비하게 될 것이며, 동시에 공통 UBIQUITOUS LANGUAGE를 구축하는 작업이 중복되고 UBIQUITOUS LANGUAGE로 얻을 수 있는 이점을 잃어버릴 것이다.

지금까지 여러 프로젝트에서 대부분의 업무가 서로 독립적인 팀 간에 인프라스트럭처 계층을 공유하는 경우를 봐왔다. 도메인 내에서도 이와 유사한 방식을 적용하는 것이 효과적일 수 있다. 모델과 코드 기반 전체를 동기화하는 작업에는 매우 높은 비용이 들지만 신중하게 선택된 부분집합을 동기화하는 작업은 적은 비용으로도 상당한 이익을 얻을 수 있다.

그러므로

두 팀 간에 공유하기로 한 도메인 모델의 부분집합을 명시하라. 물론 여기에는 모델의 부분집합뿐 아니라 모델 요소와 연관된 코드나 데이터베이스 설계의 부분집합까지도 포함된다. 명시적으로 공유하는 부분들은 특별한 상태를 가지며, 다른 팀과의 협의 없이는 변경할 수 없다.

기능 시스템을 자주 통합하라. 하지만 개별 팀에서 수행하는 CONTINUOUS INTEGRATION 빈도보다는 더 적은 빈도로 통합하라. 통합할 때는 양 팀에서 작성한 테스트를 모두 실행하라.

신중하게 균형을 유지하는 것이 중요하다. SHARED KERNEL은 설계 내의 다른 부분만큼 자유롭게 변경할 수 없다. 의사결정은 다른 팀과의 협의를 거쳐서 이뤄져야 한다. 뭔가를 변경할 때는 양 팀에서 작성한 모든 테스트를 통과해야 하므로 자동화된 테스트 스위트는 통합돼야 한다. 일반적으로 각 팀은 별도의 KERNEL 복사본을 변경하고 주기적으로 다른 팀의 복사본과 자신의 복사본을 통합한다. (예를 들어, CONTINUOUS INTEGRATION을 일 단위나 더 짧은 주기로 수행하는 팀에서는 주 단위로 KERNEL을 병합한다.) 코드 통합의 예정 시점과 무관하게 팀에서는 변경사항에 관해 자주 논의하는 것이 좋다.

✻ ✻ ✻

SHARED KERNEL은 CORE DOMAIN이거나 GENERIC SUBDOMAIN(일반 하위 도메인)의 일부, 또는 양쪽 모두(15장에서 살펴보겠다)인 경우가 대부분이지만 두 팀에 모두 필요한 부분이라면 모델의 어떤 부분이라도 SHARED KERNEL이 될 수 있다. 목표는 중복을 줄이고 (하지만 오직 하나의 BOUNDED CONTEXT가 존재하는 경우처럼 중복을 완전히 제거하는 것은 아니다) 두 하위 시스템 간의 통합을 비교적 용이하게 만드는 것이다.

CUSTOMER/SUPPLIER DEVELOPMENT TEAM
(고객/공급자 개발 팀)

종종 한 하위 시스템이 다른 시스템에 본질적으로 데이터를 공급할 때가 있다. "하류(downstream)[2]" 컴포넌트는 "상류(upstream)[3]" 컴포넌트에 피드백을 거의 제공하지 않는 분석 작업이나 여타 다른 기능을 수행하며, 모든 의존성은 단방향으로 흐른다. 두 하위 시스템은 일반적으로 매우 다른 사용자 집단에 서비스를 제공하는데, 이러한 사용자 집단은 수행하는 업무가 상이하고 서로 다른 모델을 사용하는 편이 낫다. 도구 집합도 다를 수 있으므로 프로그램 코드를 공유할 수 없다.

✖ ✖ ✖

상류 하위 시스템과 하류 하위 시스템은 자연스럽게 두 개의 BOUNDED CONTEXT로 나뉜다. 특히 두 컴포넌트를 개발하는 데 상이한 기술을 사용하거나 구현에 각기 다른 도구 집합이 필요하다면 더욱 그렇다. 번역은 오직 한 방향으로만 이뤄지게끔 만드는 것이 더 쉽다. 하지만 두 팀 간의 정치적인 관계에 따라 문제가 발생할 소지가 있다.

---

2 (옮긴이) 하류 활동이란 기업의 영업활동 중에서 소비자의 소비에 가까운 부분에서의 영업활동 또는 수익을 지칭한다. 예를 들면, 대규모 석유회사의 경우 정유제품의 판매와 수송은 하류영업이며 원유의 생산은 상류(upstream)활동에 속한다. —네이버 지식사전

3 (옮긴이) 상류 활동이란 기업의 영업활동 가운데 제품과 용역생산의 첫 단계에서의 활동 또는 수익을 지칭한다. 석유회사의 경우를 예를 들면 원유의 탐사와 생산은 상류활동이고 정유 및 제품의 판매와 수송은 하류활동이다. —네이버 지식사전

변경에 대한 거부권이 하류 팀에 있거나 변경 요청 절차가 지나치게 복잡하다면 상류 팀이 자유롭게 개발을 진행하는 데 하류 팀에 속박당할 여지가 있다. 심지어 상류 팀은 하류 시스템이 잘못될 것을 염려해서 개발 자체를 억제할지도 모른다. 동시에 하류 팀은 상류 팀의 우선순위에 따라 좌지우지되기 때문에 무력해질 수 있다.

하류 팀은 상류 팀에서 제공하는 것을 필요로 하지만 상류 팀은 하류 팀의 산출물에 대해서는 책임을 지지 않는다. 다른 팀에 어떤 영향을 미칠지 예측하기란 상당한 양의 추가적인 노력이 필요한 일이고 인간 본성과 시간 압박이 현재와 같은 상태라면…… 팀 간의 공식적인 관계를 확립하는 것이 모든 이들의 삶을 편안하게 만드는 길일 것이다. 두 사용자 집단이 내세우는 요구사항 간의 균형을 유지하고 하류 팀에서 필요로 하는 기능을 위한 일정을 잡는 프로세스를 구성할 수 있다.

익스트림 프로그래밍을 적용하는 프로젝트의 경우 이를 위한 적절한 메커니즘이 이미 있다. 바로 반복 계획 프로세스다. 우리는 계획 프로세스를 사용해 두 팀 간의 관계를 정의하기만 하면 된다. 하류 팀 대표는 사용자 대표와 매우 유사한 역할을 수행하며, 계획 회의에 참여하고, 직접 원하는 작업에 대한 타협점을 동료 "고객"과 함께 논의할 수 있다. 그 결과, 하류 팀에서 가장 필요로 하는 작업을 포함하거나 해당 작업을 연기하는 내용을 포함한 반복 계획이 공급자 팀에 제공되며, 따라서 예상 인도 시점을 막연하게 예상하지 않게 된다.

XP 이외의 프로세스를 사용하고 있다면 다양한 사용자의 관심사 간에 균형을 맞추는 데 도움이 되는 어떤 유사한 방법이라도 하류 애플리케이션의 요구사항을 포함하도록 확장할 수 있다.

그러므로

두 팀 간에 명확한 고객/공급자 관계를 확립하라. 계획 회의에서 하류 팀이 상류 팀에 대한 고객 역할을 맡게 하라. 하류 요구사항에 대한 작업을 협상하고 이에 대한 예산을 책정해서 모든 이들이 일정과 약속을 이해할 수 있게 하라.

결과로 예상되는 인터페이스를 검증하게 될 자동화된 인수 테스트(acceptance test)를 함께 개발하라. 이 테스트를 상류 팀의 테스트 스위트에 추가해서 지속적인 통합의 일부로 실행되게 하라. 이러한 테스트를 토대로 상류 팀은 하류 시스템에서 발생할지도 모르는 부수효과를 두려워하지 않고 자유로이 코드를 변경할 수 있을 것이다.

반복주기 동안 하류 팀 구성원은 전통적인 고객과 마찬가지로 상류 개발자의 질문에 답하고 문제 해결을 지원할 수 있어야 한다.

인수 테스트 자동화는 이러한 고객 관계에 필수불가결한 사항이다. 가장 협조가 잘 되는 프로젝트에서조차도 고객이 의존성을 식별하고 의사소통하며 공급자가 변경내역을 전달하고자 부단히 노력해도 테스트가 없다면 미처 예기치 못한 문제가 발생할 것이다. 그러한 문제로 하류 팀의 작업은 혼란스러워지고 상류 팀은 예정에도 없던 긴급한 수정작업에 매달려야 한다. 그 대신 고객 팀이 공급자 팀과 협력해서 예상되는 인터페이스를 테스트할 자동화된 인수 테스트를 개발하게 한다. 상류 팀은 작성된 테스트를 표준 테스트 스위트에 포함해서 실행할 것이다. 이 테스트를 변경한다는 것은 곧 인터페이스를 수정한다는 의미를 내포하므로 테스트를 수정하려면 다른 팀과 협의해야 한다.

고객/공급자 관계는 어떤 한 고객이 공급자의 업무에 매우 중요한 존재라면 개별 회사에서 진행되는 프로젝트 사이에서도 나타난다. 이 경우 주객이 전도될 수 있다. 즉, 영향력 있는 고객이 상류 프로젝트가 성공하는 데 중요한 요청을 할 수 있지만 이런 요청은 상류 프로젝트 개발을 방해할 수도 있기 때문이다. 내부 IT 상황보다 외부 관계에 대한 비용/이익의 타협점을 파악하기가 더 어려우므로 양측 모두 요청에 대응하는 프로세스를 공식화함으로써 도움을 얻을 수 있다.

이 패턴에는 두 가지 중요한 요소가 있다.

1. 관계는 고객과 공급자 간의 관계여야 하며, 이는 고객의 요구사항이 가장 중요하다는 것을 의미한다. 하류 팀이 유일한 고객은 아니므로 협의를 거쳐 서로 다른 고객의 요구사항 간에 균형을 맞춰야 한다(그래도 우선순위는 유지해야 한다). 이 상황은 하류 팀이 상류 팀에 필요한 사항을 부탁해야만 하는 초라한 동반자(poor-cousin) 관계와는 대조적이다.

2. 상류 팀이 하류 시스템을 망가뜨릴지도 모른다는 두려움 없이 코드를 수정하고 하류 팀이 지속적으로 상류 팀을 감시하지 않고도 자신의 작업에 집중할 수 있게 자동화된 테스트 스위트가 마련돼 있어야 한다.

계주에서 다음 주자는 바통을 전달받기 위해 줄곧 뒤를 돌아보면서 확인할 수는 없다. 주자는 바통 전달자가 정확하게 바통을 전달하리라는 사실을 신뢰할 수 있어야 하며, 그렇지 않다면 팀은 무력하게 와해되고 말 것이다.

예제

수송단가 분석 vs. 예약

이번에도 해운 예제로 돌아가 보자. 회사에서는 수익을 최대화하는 방법을 알아내고자 고도로 전문화된 팀을 꾸려서 회사 내부의 모든 예약 흐름을 분석하기로 했다. 팀 구성원들은 선박에 빈 공간이 있는지 확인하고 초과 예약을 권고할지도 모른다. 또는 선박이 조기에 산적화물(bulk freight)[4]로 채워져서 회사에서 더욱 수익성이 높은 특수 화물을 선적하지 못하고 있음을 알아낼지도 모른다. 이 경우 팀 구성원들은 이러한 유형의 화물을 위한 별도 공간을 준비하거나 산적화물에 대한 가격 인상을 권고할 수도 있다.

이 같은 분석을 위해 팀원들은 자체적으로 구축한 복잡한 모델을 사용할 것이다. 구현을 위해서는 분석 모델 구축을 위한 도구가 포함된 데이터 웨어하우스를 이용하고 상당한 양의 정보를 예약 애플리케이션에서 가져와야 한다.

처음부터 여기에는 두 개의 BOUNDED CONTEXT가 존재하는 것이 분명하다. 왜냐하면 팀원들이 서로 다른 구현 도구를 비롯해 특히 서로 다른 도메인 모델을 사용하기 때문이다. 그럼 이러한 도메인 모델 간의 관계는 어떠해야 할까?

이 경우 SHARED KERNEL이 논리적으로 타당한 것으로 보일 수도 있다. 이것은 수송단가 분석이 예약 모델의 일부와 관련돼 있고 모델이 화물과 가격 등의 개념과 일부 겹치기 때문이다. 하지만 서로 다른 구현 기술이 사용될 경우 SHARED KERNEL을 유지하기가 쉽지 않다. 그뿐만 아니라 수송단가 분석팀의 모델링 요구사항은 상당히 전문화돼 있어서 수송단가 분석팀에서는 지속적으로 모델을 고안하면서 대안 모델을 시도한다. 따라서 수송단가 분석팀은 예약 CONTEXT에서 필요한 바를 자신들의 CONTEXT로 번역하는 편이 한결 더 낫다. (한편, SHARED KERNEL을 사용할 수 있다면 번역을 수행해야 한다는 부담은 훨씬 가벼워질 것이다. 그럼에도 여전히 모델을 다시 구현하고 새로운 구현에 맞게 데이터를 번역해야 하나 모델이 동일하다면 데이터 이동이 단순해진다.)

예약 애플리케이션은 수송단가 분석에 의존하지 않는데, 이는 예약 애플리케이션에는 자동으로 정책을 조정할 의도가 없기 때문이다. 대신 인사 전문가가 의사결정을 내리고 이를 필요한 인력과 시스템에 전달할 것이다. 따라서 우리에게는 상류/하류 관계가 있는 셈이다. 하류에 필요한 사항은 다음과 같다.

---

4 (옮긴이) 개수의 개념이 없는 화물로서 모래, 석탄, 광석 등 일정한 규격의 포장을 하지 않고 수송하는 화물을 말한다.

1. 예약 연산에서 필요로 하지 않는 일부 데이터

2. 데이터베이스 스키마(또는 최소한 신뢰할 수 있는 변경사항 통지)나 내보내기 기능의 안정성

다행히도 예약 애플리케이션 개발팀의 프로젝트 관리자는 수송단가 분석팀을 지원할 필요성을 느꼈다. 그렇지만 이렇게 하는 것은 문제가 될 수도 있는데, 실제로 일별 예약을 수행하는 운영부서에서는 실질적으로 수송단가를 분석하는 이들이 아닌 여러 업무부서의 부사장에게 보고하기 때문이다. 하지만 고위 경영진이 수송단가 관리에 깊은 관심을 가지고 두 부서 간의 과거 협력문제를 파악하고 두 팀의 프로젝트 관리자가 한 사람에게 보고할 수 있게 소프트웨어 개발 프로젝트를 구성했다.

따라서 CUSTOMER/SUPPLIER DEVELOPMENT TEAM에 적용하기 위한 모든 요구사항이 갖춰진 셈이다.

나는 분석 소프트웨어 개발자와 운영 소프트웨어 개발자가 고객/공급자 관계를 맺고 있는 여러 곳에서 이 같은 방식으로 프로젝트가 진행되는 것을 본 적이 있다. 상류 팀 구성원이 자신의 역할을 고객을 위해 일하는 것으로 생각했을 때 모든 일이 대체로 잘 진행됐다. 이 같은 관계는 거의 대부분 비공식적으로 구성됐으며, 각 경우 두 프로젝트 관리자 사이의 개인적인 관계와 마찬가지로 적절하게 관계가 맺어졌다.

나는 XP 프로젝트에서 각 반복주기 동안 하류 팀의 대표가 고객의 역할로 "계획 게임(planning game)"을 수행하고, 반복주기 계획상의 작업을 협상하기 위해 전통적인 고객 대표(애플리케이션 기능의)와 협상하는 식으로 이러한 관계가 맺어지는 것을 본 적이 있다. 이 프로젝트는 규모가 작은 회사에서 진행됐기에 가장 근접한 공통의 상관이 보고체계상 멀리 떨어져 있지 않았다. 그 결과 이 프로젝트는 훌륭한 성과를 거뒀다.

�֎ ✖ ✖

고객과 공급자로 구성된 두 팀이 같은 경영진 휘하에서 목적을 공유하거나, 또는 다른 기업에서 사실상 이러한 역할을 담당한다면 CUSTOMER/SUPPLIER TEAM이 성공할 가능성이 더욱 높아진다. 그러나 상류 팀에 동기부여할 사항이 아무것도 없다면 상황은 전혀 달라진다……

CONFORMIST
(준수자)

상류/하류 관계에 있는 두 팀이 효과적으로 같은 조직의 지시를 받지 않는다면 CUSTOMER/
SUPPLIER TEAM과 같은 협력 패턴이 원활하게 작용하지 않는다. 어설프게 협력 패턴을 적용하
려고 하면 하류 팀은 곤경에 빠지고 말 것이다. 이런 상황은 회사에서 두 팀이 관리계층상 멀리 떨
어져 있거나 규모가 큰 회사 내부에서 공동 관리자가 두 팀의 관계에 무관심할 경우 발생할 수 있
다. CUSTOMER의 업무가 SUPPLIER에게 그다지 중요하지 않다면 서로 다른 회사 간에도 이러
한 현상이 발생할 수 있다. 아마도 SUPPLIER는 많은 수의 소규모 CUSTOMER와 관계를 유지하
고 있거나 SUPLLIER가 시장 방향성을 수정함으로써 더는 과거 CUSTOMER에게 투자할 가치
를 못 느끼고 있을지도 모른다. SUPPLIER의 운영상태가 불안정일 수도 있다. 어쩌면 이미 사업을
접었을지도 모른다. 이유야 어쨌든 현실은 하류 팀이 독자적인 길을 가고 있다는 것이다.

두 개발 팀이 상류/하류 관계를 맺고 있고 상류 팀이 하류 팀의 필요성을 충족시킬 충분한 동
기를 느낄 수 없다면 하류 팀은 속수무책으로 무력해질 수밖에 없다. 이타주의를 발판 삼아 상
류 개발자들이 약속을 할 수는 있어도 그 약속을 이행할 가능성은 희박하다. 상류 팀의 선한 의
도를 신뢰한 하류 팀은 결코 사용할 수 없을 기능을 기반으로 계획을 작성하게 된다. 결국 현재
주어진 것만으로 진행해야 한다는 사실을 깨닫게 되기까지 하류 팀의 프로젝트는 지연될 것이
다. 아울러 하류 팀의 필요에 맞춰진 인터페이스는 존재하지도 않을 것이다.

이 상황에서 택할 수 있는 길이 세 가지 있다. 하나는 상류 팀에서 제공하는 기능의 사용을 전적으로 포기하는 것이다. 이 방안은 상류 팀이 하류 팀의 요구를 충족시킬 거라는 가정은 하지 않은 채 현실적인 평가가 수반돼야 한다. 종종 상류 팀에서 제공하는 기능의 가치를 과대평가하거나 상류 팀에 의존함으로써 따르는 비용을 과소평가하는 경향이 있다. 하류 팀이 상류 팀과의 관계를 끊기로 결정했다면 하류 팀은 각자 SEPARATE WAYS로 나아가는 것이다(SEPARATE WAYS는 본 장의 후반부에서 다룬다).

가끔 상류 소프트웨어를 사용하는 데서 얻는 가치가 너무 커서(또는 팀에 변경할 권한이 없는 정치적인 결정으로) 의존관계를 유지해야 할 때가 있다. 이 경우 두 가지 길이 있다. 선택은 상류 팀이 제작한 소프트웨어 설계의 품질과 스타일에 달려 있다. 캡슐화가 잘 돼 있지 않거나 추상화가 어색하거나, 팀이 따를 수 없는 패러다임으로 모델링돼 있거나 하는 등 설계를 사용하기가 너무 어렵다면 하류 팀은 자체적인 모델을 만들고자 할 것이다. 이 경우 복잡해질 가능성이 있는 번역 계층을 개발하고 유지보수할 책임을 전부 맡아야 한다(이어서 설명할 ANTICORRUPTION LAYER를 참고).

다른 한편으로 품질이 그렇게 떨어지지 않고 합리적으로 두 형식을 모두 수용할 수 있다면 전적으로 독립적인 모델을 포기하는 것이 최선일지도 모른다. 이런 상황에 CONFORMIST가 필요하다.

준수가 항상 나쁜 것은 아니다

거대한 인터페이스를 제공하는 기성 컴포넌트를 사용할 경우 일반적으로 해당 컴포넌트에 포함된 암시적인 모델을 준수(CONFORM)해야 한다. 팀 조직과 통제에 근거해서 판단하면 컴포넌트와 애플리케이션은 의심할 여지 없이 서로 다른 BOUNDED CONTEXT이므로 소소한 포맷 변환을 위한 어댑터(adapter)가 필요할 수도 있지만 모델은 동일해야 한다. 그렇지 않다면 컴포넌트를 보유하는 가치에 대해 의심해봐야 한다. 이렇게 할 가치가 충분하다면 설계상에는 면밀하게 탐구되고 조사된 지식이 존재할 것이다. 컴포넌트가 담당하는 범위는 좁기 때문에 여러분이 이해하는 것보다 더 발전된 지식이 담겨 있을지도 모른다. 여러분의 모델은 컴포넌트의 범위 이상으로 확장될 것이고 여러분만의 자체적인 개념은 모델 내의 다른 부분을 대상으로 발전할 것이다. 그러나 이 둘이 연결되는 지점에서 여러분의 모델은 컴포넌트의 모델을 따르는 CONFORMIST가 된다. 이로써 사실상 더 나은 설계로 나아갈 수 있다.

컴포넌트와 관련된 인터페이스가 차지하는 부분이 작다면 단일 모델을 공유하지 않아도 무방하며, 이 경우 번역이 실용적인 대안이 될 수 있다. 그러나 인터페이스가 거대하고 통합이 좀 더 중요하다면 일반적으로 선도자를 따르는 편이 타당하다.

그러므로

맹목적으로 상류 팀의 모델을 준수해서 BOUNDED CONTEXT 간의 번역에 따른 복잡도를 제거하라. CONFORMIST를 따를 경우 하류 팀 설계자들의 설계 형식이 상류 팀에 속박되고 애플리케이션을 위한 이상적인 모델을 만들지는 못해도 통합 자체는 매우 단순해질 수 있다. 또한 SUPPLIER 팀과 UBIQUITOUS LANGAUGE를 공유할 수 있다. SUPPLIER가 주도적인 위치에 있으므로 SUPPLIER를 위해 의사소통을 용이하게 하는 것이 좋다. SUPPLIER가 여러분과 정보를 공유하게 하는 데 필요한 것은 이타주의 정도면 충분할 것이다.

이러한 의사결정은 상류 팀에 대한 의존성을 심화하고 애플리케이션을 상류 팀이 보유한 모델에서 제공하는 능력(순수하게 기존 모델에 추가해서 향상시킬 수 있는 부분을 더한) 범위 내로 제한한다. 이것은 감정적으로는 매력적이지 않은 선택인데, 이 때문에 정작 필요한 상황에서도 CONFORMIST를 택하지 않곤 한다.

이와 같은 타협점을 받아들이기 힘들지만 상류 팀에 대한 의존 역시 필수불가결한 상황이라면 아직도 두 번째 대안이 남아 있다. 이후에 논의할 변환 맵 구현을 위한 적극적인 접근법인 ANTICORRUPTION LAYER를 구축해서 최대한 스스로를 보호한다.

❋　❋　❋

CONFORMIST는 동일한 모델을 이용하는 영역과 추가를 통해 모델을 확장한 영역, 다른 모델이 영향을 미치는 영역을 보유한다는 점에서 SHARED KERNEL과 유사하다. 두 패턴 간의 차이점은 의사결정과 개발 과정에 있다. SHARED KERNEL이 밀접하게 조율하는 두 팀 간의 협력관계를 다룬다면 CONFORMIST는 협력에 관심이 없는 팀과의 통합 문제를 다룬다.

지금까지 매우 협력지향적인 SHARED KERNEL이나 CUSTOMER/SUPPLIER DEVELOPMENT TEAM부터 편향적인 CONFORMIST에 이르기까지 BOUNDED CONTEXT 간의 통합과 관련된 다양한 스펙트럼의 협력관계를 다뤘다. 이제 마지막으로 다른 애플리케이션에는 협력이나 유용한 설계가 존재하지 않는다고 가정하는 더 비관적인 관점의 협력관계를 살펴보겠다.

ANTICORRUPTION LAYER (오류 방지 계층)

새로운 시스템은 대부분의 경우 자체적인 모델을 보유한 레거시나 타 시스템과 통합돼야 한다. 협력이 원활한 팀 간에 잘 설계된 BOUNDED CONTEXT를 연결하면 번역 계층은 단순하면서도 심지어 우아해질 수도 있다. 그러나 경계의 다른 측면에서 누수가 발생하기 시작하면 번역 계층은 좀더 방어적인 형태를 취할지도 모른다.

다른 시스템과 상호작용하기 위한 거대한 인터페이스를 보유한 새로운 시스템을 구축할 경우 두 모델을 연계하는 데 따르는 어려움 때문에 임시방편으로 새로운 모델을 다른 시스템의 모델과 유사해지게끔 수정해서 새로운 모델의 의도가 전체적으로 매몰돼 버릴 수 있다. 레거시 시스템의 모델은 취약하고, 심지어 예외적으로 잘 설계된 경우라도 현재 프로젝트의 필요에 적합하지 않은 경우가 대부분이다. 그러나 통합을 거쳐 커다란 가치를 얻을지도 모르고 어떤 경우에는 통합이 절대적인 요구사항인 경우도 있다.

해법은 다른 시스템과의 모든 통합을 회피하는 데 있지 않다. 나는 사람들이 열광적으로 매달렸던 모든 레거시를 교체하는 프로젝트에 참여한 적이 있었지만 이런 교체 작업은 한 번에 끝내기에는 그 규모가 너무나도 크고 방대하다. 게다가 현행 시스템과의 통합은 가치 있는 재사용의 한 형태다. 대형 프로젝트에서 하나의 하위 시스템은 다른 여러 독립적으로 개발된 하위 시스템과 상호작용해야 한다. 이러한 하위 시스템은 문제 도메인을 각기 다른 식으로 반영할 것이다. 서로 다른 모델을 기반으로 작성된 시스템을 조합할 경우 새로운 시스템이 다른 시스템의 의미에 적절하게 순응해야 한다는 필요성으로 새로운 시스템 자체의 모델이 붕괴 상태에 이를 수도 있다. 다른 시스템이 훌륭하게 설계돼 있는 경우라고 해도 그러한 시스템은 클라이언트와 **동일한** 모델을 기반으로 하지는 않는다. 그리고 다른 시스템의 설계가 훌륭한 경우는 흔치 않다.

외부 시스템을 통합하는 작업에는 무수히 많은 장애물이 가로막고 있다. 예를 들어, 인프라스트럭처 계층은 다른 플랫폼을 기반으로 하거나 다른 프로토콜을 사용하는 별개의 시스템과 통신하는 수단을 제공해야 한다. 다른 시스템에서 사용하는 데이터 타입은 반드시 현재 시스템의 데이터 타입으로 변환해야 한다. 그러나 종종 간과되는 점은 확실히 다른 시스템이 동일한 개념적인 도메인 모델을 사용하지 않는다는 것이다.

한쪽 시스템으로부터 데이터를 전달받은 다른 시스템이 이를 잘못 해석하면 분명 오류가 발생할 것이다. 나아가 데이터베이스가 손상될 수도 있다. 그럼에도 이런 유형의 문제가 슬금슬금 발생하는 이유는 우리가 모호하지 않으면서도 두 시스템 간에 동일한 의미를 지니는 원시 데이터를 전송하고 있다고 생각하기 때문이다. 미묘하지만 중요한 의미상의 차이는 데이터가 각 시스템과 연관되는 방식에서 기인한다. 비록 원시 데이터 요소가 두 시스템상에서 완전히 동일한 의미를 띠지 않는다고 해도 다른 시스템에 대한 인터페이스를 그와 같은 저수준에서 운영되게 만드는 것은 대개 실수로 볼 수 있다. 저수준 인터페이스를 사용하면 데이터를 표현하고 데이터의 값과 관계를 제약하는 모델의 힘이 사라지는 동시에 새로운 시스템에 자신의 모델에서 사용하지도 않는 용어를 사용해서 원시 데이터를 해석해야 하는 부담마저 생긴다.

외부 모델에 포함된 충분히 이해하지 못한 요소 탓에 모델이 손상되지 않게끔 다른 모델을 따르는 부분 간에 번역을 수행할 필요가 있다.

그러므로

클라이언트 고유의 도메인 모델 측면에서 기능을 제공할 수 있는 격리 계층을 만들어라. 격리 계층은 기존에 이미 존재하는 인터페이스를 거쳐 다른 시스템과 통신하므로 다른 시스템을 거의 수정하지 않아도 된다. 해당 계층에서는 내부적으로 필요에 따라 두 모델을 상대로 양방향으로 번역을 수행한다.

�֍ ✷ ✷

이처럼 두 시스템을 연결하는 측면에 관해 논의하다 보면 한 쪽 프로그램에서 다른 쪽 프로그램으로, 또는 한 쪽 서버에서 다른 쪽 서버로 데이터를 전송하는 것과 관련된 문제가 떠오를 것이다. 여기서는 기술적인 통신 메커니즘의 통합에 관해서는 간략하게만 다루겠다. 하지만 이와 관련된 세부적인 내용을 다른 시스템으로 메시지를 전송하기 위한 메커니즘과는 무관한 ANTICORRUPTION LAYER와 혼동해서는 안 된다. 오히려 ANTICORRUPTION LAYER는 개념적인 객체와 행위를 하나의 모델과 프로토콜에서 다른 모델과 프로토콜로 변환하기 위한 메커니즘에 해당한다.

ANTICORRUPTION LAYER는 그 자체만으로도 복잡한 소프트웨어 구성요소가 될 수 있다. 이어서 ANTICORRUPTION LAYER를 설계할 때 고려해야 할 사항을 간략하게 설명하겠다.

ANTICORRUPTION LAYER의 인터페이스 설계

ANTICORRUPTION LAYER의 공용 인터페이스는 간혹 ENTITY의 형태를 띠기도 하지만 보통 SERVICE의 집합으로 표현된다. 두 시스템의 의미체계 간 번역을 담당하는 전반적으로 새로운 계층을 구축하다 보면 타 시스템의 행위를 새롭게 추상화하고 현재 시스템에 제공되는 타 시스템의 서비스와 정보를 현재 모델에 일관성 있게 제공할 기회를 얻을 수도 있다. 외부 시스템을 우리의 모델 내에서 단일 컴포넌트로 표현한다는 것은 말이 되지 않는다. 우리의 모델 관점에서 응집력 있는 책임을 맡는 여러 개의 SERVICE(또는 간혹 ENTITY)를 사용하는 것이 최선의 방법이다.

ANTICORRUPTION LAYER의 구현

ANTICORRUPTION LAYER의 설계를 구성하는 한 가지 방법은 여러 시스템 간의 상호작용에 필요한 통신 및 전송 메커니즘과 FACADE, ADAPTER(어댑터, Gamma et al. 1995), 번역기를 조합하는 것이다.

종종 크고 복잡하며, 뒤죽박죽인 인터페이스가 포함된 시스템을 통합해야 할 때가 있다. 이것은 구현 쟁점으로서, ANTICORRUPTION LAYER 사용의 필요성을 절감케 하는 개념적 모델 간의 차이와 관련된 쟁점은 아니지만 ANTICORRUPTION LAYER를 만들려고 할 때 그와 같은 문제에 직면할 것이다. 한쪽 모델에서 다른 모델로 번역하는 것(특히 한쪽 모델의 경계가 모호한 경우)은 상호작용하기 어려운 하위 시스템의 인터페이스를 동시에 다루지 않고서는 힘든 일이다. 다행히도 FACADE의 역할이 바로 그것이다.

FACADE는 하위 시스템에 대한 클라이언트의 접근을 단순화하고 더 쉽게 하위 시스템을 사용할 수 있게 만들어주는 대안 인터페이스에 해당한다. 우리는 사용하고자 하는 다른 시스템의 기능을 정확히 숙지하고 있으므로 이러한 기능에 접근하는 것을 촉진하고 능률화하며, 그 밖의 것은 감추는 FACADE를 만들어낼 수 있다. FACADE는 기저 시스템의 모델을 변경하지 않는다. FACADE는 다른 시스템의 모델에 따라 엄격하게 작성해야 한다. 그렇지 않으면 기껏해야 번역 책임이 다양한 객체로 확산되어 FACADE에 부담이 생길 것이고, 최악의 경우 다른 시스템이나 여러분만의 BOUNDED CONTEXT에 속하지 않는 또 다른 모델이 만들어질 것이다. FACADE는 다른 시스템의 BOUNDED CONTEXT에 속한다. 이러한 FACADE는 여러분의 요구에 맞게 특화된 더욱 친근한 외양을 제공할 뿐이다.

ADAPTER는 행위를 구현하는 측에서 이해한 것과 다른 프로토콜을 클라이언트에서 사용하게 해주는 래퍼(wrapper)에 해당한다. 클라이언트에서 ADAPTER에 메시지를 전송하면 메시지는 의미상 동등한 메시지로 변환되어 "어댑티(adaptee)"에 전송된다. 즉, 응답이 변환되어 재전송되는 것이다. 나는 **"어댑터"**라는 용어를 약간 포괄적으로 사용하고 있는데, 『디자인 패턴』에서는 클라이언트에서 예상하는 표준 인터페이스를 준수하는 래핑된 객체를 제작하는 데 주력하지만 여기서는 인터페이스를 적절히 개조해서 사용하기로 했으며, 어댑티는 객체가 아닐 수도 있기 때문이다. 여기서는 두 모델의 번역에 중점을 두지만 이 또한 어댑터의 목표에 부합한다고 본다.

우리가 정의하는 각 SERVICE에는 SERVICE의 인터페이스를 지원하고 다른 시스템이나 해당 시스템의 FACADE에 상응하는 요청을 수행하는 법을 알고 있는 어댑터가 필요하다.

이제 남은 요소는 번역기다. ADAPTER가 하는 일은 요청 방법을 파악하는 데 있다. 개념 객체나 데이터의 실제 변환은 자체적인 객체에 둘 수 있는 개별적이고 복잡한 작업이며, 변환을 거쳐 개념 객체나 데이터를 모두 쉽게 이해할 수 있다. 번역기는 필요할 때 인스턴스화되는 경량 객체일 수도 있다. 번역기는 ADAPTER에 속하므로 아무런 상태도 필요하지 않으며 분산될 필요도 없다.

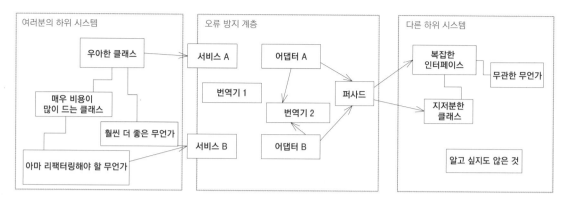

그림 14-8 | ANTICORRUPTION LAYER의 구조

아래는 ANTICORRUPTION LAYER를 작성하는 데 사용하는 기본 요소를 나열한 것이다. 이 밖에도 몇 가지 고려해야 할 사항이 있다.

- 대체로 설계 중인 시스템(여러분의 하위 시스템)은 그림 14.8에 나와 있는 것처럼 행위를 일으킨다. 하지만 다른 하위 시스템에서 여러분의 하위 시스템 중 일부를 요청하거나 이벤트를 통보해야 하는 경우도 있다. ANTICORRUPTION LAYER는 양방향일 수도 있으며, 자체적인 ADAPTER를 토대로 인터페이스 양측에 대한 SERVICE를 정의하는데, 잠재적으로는 대칭적인 번역을 거쳐 동일한 번역기를 이용한다. 대개 ANTICORRUPTION LAYER를 구현할 때 다른 하위 시스템이 바뀔 필요는 없지만 다른 시스템에서 ANTICORRUPTION LAYER의 SERVICE를 호출할 수 있게 바뀌어야 할지도 모른다.

- 보통 두 하위 시스템을 연결하려면 특정한 통신 메커니즘이 필요한데, 이러한 통신 메커니즘은 별도의 서버에 존재할 수도 있다. 이 경우 통신상 연결이 이뤄지는 지점을 결정해야 한다. 다른 하위 시스템에 접근할 수 없을 때는 FACADE와 다른 하위 시스템을 연결해야 할 수도 있다. 그러나 FACADE를 다른 하위 시스템에 직접 통합하는 경우에는 ADAPTER와 FACADE 사이에 통신 연결을 두는 것이 바람직한 대안인데, 이는 FACADE의 프로토콜이 그것이 감싸고 있는 것에 비해 단순하기 때문이다. 또한 전체 ANTICORRUPTION LAYER가 다른 하위 시스템과 공존하며, 여러분의 하위 시스템과 ANTICORRUPTION LAYER의 인터페이스를 구성하는 SERVICE 사이에 통신 연결이나 분배 메커니즘을 두는 경우도 있을 것이다. 이 같은 구현 및 배치와 관련된 의사결정은 실용적으로 내려야 하며, ANTICORRUPTION LAYER의 개념적 역할과 아무런 관련이 없다.

- 다른 하위 시스템에 접근할 수 있다면 해당 접근 지점을 상대로 약간의 리팩터링을 거쳐 업무가 더욱 간편해질지도 모른다. 특히 가능한 한 자동화 테스트부터 시작하고 여러분이 사용할 기능에 대해 좀더 명시적인 인터페이스를 작성하려고 노력한다.

- 통합을 위한 요구사항이 광범위할수록 번역에 따르는 비용이 높아진다. 번역을 더욱 용이하게 하려면 설계 중인 시스템 가운데 외부 시스템에 근접한 모델을 선택할 필요가 있다. 통합은 모델의 무결성을 훼손하지 않도록 매우 조심스럽게 이뤄져야 한다. 이는 걷잡을 수 없을 정도로 번역이 어려워질 때 선택적으로 택할 수 있는 방안에 불과하다. 이 같은 접근법이 문제에 대한 가장 자연스러운 해결책으로 여겨진다면 하위 시스템을 CONFORMIST 패턴으로 만들어 번역을 제거하는 방법도 고려해본다.

- 다른 하위 시스템이 단순하거나 해당 하위 시스템에 포함돼 있는 인터페이스가 깔끔하다면 FACADE가 필요하지 않을지도 모른다.

- 기능이 **두 하위 시스템의 관계에만 국한된다면** ANTICORRUPTION LAYER에 해당 기능을 추가할 수 있다. 이러한 기능으로는 외부 시스템 사용에 대한 감사 추적이나 다른 인터페이스 호출을 디버깅하기 위한 추적 로직이 있다.

한 가지 기억해둘 점은 ANTICORRUPTION LAYER가 두 BOUNDED CONTEXT를 잇는 수단이라는 것이다. 보통 우리는 시스템을 다른 누군가가 작성한 것으로 생각하기 때문에 시스템에 대한 이해가 부족하고 시스템에 대한 통제력이 거의 없다. 하지만 이러한 상황에서만 하위 시스템 간의 빈틈 채우기(padding)가 필요한 것은 아니다. 여러 하위 시스템이 서로 다른 모델을 기반으로 한다면 여러분이 직접 설계한 두 하위 시스템을 ANTICORRUPTION LAYER로 연결하는 것이 타당한 상황도 있다. 이 경우 여러분은 양측을 완전히 통제할 수 있을 테고 단순한 번역 계층을 사용해도 된다. 하지만 두 BOUNDED CONTEXT가 SEPARATE WAYS로 향하고 있음에도 여전히 기능 통합이 필요하다면ANTICORRUPTION LAYER를 토대로 두 BOUNDED CONTEXT 간의 마찰을 줄일 수 있다.

예제

레거시 예약 애플리케이션

규모가 작은 첫 번째 릴리스를 확보하고자 우리는 선적이 가능한 최소한의 애플리케이션을 작성한 다음 해당 애플리케이션을 예약에 대한 번역 계층을 통해 레거시 시스템에 전달해서 운영업무를 지원할 것이다. 특히 우리가 구축한 번역 계층은 레거시 설계로부터 현재 개발 중인 모델을 보호하기 위한 것이므로 이러한 번역 계층이 바로 ANTICORRUPTION LAYER에 해당한다.

초기에는 ANTICORRUPTION LAYER에서 해운을 나타내는 객체를 받아들여 변환한 다음, 이를 레거시 시스템에 전달해서 예약을 의뢰한 후 확인 과정을 거쳐 해당 객체를 새로운 설계의 예약 확인 객체로 재번역한다. 이러한 격리 탓에 번역에 상당한 투자를 해야겠지만 주로 기존 애플리케이션과는 구분되는 새로운 애플리케이션을 개발할 수 있다.

이어지는 후속 릴리스마다 새로운 시스템은 차후 의사결정에 따라 레거시 시스템의 여러 기능을 인계받아 기존 기능을 대체하지 않고도 새로운 가치만 더할 수가 있다. 이 같은 유연성을 비롯해 점진적인 전환이 이뤄지는 동안 결과 시스템을 계속해서 운영할 수 있다는 것은 ANTICORRUPTION LAYER를 구축하는 데 따르는 비용을 상쇄할 만한 가치가 있을 것이다.

교훈적인 이야기

고대 중국인들은 인접한 유목민족의 습격으로부터 변방을 방어할 목적으로 만리장성을 쌓았다. 만리장성이 침투가 불가능한 장벽은 아니지만 만리장성은 침략을 비롯해 그 밖의 원치 않는 세력을 저지하는 한편 인접국가와의 적절히 통제된 통상을 가능하게 해줬다. 2천 년 동안 만리장성은 중국의 농업 인구가 외부의 혼란으로 동요되지 않게 하는 경계 역할을 수행했다.

만리장성이 없었다면 중국에 그렇게 독특한 문화가 형성되지 않았겠지만 만리장성을 쌓는 데 든 막대한 경비로 적어도 하나 이상의 왕조가 파산으로 몰락했다. 고립 전략으로 얻을 수 있는 이점은 비용과의 균형을 유지해야 한다. 고립 전략이 실용적이면서도 모델에 알맞게 만들어지는 데는 시간이 들며, 그런 다음에야 외부의 전략과 원활하게 조화될 수 있다

단일 BOUNDED CONTEXT 내의 CONTINUOUS INTEGRATION에서부터 SHARED KERNEL이나 CUSTOMER/SUPPLIER DEVELOPMENT TEAM의 좀더 저조한 참여를 거쳐, CONFORMIST의 편향성과 ANTICORRUPTION LAYER의 방어적인 태도에 이르기까지 모든 통합에는 비용이 수반되기 마련이다. 통합은 매우 가치 있는 것일 수도 있지만 통합에는 언제나 비용이 많이 든다. 우리는 통합이 정말로 필요한 것인지 확인해보는 과정을 거쳐야 한다……

SEPARATE WAYS
(각자의 길)

우리는 철저하게 요구사항들을 조사해야 한다. 두 기능 간의 관계가 필수적인 것이 아니라면 두 기능은 서로 관계를 끊을 수도 있다.

✼ ✼ ✼

통합에는 언제나 비용이 많이 든다. 때로는 통합의 혜택이 적은 경우도 있다.

팀이 협력하는 데 통상적으로 드는 비용과 함께 통합은 절충안을 마련할 것을 강요한다. 한 가지 특정한 요구만 충족할 수 있는 단순하고 특화된 모델은 모든 상황을 처리할 수 있는 더욱 추상적인 모델에 이르는 길을 제시해야 한다. 어쩌면 어떤 완전히 다른 기술을 이용해 특정 기능을 아주 쉽게 제공할 수도 있겠지만, 이를 통합하기란 쉽지 않다. 아니면 어떤 팀은 다른 팀이 그 팀과 협업하고자 노력하는 사이 아무런 일도 제대로 되지 않는 힘든 시간을 보내고 있을지도 모른다.

여러 상황에서 통합은 커다란 혜택을 제공하지 못한다. 두 기능적 요소가 서로의 기능을 필요로 하지 않거나, 두 요소에 모두 관여하는 객체 간의 상호작용이 필요한 경우, 또는 두 요소의 연산이 실행 중인 가운데 데이터를 공유해야 할 경우 비록 번역 계층을 통한 것이라고 해도 통합할 필요가 없을지도 모른다. 이것은 단순히 유스 케이스와 관련된 기능이라 해서 그것이 반드시 통합돼야 한다는 의미는 아니기 때문이다.

그러므로

BOUNDED CONTEXT가 다른 것과 아무런 관계도 맺지 않도록 선언해서 개발자들이 이 작은 범위 내에서 단순하고 특화된 해결책을 찾을 수 있게 하라.

그럼에도 미들웨어나 UI 계층에 기능을 구성할 수도 있는데, 거기엔 어떠한 로직도 공유되지 않으며 절대적으로 최소한의 데이터만이 번역 계층을 거쳐 전송될 것이다(아니면 아무런 데이터도 전송되지 않을 것이다).

예제

보험 프로젝트의 경비 절감

한 프로젝트 팀이 고객 서비스 상담직원과 보험배상 조정관이 필요로 하는 것을 모두 하나의 시스템으로 통합하는 새로운 보험금 관련 소프트웨어 개발에 착수했다. 일 년간의 노력 끝에 팀 구성원들은 난관에 부딪쳤다. 분석은 정체되고 인프라에 대한 초기 투자 탓에 점점 조급해져만 가는 경영진에게 아무것도 보여줄 것이 없었던 것이다. 더 심각한 문제는 그 팀에서 하고자 했던 일의 범위가 그 팀을 압도해 버린 것이었다.

새 프로젝트 관리자는 모든 이들을 일주일 동안 한 방에 모아 놓고 새로운 계획을 짜게 했다. 팀원들은 가장 먼저 요구사항 목록을 만들고 진행상 어려운 점을 추정하고 우선순위를 할당하고자 했다. 그 과정에서 어려운 일과 중요하지 않은 일은 가차없이 잘라냈다. 그런 다음 팀원들은 남은 목록을 실행에 옮기기 시작했다. 그 한 주 사이에 그 방에서는 여러 가지 현명한 결정이 내려졌지만, 결국 한 가지 일만이 중요한 것으로 밝혀졌다. 바로 일정 시점에서 **어떤 기능은 통합을 하더라도 얻을 수 있는 부가 가치가 거의 없었다**는 점이었다. 이를테면, 보험배상 조정관은 일부 기존 데이터베이스에 접근할 필요가 있었는데, 현재 해당 데이터베이스의 데이터에 접근하는 방식은 굉장히 불편했다. **그러나 사용자들에게는 이 데이터가 필요했지만 제안된 소프트웨어 시스템의 기능 가운데 그 데이터를 사용하는 것은 아무것도 없었다.**

팀 구성원들은 손쉽게 데이터에 접근하는 다양한 방법을 제안했다. 일례로, 중요 보고서는 HTML로 내보내서 인트라넷에 올릴 수 있게 됐다. 또 다른 경우로 보험배상 조정관들은 표준 소프트웨어 패키지로 만들어진 특화된 질의를 쓸 수 있게 됐다. 이러한 모든 기능은 인트라넷 페이지에 링크를 추가하거나 사용자의 데스크톱 컴퓨터에 버튼을 두는 방식으로 통합이 가능해졌다.

프로젝트 팀에서는 같은 메뉴에서 실행하는 것 이외의 통합은 없게 하는 소규모 프로젝트를 시작했다. 갖가지 유용한 기능이 거의 하룻밤 사이에 만들어졌다. 이러한 부가적인 기능을 떨쳐냄으로써 한동안은 주요 애플리케이션을 인도할 수 있으리라는 희망을 줄 것만 같은 요구사항만이 추려졌다.

그런 식으로 끝날 수도 있었지만 아쉽게도 그 팀은 예전의 습관으로 슬그머니 되돌아갔다. 팀이 다시 스스로를 정체시킨 것이다. 결국, 그 팀이 유일하게 남긴 것은 SEPARATE WAYS가 되어버린 여러 개의 작은 애플리케이션뿐이었다.

SEPARATE WAYS를 취할 경우 일부 대안은 사전에 차단된다. 지속적인 리팩터링을 토대로 결국에는 결정한 바를 모두 되돌릴 수 있다고 해도 완벽하게 격리된 상태에서 개발된 모델을 병합하기란 대단히 어려운 일이다. 결국 통합이 필요한 것으로 밝혀진다면 번역 계층이 필요할 것이며, 번역 계층은 복잡할지도 모른다. 물론, 어쨌든 이것은 여러분이 감당해야 할 몫이다.

이제, 좀더 협동적인 관계로 돌아서서 통합을 확대할 수 있는 방법을 모색해 보자……

OPEN HOST SERVICE
(공개 호스트 서비스)

일반적으로 각 BOUNDED CONTEXT마다 통합해야 할 각 외부 CONTEXT의 구성요소에 대한 번역 계층을 정의할 것이다. 통합이 일회성으로 일어나는 경우라면 각 외부 시스템에 대한 번역 계층을 삽입하는 이 같은 접근법을 토대로 최소한의 비용으로 모델이 손상되는 것을 방지할 수 있다. 하지만 하위 시스템을 필요로 하는 곳이 많다면 좀더 유연한 접근법이 필요할지도 모른다.

✖ ✖ ✖

어떤 하위 시스템을 다른 여러 하위 시스템과 통합해야 할 경우 각 하위 시스템에 대한 번역기를 조정한다면 팀 전체가 교착 상태에 빠질 수 있다. 변경이 발생할 때는 유지보수하고 걱정해야 할 일이 더욱 더 많은 법이다.

팀에서는 같은 일을 계속 반복하고 있을지도 모른다. 하위 시스템에 일관성이 있다면 그와 같은 일관성을 다른 하위 시스템에 대한 공통의 요구사항을 포괄하는 일련의 SERVICE로 설명하는 것도 가능할 것이다.

여러 팀에서 이해하고 사용할 수 있을 정도로 깔끔한 프로토콜을 설계하는 일은 훨씬 어려워서 하위 시스템의 자원을 일련의 응집력 있는 서비스로 설명할 수 있고 통합이 상당수 이뤄진 경우에만 성과가 나타난다. 이러한 상황에서는 유지보수 모드와 개발을 지속하는 것 사이에 차이가 날 수 있다.

그러므로

하위 시스템 접근과 관련된 프로토콜을 일련의 SERVICE로 정의하라. 프로토콜을 공개해서 개발 중인 시스템과 통합하고자 하는 모든 이들이 해당 프로토콜을 사용할 수 있게 하라. 새로운 통합 요구사항을 처리하게끔 프로토콜을 개선하고 확장하되 특정한 한 팀에서 요청해 오는 독특한 요구사항은 제외하라. 그와 같은 특수한 경우에는 일회성 번역기로 프로토콜을 보강해서 공유 프로토콜을 단순하고 일관되게 유지하라.

�֎ ✖ ✖

이러한 의사소통의 정형화는 SERVICE 인터페이스의 토대가 되는 일부 공유 모델의 어휘를 내포한다. 그 결과 다른 하위 시스템이 OPEN HOST의 모델과 결합되며, 다른 팀에서는 HOST 팀에서 사용하는 특정한 표현 방식을 배워야만 한다. 경우에 따라서는 잘 알려진 PUBLISHED LANGUAGE(공표된 언어)를 교환 모델로 사용해서 결합이 줄어들고 쉽게 이해할 수 있을 때도 있다……

PUBLISHED LANGUAGE
(공표된 언어)

두 BOUNDED CONTEXT의 모델 간에 이뤄지는 번역에는 공통의 언어가 필요하다.

�֎   �֎   ✖

두 도메인 모델이 반드시 공존해야 하고 정보가 둘 사이에서 오가야 할 경우 번역 과정 자체가 복잡해져서 모델을 문서화하고 이해하기가 힘들어질 수 있다. 새로운 시스템을 구축하고 있다면 새로운 모델이 최선일 것이므로 대개 새 모델의 측면에서 직접적으로 번역해야 할 것으로 생각할 것이다. 하지만 때로는 기존 시스템을 개선해서 이를 통합하기도 한다. 다른 모델에 비해 혼잡스러운 모델 하나를 고르는 편이 두 개의 고약한 모델 가운데 조금 덜 고약한 쪽을 고르는 것일지도 모른다.

또 다른 상황, 즉 업무상 서로 정보를 교환해야 할 때는 어떻게 할 것인가? 한 쪽이 다른 쪽의 도메인 모델을 채택하길 바라는 것은 비현실적이며 쌍방 모두에게 바람직하지 못한 일일지도 모른다. 도메인 모델은 그것을 사용하는 이의 문제를 해결할 목적으로 개발되며, 그러한 모델에는 다른 시스템과의 의사소통을 불필요하게 복잡하게 하는 기능이 포함돼 있을지도 모른다. 게다가 여러 애플리케이션 가운데 한 애플리케이션을 기반으로 하는 모델이 의사소통의 수단으로 사용된다면 이러한 모델은 새로운 요구사항을 충족하기 위해 자유로이 변경할 수 없겠지만 현재 이뤄지는 의사소통을 지원하기에는 매우 안정적일 것이다.

기존 도메인 모델로 직접 번역하거나 기존 모델에서 직접 번역해 오는 것은 좋은 해결책이 아닐지도 모른다. 그러한 모델은 지나치게 복잡하거나 아니면 제대로 도출된 것이 아닐 수도 있으며, 아마 문서화돼 있지 않을 것이다. 한 모델을 데이터 교환 언어로 사용한다면 해당 모델은 본질적으로 굳어질 테고 새로운 개발 요구사항에 대응하지 못할 것이다.

OPEN HOST SERVICE에서는 여러 측의 통합을 위해 표준화된 프로토콜을 사용한다. 해당 모델이 시스템의 내부에서 사용되고 있지 않더라도 OPEN HOST SERVICE는 여러 시스템 간의 교환을 위해 도메인 모델을 활용한다. 우리는 여기서 한 걸음 더 나아가 그 언어를 공표하거나, 아니면 이미 공표된 언어를 찾는다. 언어를 **공표**함으로써 전하고자 하는 바는 단지 그 언어를 사용하는 데 관심이 있는 사람들이 언어를 손쉽게 사용할 수 있고, 해당 언어가 충분히 문서화돼 있어 각자 독립적으로 해석해도 해석한 바가 서로 호환 가능하다는 점이다.

최근 전자상거래 분야에서는 신기술에 열띤 관심을 보이고 있는데, 바로 XML(Extensible Markup Language)을 토대로 데이터 교환이 훨씬 더 용이해질 거라 기대하고 있다. XML의 대단히 가치 있는 특징 중 하나는 바로 XML이 DTD(Document Type Definition)나 XML 스키마로 특화된 도메인 언어의 형식 정의(formal definition)를 가능케 해서 데이터를 해당 도메인 언어로 번역할 수 있다는 점이다. 여러 산업 단체가 해당 산업의 단일 표준 DTD를 정의할 목적으로 형성됐는데, 이는 여러 단체가 화학식 정보나 유전 암호를 주고받을 수 있다는 의미다. 이 같은 단체들은 본질적으로 언어를 정의하는 형태로 공유 도메인 모델을 만드는 중이다.

그러므로

필요한 도메인 정보를 표현할 수 있는 적절히 문서화된 공유 언어를 공통의 의사소통 매개체로 사용해서 필요에 따라 해당 언어로, 또는 해당 언어로부터 번역을 수행하라.

언어를 완전히 새로 만들 필요는 없다. 몇 년 전, 나는 데이터 저장에 DB2를 사용하고 스몰토크로 작성된 소프트웨어 제품을 보유한 회사와 계약한 적이 있다. 그 회사에서는 해당 소프트웨어를 DB2 라이선스 없이 사용자에게 배포하고자 했고, 나는 런타임 배포가 자유로운 경량 데이터베이스 엔진인 비트리브(Btrieve)에 대한 인터페이스를 구축하는 일을 하게 됐다. 비트리브는 완전한 관계형 데이터베이스는 아니지만 클라이언트는 DB2의 강력한 기능 가운데 극히 일부만을 사용하고 있었고 그조차 두 데이터베이스에서 가장 공통적인 부분이었다. 그 회사의 개발자들은 DB2를 약간 추상화했는데, 그것은 말하자면 일종의 객체 저장소였다. 나는 이 객체 저장소를 내가 구축할 비트리브 컴포넌트에 대한 인터페이스로 사용하기로 했다.

이러한 접근법은 효과가 있었다. 소프트웨어는 클라이언트 시스템과 매끄럽게 통합됐다. 그렇지만 클라이언트 설계 내의 영속 객체의 추상화와 관련된 형식 명세(formal specification)나 문서화가 부족해서 새로운 컴포넌트의 요구사항을 해결하기 위해 상당한 양의 작업을 해야 했다. 그뿐만 아니라 다른 몇 가지 애플리케이션을 DB2에서 비트리브로 마이그레이션하는 데 해당 컴포넌트를 재사용할 기회도 많지 않았다. 그리고 새로운 소프트웨어가 회사의 영속화 모델에 좀더 깊숙이 자리잡아서 영속 객체의 모델을 리팩터링하기가 훨씬 더 힘들었다.

더 나은 방법은 그 회사에서 사용하고 있던 DB2 인터페이스의 일부를 파악해서 그것을 지원하는 것이었는지도 모른다. DB2 인터페이스는 SQL과 일련의 전용 프로토콜로 구성돼 있다. DB2 인터페이스가 매우 복잡하기는 하지만 인터페이스는 구체적으로 기술돼 있고 철저히 문서화돼 있다. 또한 DB2 인터페이스 가운데 극히 일부만을 사용하고 있었기에 복잡성이 완화될 수도 있었을 것이다. DB2 인터페이스에서 필요한 일부를 에뮬레이션하는 컴포넌트가 개발됐다면 개발자들이 단지 그 부분을 파악하기만 해도 매우 효과적으로 문서화가 될 수 있었을 것이다. 통합된 애플리케이션은 이미 DB2와 상호작용하는 방법을 알고 있었으므로 약간의 추가 작업만이 필요했을 것이다. 나중에 영속화 계층을 재설계하더라도 해당 설계를 개선하기 이전과 마찬가지로 DB2의 일부를 이용하는 것만으로 제한됐을 것이다.

DB2 인터페이스는 PUBLISHED LANGUAGE의 한 예로 볼 수 있다. 이 경우에는 두 모델이 업무 도메인에 속하지는 않지만 모든 원칙은 동일하게 적용된다. 협업하는 두 모델 가운데 한 모델이 이미 PUBLISHED LANGUAGE이므로 제3의 언어를 도입할 필요는 없다.

예제

화학용 PUBLISHED LANGUAGE

산업계와 학계에서는 화학식을 분류·분석·처리하는 데 무수한 프로그램이 사용된다. 데이터를 교환하는 것은 언제나 어려운 일인데, 이는 거의 모든 프로그램에서 서로 다른 도메인 모델을 이용해 화학 구조를 나타내기 때문이다. 그리고 당연히 대부분의 프로그램은 포트란(FORTRAN)과 같은 언어로 작성돼 있으며 어쨌든 이러한 언어로는 도메인 모델을 완전히 표현할 수가 없다. 데이터를 공유하고 싶다면 다른 시스템에 존재하는 데이터베이스의 세세한 부분까지 알아야 했으며 어느 정도 번역 스키마라도 만들어야 했다.

XML을 기반으로 한 CML(Chemical Markup Language)은 화학 도메인의 공통적인 교환 언어를 목적으로 학계와 산업계를 대표하는 단체에 의해 개발되어 관리되고 있다(Murray-Rust et al. 1995).

화학정보는 매우 복잡하고 다양하며, 새로운 발견으로 늘 바뀐다. 그래서 사람들은 유기질/무기질 분자의 물리량이나 단백질 배열, 스펙트럼과 같은 기초적인 사항을 설명할 수 있는 언어를 개발했다.

이제 그 언어가 공표되고, 도구가 개발되어 예전에는 한 데이터베이스에서만 쓸모 있는 도구를 만드느라 수고할 필요가 없어졌다. 이를테면, 점보 브라우저(JUMBO Browser)라는 자바 애플리케이션이 개발되어 CML에 저장돼 있는 화학적 구조를 시각적으로 나타내는 것이 가능해졌다. 따라서 CML 형식으로 데이터를 저장하면 데이터를 시각화해서 볼 수 있다.

사실, CML은 일종의 "공표된 메타 언어(meta-language)"인 XML을 사용해서 두 배의 이점을 얻었다. XML은 널리 알려져 있어서 CML은 익히기가 쉽고 CML용 XML 파서와 같은 다양한 기존 도구를 손쉽게 활용할 수 있으며, 문서화 또한 XML 처리와 관련된 수많은 서적의 도움을 받을 수 있다.

아래는 CML의 예다. 나 같은 비전문가는 이러한 CML을 명확하게 파악할 수 없지만 원리만큼은 명확하게 파악할 수 있다.

```
<CML.ARR ID="array3" EL.TYPE=FLOAT NAME="ATOMIC ORBITAL ELECTRON POPULATIONS"
SIZE=30 GLO.ENT=CML.THE.AOEPOPS>
   1.17947   0.95091   0.97175   1.00000   1.17947   0.95090   0.97174   1.00000
   1.17946   0.98215   0.94049   1.00000   1.17946   0.95091   0.97174   1.00000
   1.17946   0.95091   0.97174   1.00000   1.17946   0.98215   0.94049   1.00000
   0.89789   0.89790   0.89789   0.89789   0.89790   0.89788
</CML.ARR>
```

코끼리 통일하기

무엇이든 배우기 좋아하는 인도 사내 여섯이
(모두 장님이었지만) 코끼리를 보러 갔는데,
사내들은 각자 관찰한 것만 마음에 들어 했습니다.

첫 번째 사내가 코끼리에게 다가갔다가 그만
넓고 튼튼한 코끼리 등에 떨어졌고,
사내가 소리치기 시작했습니다.
"맙소사! 코끼리는 벽처럼 생겼네!"
...

세 번째 사내가 코끼리에게 다가갔고,
사내는 두 손으로 꿈틀거리는 몸통을 만지더니
자신 있게 말했습니다.

"알겠다. 코끼리는 뱀같이 생겼어."

네 번째 사내가 손을 뻗자
코끼리 무릎이 만져졌고,
사내는 이렇게 말했습니다.
"정말 이상한 동물일세. 정말 평범해.
코끼리는 꼭 나무 같이 생겼어!"
       ···
여섯 번째 사내가 코끼리를 만지려는 순간
그만 코끼리의 꼬리를 잡고 말았고,
사내가 말했습니다.
"알겠다, 코끼리는 밧줄같이 생겼어!"

이 인도 사내들은 서로 자기가 본 것이 맞다고 우기며
큰 목소리로 오랫동안 싸웠습니다.
각자 본 것은 부분적으로는 맞지만,
모두 틀렸습니다.
       ···

—존 갓프레이 색스(1816-1887)가 인도 경전인 우다나의 일화를 토대로 쓴
"장님과 코끼리"에서 발췌

코끼리와 상호작용하는 목적에 따라 장님들은 코끼리의 특징에 전적으로 동의하지 않더라도 계속해서 상호작용을 진행할 수는 있을 것이다. 통합이 필요하지 않다면 모델이 단일화되지 않더라도 문제될 것이 없다. 그러나 어느 정도 통합이 필요하다면 코끼리의 본질에 실질적으로 합의할 필요는 없을지도 모르지만, 각자 코끼리의 본질에 합의하지 않는다는 점을 인정함으로써 상당한 가치를 얻게 될 것이다. 이런 식으로 장님들은 적어도 자신도 모르게 서로 어긋난 말을 하지는 않을 것이기 때문이다.

그림 14.9는 장님들이 만들어낸 코끼리에 대한 모델을 UML로 나타낸 것이다. 개별적인 BOUNDED CONTEXT를 수립함으로써 코끼리의 위치와 같이 장님들이 공통적으로 관심을 가지는 일부 측면에 관해 서로 의사소통할 수 있는 수단을 마련할 수 있을 만큼 상황이 명확해진다.

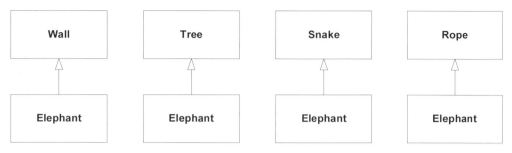

그림 14-9 | 4개의 컨텍스트 : 통합되지 않음

장님들이 코끼리에 관해 더 많은 정보를 공유하고 싶은 만큼 단일 BOUNDED CONTEXT를 공유해서 나타나는 가치는 늘어난다. 그러나 본질적으로 다른 모델을 통합하기란 쉽지 않은 일 이다. 이러한 모델 중 어느 것도 자신의 모델을 포기하고 다른 모델을 받아들이지 않을 것이기 때 문이다. 요컨대 코끼리의 꼬리를 만진 사내는 코끼리가 나무 같지 않다는 것을 알기에 이 모델은 그에게 무의미하고 아무런 소용이 없을 것이다. 언제나 다수의 모델을 통합한다는 것은 새로운 모델을 만들어내는 것을 의미한다.

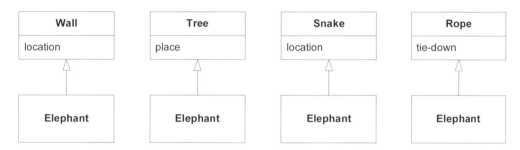

번역: {Wall.location ↔ Tree.place ↔ Snake.location ↔ Rope.tie-down}

그림 14-10 | 4개의 컨텍스트 : 최소의 통합

상상력과 지속적인 (아마도 열띤) 토론을 거쳐 결국 장님들은 자신들이 더 큰 전체의 각 부분 을 설명하고 모델링하고 있었다는 점을 인식할 수도 있을 것이다. 여러 가지 목적으로 부분-전체 의 단일화에 추가적인 작업이 그리 많이 필요하지 않을 수도 있다. 적어도 통합의 첫 단계에서는 각 부분이 어떻게 관련돼 있는지 파악해야 한다. 코끼리를 한쪽 끝에는 밧줄이 있고 다른 쪽에 는 뱀이 있는, 나무기둥이 떠받치고 있는 벽으로 간주하는 것이 적합할지도 모른다.

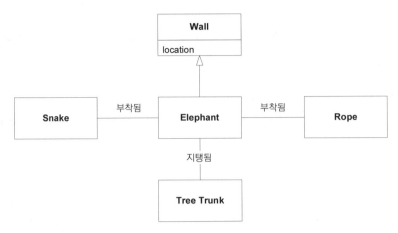

그림 14-11 | 1개의 컨텍스트 : 원시적인 통합

　　다양한 코끼리에 대한 모델을 단일화하는 것은 이 같은 단순 병합에 비해 쉽다. 아쉽게도 두 모델이 순수하게 전체를 구성하는 각기 다른 요소를 기술하기만 하는 경우는 예외인데, 종종 이렇게 하는 것이 차이점을 나타내는 한 가지 측면에 해당하는 경우에도 그러하다. 두 모델이 동일한 부분을 서로 다른 방식으로 바라볼 경우 문제는 더 까다로워진다. 두 사내가 코끼리의 몸통을 만졌는데, 한 사내는 그것을 뱀으로 묘사하고 다른 사내는 소방 호스로 묘사한다면 문제가 더 어려워졌을 것이다. 다른 이의 설명은 본인의 경험과 일치하지 않으므로 누구도 다른 이의 모델을 받아들일 수가 없다. 실제로 이들에게는 뱀의 "생생함"과 물을 분사하는 소방호스의 기능을 통합하는 새로운 추상화가 필요한데, 이러한 추상화에는 뱀에게 있는 독 이빨에 대한 기대나 본체에서 분리해서 소방차 격실에 말아 넣을 수 있는 소방호스의 기능과 같이 첫 번째 모델에 포함된 부적당한 함축적 의미는 생략된다.

　　각 부분을 전체에 결합하더라도 그 결과로 산출되는 모델은 원시적이다. 이러한 모델은 일관성이 없고 기저 도메인의 윤곽을 따르는 개념도 부족하다. 새로운 통찰력은 계속되는 정제 과정에 있는 심층 모델에 이르게 할 수도 있다. 새로운 애플리케이션 요구사항 또한 심층 모델로 옮겨가게 할 수 있다. 코끼리가 움직이기 시작하면 "나무" 이론은 배제되고, 장님 모델러는 "다리"라는 개념으로 도약할지도 모른다.

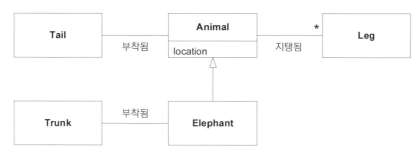

그림 14-12 | 1개의 컨텍스트 : 더 심층적인 모델

이러한 모델 통합의 두 번째 단계에서는 개별 모델의 우발적이거나 부정확한 측면을 배제하고 새로운 개념을 만들어내는 경향이 있는데, 이 경우에는 "몸통", "다리", "신체", "꼬리"가 있는 "동물"을 만들어내는 것에 해당하며, 각 부위는 자체적인 특성을 지니며 다른 부위와 명확한 관계를 맺는다. 성공적인 모델 단일화는 대부분 최소주의에 따라 결정된다. 코끼리의 몸통은 다소간 뱀에 가까운데, "(뱀에) 덜 가까운" 쪽이 "(뱀에) 더 가까운" 쪽보다 중요할 것이다. 부족하지만 물을 분사하는 능력이 잘못된 독 이빨이라는 특징보다는 낫다.

단지 코끼리라는 것을 알아내는 것이 목표라면 각 모델의 위치에 대한 표현을 번역하는 것만으로도 충분할 것이다. 통합을 좀더 강화해야 한다면 단일화된 모델이 첫 번째 버전에서 완전히 성숙한 단계에 이르지 않아도 된다. 어떤 요구사항에 대해서는 코끼리를 나무 기둥이 떠받치고 있고, 한쪽에는 밧줄이, 다른 한쪽에는 뱀이 있는 벽으로 간주하는 것이 적절할지도 모른다. 나중에 새로운 요구사항과 이해 및 의사소통의 개선으로 모델을 심화하고 정제할 수 있다.

다수의 서로 대립되는 도메인 모델을 인식하는 것이야말로 현실을 직시하는 것이다. 각 모델이 적용되는 컨텍스트를 명확하게 정의하는 식으로 각 모델의 무결성을 유지하면서도 두 모델 사이에서 여러분이 만들고자 특정한 인터페이스가 의미하는 바를 명확하게 확인할 수 있다. 장님이 코끼리의 전체적인 모습을 확인할 길은 없지만 자신의 인식이 불완전하다는 점만 인정해도 문제를 해결할 기미가 보일 것이다.

모델의 컨텍스트 전략 선택

늘 CONTEXT MAP을 작성해서 어떤 시점의 현재 상황을 반영하는 것이 중요하다. 그러면 그와 같은 현실을 바꾸고 싶을지도 모른다. 이제 여러분은 CONTEXT의 경계와 해당 CONTEXT의 관계를 의식적으로 선택할 수 있다. 아래는 그러한 선택과 관련한 몇 가지 지침이다.

팀 의사결정 또는 그 이상

먼저 팀에서는 BOUNDED CONTEXT를 어디에 정의하고 각 BOUNDED CONTEXT 간의 관계는 어떠할지 결정해야 한다. 팀은 이러한 의사결정을 내리거나, 적어도 이러한 의사결정에 관한 내용을 전체 팀에 전달해서 전원이 이러한 사안을 알고 있어야 한다. 실제로 이러한 의사결정은 종종 해당 팀의 범위를 넘어서는 합의를 수반할 때가 있다. 사안에 따라 BOUNDED CONTEXT의 확대 또는 분할 여부에 관한 의사결정은 독립적인 팀 활동의 가치와 직접적이고 풍부한 통합의 가치 사이에서 도출한 타협점을 토대로 내려야 한다. 실제로 팀 간의 정치적 관계로 말미암아 시스템의 통합 방식이 결정될 때가 많다. 기술적으로 이로운 단일화가 보고체계 탓에 불가능해질 수도 있다. 경영진에서 현실적이지 못한 합병을 지시할지도 모른다. 원하는 것을 항상 얻을 수는 없겠지만 적어도 발생하는 비용을 평가 및 전달하고, 이를 완화할 조치를 취할 수는 있을 것이다. 현실적인 CONTEXT MAP에서 시작해서 그것의 변형을 선택할 때 실용주의를 견지해야 한다.

우리 자신을 컨텍스트에 배치하기

소프트웨어 프로젝트를 진행할 때 우선적으로 관심이 가는 부분은 팀에서 바꾸고 있는 시스템의 각 부분("설계 중인 시스템")이며, 다음으로는 그 부분과 상호작용할 시스템이다. 일반적인 경우 설계 중인 시스템은 주요 개발팀에서 작업하게 될 한두 개의 BOUNDED CONTEXT가 될 것이며, 또 다른 CONTEXT나 두어 개의 컨텍스트는 보조적인 역할을 맡을 것이다. 더불어 이러한 CONTEXT와 외부 시스템 간에는 관계가 존재한다. 이는 단순하고 전형적인 관점으로서 앞으로 접하게 될 사항들을 대략적으로 예상할 수 있게 만들어준다.

실제로 우리는 우리가 작업 중인 주요 CONTEXT의 **일부를 구성하며**, 그리고 그와 같은 사실
은 CONTEXT MAP에 반영되기 마련이다. 하지만 이것은 우리가 편견을 인식하고, 언제 MAP
의 적용 가능성의 한계를 벗어나 있는지를 유념한다면 문제가 되지 않는다.

경계의 변형

BOUNDED CONTEXT의 경계를 세우는 데는 무수히 많은 상황과 선택사항이 있다. 하지만 대
개 문제는 아래의 요인들 사이에서 균형을 유지하는 데 있다.

규모가 큰 BOUNDED CONTEXT가 선호되는 경우

- 사용자의 작업 흐름이 단일화된 모델을 토대로 처리될 때 더 매끄럽게 진행된다.

- 개별적인 두 모델의 매핑을 더하는 것보다 일관성 있는 하나의 모델을 이해하기가 더 쉽다.

- 두 모델 간의 번역이 어려울 수 있다(불가능한 경우도 있다).

- 공유 언어를 토대로 팀의 의사소통이 명확해진다.

규모가 작은 BOUNDED CONTEXT가 선호되는 경우

- 개발자 간의 의사소통에 따른 과부하가 줄어든다.

- 소규모 팀과 코드 기반을 토대로 CONTINUOUS INTEGRATION이 쉬워진다.

- 대형 컨텍스트에서는 용도가 다양한 추상화 모델을 요구할 수도 있는데, 이 경우 제공하기
  힘든 기술이 필요할 때가 있다.

- 각기 다른 모델은 특수한 요구사항을 해결하는 데 도움되거나 UBIQUITOUS
  LANGUAGE의 특화된 방언과 전문적인 사용자 집단의 전문 용어를 포괄할 수 있다.

다양한 BOUNDED CONTEXT 간의 심층적인 기능 통합은 현실적이지 못하다. 통합은 다른
모델의 측면에서 엄격하게 규정할 수 있는 한 모델의 일부로 국한되는데, 이러한 통합조차도 상
당한 노력이 필요할지도 모른다. 그렇지만 두 시스템 사이에 규모가 작은 인터페이스가 존재한다
면 통합이 가능할 수도 있다.

변경할 수 없다는 사실을 인정하기: 외부 시스템의 묘사

가장 손쉬운 의사결정부터 시작하는 것이 가장 좋다. 어떤 하위 시스템은 개발 중인 시스템의 BOUDNED CONTEXT에 명확하게 포함되지 않을 것이다. 이러한 예로 즉시 교체하지는 않을 주요 레거시 시스템과 앞으로 필요할 서비스를 제공하는 외부 시스템이 있다. 여러분은 이를 즉시 파악해서 그것들을 설계에서 분리할 준비를 할 수 있다.

여기서 우리는 가정에 주의해야 한다. 이러한 시스템이 자체적인 BOUNDED CONTEXT를 구성한다고 생각하는 것이 편하더라도 대다수의 외부 시스템은 이 같은 정의의 일부만을 충족할 뿐이다. 먼저, BOUNDED CONTEXT는 일정한 경계 내에서 모델을 통합하겠다는 **의도**에 따라 정의된다. 모델 통합의 의도를 선언할 수 있거나, 또는 레거시 팀과 적절히 협업해서 비공식적인 형태의 CONTINUOUS INTEGRATION이 수행되는 경우 레거시 시스템의 유지보수를 통제할 수는 있지만 그것을 당연한 것으로 생각해서는 안 된다. 이를 검토해 보고, 만약 개발(레거시 시스템이나 외부 시스템의)이 제대로 통합돼 있지 않다면 각별히 주의를 기울여야 한다. 그러한 시스템에서는 의미상의 모순이 발견되는 것이 결코 드문 일이 아니다.

외부 시스템과의 관계

여기에 적용할 수 있는 패턴에는 세 가지가 있다. 먼저, SEPARATE WAYS를 고려해본다. 그렇다. 통합이 필요하지 않다면 SEPARATE WAYS를 포함하지 않았을 것이다. 그렇지만 다음 사항을 분명히 해야 한다. 사용자가 두 시스템에 모두 손쉽게 접근하게 해주는 것만으로 충분한가? 통합은 비용이 많이 들고 집중하기 힘든 일이므로 가능한 한 프로젝트의 부담을 덜어야 한다.

통합이 정말로 중요하다면 두 가지 극단적인 패턴, 즉 CONFORMIST나 ANTICORRUPTION LAYER 가운데 하나를 선택할 수 있다. CONFORMIST가 되는 것은 재미가 없다. 독창성이나 새로운 기능에 대한 선택사항이 제한될 것이기 때문이다. 새로운 주요 시스템을 구축하는 경우에는 레거시 시스템이나 외부 시스템 모델을 준수하는 것이 실제로 도움될 가능성이 낮다(왜 새로운 시스템을 구축하는 것인가?). 그러나 계속해서 지배적인 시스템이 될 대형 시스템의 보조적인 확장기능에 해당하는 경우 레거시 모델을 고수하는 편이 적절할 수도 있다. 이러한 선택사항의 예로는 종종 엑셀이나 기타 간단한 도구로 작성하곤 하는 의사결정 지원 도구가 있다. 애플리케이션이 기존 시스템을 확장하고 해당 시스템과 소통하는 인터페이스의 규모가 커진다면 CONTEXT 간의 번역이 애플리케이션의 기능보다 더 큰 일이 될 수도 있다. 또한 여러분 자신이 다른 시스템의 BOUNDED CONTEXT에 놓이게 되더라도 훌륭하게 설계 작업을 수행할 여지는 여전히 남아 있다. 다른 시스템의 배후에 식별 가능한 도메인 모델이 있다면 이전 모델을 엄격하게 따르는 만큼 해당 모델을 기존 시스템에 들어 있던 모델보다 명시적으로 만들어 구현을 개선할 수 있다. CONFORMIST 설계로 결정했다면 온 힘을 다해 CONFORMIST를 설계해야 한다. 즉, 확장에만 주력하고 기존 모델을 변경해서는 안 된다.

기존 시스템(다른 시스템에 대한 인터페이스의 규모가 작거나 다른 시스템의 설계가 열악한)을 확장하는 것보다 설계 중인 시스템의 기능이 더 복잡해질 경우 정말로 자체적인 BOUNDED CONTEXT가 필요해지는데, 이는 번역 계층이나 심지어 ANTICORRUPTION LAYER까지도 구축하는 것을 의미한다.

설계 중인 시스템

실제로 프로젝트 팀에서 구축하고 있는 소프트웨어는 **설계 중인 시스템**에 해당한다. 여러분은 이러한 영역 내에서 BOUNDED CONTEXT를 선언하고 각 BOUNDED CONTEXT 안에서 CONTINUOUS INTEGRATION을 적용해 BOUNDED CONTEXT의 단일화를 유지할 수 있다. 그런데 보유해야 할 BOUNDED CONTEXT는 몇 개인가? 각 BOUNDED CONTEXT의 관계는 서로 어떠해야 하는가? 이 같은 질문의 해답은 외부 시스템에 비해 우리에게 자유와 재량이 더 많기 때문에 선택의 폭이 더 넓다고 할 수 있다.

그러나 해답은 아주 간단할 수도 있다. 즉, 설계 중인 전체 시스템에 대한 단일한 BOUNDED CONTEXT를 갖는 것이다. 예를 들면, 이것은 서로 아주 밀접한 관계를 맺는 기능 개발에 투입된 인력이 10명 이하인 팀을 고르는 것과 비슷할 것이다.

팀 규모가 커지면 CONTINUOUS INTEGRATION이 어려워질 수도 있다(물론 대규모 팀에서도 유지되는 것을 본 적이 있지만). SHARED KERNEL을 찾아 비교적 독립적인 기능 집합을 각기 10명 이하의 인력으로 구성된 개별 BOUNDED CONTEXT로 나눌 수도 있다. 이러한 두 BOUNDED CONTEXT 간의 의존성이 모두 한방향으로 향한다면 CUSTOMER/SUPPLIER DEVELOPMENT TEAM을 구성할 수도 있다.

또는 두 집단의 사고방식이 매우 상이해서 각 집단의 모델링 노력이 끊임없이 충돌한다는 사실을 알아차릴 수도 있다. 하지만 실제로 이들이 모델에서 필요로 하는 것은 전혀 다른 것일 수 있으며, 이는 배경 지식의 차이거나 프로젝트를 둘러싼 관리체계 탓에 나타나는 결과일 수도 있다. 충돌의 원인을 바꿀 수 없거나 바꾸고 싶지 않다면 모델이 SEPARATE WAYS를 따르게 해도 된다. 통합이 필요한 곳에서는 두 팀이 CONTINUOUS INTEGRATION의 단일 지점으로서 번역 계층을 공동으로 개발하고 유지할 수 있다. 이는 ANTICORRUPTION LAYER가 대체로 다른 시스템을 있는 그대로, 다른 측의 도움 없이 수용해야 하는 외부 시스템과의 통합과는 대조적이다.

일반적으로 BOUNDED CONTEXT마다 그것에 대응되는 팀이 있다. 하나의 팀에서 여러 개의 BOUNDED CONTEXT를 유지할 수도 있지만 여러 팀에서 하나의 BOUNDED CONTEXT에 대한 작업을 함께 수행하기란 쉽지 않다(불가능하지는 않지만).

개별 모델의 특수한 요구사항 충족하기

동일한 사업 영역 내의 여러 집단이 자체적으로 특화된 용어를 만든다면 이러한 용어는 서로 엇갈릴지도 모른다. 이처럼 해당 집단에서만 통용되는 전문 용어는 매우 명확한 의미를 담고 있으며 해당 집단의 요구에 맞게 조정될 수도 있다. 이러한 전문 용어를 변경하자면(이를테면, 표준화된 기업 차원의 용어를 사용하게 해서) 각 전문 용어의 차이를 해소하기 위한 광범위한 훈련과 분석이 필요하다. 하지만 이렇게 한 다음에도 새로운 용어는 미세하게 용어의 의미를 조정하는 과정을 거친 것과 마찬가지로 요구사항을 충족할 수 없을지도 모른다.

번역 계층에 대한 CONTINUOUS INTEGRATION은 예외로 하고 모델이 SEPARATE WAYS를 따르게 해서 개별 BOUNDED CONTEXT의 이 같은 특수한 요구사항을 충족시키기로 할 수도 있다. UBIQUITOUS LANGUAGE의 서로 다른 특정한 표현 방식은 이러한 모델과 그것이 토대로 하는 전문 용어를 중심으로 발전할 것이다. 두 방언에 겹치는 부분이 많다면 SHARED KERNEL에서 번역 비용을 최소화함과 동시에 필요한 전문화를 제공할 수도 있다.

통합이 필요하지 않거나 비교적 제한적으로 이뤄지는 경우 관례적인 용어를 지속적으로 사용하게 되어 모델이 손상되는 것이 방지될 수 있다. 그러나 여기에도 비용과 위험요소가 따른다.

- 공유 언어의 상실로 의사소통이 줄어들 것이다.

- 통합에 별도의 과부하가 따른다.

- 동일한 업무활동과 관련 집단의 각기 다른 모델이 발전해감에 따라 노력이 일부 중복될 수 있다.

하지만 아마 가장 큰 위험요소는 이렇게 하는 것이 변경에 대한 논쟁과 변덕스럽고 편협한 모델을 정당화할 수도 있다는 것이다. 특화된 요구사항을 충족시키고자 이 같은 시스템의 개별적인 부분을 조정해야 할 필요성은 어느 정도인가? 무엇보다 **이러한 사용자 집단의 특별한 전문 용어가 얼마나 가치 있는가?** 번역의 위험에 비춰 팀의 좀더 독립적인 활동이 지닌 가치를 따져봄으로써 가치가 없는 용어상의 변종을 합리화하는 활동을 주시해야 한다.

때로는 이러한 개별 언어를 통합해서 두 집단을 모두 만족시키는 심층 모델이 나타날 때도 있다. 문제는 만약 심층 모델이 존재한다면 수많은 개발 및 면밀한 지식 검토 과정을 거친 다음 수명주기 후반에서야 그러한 심층 모델이 나타난다는 점이다. 즉, 심층 모델은 여러분이 계획한 대로 나타나는 것이 아니라 단지 기회가 닿을 때 전략을 수정하고 리팩터링을 수행해서 그것을 받아들여야 할 뿐이다.

통합의 요구가 광범위하다면 번역에 드는 비용이 올라간다는 점을 명심한다. 하지만 팀의 일부 협업(번역이 복잡한 한 객체를 정밀하게 변경하는 것에서 SHARED KERNEL에 이르는)은 완전한 단일화를 필요로 하지 않으면서도 번역을 더 용이하게 만들 수 있다.

배치

복잡한 시스템의 패키지화와 배치에 대한 협업은 거의 언제나 생각보다 힘들고 따분한 일에 속한다. BOUNDED CONTEXT의 전략을 선택하는 것은 배치에 영향을 미친다. 일례로 CUSTOMER/SUPPLIER TEAM에서 새로운 버전을 배치할 경우 각 팀은 서로 간의 협업을 토대로 함께 테스트한 버전을 출시해야 한다. 코드뿐 아니라 데이터 마이그레이션도 마찬가지로 이러한 협업 속에서 이뤄져야 한다. 분산 시스템에서는 이렇게 하는 것이 단일 프로세스 내에서 CONTEXT 간의 번역 계층을 유지하는 데 기여해서 여러 버전이 공존하지 않게 만들어준다.

단일한 BOUNDED CONTEXT의 컴포넌트를 배치하는 일조차도 데이터 마이그레이션에 시간이 걸리거나 분산 시스템을 즉각적으로 갱신할 수 없을 경우 대단히 힘든 일이 될 수 있으며,

그 결과 두 가지 버전의 코드와 데이터가 공존하게 된다.

배치 환경과 기술에 따라 다양한 기술적인 고려사항이 작용할 수 있다. 하지만 BOUNDED CONTEXT의 관계를 토대로 과열지점(hot spot)을 파악할 수 있으며, 번역 인터페이스가 구획을 표시하는 역할을 수행한다.

배치 계획의 타당성은 CONTEXT의 경계를 설정하는 데 피드백을 줘야 한다. 두 CONTEXT 가 번역 계층으로 이어질 경우 한 CONTEXT를 갱신해서 새로운 번역 계층에서 동일한 인터페이스를 다른 CONTEXT에 제공하게 할 수 있다. SHARED KERNEL은 개발뿐 아니라 배치에서도 협업에 따르는 막중한 부담을 가중시킨다. 이 경우 SEPARATE WAYS로 삶이 훨씬 더 단순해질 수 있다.

타협점

지금까지의 지침을 정리해 보면 모델의 단일화나 통합을 위한 다양한 전략이 존재한다. 일반적인 관점에서 보면 협업과 의사소통에 드는 추가적인 노력과 자연스러운 기능 통합이 주는 이점 사이에서 타협점을 따져볼 것이다. 즉, 좀더 독립적인 활동과 순조로운 의사소통을 맞바꾸는 셈이다. 좀더 야심 찬 단일화를 위해서는 관련 하위 시스템의 설계를 통제할 필요가 있다.

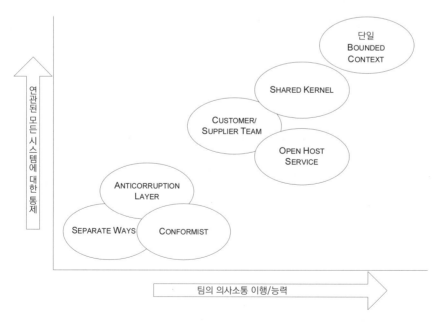

그림 14-13 | CONTEXT 관계 패턴에 대한 상대 수요

프로젝트가 이미 진행 중일 때

아마도 프로젝트를 새로 시작하는 것이 아니라 이미 진행 중인 프로젝트를 개선하고자 살펴볼 때가 많을 것이다. 이 경우 첫 번째 단계는 **현재 상태에 따라** BOUNDED CONTEXT를 정의하는 것이다. 이것은 대단히 중요하다. 이를 효과적으로 수행하려면 CONTEXT MAP은 단지 기술돼 있는 지침에 따라 결정하기만 하면 되는 이상적인 조직이 **아닌** 팀의 실제 관행을 반영해야 한다.

일단 실제 BOUNDED CONTEXT의 현재 상태를 서술하고 현존하는 관계를 기술했다면 다음으로는 **현재 조직을 중심으로** 팀의 업무 관행을 밀접하게 정비해야 한다. CONTEXT 내에서 CONTINUOUS INTEGRATION을 개선한다. 빗나간 번역 코드를 ANTICORRUPTION LAYER로 들어가게끔 리팩터링한다. 기존 BOUNDED CONTEXT에 이름을 부여하고 반드시 이러한 BOUNDED CONTEXT가 프로젝트의 UBIQUITOUS LANGUAGE에 속하게 한다.

이제 경계와 관계의 변화를 고려할 준비가 끝났다. 이 같은 변화는 이미 내가 신규 프로젝트에 대해 기술한 것과 같은 원칙에 따라 자연스럽게 주도되겠지만 최소한의 노력과 중단에도 최대의 가치를 부여하도록 실용적으로 취사선택한 자그마한 변화의 부분으로 나눠져야 할 것이다.

다음 절에서는 이미 결정한 CONTEXT의 경계를 실제로 변경하는 방법을 살펴보겠다.

변형

모델링과 설계의 다른 측면과 마찬가지로 BOUNDED CONTEXT에 관한 결정은 되돌릴 수 없는 것이 아니다. BOUNDED CONTEXT 간의 경계와 관계를 상대로 초기에 내린 결정을 불가피하게 바꿔야 할 때가 많을 것이다. 일반적으로 CONTEXT를 나누기는 상당히 쉽지만 각 CONTEXT를 통합하고 각 CONTEXT 간의 관계를 바꾸기란 결코 쉬운 일이 아니다. 여기서는 몇 가지 쉽지는 않지만 중요한 대표적인 변화를 설명하겠다. 이 같은 변형(transformation)은 대부분 규모가 너무 커서 단 한 번의 리팩터링이나 프로젝트 반복주기로는 달성하지 못한다. 이러한 이유로 이 같은 변형을 위한 방법을 일련의 관리 가능한 단계로 간략하게 적어봤다. 물론 이러한 단계는 현재 처한 특정한 상황이나 경우에 맞게 적용해야 할 지침이기도 하다.

CONTEXT 병합: SEPARATE WAYS → SHARED KERNEL

번역에 따르는 과부하가 너무 높다. 중복이 너무나도 명백하게 드러난다. BOUNDED CONTEXT를 병합하는 이유는 다양하다. 하지만 병합하기가 쉽지 않다. 너무 늦지는 않았지만 어느 정도의 인내심이 필요하다.

궁극적인 목표가 CONTINUOUS INTEGRATION을 토대로 단 하나의 CONTEXT로 완벽하게 병합하는 것이더라도 우선은 SHARED KERNEL로 옮기는 것으로 시작한다.

1. 초기 상황을 평가한다. 두 CONTEXT를 단일화하기 전에 두 CONTEXT가 실제로 내부적으로도 단일화돼 있는지 확인한다.

2. 프로세스를 수립한다. 코드를 공유하는 방법과 사용할 모듈 명명규칙을 결정해야 한다. 적어도 SHARED KERNEL의 코드는 주 간격으로 통합돼야 한다. 또한 SHARED KERNEL의 코드는 테스트 스위트를 갖추고 있어야 한다. 공유 코드를 개발하기 전에는 반드시 이러한 사항들을 마련한다. (테스트 스위트는 비어 있을 것이므로 분명 쉽게 통과할 것이다!).

3. 병합을 시작할 대상으로 CORE DOMAIN의 일부가 **아닌** 두 CONTEXT에서 중복되는 부분을 포함하는 규모가 작은 하위 도메인을 선택한다. 이러한 첫 번째 병합의 결과로 프로세스가 수립될 것이므로 단순하고 비교적 일반적이거나 크게 중요하지 않은 것을 사용하는 편이 가장 바람직하다. 이미 존재하는 통합과 번역을 면밀히 검토한다. 현재 번역이 이뤄지고 있는 것을 선택하면 입증된 번역으로 시작한다는 이점이 있을뿐더러 번역 계층이 얇게 유지된다.

이 시점에서 동일한 하위 도메인을 다루는 두 모델을 보유하게 된다. 병합에는 기본적으로 세 가지 접근법이 있다. 한 모델을 골라 다른 CONTEXT와 호환성을 갖추게끔 리팩터링할 수 있다. 이러한 의사결정은 전면적으로 이뤄질 수 있으므로 한 CONTEXT의 모델을 체계적으로 교체하겠다는 의도를 세우고 하나의 단위로 개발된 모델의 일관성을 유지할 수 있다. 아니면 한 번에 한 부분을 골라 두 모델에 모두 가장 바람직한 결과를 만들어 내는 식으로 진행할 수도 있다(단, 혼란을 초래하지는 않도록 유의한다).

세 번째 대안은 원래의 모델에 비해 좀더 심층적이고 두 모델의 책임을 모두 담당할 수 있는 새로운 모델을 찾아내는 것이다.

4. 하위 도메인에 대한 공유 모델을 만들어 내기 위해 두 팀에서 데려온 2명에서 4명의 개발자로 구성된 집단을 만든다. 모델의 도출 방식과는 관계없이 모델은 상세하게 작성해야 한다. 여기에는 동의어를 식별하고 아직 번역되지 않은 용어를 매핑하는 것과 같은 고된 작업이 포함된다. 이러한 합동팀(joint team)에서는 모델에 대한 기본적인 테스트 집합을 개략적으로 수립한다.

5. 양쪽 팀의 개발자들은 모델을 구현하고(혹은 기존 공유 코드를 변경하고), 세부사항을 산출해내며, 그러한 세부사항을 기능으로 만드는 작업에 착수한다. 개발자들이 모델과 관련된 문제에 봉착하면 그들은 3단계에서 팀을 재소집해서 필요한 개념을 개정하는 작업에 참여한다.

6. 각 팀의 개발자들이 새로운 SHARED KERNEL에 통합하는 작업에 착수한다.

7. 더는 필요 없는 번역은 제거한다.

이 시점에서 대단히 규모가 작은 SHARED KERNEL과 이를 유지하는 즉각적인 프로세스가 갖춰질 것이다. 후속 프로젝트 반복주기에서는 3단계에서 7단계를 반복해서 정보 공유가 늘어난다. 프로세스가 안정화되고 팀에 자신감이 생기면 좀더 복잡한 하위 도메인이나 여러 개의 하위 도메인을 동시에 담당하거나, 또는 CORE DOMAIN에 속하는 하위 도메인을 담당할 수 있다.

참고: 모델에서 좀더 도메인에 특화된 부분을 맡게 되면 두 모델이 서로 다른 사용자 집단의 전문 용어를 따르는 경우에 직면하게 될지도 모른다. 두 가지 전문 용어를 모두 대체할 수 있는 언어를 제공하는 심층 모델로의 도약이 일어나지 않는다면 모델을 SHARED KERNEL에 병합하는 것을 미루는 것이 현명하다. SHARED KERNEL의 장점은 CONTINUOUS INTEGRATION으로 누릴 수 있는 장점도 어느 정도 누릴 수 있는 한편 SEPARATE WAYS의 장점도 일부 누릴 수 있다는 것이다.

위에서 언급한 사항들은 SHARED KERNEL로 병합하는 것과 관련된 지침에 해당한다. 병합을 진행하기에 앞서 이 같은 변형으로 다루게 될 요구사항을 충족하는 한 가지 대안을 고려한다. 두 모델 중 한 모델이 분명하게 선호된다면 통합하지 말고 선호하는 모델로 나아가는 것을 고려해본다. 공동의 하위 도메인을 공유하는 대신 애플리케이션에서 좀더 선호하는 CONTEXT 모델을 요구하도록 리팩터링하고, 해당 모델에서 필요로 하는 기능 강화를 토대로 하위 도메인에 대한 전체 책임을 한쪽 BOUNDED CONTEXT에서 다른 BOUNDED CONTEXT로 체계적으로 이전한다. 이렇게 하면 진행 중인 통합에 따르는 과부하 없이 중복을 제거하게 된다. 잠재적으로 (반드시 필요한 것은 아니지만) 결국 선호하는 BOUNDED CONTEXT로 완전히 이전되어 병합과 동일한 효과를 낼 수 있을 것이다. 이전 과정(상당히 시간이 걸리거나 막연하게 느껴질 수도 있다)에서 이렇게 하면 SEPARATE WAYS로 나아갈 때 일반적으로 취할 수 있는 장단점을 갖게 될 것이며, 이를 SHARED KERNEL의 장단점과 비교 검토해봐야 한다.

CONTEXT 병합: SHARED KERNEL → CONTINUOUS INTEGRATION

SHARED KERNEL이 확장되는 중이라면 두 BOUNDED CONTEXT를 완전히 단일화했을 때 얻을 수 있는 이점에 현혹될지도 모른다. 이것은 단순히 모델의 차이점을 해소하는 것과 관련된 문제가 아니다. 팀의 구조, 궁극적으로는 사람들이 사용하는 언어가 바뀔 것이다.

먼저 인원과 팀을 준비하는 것으로 시작한다.

1. CONTINUOUS INTEGRATION에 필요한 모든 프로세스(공유 코드 소유권, 빈번한 통합 등)가 각 팀에 개별적으로 갖춰져 있는지 확인한다. 모든 이들이 동일한 방식으로 업무를 수행할 수 있게 두 팀을 상대로 통합 절차를 일치시킨다.

2. 팀 간의 팀원 교류를 시작한다. 이렇게 하면 두 모델을 모두 이해하는 인력 풀(pool)이 조성되고 두 팀의 사람들이 서로 연결될 것이다.

3. 각 모델의 디스틸레이션 과정을 각기 명확하게 만든다. (15장 참조.)

4. 이 시점에서는 핵심 도메인을 SHARED KERNEL에 병합하는 과정을 개시할 수 있을 만큼 자신감이 생길 것이다. 이렇게 되기까지 수차례의 반복주기가 걸릴 수 있으며, 간혹 새로이 공유되는 부분과 아직 공유되지 않은 부분 사이에 일시적인 번역 계층이 필요할 때도 있다. 일단 CORE DOMAIN에 병합하게 되면 신속히 진행하는 것이 가장 바람직하다. 이것은 과부하가 매우 높은 단계로서 오류가 많이 발생하므로 대부분의 신규 개발보다 우선시해서 가급적 단계를 짧게 유지해야 한다. 하지만 다룰 수 있는 범위를 넘어서는 책임을 맡아서는 안 된다.

CORE 모델을 병합하기 위해 택할 수 있는 여지는 그리 많지 않다. 한 모델을 고수하고 다른 모델을 변경해서 그 모델과 호환되게 만들거나, 또는 하위 도메인을 대상으로 새로운 모델을 만들고 두 컨텍스트에서 해당 모델을 이용하도록 조정할 수 있다. 두 모델이 독특한 사용자의 요구사항을 해결하게끔 조정됐는지 주의 깊게 살펴보라. 초기의 두 모델에 존재하는 특화된 기능이 필요할지도 모른다. 이를 위해서는 두 초기 모델을 대체할 수 있는 심층 모델이 개발돼야 한다. 더 심층적인 단일화 모델을 개발하기란 대단히 어려운 일이지만 두 CONTEXT의 완전한 병합에만 주력한다면 더는 여러 방언에 대한 대안을 갖추지 않아도 된다. 그렇게 되면 결과적으로 나타나는 모델과 코드의 통합이 명확해지는 보상이 따를 것이다. 대신 사용자의 특화된 요구사항을 해결할 수 있는 능력을 희생시키지 않도록 주의한다.

5. SHARED KERNEL이 확장됨에 따라 통합이 매일 이뤄지게끔 통합의 빈도를 늘리고 결국에는 CONTINUOUS INTEGRATION에 이르게 한다.

6. SHARED KERNEL이 기존의 두 BOUNDED CONTEXT를 전부 포괄하는 지점에 이르면 지속적으로 통합하는(INTEGRATE CONTINUOUSLY) 공유 코드 기반을 갖추고 구성원을 빈번하게 교체하는, 커다란 하나의 팀 내지는 규모가 작은 두 팀이 만들어질 것이다.

레거시 시스템의 단계적 폐기

아무리 좋은 일이라도 끝이 있게 마련인데, 하물며 레거시 컴퓨터 소프트웨어야 말해서 무엇하겠는가. 하지만 저절로 그렇게 되는 것은 아니다. 이러한 구형 시스템은 업무나 다른 시스템과 밀접하게 얽혀 있어서 이를 제거하는 데 수년의 시간이 걸릴 수도 있다. 다행히도 이 같은 일을 한꺼번에 다 할 필요는 없다.

가능성은 너무나 다양해서 여기서는 피상적인 부분밖에 다룰 수 없다. 그렇지만 여기서는 공통적인 경우, 즉 기업에서 매일 사용되는 구형 시스템이 최근 ANTICORRUPTION LAYER를 거쳐 레거시 시스템과 소통하는 좀더 규모가 작은 최신 시스템으로 보완되는 경우를 살펴보겠다.

초기 단계 중 하나는 테스트 전략을 결정하는 것이어야 한다. 신규 시스템의 새로운 기능에 대해서는 자동화된 단위 테스트를 작성해야 하겠지만 레거시 시스템을 단계적으로 폐기하는 데는 특별한 테스트 요건이 생긴다. 어떤 조직에서는 일정 시간 동안 신규 시스템과 구형 시스템을 나란히 운영하기도 한다.

특정 반복주기에서 다음과 같은 조치를 취한다.

1. 단일 반복주기 내에서 신규 시스템에 추가될 수도 있는 레거시의 특정 기능을 파악한다.

2. ANTICORRUPTION LAYER에 필요할 추가사항을 파악한다.

3. 구현

4. 배치

때로는 단계적으로 폐기 가능한 레거시 단위에 상응하는 기능을 작성하느라 하나 이상의 반복주기를 거쳐야 할 수도 있다. 그럼에도 새로운 기능을 작고 반복주기 규모의 단위로 계획해서 배치하는 데만 여러 반복주기를 보내게 한다.

배치는 만반의 준비를 하기에는 너무나도 다양한 상황이 연출되는 또 하나의 지점에 해당한다. 이처럼 규모가 작고 점진적인 변화가 제품 출시로 이어질 수 있다면 개발하기엔 아주 좋겠지만 일반적으로는 좀더 단위가 큰 제품 출시를 준비할 필요가 있다. 왜냐하면 사용자가 새로운 소프트웨어의 사용법을 교육받아야 하기 때문이다. 이따금 평행 주기(parallel period)를 성공적으로 완수해야 할 때가 있다. 이런 경우에는 갖가지 인력 및 자원과 관련된 문제를 해결해야 한다.

마침내 현장에서 배치를 수행할 때는 아래의 조치를 취한다.

5. ANTICORRUPTION LAYER에서 불필요한 부분을 파악해 이를 제거한다.

6. 지금은 사용되지 않는 레거시 시스템 모듈을 삭제하는 것을 고려해본다(별로 도움되는 일이 아니라고 판명될지도 모르지만). 아이러니하게도 레거시 시스템이 잘 설계돼 있을수록 단계적으로 폐기하기가 더욱 쉬워진다. 반면 설계가 열악한 소프트웨어를 제거하기는 더욱 어렵다. 나머지 부분이 단계적으로 폐기되어 전체가 폐기될 때까지 사용되지 않는 부분을 무시할 수도 있다.

이 과정을 끊임없이 반복한다. 레거시 시스템이 업무에 관여하는 빈도가 계속 줄어들어 오랜 고난을 거쳐 마침내 빛을 보게 될 쯤이면 구형 시스템을 폐기할 수 있을 것이다. 한편, 다양한 조합으로 시스템 간의 상호종속성이 늘어나거나 줄어들면 ANTICORRUPTION LAYER가 번갈아 줄어들거나 팽창할 것이다. 물론 다른 모든 것들은 그대로 유지될 것이며, 더 작은 ANTICORRUPTION LAYER로 이끄는 그와 같은 초기 기능들을 이전해야 한다. 하지만 다른 요인이 우세할 가능성이 높고 일부 이전 과정에서 매끄럽지 못하게 번역이 이뤄지는 것을 감내해야 할지도 모른다.

OPEN HOST SERVICE → PUBLISHED LANGUAGE

지금까지 일련의 임시방편적인 프로토콜을 갖춘 다른 시스템과 통합해 왔는데, 접근을 원하는 시스템이 늘어나거나 상호작용이 점차 이해하기 어려워지면 유지보수 부담이 가중될 것이다. 이 경우 PUBLISHED LANGUAGE를 갖춘 시스템 간의 관계를 공식화해야 한다.

1. 이용 가능한 업계 표준 언어가 있다면 이를 평가해보고 가급적이면 이것을 사용한다.

2. 표준 언어나 사전에 공표된 언어가 없다면 우선 호스트 역할을 할 시스템의 CORE DOMAIN을 더 분명하게 다듬는다. (15장 참고.)

3. CORE DOMAIN을 교환 언어의 기반으로 사용하고 가능한 한 XML과 같은 표준 교환 패러다임을 활용한다.

4. (최소한) 협업에 참여하는 모든 이에게 새로운 언어를 공표한다.

5. 새로운 시스템 아키텍처도 관련이 있다면 이 아키텍처도 공표한다.

6. 각 협업 시스템을 상대로 번역 계층을 구축한다.

7. 전환

이 시점에서는 추가적인 협력자가 최소한의 중단만으로 진입할 수 있을 것이다.

한 가지 기억해둘 점은 PUBLISHED LANGUAGE는 반드시 안정적이어야 하며, 그럼에도 끊임없는 리팩터링을 수행해가면서 호스트 모델을 자유로이 변경할 수 있어야 한다는 것이다. 그러므로 **교환 언어와 호스트의 모델을 동등시해서는 안 된다.** 이것들을 밀접하게 유지하면 번역에 따르는 과부하가 줄어들 것이며, 호스트를 CONFORMIST로 만들기로 결정해도 된다. 하지만 비용/이익의 타협점을 고려해봤을 때 PUBLISHED LANGUAGE를 적용하는 편이 유리하다면 번역 계층을 보강해서 나눠도 되겠다.

프로젝트 리더는 기능적 통합의 요구사항과 개발팀과의 관계에 근거해서 BOUNDED CONTEXT를 정의해야 한다. 일단 BOUNDED CONTEXT와 CONTEXT MAP이 명확하게 정의되어 지켜진다면 그다음에는 논리적 일관성이 보호받아야 한다. 그렇게 되면 적어도 관련 의사소통 문제가 겉으로 드러나 처리할 수 있을 것이다.

그렇지만 간혹 모델의 컨텍스트가 의식적으로 경계가 정해지든 자연적으로 발생하든 시스템 내의 논리적 모순 이외의 문제를 해결하고자 모델의 컨텍스트를 오용하는 경우가 있다. 팀에서는 대규모 CONTEXT 모델이 지나치게 복잡해서 전체를 이해할 수 없거나 완전히 분석할 수 없다고 판단할지도 모른다. 의도적이든 우연적이든 이렇게 되면 좀더 관리 가능한 조각으로 CONTEXT가 분할되는 경우가 많다. 이러한 단편화 탓에 기회를 잃어버릴 수 있다. 이제는 더 넓은 범위의 CONTEXT에 규모가 큰 모델을 수립하겠다는 결정을 면밀히 검토할 가치가 있으며, 만약 조직적으로나 정치적으로 해당 CONTEXT에 모델을 두기가 불가능하거나 실제로는 CONTEXT가 세분화되어 있다면 맵을 재작성해서 여러분이 유지할 수 있는 경계를 정의한다. 그렇지만 규모가 큰 BOUNDED CONTEXT가 설득력 있는 통합 요구를 다루고 있고, 모델 자체의 복잡성과는 별도로 타당성을 지니고 있는 것으로 보인다면 CONTEXT를 분할하는 것이 최선이 아닐 수도 있다.

규모가 큰 모델을 다루기 쉽게 만드는 것과 관련해서 이러한 희생을 치르기 전에 먼저 고려해봐야 할 다른 수단이 있다. 이어지는 두 개의 장에서는 디스틸레이션과 대규모 구조라는 두 가지 좀더 넓은 범위의 원칙을 적용해서 규모가 큰 모델 내에서 복잡성을 관리하는 문제를 집중적으로 다루겠다.

디스틸레이션

$$\nabla \cdot \mathbf{D} = \rho$$

$$\nabla \cdot \mathbf{B} = 0$$

$$\nabla \times \mathbf{E} = -\frac{\partial \mathbf{B}}{\partial t}$$

$$\nabla \times \mathbf{H} = \mathbf{J} + \frac{\partial \mathbf{D}}{\partial t}$$

— 제임스 클럭 맥스웰, 전자기론, 1873년

이 네 개의 방정식은 각 항의 정의와 그 정의의 토대가 되는 수학적 체계와 함께 19세기 고전 전자기학의 전부를 나타낸다.

여러분은 어떻게 중요 문제에 집중하고 부수적인 사항에 매몰되지 않는가? LAYERED ARCHITECTURE는 컴퓨터 시스템을 동작하게 하는 기술적 로직으로부터 도메인 개념을 분리하지만 규모가 큰 시스템에서는 격리된 도메인조차도 관리할 수 없을 정도로 복잡해질지도 모른다.

디스틸레이션(distillation)은 혼합된 요소를 분리해서 본질을 좀더 값지고 유용한 형태로 뽑아내는 과정이다. 모델은 지식의 정수를 추출한 것이다. 더 심층적인 통찰력으로 향하는 모든 리팩터링을 거쳐 우리는 도메인 지식과 우선순위의 일부 중요한 측면을 추상화한다. 이제 전략적인 관점을 견지하고자 한 발 물러나 본 장에서는 폭넓은 일련의 모델을 구분하고 도메인 모델의 정수를 추출하는 방법을 살펴보겠다.

갖가지 화학적인 증류 과정을 거치는 것과 마찬가지로 분리된 부산물은 그 자체로 증류 과정을 거쳐 (GENERIC SUBDOMAIN(일반 하위 도메인)과 COHERENT MECHANISM(응집력 있는 메커니즘)으로) 더욱 값지게 되는데, 이러한 노력은 특별히 중요한 부분인 "CORE DOMAIN"(우리의 소프트웨어를 차별화하고 구축할 가치가 있게끔 만들어주는 부분)을 추출하려는 욕망에서 비롯된다.

도메인 모델에 대한 전략적 디스틸레이션에서는 아래와 같은 사항을 모두 수행한다.

1. 팀원들이 시스템의 전체 설계와 해당 설계가 어떻게 함께 조화될지 파악하게끔 돕는다.

2. UBIQUITOUS LANGUAGE의 일부가 될 수 있게 관리 가능한 크기의 핵심 모델을 식별해서 의사소통을 촉진한다.

3. 리팩터링을 이끈다.

4. 가장 중요한 모델 영역의 업무에 초점을 맞춘다.

5. 아웃소싱, 기성 컴포넌트의 활용, 할당에 관한 의사결정을 돕는다.

본 장에서는 CORE DOMAIN의 전략적 디스틸레이션을 향한 체계적인 접근법을 다루고 팀 내에서 전략적 디스틸레이션의 관점을 사실상 공유하고 현재 하고 있는 일에 관해 의사소통하기 위한 언어를 제공하는 법을 설명한다.

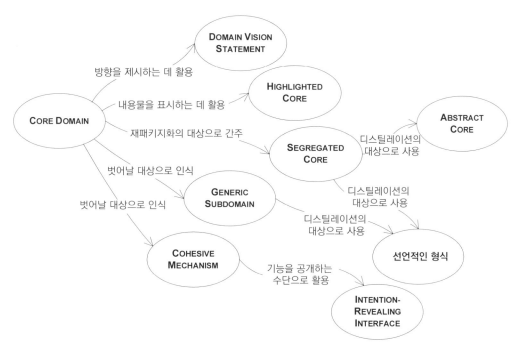

그림 15-1 | 전략적 디스틸레이션에 대한 내비게이션 맵

나무를 다듬는 정원사처럼 우리는 굵은 가지가 자랄 수 있게 길을 터주면서 모델의 산만한 요소를 없애고 가장 중요한 부분에 집중하게 만들어주는 기법들을 적용하겠다……

CORE DOMAIN
(핵심 도메인)

규모가 큰 시스템을 설계할 때는 시스템에 기여하는 구성요소가 무수히 많은데, 모두 복잡하고 성공에 절대적이어서 진정한 업무 자산에 해당하는 도메인의 본질적인 측면이 가려지거나 방치될 수 있다.

이해하기 힘든 시스템은 변경하기도 어렵다. 아울러 변경의 효과도 예측하기 어렵다. 개발자는 자신에게 익숙한 분야를 벗어나게 되면 어쩔 줄 몰라 한다. (이는 새로운 인력을 팀에 데리고 올 때 특히 그러한데 기존 팀원조차도 코드가 그다지 표현력 있지 않거나 정리가 잘 돼 있지 않으면 파악하느라 고생할 것이다.) 이로써 사람들은 일정 영역에 한해 전문성을 갖추게 된다. 개발자가 특정 모듈을 대상으로 자신의 업무를 한정하면 더더욱 지식 전달이 줄어든다. 업무를 구획지어서 시스템은 매끄럽게 통합되기 힘들어지고 업무 할당의 유연성이 사라진다. 어떤 행위가 다른 곳에 이미 존재한다는 사실을 개발자가 알지 못하면 중복이 일어나고 시스템이 훨씬 더 복잡해진다.

이는 이해하기 힘든 설계가 빚어내는 결과의 일부에 해당하는데, 여기에 못지않게 또 한 가지 상당히 위험한 요소는 도메인에 대한 큰 그림을 잃게 됨으로써 야기되는 것이다.

현실의 가혹한 측면은 설계의 모든 부분이 모두 동일하게 정제되지는 않는다는 것이다. 그러므로 각 설계 측면에 우선순위를 매겨야 한다. 도메인 모델을 가치 있는 자산으로 만들려면 모델의

핵심적인 측면을 다루기 수월해야 하고 애플리케이션의 기능성을 만들어내는 데 충분히 활용할 수 있어야 한다. 그런데 드물지만 고급 기술을 갖춘 개발자가 기술적인 인프라스트럭처나 특별한 도메인 지식 없이도 이해할 수 있는 명료하게 정의된 도메인 문제만 다루려고 할 때가 있다.

시스템의 이러한 측면은 컴퓨터 과학자에게 흥미롭게 보이며, 다른 사람들에게도 전해줄 수 있는 전문 기술을 쌓고 이력서에 적어넣을 수 있는 좋은 소재로 여겨진다. 진정으로 애플리케이션에 차별성을 부여하고 그것을 업무 자산으로 만들어주는 모델 요소인 특화된 핵심부는 대개 숙련도가 낮은 개발자가 DBA와 함께 데이터 스키마를 만든 다음 모델의 개념적인 강점을 전혀 활용하지 않은 채 한 기능씩 차례로 개발하는 데 머무르곤 한다.

소프트웨어에서 이러한 부분의 설계 및 구현 품질이 낮다면 기술적 인프라스트럭처가 얼마나 잘 작동하든, 보조 기능이 얼마나 멋지든 해당 소프트웨어는 사용자에게 결코 매력적으로 다가설 수 없다. 이처럼 파악하기 힘든 문제는 프로젝트가 전체 설계와 여러 부분의 상대적 중요성을 분명하게 드러내는 그림을 갖지 못하는 데서 근본적인 이유를 찾을 수 있다.

내가 처음부터 합류했던 가장 성공적인 프로젝트 중 하나가 이러한 증상을 겪었다. 프로젝트의 목표는 매우 복잡한 신디케이트론 시스템을 개발하는 것이었다. 대다수의 능력이 출중한 사람들은 즐겁게 데이터베이스 매핑 계층과 메시지 인터페이스와 관련된 작업을 하는 데 반해 업무 모델은 객체 기술에 갓 입문한 개발자에게 맡겨졌다.

단 한 가지 예외는 도메인 문제를 다루던 경험 많은 객체 개발자가 오래 지속되는 도메인 객체에 주석을 다는 방법을 고안했다는 것이다. 이 주석은 거래자 당사자나 다른 사람들이 과거에 결정한 사항을 기록했던 이론적 근거를 확인할 수 있게 구성될 수도 있었다. 그뿐만 아니라 객체 개발자는 주석 모델의 유연한 특징에 직관적으로 접근할 수 있는 우아한 사용자 인터페이스도 만들었다.

이러한 기능은 유용하고 설계도 훌륭했으며, 제품에 포함됐다.

그렇지만 안타깝게도 그것들은 보조적인 기능에 불과했다. 이 재능 있는 개발자는 주석 처리와 관련한 자신의 흥미롭고 일반화된 방법을 모델링해서 깔끔하게 구현했고 사용자 손에 쥐어주었다. 그동안 능력없는 개발자는 미션 크리티컬한 "론(loan)" 모듈을 도저히 이해할 수 없는 뒤범벅(하마터면 프로젝트가 회복될 수 없을 만큼)으로 만들고 있었다.

계획 프로세스는 모델과 설계에서 자원을 가장 중대한 사항으로 이끌어야 한다. 그러자면 해당 사항을 식별하고 계획 및 개발이 이뤄지는 동안 모든 사람들이 이해해야 한다.

의도하는 애플리케이션의 목적에 특유하고 중심적인 모델의 그와 같은 부분들이 CORE DOMAIN을 구성한다. CORE DOMAIN은 시스템에서 가장 큰 가치가 더해지는 곳이다.

그러므로

모델을 요약하라. CORE DOMAIN을 찾아 그것을 지원하는 다수의 모델과 코드로부터 쉽게 구별할 수 있는 수단을 제공하라. 가장 가치 있고 전문화된 개념을 부각시켜라. CORE를 작게 만들어라.

CORE DOMAIN에 가장 재능 있는 인력을 할당하고 그에 따라 인력을 채용하라. 시스템의 비전을 수행하기에 충분한 심층 모델을 찾고 유연한 설계를 개발할 수 있게 CORE에 노력을 쏟아라. 다른 부분에 대한 투자는 해당 부분이 어떻게 정수가 추출된 CORE를 보조할 수 있느냐로 정당화하라.

CORE DOMAIN의 정수를 추출하기는 쉽지 않지만 그렇게 하면 분명 의사결정이 쉬워진다. CORE를 구별되게끔 만드는 데 노력을 쏟는 동시에 설계의 나머지 부분은 실용적인 수준으로 일반화해서 유지한다. 설계의 일부 측면을 경쟁우위로서 비밀스럽게 유지해야 한다면 그것이 바로 CORE DOMAIN에 해당한다. 나머지 부분을 숨기느라 노력을 낭비할 필요가 없다. 그리고 (시간 제약상) 두 가지 수행할 필요가 있는 리팩터링 가운데 어느 것을 해야 할지 결정할 때는 CORE DOMAIN에 가장 큰 영향을 줄 수 있는 것을 먼저 택해야 한다.

❊　❊　❊

본 장의 패턴은 CORE DOMAIN을 좀더 쉽게 발견하고 사용하고 변경할 수 있게 만들어 준다.

CORE 선택

여기서는 특히 업무 도메인을 대표하고 업무와 관련된 문제를 해결하는 데 필요한 모델 요소를 살펴본다.

어떤 CORE DOMAIN을 선택하느냐는 본인의 관점에 달렸다. 예를 들어, 수많은 애플리케이션에는 다양한 통화와 환율, 환산을 나타내는 화폐에 관한 일반화된 모델이 필요하다. 한편으로 통화 매매를 보조하는 애플리케이션에서는 좀더 정교한 화폐 모델이 필요할 수도 있는데, 이러한 화폐 모델은 CORE의 일부로 여겨질 것이다. 이러한 경우에도 매우 일반화된 화폐 모델의 일부가 있을지도 모른다. 도메인에 대한 통찰력이 경험에 의해 깊어지면 일반화된 화폐 개념이 분리되고 오로지 모델의 특화된 측면만 CORE DOMAIN에 유지되어 디스틸레이션 프로세스가 계속될 수 있다.

해운 애플리케이션에서 CORE는 배송을 위해 어떻게 화물을 합치고 컨테이너 소유주가 바뀔 때 책임은 어떻게 바뀌는지, 또는 특정 컨테이너가 목적지에 도달하기 위해 어떻게 여러 운송수단을 거치는지에 관한 모델일 수도 있다. 투자은행에서의 CORE는 수탁인과 투자자 사이에서 발생하는 자산 신디케이트 모델을 포함할 수도 있다.

어떤 애플리케이션에서는 CORE DOMAIN인 것이 다른 애플리케이션에서는 일반화된 보조 컴포넌트에 해당하기도 한다. 그럼에도 한 프로젝트, 보통 하나의 회사를 통틀어 하나의 일관된 CORE가 정의될 수 있다. 설계의 다른 모든 부분과 마찬가지로 CORE DOMAIN을 파악하는 일은 반복주기를 거쳐 발전할 것이다. 특정 관계의 중요성이 처음에는 분명하게 드러나지 않을지도 모른다. 반면 처음에 명백히 중요한 것으로 보였던 객체가 보조적인 역할에 머무는 것으로 판명될지도 모른다.

이어지는 절에서 논의하는 내용, 특히 GENERIC SUBDOMAIN(일반 하위 도메인)은 이러한 결정을 위해 좀더 많은 지침을 제시할 것이다.

누가 그 일을 할 것인가?

프로젝트 팀에서 기술적으로 가장 숙달된 구성원이 도메인에 관한 지식을 많이 갖춘 경우는 거의 없다. 그 결과 도메인 지식의 유용함에 한계가 생기고 도메인 지식을 보조 컴포넌트로 배정하는 경향이 심화되며, 지식 부족으로 말미암아 프로젝트 구성원들이 도메인 지식을 축적할 기회를 얻지 못하는 잘못된 악순환이 계속된다.

이러한 악순환을 깨뜨리는 것이 중요하다. 이를 위해 오랜 기간 팀에 참여하고 도메인 지식의 보고가 되는 데 관심이 있는 능력 있는 개발자와 업무를 깊이 있게 알고 있는 여러 도메인 전문가로 팀을 구성한다. 도메인 설계는 흥미롭고, 진지하게 접근하면 기술적으로도 도전적인 일이며, 도메인 설계를 이런 식으로 바라보는 개발자도 찾을 수 있을 것이다.

CORE DOMAIN을 만드는 기반을 닦고자 단기적으로 외부 설계 전문가를 고용하는 것은 대개 도움이 되지 않는다. 그 이유는 팀에서는 도메인 지식을 축적할 필요가 있고 일시적으로 고용된 구성원은 양동이에 난 구멍에 해당하기 때문이다. 이에 반해 교육/멘토링 역할을 담당하는 전문가는 팀이 도메인 설계 기술을 축적하는 것을 돕고 팀원들이 미처 숙달하지 못한 정교한 원칙을 손쉽게 활용하게끔 만들어서 매우 가치 있는 역할을 할 수도 있다.

비슷한 이유로 CORE DOMAIN을 구입할 수 있다는 것은 있음직한 일이 아니다. 산업에 특화된 모델 프레임워크를 구축하려는 시도도 있었는데, 가장 눈에 띄는 것으로는 반도체 제조 자동화를 위해 반도체 산업 컨소시엄인 SEMATECH에서 만든 CIM 프레임워크와 폭넓은 분야의 업무를 위한 IBM의 "샌 프란시스코(San Francisco)" 프레임워크가 있다. 이것이 매우 매력적인 생각이더라도 지금까진 데이터 교환을 촉진하는 PUBLISHED LANGUAGE를 제외하면 그 결과는 그리 주목할 만하지 않다(14장 참고).『Domain-Specific Application Frameworks』(Fayad and Johnson 2000)라는 책에서는 이러한 최첨단 기술을 개괄적으로 소개한다. 해당 분야가 발전하면 좀더 쓸모있는 프레임워크가 생겨날 것이다.

그럼에도 주의를 기울여야 하는 좀더 근본적인 이유는 바로 맞춤형 소프트웨어의 가장 큰 가치는 CORE DOMAIN을 완전하게 제어할 수 있다는 데서 비롯되기 때문이다. 잘 설계된 프레임워크에서는 용도에 맞게 특화시킬 수 있는 높은 수준의 추상화를 제공할지도 모른다. 그러면 좀더 일반화된 부분을 개발하지 않아도 되고 CORE에 집중할 수 있는 여건이 마련될 수도 있다. 그러나 프레임워크가 이보다 더 제약을 가한다면 아래의 세 가지 가능성이 있다.

1. 본질적인 소프트웨어 자산을 잃는다. CORE DOMAIN을 제약하는 프레임워크의 적용 범위를 줄인다.

2. 프레임워크에서 다루는 영역이 생각했던 것만큼 중요하지 않다. 모델을 실제로 구분되게 만드는 부분에 따라 CORE DOMAIN의 경계를 변경한다.

3. CORE DOMAIN에 특별한 요구사항이 없다. 애플리케이션에 통합할 소프트웨어를 구입하는 것과 같은 좀더 위험도가 낮은 해결책을 고려한다.

어떻게 해서든 고유한 소프트웨어를 개발하는 일은 결국 전문지식을 축적하고 지식을 면밀히 검토해서 풍성한 모델을 만들어내는 안정화된 팀에서 해야 할 일이다. 지름길은 없다. 마법의 탄환도 없다.

디스틸레이션의 단계적 확대

본 장의 나머지를 구성하는 여러 디스틸레이션 기법은 거의 어떤 순서로도 적용할 수 있지만 설계를 얼마나 급격히 수정하느냐와 관련해서 정도의 차이는 있다.

간단한 DOMAIN VISION STATEMENT(도메인 비전 선언문)는 최소한의 투자로 기본 개념과 가치를 전달한다. HIGHLIGHTED CORE(강조된 핵심)는 의사소통을 향상시키고 의사결정을 내리는 데 도움되지만 그럼에도 설계를 거의 수정하지 않거나 아예 수정하지 않아도 된다.

좀더 적극적인 리팩터링과 재패키지화를 거쳐 명확하게 GENERIC SUBDOMAIN을 구분하면 각 GENERIC SUBDOMAIN을 개별적으로 다루는 것이 가능해진다. COHESIVE MECHANISM은 용도가 다양하고, 의미전달이 용이하며, 유연한 설계를 통해 캡슐화할 수 있다. 이러한 부수적인 요소를 제거하면 CORE가 엉키는 것을 방지할 수 있다.

SEGREGATED CORE(분리된 핵심)를 재패키지화하면 CORE를 심지어 코드상에서도 바로 볼 수 있게 되고, CORE 모델에 대한 향후 업무가 쉬워진다.

그리고 가장 야심 찬 것은 ABSTRACT CORE(추상화된 핵심)인데, 이것은 가장 근본적인 개념과 관계를 순수한 형태로 표현한다(그리고 모델을 대상으로 광범위한 재구성과 리팩터링이 필요하다).

이러한 각 기법을 적용하려면 끊임없이 참여를 늘려야 하는데, 칼날은 갈면 갈수록 더 예리해지게 마련이다. 도메인 모델의 정수를 계속해서 추출하다 보면 프로젝트에 속도와 민첩성, 수행의 정밀함을 전해주는 자산이 만들어진다.

디스틸레이션을 시작하려면 모델에서 가장 특색이 없는 측면을 제거해도 된다. GENERIC SUBDOMAIN은 각 측면의 의미를 명확하게 하는 CORE DOMAIN과 대조를 이룬다……

GENERIC SUBDOMAIN
(일반 하위 도메인)

모델의 일부는 전문 지식을 포착하거나 전달하지 않고 복잡성을 더하곤 한다. 부수적인 요소는 **CORE DOMAIN**을 식별하고 이해하는 일을 더욱 어렵게 만든다. 모델은 일반 원칙이나 세부 사항 탓에 정체된다(여기서 일반 원칙이란 누구나 알고 있는 것을 말하며, 세부사항은 주된 관심사가 아닌 보조적인 역할을 수행하는 전문 분야에 속하는 것을 의미한다). 그럼에도 아무리 일반적이더라도 이러한 그밖의 요소는 시스템이 기능을 수행하고 모델을 완전히 표현하는 데 중요하다.

아울러 모델에서 당연한 것으로 여겨지는 부분도 있다. 그러한 부분은 도메인 모델에서 없어서는 안 될 부분에 해당하며, 상당수의 업무 영역에서도 필요한 개념을 추상화한다. 예를 들어, 회사의 조직도는 업무 영역이 해운, 금융, 제조 등으로 다양한 것처럼 일정한 형태를 갖출 필요가 있다. 또 다른 예로는 일반 회계 모델을 이용해 모두 처리할 수 있는 수취계정, 지출 원장 등의 재무 문제를 다루는 수많은 애플리케이션이 있다.

종종 도메인에서 크게 중요하지 않은 쟁점 탓에 상당한 노력이 허비되기도 한다. 나는 개인적으로 두 개의 개별 프로젝트에서 가장 뛰어난 개발자들을 몇 주 동안 표준 시간대의 날짜와 시간을 재설계하는 업무에 투입한 것을 본 적이 있다. 이 컴포넌트가 작동해야 하는 것은 맞지만 시스템의 개념적 핵심은 아니다.

그러한 일반적인 모델 요소가 매우 중요한 것으로 여겨지더라도 전체 도메인 모델은 시스템에서 가장 가치를 더하는 특별한 측면을 두드러지게 하고, 가능한 한 그 부분에 많은 힘이 실리게끔 구조화해야 한다. **CORE**가 모든 상호 관련된 요소와 섞여 있다면 이렇게 하기 어렵다.

그러므로

현재 진행 중인 프로젝트를 위한 것이 아닌 응집력 있는 하위 도메인을 식별하라. 이러한 하위 도메인에서 일반화된 모델 요소를 추출해서 별도 **MODULE**에 배치하라. 해당 **MODULE**에는 여러분이 지닌 전문성의 자취를 남기지 않는다.

일단 하위 도메인이 분리되고 나면 해당 하위 도메인의 계속되는 개발에 대해서는 **CORE DOMAIN**보다 낮은 우선순위를 부여하고 그 일에 핵심 개발자를 배치하지 않는다(개발자가 거기서 도메인 지식을 거의 얻지 못할 것이므로). 아울러 이러한 **GENERIC SUBDOMAIN**에 대해서는 기성솔루션이나 공표된 모델을 고려해본다.

이러한 패키지를 개발할 때는 몇 가지 추가적인 선택사항이 있다.

선택 1: 기성 솔루션

때로는 구현된 제품을 구입하거나 오픈소스를 이용할 수 있다.

유리한 점

- 개발할 코드가 적어진다.
- 유지보수 부담이 외부화된다.
- 코드가 좀더 성숙하고 다양한 곳에서 사용되므로 사내에서 개발된 코드에 비해 실수가 적고 완전하다.

불리한 점

- 사용하기 전에 평가하고 이해하는 시간이 필요하다.
- 품질관리가 업계에서 이뤄지므로 올바르고 안정적일 거라 확신할 수 없다.
- 용도에 비해 과도하게 만들어져 있을지도 모른다. 최소주의적인 사내 구현에 비해 통합에 드는 노력이 더 클 수도 있다.
- 외부 요소는 대개 매끄럽게 통합되지 않는다. 외부 요소에는 별도의 BOUNDED CONTEXT가 있을지도 모른다. 만약 그렇지 않더라도 다른 패키지의 ENTITY를 자연스럽게 참조하기가 쉽지 않을 수도 있다.
- 플랫폼 의존성, 컴파일러 버전 의존성 등을 야기할 수도 있다.

기성 하위 도메인 솔루션은 조사할 만한 가치는 있지만 보통 크게 노력을 들일 만한 가치는 없다. 나는 매우 정교한 워크플로우 요구사항을 처리할 목적으로 API 확장지점을 갖춘 상용 외부 워크플로우 시스템을 사용한 애플리케이션의 성공 사례를 본 적이 있다. 또한 애플리케이션에 철저히 통합된 에러 로깅 패키지에 관한 성공 사례를 본 적도 있다. 때때로 GENERIC SUBDOMAIN 솔루션은 프레임워크 형태로 패키지화되곤 하는데, 이러한 솔루션에서는 현재 개발 중인 애플리케이션과 통합하고 특화시킬 수 있는 매우 추상적인 모델을 구현한다. 하위 컴포넌트가 일반적일수록 해당 하위 컴포넌트의 모델은 좀더 정수를 추출한 상태가 되고 유용하게 쓰일 기회가 더 많다고 볼 수 있다.

선택 2: 공표된 설계나 모델

유리한 점

- 사내 모델보다 더 성숙되고 많은 사람들의 통찰력을 반영한다.
- 즉각적이고 높은 품질의 문서화

불리한 점

- 요구사항에 딱 맞지 않거나 과도한 설계일 수 있다.

톰 레러(Tom Lehrer, 1950년대와 1960년대부터 풍자 작사가 겸 작곡가로 활동)는 수학의 성공 비결을 다음과 같이 말한 적이 있다. "도용하라. 도용하라. 누구의 업적도 여러분의 눈을 피해 가지 못하게 하라. 그저 항상 **연구** 중이라고 말하기만 하면 된다." 이것은 도메인 모델링에 대해서도 훌륭한 충고이자 GENERIC SUBDOMAIN을 공략할 때는 특히 그렇다.

이것은 『분석 패턴』(Fowler, 1996)에 있는 패턴처럼 광범위하게 적용되는 모델이 있을 때 가장 큰 효과가 있다. (11장 참고.)

분야가 이미 매우 정형화돼 있고 엄밀한 모델이 있을 때는 그것을 사용하면 된다. 머릿속에 떠오르는 예로는 회계와 물리 분야가 있다. 이 분야는 매우 견고하고 간결할 뿐 아니라 많은 사람들이 폭넓게 이해하고 있으므로 현재와 미래의 학습 부담을 덜어준다. (10장, 정립된 정형화의 활용과 관련된 부분 참고.)

자기 모순이 없고 요구사항을 충족하는 단순화된 부분집합을 식별할 수 있다면 공표된 모델의 모든 측면을 구현해야 한다고 생각하지 않아도 된다. 그러나 자주 사용되고 문서화가 잘 되어 있거나, 또는 더 좋은 경우 정형화된 모델을 활용할 수 있을 때는 시간과 노력을 낭비할 이유가 전혀 없다.

선택 3: 외주제작된 구현

유리한 점

- 대부분의 지식이 필요하고 축적되는 CORE DOMAIN과 관련된 업무에서 핵심 팀을 해방 시켜준다.
- 팀을 영구히 확대하거나 CORE DOMAIN의 지식이 흩어져 없어지지 않고 더욱 많은 개발 이 이뤄질 수 있다.
- 명세가 외부로 전달돼야 하므로 인터페이스 중심의 설계가 이뤄지고 하위 도메인을 일반화 된 상태로 유지하는 데 도움이 된다.

불리한 점

- 인터페이스, 코딩 표준, 그리고 다른 모든 중요 측면을 대상으로 의사소통이 필요하므로 여 전히 핵심 팀에서 시간을 들여 구현을 살펴봐야 한다.
- 코드를 이해해야 하기 때문에 소유권을 내부로 이전하는 데 상당한 부담이 야기된다. (그럼 에도 특화된 하위 도메인보다 부담이 덜한데, 일반화된 모델은 아마도 이해하는 데 특별한 예비지식이 필요하지 않을 것이기 때문이다.)
- 코드 품질이 고르지 않다. 두 팀의 상대적 역량에 따라 코드의 품질이 좋거나 나쁠 수 있다.

자동화된 테스트는 외주 제작에 중요한 역할을 할 수 있다. 구현자는 자신이 넘겨주는 코드에 대한 단위 테스트를 제공해야 한다. 품질 수준을 보증하는 것을 돕고 명세를 명확하게 하고 재통 합(reintegration)을 매끄럽게 하는 실질적으로 효과적인 접근법은 외주 제작되는 컴포넌트에 대 한 자동화된 인수 테스트를 명시하거나 아예 작성하는 것이다. 또한 "외주 제작된 구현"은 "공표 된 설계나 모델"과 아주 잘 어울릴 수 있다.

선택 4: 사내 구현

유리한 점

- 통합하기 쉬움

- 정확히 원하는 것만을 얻음

- 임시 계약자를 할당할 수 있음

불리한 점

- 계속되는 유지보수와 교육 부담

- 패키지 개발에 필요한 시간과 비용을 과소평가하기 쉬움

물론 사내 구현도 "공표된 설계나 모델"과 잘 어울린다.

GENERIC SUBDOMAIN은 외부 설계 전문가를 적용해 볼 수 있는 분야다. 그 까닭은 GENERIC SUBDOMAIN에서는 특화된 CORE DOMAIN을 심층적으로 이해하지 않아도 되고 해당 도메인을 배울 기회도 좀처럼 없기 때문이다. 기밀성도 덜 중요하게 여겨지는데, 이는 기업 고유의 정보나 업무 관행이 이러한 모듈에는 거의 포함돼 있지 않을 것이기 때문이다. GENERIC SUBDOMAIN은 도메인의 심층 모델과 크게 관련이 없는 사람들에 대한 교육 부담을 덜어준다.

시간이 지나면 CORE 모델을 구성하는 것들은 한정될 테고 점점 더 많은 일반화된 모델이 프레임워크로 구현되거나 적어도 공표된 모델 또는 분석 패턴의 형태로 이용할 수 있게 될 것이다. 지금은 여전히 이러한 것들을 대부분 우리 스스로가 개발해야 하지만 그것들을 CORE DOMAIN 모델과 나누는 데는 상당한 가치가 있다.

예제

두 시간대에 관한 이야기

두 차례에 걸쳐 나는 프로젝트에서 가장 뛰어난 개발자들이 시간대가 적용된 시간을 저장하고 변환하는 데 여러 주를 보내는 모습을 본 적이 있다. 나는 항상 이러한 행동을 수상쩍게 생각하는 편이지만 종종 그렇게 할 필요가 있을 때가 있으며, 이 두 프로젝트는 거의 완벽하게 대조적이었다.

첫 번째 경우는 화물 해운에 필요한 스케줄링 소프트웨어의 설계와 관련된 것이었다. 국제 운송 일정을 조정하려면 정확한 시간 계산이 중요하고 모든 일정이 지역시간으로 추적되기 때문에 시간을 변환하지 않고 운송을 조정하기란 불가능하다.

이 기능의 요구사항을 명확하게 수립하면서 팀은 CORE DOMAIN 개발을 비롯해 가용한 시간 클래스와 약간의 더미 데이터를 이용해 처음 몇 번의 반복주기를 진행했다. 애플리케이션이 성숙해지기 시작했을 때 기존의 시간 클래스는 쓰기에 적합하지 않았고, 여러 국가 간의 변동사항과 국제 날짜선의 복잡함으로 문제가 매우 복잡하게 얽혀 있었다. 이제는 요구사항이 훨씬 명확해져서 기성 솔루션을 찾아봤지만 아무것도 찾지 못했다. 선택의 여지가 없었고 스스로 구축할 수밖에 없었다.

시간대 작업에는 연구 능력과 정밀한 공학적 능력이 필요할 것이므로 팀 리더는 가장 뛰어난 프로그래머를 해당 작업에 할당했다. 그러나 그 업무에는 해운에 대한 어떤 특별한 지식도 필요하지 않았고 해운 업무에 관련된 지식을 연마할 필요도 없었기에 프로젝트에 임시 계약직으로 투입된 프로그래머를 배정하기로 했다.

이 프로그래머는 아무것도 없는 상태로 시작하지는 않았다. 그는 기존의 시간대 구현을 몇 가지 연구해봤지만 대부분은 요구사항과 맞지 않았고, 그래서 정교한 데이터베이스와 C로 구현된 BSD 유닉스에서 퍼블릭 도메인 라이선스가 적용된 솔루션을 가져다 쓰기로 했다. 그는 로직을 역공학해서 데이터베이스에 사용할 가져오기 루틴을 작성했다.

문제는 예상보다 훨씬 어려웠지만(이를테면, 특수한 경우의 데이터베이스 가져오기를 포함해서) 코드는 작성되어 CORE에 통합됐고 제품을 인도할 수 있었다.

또 다른 프로젝트에서는 양상이 매우 달랐다. 한 보험 회사에서 새로운 보상처리 시스템을 개발하는 중이었고, 다양한 사건이 발생한 시각(자동차 충돌 시각, 우박수 발생 시각 등)을 포착하려는 계획을 세웠다. 이러한 데이터는 지역시간으로 기록해야 했기에 시간대 기능이 필요했다.

내가 도착했을 땐 애플리케이션의 정확한 요구사항을 여전히 조사하는 중이었고 최초 반복주기도 수행하지 않았음에도 해당 프로젝트에서는 젊지만 매우 영리한 개발자를 해당 업무에 할당했다. 그 개발자는 자기 본분을 지키며 추측을 바탕으로 시간대 모델을 만들기 시작했다.

뭐가 필요할지 모르는 상태였기에 해당 모델에서는 어떤 것도 처리할 수 있을 정도의 유연성을 확보하는 것을 가정했다. 이 업무를 할당받은 프로그래머는 이처럼 어려운 문제를 도와줄 사람이 필요했고 선임 개발자가 그 일에 배치됐다. 두 개발자는 복잡한 코드를 작성했지만 어떤 애플리케이션에서도 해당 코드를 사용하지 않았으므로 코드가 올바르게 동작하는지 확실히 알 수 없었다.

프로젝트는 갖가지 이유로 좌초됐고 시간대 코드는 전혀 사용되지 못했다. 그러나 시간대 코드가 사용됐더라도 단순히 지역시간을 시간대로 표시해서 저장하는 것만으로도 충분하고 전혀 변환할 필요가 없었을 것이다. 그 까닭은 시간대는 주로 데이터를 참조할 뿐 계산에 기반을 둔 것이 아니었기 때문이다. 변환이 필요한 것으로 판명되더라도 모든 데이터는 비교적 시간대 변환이 간단한 북미에서 수집될 예정이었다.

이렇게 시간대에 집중하느라 발생한 주된 비용은 CORE DOMAIN 모델에 소홀하게 됐다는 점이었다. 같은 에너지를 CORE DOMAIN에 쏟았더라면 그들은 애플리케이션에 대해 실제로 기능하는 프로토타입과 작동하는 도메인 모델의 최초 산출물을 만들어 냈을 것이다. 더욱이 프로젝트에 오랫동안 참여해온 개발자는 보험 도메인을 깊숙이 파고들어 팀 내의 중요한 지식을 축적했어야 했다.

두 프로젝트에서 모두 잘한 한 가지는 GENERIC 시간대 모델을 CORE DOMAIN과 깔끔하게 분리했다는 것이다. 해운이나 보험 특유의 시간대 모델은 모델을 이러한 일반화된 보조 모델과 결합해서 결국 CORE를 더 이해하기 어렵게 만들 수도 있다(거기엔 CORE와 관계없는 시간대와 관련된 세부사항이 담길 것이기 때문이다). 시간대 MODULE 또한 유지보수가 더 어려워질 것이다(유지보수 인력이 CORE와 시간대와의 상호 관계를 이해해야만 하기 때문이다).

해운 프로젝트의 전략	보험 프로젝트의 전략
유리한 점	**유리한 점**
• CORE로부터 분리된 GENERIC 모델	• CORE로부터 분리된 GENERIC 모델
• CORE 모델이 성숙해져서 자원을 축내지 않고 모델을 독차지할 수 있음	**불리한 점**
• 원하는 바를 정확하게 알게 됨	• CORE 모델이 개발돼 있지 않아 다른 문제를 신경 쓰게 되어 CORE 모델에 계속 소홀해짐
• 국제 일정 관리를 위한 중요 지원 기능	• 파악되지 않은 요구사항 탓에 좀더 단순한 북미에 국한된 변환으로도 충분할 상황에서 완전한 일반화를 시도함
• GENERIC 업무에 단기 계약직 프로그래머를 활용할 수 있음	• 프로젝트에 오랫동안 참여해온 프로그래머가 CORE 모델이 아닌 업무에 할당됨(해당 프로그래머는 도메인 지식의 저장고가 될 수도 있었음)
불리한 점	
• 일류 프로그래머가 핵심 영역에서 벗어나게 됨	

우리 같은 기술자들은 시간대 변환과 같은 범위가 한정된 문제를 즐기는 경향이 있고 그러한 문제에 시간을 보내는 것을 쉽게 정당화한다. 그러나 우선순위를 바라보는 안목을 연마하면 보통 CORE DOMAIN을 염두에 두게 된다.

일반화가 재사용 가능하다는 의미는 아니다

참고로 나는 이러한 하위 도메인의 일반적 특성을 강조하면서도 코드 재사용에 대해서는 언급하지 않았다. 기성 솔루션이 하나의 특정한 상황에는 맞거나 맞지 않을 수도 있지만 사내에서 개발하든 외주 제작하든 스스로 코드를 구현한다고 가정하면 특히 해당 코드의 재사용에 신경 써서는 안 된다. 이는 디스틸레이션의 기본적인 동기에 어긋난다. 즉, 여러분은 CORE DOMAIN에 가능한 한 많은 노력을 기울이고 보조적인 성격의 GENERIC SUBDOMAIN에는 필요한 만큼만 투자해야 한다는 것이다.

재사용이 일어나긴 해도 그것이 항상 코드 재사용에 해당하는 건 아니다. 모델 재사용은 종종 더 나은 수준의 재사용인데, 바로 공표된 설계나 모델을 사용할 때처럼 말이다. 그리고 여러분 스스로 모델을 만들어내야 한다면 해당 모델은 차후 관련 프로젝트에서도 분명 가치가 있을 것이다. 그러나 그러한 모델의 개념을 여러 상황에 적용할 수 있더라도 완벽한 일반성을 갖춘 모델을 개발할 필요는 없다. 당면 업무에 필요한 부분에 대해서만 모델링하고 구현해도 된다.

재사용을 목표로 설계할 일은 거의 없더라도 일반 개념의 범위 내에서 설계를 유지하는 것과 관련해서는 엄격해야 한다. 산업 특유의 모델 요소를 도입하는 데는 두 가지 비용이 따른다. 우선 그렇게 하면 추후 개발에 차질이 빚어질 것이다. 비록 지금은 하위 도메인 모델의 작은 일부만 필요하겠지만 그 필요성은 앞으로 점점 더 커질 것이다. 중요 개념과 관련이 없는 설계에 뭔가를 도입하게 됨으로써 기존 부분을 완전히 재구축하고 그 무언가를 사용하는 다른 모듈을 재설계하지 않고서는 시스템을 깔끔하게 확장하기가 훨씬 어려워진다.

두 번째로 좀더 중요한 이유는 그러한 산업 특유의 개념은 CORE DOMAIN이나 CORE DOMAIN보다 특화된 하위 도메인에 속하는데, 이러한 특화된 모듈은 일반화된 모듈에 비해 훨씬 더 값어치가 있기 때문이다.

프로젝트 위험 관리

애자일 프로세스에서는 일반적으로 가장 위험스러운 업무를 먼저 다루는 식으로 위험을 관리할 것을 요구한다. 구체적으로 XP에서는 종단간(end-to-end) 시스템을 구축하고 그것을 즉시 작동하게 만들도록 요구한다. 이러한 초기 시스템은 종종 기술적인 아키텍처를 검증하는 역할을 한다. 그리고 일부 보조적인 GENERIC SUBDOMAIN을 다루는 보조 시스템을 구축하고 싶어지는데, 이러한 시스템은 보통 분석하기가 더 쉽기 때문이다. 그러나 이렇게 하는 것은 위험 관리의 목적을 헛되게 할 수 있으므로 주의해야 한다.

프로젝트는 양측에서 오는 위험에 직면하는데, 어떤 프로젝트는 기술적 위험이 더 크고, 또 어떤 프로젝트는 도메인 모델링과 관련한 위험이 더 크다. 종단간 시스템은 그것이 실제 시스템에서 어려운 부분에 대한 초기 버전에 해당할 때에 한해서만 위험을 완화한다. 도메인 모델링과 관련한 위험은 과소평가되기 쉽다. 이러한 위험은 미처 생각하지 못한 복잡성이나 충분치 못한 업무 전문가와의 접촉, 또는 핵심 기술에 대한 개발자 간의 기량 차이 등으로 나타날 수 있다.

그러므로 팀원들이 검증된 기술을 보유하고 도메인에 매우 친숙한 경우를 제외하면 최초로 만들어진 시스템은 CORE DOMAIN의 특정 부분에 기반을 둬야 하고 그럼에도 단순해야 한다.

위험도가 높은 업무를 추진하려는 모든 프로세스에도 같은 원칙이 적용된다. 즉, CORE DOMAIN은 매우 위험도가 높은데, 이는 CORE DOMAIN이 종종 예상외로 쉽지 않고, CORE DOMAIN 없이는 프로젝트가 성공할 수 없기 때문이다.

본 장에서 논의한 대부분의 디스틸레이션 패턴은 CORE DOMAIN의 정수를 추출하기 위해 모델과 코드를 변경하는 법을 보여준다. 그러나 다음 두 패턴인 DOMAIN VISION STATEMENT와 HIGHLIGHTED CORE는 보조적인 성격의 문서를 활용하는 것이 어떻게 매우 적은 투자만으로도 CORE에 대한 의사소통과 인식을 개선하고 개발 노력에 집중하게 만드는지 보여준다……

DOMAIN VISION STATEMENT
(도메인 비전 선언문)

프로젝트 초기에는 대개 모델이 존재조차 하지 않지만 모델의 개발에 집중해야 할 필요성은 이미 거기에 있다. 개발이 후반부에 이르면 모델을 심층적으로 연구하지 않아도 되는 시스템의 가치를 설명할 필요가 생긴다. 또한 도메인 모델의 핵심적인 측면이 다수의 BOUNDED CONTEXT에 걸쳐 있을지도 모르지만 정의상 이러한 개별 모델은 자신의 공통적인 초점을 보이게끔 구조화될 수 없다.

많은 프로젝트 팀에서는 관리를 위해 "비전 선언서"를 작성한다. 이러한 문서의 가장 큰 장점은 애플리케이션이 조직에 가져올 특정 가치를 펼쳐 보인다는 것이다. 어떤 이는 도메인 모델의 생성을 전략적 자산으로 언급하기도 한다. 보통 비전 선언문 문서는 프로젝트 수행 자금을 확보한 후 버려지고, 실제 개발 과정에서 사용되거나 심지어 기술진에 의해 읽혀지지조차 않는다.

DOMAIN VISION STATEMENT는 이러한 문서 이후에 모델링되지만 그것은 도메인 모델의 본질과 해당 도메인 모델이 얼마나 기업에 가치 있는가에 초점을 맞춘다. DOMAIN VISION STATEMENT는 관리자와 기술진이 개발의 모든 국면에 걸쳐 자원 할당과 모델링 선택을 안내하고 팀원들을 교육할 때 직접적으로 활용할 수 있다. 도메인 모델이 다수의 프로젝트 이해관계자를 만족시켜야 한다면 이 문서는 그들의 이해관계가 어떻게 균형을 이루는지 보여줄 수 있다.

그러므로

(약 한 페이지 분량으로) CORE DOMAIN을 짧게 기술하고 그것이 가져올 가치에 해당하는 "가치 제안"을 작성하라. 이 도메인 모델과 다른 것과 구별하는 데 도움되지 않는 측면은 무시하라. 도메인 모델이 어떻게 다양한 관심사를 충족하고 균형을 이루는지 보여라. 한정된 범위에서 내용을 유지하라. 초기에 이 선언문을 작성하고 새로운 통찰력을 얻을 때마다 선언문을 개정하라.

DOMAIN VISION STATEMENT는 모델과 코드 자체의 디스틸레이션 과정에서 개발팀을 줄곧 공통적인 방향으로 향하게 할 이정표로 사용될 수 있다. DOMAIN VISION STATEMENT는 비기술 관련 팀원, 관리조직, 심지어 고객과도 공유할 수 있다(물론 독점적인 성격의 정보가 담긴 부분을 제외하고).

이것은 DOMAIN VISION STATEMENT의 일부다	이것이 중요하긴 하지만 DOMAIN VISION STATEMENT의 일부는 아니다
항공 예약 시스템 모델은 승객의 우선순위와 항공사 예약 전략을 표현하고 이것들을 유연한 정책에 기반을 둬서 균형을 맞출 수 있다. 승객 모델은 항공사가 단골 손님을 위해 개발에 힘쓴 "관계"를 반영해야 한다. 따라서 승객 모델은 특별 프로그램 참여, 전략적 법인 고객과의 제휴 등이 포함된 유용하게 요약된 형태로 승객의 이력을 표현해야 한다. 각기 다른 사용자(승객, 에이전트, 관리자와 같은)의 다양한 역할은 관계에 대한 모델을 강화하고 보안 프레임워크에 필요한 정보를 공급하게끔 표현돼야 한다. 모델은 효과적인 항로 및 좌석 탐색과 이미 구축된 다른 비행 예약 시스템과의 통합을 지원해야 한다.	**항공 예약 시스템** UI는 전문 사용자를 위해 능률적이어야 하면서 동시에 처음 사용하는 사용자도 이해하기 쉬워야 한다. 데이터를 다른 시스템으로 전송하는 식으로 웹이나 다른 UI를 통해 시스템에 접근할 수 있을 것이므로 인터페이스는 웹 페이지를 처리하거나 다른 시스템으로 변환해줄 변환 계층과 함께 XML 중심으로 설계될 것이다. 화려한 애니메이션이 적용된 로고는 향후 사용자가 방문할 때도 신속하게 보일 수 있게 클라이언트 장비에 캐시할 필요가 있다. 고객이 예약 내용을 전송할 경우 5초 안에 시각적으로 예약 결과를 보여준다. 보안 프레임워크는 사용자 식별을 위한 인증을 수행한 다음 정의된 사용자 역할에 할당된 권한을 기반으로 특정 기능에 대한 접근을 제한할 것이다.

이것은 DOMAIN VISION STATEMENT의 일부다	비록 이것이 중요하긴 하지만 DOMAIN VISION STATEMENT의 일부는 아니다
반도체 공장 자동화 도메인 모델은 필요한 감사 추적을 제공하고 자동화된 제품 전달이 지원될 수 있는 방식으로 반도체 생산 공정상의 재료와 장비의 상태를 표현할 것이다. 모델은 프로세스에 필요한 인력 자원을 포함하지는 않지만 공정 방법을 내려 받아 선택적인 프로세스 자동화가 가능해야 한다. 인간 관리자는 공장 상태 표시를 쉽게 이해할 수 있어 더 심층적인 통찰력을 주고 더 나은 의사결정을 내릴 수 있게 지원해야 한다.	**반도체 공장 자동화** 소프트웨어는 서블릿을 통해 웹에서 접근할 수 있으면서 다른 인터페이스도 쓸 수 있는 구조여야 한다. 사내 개발과 유지보수 비용을 피하고 외부 전문 지식의 수용을 최대화하고자 가능한 한 산업 표준 기술을 사용해야 한다. (아파치 웹 서버와 같은) 오픈소스 솔루션이 선호된다. 웹 서버는 전용 서버에 가동될 것이다. 애플리케이션은 하나의 전용 서버에서 실행될 것이다.

✵   ✵   ✵

DOMAIN VISION STATEMENT는 팀 내에서 방향성을 공유하게 만들어준다. 고수준의 STATEMENT와 코드 또는 모델의 세부사항 사이에는 대개 일정 수준의 중개 역할이 필요할 것이다……

HIGHLIGHTED CORE
(강조된 핵심)

DOMAIN VISION STATEMENT에서는 대체로 CORE DOMAIN을 파악하지만 특정 CORE 모델의 구성요소를 식별하는 것은 전혀 예측할 수 없는 개별 해석의 몫으로 남는다. 예외적으로 팀의 의사소통 수준이 높지 않다면 VISION STATEMENT만으로는 거의 효과가 없을 것이다.

� ✖ ✖

팀원들이 대체로 무엇이 CORE DOMAIN을 구성하는지 안다고 해도 사람들은 제각기 아주 유사한 구성요소를 고르지는 않을 테고 심지어 같은 사람이라도 이틀 연속으로 일관되게 선택하지는 못할 것이다. 끊임없이 모델을 걸러서 핵심적인 부분을 파악하는 정신적인 노동은 설계를 위한 사고에 유용한 집중력을 받아들이고 모델의 포괄적 지식을 필요로 한다. CORE DOMAIN은 더 잘 보이게끔 만들어져야 한다.

코드에 현저한 구조적 변경을 가하는 것이 CORE DOMAIN을 식별하는 이상적인 방법이겠지만 그러한 구조적 변경이 단기간에도 언제나 실용적인 것은 아니다. 사실 그러한 중요하고 구조적인 코드 변경은 팀에게 없는 바로 그 시각이 없다면 수행하기가 쉽지 않다.

GENERIC SUBDOMAIN을 분할하는 것과 본 장의 후반부에서 다룰 약간 다른 구조적 변경과 같이 모델 구성을 구조적으로 변경하면 MODULE이 모델의 이력을 전해줄 수 있다. 그러나 단지 CORE DOMAIN을 전달하는 유일한 수단으로서 이는 너무도 야심 찬 일이라서 곧바로 수행할 수가 없다.

아마 이처럼 적극적인 기법을 보완해줄 좀더 부담이 적은 해법이 필요할 것이다. 물리적으로 CORE의 분리를 방해할 만한 제약조건이 있을지도 모른다. 또는 CORE를 잘 차별화하지 못하는 기존 코드로 시작할 수도 있지만 실제로 CORE를 살펴보고 그 시각을 공유해서 사실상 더 나은 디스틸레이션으로 리팩터링해 나갈 필요가 있다. 그리고 심지어 많이 진행된 단계에서도 다소 신중하게 선택한 다이어그램이나 문서가 팀이 정신적으로 안착할 수 있는 지점과 그곳에 이르는 진입점을 제공해주기도 한다.

이러한 문제는 정교한 UML 모델을 사용하는 프로젝트와 외부 문서는 거의 유지하지 않고 코드를 모델의 주요 저장소로 사용하는 (XP 프로젝트와 같은) 프로젝트에서도 동일하게 발생한다. 익스트림 프로그래밍 팀은 이러한 보충요소를 더 가볍고 일시적으로(이를테면, 누구나 볼 수 있게 손으로 그려서 벽에 붙인 다이어그램) 유지하는 최소주의자에 좀더 가까울지도 모르지만 이러한 기법은 프로세스에 잘 녹아들 수 있다.

어떤 모델에서 특별히 중요한 부분을 그것을 구체화한 구현과 함께 표시할 필요가 있는데, 이러한 표시는 모델에 대한 설명이지 반드시 모델 자체의 한 부분일 필요는 없다. 모든 사람이 CORE DOMAIN을 쉽게 알 수 있게 만드는 거라면 어떤 기법도 괜찮을 것이다. 두 가지 구체적인 기법이 이러한 종류의 해법을 대표한다.

디스틸레이션 문서

종종 나는 CORE DOMAIN를 기술하고 설명하는 문서를 별도로 만들기도 한다. 그 문서는 가장 본질적인 개념적 객체의 목록만큼 간결할 수 있다. 그 문서는 그러한 객체의 주요 관계를 보여주는, 객체에 초점을 맞춘 다이어그램일 수도 있다. 그 문서는 기본적인 상호작용을 추상적 수준에서나 예제를 토대로 검토할 수 있다. 그 문서에서는 UML 클래스나 시퀀스 다이어그램, 도메인에 특화된 비표준 다이어그램, 또는 이 둘의 조합을 사용할 수도 있다. **디스틸레이션 문서는 완전한 설계 문서가 아니다.** 그것은 최소주의적인 진입점으로서 CORE의 윤곽을 드러내고 설명하며, 특정 부분을 좀더 면밀하게 조사하는 이유를 제기한다. 디스틸레이션 문서를 읽는 사람은 각 조각이 어떻게 맞아떨어지는가를 폭넓게 바라볼 수 있게 되며 더욱 상세한 세부사항을 살펴보려면 어떤 코드를 참고해야 하는지 안내한다.

그러므로(HIGHLIGHTED CORE의 한 형태로서),

CORE DOMAIN과 CORE의 구성요소 사이에서 일어나는 상호작용을 기술하는 (3에서 7페이지 가량의) 매우 간결한 문서를 작성하라.

문서를 별도로 유지했을 때 발생하는 통상적인 위험 요소는 다음과 같다.

1. 문서가 관리되지 않을 수도 있다.
2. 문서를 아무도 읽지 않을지도 모른다.
3. 정보의 출처가 늘어남으로써 복잡성을 관통하는 문서 본연의 목적이 무의미해질 수도 있다.

이러한 위험 요소를 제한하는 가장 좋은 방법은 절대적으로 최소주의를 지향하는 것이다. 평범한 세부사항에서 벗어나 중심적인 추상화와 해당 추상화의 상호작용에 집중하면 문서의 효용이 떨어지는 속도가 느려지는데, 이러한 수준의 모델은 대개 더 안정적이기 때문이다.

비기술 관련 팀원도 이해할 수 있는 문서를 작성한다. 그 문서를 모든 이들이 알아야 할 사항을 묘사하는 시각을 공유하는 수단이자 모든 팀원이 모델과 코드에 대한 탐구를 시작하는 지침서로 사용한다.

표시된 CORE

일류 보험회사의 프로젝트 첫날, 나는 큰 비용을 지불하고 산업 컨소시엄에서 구입한 "도메인 모델"이라는 제목의 200페이지짜리 문서의 복사본을 받았다. 나는 보험 정책의 세부 구성부터 이해관계자 간의 극도로 추상화된 관계 모델까지 모든 사항을 다루는 뒤범벅된 클래스 다이어그램을 다 훑어보느라 며칠을 보냈다. 이러한 모델을 각기 분해한 부분의 품질은 고등학교 프로젝트에서나 나올 법한 것에서부터 그럭저럭 괜찮은 것(업무 규칙을 기술한 것도 약간 있었는데, 적어도 텍스트 형태로는 덧붙여져 있었다)까지 다양했다. 그러나 어디서부터 시작해야 하나? 200페이지인데.

그 프로젝트 문화에서는 몹시 추상적인 프레임워크를 구축하길 선호했고, 내 선임자는 이해관계자 간의 관계, 사물 간의 관계, 활동이나 계약과의 관계를 대단히 추상화한 모델에 집중했다. 그것은 실제로 이러한 관계를 훌륭하게 분석한 결과였고, 모델과 관계된 실험의 품질은 학문적인 연구 프로젝트 정도였다. 하지만 그렇게 해서는 보험 애플리케이션의 근처에도 닿을 수 없었다.

나는 처음으로 내 본능이 발동하기 시작해서 의지할 만한, 규모가 작은 CORE DOMAIN를 찾은 다음 그것을 리팩터링하고, 작업이 진행됨에 따라 다른 복잡한 요소를 다시 들여왔다. 그러나 관리조직에서는 나의 이러한 태도에 놀람을 금치 못했다. 문서는 큰 권위를 부여받고 있었다. 문서를 만들어 내는 일에는 산업 전반에 걸쳐 전문가들이 대거 참여했고, 무슨 일이든지 관리조직에서는 내게 지불하는 것보다 훨씬 더 많은 금액을 컨소시엄에 지불했기 때문에 파격적인 변경을 해야 한다는 내 충고를 그리 심각하게 받아들이지 않을 듯했다. 하지만 나는 CORE DOMAIN을 조망하는 전체적인 그림이 필요하고 모든 이들의 노력이 그곳에 집중돼야 한다는 사실을 알고 있었다.

리팩터링을 하는 대신 나는 문서를 샅샅이 조사했고, 일반적인 보험 산업을 비롯해 특히 우리가 구축해야 할 애플리케이션의 요구사항을 잘 알고 있는 업무분석가의 도움을 받아 우리가 다뤄야 할 본질적이고 차별화되는 개념을 제시하는 부분을 일부 파악했다. 나는 CORE를 비롯해 CORE와 지원 기능과의 관계를 분명하게 보여주는 모델 내비게이션을 제공했다.

이러한 관점에서 시작된 새로운 프로토타이핑을 거쳐 필요한 기능의 일부를 보여주는 간단한 애플리케이션이 빠르게 만들어졌다.

그 결과 약 1kg에 달하는 재활용지가 몇 개의 메모지와 노란색 형광펜만으로 업무 자산으로 탈바꿈했다.

이러한 기법은 종이에 그리는 객체 다이어그램에만 국한되지 않는다. UML 다이어그램을 광범위하게 사용하는 팀은 핵심 구성요소을 식별하는 방법으로 "스테레오타입"을 사용할 수도 있다. 코드를 모델의 유일한 저장소로 사용하는 팀에서는 아마도 자바 독(Java Doc, 자바 고유의 문서화 형식)으로 작성한 주석이나 개발환경에서 제공하는 도구를 사용할 수도 있다. 개발자가 힘들이지 않고 CORE DOMAIN 안에 있는 것과 밖에 있는 것을 알아볼 수만 있다면 어떤 기법을 쓰든 무방하다.

그러므로(또 다른 HIGHLIGHTED CORE의 형태로)

모델의 주요 저장소 안에 있는 CORE DOMAIN의 구성요소에 대해 그것의 역할을 설명하려 하지 말고 표시하라. 개발자가 힘들이지 않고도 CORE의 안과 밖을 알 수 있게 하라.

이제 CORE DOMAIN은 모델을 이용하는 사람들이 명료하게 알아볼 수 있게 되고 아주 적은 노력과 유지보수 비용으로도 최소한 모델은 각 부분에서 공헌한 바를 구별할 수 있을 정도로 충분히 잘 분해될 정도에 이른다.

프로세스 도구로서의 디스틸레이션 문서

이론적으로 XP 프로젝트에서는 어떤 짝(함께 일하는 두 명의 프로그래머)이든지 시스템의 모든 코드를 변경할 수 있다. 실제로 일부 변경에는 커다란 함축적 의미가 있어서 상의와 조율을 더 많이 거쳐야 한다. 인프라스트럭처 계층의 경우 변경의 효과가 분명하게 드러날 수도 있지만 일반적인 구성대로라면 도메인 계층에서의 변경은 그렇게 분명하게 드러나지 않을지도 모른다.

CORE DOMAIN의 개념을 파악하고 있다면 이러한 변경의 효과는 더 분명할 수 있다. CORE DOMAIN 모델에 가해진 변경은 효과가 클 것이다. 폭넓게 사용되는 일반화된 요소를 대상으로 한 변경은 코드를 많이 수정해야 할지도 모르지만, 그럼에도 그러한 변경이 CORE를 변경한 것과 같은 개념적 전환을 야기하지는 않을 것이다.

디스틸레이션 문서를 가이드로 활용하라. 개발자가 코드나 모델 변경과의 동기화를 위해 디스틸레이션 문서 자체를 변경해야 한다고 여긴다면 상의가 필요하다. 개발자들은 CORE DOMAIN의 구성요소나 관계를 근본적으로 변경하거나 서로 다른 것을 포함하거나 제외하면서 CORE의 경계를 변경할 것이다. 새 버전의 디스틸레이션 문서를 배포하는 것을 비롯해 팀에서 쓰는 어떠한 의사소통 채널을 통해서도 전체 팀에 모델의 변경사항이 전해져야 한다.

디스틸레이션 문서가 CORE DOMAIN의 본질적인 면면의 윤곽을 드러낸다면 디스틸레이션 문서는 모델 변경의 중요성을 나타내는 실질적인 지표로 작용한다. 모델이나 코드 변경이 디스틸레이션 문서에 영향을 주면 다른 팀원과의 상의가 필요하다. 변경이 일어나면 모든 팀원에게 이러한 사실을 즉시 알리고 새로운 버전의 문서를 배포해야 한다. CORE의 밖이나 디스틸레이션 문서에 포함되지 않은 세부사항에 가해진 변경은 상의나 통보없이 통합될 수 있으며, 이러한 변경사항은 다른 팀원의 업무를 진행하는 과정에서 마주치게 될 것이다. 이때 개발자는 XP가 제안하는 완전한 자치를 누리게 된다.

�֍   ✖   ✖

VISION STATEMENT와 HIGHLIGHTED CORE는 정보를 제공하고 안내할 뿐 실제로 모델이나 코드 자체를 수정하지는 않는다. 각 GENERIC SUBDOMAIN을 물리적으로 분할하면 일부 혼란을 일으키는 요소가 제거된다. 이어지는 패턴에서는 CORE DOMAIN을 더욱 시각적이고 관리 가능하게끔 모델과 설계 자체를 구조적으로 변경하는 갖가지 방법을 살펴보겠다……

COHESIVE MECHANISM
(응집력 있는 메커니즘)

메커니즘을 캡슐화하는 것은 객체지향 설계의 표준 원칙이다. 의도를 드러내는 이름이 지정된 메서드에 복잡한 알고리즘을 숨기면 "무엇"이 "어떻게"와 분리된다. 이 기법을 활용하면 설계를 이해하고 사용하기가 더 간편해진다. 그렇지만 그 기법은 자연적인 한계에 이르게 된다.

때때로 계산은 설계를 부풀리기 시작하는 수준의 복잡성에 이르기도 한다. 개념적인 "무엇"이 기계적인 "어떻게" 탓에 수렁에 빠진다. 문제 해결을 위한 알고리즘을 제공하는 수많은 메서드가 문제를 표현하는 메서드를 불분명하게 만드는 것이다.

이러한 프로시저의 급증은 모델에 문제가 있다는 징후에 해당한다. 더 심층적인 통찰력으로 향하는 리팩터링을 하다 보면 구성요소가 문제 해결에 어울리는 모델과 설계가 만들어질 수 있다. 찾아내야 할 첫 번째 해결책은 계산 메커니즘을 간결하게 만드는 모델이다. 그러나 때로는 메커니즘의 어떤 부분 자체가 개념적으로 응집력 있다는 통찰력이 드러나기도 한다. 이 같은 개념적 계산에는 아마 여러분에게 필요한 온갖 지저분한 계산이 포함되지는 않을 것이다. 우리는 지금 일종의 다목적 "계산기"에 관해 이야기하고 있는 게 아니다. 그러나 응집력 있는 부분을 뽑아내면 나머지 메커니즘을 이해하기가 좀더 쉬워질 것이다.

그러므로

개념적으로 COHESIVE MECHANISM을 별도의 경량 프레임워크로 분할하라. 특히 형식주의나 잘 문서화된 알고리즘에 촉각을 곤두세워라. INTENTION-REVEALING INTERFACE로 프레임워크의 기능을 노출하라. 이제 도메인의 다른 요소들은 해법의 복잡성("어떻게")을 프레임워크에 위임해서 문제("무엇")를 표현하는 데 집중할 수 있다.

그리고 나면 이러한 분리된 메커니즘은 보조적인 역할에 머물게 되고, 더욱 선언적인 형식의 인터페이스를 통해 메커니즘을 사용하는, 더 작고 더 표현력 있는 CORE DOMAIN을 남긴다.

표준 알고리즘이나 형식주의를 인식함으로써 일부 설계 복잡성이 주의 깊게 검토한 일련의 개념으로 옮겨진다. 이러한 안내를 받아 우리는 거의 시행착오 없이 확신에 찬 상태로 해법을 구현할 수 있다. 우리는 해법을 알고 있거나 적어도 해법을 찾아낼 수는 있는 다른 개발자에게 의지할 수 있다. 이것은 공표된 GENERIC SUBDOMAIN의 이점과 비슷하나 문서화된 알고리즘이나 정형화된 계산을 더 자주 보게 될지도 모르는데, 이는 컴퓨터 과학 분야에서 이러한 차원의 연구가 더 활발했기 때문이다. 그럼에도 여러분은 더 자주 새로운 것을 만들어내야만 할 것이다. 새로 만들어진 것이 계산에만 집중하게 하고 표현력 있는 도메인 모델과 섞이지 않게 한다. 그러면 책임의 분리가 일어나고 CORE DOMAIN이나 GENERIC SUBDOMAIN의 모델이 사실이나 규칙, 또는 문제를 정형화하게 된다. 그리고 COHESIVE MECHANISM은 모델에 구체화돼 있는 대로 규칙을 결정하거나 계산을 완료한다.

예제

조직도에서의 메커니즘

나는 꽤 정교한 조직도 모델을 필요로 하는 프로젝트에서 이 과정을 모두 밟아봤다. 이 모델은 조직 구성원의 상하관계나 조직 내에서의 소속과 같은 사실을 표현했고 관련 질문에 답하는 인터페이스를 제공했다. 이러한 질문은 대부분 "이 명령 계통에서 누가 이것을 승인할 권한이 있는가?"나 "이 부서에서 누가 이와 같은 쟁점을 다룰 수 있는가?"와 같은 것이었으므로 팀은 대부분의 복잡성이 특정 사람과 관계를 찾기 위해 조직도상의 특정 지점을 탐색하는 것과 관련이 있다는 사실을 깨달았다. 이것은 바로 **그래프(graph)**라는 잘 발달된 형식주의로 해결되는 문제에 해당하며, 그래프는 호('**변**'이라고 함)로 연결되는 노드의 집합과 그러한 그래프를 탐색하는 데 필요한 규칙과 알고리즘으로 구성돼 있다.

한 계약직 개발자가 COHESIVE MECHANISM으로서 그래프 탐색 프레임워크를 구현했다. 이 프레임워크에서는 대부분의 컴퓨터 과학자에게 익숙하고 교재로 충분히 문서화된 표준 그래프 용어와 알고리즘을 사용했다. 그가 구현한 것은 완전히 일반화된 그래프라 할 수 없었다. 그것은 조직도 모델에 필요한 기능만 다루는 개념적 틀의 일부였다. 그리고 INTENTION-REVEALING INTERFACE를 비롯해 해답을 획득하는 수단은 주된 관심사가 아니다.

이제 조직도 모델은 표준 그래프 용어를 사용해 각 사람은 노드, 사람 사이의 각 관계는 각 노드를 연결하는 변(호)으로 간단하게 말할 수 있게 됐다. 그 이후로는 아마 그래프 프레임워크에 내장된 메커니즘을 토대로 어떤 두 사람 사이의 관계를 모두 찾을 수 있었을 것이다.

이러한 메커니즘이 도메인 모델에 통합돼 있었다면 두 가지 점에서 비용이 발생했을 것이다. 모델은 추후 선택사항에 제한을 두면서 특정한 문제 해결 방법과 결합됐을 것이다. 더 중요한 것은 조직도 모델이 굉장히 복잡하고 혼란스러워졌을 거라는 점이다. 메커니즘과 모델을 분리해서 유지했기에 조직을 기술하는 데 훨씬 더 명료해 보이는 선언적 형식이 가능했다. 그리고 그래프를 조작하기 위한 복잡한 코드는 증명된 알고리즘을 기반으로 기계적인 프레임워크 안으로 격리되어 격리된 상태에서 유지되고 단위 테스트가 가능해졌다.

또 다른 COHESIVE MECHANISM의 예로 SPECIFICATION 객체를 구성하고 그러한 객체를 토대로 하는 기본적인 비교 및 조합 연산을 지원하는 프레임워크가 있다. 그러한 프레임워크를 활용함으로써 CORE DOMAIN과 GENERIC SUBDOMAIN에서는 SPECIFICATION을 해당 패턴에 기술된 명료하고 손쉽게 이해할 수 있는 언어로 선언할 수 있다(10장 참고). 아울러 비교와 조합을 수행하는 데 수반되는 복잡한 연산은 프레임워크의 몫으로 돌릴 수 있다.

❋ ❋ ❋

GENERIC SUBDOMAIN과 COHESIVE MECHANISM

GENERIC SUBDOMAIN과 COHESIVE MECHANISM 모두 똑같이 CORE DOMAIN의 부담을 더는 데 목적이 있다. 둘의 차이점은 각자 맡고 있는 책임의 본질에 있다. GENERIC SUBDOMAIN은 팀이 도메인을 어떻게 바라보는지와 관련된 일부 측면을 나타내는 표현력 있는 모델에 토대를 둔다. 이런 점에서 GENERIC SUBDOMAIN은 단지 덜 중심적이고, 덜 중요하며, 덜 특화됐다는 점을 제외하면 CORE DOMAIN과 전혀 다르지 않다. 반면 COHESIVE MECHANISM은 도메인을 나타내지 않는다. COHESIVE MECHANISM은 표현력 있는 모델에서 제기하는 일부 성가신 계산 문제를 해결해줄 뿐이다.

모델이 제안하면, COHESIVE MECHANISM은 처리한다.

실무에서 정형화되고 공표된 계산법을 인지하지 못한다면 대개 이러한 구분법은 불완전하다. 적어도 처음에는 그렇지 않지만 말이다. 연이은 리팩터링 과정에서 COHESIVE MECHANISM은 좀더 순수한 메커니즘으로의 디스틸레이션 과정을 거치거나, 이전에는 미처 인식하지 못했던 일부 모델 개념(메커니즘을 단순하게 만들)을 포함한 GENERIC SUBDOMAIN으로 변형될 수도 있다.

MECHANISM이 CORE DOMAIN의 일부인 경우

대개 CORE DOMAIN에서 MECHANISM을 제거하고 싶을 것이다. 한 가지 예외라면 MECHANISM 자체가 기업 소유이고 소프트웨어 가치의 핵심 부분을 차지하는 경우다. 이는 간혹 대단히 특화된 알고리즘을 보유한 경우에 해당한다. 예를 들어, 해운 물류 애플리케이션의 특징적인 기능 중 하나가 일정을 세우는 데 특별히 효과적인 알고리즘이라면 해당 MECHANISM은 개념적 CORE의 일부로 여겨질 수도 있다. 한때 나는 위험요소를 평가하는 데 매우 독점적인 알고리즘이 CORE DOMAIN에 있었던 투자 은행의 프로젝트에 참여한 적이 있다. (사실 그 알고리즘은 굉장히 엄중하게 다뤄져 대부분의 CORE 개발자조차도 열람할 수 없을 정도였다.) 물론 이러한 알고리즘은 아마 실제 위험을 예상하는 각종 규칙을 특별하게 구현한 내용일 것이다. 더 심층적인 분석을 거친다면 메커니즘을 캡슐화하는 동시에 그러한 규칙을 명시적으로 드러내줄 더 심층적인 모델로 이어질지도 모른다.

하지만 그렇게 하는 것은 훗날 또 하나의 설계상의 점진적인 향상에 해당할 것이다. 그리고 그러한 다음 단계로 나아갈지 여부는 다음과 같은 비용 편익 분석을 기반으로 결정될 것이다. 즉, 새로운 설계를 고안해내는 것은 얼마나 어려울 것인가? 현행 설계를 이해하고 수정하는 것은 얼마나 어려운가? 좀더 발전된 설계가 해당 업무를 하게 될 사람들에게 얼마나 더 쉬울 것인가? 그리고 당연한 얘기지만 새로운 모델이 어떤 형태를 취할지 알고 있는 사람이 있는가?

예제

다시 원점으로: 조직도가 자체 MECHANISM을 재흡수하다

결국 이전 예제에서 조직 모델을 완성한 후 1년 뒤에 다른 개발자들이 그래프 프레임워크의 분리를 제거하는 재설계를 실시했다. 개발자들은 늘어난 객체의 개수를 확인하고는 MECHANISM을 별도 패키지도 분리했을 때 발생하는 복잡성을 받아들일 수 없었다. 대신 조직 구조상 ENTITY의 부모 클래스에 노드의 행위를 추가했다. 그렇지만 여전히 개발자들은 조직 모델의 선언적인 공개 인터페이스는 계속 유지했다. 심지어 조직 구조상의 ENTITY에 MECHANISM이 캡슐화되게 만들기도 했다.

이러한 회귀 현상은 흔히 나타나지만, 그렇다고 처음으로 되돌아가는 것은 아니다. 이러한 회귀 현상의 최종 결과는 대개 사실과 목표, MECHANISM을 좀더 명확하게 구분짓는 더 심층적인 모델이다. 실용적인 리팩터링은 불필요한 복잡성은 버리면서 중간 단계상의 중요 이점은 계속 유지한다.

선언적 형식의 디스틸레이션

선언적 설계와 "선언적 형식"은 10장의 주제이지만 그러한 설계 형식은 전략적 디스틸레이션을 다루는 본 장에서 특별히 언급할 만한 가치가 있다. 디스틸레이션의 가치는 현재 여러분이 무슨 일을 하고 있는지 볼 수 있다는 것이다. 즉, 관련성 없는 세부사항 탓에 혼란을 겪지 않고도 본질에 직접적으로 도달하는 것이다. CORE DOMAIN에서 중요한 부분은 보조적인 설계가 계산 수단의 캡슐화와 그러한 수단을 강제하면서 CORE의 개념과 규칙을 표현하는 경제적인 언어를 제공할 때 선언적 형식을 따를 수 있을지도 모른다.

COHESIVE MECHANISM은 개념적으로 일관된 ASSERTION과 SIDE-EFFECT-FREE FUNCTION을 지니고 INTENTION-REVEALING INTERFACE를 통해 접근할 수 있을 때 가장 유용하다. MECHANISM과 유연한 설계를 활용하면 CORE DOMAIN에서 불분명한 함수를 호출하기보다 의미 있는 진술을 할 수 있다. 그러나 부가적인 혜택은 CORE DOMAIN의 부분 자체가 심층 모델로 도약하고 가장 중요한 애플리케이션 시나리오를 유연하고 명료하게 표현할 수 있는 언어로 기능할 때 비로소 따라온다.

심층 모델은 종종 그것에 대응하는 유연한 설계와 함께 온다. 유연한 설계가 성숙해지면 그것은 단어가 결합되어 문장을 구성하는 것과 같이 복잡한 일을 완수하거나 복잡한 정보를 표현할 때 모호하지 않게 결합할 수 있는, 손쉽게 이해할 수 있는 구성요소들을 제공한다. 그 시점에 이르면 클라이언트 코드는 선언적 형식을 취하고 훨씬 더 정수에 가까운 상태가 된다.

GENERIC SUBDOMAIN을 추출하면 혼란스러움이 줄고 COHESIVE MECHANISM은 복잡한 연산을 캡슐화하는 데 기여한다. 이로써 좀더 본연의 목적에 충실한 모델이 생겨나는데, 그러한 모델은 사용자가 자신들의 활동을 수행하는 방법에 어떠한 특별한 가치도 더하지 않아 덜 혼란스럽다. 그러나 CORE가 아닌 도메인 모델의 **모든** 요소에 어울리는 안식처를 찾지는 못할 것이다. SEGREGATED CORE는 CORE DOMAIN을 구조적으로 구별하는 데 직접적인 접근법을 취한다……

SEGREGATED CORE
(분리된 핵심)

모델의 요소들는 부분적으로는 CORE DOMAIN의 역할을 수행하고 또 부분적으로는 보조적인 역할을 수행한다. CORE 요소들은 일반화된 요소와 긴밀하게 결합돼 있을지도 모른다. CORE의 개념적 응집성은 뚜렷이 나타나지 않거나 드러나지 않을지도 모른다. 이러한 모든 혼란과 얽힘은 CORE를 질식시킨다. 설계자가 가장 중요한 관계를 분명하게 볼 수 없다면 취약한 설계로 이어지는 결과가 나타난다.

GENERIC SUBDOMAIN을 추출하는 식으로 도메인에서 일부 CORE를 불분명하게 만드는 세부사항을 제거해 CORE를 좀더 눈에 띄게 만든다. 그러나 이러한 모든 하위 도메인을 식별하고 분명하게 하는 작업은 쉽지 않고 이 중 일부는 그럴 만한 가치가 없는 듯하다. 그러는 사이 가장 중요한 CORE DOMAIN은 잔존물과 함께 얽힌 채로 남겨진다.

그러므로

보조적인 역할(잘못 정의된 것을 비롯해)로부터 CORE의 개념을 분리되게끔 모델을 리팩터링하고 CORE와 다른 코드와의 결합은 줄이면서 CORE의 응집력은 강화하라. 모든 일반적이거나 보조적인 역할을 하는 구성요소를 다른 객체로 추출해서 다른 패키지에 배치하라. 심지어 이러한 과정이 매우 긴밀하게 결합돼 있는 요소를 분리하는 식으로 모델을 리팩터링하는 것을 의미하더라도 말이다.

위에서 설명한 지침은 기본적으로 GENERIC SUBDOMAIN에 적용한 것과 같지만 다른 방향에서 유래한다. 애플리케이션의 중심이 되는 응집력 있는 하위 도메인은 식별되어 자체적인 응집력 있는 패키지로 분할될 수 있다. 구분되지 않은 채로 남겨진 덩어리를 어떻게 할지도 중요하지만 그렇게까지 중요한 것은 아니다. 그 덩어리는 원래 있었던 자리에 얼마간 남아 있을 수도 있고, 뚜렷이 드러나는 클래스를 기반으로 하는 패키지에 배치될 수도 있다. 결국 점점 더 많은 잔존물이 GENERIC SUBDOMAIN으로 추출될 수도 있겠지만 단기적으로는 어떠한 손쉬운 해법으로도 충분해서 SEGREGATED CORE에 여전히 집중할 수가 있다.

✖ ✖ ✖

SEGREGATED CORE로 리팩터링하는 단계는 대체로 아래와 같다.

1. CORE 하위 도메인을 식별한다(디스틸레이션 문서에서 도출해야 할 수도 있음).

2. 새로운 MODULE로 관련 클래스를 옮긴다. 이때 MODULE의 이름은 관련 개념에 따라 짓는다.

3. 개념을 직접적으로 표현하지 않는 서버 데이터와 기능으로 코드를 리팩터링한다. 제거된 측면을 (아마도 새로 만들어진) 다른 패키지에 있는 클래스에 배치한다. 그러한 측면은 개념상 관련 작업과 함께 둬야 하지만 완벽하게 하려고 너무 많은 시간을 들여서는 안 된다. CORE 하위 도메인의 불순물을 제거하고 그곳에서 다른 패키지를 참조하는 바를 명시적이고 그 자체로도 이해할 수 있는 상태로 만드는 데 집중한다.

4. 새로 생긴 SEGREGATED CORE MODULE의 관계와 상호작용을 더욱 단순하고 전달력 있게 만들고, 다른 MODULE과의 관계가 최소화되고 분명해지게끔 리팩터링한다. (이것은 계속 진행되는 리팩터링의 목표가 된다.)

5. SEGREGATED CORE가 완전해질 때까지 또 다른 CORE 하위 도메인을 대상으로 위 단계를 반복한다.

SEGREGATED CORE를 만드는 데 드는 비용

이따금 CORE를 분리하면 긴밀하게 결합된 비(非) CORE 클래스와의 관계가 더 모호해지거나 심지어 더 복잡해지기도 하지만 그러한 비용보다 CORE DOMAIN을 분명하게 하고 훨씬 더 사용하기 쉽게 만들어서 생기는 이점이 더 크다.

SEGREGATED CORE 덕분에 CORE DOMAIN의 응집력이 강화될 것이다. 모델을 나누는 데도 여러 가지 유의미한 방법이 있으며, 이따금 SEGREGATED CORE를 만드는 과정에서 CORE DOMAIN의 응집도를 이끌어내기 위해 해당 MODULE의 응집도가 희생되어 적절히 응집력 있는 MODULE이 훼손될 수 있다. 이는 순이익에 해당하는데, 기업용 소프트웨어의 가장 큰 부가가치는 모델에 존재하는 기업 특유의 측면에서 나오기 때문이다.

물론 또 다른 비용은 CORE를 분리하려면 해야 할 일이 많다는 것이다. SEGREGATED CORE로 가기로 했다면 잠재적으로 전 시스템에 걸쳐 변경하느라 개발자가 많은 시간을 보내리라는 점을 인정해야 한다.

SEGREGATED CORE를 노출시켜야 할 때는 규모가 큰 BOUNDED CONTEXT가 시스템에 결정적인 역할을 하지만 많은 양의 보조적인 기능 탓에 모델의 본질적인 부분이 가려지는 경우다.

발전하는 팀의 의사결정

갖가지 전략적인 설계 의사결정과 마찬가지로 전체 팀은 SEGREGATED CORE로 함께 옮겨가야 한다. 이 단계에서는 팀의 의사결정 프로세스를 비롯해 결정된 바를 수행하기에 충분할 만큼 단련된 조직적인 팀이 필요하다. 어려운 일은 결정된 사항을 확정하지 않은 채로 모든 사람이 동일한 CORE의 정의를 사용하게끔 제약하는 것이다. CORE DOMAIN은 설계의 다른 모든 측면과 동일하게 발전하므로 SEGREGATED CORE를 다루면서 얻은 경험을 토대로 본질적인 것과 보조적인 구성요소를 구별해내는 새로운 통찰력에 이르게 될 것이다. 그러한 통찰력은 CORE DOMAIN과 SEGREGATED CORE MODULE에 대한 정제된 정의에 반영될 것이다.

이는 새로이 얻은 통찰력은 진행형으로 팀 내에서 공유해야 하지만, 개인(혹은 프로그래밍 짝)은 그러한 통찰력에 따라 일방적으로 행동할 수가 없다는 의미다. 프로세스가 합의에 의한 것이든 팀 리더의 명령에 의한 것이든 공동의 의사결정을 위한 것이라면 프로세스는 지속적으로 궤도를 수정할 만큼 충분히 기민해야 한다. 의사소통은 모든 사람이 CORE라는 하나의 시각을 함께 유지할 수 있을 만큼 효과적으로 이뤄져야 한다.

예제

화물 해운 모델의 CORE 분리

여기서는 화물 해운을 조직화하기 위한 소프트웨어의 기반에 해당하는 그림 15.2의 모델로 시작하겠다.

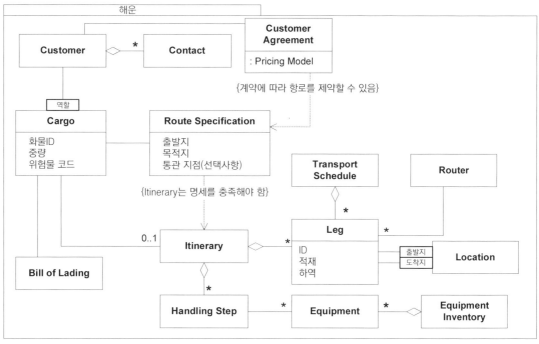

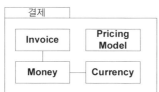

그림 15-2

참고로 이 모델은 실제 애플리케이션에 필요한 것에 비하면 굉장히 간결하게 표현한 것에 해당한다. 실제 모델은 예제로 사용하기에는 너무 복잡할 것이다. 그러므로 이 예제가 SEGREGATED CORE에 이르게 할 만큼 복잡하지는 않더라도 이 모델이 너무 복잡해서 쉽게 해석하거나 전체적으로 다루기가 힘들다고 상상력을 발휘해 보자.

자, 그럼 해운 모델의 본질은 무엇인가? 대개 처음으로 살펴보기에 좋은 곳은 "아래쪽"[1]이다. 그러면 가격 결정과 송장에 집중하게 될지도 모른다. 하지만 실제로는 DOMAIN VISION STATEMENT를 들여다봐야 한다. 아래는 거기서 발췌한 내용이다.

> …운영활동의 가시성을 높이고 고객의 요구사항을 더욱 빠르고 신뢰성 있게 완수하는 도구를 제공한다…

이 애플리케이션은 영업부서를 위해 고안된 게 아니다. 이 애플리케이션은 회사의 최전선 운영자가 사용할 것이다. 그러니 화폐와 관련된 문제는(중요하다는 건 인정하지만) 모조리 보조적인 역할로 분류하자. 이미 누군가가 별도 패키지(Billing, 결제)에 이러한 항목의 일부를 배치해뒀다. 우리는 현재 상태를 그대로 유지하고 나아가 해당 항목이 보조적인 역할을 한다는 사실을 인지할 수도 있다.

여기서는 화물 취급, 즉 고객 요구에 따른 화물 인도에 집중해야 한다. 이러한 활동과 가장 직접적으로 관련된 클래스를 추출함으로써 그림 15.3과 같은 Delivery(배송)라는 새로운 패키지에 SEGREGATED CORE가 만들어진다.

---

1   (옮긴이) 원문엔 bottom line이라고 돼 있는데, 이것은 '가장 중요한 것'을 의미하는 bottom line을 이용한 저자의 언어유희다.

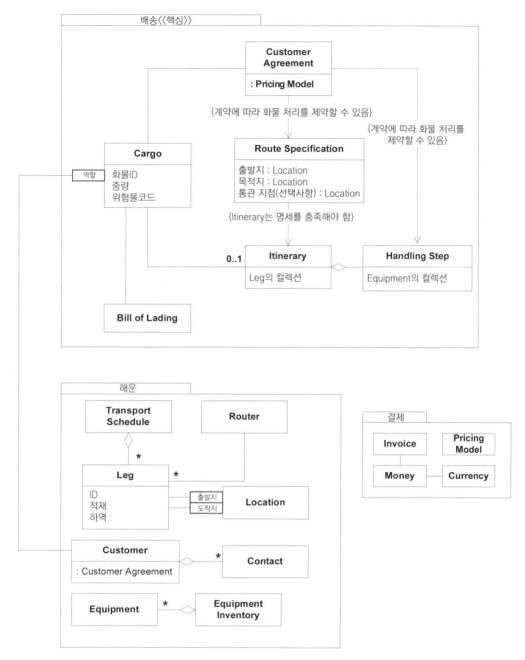

그림 15-3 | 고객 요구사항에 충실한 신뢰할 수 있는 화물 배달이 이 프로젝트의 핵심 목표다.

대부분은 클래스를 새로운 패키지로 옮긴 것에 불과했지만 모델 자체에는 약간의 변화가 있었다.

먼저 Customer Agreement(고객 계약) 객체가 지금은 Handling Step(처리 단계) 객체를 제약한다. 이것은 팀이 CORE를 분리할 때 일어나곤 하는 전형적인 통찰력이다. 효과적이고 정확한 배송에 집중하면 Customer Agreement 객체에 있는 배송 제약조건이 중요하고 모델에 명시적으로 나타나야 한다는 점이 분명해진다.

다른 변경은 좀더 실제적이다. 리팩터링된 모델에서는 Customer 객체를 거쳐 Customer Agreement 객체를 탐색하기보다는 직접적으로 Customer Agreement 객체가 Cargo 객체에 배속된다. (Customer Agreement 객체는 Customer 객체처럼 Cargo 객체가 예약될 때 Cargo 객체에 배속될 것이다.) 실제 배송이 이뤄질 때도 Customer 객체는 계약 자체만큼 운영과 관련 있지는 않다. 다른 모델에서는 해운에서 수행하는 역할에 따라 적절한 Customer 객체를 찾은 다음, 해당 객체의 고객 계약을 조회했다. 이러한 상호작용 탓에 모델에 관해 전해주려던 모든 내력을 전해주지는 못할 것이다. 새로운 연관관계 덕분에 가장 중요한 시나리오가 가능한 한 단순하고 직접적으로 바뀐다. 이제는 Customer를 CORE로부터 완전히 뽑아내기가 쉬워진다.

그럼 Customer 객체를 뽑아내는 건 어떨까? 초점은 Customer 객체의 요구사항을 완수하는 데 있으므로 처음에는 Customer 객체가 CORE에 속하는 것으로 보인다. 하지만 배송 과정에서는 Customer Agreement를 직접 사용할 수 있어서 대개 Customer 클래스와 상호작용할 필요가 없다. 그리고 기본적인 Customer의 모델은 상당히 일반적이다.

Leg 객체를 CORE에 남기는 것과 관련해서는 열띤 토론이 오갈 수도 있다. 나는 CORE에 대해 최소주의자적인 경향이 있으며, Leg는 CORE에는 불필요한 Transport Schedule(운송 스케줄링), Routing Service(항로설정 서비스), Location(위치)과 더 강력한 응집력을 보인다. 그러나 이 모델에 관해 말하고자 하는 여러 이야기에 Leg가 관련돼 있다면 Leg를 Delivery(배송) 패키지로 옮겨서 Leg와 다른 클래스 사이에서 분리에 따른 부자연스러움을 겪게 될 것이다.

이 예제에서 모든 클래스 정의는 전과 동일하지만 종종 디스틸레이션 과정에서 일반적인 것과 도메인에 특화된 책임을 분리하기 위해 클래스 자체를 리팩터링할 필요가 있으며, 이렇게 해서 클래스가 분리될 수 있다.

이제 SEGREGATED CORE가 생겼으니 리팩터링은 끝난 셈이다. 하지만 남겨진 Shipping 패키지는 단순히 "CORE를 밖으로 뽑아낸 후에 유일하게 남아 있는 것"에 불과하다. 더 의사소통이 원활한 패키지화를 위해 그림 15.4에 나온 것과 같이 또 다른 리팩터링을 계속해 나갈 수 있다.

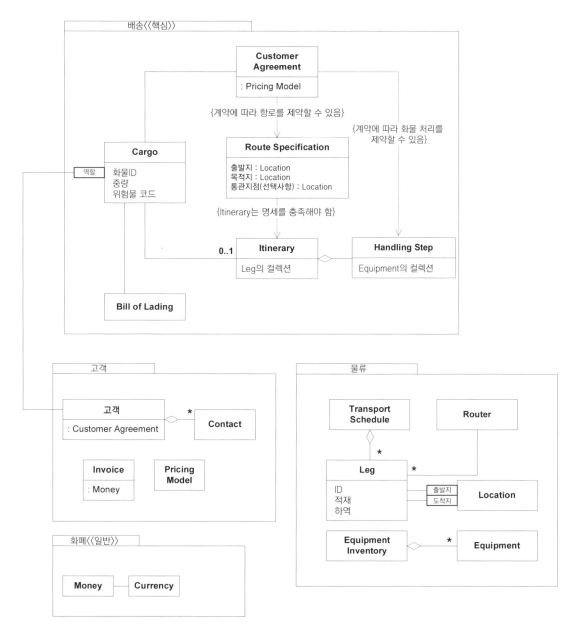

그림 15-4 | SEGREGATED CORE가 만들어진 후 CORE에 해당하지 않는 하위 도메인에 대한 의미 있는 MODULE이 잇
달아 나타남

이 지점에 이르자면 여러 번에 걸친 리팩터링이 필요할지도 모르지만 한꺼번에 리팩터링을 할 필요는 없다. 여기서는 결국 SEGREGATED CORE 패키지 하나와 GENERIC SUBDOMAIN 하나, 보조적인 역할을 수행하는 두 개의 도메인에 특화된 패키지가 생겼다. 더 심층적인 통찰력은 결국 Customer에 대한 GENERIC SUBDOMAIN을 만들어내거나 해운에 더 특화될지도 모른다.

유용하고 의미 있는 MODULE을 인식하는 것은 (5장에서 논의한 바와 같이) 모델링 활동에 해당한다. 개발자와 도메인 전문가는 면밀한 지식검토 과정의 일환으로 전략적 디스틸레이션 과정에서 협업한다.

ABSTRACT CORE (추상화된 핵심)

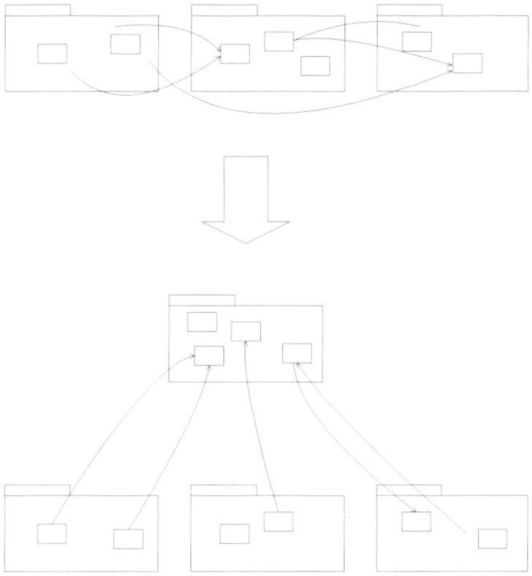

CORE DOMAIN조차도 보통 아주 많은 세부사항을 포함하고 있어서 큰 그림에 대한 의사소통이 어려울 수 있다.

✻ ✻ ✻

대개 우리는 규모가 큰 모델을 완전히 이해할 수 있을 만큼 작고 좀더 범위가 한정된 도메인으로 나눠서 별도 MODULE에 두는 식으로 해당 모델을 다루곤 한다. 이처럼 크기를 줄이는 패키지화 형식은 종종 복잡한 모델을 관리 가능하게 만드는 데 효과적이다. 하지만 때로는 별도 MODULE을 만드는 것이 하위 도메인 간의 상호작용을 알아보기 힘들게 하거나 심지어 복잡하게 만들 수도 있다.

별도 MODULE의 하위 도메인 간에 상호작용이 활발한 경우 MODULE 간에 참조가 많이 만들어져야 해서 분할의 가치가 상당수 사라지거나, 또는 상호작용이 간적접으로 일어나야 해서

모델이 불분명해질 것이다.

수직적으로 자르기보다는 수평적으로 자르는 것을 고려해본다. 다형성에는 추상 타입의 여러 인스턴스 간에 존재하는 갖가지 세부적인 차이를 무시할 수 있다는 장점이 있다. 여러 MODULE 간의 상호작용을 대부분 다형적인 인터페이스 수준에서 표현할 수 있다면 이러한 타입을 특별한 CORE MODULE로 리팩터링하는 편이 바람직할 수도 있다.

우리는 여기서 기술적인 기교를 찾으려는 것이 아니다. 이렇게 하는 것은 다형적 인터페이스가 도메인의 근본 개념에 상응할 때만 가치가 있다. 그러한 경우 이러한 추상화를 분리하면 더 작으면서도 더 응집력 있는 CORE DOMAIN의 정수가 추출됨과 동시에 MODULE 간의 결합도 끊어진다.

그러므로

모델의 가장 근본적인 개념을 식별해서 그것을 별도의 클래스나 추상 클래스, 또는 인터페이스로 추출하라. 이 추상 모델이 중요 컴포넌트 간에 발생하는 상호작용을 대부분 표현할 수 있게끔 설계하라. 특화되고 세부적인 구현 클래스는 하위 도메인을 기준으로 정의된 자체적인 MODULE에 남겨둔 상태에서 이 추상적이면서 전체적인 모델을 자체적인 MODULE에 배치하라.

대부분의 특화된 클래스는 이제 다른 특화된 MODULE이 아닌 ABSTRACT CORE MODULE을 참조할 것이다. ABSTRACT CORE는 주요한 개념과 상호작용에 대한 간결한 시각을 제공한다.

ABSTRACT CORE를 뽑아내는 과정은 기계적으로 이뤄지는 과정이 아니다. 이를테면, 여러 MODULE 간에 빈번하게 참조되는 클래스를 모두 자동으로 별도의 MODULE로 옮겼다면 의미없는 덩어리가 될 가능성이 크다. ABSTRACT CORE를 모델링하려면 핵심 개념과 해당 개념이 시스템의 주요 상호작용에서 수행하는 역할을 심층적으로 이해해야 한다. 다시 말해, 이것은 더 심층적인 통찰력을 향한 리팩터링의 한 사례에 해당한다. 그리고 대개 여기에는 상당한 양의 재설계가 필요하다.

ABSTRACT CORE는 결국 디스틸레이션 문서와 아주 비슷해 보일 것이다(둘 다 같은 프로젝트에서 사용되고 있으며, 통찰력이 깊어짐에 따라 디스틸레이션 문서가 애플리케이션과 함께 발전한다면). 물론 ABSTRACT CORE는 코드로 작성될 테고, 따라서 더 엄격하고 완전할 것이다.

�֎   ✖   ✖

심층 모델의 디스틸레이션

디스틸레이션이 도메인의 일부를 CORE로부터 분리하는 거친 수준에서만 작용하는 것은 아니다. 디스틸레이션은 더 심층적인 통찰력을 향한 리팩터링을 지속적으로 수행함으로써 심층적이고 유연한 설계로 이끄는 하위 도메인, 특히 CORE DOMAIN을 정제하는 것을 의미하기도 한다. 목표는 모델을 분명하게 만들어 도메인을 단순하게 표현하는 설계다. 심층 모델은 가장 중요한 도메인 측면을 애플리케이션의 주요 문제를 해결할 수 있게 조합 가능한 단순한 구성요소로 정제한다.

심층 모델로의 도약은 그러한 도약이 일어나는 모든 곳에 가치를 제공하지만 전체 프로젝트의 궤도를 변경할 수 있는 것은 바로 CORE DOMAIN에 있다.

리팩터링의 대상 선택

형편없이 나눠져 있는 큰 규모의 시스템에 직면한다면 어디서부터 시작할 것인가? XP 커뮤니티에서는 이 질문에 다음과 같은 대답이 나오곤 한다.

1. 모든 부분을 리팩터링해야 할 테니 그냥 아무 데서나 시작한다.
2. 어디든 골치아픈 곳에서 시작한다. 나라면 나한테 떨어진 특정 업무를 해결하는 데 필요한 부분을 리팩터링하겠다.

나는 두 가지 대답에 모두 동의하지 않는다. 첫 번째 대답은 전체적으로 일류 프로그래머로 구성된 소수의 프로젝트를 제외하고는 그다지 현실적이지 못하다. 두 번째 대답은 최악으로 얽힌 부분을 피하면서 증상만을 다루고 근본 원인은 무시한 채 가장자리 주변에서만 리팩터링의 대상을 고르는 경향이 있다. 결국 코드는 점점 리팩터링하기 힘들어진다.

그럼 전부 리팩터링할 수도 없고, 고통 주도적(pain-driven)일 수도 없다면 어떻게 해야 할까?

1. 고통 주도적 리팩터링에서는 문제의 근원에 CORE DOMAIN이나, CORE와 지원 요소와의 관계가 관련돼 있는지 살핀다. 만약 그렇다면, 이를 악물고 그 부분을 가장 먼저 고쳐야 한다.

2. 마음껏 리팩터링할 수 있는 상황이라면 제일 먼저 CORE DOMAIN을 더 잘 분해하고, CORE의 격리를 개선하며, 보조적인 하위 도메인이 GENERIC하게 만드는 데 집중한다.

이것이 바로 리팩터링에 들인 노력으로부터 최고의 가치를 얻는 방법이다.

16

대규모 구조

수천 명의 사람들이 각자 작업해서 에이즈 퀼트(AIDS Quilt)를 만들어냈다.

실리콘 밸리에 위치한 한 작은 설계 회사가 위성통신 시스템에 쓸 모의시험기를 만드는 계약을 맺었다. 일은 순조롭게 진행됐고, 광범위한 네트워크 및 고장 상황을 표현하고 모의시험할 수 있는 MODEL-DRIVEN DESIGN이 개발되고 있었다.

그러나 프로젝트의 선도 개발자들은 마음이 편치 않았다. 문제가 애초부터 복잡했던 것이다. 모델 내의 복잡한 관계를 명확하게 할 필요에 따라 그들은 설계를 관리 가능한 크기의 응집력 있는 MODULE로 분해했다. 그러자 굉장히 많은 MODULE이 생겨났다. 기능의 특정 측면을 들여다보려면 개발자는 어떤 패키지를 들여다봐야 할까? 새 클래스는 어디에 둬야 할까? 이러한 작은 패키지 중 일부는 실제로 어떤 의미가 있는가? 그와 같은 패키지는 서로 얼마나 잘 어울렸는가? 그럼에도 여전히 구축할 게 더 있었다.

개발자들은 서로 의사소통이 원활했고 여전히 매일 뭘 해야 할지 파악할 수 있었지만 프로젝트 리더는 이해할 수 있는 것만으로는 만족하지 않았다. 프로젝트 리더에겐 설계가 다음 수준의 복잡성으로 옮겨갈 때 해당 설계를 이해하고 조작할 수 있게 구성할 방법이 필요했다.

그들은 갖가지 아이디어를 모았다. 거기엔 다양한 가능성이 있었다. 또 다른 패키지화 계획이 제안됐고, 어쩌면 어떤 문서가 시스템의 전체적인 개요를 보여주거나 모델링 도구에 저장된 클래스 다이어그램을 조금 다른 관점에서 보면 개발자들을 올바른 MODULE로 이끌 수 있을지도 모른다. 하지만 프로젝트 리더는 이러한 편법에 만족하지 않았다.

프로젝트 리더는 모의시험에 관해 간략하게 이야기할 수도 있었다. 데이터가 기반구조를 거쳐 마샬링되는 방식과 데이터의 무결성과 이동경로가 여러 통신기술 계층을 거치면서 보장받는다는 이야기 말이다. 이야기의 모든 세부사항은 모델에 들어 있었지만 여전히 이야기의 많은 부분을 보지 못했을 수도 있다.

도메인의 본질적인 개념이 일부 누락됐다. 그러나 이번에는 객체 모델에서 빠뜨린 것이 클래스 한둘이 아니라 바로 모델의 전체적인 구조였다.

개발자들이 해당 문제를 1, 2주 가량 고민하고 나자 방안이 자리잡기 시작했다. 개발자들은 설계에 구조를 고려해 넣었다. 전체 모의시험기는 통신 시스템의 여러 측면과 관련된 일련의 계층으로 보였다. 가장 바닥에 있는 계층은 물리적 기반구조를 표현했는데, 한 노드에서 다른 노드로 비트를 전송하는 기본적인 일을 수행했다. 다음으로 특정 데이터 스트림의 처리 방식과 관련된 모든 관심사가 담긴 패킷 라우팅 계층이 있었다. 다른 계층에서는 그 밖의 개념적인 수준에서 문제를 파악할 것이다. **이러한 계층은 시스템의 내력을 요약해서 보여줄 것이다.**

개발자들은 새로운 구조에 따라 코드를 리팩터링하기 시작했다. MODULE은 여러 계층에 걸치지 않게 다시 정의해야 했다. 어떤 경우에는 객체의 책임을 리팩터링해서 각 객체가 분명하게 한 계층에 속하게끔 만들기도 했다. 반대로 이러한 과정 내내 개념적 계층 자체의 정의도 그러한 계층을 적용한 실제 경험을 기반으로 정제됐다. 계층, MODULE, 객체는 결국 전체 설계가 이러한 계층적 구조의 윤곽을 따를 때까지 함께 발전했다.

이러한 계층은 MODULE도 아니고 다른 어떤 코드의 산출물도 아니었다. 계층은 설계의 도처에 존재하는 특정 MODULE이나 객체, 심지어 다른 시스템과의 인터페이스에 대한 경계와 관계를 제약하는 굉장히 중요한 규칙의 집합이었다.

이러한 질서를 부여하자 설계에 명료함이 되살아났다. 이제 사람들은 특정 기능을 어디서 찾아야 할지 대략적으로 알게 됐다. 독립적으로 일하는 개개인도 다른 이와 대체로 일관된 설계 결정을 내릴 수 있었다. 하늘을 찌를 듯하던 복잡성은 차츰 사라져가고 있었다.

MODULAR(모듈성)을 중심으로 분해하더라도 큰 모델은 파악하기에 너무 복잡할 수 있다. MODULE은 관리 가능한 단위로 설계를 뭉뚱그려 나누지만 그렇게 하면 MODULE이 너무 많아질지도 모른다. 또한 모듈화가 반드시 설계에 균일함을 가져오는 건 아니다. 객체에서 객체로, 패키지에서 패키지로, 그 자체로는 타당하나 기이한 설계 결정이 뒤섞인 상태로 적용될지도 모른다.

BOUNDED CONTEXT에 의한 엄격한 분리는 손상과 혼동을 방지하지만 그것 자체로 시스템이 전체적으로 보기 쉬워지는 것은 아니다.

디스틸레이션은 CORE DOMAIN에 주의를 집중하고 다른 하위 도메인이 BOUNDED CONTEXT의 보조 역할을 맡게 하는 식으로 도움을 준다. 하지만 여전히 보조적인 요소와 CORE DOMAIN과의 관계(와 서로간의 관계)를 이해해야 한다. 그리고 CORE DOMAIN이 이상적으로 매우 분명하고 쉽게 이해할 수 있어서 별도로 안내받을 필요가 없어지더라도 우리가 늘 그와 같은 입장에 있는 것은 아니다.

프로젝트 규모와 상관없이 사람들은 시스템의 다른 부분에서 어느 정도 독립적으로 일해야 한다. 조율과 규칙이 없으면 동일한 문제에 대해서도 다양한 형식과 별개의 해법 때문에 혼동이 일어나 각 부분을 어떻게 맞춰야 할지 이해하기 힘들어지고 큰 그림을 보기가 불가능해진다. 설계의 한 부분에 관해 학습한 바가 다른 부분으로 전해지지 않을 테고, 그에 따라 프로젝트는 자신의 좁은 영역을 벗어나서는 서로 도움을 주지 못하고 여러 MODULE의 전문가만 남는 꼴이 될 것이다. CONTINUOUS INTEGRATION은 실패하고 BOUNDED CONTEXT는 단편화된다.

큰 시스템에 해당 시스템의 요소를 전체 설계에 걸친 패턴에서의 역할 측면에서 해석하게 할 수 있는 지배적인 원칙이 없다면 개발자들은 나무만 보고 숲을 보지 못한다. 우리는 전체의 세부 사항을 깊이 파고들지 않고도 전체의 각 부분이 담당하는 역할을 이해할 수 있어야 한다.

"대규모 구조"는 넓은 시각으로 시스템에 관해 토의하고 이해하게끔 돕는 언어다. 고수준 개념이나 규칙, 또는 둘 모두는 전체 시스템에 대한 설계 패턴을 확립한다. 이러한 구성 원칙은 이해를 도울 뿐 아니라 설계를 이끌어 나갈 수도 있다. 또 다양한 부분의 역할이 어떻게 전체적인 모습을 형성하는지 보여주는 큰 그림에 대한 개념이 공유되므로 독립적인 업무를 조율하는 데도 도움이 된다.

전체 시스템을 포괄하고 각 부분의 책임을 자세히 알지 못해도 전체적인 관점에서 해당 부분의 위치를 어느 정도 이해하는 데 도움을 주는 규칙 또는 규칙과 관계의 패턴을 고안하라.

구조는 한 BOUNDED CONTEXT에 한정될 수도 있지만 보통 하나 이상의 BOUNDED CONTEXT에 걸쳐 존재하며, 프로젝트에 관련된 모든 팀과 하위 시스템을 하나로 묶는 개념적 구성을 제공할 것이다. 좋은 구조는 모델에 통찰력을 전해주고 디스틸레이션을 보완한다.

대부분의 대규모 구조는 UML로 표현할 수도 없고 그럴 필요도 없다. 대부분의 대규모 구조는 모델과 설계의 형태를 만들고 설명하지만 UML에 나타나지는 않는다. 대규모 구조는 설계에 관한 또 다른 수준의 의사소통을 제공한다. 본 장의 예제에서는 대규모 구조에 관한 정보를 덧붙인, 정해진 형식이 없는 UML 다이어그램을 보게 될 것이다.

팀 규모가 꽤 작거나 모델이 너무 복잡하지 않다면 모델을 적절한 이름을 지닌 MODULE로 분해하고, 일정한 수준의 디스틸레이션을 거치며, 개발자 간의 업무를 비공식적으로 조율하는 것으로도 모델을 체계적으로 유지하는 데 충분하다.

대규모 구조는 프로젝트를 위험에 빠지지 않게 해줄 수 있지만 프로젝트에 어울리지 않는 구조는 개발에 심각한 장애물로 작용할 수 있다. 본 장에서는 이러한 수준에서 설계를 성공적으로 구조화하는 패턴을 살펴보겠다.

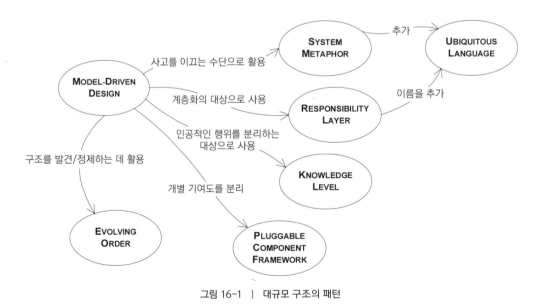

그림 16-1 | 대규모 구조의 패턴

EVOLVING ORDER
(발전하는 질서)

많은 개발자가 구조화되지 않은 설계에서 발생하는 비용을 경험한 적이 있을 것이다. 이 같은 혼란을 피하고자 프로젝트에서는 다양한 방법으로 개발을 제약하는 아키텍처를 부과한다. 어떤 기술적 아키텍처는 네트워킹이나 데이터 영속화와 같은 기술적 문제는 분명 해결하지만 아키텍처가 애플리케이션과 도메인 모델이라는 무대까지 진출하기 시작하면 해당 아키텍처만의 문제가 생길 수 있다. 종종 아키텍처 탓에 개발자가 문제의 특정 부분에 효과가 있는 설계와 모델을 만들어 내지 못할 때가 있다. 심지어 가장 야심 찬 아키텍처는 애플리케이션 개발자의 프로그래밍 언어 자체에 대한 능숙함과 기술적 역량까지도 앗아갈 수 있다. 그리고 기술적이든 도메인 주도적이든 각종 사전 설계 결정을 확정시키는 아키텍처는 요구사항이 바뀌고 이해가 깊어짐에 따라 속박으로 작용할 수 있다.

특정 기술적 아키텍처(J2EE와 같은)가 수년간 유명해져 가는 동안 도메인 계층에서의 대규모 구조는 그다지 검토된 바가 없다. 그리고 검토의 필요성은 애플리케이션마다 다양하다.

대규모 구조를 사전에 부과하는 일에는 비용이 많이 들 가능성이 있다. 개발이 진행됨에 따라 거의 확실히 더 적합한 구조를 찾게 될 것이며, 심지어 미리 규정해둔 구조 탓에 애플리케이션을 대단히 명확하게 하거나 단순화하는 설계 방법을 택할 수 없다는 사실을 알게 될지도 모른다. 해당 구조를 어느 정도는 쓰게 될 수도 있지만 그것은 기회를 버리는 셈이다. 차선책을 시도하거나 아키텍트와 협상하느라 업무 진척이 더뎌진다. 하지만 관리자는 아키텍처가 완성됐다고 생각한다. 이제 애플리케이션을 쉽게 다룰 수 있을 텐데 왜 애플리케이션과 관련한 업무를 하지 않고 이 모든 아키텍처 문제를 붙잡고 있는가? 관리자와 아키텍처 팀이 열린 태도를 갖췄다 하더라도 각 변경사항을 적용하기가 엄청나게 힘들다면 이것은 너무나도 소모적인 일이다.

아무나 설계할 수 있다면 누구도 전체적으로 이해할 수 없는 시스템이 만들어지고, 그렇게 만들어진 시스템은 유지보수하기가 매우 어렵다. 그러나 아키텍처는 사전 설계와 관련한 가정을 둠으로써 프로젝트를 속박할 수 있고, 애플리케이션의 특정 부분에 대해 개발자/설계자의 권한을 너무 많이 앗아갈 수 있다. 이내 개발자들은 구조에 맞추려고 애플리케이션의 수준을 떨어뜨리거나 애플리케이션을 뒤엎는 식으로 아무런 구조도 없게 만들어 조율이 이뤄지지 않는 개발 과정에서 일어나는 문제가 다시금 초래될 것이다.

문제는 참고할 규칙이 존재하느냐가 아니라 그러한 규칙이 얼마나 엄격하고 어디에서 유래했느냐. 설계를 관장하는 규칙이 정말로 상황에 맞아떨어진다면 방해가 되지 않고 실질적으로 도움이 되는 방향으로 개발을 이끌 뿐 아니라 일관성도 제공할 것이다.

그러므로

이러한 개념적인 대규모 구조가 애플리케이션과 함께 발전하게 해서 발전 과정에서 전혀 다른 형식의 구조로도 변화할 수 있게 하라. 반드시 세부적인 지식을 토대로 내려야 할 세부적인 설계 및 모델과 관련된 의사결정을 과도하게 제약해서는 안 된다.

개별 부분에는 전체에 적용되지 않는 자연스럽거나 유용한 구성 및 표현 방법이 있으므로 이러한 개별 부분에 전역적인 규칙을 부과하면 각기 이상적인 모습에서 멀어지고 만다. 대규모 구조를 쓰기로 한다는 것은 개별 부분을 최적화된 방법으로 구성하기보다 전체적으로 모델의 관리 능력에 일임하겠다는 뜻이다. 그러므로 구조의 단일화와 개별 컴포넌트를 가장 자연스러운 방법으로 표현하는 자유 사이에서 약간의 타협을 거칠 것이다. 이러한 타협은 도메인에 대한 실제 경험과 지식을 바탕으로 구조를 선택하고 너무 속박된 구조를 피하는 식으로 줄일 수 있다. 도메인과 요구사항에 구조가 정말로 잘 맞아떨어지면 굉장히 많은 대안을 신속히 제거하는 데 도움이 되어 실제로 세부적인 모델링과 설계가 쉬워진다.

또한 대규모 구조는 원칙적으로 개별 객체 수준에서 다루면서 발견할 수 있으나 실제로는 시간이 너무 오래 걸리고 일관적이지 못한 결과를 낳는 설계 결정에 이르게 할 수 있다. 물론 지속적인 리팩터링은 여전히 필요하지만, 대규모 구조는 이를 더 관리 가능한 과정으로 만들 것이고 다양한 사람들이 일관된 해법을 찾는 데 도움을 줄 수 있다.

일반적으로 대규모 구조는 여러 BOUNDED CONTEXT에 걸쳐 적용할 필요가 있다. 실제 프로젝트에서는 반복주기를 거치면서 구조는 특정 모델에 구조를 긴밀하게 묶었던 특징을 잃어버리고 해당 도메인의 CONCEPTUAL CONTOUR에 상응하는 특징을 발전시킬 것이다. 이는 모델에 관해 어떤 가정도 하지 않는다는 의미가 아니며, 특정한 국부적 상황에 맞춘 아이디어를 전체 프로젝트에 강요하지도 않을 것이다. 구조는 개별 CONTEXT의 개발팀에 해당 팀에만 해당하는 요구사항을 다룰 수 있는 방식으로 다양하게 모델을 취할 자유를 부여해야 한다.

또한 대규모 구조는 개발 과정에서 실질적인 제약조건을 수용해야 한다. 예를 들어, 설계자는 시스템의 특정 부분의 모델, 특히 외부 혹은 레거시 하위 시스템을 통제하지 못할 수도 있다. 이러한 문제는 구조를 어떤 외부 요소에 더 잘 맞는 구조로 변경해서 처리할 수도 있다. 또 애플리케이션이 외부와 관계를 맺는 방법을 명시해서 처리할 수도 있다. 아니면 구조를 부자연스러운 현실에 대응할 수 있을 만큼 충분히 느슨하게 만들어 처리할 수도 있다.

CONTEXT MAP과 달리 대규모 구조는 선택사항이다. 비용과 편익 측면에서 대규모 구조가 존재하는 것이 유리하고 알맞은 구조가 발견되면 시스템에 적용해야 한다. 사실 MODULE로 분해했을 때 충분히 이해할 수 있을 정도로 시스템이 간단하다면 대규모 구조가 필요하지 않다. **대규모 구조는 어떤 구조가 모델을 개발하는 데 부자연스러운 제약조건을 강제하지 않고도 시스템을 굉장히 명확하게 만드는 것으로 판명될 때 적용해야 한다. 맞지 않는 구조는 차라리 없느니만 못하므로 종합적인 구조를 얻으려 애쓰기보다는 발생한 문제를 해결하는 최소한의 집합을 찾는 편이 가장 낫다. 적을수록 더 많은 법이다.**

대규모 구조가 크게 도움될 수 있음에도 일부 예외는 있는데, 그러한 예외는 어떻게든 손쉽게 파악할 수 있게 만들어둬야 한다. 그래야만 개발자들이 별도의 언급이 없을 때는 해당 구조를 따라야 한다고 가정할 수 있다. 그리고 그러한 예외가 많아지면 구조를 변경하거나 폐기해야 한다.

�֎   ✖   ✖

앞서 언급했듯이 개발자들에게 필요한 자유를 주고 동시에 혼란을 방지하는 구조를 만들기란 쉬운 일이 아니다. 그간 소프트웨어 시스템을 위한 기술적 아키텍처에 관해서는 많은 진척이 있었지만 도메인 계층의 구조화에 관해서는 발표된 것이 거의 없었다. 어떤 접근법은 객체지향 패러다임을 약화시키기도 했는데, 그러한 접근법으로는 도메인을 애플리케이션 태스크나 유스 케이스로 나누는 것이 있다. 이 영역 일대는 여전히 미개척 분야다. 나는 다양한 프로젝트에서 나타난 대규모 구조의 일반적인 패턴을 관찰한 적이 있다. 본 장에서는 그러한 패턴 중 4가지를 논의하겠다. 이러한 패턴 중 하나가 독자의 필요에 맞거나 독자의 프로젝트에 맞게 조정된 구조를 위한 아이디어를 내는 데 도움될지도 모르겠다.

SYSTEM METAPHOR
(시스템 은유)

은유적 사고는 소프트웨어 개발, 특히 모델을 이용한 소프트웨어 개발에 널리 퍼져 있다. 하지만 "은유(metaphor)"라고 하는 익스트림 프로그래밍의 실천사항은 은유를 써서 전체 시스템 개발에 질서를 부여한다는 특별한 방법을 의미하게 됐다.

⁂

방화벽이 주변 건물을 통해 거세지는 화재로부터 건물을 보호하는 것처럼 소프트웨어적인 "방화벽"은 외부의 더 큰 네트워크에 존재하는 위험으로부터 지역 네트워크를 보호한다. 이러한 은유는 네트워크 아키텍처에 영향을 주고 독자적인 제품군을 형성했다. 소비자는 여러 경쟁 관계에 있는 방화벽(독립적으로 개발되지만 어느 정도 서로 대체 가능하다고 알려진)을 이용할 수 있다. 이것은 네트워크 분야에 갓 입문한 초보자도 손쉽게 개념을 파악할 수 있다. 이처럼 산업과 고객이 두루 이해할 수 있는 데는 은유의 영향이 적지 않다.

그럼에도 은유는 부정확한 유추이며, 은유의 위력은 동전의 양면과 같다. 방화벽 은유를 쓰는 것은 방화벽 내부에서 유래하는 위협요소에 대해서는 아무런 보호도 하지 않은 채 때때로 그다지 엄격하지도 않고, 바람직한 데이터 교환을 방해하는 소프트웨어적 장애물이 만들어지는 결과를 낳는다. 예를 들어, 무선랜은 보안에 취약하다. 방화벽의 명료함은 요긴하지만 모든 은유에는 부담스러운 면이 있기 마련이다.[1]

소프트웨어 설계는 매우 추상적이고 파악하기 힘든 경향이 있다. 개발자와 사용자 모두 시스템을 이해하고 시스템을 전체적으로 바라보는 시각을 공유할 구체적인 수단이 필요하다.

어떤 수준에서는 은유가 우리의 사고방식에 너무나도 깊게 작용해서 모든 설계에 퍼질 때가 있다. 시스템에는 다른 계층의 "위에 놓이는" "계층"이 존재하고, 각 계층의 "중앙"에는 "커널"이 존재하는 것처럼 말이다. 그러나 전체 설계의 중심 주제를 전달하고 모든 팀원이 각자 이해하는 바를 서로 공유할 수 있는 은유가 종종 나타나기도 한다.

---

1 워드 커닝햄이 이 방화벽 예제를 워크샵 강의에서 쓰는 것을 들었을 때 비로소 SYSTEM METAPHOR를 이해할 수 있었다.

이런 일이 일어나면 시스템은 실질적으로 은유를 토대로 형태를 갖춘다. 개발자는 시스템 은유와 일관성 있는 설계 결정을 내릴 것이다. 다른 개발자들은 이러한 일관성을 토대로 어떤 복잡한 시스템의 여러 부분을 동일한 은유에 입각해서 해석할 수 있다. 개발자와 전문가에게는 함께 토론할 때 모델 자체보다 더 구체적인 기준점이 생기는 셈이다.

SYSTEM METAPHOR는 객체 패러다임과 조화를 이루는, 느슨하고 쉽게 이해할 수 있는 대규모 구조다. 하지만 SYSTEM METAPHOR는 어찌됐건 도메인에 대한 일종의 비유에 불과하므로 다양한 모델이 적절한 방법으로 SYSTEM METAPHOR에 매핑될 수 있다. 이로써 SYSTEM METAPHOR가 여러 BOUNDED CONTEXT에 적용되어 서로의 업무를 조율하는 데 도움을 줄 수 있다.

SYSTEM METAPHOR는 『익스트림 프로그래밍』(Beck 2000)의 핵심 실천사항 가운데 하나라서 유명한 접근법으로 자리잡았다. 하지만 아쉽게도 실제로 유용한 METAPHOR를 찾아낸 프로젝트는 거의 없었고, 사람들은 역효과만 내는 도메인에 해당 아이디어를 억지로 적용하려고 했다. 설득력 있는 은유는 설계가 당면한 문제에 대해서는 바람직하지 않은 측면의 비유를 택하거나, 혹은 비유가 매력적이긴 하나 당면한 문제에는 적합하지 않을 수도 있는 위험을 초래한다.

즉, SYSTEM METAPHOR는 특정 프로젝트에 유용한 대규모 구조의 잘 알려진 형태로서 해당 구조의 일반적인 개념을 잘 보여준다.

그러므로

어떤 시스템의 구체적인 비유가 나타나 팀원의 상상력을 포착하고 유용한 방향으로 사고를 이끄는 것으로 보인다면 그것을 대규모 구조로 채택하라. 이러한 은유를 중심으로 설계를 구성하고 그것을 UBIQUITOUS LANGAUGE로 흡수하라. SYSTEM METAPHOR는 시스템에 관한 의사소통을 촉진하고, 더불어 해당 시스템의 개발도 이끌 것이다. 이렇게 되면 시스템의 여러 부분과, 심지어 여러 BOUNDED CONTEXT에 걸쳐 일관성이 증대된다. 그러나 모든 은유는 부정확하므로 지속적으로 은유가 지나치거나 적절치 못한가를 재점검하고, 방해가 된다면 언제든 버릴 준비를 한다.

❀ ❀ ❀

"미숙한 은유"와 그것이 필요 없는 이유

유용한 은유는 대부분의 프로젝트에서 드러나지 않으므로 XP 커뮤니티의 일각에서는 도메인 모델 자체를 의미하는 미숙한 은유를 이야기해오고 있다.

이 용어의 한 가지 문제는 성숙한 도메인 모델은 결코 미숙하지 않다는 데 있다. 사실 "급여 처리는 조립라인과 비슷하다"는 모델(수많은 반복주기를 거친 도메인 전문가와의 지식 탐구의 산물이자 동작하는 애플리케이션의 구현에 긴밀하게 엮이는 과정을 거쳐 입증된)에 비해 훨씬 미숙한 시각일 가능성이 높다.

따라서 **미숙한** 은유라는 용어는 이제 물러날 때가 됐다.

SYSTEM METAPHOR가 모든 프로젝트에서 유용한 건 아니다. 일반적으로 대규모 구조는 필수적인 요소가 아니다. 익스트림 프로그래밍의 12가지 실천사항 중 SYSTEM METAPHOR의 역할은 UBIQUITOUS LANGUAGE로 대신할 수 있다. 프로젝트에서는 SYSTEM METAPHOR나 다른 대규모 구조가 해당 LANGUAGE와 잘 어울리면 그것들로 LANGUAGE를 확대해야 한다.

RESPONSIBILITY LAYER
(책임 계층)

이 책 전반에 걸쳐 개별 객체에는 한정된 범위의 관련 책임을 할당했다. 책임 주도 설계는 더 큰 규모에도 적용된다.

�֊ ✖ ✖

각 개별 객체에 손수 만든 책임이 할당돼 있다면 가이드라인도 없고, 균일함도 없고, 넓은 범위에 걸친 도메인을 동시에 다룰 능력도 없는 셈이다. 큰 모델에 응집력을 부여하려면 그러한 책임 할당에 특정 구조를 도입하는 것이 도움이 된다.

도메인을 깊이 있게 이해하면 폭넓은 패턴이 보이기 시작한다. 어떤 도메인에는 자연적인 층이 형성돼 있다. 어떤 개념과 활동은 독립적으로 변화하는 다른 요소를 배경 삼아 갖가지 이유로 다양한 비율로 발생한다. 어떻게 해야 이러한 자연적인 구조의 이점을 취해 그것을 더 눈에 잘 띄고 유용하게 만들 수 있을까? 이러한 성층은 가장 성공적인 설계 패턴 가운데 하나인 계층화를 떠올리게 한다(Buschmann et al. 1996).

계층은 시스템의 구획으로서, 각 구획의 구성요소는 "아래에 있는" 계층의 서비스는 알고 이용할 수 있지만 "위에 있는" 계층은 알지 못하고 독립적으로 존재한다. MODULE 간의 의존성이 도출되면 주로 MODULE을 해당 MODULE에 의존하는 것의 아래에 놓는다. 이런 식으로 계층은 하위 수준에 있는 객체 중 어떤 것도 개념적으로 상위 계층의 것과 의존 관계에 놓이지 않도록 분류한다.

하지만 이러한 임기응변식의 계층화가 의존성 추적을 더 용이하게 하고 때때로 직관적인 의미를 자아낼 수는 있어도 모델에 통찰력을 부여하거나 모델링 결정을 이끌지는 못한다. 우리에겐 더 의도적인 뭔가가 필요하다.

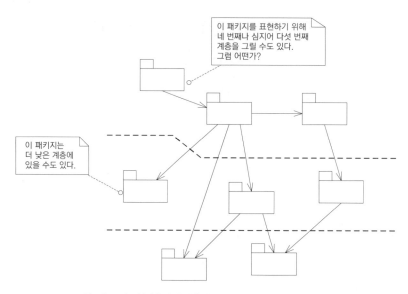

그림 16-2 | 임기응변식 계층화. 이러한 패키지의 정체는 뭘까?

　자연적인 층이 나타나는 모델에서는 계층화와 책임 주도 설계라는 두 가지 강력한 원칙을 하나로 묶으면서 주요 책임을 기준으로 개념적 계층을 정의할 수 있다.

　이러한 책임은 예제에서 간략히 설명하겠지만 틀림없이 일반적으로 개별 객체에 할당하는 책임에 비해 범위가 상당히 더 넓을 것이다. 개별 MODULE과 AGGREGATE를 설계할 때는 그것들을 도출해서 이러한 주요 책임 중 하나를 벗어나지 않게끔 유지한다. 이처럼 이름이 있는 책임 그룹은 모듈화된 시스템의 이해를 향상시킬 수도 있는데, 그 까닭은 MODULE의 책임을 더 쉽게 해석할 수 있기 때문이다. 그렇지만 고수준의 책임과 계층화를 결합하면 시스템의 구성 원칙을 확보할 수 있다.

　RESPONSIBILITY LAYER에 가장 잘 부합하는 계층화 패턴은 RELAXED LAYERED SYSTEM(Buschmann et al. 1996)이라고 하는 계층화의 일종인데, 이것은 한 계층의 구성요소가 바로 아래에 있는 것만이 아니라 모든 하위 계층에 접근하는 것을 허용한다.

그러므로

모델에 존재하는 개념적 의존성과 도메인의 여러 부분에 대한 다양한 변화율과 변화의 근원을 검토하라. 도메인에서 자연적인 층을 식별하면 그것을 광범위한 추상적 책임으로 간주하라. 이러한 책임은 시스템의 높은 수준에서의 목적과 설계에 관한 이야기를 들려줄 것이다. AGGREGATE, MODULE과 같은 각 도메인 객체의 책임이 한 계층의 책임 안에서 말끔히 맞아떨어지도록 모델을 리팩터링하라.

이것은 꽤나 추상적인 설명인데, 예를 들어 설명하면 명확해질 것이다. 본 장을 시작하면서 이야기한 위성통신 모의시험기에서는 책임을 계층화했다. 나는 RESPONSIBILITY LAYER가 공정제어나 재무관리처럼 다양한 도메인에서도 좋은 효과를 거두는 것을 본 적이 있다.

❋　❋　❋

이어지는 예제에서는 온갖 종류의 대규모 구조를 발견하는 것을 비롯해 대규모 구조가 모델링과 설계를 이끌고 제약하는 방식을 보이고자 RESPONSIBILITY LAYER를 자세히 다루겠다.

예제

심화 예제: 해운 시스템의 계층화

앞서 논의한 화물 해운 애플리케이션에 RESPONSIBILITY LAYER를 적용한다는 것의 함축적 의미를 살펴보자.

화물 해운 예제로 되돌아가자면, 팀에서는 MODEL-DRIVEN DESIGN을 만들고 CORE DOMAIN을 정제하는 상당한 성과를 거뒀다. 하지만 설계가 구체화되면서 모든 부분이 서로 어울리게끔 조율하는 데 곤란을 겪는다. 사람들은 시스템의 중심 주제를 드러내고 프로젝트에 참여하는 모든 이가 이해할 수 있는 대규모 구조를 찾는 중이다.

다음은 해당 모델을 대표하는 부분을 나타낸 것이다.

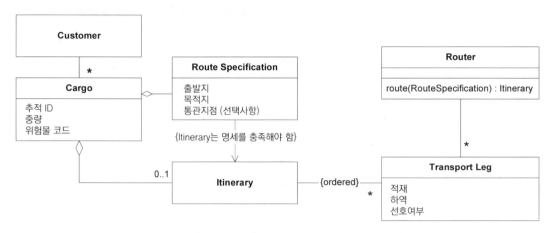

그림 16-3 | 화물 운송을 위한 기본적인 해운 도메인 모델

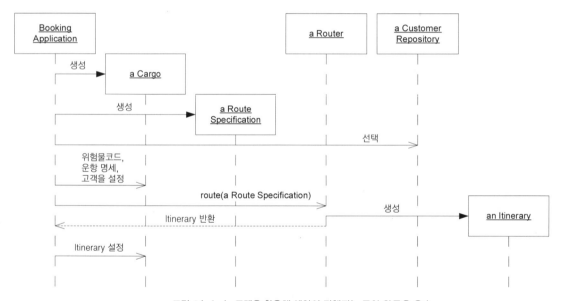

그림 16-4 | 모델을 활용해 예약이 진행되는 동안 화물을 운송

팀원들은 수개월 동안 해운 도메인에 몰두했고, 해운 도메인의 개념에 어떤 자연적인 층이 있음을 알게 됐다. 운송수단에 실린 화물을 언급하지 않고도 운송일정(선박과 열차의 예정된 운행)에 관해 논의하는 데는 전혀 문제될 게 없다. 하지만 화물을 운송하는 운송수단을 언급하지

않고 화물 추적에 관해 이야기하기란 아주 어려운 일이다. 개념적 의존성은 매우 분명하다. 팀은 손쉽게 두 계층, 즉 "운영(Operation)"과 그러한 운영활동을 조성하는 "기능(Capability)"이라는 계층으로 구분할 수 있다.

"운영" 책임

과거, 현재, 미래의 회사 활동은 운영 계층에 모인다. 가장 눈에 띄는 운영 객체는 Cargo인데, 회사의 일상 활동 대부분에서는 이 객체가 중심을 차지한다. Route Specification은 Cargo에 필수 불가결한 부분이며, 배송 요구사항을 나타낸다. Itinerary는 운영상의 배송 계획이다. 이 두 객체는 모두 Cargo의 AGGREGATE를 구성하며, 두 객체의 생명주기는 실제 배송 기간과 결부된다.

"기능" 책임

이 계층은 운영활동을 수행하고자 회사에서 활용하는 자원을 반영한다. Transit Leg(수송 구간)가 전형적인 예다. 선박은 운항일정이 있고 화물 운반을 위한 일정한 용적이 있는데, 이러한 용적은 전부 사용되거나 사용되지 않을 수도 있다.

사실 해운 선단을 운영하는 데 초점을 맞춘다면 Transit Leg가 운영 계층에 위치할 것이다. 그러나 이 시스템의 사용자는 그러한 문제에 신경 쓰지 않는다. (회사가 두 활동에 모두 관여해서 두 활동을 조율하고자 했다면 개발 팀은 다른 계층화 계획, 즉 "Transport Operation(운송 운영)"과 "Cargo Operation(화물 운영)"과 같이 두 개의 뚜렷이 구분되는 계층으로 구성되는 식으로 계획해야 할지도 모른다.

더 까다로운 결정은 Customer를 어디에 두느냐다. 어떤 업무에서는 고객이 일시적인 경향이 있다. 고객은 화물 꾸러미가 배송되는 동안에만 중요하지, 대개 다음 번까지는 중요하게 여겨지지 않는다. 이러한 특성으로 말미암아 고객은 단지 개별 고객을 겨냥한 화물 운송 서비스에 필요한 운영상의 관심사로 간주된다. 그러나 이 책에서 예제로 든 가상의 해운 회사에서는 고객과의 장기적인 관계 구축을 목표로 하며, 대부분의 업무가 반복적인 거래에서 비롯된다. **사용자의 의도를 고려해봤을 때 Customer는 잠재 계층에 속한다. 보다시피 이것은 기술적인 결정에 속하지 않는다.** 이는 도메인의 지식을 포착하고 전달하려는 시도에 해당한다.

Cargo와 Customer 사이의 연관관계는 한 방향으로만 탐색할 수 있으므로 Cargo
REPOSITORY에는 특정 Customer의 Cargo를 모두 찾는 쿼리가 필요할 것이다. 설계를 이렇게
하는 데는 타당한 이유가 있지만 대규모 구조를 도입하면서 이제는 하나의 요구사항으로 탈바꿈
한다.

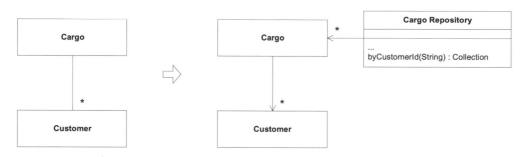

그림 16-5 | 쿼리가 계층화를 위반하는 양방향 연관관계를 대체한다.

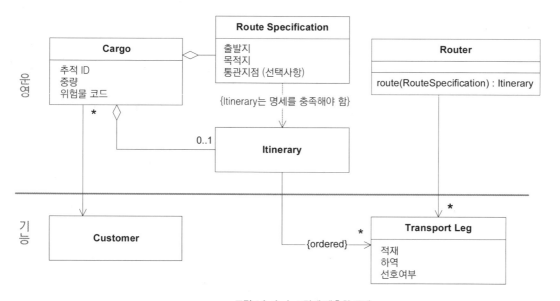

그림 16-6 | 1단계 계층화 모델

운영과 기능 계층을 구분해서 그림이 분명해지는 동안에도 질서는 계속해서 발전한다. 몇 주
에 걸쳐 실험을 수행하고 나서 팀은 또 다른 구분에 관심을 집중한다. 대개 초기의 두 계층은 모
두 있는 그대로의 상황이나 계획에 초점을 맞춘다. 그러나 Router(항로설정기)를 비롯해 본 장에
서 제외한 다른 여러 구성요소는 현재 운영상의 현실이나 계획이 아니다. Router는 그러한 계획

을 변경하는 것과 관련한 결정을 내리는 데 도움을 준다. 팀은 "Decision Support(의사결정 지원)"를 책임질 새로운 계층을 정의한다.

"의사결정 지원" 책임

소프트웨어에서 이 계층은 사용자에게 계획과 의사결정을 위한 도구를 제공하고, 잠재적으로 특정 의사결정(운송 일정이 바뀌면 알아서 Cargo의 운송 항로를 재설정하는 등의)을 자동화할 수도 있다.

Router는 예약 에이전트가 Cargo를 보내는 최선의 방법을 고르는 데 도움을 주는 SERVICE 다. 이런 이유로 Router는 정확히 의사결정 책임에 속한다.

이 모델에서 각 참조는 한 가지 조화를 이루지 못하는 요소, 즉 Transport Leg의 "선호여부" 속성을 제외하고 세 계층에 대해 일관성을 띤다. 이 속성이 있는 까닭은 회사에서는 가능하다면 자체 선박을, 아니면 해당 회사에 유리한 계약을 맺은 다른 회사의 선박을 이용하길 선호하기 때문이다. "선호 여부" 속성은 이러한 혜택이 있는 운송수단을 이용하는 방향으로 Router를 편중하는 데 사용된다. 이 속성은 "기능"과는 무관하며, 의사결정의 방향을 제시하는 정책에 불과하다. 새로운 RESPONSIBILITY LAYER를 쓰려면 모델을 리팩터링해야 할 것이다.

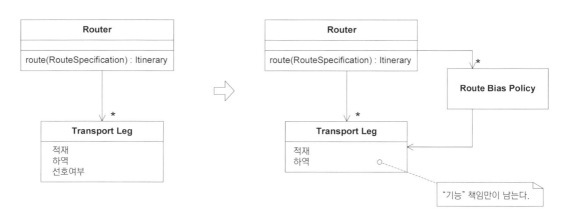

그림 16-7 | 모델이 새로운 계층화 구조를 따르게끔 리팩터링하기

이렇게 분해하면 Transport Leg가 운송 기능이라는 핵심적인 개념에 더 다가서는 동시에 Route Bias Policy(항로 편중 정책)가 더 명시적으로 드러난다. 도메인에 대한 심층적인 이해에 근거한 대규모 구조는 종종 의미가 더 명확해지는 방향으로 모델을 나아가게 할 것이다.

이 새로운 모델은 이제 대규모 구조와 매끄럽게 맞아떨어진다.

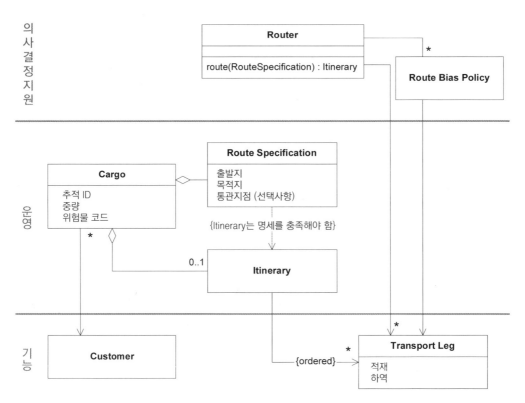

그림 16-8 | 모델을 재구성하고 리팩터링한 결과

위 계층에 익숙한 개발자는 각 부분의 역할과 의존성을 더 쉽게 파악할 수 있다. 대규모 구조의 가치는 복잡성이 증가할수록 증대된다.

참고로 여기서는 이 예제를 UML 다이어그램을 이용해 설명하고 있지만 다이어그램에 있는 그림은 단지 계층화를 **전달하는** 수단에 불과하다. UML에는 이러한 표기법이 없으므로 이것은 UML을 읽는 사람을 위해 추가로 정보를 덧붙인 것이다. 프로젝트에서 코드가 최종적인 설계 문서라면 계층별로 클래스를 열어보거나, 아니면 최소한 계층별로 클래스를 보여주는 도구가 있으면 도움될 것이다.

이 구조가 어떻게 진행 중인 설계에 영향을 주는가?

대규모 구조가 채택되고 나면 후속 모델링과 설계 결정은 대규모 구조를 감안해서 이뤄져야 한다. 설명을 위해 이미 계층화된 설계에 새로운 기능을 추가해야 한다고 해보자. 도메인 전문가가 지금 막 항로 설정 제한이 특정 범주에 속하는 위험물에만 적용된다고 말해줬다. 특정 물질은 특정 운송수단에 싣거나 특정 항구에 내리지 못한다. 우리는 Router가 이러한 규정을 준수하게끔 만들어야 한다.

여기엔 다양한 접근법이 있다. 큰 규모가 없다면 한 가지 매력적인 설계는 이러한 항로 설정 규칙을 통합할 책임을 Route Specification과 위험물(HazMat, Hazardous Material) 코드를 소유하는 객체, 말하자면 Cargo에 부여하는 것이다.

그림 16-9 | 위험물이 포함된 화물의 항로 설정을 위한 설계 대안

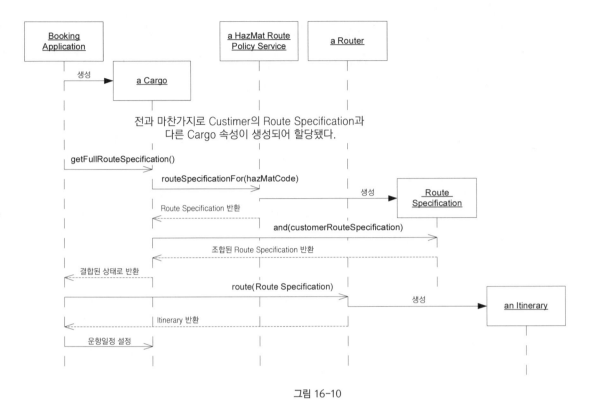

그림 16-10

문제는 이 설계가 대규모 구조와는 맞지 않다는 것이다. HazMat Route Policy Service(위험물 항로설정 정책 서비스)는 문제가 되지 않는데, 이것은 의사결정 지원 계층의 책임에 잘 어울리기 때문이다. 문제는 HazMat Route Policy Service(의사결정 지원 객체)에 대한 Cargo(운영 객체)의 의존성이다. 프로젝트가 이러한 계층에 얽매여 있는 한 이 모델을 그대로 둬서는 안 된다. 구조가 모델을 따를 것으로 기대한 개발자는 혼란에 빠질 것이다.

언제나 설계 가능성은 많으며, 우리는 단지 큰 규모의 규칙을 따르는 설계 가능성을 선택하기만 하면 될 것이다. HazMat Route Policy Service도 괜찮지만 정책을 사용하는 책임을 옮길 필요가 있다. 항로를 검색하기 전에 적절한 정책을 수집할 책임을 Router에 부여해보자. 이는 정책이 의존할지도 모를 객체를 포함하게끔 Router 인터페이스를 변경한다는 뜻이다. 다음은 이러한 설계를 보여준다.

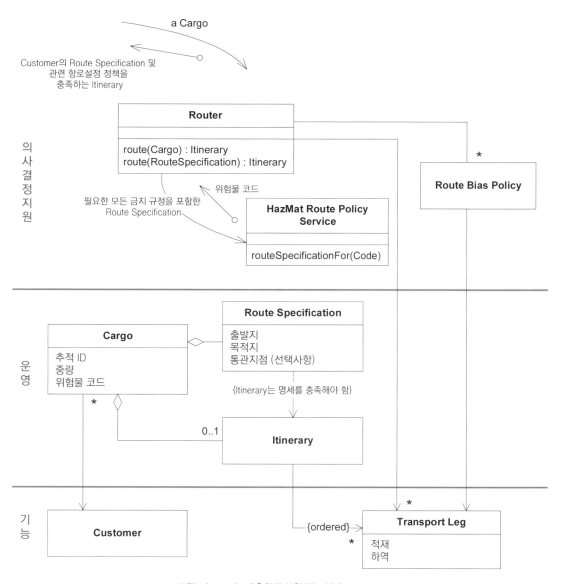

a Cargo

Customer의 Route Specification 및
관련 항로설정 정책을
충족하는 Itinerary

의
사
결
정
지
원

Router

route(Cargo) : Itinerary
route(RouteSpecification) : Itinerary

위험물 코드

필요한 모든 금지 규정을 포함한
Route Specification

**HazMat Route Policy
Service**

routeSpecificationFor(Code)

Route Bias Policy

*

운
영

Cargo

추적 ID
중량
위험물 코드

Route Specification

출발지
목적지
통관지점 (선택사항)

{Itinerary는 명세를 충족해야 함}

Itinerary

0..1

*

기
능

Customer

{ordered}

Transport Leg

적재
하역

*

*

그림 16-11 | 계층화와 부합하는 설계

그림 16-12는 전형적인 상호작용을 보여준다.

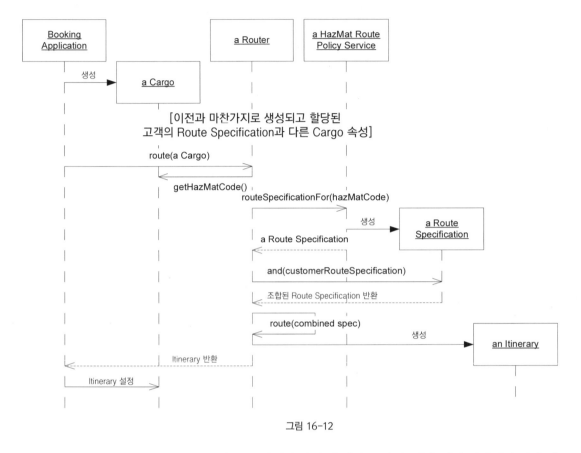

그림 16-12

지금 당장은 이 설계가 반드시 다른 설계에 비해 더 낫다고 할 수 없다. 각자 장단점이 있게 마련이다. 하지만 프로젝트에 참여한 모든 이가 일관된 방식으로 결정을 내린다면 전체적으로 설계는 훨씬 더 이해하기 쉬울 테고, 그렇게 되면 세부적인 설계 선택에서 일부 적당한 수준의 타협점을 찾을 만한 가치는 있다.

구조가 여러 가지 부자연스러운 설계 선택을 강요한다면 EVOLVING ORDER를 유지한 가운데 구조를 평가해서 수정하거나 심지어 버려야 할 것이다.

적절한 계층의 선택

알맞은 RESPONSIBILITY LAYER나 대규모 구조를 찾을 때는 문제 도메인을 이해하고 실험하는 것이 중요하다. EVOLVING ORDER를 받아들인다면 초기 출발점은 그리 중요하지 않다. 미숙한 선택 탓에 일거리가 늘어나더라도 말이다. 구조는 혹 알아볼 수 없는 뭔가로 발전할지도 모른다. 따라서 여기서 제시하는 지침은 아무것도 모르는 상태에서 선택할 때처럼 구조의 변형을 고려할 때도 적용해야 한다.

계층이 바뀌고 병합되고 나뉘고 재정의될 때 찾아서 지켜야 할 몇 가지 유용한 특징은 다음과 같다.

- **스토리텔링.** 계층은 도메인의 기본적인 실제 상황과 우선순위를 전해줘야 한다. 대규모 구조를 선택하는 것은 기술적 결정이라기보다는 업무와 관련된 모델링 결정이다. 계층은 업무의 우선순위를 드러내야 한다.
- **개념적 의존성.** "상위" 계층에 있는 개념은 "하위" 계층을 배경으로 하는 의미를 지녀야 하고, 동시에 하위 계층의 개념은 독자적인 의미를 지녀야 한다.
- **CONCEPTUAL CONTOUR.** 다양한 계층에 놓인 객체가 변화율이나 변화의 근원이 서로 다르다면 계층은 그러한 객체 간에 구획을 짓는 일에 일조한다.

새로운 모델을 위한 계층을 정의할 때마다 꼭 처음부터 다시 시작해야 하는 건 아니다. 어떤 계층은 관련 도메인군 전체에 나타나기도 한다.

예를 들어, 공장이나 화물 선박과 같은 대규모 고정자본 자산의 활용과 관련된 업무에서는 물류 소프트웨어를 "잠재 기능(Potential)" 계층(예제의 "기능" 계층을 지칭하는 또 다른 이름)과 "운영" 계층으로 구성할 수 있다.

- **잠재 기능.** 무엇을 할 수 있는가? 뭘 할지는 신경 쓰지 않아도 된다. 우리는 뭘 할 수 있었는가? 인력을 포함한 조직의 자원과 그러한 자원을 구성하는 방식이 "잠재 기능" 계층의 핵심이다. 업체와의 계약도 잠재 기능을 규정한다. 이 계층은 거의 모든 업무 도메인에서 인식할 수 있지만 운송과 제조처럼 비교적 대규모 고정자본 투자가 선행돼야 가능한 사업 영역에서는 중요한 부분을 차지한다. 잠재 기능에는 일시적인 자산도 포함되지만 일차적으로 일시적인 자산에 의해 운용되는 업무에서는 (나중에 논의하겠지만) 이러한 사실을 강조하는 계층을 선택할지도 모른다. (예제에서는 이러한 계층을 "기능"이라고 했다.)

- **운영**. 무엇이 행해지는가? 그러한 잠재 기능을 어떻게 생각해왔는가? 이 계층도 "잠재 기능" 계층처럼 우리가 바라는 바가 아닌 실제 상황을 반영해야 한다. 우리는 이 계층에서 스스로의 노력과 활동, 즉 우리가 팔 수 있게 만들어 주는 것이 아닌 우리가 파는 것을 확인하고자 한다. 운영과 관련된 객체가 잠재 기능과 관련된 객체를 참조하거나 심지어 잠재 기능과 관련된 객체로 구성되는 경우는 매우 흔한 일이지만 잠재 기능 관련 객체는 운영 계층을 참조해서는 안 된다.

이러한 종류의 도메인에 존재하는 많은, 아니 아마도 대부분의 기존 시스템에서는 이러한 두 계층이 모든 것을 포괄한다(일부 완전히 다르고 더 눈에 띄게 나뉘는 부분이 있을 수도 있지만). 시스템은 현재 상황과 현재 운영 계획을 추적하고 그에 관한 보고서나 문서를 만들어낸다. 하지만 항상 추적만으로는 충분하지 않다. 프로젝트에서 사용자를 안내하고 보조하려 하거나, 또는 의사결정을 자동화하려는 경우 운영 계층 위에 또 하나의 계층으로 구성할 수 있는 일련의 추가적인 책임이 존재한다.

- **의사결정 지원**. 어떤 행동을 취하고 어떤 정책을 수립해야 하는가? 이 계층은 분석과 의사결정을 위한 계층이다. 이 계층은 잠재 기능이나 운영과 같은 하위 계층에서 나온 정보를 분석한 내용을 기반으로 한다. 의사결정 지원 소프트웨어에서는 현재 및 향후 운영을 위한 기회를 적극 모색하고자 이력 정보를 활용할 수도 있다.

의사결정 지원 시스템은 운영이나 잠재 기능과 같은 다른 계층에 개념적으로 의존하는데, 이는 의사결정이 외부와 단절된 상태에서 이뤄지기 때문이다. 상당히 많은 프로젝트에서는 의사결정 지원을 데이터 웨어하우스 기술을 이용해 구현한다. 이 계층은 운영 소프트웨어와 CUSTOMER/SUPPLIER 관계를 맺은 별도의 BOUNDED CONTEXT가 된다. 다른 프로젝트에서는 의사결정 지원이 앞서 보여준 확장된 예제에서처럼 더 긴밀하게 통합된다. 그리고 계층의 고유한 이점 가운데 하나는 하위 계층은 상위 계층이 없어도 존재할 수 있다는 것이다. 이러한 이점은 단계적 도입이나 기존 운영 시스템 위에서 이뤄지는 상위 수준에서의 향상을 촉진할 수 있다.

또 다른 경우는 정교한 업무 규칙이나 법적 요구사항을 강제하는 소프트웨어인데, 이러한 규칙이나 법적 요구사항은 RESPONSIBILITY LAYER를 구성할 수 있다.

- **정책(Policy)**. 규칙과 목표는 무엇인가? 규칙과 목표는 대부분 수동적이나 다른 계층의 행위를 제약한다. 이러한 상호작용을 설계하는 것은 미묘한 일일 수 있다. 간혹 정책이 하위 수준의 메서드에 인자로 전달되는 경우가 있다. 때로는 STRATEGY 패턴이 적용되기도 한다. 정책은 의사결정 지원 계층과 함께 잘 작동하는데, 의사결정 지원 계층은 정책에 의해 수립되고, 정책에서 수립한 규칙의 제약을 받는 목표를 추구하는 수단을 제공한다.

정책 계층은 다른 계층과 동일한 언어로 작성할 수 있지만 이따금 룰 엔진을 써서 구현하기도 한다. 그렇다고 해서 룰 엔진을 반드시 별도의 BOUNDED CONTEXT에 배치해야 하는 건 아니다. 사실 그러한 여러 구현 기술을 조율하는 데 따르는 어려움은 서로 같은 모델을 세심하게 써서 줄어들 수 있다. 객체에 적용한 모델과는 다른 모델을 기반으로 규칙을 작성하면 복잡성이 증대되거나 객체가 이해하기 쉽게 바뀌어 관리 가능한 상태가 된다.

의사결정지원	분석적 메커니즘	상태가 거의 없음. 따라서 변화도 적음	경영분석 활동도 최적화 공기(工期) 단축 …
정책	전략 제약(업무상의 목표나 법률을 기반으로 함)	느린 상태 변화	제품 우선순위 부품 조립 방법 …
운영	(활동과 계획에 관한) 실제 업무 상황을 반영하는 상태	신속한 상태 변화율	재고 미조립 부품의 상태 …
잠재기능	(자원에 관한) 실제 업무 상황을 반영하는 상태	적정한 상태 변화	설비의 처리능력 설비의 가용성 공장을 통한 수송

의존성 →

그림 16-13 | 공장 자동화 시스템에서의 개념적 의존성과 구획 지점

여러 업무 영역에서는 역량의 기반을 시설과 설비에 두지 않는다. 두 가지를 예로 들자면, 금융 서비스나 보험 서비스에서는 주로 잠재 기능을 현재 운영 상태에 따라 결정한다. 보험사가 새로운 보험 약정에 서명해서 새로운 위험을 감수하는 능력은 현재 자사의 업무 다각화를 기반으로 한다. 아마도 잠재 기능 계층은 운영으로 병합되고 다른 계층화가 발전할 것이다.

종종 이러한 상황에서 주목받는 한 가지 영역은 바로 고객과 체결한 계약이다.

- **계약(Commitment).** 우리가 약속한 바는 무엇인가? 이 계층은 향후 운영 방향을 제시할 목표를 명시한다는 점에서 정책의 성격을 띠지만 계약이 진행 중인 업무 활동의 일부로 나타나 변화한다는 점에서 운영의 성격을 띠기도 한다.

의사결정지원	분석적 메커니즘	상태가 거의 없음. 따라서 변화도 적음	위험 분석 포트폴리오 분석 협상수단 ...
정책	전략 제약 (업무상의 목표나 법률을 기반으로 함)	느린 상태 변화	보유한도 자산할당목표 ...
계약	고객과의 업무 거래와 계약을 반영하는 상태	적정한 상태 변화율	고객약정 신디케이션 약정 ...
운영	(활동과 계획에 관한) 실제 업무 상황을 반영하는 상태	신속한 상태 변화	대출 잔고 상태 이자 발생 상환과 분배 ...

의존성 ↓

그림 16-14 | 투자 은행 시스템에서의 개념적 의존성과 구획 지점

잠재 기능과 계약 계층은 서로 배타적이지 않다. 두 계층이 모두 두드러진 도메인, 즉 상당한 맞춤형 해운 서비스를 갖춘 운송 회사에서는 이 두 계층을 모두 사용한다. 그러한 도메인에 더 특화된 계층에도 이러한 두 계층이 유용할지도 모른다. 상황을 바꿔라. 실험하라. 하지만 계층화 시스템을 단순하게 유지하는 것이 가장 좋다. 계층이 네다섯 개를 넘어가면 다루기가 힘들어진다. 계층이 너무 많으면 이야기할 때만큼 효과적이지 않고 대규모 구조가 풀어야 할 복잡성의 문제가 새로운 형태로 다시 나타날 것이다. 대규모 구조는 반드시 철저하게 정제돼야 한다.

이러한 다섯 가지 계층은 다양한 기업 시스템에 적용할 수 있지만 모든 도메인의 가장 중요한 책임을 포착하지는 못한다. 다른 경우에는 이러한 형태로 설계를 강제하려는 것이 오히려 역효과를 낳겠지만 효과적이고 자연스러운 일련의 RESPONSIBILITY LAYER가 있을지도 모른다. 여기서 논의한 바와 전혀 무관한 도메인에 대해서는 이러한 계층이 완전히 독자적인 형태여야 할지도 모른다. 궁극적으로 자신의 직관을 바탕으로 어딘가에서 시작해 질서가 발전(ORDER EVOLVE)하게 해야 한다.

KNOWLEDGE LEVEL
(지식 수준)

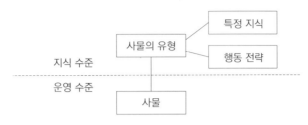

KNOWLEDGE LEVEL은 다른 객체 집단이 어떻게 행동해야 하는지를 기술하는 객체의 그룹이다.
[마틴 파울러, "책임추적성", www.martinfowler.com]

KNOWLEDGE LEVEL은 더 넓은 범위의 규칙으로 제약되기 전까지 모델의 특정 부분을 사용자의 손에 맡겨야 할 때 생기는 문제를 해결한다. KNOWLEDGE LEVEL은 구성 가능한 행위를 갖춘 소프트웨어의 요구사항을 다루는데, 여기서 구성 가능하다는 것은 여러 ENTITY 간의 역할과 관계를 초기화 시점이나 실행 시점에서도 변경할 수 있어야 한다는 의미다.

『분석 패턴』(Fowler 1996, 24~27페이지)에서는 이 패턴이 조직 내에서의 책임추적성(accountability)을 모델링하는 것에 관해 논의하는 부분에 나오며, 나중에 회계의 기입 규칙에 적용된다. 이 패턴이 여러 장에서 나오긴 하지만 『분석 패턴』에 나온 대부분의 패턴과는 차이가 있으므로 별도의 장으로 설명할 필요는 없다. 다른 분석 패턴이 그러하듯 KNOWLEDGE LEVEL은 도메인을 모델링하기보다 모델을 구조화한다.

문제를 구체적으로 살펴보고자 "책임추적성" 모델을 생각해 보자. 조직은 사람과 더 작은 조직으로 구성되며, 각자 수행하는 역할과 서로간의 관계를 규정한다. 이러한 역할과 관계를 관장하는 규칙은 조직에 따라 굉장히 다양하다. 한 회사에서는 "부서"를 이끄는 "부장"이 "사장"에게 보고할 수도 있고, 또 다른 회사에서는 "모듈"을 이끄는 "관리자"가 "상급 관리자"에게 보고할지도 모른다. 또 각자 갖가지 다른 이유로 서로 다른 관리자에게 보고하는 "매트릭스" 조직도 있다.

전형적인 애플리케이션은 약간의 가정을 할 것이다. 그러한 가정이 맞지 않으면 사용자는 의도한 바와 다른 방식으로 자료 입력 필드를 쓰기 시작할 것이다. 애플리케이션의 행동은 사용자에 의해 의미가 바뀌었기 때문에 의도했던 효과를 얻지 못한다. 사용자는 그러한 행위의 효과를 내고자 꼼수를 만들어내거나 해당 애플리케이션의 상위 수준에 존재하는 기능을 막아버릴 것이다. 사용자들은 자신이 업무에서 해놓은 일과 소프트웨어의 작동방식 간의 차이를 무마하는 방법을 배워야만 할 것이다. 결과적으로 사용자들은 절대로 소프트웨어의 도움을 제대로 받지 못할 것이다.

개발자들은 시스템을 변경하거나 대체해야 할 때 (조만간) 해당 시스템의 기능이 보이는 것과는 의미가 다르다는 사실을 알게 될 것이다. 그러한 기능은 다른 사용자 집단이나 다른 상황에서는 굉장히 다른 의미를 지닐 수도 있다. 이처럼 의미가 덧씌워진 사용법을 건드리지 않으면서 뭔가를 변경하기란 아주 벅찬 일이다. 새로운 환경에 맞게 조정된 시스템으로 데이터를 이전하려면 그러한 모든 변덕스러운 부분을 이해하고 코드로 옮겨야 한다.

예제

직원 급여와 연금, 1부

어떤 중소기업의 인사부서에 급여와 연금 기여금을 계산하는 단순한 프로그램이 있다.

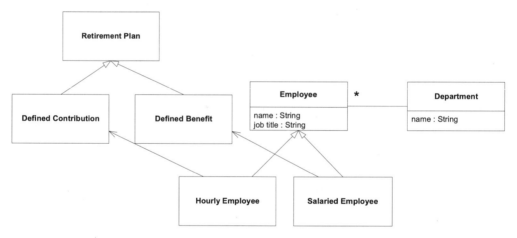

그림 16-15 | 새로운 요구사항에 지나치게 제약적인 기존 모델

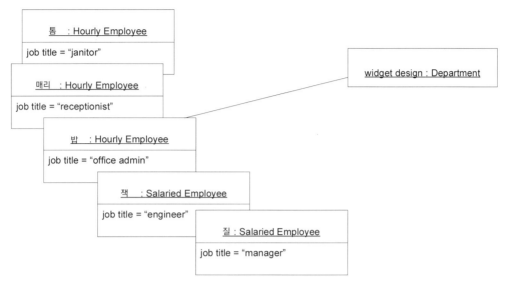

그림 16-16 | 기존 모델을 이용해 표현한 직원

그런데 지금은 경영진에서 사무보조는 "확정 급여형(defined benefit)" 퇴직금 설계에 들어가야 하는 것으로 결정했다. 문제는 그러한 사무보조는 시급 수당을 받고 있으며, 현재의 모델에서는 퇴직금 설계 방법을 섞어 쓰지 못한다. 따라서 모델이 바뀌어야 할 것이다.

다음의 제안 모델은 상당히 단순하다. 단순히 제약조건을 제거했을 뿐이다.

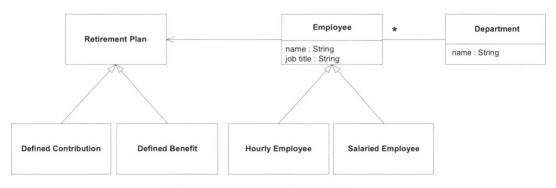

그림 16-17 | 제안 모델. 이제는 제약이 적다.

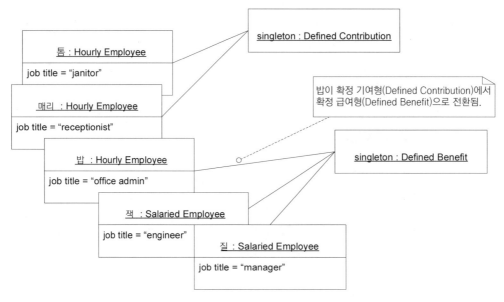

그림 16-18 | 직원들이 잘못된 퇴직금 설계와 연관될 수 있다.

이 모델에서는 각 직원이 어떤 종류의 퇴직금 설계와도 연관될 수 있으므로 각 사무보조는 교체될 수 있다. 경영진에서는 이 모델이 회사의 정책을 반영하지 않기에 이 모델 제안을 거부했다. 어떤 관리자는 교체될 수도 있고 그렇지 않을 수도 있다. 아니면 수위가 바뀔 수도 있다. 경영진에서는 다음의 정책을 이행하는 모델을 원한다.

사무보조는 퇴직금 설계가 확정 급여형인 시간급 근로자다.

이 정책은 "직함" 필드가 이제는 중요한 도메인 개념을 나타낸다는 점을 시사한다. 개발자는 리팩터링을 거쳐 그러한 개념을 "Employee Type(직원 유형)"으로 명시적으로 드러낼 수 있다.

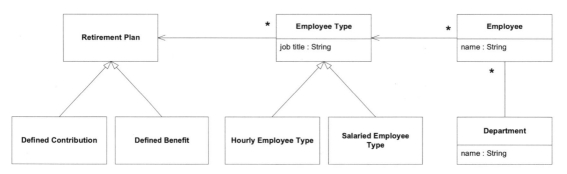

그림 16-19 | Type 객체를 토대로 요구사항이 충족된다.

그림 16-20 | 각 직원 유형(Employee Type)이 이 퇴직금 설계(Retirement Plan)에 할당된다.

이제 UBIQUITOUS LANGUAGE로 요구사항을 다음과 같이 설명할 수 있다.

> Employee Type은 Retirement Plan(퇴직금 설계)이나 급여에 할당된다.
>
> Employee(직원)는 Employee Type의 제약을 받는다.

Employee Type 객체를 편집하고자 접근하면 "관리자(superuser)"의 제약을 받게 되는데, 관리자만이 회사 정책이 바뀌었을 때 유일하게 정책을 변경할 수 있다. 인사부서의 일반 사용자는 Employee를 변경하거나 다른 Employee Type을 가리키게 할 수 있다.

이 모델은 요구사항을 충족한다. 개발자들이 암시적인 개념을 한둘 알아차려도 그것은 그 순간에만 계속되는 느낌에 지나지 않는다. 개발자에게는 밀고 나갈 확고한 신념이 없기에 그걸로 그치고 만다.

정적인 모델은 문제를 야기할 수 있다. 그러나 문제는 어떠한 가능한 관계도 제시할 수 있게 허용하는 완전히 유연한 시스템만큼 악화될 수 있다. 그러한 시스템은 쓰기가 불편하고 조직의 자체적인 규칙이 이행되는 것을 허용하지 않을 것이다.

각 조직을 상대로 완전히 맞춤화가 가능한 소프트웨어는 실용적이지 않은데, 각 조직에서 맞춤식 소프트웨어를 구입할 수 있다고 하더라도 조직 구조는 변경이 잦은 경향이 있기 때문이다.

따라서 그러한 소프트웨어에서는 반드시 사용자가 해당 소프트웨어의 구성을 변경해서 조직의 현재 구조를 반영하는 수단을 제공해야 한다. 문제는 모델 객체에 그러한 수단을 추가하면 모델 객체가 다루기 어려워진다는 데 있다. 유연함을 추가할수록 소프트웨어는 점점 더 복잡해지기만 한다.

ENTITY 간의 역할과 관계가 각 상황마다 다양하게 작용하는 애플리케이션에서는 복잡성이 폭발적으로 증가할 수 있다. 완전히 일반화된 모델이나 고도로 맞춤화가 가능한 모델도 사용자

의 욕구를 충족하지 못한다. 결국 객체는 다양한 경우를 다루고자 다른 타입을 참조하거나, 아니면 각종 상황에서 여러 가지 방법으로 쓰일 속성을 갖게 된다. 데이터와 행위가 동일한 클래스가 단지 다양한 조립 규칙을 수용할 목적으로 크게 늘어날지도 모른다.

우리의 모델에 자리잡고 있는 것은 해당 모델에 **관한** 또 다른 모델이다. KNOWLEDGE LEVEL은 모델에서 그와 같은 자기 규정적(self-defining)인 측면을 분리해서 해당 측면의 제약조건을 명시적으로 만든다.

KNOWLEDGE LEVEL은 REFLECTION(반영) 패턴의 도메인 계층을 응용한 것이며, 이러한 REFLECTION 패턴은 여러 소프트웨어 아키텍처와 기술적 인프라스트럭처에서 사용되며 Buschmann et al. 1996에 잘 설명돼 있다. REFLECTION 패턴은 소프트웨어를 "자각적(self-aware)"으로 만들고 해당 소프트웨어의 구조와 행위에서 선택한 측면이 적응과 변화를 쉽게 수용하게끔 만들어 변화하는 요구에 부응한다. 이는 소프트웨어를 애플리케이션의 운영적 책임을 수행하는 "기반 수준(base level)"과 소프트웨어의 구조와 행위에 대한 지식을 나타내는 "메타 수준(meta level)"으로 분리함으로써 달성된다.

주목할 만한 점은 이 패턴을 지식 "계층"으로 부르지는 않는다는 것이다. 이 계층이 계층화와 닮은 만큼 REFLECTION은 두 방향으로 작용하는 상호의존성을 수반한다.

자바에는 클래스의 메서드 등과 같은 것을 조사할 목적으로 일종의 프로토콜 형태로 최소한의 REFLECTION이 내장돼 있다. 프로그램은 그러한 메커니즘을 토대로 프로그램 자체의 설계를 가늠해볼 수 있다. CORBA에도 약간 더 폭넓지만 유사한 REFLECTION 프로토콜이 포함돼 있다. 어떤 영속화 기술은 그와 같은 자기 서술적인 특징의 풍부함을 확장해서 데이터베이스 테이블과 객체 사이에 부분적으로 자동화된 매핑을 지원하기도 한다. 또 다른 기술적 사례도 있다. 그뿐만 아니라 이 패턴은 도메인 계층 내에서 적용하는 것도 가능하다.

KNOWLEDGE LEVEL과 REFLECTION의 용어 비교

파울러 용어	POSA 용어*
지식 수준	메타 수준
운영 수준	기반 수준

* POSA는 『Pattern-Oriented Software Architecture』(Buschmann et al. 1996)를 줄인 말이다.

분명히 말해두자면 프로그래밍 언어의 리플렉션(reflection) 도구는 도메인 모델의 KNOWLEDGE LEVEL을 구현하는 데 사용하기 위한 것이 아니다. 그러한 메타객체는 해당 언어 구성물 자체의 구조와 행위를 기술한다. 대신 KNOWLEDGE LEVEL은 반드시 일반 객체로 만들어야 한다.

KNOWLEDGE LEVEL은 두 가지 유용한 구분법을 제공한다. 첫째, KWOWLEDGE LEVEL 은 잘 알려진 REFLECTION의 쓰임새와 달리 애플리케이션 도메인에 초점을 맞춘다. 둘째, KNOWLEDGE LEVEL은 완전한 보편성을 달성하려고 애쓰지 않는다. SPECIFICATION이 일반 술어보다 더 유용할 수 있는 것과 마찬가지로 여러 객체와 해당 객체 간의 관계에 적용된 굉장히 특화된 제약조건은 일반화된 프레임워크보다 더 유용할 수 있다. KNOWLEDGE LEVEL은 더 단순하고 구체적인 설계자의 의도를 전달하는 것이 가능하다.

그러므로

기본적인 모델의 구조와 행위를 서술하고 제약하는 데 쓸 수 있는 별도의 객체 집합을 만들어라. 이러한 관심사를 두 가지 "수준"으로 분리해서 하나는 매우 구체적으로 만들고 다른 하나는 사용자나 관리자의 맞춤화가 가능한 규칙과 지식을 반영하게 만들어라.

모든 강력한 개념처럼 REFLECTION과 KNOWLEDGE LEVEL에도 심취할 수 있다. 하지만 이 패턴은 가려 써야 한다. 이 패턴은 운영 객체를 만능해결사가 돼야 한다는 필요에서 벗어나게 해서 복잡성을 풀 수 있지만 이 패턴이 가져오는 간접화 때문에 모호함이 일부 가중되기도 한다. KNOWLEDGE LEVEL이 복잡해지면 사용자와 마찬가지로 개발자들도 시스템의 행위를 이해하기가 힘들어진다. 시스템을 구성하는 사용자(또는 관리자)에게는 결국 프로그래머 수준의(그것도 메타 수준의 프로그래머 수준으로) 기량이 필요해질 것이다. 사용자가 실수라도 한다면 애플리케이션은 올바르게 동작하지 않을 것이다.

또한 기본적인 데이터 이전 문제도 완전히 사라지지 않는다. KNOWLEDGE LEVEL 내의 구조가 바뀌면 기존 운영 수준에 위치한 객체도 그에 맞게 다뤄야 한다. 기존 객체와 신규 객체가 공존하는 것도 가능할지 모르지만 어떻게든 신중하게 분석할 필요가 있다.

이러한 문제는 모두 KNOWLEDGE LEVEL의 설계자에게 큰 부담을 준다. 설계는 개발 과정에서 제시된 시나리오뿐 아니라 향후 사용자가 소프트웨어를 구성해서 처리할 수도 있을 어떠한 시나리오도 처리할 정도로 강건해야 한다. 맞춤화가 효과적이고 설계를 왜곡하지 않을 정도로 KNOWLEDGE LEVEL을 신중하게 적용한다면 KNOWLEDGE LEVEL이 달리 처리할 방법이 없는 매우 어려운 문제도 해결할 수 있다.

예제

직원 급여와 연금, 2부: KNOWLEDGE LEVEL

밤잠으로 활력을 되찾은 팀원들이 돌아왔고 팀원 중 한 명이 부자연스러운 부분 중 하나에 접근하기 시작했다. 다른 객체는 마음껏 편집할 수 있는데, 왜 특정 객체는 그렇게 할 수 없었을까? 그는 제한된 객체 묶음을 보고 KNOWLEDGE LEVEL 패턴을 떠올렸고 그것을 모델을 바라보는 한 방법으로 사용해보기로 했다. 그는 기존 모델이 이미 이런 방식으로 볼 수 있었다는 사실을 알게 됐다.

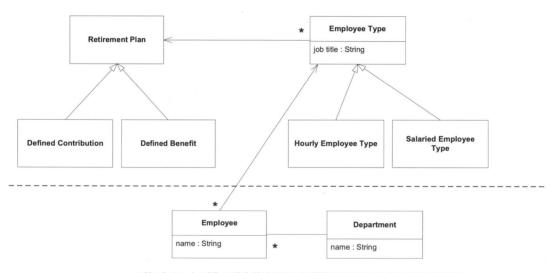

그림 16-21 | 기존 모델에 암시적으로 존재했던 KNOWLEDGE LEVEL의 인식

그날그날의 편집본은 운영 수준에 있었는 데 반해 제한된 편집본은 KNOWLEDGE LEVEL에 들어 있었다. 딱 맞아떨어진다. 선 위에 있는 객체는 모두 유형이나 오랫동안 준수해온 정책을 기술한다. Employee Type이 사실상 Employee에 행위를 부과하는 것이다.

그 개발자는 다른 개발자 중 한 명이 또 다른 통찰력을 지니고 있을 때 자신의 통찰력을 그와 공유했다. KNOWLEDGE LEVEL로 구성한 모델을 바라볼 때의 명료함 덕분에 개발자는 지난날 자신을 괴롭히던 게 뭔지 알아차릴 수 있었다. 두 가지 구분되는 개념이 동일한 객체에 결합돼 있었던 것이다. 개발자는 과거에 사용하던 언어에서 그러한 내용을 들은 적이 있었지만 그때는 정확히 집어내지 못했다.

Employee Type은 Retirement Plan이나 급여에 할당된다.

하지만 이 내용은 실제로 UBIQUITOUS LANGUAGE에 들어있던 문장은 아니었다. 모델에는 "급여(payroll)"와 관련한 게 아무것도 없었다. 사람들은 자신이 알고 있는 것이 아닌 자신이 원하는 언어로 말했다. 급여의 개념은 모델에 암시적으로 존재했고, **Employee Type**과 한데 묶여 취급됐다. 급여는 KNOWLEDGE LEVEL이 분리돼서 나오기 전까지는 그리 명확히 드러나지 않았고, 핵심 문장에 들어 있던 바로 그 요소들은 모두 동일한 수준에서 함께 나타났······ 단 한 가지만 제외하고.

개발자는 이러한 통찰력에 근거해서 그러한 문장을 지원하게끔 모델을 다시 한번 리팩터링했다.

객체를 연관시킬 때 쓰는 규칙을 사용자가 제어할 필요성 때문에 팀이 암시적인 KNOWLEDGE LEVEL을 지닌 모델을 발견하게 된 것이다.

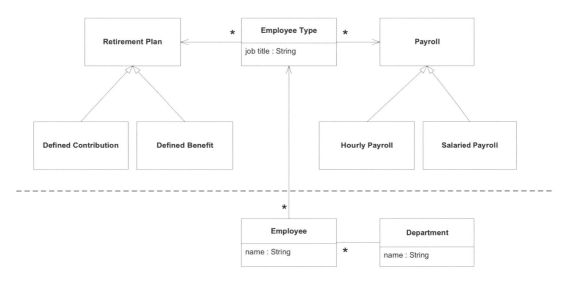

그림 16-22 | 이제 급여가 명시적으로 바뀌었고 Employee Type과 구분된다.

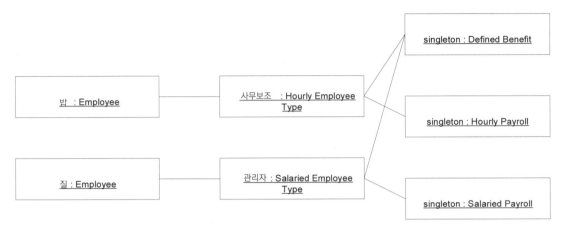

그림 16-23 | 각 Employee Type은 이제 Retirement Plan과 Payroll을 포함한다.

KNOWLEDGE LEVEL은 특징적인 접근 제한과 "사물-사물" 유형의 관계에서 힌트를 얻었다. 일단 KNOWLEDGE LEVEL이 자리를 잡고 나자 KNOWLEDGE LEVEL의 명료함은 Payroll을 분리해냄으로써 두 가지 중요한 도메인 개념을 구분하는 또 다른 통찰력을 이끌어내는 데 이바지했다.

다른 대규모 구조와 마찬가지로 KNOWLEDGE LEVEL도 엄밀히 말해서 필수적인 요소는 아니다. 객체는 여전히 KNOWLEDGE LEVEL 없이도 작동할 것이며, Employee Type을 Payroll과 분리한 통찰력도 발견되어 활용될 수도 있었을 것이다. 또한 이러한 구조가 제 역할을 다하는 것처럼 보이지 않아 폐기될 때가 올지도 모른다. 하지만 지금은 KNOWLEDGE LEVEL이 시스템에 관한 유익한 이야기를 전해줘서 개발자가 모델을 파악하는 데 도움을 주는 듯하다.

�֎ ✖ ✖

언뜻 보면 KWOWLEDGE LEVEL이 RESPONSIBILITY LAYER의 특수한 경우처럼 보이며, 특히 "정책" 계층이 그러한데, 실제로는 그렇지 않다. 우선 한 가지 이유는 각 수준 사이에서는 의존성이 두 방향으로 모두 작용하지만 LAYER에서는 하위 계층이 상위 계층과 독립적이기 때문이다.

사실 KNOWLEDGE LEVEL은 별도 차원의 조직화를 제공하면서 다른 대부분의 대규모 구조와 공존할 수 있다.

PLUGGABLE COMPONENT FRAMEWORK
(착탈식 컴포넌트 프레임워크)

기회는 깊이 있고 정제된 매우 성숙한 모델에서 생긴다. PLUGGABLE COMPONENT FRAMEWORK는 대개 동일한 도메인에서 이미 일부 애플리케이션이 구현되고 난 후에야 나타나기 시작한다.

※   ※   ※

모두 같은 추상화에 기반을 두지만 서로 독립적으로 설계돼 있는 다양한 종류의 애플리케이션이 상호운용돼야 할 때 여러 BOUNDED CONTEXT 사이의 번역 때문에 통합이 제한된다. SHARED KERNEL은 서로 긴밀하게 일하지 않는 팀에는 맞지 않다. 중복과 단편화는 개발과 설치 비용을 높이고 상호운용성은 매우 달성하기 어려워진다.

일부 성공적인 프로젝트에서는 설계를 컴포넌트로 분해하고 각 컴포넌트가 특정 범주의 기능을 책임지게 한다. 보통 모든 컴포넌트는 컴포넌트가 필요로 하고 컴포넌트가 제공하는 인터페이스와 통신하는 방법을 알고 있는 중앙 허브에 연결된다. 컴포넌트를 연결하는 다른 패턴도 가능하다. 내부 설계를 할 때는 독립성을 더 확보할 수 있는 반면, 이러한 인터페이스와 해당 인터페이스를 연결하는 허브를 설계할 때는 반드시 조율이 필요하다.

다수의 폭넓게 사용되고 있는 기술 관련 프레임워크에서도 이러한 패턴을 지원하지만 이는 부차적인 문제에 불과하다. 기술 관련 프레임워크는 해당 프레임워크가 분산이나 여러 애플리케이션 간에 컴포넌트를 공유하는 것과 같은 일부 중요한 기술적 문제를 해결할 때만 필요하다. 기본 패턴은 책임의 개념적 구성이다. 이 패턴은 단일 자바 프로그램 안에서도 쉽게 적용할 수 있다.

그러므로

인터페이스와 상호작용에 대한 ABSTRACT CORE를 정제하고 그러한 인터페이스의 다양한 구현이 자유롭게 대체될 수 있는 프레임워크를 만들어라. 이와 마찬가지로 컴포넌트가 ABSTRACT CORE의 인터페이스를 통해 정확히 작동하는 한 어떠한 애플리케이션에서도 그러한 컴포넌트를 사용할 수 있게 하라.

고수준 추상화가 식별되고 그것이 시스템에 폭넓게 공유된다. 특수화는 MODULE에서 일어난다. 애플리케이션의 중앙 허브는 SHARED KERNEL 안의 ABSTRACT CORE에 해당한다. 하지만 다수의 BOUNDED CONTEXT는 캡슐화된 컴포넌트 인터페이스 너머로 숨겨질 수 있으므로 이러한 구조는 여러 컴포넌트의 출처가 다양하거나 컴포넌트가 통합을 목적으로 기존 소프트웨어를 캡슐화할 때 특히 편리하게 활용할 수 있다.

하지만 그렇다고 컴포넌트가 반드시 분기하는 모델을 지녀야 한다는 의미는 아니다. 여러 컴포넌트라도 팀이 지속적으로 통합(CONTINUOUSLY INTEGRATE)한다면 단일 CONTEXT 내에서 개발하거나 밀접한 관련 있는 컴포넌트와 공유되는 또 하나의 SHARED KERNEL을 정의할 수도 있다. 이러한 모든 전략은 PLUGGABLE COMPONENT의 대규모 구조 안에서 손쉽게 공존할 수 있다. 어떤 경우에는 또 다른 방법으로 허브의 연결 가능한 인터페이스에 대해 PUBLISHED LANGUAGE를 쓸 수도 있다.

PLUGGABLE COMPONENT FRAMEWORK에는 불리한 점이 몇 가지 있다. 하나는 이 패턴이 매우 적용하기 힘든 패턴이라는 점이다. 이 패턴을 적용하려면 인터페이스를 설계할 때 정밀함과 ABSTRACT CORE에 필요한 행위를 포착할 만큼 충분히 심층적인 모델이 필요하다. 또 다른 주된 단점은 애플리케이션에 선택의 여지가 제한된다는 점이다. 애플리케이션에서 CORE DOMAIN에 대해 매우 다른 접근법을 필요로 한다면 해당 구조가 방해될 것이다. 개발자들은 모델을 전문화할 수는 있지만 모든 다양한 컴포넌트의 프로토콜을 변경하지 않고는 ABSTRACT CORE를 변경하지 못한다. 결과적으로 CORE의 지속적인 정제 과정에 해당하는 더 심층적인 통찰력으로 향하는 리팩터링이 거의 진행을 멈추게 된다.

파야드(Fayad)와 존슨(Johnson)은 『도메인에 특화된 애플리케이션 프레임워크(Domain-Specific Application Frameworks)』(Wiley, 2000)에서 SEMATECH CIM에 관한 논의를 비롯해 여러 도메인에서 PLUGGABLE COMPONENT FRAMEWORK를 의욕적으로 시도한 사례를 자세히 살펴보고 있다. 그러한 프레임워크의 성공에는 갖가지 요소가 혼재돼 있다. 아마도 가장 큰 난관은 유용한 프레임워크를 설계하는 데 필요한 이해의 성숙도일 것이다. PLUGGABLE COMPONENT FRAMEWORK는 프로젝트에서 가장 먼저 적용되는 첫 번째 대규모 구조여서도 두 번째 대규모 구조여서도 안 된다. 가장 성공적인 사례는 다수의 전문적인 애플리케이션이 완전히 개발되고 난 후에 나타났다.

예제

SEMATECH CIM 프레임워크

컴퓨터 칩을 생산하는 공장에서 실리콘 기판 그룹(로트[lot]라고 함)은 그 안에 인쇄하고 새기는 미세 회로가 완성될 때까지 수백 단계에 걸친 과정을 거쳐 한 장비에서 다른 장비로 이동한다. 공장에서는 개별 로트를 추적해 정확한 처리 과정을 기록한 다음 공장 근로자나 자동화된 설비에 전달해 로트를 다음 단계에 해당하는 적절한 장비로 옮겨 적절한 다음 처리 과정을 밟게 하는 소프트웨어가 필요하다. 그러한 일을 하는 소프트웨어를 **제조 이행 시스템(MES, Manufacturing Execution System)**이라 한다.

수십 군데의 업체에서 보유하는 수백 대에 걸친 장비는 공정 단계마다 알맞게 조정된 방법으로 조심스럽게 사용된다. 이처럼 갖가지 복잡한 요소가 혼재하는 과정을 다루는 MES 소프트웨어를 개발하는 일은 위압적이고 엄청나게 많은 비용이 든다. 이에 따라 SEMATECH라는 산업계 컨소시엄에서 CIM 프레임워크를 개발한 것이다.

CIM 프레임워크는 크고 복잡하며 여러 측면을 갖추고 있지만 여기서는 두 가지 사항만 관련이 있다. 첫째, CIM 프레임워크는 반도체 MES 도메인의 기본 개념에 대한 추상 인터페이스를 정의한다. 다시 말해서 CORE DOMAIN이 ABSTRACT CORE의 형태로 정의돼 있다는 의미다. 이러한 인터페이스 정의는 두 가지 행위와 의미를 모두 포함한다.

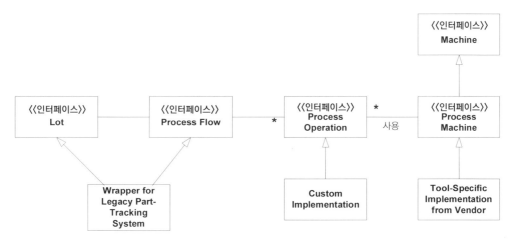

그림 16-24 | 고도로 단순화한 CIM 인터페이스의 부분집합(예제 구현을 포함)

벤더가 새로운 장비를 생산하면 사람들은 **Process Machine(공정 장비)** 인터페이스에 특화된 구현을 개발해야 한다. 사람들이 **Process Machine** 인터페이스를 충실히 따른다면 그들이 만든 장비 제어 컴포넌트는 CIM 프레임워크에 기반을 둔 어떠한 애플리케이션에도 연결할 수 있다.

이러한 인터페이스를 정의하는 SEMATECH에서는 애플리케이션에서 그러한 인터페이스로 상호작용할 때 쓸 수 있는 규칙을 정의했다. CIM 프레임워크를 기반으로 하는 애플리케이션은 모두 그러한 인터페이스의 특정 부분집합을 구현한 객체를 수반하는 프로토콜을 구현해야 할 것이다. 이 프로토콜이 구현돼 있고 애플리케이션이 추상 인터페이스를 엄격히 준수한다면 해당 애플리케이션은 구현과 무관하게 그러한 인터페이스가 약속한 서비스에 의지할 수 있다. 그러한 인터페이스와 그것을 쓰기 위한 프로토콜의 조합은 대단히 제약적인 대규모 구조를 구성한다.

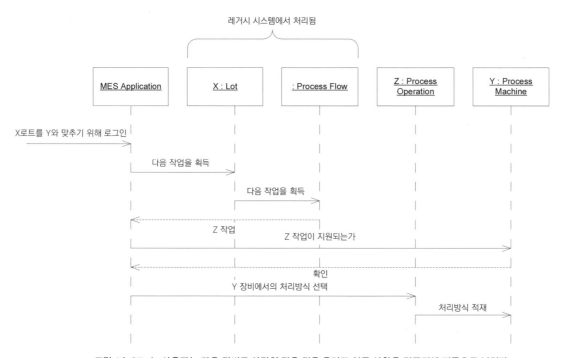

그림 16-25 | 사용자는 다음 장비로 상당히 많은 것을 옮기고 이동 상황을 컴퓨터에 기록으로 남긴다.

프레임워크에는 매우 구체적인 인프라스트럭처 요구사항이 있다. 이러한 요구사항은 영속화, 트랜잭션, 이벤트 및 다른 기술적 서비스를 제공하고자 CORBA와 단단히 결합돼 있다. 하지만 재미있는 부분은 PLUGGABLE COMPONENT FRAMEWORK를 정의한 내용인데, 이를 바탕으로 사람들은 서로 독립적으로 개발한 소프트웨어를 거대한 시스템에 매끄럽게 통합할 수 있다. 어느 누구도 그러한 시스템의 세부사항을 알지 못하지만 개괄적인 사항은 누구나 이해한다.

어떻게 수천 명의 사람들이 독립적으로 일해서 40,000개가 넘는 패널로 구성된 퀼트를 만들 수 있는가?

몇 가지 간단한 규칙이 세부사항은 개별 공헌자의 몫으로 남겨둔 채 에이즈 추모 퀼트를 만들기 위한 대규모 구조를 제공한다. 규칙이 어떻게 전체 추모 인원(에이즈로 사망한 사람들을 추모하는 사람), 통합을 실현 가능하게 만드는 컴포넌트의 특징, 퀼트를 더 큰 영역에서 다루는 능력(퀼트를 접는 것과 같은)에 초점을 맞추는지 눈여겨보라.

퀼트용 패널 제작법

[에이즈 추모 퀼트 프로젝트 웹사이트(www.aidsquilt.org)에서 발췌]

패널을 디자인하세요

기리는 분의 성함을 패널에 기입해 주세요. 생일이나 돌아가신 날짜, 고향과 같은 정보도 얼마든지 적으세요. 각 패널은 한 사람에 관한 내용으로만 채워주세요.

재료를 선택하세요

퀼트는 여러 번 접고 펴기 때문에 내구성이 중요합니다. 접착제는 시간이 지나면 접착력이 떨어지니 패널에 꿰매는 게 가장 좋습니다. 코튼덕이나 포플린과 같은 적당한 무게에 신축성이 없는 천이 가장 적합합니다.

패널은 수직이나 수평으로 디자인해도 되고, 일단 완성된 패널의 크기는 3피트 x 6피트(90cm x 180cm)여야 합니다. 더 커도 안 되고 더 작아도 안 됩니다! 천을 자를 때는 단에 쓸 수 있게 측면마다 2~3인치 정도 남기세요. 직접 단을 대지 못하신다면 저희가 해드리겠습니다. 패널에 넣는 탄 솜은 넣지 않아도 되지만 안감은 넣는 게 좋습니다. 안감을 넣으면 패널을 지면에 놓아도 패널이 지저분해지지 않습니다. 또한 천의 모양을 유지하는 데도 좋습니다.

패널을 만드세요

패널을 만드실 때 다음의 기법이 도움될 겁니다.

- 아플리케(Appliqué): 배경 천에 글자와 자그마한 추억거리를 천 조각으로 덧대세요. 접착제는 쓰지 마세요. 오래가지 않습니다.

- 채색: 직물 페인트나 빛이 바래지 않는 도료로 칠하거나 안 지워지는 잉크 펜을 사용하세요. 제발 "볼록" 페인트는 쓰지 마세요. 너무 끈적거립니다.

- 스텐실: 천 위에 연필로 디자인 윤곽을 그리고 스텐실을 올린 다음 붓으로 직물 페인트나 안 지워지는 마커를 칠하세요.

- 콜라주: 패널에 어떤 재료를 추가하든 천이 찢어지지 않게 하고(유리나 금속 조각은 이런 이유로 쓰지 않는 것이 좋습니다), 부피가 너무 큰 물체도 사용하지 않는 것이 좋습니다.

- 사진: 사진이나 글자를 넣을 때는 전사용지에 사진이나 글자를 사진복사하고 100% 순면 천 위에 다림질한 다음 그 천을 패널에 꿰매는 게 가장 좋습니다. 아니면 깨끗한 플라스틱 비닐에 사진을 넣고 패널에 꿰매도 됩니다(패널 중심에서 벗어난 위치에 두면 접히지 않습니다).

구조는 얼마나 제약성을 지녀야 하는가?

본 장에서 논의한 대규모 구조 패턴은 매우 느슨한 SYSTEM METAPHOR에서 제약적인 PLUGGABLE COMPONENT FRAMEWORK에 이르기까지 다양하다. 물론 다른 구조도 가능하고 심지어 일반화된 구조 패턴 안에서도 규칙을 얼마나 제약적으로 만드는가에 관한 선택의 여지는 많다.

예를 들어, RESPONSIBILITY LAYER는 모델 개념과 해당 모델 개념 간의 의존성을 분리하는 데 영향을 주는데, 여기에 계층 간의 통신 패턴을 명시하는 규칙을 추가할 수도 있다.

어떤 제조 공장에서 사용되는 소프트웨어가 일정한 공정에 따라 각 부품을 그것을 처리하는 장비로 전달한다고 해보자. 올바른 공정이라면 정책 계층에서 지시를 받아 운영 계층에서 이행될 것이다. 그러나 공장의 작업장에서는 불가피하게 실수가 일어나게 마련이다. 실제 상황은 소프트웨어의 규칙과 일관되지 않을 것이다. 이제 운영 계층은 반드시 **있는 그대로의 현실을 반영해야 하는데**, 이는 간혹 부품이 잘못된 장비에 들어가더라도 해당 정보는 무조건 받아들여야 한다는 의미다. 어떻게든 이처럼 예외적인 상황은 상위 계층에 전달돼야 한다. 그러면 의사결정 계층에서는 다른 정책을 이용해 아마 부품을 수리 공정으로 보내거나 폐기해서 그러한 상황을 바로잡을 수 있다. 하지만 운영 계층에서는 상위 계층에 관해 아무것도 알지 못한다. 통신은 하위 계층에서 상위 계층으로 양방향 의존성을 만들어내지 않는 방식으로 일어나야 한다.

일반적으로 이러한 신호전달은 일종의 이벤트 메커니즘을 통해 이뤄질 것이다. 운영 객체는 상태가 변경될 때마다 이벤트를 발생시킨다. 정책 계층의 객체는 하위 계층으로부터 전달될 중요 이벤트를 기다린다. 규칙을 위반하는 이벤트가 발생하면 해당 규칙은 적절한 응답을 만드는 행동(규칙 정의의 일부)을 수행하거나 상위 계층의 편익을 위해 이벤트를 생성할지도 모른다.

뱅킹 예제에서 자산의 가치는 포트폴리오 세그먼트의 가치를 이행함에 따라 바뀐다(운영). 이러한 가치가 포트폴리오 할당 한계를 초과하면(정책) 아마 잔고를 바로잡고자 자산을 사거나 팔 수 있는 거래자에게 이러한 내용이 통보될 것이다.

우리는 이러한 상황을 사례별로 처리하거나 특정 계층의 객체와 상호작용할 때 모든 사람이 따를 만한 일관된 패턴으로 정할 수도 있다. 더 제약적인 구조는 단일성을 증대시켜 설계를 더 쉽게 해석할 수 있게 만든다. 구조가 맞아떨어지면 규칙은 개발자로 하여금 훌륭한 설계로 나아가게 할 것이다. 아울러 서로 이질적인 조각들도 더 잘 맞아떨어질 것이다.

반면 제약은 개발자가 필요로 하는 유연함을 앗아갈 수 있다. 매우 까다로운 통신 경로는 특히 이질적인 시스템에 존재하는 다양한 구현 기술의 경우 BOUNDED CONTEXT에 고루 적용하기가 불가능할지도 모른다.

그러므로 프레임워크를 만들고 대규모 구조의 구현을 엄격히 통제하고자 하는 유혹을 이겨내야 한다. 대규모 구조가 공헌하는 가장 중요한 바는 개념적 응집성과 도메인에 대한 통찰력을 주는 것이다. **각 구조적 규칙은 개발을 용이하게 해야 한다.**

잘 맞아떨어지는 구조를 향한 리팩터링

업계가 과도한 사전 설계를 떨쳐 버리고 있는 시대에 대규모 구조를 폭포수 아키텍처라는 지난날 힘들었던 시절로 되돌아가는 것으로 보는 사람도 있을 것이다. 그러나 사실 유용한 구조가 발견되는 유일한 방법은 도메인과 문제를 매우 심층적으로 이해하는 데서 비롯하며, 그러한 이해로 나아가는 실질적인 방법은 반복적인 개발 과정이다.

EVOLVING ORDER에 전념하는 팀은 프로젝트 생명주기 내내 대규모 구조를 과감히 재고해야 한다. 그 팀은 도메인이나 요구사항을 매우 잘 이해하는 사람이 아무도 없었을 때인 초기에 구상한 구조에 안주해서는 안 된다.

아쉽게도 그러한 발전이 의미하는 바는 최종 구조가 처음에는 가용하지 않으리라는 것이며, 이는 계속해서 리팩터링을 거쳐 그러한 구조가 나오게 해야 한다는 의미다. 이렇게 하려면 비용이 많이 들고 어려울 수 있지만 꼭 그렇게 해야 할 필요가 있다. 비용을 통제하고 이익을 극대화하는 몇 가지 일반적인 방법은 다음과 같다.

최소주의

비용을 낮게 유지하는 한 가지 방법은 구조를 간단하고 가볍게 유지하는 것이다. 포괄적인 구조로 만들려고 하지 마라. 가장 중요한 관심사만 다루고 나머지는 사례별로 처리하게 한다.

초반에는 SYSTEM METAPHOR나 몇 가지 RESPONSIBILITY LAYER와 같은 느슨한 구조를 택하는 것이 도움될 수 있다. 그럼에도 최소화된 느슨한 구조는 혼돈을 방지하는 데 도움될 가벼운 지침을 제공할 수 있다.

의사소통과 자기 훈련

팀 전체는 새로운 개발과 리팩터링을 할 때 반드시 구조를 따라야 한다. 이렇게 하려면 팀 전체가 이러한 구조를 이해해야 한다. 용어와 관계는 반드시 UBIQUITOUS LANGUAGE에 들어가야 한다.

대규모 구조는 프로젝트가 시스템을 폭넓게 다루고 다양한 사람들이 독립적으로 조화로운 결정을 내릴 수 있게 어휘를 제공할 수 있다. 하지만 대부분의 대규모 구조가 느슨한 개념적 지침이라서 팀은 반드시 자기 훈련(self-discipline)을 수행해야 한다.

많은 사람들이 일관되게 따르지 않으면 구조는 쇠퇴하기 마련이다. 모델의 상세 부분이나 구현에 대한 구조의 관계는 보통 코드에 명시적으로 드러나지 않고 기능적 테스트는 그러한 구조에 의존하지 않는다. 게다가 구조는 추상적인 성격을 띠는 경향이 있어서 애플리케이션의 일관성이 규모가 큰 팀(또는 여러 팀) 전체에 걸쳐 유지되기 어려울 수 있다.

대부분의 팀에서 일어나는 각종 대화는 시스템 내의 대규모 구조를 일관되게 유지하기에 충분하지 않다. 그러한 대화를 프로젝트의 UBIQUITOUS LANGUAGE에 통합해서 모든 이가 끊임없이 해당 언어를 연습하게 만드는 것이 매우 중요하다.

재구조화가 유연한 설계를 낳는다

다음으로 구조를 어떻게든 변경하다 보면 상당한 양의 리팩터링을 하게 될지도 모른다. 구조는 시스템의 복잡성이 증가하고 이해가 깊어질수록 발전한다. 구조가 바뀔 때마다 **전체 시스템은 새로운 질서를 따르도록 바뀌어야 한다.** 당연히 이렇게 하려면 해야 할 일이 많다.

하지만 이렇게 하는 것이 보기보다 그렇게 나쁘지는 않다. 나는 큰 규모가 있는 설계가 그것이 없는 설계보다 변형하기가 훨씬 더 쉽다는 점을 발견한 적이 있다. 이는 한 구조를 다른 구조로 바꿀 때, 말하자면 METAPHOR를 LAYER로 바꿀 때조차도 사실인 듯하다. 나는 이러한 현상을 완벽하게 설명하지는 못한다. 부분적으로라도 답하자면 뭔가의 현재 배치를 이해할 수 있으면 그것을 재배치하기가 더 쉽고, 기존 구조가 그러한 재배치를 더 쉽게 만든다는 것이다. 부분적으로는 초기 구조를 유지하려고 수행한 훈련의 결실이 시스템의 모든 측면에 스며들기 때문이다. 하지만 내 생각에는 뭔가가 더 있는데, 그 까닭은 이전 구조가 둘인 시스템을 바꾸기가 **훨씬 더 쉽기** 때문이다.

새 가죽 재킷은 뻣뻣하고 입기가 불편하지만 처음 입고 난 후로는 팔꿈치 부분이 몇 차례 구부러져 쉽게 접힌다. 몇 번 더 입고 나면 어깨 부분이 느슨해지고 입기 쉬워진다. 몇 달 동안 입고 나면 가죽이 유연해지고 입기에 편안하고 쉽게 입을 수 있다. 여러 번에 걸친 올바른 변형을 거쳐 반복적으로 변형된 모델도 이와 마찬가지인 듯하다. 안정적인 측면은 단순화되는 반면 계속 늘어나는 지식은 모델에 녹아들고 **변화의 중심축이 식별되어 유연해진다.** 근간이 되는 도메인의 전반적인 CONCEPTUAL CONTOUR가 모델의 구조에 나타나는 것이다.

디스틸레이션은 부하를 줄인다

모델에 작용해야 할 또 하나의 대단히 중요한 힘은 지속적인 디스틸레이션이다. 지속적인 디스틸레이션은 다양한 방식으로 구조 변경의 어려움을 덜어준다. 먼저 GENERIC SUBDOMAIN이라는 메커니즘을 제거하고 CORE DOMAIN에서 지원 구조를 제거함으로써 단순히 재구조화할 것을 줄일 수도 있다.

가능하다면 이러한 지원 요소는 간단한 방법으로 대규모 구조에 맞게 정의해야 한다. 예를 들어, RESPONSIBILITY LAYER가 포함된 시스템에서는 GENERIC SUBDOMAIN이 단일 계층에 맞아떨어지도록 정의할 수도 있다. PLUGGABLE COMPONENT를 이용하면 GENERIC SUBDOMAIN 전체를 단일 컴포넌트가 소유하거나, GENERIC SUBDOMAIN이 일련의 관련 컴포넌트 사이에서 SHARED KERNEL이 될 수도 있다. 이러한 지원 요소는 리팩터링을 토대로 해당 구조 안에서 자기 자리를 찾아야 할지도 모른다. 그러나 지원 요소는 CORE DOMAIN과는 독립적으로 작용하고 한정된 범위에 더 집중하므로 운신의 폭이 더 넓다. 그리고 지원 요소는 본질적으로 덜 결정적인 요소에 속하므로 정제도 그리 중요하지 않다.

더 심층적인 통찰력을 향한 디스틸레이션과 리팩터링의 원칙은 대규모 자체에도 적용된다. 예를 들어, 처음에는 도메인에 대한 피상적 이해에 근거해 계층을 선택할지도 모른다. 하지만 점차 계층은 시스템의 근본적인 책임을 표현하는 더 심층적인 추상화로 대체된다. 이처럼 선명하게 드러나는 명료함 덕분에 사람들은 설계를 심층적으로 들여다 보게 되는데, 이것이 바로 달성해야 할 목표에 해당한다. 또한 그러한 명확함은 수단의 일부이기도 한데, 이를 통해 시스템의 대대적인 조작이 쉽고 안전해지기 때문이다.

17

전략의 종합

앞서 세 개의 장에서는 도메인 주도적인 전략적 설계를 위한 갖가지 원칙과 기법을 제시했다. 크고 복잡한 시스템에서는 그 중 몇 개를 같은 설계에 적용해야 할지도 모른다. 대규모 구조는 어떻게 CONTEXT MAP과 공존하는가? 기본요소는 어디에 맞아 들어가는가? 가장 먼저 해야 할 일은 무엇인가? 두 번째는? 세 번째는? 전략을 고안하는 일은 어떻게 시작하는가?

대규모 구조와 BOUNDED CONTEXT와의 결합

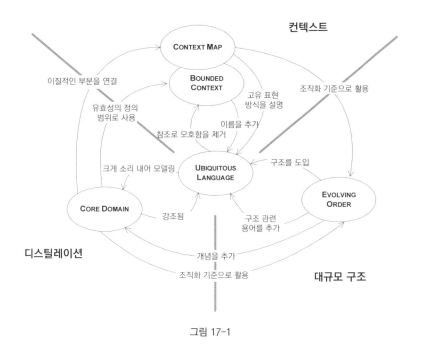

그림 17-1

517

전략적 설계의 세 가지 기본 원칙(컨텍스트, 디스틸레이션, 대규모 구조)은 서로 대체 가능하지 않다. 그것들은 여러 가지 면에서 서로 보완하며 상호작용한다. 예를 들어, 대규모 구조는 하나의 BOUNDED CONTEXT에서만 존재하거나 여러 BOUNDED CONTEXT에 영향을 주면서 CONTEXT MAP을 구성할 수 있다.

앞에서 보여준 RESPONSIBILITY LAYER 예제는 한 BOUNDED CONTEXT에만 한정된 것이었다. 이것은 RESPONSIBILITY LAYER에 관한 아이디어를 설명하는 가장 쉬운 방법이자 해당 패턴의 가장 일반적인 용법이기도 하다. 그와 같이 간단한 시나리오에서는 계층 이름의 의미가 해당 CONTEXT로만 한정되는데, 이는 해당 CONTEXT 안에 존재하는 모델 요소나 하위 시스템 인터페이스의 이름에도 똑같이 적용된다.

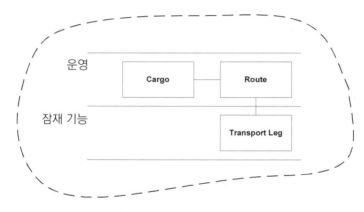

그림 17-2 | 단일 BOUNDED CONTEXT 안에서의 모델 구조화

이러한 지역적 구조는 단일 BOUNDED CONTEXT에서 얼마나 유지할 수 있는가에 관한 복잡성의 한계를 끌어 올리면서 대단히 복잡하지만 단일화된 모델에서 유용하게 활용할 수 있다.

그러나 많은 프로젝트에서 더 큰 도전과제는 어떻게 이질적인 부분들이 서로 어울리는지 이해하는 것이다. 이질적인 부분들은 개별 CONTEXT에 분할돼 있을지도 모르는데, 전체 통합 시스템에서 각 부분이 어떤 역할을 하고 서로 어떻게 관계를 맺을까? 또 대규모 구조는 CONTEXT MAP을 구성하는 데 활용할 수 있다. 이 경우 해당 구조의 용어는 전체 프로젝트(아니면 적어도 전체 프로젝트에서 명확히 구획된 부분)에 적용된다.

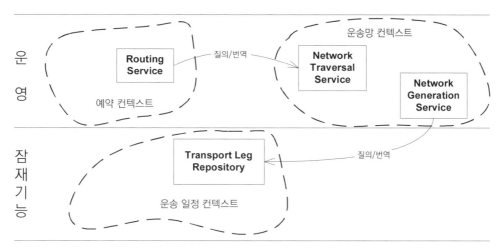

그림 17-3 | 구분된 BOUNDED CONTEXT 구성요소 간의 관계에 적용된 구조

RESPONSIBILITY LAYER를 도입하고 싶지만 원하는 대규모 구조와 구성이 맞지 않는 레거시 시스템이 있다고 해보자. 그럼 LAYER를 포기해야만 하는가? 아니다. 하지만 해당 구조 안에서 레거시가 차지하는 실질적인 부분은 인정해야 한다. 사실 그렇게 하면 해당 레거시를 특징짓는 데 도움될지도 모른다. 레거시에서 제공하는 SERVICE는 사실 일부 LAYER에만 한정될지도 모른다. 레거시 시스템이 특정 RESPONSIBILITY LAYER에 어울린다고 이야기할 수 있다는 것은 레거시 시스템의 범위와 역할의 핵심 측면을 간결하게 서술하는 것과 같다.

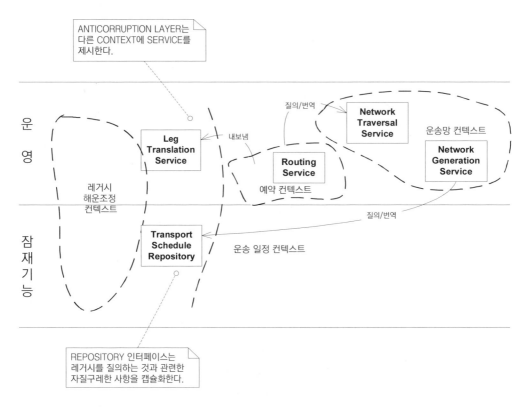

그림 17-4 | 일부 구성요소가 여러 계층에 걸쳐 존재할 수 있는 구조

FACADE를 거쳐 레거시 하위 시스템의 기능에 접근한다면 FACADE에서 제공하는 각 SERVICE를 한 계층에 맞아떨어지게끔 설계할 수 있을지도 모른다.

이 예제에서 레거시에 해당하는 해운 조정(Shipping Coordination) 애플리케이션의 내부는 구분되지 않는 하나의 덩어리로 표현된다. 그러나 CONTEXT MAP에 걸쳐 존재하는 잘 구축된 대규모 구조를 갖춘 프로젝트 팀은 CONTEXT 안에서는 똑같이 익숙한 LAYER를 기준으로 모델을 정리하기로 결정할 수 있다.

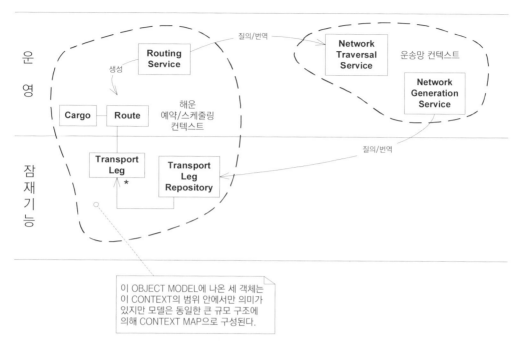

그림 17-5 | 동일한 구조가 한 CONTEXT 범위 및 CONTEXT MAP 전체에 걸쳐 적용됨

물론 각 BOUNDED CONTEXT는 그 자체로 이름공간이므로 한 구조는 하나의 CONTEXT 내에서 모델을 구성하는 데 사용될 수 있으며, 이때 또 다른 구조는 이웃하는 CONTEXT에서 사용되고 여전히 또 다른 구조는 CONTEXT MAP을 구성할 수도 있다. 하지만 그와 같은 방향으로 너무 치우치면 프로젝트에 대한 단일화된 개념 집합으로서 대규모 구조가 지닌 가치를 떨어뜨릴 수 있다.

대규모 구조와 디스틸레이션과의 결합

대규모 구조와 디스틸레이션의 개념도 상호보완적인 관계에 있다. 대규모 구조는 CORE DOMAIN 안의 각종 관계와 여러 GENERIC SUBDOMAIN 사이의 관계를 설명하는 데 도움될 수 있다.

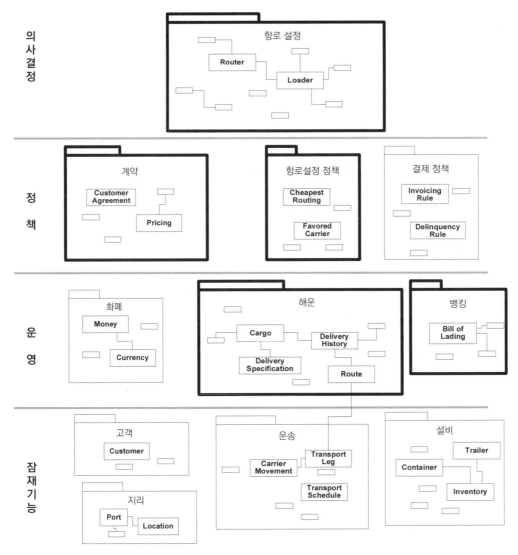

그림 17-6 | CORE DOMAIN의 모듈(진하게 표시)과 GENERIC SUBDOMAIN이 계층에 의해 명확해졌다.

동시에 **대규모 구조 자체도 CORE DOMAIN의 중요한 부분일지도 모른다.** 예를 들어, 잠재 기능, 운영, 정책, 의사결정 지원으로 계층화하는 것을 파악하다 보면 소프트웨어에서 다루는 업무 관련 문제의 근간이 되는 통찰력을 얻는다. 이러한 통찰력은 특히 프로젝트가 여러 BOUNDED CONTEXT로 분할돼 있을 때 유용한데, 그 결과 CORE DOMAIN의 모델 객체는 프로젝트의 상당 부분에 걸쳐 많은 의미를 갖지 않게 된다.

평가 먼저

프로젝트에 대한 전략적 설계를 다룰 때는 현 상황을 명확하게 평가하는 일부터 시작해야 한다.

1. CONTEXT MAP을 그려라. 일관된 CONTEXT MAP을 그릴 수 있는가? 그렇지 않다면 모호한 상황이 있는가?

2. 프로젝트상의 언어를 쓰는 데 힘써라. UBIQUITOUS LANGUAGE가 있는가? UBIQUITOUS LANGUAGE가 개발에 도움을 줄 만큼 풍부한가?

3. 무엇이 중요한지 이해하라. CORE DOMAIN을 식별했는가? DOMAIN VISION STATEMENT가 있는가? DOMAIN VISION STATEMENT를 작성할 수 있는가?

4. 프로젝트에 사용하는 기술이 MODEL-DRIVEN DESIGN에 유리한가, 불리한가?

5. 팀 내 개발자가 필요한 기술 역량을 갖췄는가?

6. 개발자들이 도메인을 잘 알고 있는가? 개발자들이 도메인에 **관심이 있는가?**

물론 완벽한 답을 찾지는 못할 것이다. 지금 당장은 이 프로젝트에 관해 언젠가 나중에 알게 될 것보다는 아는 바가 적을 것이다. 하지만 이러한 질문은 견실한 출발점을 마련해준다. 이런 질문에 처음으로 구체적인 답을 마련할 때쯤이면 가장 먼저 뭘 해야 할지에 관한 통찰력이 생길 것이다. 시간이 지남에 따라 이러한 질문의 답(특히 CONTEXT MAP과 DOMAIN VISION STATEMENT, 그리고 여타 다른 산출물)을 정제해서 변화하는 상황과 새로운 통찰력을 반영할 수 있을 것이다.

누가 전략을 세우는가?

전통적으로 아키텍처는 애플리케이션 개발이 시작되기 전에 애플리케이션 개발팀보다 조직 내에서 좀더 영향력 있는 팀이 만들어서 전해준다. 하지만 꼭 그런 식이어야 하는 건 아니다. 보통 그러한 방법은 썩 효과적이지 않다.

정의상 전략적 설계는 프로젝트 전반에 걸쳐 적용해야 한다. 프로젝트를 조직화하는 방법은 여러 가지가 있는데, 나는 너무 규범적이길 바라지는 않는다. 하지만 의사결정 과정이 효과적이려면 몇 가지 근본적인 원칙은 필요하다.

우선 내 경험상 실제로 상당한 가치를 제공하는 두 가지 형식을 잠깐 살펴보자(따라서 이전의 "위에서 전해주는 지혜" 형식은 무시하고).

애플리케이션 개발에서 창발하는 구조

의사소통 능력이 출중한 사람으로 구성된, 자기훈련을 행하는 팀은 중앙 통제 없이도 운영되고 EVOLVING ORDER에 따라 공유하는 일련의 원칙에 도달함으로써 질서가 명령에 의해서가 아닌 유기적으로 성장하게 된다.

이것이 익스트림 프로그래밍 팀의 전형적인 모델이다. 이론상, 구조는 어떠한 프로그래밍 짝의 통찰력에서도 순전히 자발적으로 나타날 수 있다. 대개 대규모 구조의 경우 개인이나 팀의 일부에 관리 책임이 있다면 해당 구조를 단일화된 상태로 유지하는 데 도움이 된다. 이러한 접근법은 그와 같은 비공식적인 리더가 중재자이자 전달자이면서 유일한 아이디어의 원천이 아닌 실제 실천적인 개발자일 때 특히 효과적이다. 내가 경험한 익스트림 프로그래밍에서는 그러한 전략적 설계 리더십은 자발적으로 출현하는 듯한데, 종종 감독 역할을 하는 사람에게서 비롯되기도 한다. 이처럼 자연스럽게 나타나는 리더가 누구이든 간에 여전히 그는 개발팀의 일원이다. 어쨌든 개발팀에는 틀림없이 전체 프로젝트에 영향을 줄 설계 결정을 내릴 수 있는 사람이 적어도 몇 명은 있을 것이다.

대규모 구조가 여러 팀에 걸쳐 있을 경우 밀접한 관계에 있는 팀은 비공식적으로 협업하기 시작한다. 이러한 상황에서도 각 애플리케이션 팀은 여전히 대규모 구조를 위한 아이디어로 이끄는 발견을 하지만, 이 경우 개별적으로 선택 가능한 사항은 다양한 팀의 대표로 구성된 비공식 위원회의 논의를 거치게 된다. 설계의 영향력을 가늠하고 나면 구성원들은 해당 사항을 수용하거나, 수정하거나, 또는 보류할 것인지 결정할지도 모른다. 팀은 이러한 느슨한 관계 안에서 함께 움직이려 한다. 이러한 조정은 비교적 팀의 수가 적을 때 모두 상호조율하는 데 힘을 쏟고, 설계 역량이 비슷하며, 구조적 요구사항이 대규모 구조 하나만으로도 충족될 만큼 비슷할 때 효과를 낼 수 있다.

고객(애플리케이션 개발팀) 중심의 아키텍처 팀

전략을 여러 팀 사이에서 공유할 경우 의사결정을 어느 정도 중앙집중화하는 것은 확실히 매력적으로 보인다. 상아탑 아키텍트라는 실패한 모델만이 유일한 가능성은 아니다. 아키텍처 팀은 BOUNDED CONTEXT의 경계와 다른 팀 사이를 교차하는 기술 쟁점뿐 아니라 대규모 구조도 조율하고 조화시키는 데 도움을 주면서 다양한 애플리케이션 팀과 함께 동등한 위치에서 일할 수 있다. 이러한 팀 구성이 효과를 내려면 사람들은 애플리케이션 개발을 강조하는 태도를 지녀야만 한다.

조직도상에서는 이 팀이 전형적인 아키텍처 팀과 똑같아 보일지도 모르지만 실제로 모든 활동에 있어서는 차이가 있다. 팀원은 개발자들과 함께 패턴을 발견하고 디스틸레이션에 도달하고자 다양한 팀과 실험하면서 직접 궂은 일에 나서는, 개발의 진정한 협력자에 해당한다.

나는 다음에 나올 목록 가운데 대부분의 사항을 수행한 선도 아키텍트가 프로젝트를 마무리했을 때 이러한 상황이 연출되는 모습을 두서너 차례에 걸쳐 본 적이 있다.

전략적 설계 결정을 위한 6가지 필수 요소

의사결정은 팀 전체에 퍼져야 한다

모든 이가 전략을 알지 못해 전략을 따르지 않는다면 분명 그것은 잘못된 것이다. 이러한 요구사항은 사람들이 공식적인 "권위"를 지닌 중앙집중화된 아키텍처 팀을 중심으로 구성되게 하며, 따라서 같은 규칙이 모든 곳에 적용될 것이다. 하지만 역설적이게도 상아탑 아키텍트는 종종 무시되거나 우회의 대상이 된다. 아키텍트가 자체적으로 만든 규칙을 실제 애플리케이션에 적용하면서 나오는 피드백이 부족해서 비현실적인 계획이 만들어진다면 개발자들에게는 선택의 여지가 없다.

의사소통이 굉장히 원활한 프로젝트에서는 애플리케이션 팀에게서 나타나는 전략적 설계가 실제로 모든 이에게 더 효과적으로 퍼질지도 모른다. 이러한 전략은 의미가 있을 것이며, 지적 공동체의 의사결정에도 중요하게 작용하는 권위를 지닐 것이다.

어떤 시스템이든 관리조직에서 부여한 권위보다 개발자들이 전략에 대해 갖는 실제 관계에 더 관심을 기울여야 한다.

의사결정 프로세스는 피드백을 흡수해야 한다

구성 원칙, 대규모 구조, 또는 그러한 미묘한 사항에 대한 디스틸레이션을 만들려면 프로젝트의 요구와 도메인의 개념을 진정으로 깊이 있게 이해해야 한다. 그만큼 깊이 있는 지식을 지닌 사람은 애플리케이션 개발팀의 구성원밖에 없다. 이러한 사실은 많은 아키텍트가 확실히 재능을 지녔음에도 왜 아키텍처 팀에서 만든 애플리케이션 아키텍처가 그다지 도움되는 경우가 거의 없는지를 반증한다.

기술 인프라스트럭처나 기술 아키텍처와는 달리 전략적 설계 자체는 모든 개발 과정에 영향을 주는데도 많은 코드를 작성하지 않아도 된다. 전략적 설계가 필요로 하는 것은 바로 애플리케이션 개발팀의 관여다. 숙련된 아키텍트라면 다양한 팀에서 들어오는 아이디어에 귀 기울이고 일반화된 솔루션 개발을 촉진할지도 모른다.

나와 함께 일했던 한 기술 아키텍처 팀에서는 그곳에서 만든 아키텍처 프레임워크를 쓰려고 하는 다양한 애플리케이션 개발팀에 실제로 아키텍처 팀 구성원을 모두 돌아가면서 근무하게 했다. 이러한 순환근무로 아키텍처 팀에서는 개발자가 직면하는 도전과제와 관련된 실제 경험을 비롯해 프레임워크의 미묘한 부분을 적용하는 방법에 관련한 지식을 얻을 수 있었다. 전략적 설계에도 이와 동일한 긴밀한 피드백 고리가 필요하다.

계획은 발전을 감안해야 한다

효과적인 소프트웨어 개발은 매우 동적인 프로세스다. 가장 상위 수준의 의사결정이 확정되면 팀이 변화에 대응해야 할 때 선택의 폭이 더 좁아진다. EVOLVING ORDER는 통찰력이 깊어짐에 따라 대규모 구조의 지속적인 변화를 강조함으로써 이러한 함정을 피한다.

설계 결정이 너무 많이 미리 정해져 있으면 개발팀은 당면한 문제를 해결할 만한 유연함이 없는 채로 곤란에 처할 수 있다. 그래서 조화를 위한 원칙이 귀중해질 수도 있으나 그 원칙은 반드시 개발 프로젝트의 진행 과정에 따라 성장하고 변화해야 하며, 업무 자체도 충분히 벅찬 애플리케이션 개발자에게서 너무 많은 권한을 앗아가서는 안 된다.

혁신은 강력한 피드백과 더불어 애플리케이션을 구축하는 과정에서 장애물을 만나거나 예상치 못한 기회를 발견했을 때 나타난다.

아키텍처 팀에서 가장 뛰어나고 똑똑한 사람들을 모두 데려가서는 안 된다

이 수준의 설계에는 아마 얻기 힘들 법한 정교함이 필요하다. 관리자는 가장 기술적으로 재능 있는 개발자를 아키텍처 팀과 인프라스트럭처 팀에 배치하는 경향이 있는데, 그 까닭은 관리자가 이러한 고급 설계자의 솜씨를 활용하고 싶어하기 때문이다. 개발자 입장에서는 영향력이 미치는 범위가 더 넓거나 "더 재미있는" 문제를 다룰 기회에 매력을 느낀다. 또한 엘리트 팀의 구성원이라는 사실에서 오는 명망도 있다.

그 결과 종종 기술적인 정교함이 가장 부족한 개발자가 실제로 애플리케이션을 구축하게 되는 상황이 벌어지기도 한다. 하지만 훌륭한 애플리케이션을 구축하는 데는 설계 솜씨가 따른다. 따라서 이렇게 하는 것은 실패로 가는 지름길이다. 전략 팀에서 대단히 훌륭한 전략적 설계를 만들었다고 해도 애플리케이션 팀에서 그것을 따를 만한 설계적 정교함을 갖추지 못할 것이다.

반대로 그러한 팀에서는 아마 설계 솜씨는 다소 부족해도 해당 도메인에 가장 폭넓은 경험을 지닌 개발자를 아마 절대로 포섭하지 못할 것이다. 전략적 설계는 순수하게 기술적인 과업이 아니다. 깊이 있는 도메인 지식을 지닌 개발자를 팀에서 떨어져 나가게 하면 아키텍트의 노력이 훨씬 더 곤경에 처할 것이다. 아울러 도메인 전문가도 필요하다.

모든 애플리케이션 팀에는 반드시 능력이 출중한 설계자가 포함돼 있어야 한다. 전략적 설계를 시도하는 모든 팀은 반드시 도메인 지식을 겸비해야 한다. 단순히 고급 설계자를 더 고용해야 할지도 모른다. 아키텍처 팀을 비상근제로 유지하는 방안이 도움될지도 모른다. 나는 이렇게 하는 데 효과적인 각종 방법을 알고 있지만 어쨌든 효과적인 전략 팀에는 모두 효과적인 애플리케이션 팀이 협력자로 있어야 한다.

전략적 설계에는 최소주의와 겸손이 필요하다

디스틸레이션과 최소주의는 모든 훌륭한 설계 작업에 필수적이지만 최소주의는 전략적 설계에 훨씬 더 결정적인 영향을 준다. 가장 사소한 불일치조차도 진행을 방해할 수 있는 고약한 잠재력이 있다. 따로 떨어져 있는 아키텍처 팀은 특히 더 주의를 기울여야 하는데, 그러한 팀은 애플리케이션 팀 앞에 놓여 있을지도 모를 장애물에 덜 민감하기 때문이다. 그와 동시에 자신의 주된 책임에 대한 아키텍트의 열정은 스스로 자제력을 잃게 만들 가능성을 높인다. 나는 이러한 현상을 여러 번 목격한 바 있으며 심지어 내가 그렇게 된 적도 있었다. 좋은 생각 하나가 또 다른 좋은 생각으로 꼬리에 꼬리를 물고, 이렇게 해서 결국 역효과를 내는 필요 이상의 아키텍처가 만들어진다.

대신 우리는 설계의 명료함을 대폭 향상시키지 않는 것은 아무것도 포함하지 않도록 축소한 구성 원칙과 핵심 모델을 만들어내고자 훈련해야 한다. 사실 거의 모든 것이 뭔가에 방해가 되므로 각 요소가 더 가치 있는 편이 더 낫다. 여러분의 가장 좋은 생각이 누군가에게는 방해가 되리라는 사실을 깨닫자면 겸손이 필요하다.

객체는 전문가, 개발자는 다방면에 지식이 풍부한 사람

훌륭한 객체 설계의 본질은 각 객체에 분명하고 한정된 책임을 부여하고 상호의존성을 최대한 줄이는 것이다. 간혹 우리는 팀 간의 상호작용을 소프트웨어의 상호작용만큼 잘 정돈된 상태로 만들려고 한다. 좋은 프로젝트에서는 많은 사람들이 다른 사람의 업무에 참견한다. 개발자들은 프레임워크를 가지고 일한다. 아키텍트는 애플리케이션 코드를 작성한다. 모든 이들이 모두에게 이야기한다. 이것은 효율적인 혼돈 상태다. 객체를 전문가로 만들고 개발자들은 다방면에 지식이 풍부한 사람이 되게 하라.

앞에서 관련 과업을 명확히 밝히는 데 도움을 주고자 **전략적 설계**와 다른 종류의 설계를 뚜렷이 구분했는데, 두 가지 종류의 설계 활동이 있다고 해서 두 부류의 사람들이 있다는 의미는 아니다. 심층 모델을 기반으로 하는 유연한 설계를 만들어내는 일은 수준 높은 설계 활동이지만 세부사항도 매우 중요하므로 코드를 작성하는 누군가가 이를 해야만 한다. 전략적 설계는 애플리케이션 설계에서 나타나지만 아마 여러 팀에 걸쳐 이뤄지는 큰 관점에서의 활동도 필요하다. 사람들은 설계 전문가가 업무에 관해 알거나 도메인 전문가가 기술을 이해해야 할 필요가 없도록 과업을 잘게 쪼개는 방도를 찾아내길 좋아한다. 한 개인이 배울 수 있는 양에는 한계가 있지만 지나친 전문화는 도메인 주도 설계의 활력을 앗아간다.

기술 프레임워크도 마찬가지다

기술 프레임워크는 애플리케이션이 기본적인 서비스의 구현에서 벗어나게 해주는 인프라스트럭처 계층을 제공하고 도메인을 다른 관심사에서 격리되게 도와줌으로써 도메인 계층을 포함한 애플리케이션 개발 속도를 대폭 향상시킬 수 있다. 하지만 아키텍처가 **도메인 모델에 대한 표현력 있는 구현과 손쉬운 변경을 방해할 수 있다**는 위험이 있다. 이러한 위험은 심지어 프레임워크 설계자가 도메인 계층이나 애플리케이션 계층에 뛰어들 의도가 전혀 없을 때도 일어날 수 있다.

전략적 설계의 단점을 제한하는 동일한 경향은 기술 아키텍처에도 도움될 수 있다. 발전, 최소주의, 애플리케이션 개발팀의 관여는 방해하지 않고 진정으로 애플리케이션 개발에 도움을 주는 지속적으로 정제된 서비스와 규칙으로 이끌 수 있다. 이러한 방향으로 가지 않는 아키텍처는 애플리케이션 개발의 창의성을 억누르거나 이 아키텍처를 피해 애플리케이션 개발을 사실상 아키텍처가 전혀 없는 상태로 만들 것이다.

확실히 프레임워크를 엉망으로 만들 한 가지 태도는 다음과 같다.

멍청이들을 위한 프레임워크를 작성하지 마라

일부 개발자가 설계를 할 만큼 똑똑하지 않다고 가정하는 팀 배분은 실패할 가능성이 높다. 그 까닭은 팀을 배분할 때 애플리케이션 개발의 어려움을 과소평가하기 때문이다. 그 사람들이 설계를 할 만큼 똑똑하지 않다면 그들을 소프트웨어를 개발하는 부서에 배정해서는 안 된다. 아니면 그 사람들이 충분히 똑똑하다면 그들을 나약하게 만들려고 하는 것은 그들과 그들이 필요로 하는 도구 사이에 장벽을 쌓는 것밖에 되지 않는다.

이러한 태도는 팀 간의 관계에도 악영향을 끼친다. 나는 이처럼 오만한 팀과 함께 일한 적이 있는데, 매번 대화를 할 때마다 해당 팀과의 관계 탓에 난처해하면서 개발자들에게 사과했던 기억이 있다. (아쉽게도 나는 그러한 팀을 한 번도 변화시키지 못했다.)

관련이 없는 기술적 세부사항을 캡슐화하는 것은 뭔가를 판매하기 전에 그럴 듯하게 포장하는 부류의 일(내가 폄하하는)과는 전적으로 다른 일이다. 프레임워크는 강력한 추상화와 도구를 개발자의 손에 쥐어주고 개발자를 고역에서 벗어나게 해줄 수 있다. 일반화된 방법으로 그러한 차이점을 설명하기는 힘들지만 도구/프레임워크/컴포넌트를 쓸 사람이 기대하는 바가 뭔지 프레임워크 설계자에게 물어보는 식으로 차이점을 파악할 수 있다. 프레임워크 설계자가 해당 프레임워크 사용자를 상당히 존중하는 듯하다면 그 설계자는 아마 올바른 길로 가고 있을 것이다.

종합계획을 조심하라

크리스토퍼 알렉산더(Christopher Alexander)가 이끄는 한 건축가 그룹(물리적 건축물을 설계하는 부류)은 아키텍처와 도시 계획 분야에서의 점진적인 성장을 지지했다. 그들은 왜 종합계획이 실패하는가를 아주 잘 설명했다.

어떤 종류의 프로세스를 계획하지 않고서는 오레곤 대학이 캠브리지 대학을 떠받치고 있는 것만큼 깊고 조화로운 질서를 갖추기란 전혀 불가능하다.

종합계획은 이러한 어려움에 접근하는 전통적인 방식이었다. 종합계획에서는 전체적인 환경에 일관성을 제공할 만큼 충분한 지침을 수립하고, 동시에 개별 건축물과 열린 공간에는 여전히 지역적 요구에 부응할 자유를 부여하는 것이 목적이다.

…그리고 이러한 미래 대학의 모든 다양한 부분이 일관된 전체를 형성하게 되는데, 그 까닭은 각 부분이 단순히 설계의 각 틈에 맞게 연결되기 때문이다.

… 실제로 종합계획은 실패한다. 그 이유는 종합계획이 유기적 질서가 아닌 전체주의적인 질서를 만들어내기 때문이다. 종합계획은 너무 경직돼 있다. 종합계획은 공동체의 삶에서 불가피하게 일어나는 자연스럽고 예측 불가능한 변화에 적응하지 못한다. 이러한 변화가 일어나면… 종합계획은 낡은 것이 되고 더는 따라잡지 못한다. 그리고 종합계획이 따라잡을 정도까지 이른다고 해도… 건축과 설계에서는 제각기 독자적인 행동이 전체적으로 환경과 적절한 관계를 맺는 데 도움이 되도록 건축물, 인간적 척도, 균형 잡힌 기능 등을 서로 연결하는 것에 관해 충분히 명시하지 않는다.

… 이러한 방향으로 나아가려는 시도는 어린 아이의 그림책에 색깔을 채우는 것과 다소 비슷하다. … 기껏해야 그러한 프로세스의 결과로 나타나는 질서는 진부한 것에 불과하다.

… 그러므로 유기적인 질서의 일환에 해당하는 종합계획은 너무 정확하면서 동시에 충분히 정확하지 못하다. 전체성은 너무 정확하지만 세부사항은 충분히 정확하지 못하다.

… 종합계획의 존재는 사용자를 멀어지게 만든다. 이는 정의상 공동체의 구성원은 자신이 속한 공동체의 미래 모습에 아주 미미한 영향만을 줄 수 있는데, 그 까닭은 대부분의 가장 중요한 의사결정이 이미 내려진 상태이기 때문이다.

—오레곤 실험(*The Oregon Experiment*). 16~28페이지(*Alexander et al. 1975*)

대신 알렉산더와 그의 동료는 모든 공동체 구성원이 모든 점진적인 성장 행위에 적용할 일련의 원칙을 지지했고, 그 결과 환경에도 잘 적응하는 "유기적 질서"가 나타났다.

Domain-Driven Design

결론

맺음말

최첨단 프로젝트를 진행하고 흥미로운 아이디어와 도구를 실험해 보는 것은 매우 만족스러운 일이지만 그렇게 만든 소프트웨어가 생산적으로 쓰일 만한 곳이 없다면 나에겐 무의미한 경험에 불과하다. 사실 성공을 진정 판가름하는 것은 일정 기간 동안 소프트웨어가 얼마나 도움이 되는가다. 나는 지난 몇 년간 수행했던 이전 프로젝트 몇 가지에 관한 소식을 계속해서 접할 수 있었다.

여기서는 그 중에서 다섯 가지 프로젝트에 관해서만 이야기하겠다. 각 이야기는 물론 당시에는 체계적이지도 않고 그런 이름으로 한 것도 아니었지만 도메인 주도 설계를 진지하게 시도했던 경험에 관한 것이다. 이 모든 프로젝트에서는 확실히 소프트웨어를 인도했다. 한 프로젝트는 궤도에서 벗어나긴 했지만 일부는 끝까지 프로젝트를 완수해서 모델 기반 설계를 만들어냈다. 한 애플리케이션은 정체되어 일찍 폐기됐지만 일부 애플리케이션은 여러 해에 걸쳐 계속 성장하고 변화했다.

1장에서 설명한 PCB 설계 소프트웨어는 해당 분야의 베타유저 사이에서 큰 성공을 거뒀다. 아쉽게도 이 프로젝트를 시작했던 스타트업은 마케팅에 완전히 실패해서 결국 사라졌다. 그 소프트웨어는 현재 베타 프로그램 때부터 프로그램 사본을 보관해 온 PCB 기술자 몇 명만이 사용하고 있을 뿐이다. 다른 고아 소프트웨어와 마찬가지로 이 소프트웨어도 해당 소프트웨어가 통합된 프로그램에 중대한 변경사항이 있기 전까지는 계속 동작할 것이다.

9장에서 이야기한 대출 소프트웨어는 도약 이후 3년 동안 거의 같은 궤도를 따라 성장하고 발전했다. 그 시점에 프로젝트는 별개의 한 회사로 분리되어 나왔다. 이러한 조직 재편성의 혼란 속에서 해당 프로젝트를 이끈 프로젝트 관리자는 해고됐고 일부 핵심 개발자도 프로젝트 관리자와 함께 회사를 떠났다. 새 팀은 다소 설계 철학이 달랐고 객체 모델링에 전적으로 전념하지도 않았다. 하지만 새 팀은 복잡한 행위가 포함된 도메인 계층은 그대로 유지했고 계속해서 개발팀이 보유하고 있는 도메인 지식을 소중하게 여겼다. 독립 회사로 분리돼 나온 지 7년이 지난 후 소프트웨어는 새로운 기능으로 계속 향상을 거듭했다. 그 소프트웨어는 해당 분야에서 선도적인 위치에 있는 애플리케이션이었고 늘어나는 고객 기관에 도움을 주면서 회사의 가장 큰 수입원으로 자리잡았다.

새로 심은 올리브 나무

　도메인 주도 접근법이 더 널리 보급되기 전까지는 여러 프로젝트에서 흥미로운 소프트웨어가 짧은 기간 동안 높은 생산성을 내면서 만들어질 것이다. 결국 프로젝트는 이전에 디스틸레이션을 거친 심층 모델의 위력을 완전히 활용하기는커녕 훨씬 더 약화시킬지도 모를 더욱 평범한 뭔가로 변모할 것이다. 더 욕심을 낼 수도 있지만 진정한 성공이란 수년 동안 사용자에게 지속적인 가치를 전해주는 것이다.

　한 프로젝트에서 나는 또 한 명의 개발자와 짝을 이뤄 고객이 핵심 제품을 만들어내는 데 필요한 유틸리티를 작성한 적이 있다. 각 기능은 꽤 복잡했고 난해한 방식으로 결합돼 있었다. 나는 프로젝트 업무를 즐겼고 ABSTRACT CORE를 갖춘 유연한 설계를 만들어냈다. 이 소프트웨어를 고객에게 전해줬을 때가 바로 해당 소프트웨어를 초반에 개발했던 모든 사람들의 참여가 끝나는 순간이었다. 그것은 대단히 갑작스런 전환이었기에 나는 조합 가능한 요소를 지원하는 설계 기능이 혼동되거나 더 많은 일반적인 조건 로직으로 대체될 것으로 예상했다. 처음에는 이런 일이 일어나지 않았다. 우리가 소프트웨어를 전달했을 때 패키지에는 철저한 테스트 스위트와 디스틸레이션과 관련한 문서가 포함돼 있었다. 새로운 팀 구성원은 해당 문서를 소프트웨어를 파악하는 구심점으로 삼았고 소프트웨어 내부를 들여다봤을 때 해당 설계를 기반으로 하는 갖가지 가능성으로 들뜬 모습이었다. 1년이 지나고 그 팀의 구성원에 관한 이야기를 들었을 때 나는 UBIQUITOUS LANGUAGE가 계속 진화를 거듭하면서 다른 팀까지 고무시키고 여전히 살아있다는 사실을 알게 됐다.

7년 후

그러고 나서 또 한 해가 지난 후 나는 다른 이야기를 듣게 됐다. 그 팀은 개발자들이 물려받은 설계로는 달성할 방법이 없었던 요구사항에 직면했다. 개발자들은 내가 거의 못 알아볼 정도로 설계를 변경할 수밖에 없었다. 내가 더 자세히 물어봤을 때 나는 우리가 만든 모델의 측면에서는 그러한 문제를 해결하기가 여의치 않다는 점을 알 수 있었다. 그러한 순간이 바로 더 심층적인 모델로의 도약이 종종 가능한 시점이며, 특히 이 경우처럼 개발자들이 해당 도메인의 깊이 있는 지식과 경험을 쌓았을 때가 바로 여기에 해당한다. 사실 개발자들에게는 새로운 통찰력이 솟구쳤고 그들은 그러한 통찰력을 바탕으로 모델과 설계를 변형하는 것으로 일을 마무리 지었다.

짐작하건대 그들은 내가 작업한 부분 중 상당 부분을 버렸다는 사실 때문에 내가 실망하리라 생각하고 조심스럽게 내 의중을 살피면서 이 이야기를 해줬다. 나는 내가 설계한 부분에 그렇게까지 감상적이지 않다. 어떤 설계가 성공했다고 해서 꼭 해당 설계가 안정된 상태에 있는 것은 아니다. 사람들이 의존하는 시스템을 취해 그것을 불투명하게 만들면 해당 시스템은 도저히 손댈 수 없는 레거시로 언제까지나 살아 있을 것이다. 유연한 설계가 지속적인 변경을 촉진하는 동안 심층 모델은 새로운 통찰력을 낳는 명확한 비전을 가능하게 한다. 그들이 생각해 낸 모델은 더 깊이가 있었고 사용자의 실제 관심사와 더 잘 맞게 구성돼 있었다. 그들의 설계는 실제 문제를 해결했다. 변화하는 것은 소프트웨어의 본성이고 이 프로그램은 그것을 소유한 팀의 수중에서 계속 발전을 거듭했다.

이 책 곳곳에 나오는 해운 예제는 대체로 주요 국제 컨테이너 해운 회사에서 진행한 프로젝트를 기반으로 한다. 초반에는 프로젝트 지도층에서 도메인 주도 접근법에 전념했지만 그것을 전적으로 지원할 수 있는 프로젝트 문화를 만들어내지는 못했다. 다양한 수준의 설계 솜씨와 객체 경험을 지닌 다수의 팀이 팀 리더 간의 비공식적인 협력과 고객 중심의 아키텍처 팀에 의해 느슨하게 조율된 상태에서 모듈을 만들기 시작했다. 우리는 그런대로 CORE DOMAIN의 심층 모델을 개발했고 활용 가능한 UBIQUITOUS LANGUAGE도 있었다.

그러나 그 회사의 문화는 반복적 개발에 맹렬히 반대했고 우리는 동작하는 내부 배포판을 만들어 내기까지 너무나도 오랫동안 기다려야 했다. 그러다 보니 문제를 고치기에 더 위험하고 비용이 많이 드는 시기인 프로젝트 말기에 문제가 드러났다. 나중에는 모델의 특정 측면이 데이터베이스에서 성능 문제를 야기한다는 사실까지도 알게 됐다. MODEL-DRIVEN DESIGN의 한 가지 본질적인 부분은 구현상의 문제에서 모델 변경에까지 이르는 피드백이지만 그때쯤 우리는 근본적인 모델을 변경하기에는 너무 많이 지나왔다고 생각했다. 대신 근본적인 모델을 더 효율적으로 변경하려는 코드 변경이 있었고 코드와 모델의 연결은 약해졌다. 또 초기 배포판은 기술 인프라스트럭처에서도 확장성의 한계를 드러내어 경영진을 놀라게 했다. 인프라스트럭처 문제를 고치고자 전문가가 투입됐고 프로젝트는 다시 회복됐다. 하지만 구현과 도메인 모델링 사이의 고리는 결코 완성되지 않았다.

일부 팀이 복잡한 기능과 표현력 있는 모델을 갖춘 소프트웨어를 인도했다. 다른 팀은 UBIQUITOUS LANGUAGE의 흔적은 유지했지만 모델이 자료구조가 되어버린 경직된 소프트웨어를 인도했다. 다양한 팀의 산출물 사이의 관계가 아무렇게나 성립될 때면 아마도 CONTEXT MAP이 다른 것 못지않게 도움됐을 것이다. 그렇지만 UBIQUITOUS LANGUAGE에 가져온 CORE 모델이 결국 각 팀을 하나의 시스템으로 맞붙이는 데 이바지했다.

프로젝트의 범위는 축소됐지만 해당 프로젝트를 토대로 여러 레거시 시스템이 대체됐다. 대부분의 설계는 매우 유용하지는 않았지만 서로 공유하는 개념 집합에 근거해 전체적으로 일관성이 있었다. 몇 년이 지난 지금은 시스템 자체가 대부분 고착화됐지만 여전히 하루 24시간 동안 전 세계를 대상으로 하는 사업에 이바지하고 있다. 더 성공적인 팀의 영향력은 점차 확산됐지만 가장 부유한 회사에서조차도 결국 그러한 영향력이 확산될 시간은 부족하다. 프로젝트 문화는 진정 MODEL-DRIVEN DESIGN을 흡수하지 못했다. 오늘날 새로 행해지는 개발은 다양한 플랫폼에서 이뤄지며, 마치 새로운 개발자가 기존 레거시를 CONFORM(준수)하듯 수행한 업무에 의해서만 간접적으로 영향을 받는다.

어떤 사람들은 처음 해운 회사에서 설정한 것과 같은 야심 찬 목표에 의구심을 보인다. 어떻게 인도해야 할지 알고 있는 작은 애플리케이션을 만드는 편이 더 바람직해 보이고, 단순한 일을 하는 데는 누구나 아는 설계를 하는 편이 더 낫다는 것이다. 이러한 보수적인 접근법은 이 방법을 택하는 것이 알맞은 경우도 있고, 범위가 명료하게 정해져 있고 반응이 빠른 프로젝트에서나 가능하다. 하지만 통합된 상태의 모델 주도 시스템은 그러한 짜깁기식의 접근법에서는 불가능한 가치를 약속해준다. 제3의 길은 있다. 도메인 주도 설계는 심층 모델과 유연한 설계를 기반으로 만드는 식으로 풍부한 기능성을 갖춘 대형 시스템이 점차 성장해 나가는 것을 가능하게 한다.

이제 에반트를 마지막으로 이야기를 마무리하겠다. 에반트는 재고 관리 소프트웨어를 개발하는 회사로서 나는 여기서 보조적인 조력자로서 업무를 수행했고 이미 강력하게 뿌리내린 설계 문화에 기여했다. 다른 이들도 익스트림 프로그래밍의 전형으로서 이 프로젝트에 관해 쓴 바 있지만 그 프로젝트가 도메인 주도에 집중했다는 점은 통상 거론되지 않는다. 언제나 더 심층적인 모델은 디스틸레이션 과정을 거치고 더욱 유연한 설계로 표현됐다. 이 프로젝트는 2001년 "닷컴" 붕괴가 있기 전까지 번창했다. 그러고 나서 투자 자금 부족에 허덕이다 회사 규모가 줄어들고 소프트웨어 개발은 대부분 중단됐으며 망하기 일보직전인 듯했다. 그러나 2002년 여름, 에반트는 세계 상위 10대 소매기업 중 하나에게서 제안을 받았다. 이 잠재 고객은 에반트 제품을 선호했지만 애플리케이션이 막대한 재고 계획 활동에 맞게 규모를 확장하려면 설계를 변경해야 했다. 그것이 에반트가 회생할 수 있는 마지막 기회였다.

비록 팀 규모는 4명의 개발자로 줄었지만 팀은 자산을 보유하고 있었다. 그들은 도메인 지식을 갖춘 숙련된 개발자였고, 한 팀원은 확장성 문제에 관한 전문적인 식견이 있었다. 그들에겐 매우 효과적인 개발 문화가 있었다. 그리고 변화를 촉진하는 유연한 설계의 코드 기반도 있었다. 그해 여름, 4명의 개발자는 엄청난 노력을 기울여 수십 억에 달하는 계획 요소와 수백 명에 걸친 사용자를 다룰 수 있게 됐다. 그러한 역량에 힘입어 에반트는 거대한 기업 고객을 확보했고, 곧 에반트의 소프트웨어와 새로운 수요를 수용하는 검증된 능력을 활용하려는 또 다른 회사에 매각됐다.

도메인 주도 설계 문화(익스트림 프로그래밍 문화도 마찬가지)는 과도기에서 살아남아 새로운 활력을 얻었다. 오늘도 모델과 설계는 계속 발전을 거듭해서 내가 기여했을 때에 비해 2년 동안 훨씬 더 풍부하고 유연해졌다. 또한 에반트의 팀원은 에반트를 사들인 회사에 흡수되기보다는 그 회사의 기존 프로젝트 팀원을 고무해서 그들을 이끌어가고 있는 것처럼 보인다. 이 이야기는 아직 끝나지 않았다.

어떤 프로젝트에서도 이 책에서 언급한 모든 기법을 활용하지는 않을 것이다. 비록 그렇더라도 도메인 주도 설계에 전념하는 프로젝트는 몇 가지 방법으로 알아볼 수 있을 것이다. 이러한 프로젝트의 결정적인 특징은 대상 도메인을 이해하고 그러한 이해를 소프트웨어에 담아내는 데 우선한다는 것이다. 그 밖의 다른 특징은 그러한 전제에서 나온다. 팀 구성원은 프로젝트상의 언어가 지닌 쓰임새를 알고 있으며, 그러한 언어를 정제하고자 노력한다. 그들이 도메인 모델의 품질에 만족하기란 매우 어려운 일인데, 그 까닭은 그들이 계속해서 해당 도메인에 관해 학습하기 때문이다. 그들은 지속적인 정제를 하나의 기회로 보고 잘 맞지 않는 모델은 위험 요소로 인식한다. 도메인 모델을 명확하게 반영하는 제품 수준의 소프트웨어를 개발하기란 쉽지 않은 일이기에 그들은 설계 솜씨를 가볍게 여기지 않는다. 그들은 장애물에 걸려 비틀거려도 스스로 털고 일어나 계속해서 앞으로 나아가는 동안 자신의 원칙을 고수한다.

앞을 내다보며

기상, 생태계, 그리고 생물학은 물리 혹은 화학과 대조되는 흐트러지고 "소프트한" 영역이라 여겨져왔다. 그러나 최근에는 사람들이 이러한 "흐트러짐" 현상이 실제로 이렇게 매우 복잡한 현상 가운데 질서를 발견하고 이해하는 심오한 기술적 도전과제를 제공한다는 사실을 깨달았다. "복잡성"이라고 하는 분야는 여러 과학 분야를 이끄는 역할을 하고 있다. 순수하게 기술적인 작업이 일반적으로 재능 있는 소프트웨어 기술자에게 가장 흥미롭고 도전적인 일로 보여도 도메인 주도 설계 또한 적어도 같은 비중으로 새로운 도전 영역을 펼쳐 보인다. 업무용 소프트웨어가 꼭 볼트로 접합된 뒤죽박죽이어야 할 필요는 없다. 복잡한 도메인을 알기 쉬운 소프트웨어 설계로 만들고자 노력하는 것은 능력 있는 기술자를 위한 흥미진진한 도전과제에 해당한다.

지금은 아마추어가 동작하는 복잡한 소프트웨어를 만들어내는 시대와 거리가 멀다. 초보적인 기술을 지닌 수많은 프로그래머들은 특정 종류의 소프트웨어를 만들어낼 수 있지만 최후의 순간에 회사를 구할 수 있는 부류는 아니다. 도구 제작자에게 필요한 것은 재능 있는 소프트웨어 개발자의 능력과 생산성을 확장하는 일에 전념하는 것이다. 도메인 모델을 탐구하고 그것을 작동하는 소프트웨어로 표현하는 더 섬세한 방법이 필요하다. 나는 이러한 목적으로 고안된 새로운 도구와 기술을 실험할 수 있길 기대한다.

그러나 향상된 도구도 가치 있겠지만 그것들 때문에 정신이 산만해져서 좋은 소프트웨어를 만들어내는 것은 학습과 사고 활동이라는 핵심적인 사실을 간과해서는 안 된다. 모델링에는 상상과 자기훈련이 필요하다. 사고하는 데 도움되거나 정신이 산만해지지 않게 하는 도구는 유익하다. 사고의 산물이어야 할 것을 자동화하려는 노력은 순진한 행동이며 역효과를 초래한다.

우리는 이미 보유한 도구와 기술만으로도 오늘날 대부분의 프로젝트에서 하고 있는 것보다 훨씬 더 값진 시스템을 구축할 수 있다. 우리는 즐겁게 쓸 수 있는 소프트웨어, 성장함에 따라 우리의 앞길을 막는 게 아니라 새로운 기회를 창출하고 계속해서 소유자에게 가치를 더하는 소프트웨어를 작성할 수 있다.

부록

이 책에 포함된 패턴의 사용법

대학을 졸업하고 얼마 지나지 않아 갖게 된 나의 첫 "애마"는 8년 된 푸조였다. 종종 "프랑스의 메르세데스 벤츠"라 불리는 이 차는 정교하게 잘 만들어졌고, 운전하기 좋고 아주 안정적이었다. 하지만 그 차를 갖게 됐을 당시, 차는 상태가 나빠지기 시작하고 좀더 수리가 필요한 연식에 이르고 있었다.

푸조는 오래된 회사이고 수십 년이 넘게 독자적인 발전의 길을 걸어왔다. 푸조는 자체적인 기계장치 용어를 사용하고 설계도 색다르다. 심지어 기능을 몇 부분으로 분류하는 것도 종종 표준에 맞지 않는 경우가 있다. 그 결과, 푸조에서 제작된 차는 오로지 푸조 전문가만이 다룰 수 있고, 그래서 대학원생 정도의 사람에게는 부담될 수밖에 없었다.

한 번은 이런 일도 있었다. 자동차 오일이 새는지 점검하려고 동네 정비소에 차를 몰고 간 적이 있다. 정비사는 차를 점검하고는 "차를 정지시키는 힘을 앞뒤로 분배하는 것과 관련이 있는 걸로 봐서 뒤쪽으로 3분의 2지점쯤에 있는 작은 상자에서 오일이 새는 것 같다"라고 했다. 그런 다음 여기서는 차를 수리할 수 없으니 80km 정도 떨어진 곳에 있는 판매 대리점에 가보라고 했다. 포드나 혼다는 누구라도 다룰 수 있다. 그래서 기계적으로는 똑같이 복잡한데도 푸조에 비해 그런 차가 더 편리하고 값도 저렴한 것은 바로 이 때문이다.

난 그 차를 정말로 좋아했지만 다시는 그처럼 별난 차를 사지 않을 것이다. 결국 수리하는 데 특히나 돈이 많이 드는 문제가 있다는 진단을 받게 된 날이 오고야 말았고, 당시 푸조를 수리할 돈도 충분히 있었다. 그러나 나는 차를 기증받는 동네 자선단체에 그 차를 넘겼다. 그리고 나서 수리비 정도의 가격이 나가는 오래된 중고 혼다 시빅을 구입했다.

표준화된 설계 요소는 도메인 개발에는 부족한 면이 있어서 모든 도메인 모델과 그에 상응하는 구현에는 유별나고 이해하기 어려운 측면이 있다. 게다가 모든 팀은 모든 것(또는 그중 일부라도)를 새로 고안해야 한다. 객체지향 설계 분야에서는 모든 것이 객체나 참조, 또는 메시지이며, 이는 물론 유용한 추상적 개념이다. 그러나 이것들이 도메인 설계를 위한 선택의 범위를 충분히 좁히거나 도메인 모델에 관한 경제적인 토의가 가능하게끔 뒷받침하지는 않는다

"모든 것은 객체다"라고 말하는 데 그치는 것은 목수나 건축가가 "모든 것은 방이다"라고 하면서 집을 한마디로 요약해서 말하는 것과 같다. 한 집 안에는 요리를 할 수 있는, 고압 콘센트와 싱크대가 딸린 큰 방이 있을 것이다. 그 위층에는 잠잘 수 있는 작은 방이 있을 것이다. 평범한 집을 기술하는 데도 수 페이지에 걸쳐 작성해야 할 내용이 있다. 집을 짓거나 사용하는 사람들은 방이 "부엌"과 같은 특별한 이름을 지닌 패턴을 따른다는 사실을 안다. 이러한 언어로 말미암아 집을 설계할 때 경제적인 토의가 가능한 것이다.

게다가 모든 기능을 조합한다고 해서 실용적인 것은 아니다. 왜 목욕과 수면을 동시에 할 수 있는 방이 있으면 안 되는가? 편리하지 않겠는가? 그러나 오랜 경험을 거쳐 "침실"을 "욕실"에서 분리하는 것이 관례로 자리잡았다. 결국 목욕 시설은 침실보다 많은 수의 사람이 공동으로 사용하는 경향이 있고, 같은 침실을 쓰는 사람이라도 사생활을 최대한 보장받아야 한다. 그리고 욕실은 전문적이고 값이 나가는 기반시설이 갖춰져 있어야 한다. 욕조와 변기는 보편적으로 모두 동일한 기반시설(물과 하수구라는)이 있어야 하며, 개인적인 공간이므로 같은 방에 두는 것이다.

특별한 기반시설이 필요한 또 하나의 방은 식사를 준비하는 "부엌"이라고 하는 방이다. 침실과는 대조적으로 부엌에는 사생활과 관련된 특별한 요구사항이 없다. 부엌은 비용이 많이 들기 때문에 대개 비교적 규모가 큰 집이라도 하나만 있다. 이렇게 하나만 있기 때문에 함께 음식을 준비하고 식사를 하는 풍습을 지켜준다고도 볼 수 있다.

나는 오픈 플랜[1] 부엌이 딸린 3개의 침실과 욕실이 두 개인 집을 원한다고 말하는 식으로 거대한 양의 정보를 짧은 문장으로 축약했고, 화장실을 냉장고 바로 옆에 놓는 것과 같은 어리석은 실수를 방지할 수 있었다.

집, 차, 보트, 또는 소프트웨어 같은 모든 영역의 설계에서 우리는 과거에 효과적이라고 알려진 패턴에 토대를 두고 이미 정해진 주제 안에서 즉흥적으로 뭔가를 하게 된다. 때로는 완전히 새로운 것을 고안해내기도 한다. 그러나 패턴에서 표준화된 요소를 찾음으로써 이미 알려진 해법이

---

1 (옮긴이) 다양한 용도를 위해 칸막이를 최소한으로 줄인 건축 양식

있는 문제에 기력을 소모하지 않고도 우리의 독특한 요구사항에 집중할 수 있다. 또한 관례적인 패턴을 가지고 만들어 냄으로써 설계를 특이하게 해서 발생할 수 있는 의사소통의 어려움을 방지할 수도 있다.

소프트웨어 도메인 설계가 다른 설계 영역만큼이나 성숙하지 못하고 어쨌든 너무 다양해서 자동차 부품이나 방처럼 특정 패턴을 갖출 수는 없지만, 그럼에도 "모든 것은 객체다"라는 수준을 넘어 적어도 볼트를 용수철과 구분하는 정도에는 이를 필요가 있다.

설계에 대한 통찰력을 공유하고 표준화하는 형식은 1970년대에 크리스토퍼 알렉산더(Alexander et al. 1977)가 이끄는 아키텍트 그룹에 의해 처음 소개됐다. 그들의 "패턴 언어"에는 공통의 문제("부엌" 예제보다 훨씬 더 미묘해서 아마도 알렉산더의 일부 독자를 움찔하게 만들었던)에 대한 검증된 설계 해법이 한데 엮여 있다. 이러한 패턴 언어의 의도는 건축업자와 사용자가 이 언어를 토대로 의사소통하고 패턴에서 제시하는 지침을 활용해 기능에 충실하고 사용자에게 좋은 느낌을 주는 훌륭한 건물을 짓는 데 있었다.

건축가가 이러한 아이디어를 생각해 냈다곤 하지만 패턴 언어는 소프트웨어 설계에 큰 영향을 끼쳤다. 1990년대에는 소프트웨어 패턴이 상당한 성공과 함께 다양한 방식으로 응용됐는데, 그중에서도 상세 설계(Gamma et al. 1995)와 기술 아키텍처(Buschmann et al. 1996)가 주목할 만하다. 좀더 최근에는 패턴이 기본적인 객체지향 설계 기법(Larman 1998)과 엔터프라이즈 아키텍처(Fowler 2003, Alur et al. 2001)를 기술하는 데 쓰였다. 패턴을 활용한 의사전달은 이제 소프트웨어 설계 아이디어를 조직화하는 주류 기법으로 자리잡았다.

패턴 이름은 팀이 사용하는 언어에서 용어가 되며, 나는 이 책에서 패턴 이름을 그와 같은 방식으로 사용했다. 이 책에서는 논의 중에 패턴 이름이 나올 경우 그것을 분명히 구분하고자 대문자 형태로 썼다.

여기서는 이 책에서 패턴을 형식화한 방법을 제시한다. 이러한 기본 계획에도 어느 정도 예외는 있을 수 있는데, 이것은 내가 엄격한 구조보다는 각 경우에 어울리는 명쾌함과 가독성을 선호하기 때문이다……

패턴 이름

[개념을 나타내는 설명. 종종 시각적 은유나 환기를 불러일으키는 구절.]

[컨텍스트. 개념이 다른 패턴과 연관되는 방식을 짧게 설명. 경우에 따라 패턴에 대한 간략한 개요가 되기도 함.

하지만 이 책에서 컨텍스트와 관련된 논의는 상당수 패턴 내에 있기보다는 각 장을 소개하거나 다른 설명을 하는 곳에 위치함.]

�֍   �֍   ✖

[문제 논의.]

문제 요약.

문제 해결을 위한 논의는 해결책으로 이어짐.

그러므로

해결책 요약.

결과. 구현 시 고려할 사항. 예제.

✖   ✖   ✖

결과로 생기는 컨텍스트: 해당 패턴이 이후의 패턴으로 이어지는 방법을 간략히 설명.

[구현상의 도전과제에 대한 논의. 알렉산더의 원래 형식에서는 이 논의가 문제 해결을 기술하는 부분에 들어가고, 이 책에서도 종종 알렉산더의 구성을 따르기도 한다. 그러나 일부 패턴은 구현과 관련해서 좀더 긴 분량에 걸쳐 논의할 필요가 있다. 핵심 패턴에 대한 논의를 간결하게 유지하고자 이 책에서는 구현에 관련된 그와 같이 긴 논의 내용은 밖으로 빼내어 패턴 뒤에 나오게 했다.

특히 다수의 패턴을 결합해야 하는 경우처럼 긴 예제도 마찬가지로 패턴과 분리해서 책에 실었다.]

용어 설명

아래는 이 책에 사용된 용어, 패턴 이름, 그 밖의 다른 개념 가운데 엄선한 개념을 짧게나마 정의한 것이다.

- **AGGREGATE (집합체)**

  데이터 변경을 목적으로 하나의 단위로 다뤄지는 연관 객체의 모음. 외부 참조는 루트로 지정된 AGGREGATE의 한 구성요소로 제한됨. 일련의 일관성 규칙이 AGGREGATE의 경계 내에 적용됨.

- **분석 패턴 (analysis pattern)**

  업무 모델링의 공통적인 구성물을 나타내는 개념의 그룹. 오직 하나의 도메인과 관련돼 있거나 여러 도메인에 걸쳐 있을 수 있음(Fowler 1997, 8페이지).

- **ASSERTION (단언)**

  프로그램의 동작방식과는 독립적으로 프로그램이 어느 시점에 지녀야 할 정확한 상태를 나타내는 문장. 일반적으로 ASSERTION은 연산의 결과나 설계 구성요소의 불변식을 명시함.

❑ BOUNDED CONTEXT (제한된 컨텍스트)

특정 모델에 포함된 범위가 정해진 적용 가능성. 컨텍스트를 제한하면(BOUNDING CONTEXT) 팀원이 어떤 것이 일관성을 지녀야 하고, 어떤 것을 독립적으로 개발할 수 있는가를 분명하게 이해하고 이해한 바를 서로 공유할 수 있음.

❑ 클라이언트 (client)

자체적인 역량을 이용해 설계상의 요소를 호출하는 프로그램 요소.

❑ 응집력 (cohesion)

논리적인 합의와 의존성.

❑ 명령 (command, 변경자로도 알려져 있음)

시스템에 특정 변화를 초래하는 연산(예, 변수 설정). 의도적으로 부수효과를 만들어 내는 연산.

❑ CONCEPTUAL CONTOUR (개념적 윤곽)

도메인 자체의 근원적인 일관성. 즉, 모델에 개념적 윤곽이 반영될 경우 설계가 변화를 더욱 자연스럽게 수용하도록 기여함.

❑ 컨텍스트 (context)

단어나 문장이 해당 의미를 결정한다고 보여지는 환경.

BOUNDED CONTEXT도 참조할 것

❑ CONTEXT MAP (컨텍스트 맵)

프로젝트와 관련된 BOUNDED CONTEXT 및 BOUNDED CONTEXT와 모델 간의 실제 관계를 표현한 것.

❏ CORE DOMAIN (핵심 도메인)

사용자의 목적에 중심적인 역할을 수행해서 애플리케이션을 차별화하고 가치 있게 만드는 모델의 특징적인 부분.

❏ 선언적 설계 (declarative design)

특성에 대한 정확한 기술이 실제로 소프트웨어를 제어하는 수단이 되는 프로그래밍의 한 형태. 실행 가능한 명세.

❏ 심층 모델 (deep model)

도메인 전문가의 주된 관심사와 도메인과 가장 관련이 깊은 지식을 적확하게 표현한 것. 심층 모델은 도메인의 피상적 측면과 초보적인 수준의 해석을 탈피함.

❏ 디자인 패턴 (design pattern)

특정 컨텍스트 내의 일반적인 설계 문제를 해결하고자 조정된 관련 객체와 클래스를 기술한 것. (Gamma et al. 1995, 3페이지)

❏ 디스틸레이션 (distillation)

더욱 가치 있고 유용한 형태로 본질을 추출할 목적으로 혼합물에서 구성요소를 분리하는 과정. 소프트웨어 설계에서는 모델 내의 핵심적인 측면에 대한 추상화, 또는 CORE DOMAIN이 부각되도록 큰 시스템을 분할하는 것을 의미.

❏ 도메인 (domain)

지식이나 영향력, 또는 활동의 영역.

❏ 도메인 전문가 (domain expert)

소프트웨어 프로젝트에서 자신의 활동 범위가 소프트웨어 개발이 아니라 애플리케이션 도메인인 구성원. 도메인 전문가는 단지 불특정 다수의 소프트웨어 사용자가 아니라 주제 영역에 관해 깊이 있는 지식을 갖추고 있음.

❏ **도메인 계층 (domain layer)**

LAYERED ARCHITECTURE 내에서 도메인 로직을 책임지는 설계와 구현에 해당하는 부분. 도메인 계층에는 도메인 모델에 대한 소프트웨어적 표현이 위치함.

❏ **ENTITY (엔티티)**

근본적으로 속성이 아니라 연속성과 식별성의 맥락에서 정의되는 객체.

❏ **FACTORY (팩터리)**

클라이언트를 위해 복잡한 생성 로직을 캡슐화하고 생성된 객체 타입을 추상화하는 메커니즘.

❏ **함수 (function)**

식별 가능한 부수효과 없이 결과를 계산하고 반환하는 연산.

❏ **불변성 (immutable)**

생성 후 식별 가능한 상태가 결코 바뀌지 않는 특성.

❏ **암시적 개념 (implicit concept)**

모델이나 설계의 의미를 이해할 필요성은 있으나 결코 언급되지 않는 개념.

❏ **INTENTION-REVEALING INTERFACE (의도를 드러내는 인터페이스)**

클래스와 메서드, 그리고 다른 구성요소의 이름이 그것을 만든 최초 개발자의 의도와 클라이언트 개발자에게 부여되는 가치를 전달하는 설계.

❏ **불변식 (invariant)**

메서드 실행 중이나 아직 커밋되지 않은 데이터베이스 트랜잭션 중과 같은 특별히 일시적인 상황을 제외하고는 항상 참임을 보장받는 특정 설계 요소에 대한 ASSERTION.

❏ 반복주기 (iteration)

프로그램이 되풀이해서 작은 단계에 걸쳐 향상되는 과정. 또한 그러한 단계 중 하나.

❏ 대규모 구조 (large-scale structure)

전체 시스템에 대한 설계 패턴을 수립하는 일련의 고수준 개념이나 규칙, 또는 두 가지 모두를 의미. 시스템을 넓은 안목에서 논의하고 이해할 수 있게 하는 언어.

❏ LAYERED ARCHITECTURE (계층형 아키텍처)

소프트웨어 시스템의 관심사, 특히 도메인 계층을 격리해서 관심사를 분리하는 기법.

❏ 생명주기 (life cycle)

객체가 생성에서 소멸까지 취하는 일련의 상태로서, 일반적으로 하나의 상태에서 다른 상태로 변경될 때 무결성을 보장하는 제약조건을 포함. 시스템과 다른 BOUNDED CONTEXT 간의 ENTITY 이동을 포함할 수 있음.

❏ 모델 (model)

도메인의 선택된 측면을 기술하고 해당 도메인과 관련된 문제를 해결하는 데 사용할 수 있는 추상 체계.

❏ MODEL-DRIVEN DESIGN (모델 주도 설계)

소프트웨어 요소의 일정 부분이 모델의 요소에 밀접하게 대응하는 설계. 또한 서로 긴밀한 관계에 있는 모델과 구현을 함께 개발하는 과정.

❏ 모델링 패러다임 (modeling paradigm)

도메인에 담긴 개념을 찾아내는 특정 형식을 의미하며, 그러한 개념에 대한 소프트웨어적 유사물을 만들어 내는 도구와 결합됨(예, 객체지향 프로그래밍과 로직 프로그래밍).

❏ REPOSITORY (리파지터리)

객체 컬렉션을 흉내 내며, 저장·조회·검색 행위를 캡슐화하는 메커니즘.

❏ 책임 (responsibility)

작업을 수행하거나 정보를 알아야 할 의무(Wirfs Brock et al. 2003, 3페이지).

❏ SERVICE (서비스)

캡슐화된 상태가 없으며, 모델에 홀로 존재하는 인터페이스로 제공되는 연산.

❏ 부수효과 (side effect)

의도적인 갱신 여부나 고의적인 갱신 여부와는 관계없이 연산의 결과로 발생하는 모든 식별 가능한 상태 변화.

❏ SIDE-EFFECT-FREE FUNCTION (부수효과가 없는 함수)

함수 참조

❏ STANDALONE CLASS (독립형 클래스)

시스템의 기본 기능과 기본 라이브러리를 제외하고 다른 어떤 것도 참조하지 않은 상태에서 이해하고 테스트할 수 있는 클래스.

❏ 무상태 (stateless)

클라이언트가 해당 요소의 이력에 상관없이 그것의 모든 연산을 사용할 수 있는 설계 요소의 특성. 상태가 없는 요소는 전역적으로 접근 가능한 정보를 사용할 수 있고, 심지어 그러한 전역 정보를 변경할 수도 있으나(즉, 부수효과가 있을 수도 있음) 해당 요소의 행위에 영향을 주는 비공개 상태(private state)를 유지하지는 않음.

❏ **전략적 설계 (strategic design)**

시스템의 큰 부분에 적용되는 모델링과 설계 결정. 이러한 결정은 전체 프로젝트에 영향을 주며 팀 수준에서 내려야 함.

❏ **유연한 설계 (supple design)**

심층 모델에 내재된 힘을 클라이언트 개발자에게 맡겨 예상되는 결과를 효과적으로 보여주는 명확하고 유연한 표현을 만드는 설계. 마찬가지로 중요한 점은 유연한 설계가 동일한 심층 모델을 활용해 구현자가 설계 자체를 본떠 다른 형태로 만들어 새로운 통찰력을 쉽게 받아들일 수 있다는 것임.

❏ **UBIQUITOUS LANGUAGE (보편 언어)**

도메인 모델에 따라 구조화되어 모든 팀원이 소프트웨어와 팀의 모든 활동을 연계하는 데 사용하는 언어.

❏ **단일화 (unification)**

각 언어가 모호하지 않고 어떠한 규칙도 모순되지 않는 모델의 내적 일관성.

❏ **VALUE OBJECT (값 객체)**

일부 특징과 속성을 기술하지만 식별성 개념이 없는 객체.

❏ **WHOLE VALUE (전체 값)**

단 하나의 완전한 개념을 모델화한 객체.

참고 문헌

Alexander, C., M. Silverstein, S. Angel, S. Ishikawa, and D. Abrams. 1975. The Oregon Experiment. Oxford University Press.

Alexander, C., S. Ishikawa, and M. Silverstein. 1977. A Pattern Language: Towns, Buildings, Construction. Oxford University Press.

Alur, D., J. Crupi, and D. Malks. 2001. Core J2EE Patterns. Sun Microsystems Press.
*『코어 J2EE 패턴 2판: Core J2EE Patterns』(지앤선, 2008)

Beck, K. 1997. Smalltalk Best Practice Patterns. Prentice Hall PTR.

———. 2000. Extreme Programming Explained: Embrace Change. Addison-Wesley.
*『익스트림 프로그래밍: 변화를 포용하라』(인사이트, 2006)

———. 2003. Test-Driven Development: By Example. Addison-Wesley.
*『테스트 주도 개발: Test-Driven Development』(인사이트, 2005)

Buschmann, F., R. Meunier, H. Rohnert, P. Sommerlad, and M. Stal. 1996. Pattern-Oriented Software Architecture: A System of Patterns. Wiley.
*『패턴 지향 소프트웨어 아키텍처』(지앤선, 2008)

Cockburn, A. 1998. Surviving Object-Oriented Projects: A Manager's Guide. Addison-Wesley.

Evans, E., and M. Fowler. 1997. "Specifications." Proceedings of PLoP 97 Conference.

Fayad, M., and R. Johnson. 2000. Domain-Specific Application Frameworks. Wiley.

Fowler, M. 1997. Analysis Patterns: Reusable Object Models. Addison-Wesley.

―――. 1999. Refactoring: Improving the Design of Existing Code. Addison-Wesley.
   * 『리팩토링』(대청, 2002)

―――. 2003. Patterns of Enterprise Application Architecture. Addison-Wesley.
   * 『엔터프라이즈 애플리케이션 아키텍처 패턴』(피어슨에듀케이션코리아, 2003)

Gamma, E., R. Helm, R. Johnson, and J. Vlissides. 1995. Design Patterns. Addison-Wesley.
   * 『GOF의 디자인 패턴』(피어슨에듀케이션코리아, 2007)

Kerievsky, J. 2003. "Continuous Learning," in Extreme Programming Perspectives, Michele Marchesi et al. Addison-Wesley.

―――. 2003. 웹사이트: http://www.industriallogic.com/xp/refactoring.

Larman, C. 1998. Applying UML and Patterns: An Introduction to Object-Oriented Analysis and Design. Prentice Hall PTR.

Merriam-Webster. 1993. Merriam-Webster's Collegiate Dictionary. Tenth edition. Merriam-Webster.

Meyer, B. 1988. Object-oriented Software Construction. Prentice Hall PTR.

Murray-Rust, P., H. Rzepa, and C. Leach. 1995. Abstract 40. Presented as a poster at the 210th ACS Meeting in Chicago on August 21, 1995. http://www.ch.ic.ac.uk/cml/

Pinker, S. 1994. The Language Instinct: How the Mind Creates Language. HarperCollins.
   * 『언어본능 : 마음은 어떻게 언어를 만드는가?』(동녘사이언스, 2008)

Succi, G. J., D. Wells, M. Marchesi, and L. Williams. 2002. Extreme Programming Perspectives. Pearson Education.

Warmer, J., and A. Kleppe. 1999. The Object Constraint Language: Precise Modeling with UML. Addison-Wesley.

Wirfs-Brock, R., B. Wilkerson, and L. Wiener. 1990. Designing Object-Oriented Software. Prentice Hall PTR.

Wirfs-Brock, R., and A. McKean. 2003. Object Design: Roles, Responsibilities, and Collaborations. Addison-Wesley.
＊『오브젝트 디자인』(인포북, 2004)

사진 협찬

이 책에 실린 사진은 모두 허락을 받고 사용한 것입니다.

❏ **리차드 A. 파셀크, 훔볼트 주립 대학**

아스트롤라베(3장, 47페이지)

❏ **저작권 사용료 없음/코비스**

지문(5장, 91페이지), 주유소(5장, 107페이지), 자동차 공장(6장, 140페이지), 사서(6장, 152페이지)

❏ **마르티네 주세**

포도(6장, 129페이지), 올리브 나무(묘목과 성목)(결론, 535페이지와 536페이지)

❏ **생물학사진 연합(사진 연구소)**

오실라토리아의 전자 현미경 사진(14장, 361페이지)

❏ **로스 J. 베너블스**

노 젓는 사람(그룹과 단독, 14장 367페이지와 399페이지)

❏ **포토디스크 그린/게티 이미지**

   달리는 사람들(14장, 383페이지), 아이(14장, 388페이지)

❏ **미 국립 해양기상청**

   만리장성(14장, 391페이지)

❏ **© 2003 네임 프로젝트 재단, 애틀랜타, 조지아 주, 사진가 폴 마골리스, www.aidsquilt.org**

   에이즈 퀼트(16장, 471페이지)

•찾아보기•

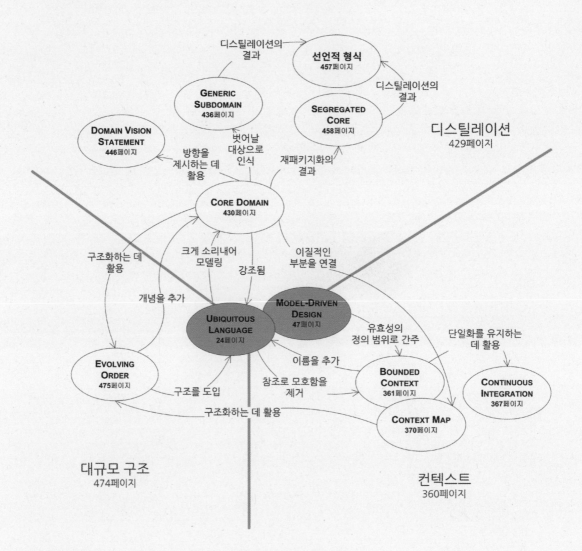

디스틸레이션의
결과

선언적 형식
457페이지

**GENERIC
SUBDOMAIN**
436페이지

디스틸레이션의
결과

**SEGREGATED
CORE**
458페이지

**DOMAIN VISION
STATEMENT**
446페이지

디스틸레이션
429페이지

방향을
제시하는 데
활용

벗어날
대상으로
인식

재패키지화의
결과

CORE DOMAIN
430페이지

구조화하는 데
활용

크게 소리내어
모델링

강조됨

이질적인
부분을 연결

개념을 추가

**MODEL-DRIVEN
DESIGN**
47페이지

**UBIQUITOUS
LANGUAGE**
24페이지

유효성의
정의 범위로 간주

단일화를 유지하는
데 활용

**EVOLVING
ORDER**
475페이지

구조를 도입

이름을 추가

참조로 모호함을
제거

**BOUNDED
CONTEXT**
361페이지

**CONTINUOUS
INTEGRATION**
367페이지

구조화하는 데 활용

CONTEXT MAP
370페이지

대규모 구조
474페이지

컨텍스트
360페이지